T0224725

Gewöhnliche Differentialgleichungen

Jürgen Grahl · Daniela Kraus · Oliver Roth ·
Johannes Stowasser

Gewöhnliche Differentialgleichungen

Unter besonderer Berücksichtigung
des Lehramts Gymnasium. Mit 40
Examensaufgaben und Lösungen.

 Springer Spektrum

Jürgen Grahl
Institut für Mathematik
Universität Würzburg
Würzburg, Deutschland

Oliver Roth
Institut für Mathematik
Universität Würzburg
Würzburg, Deutschland

Daniela Kraus
Institut für Mathematik
Universität Würzburg
Würzburg, Deutschland

Johannes Stowasser
Technische Universität München
Garching b. München, Deutschland

ISBN 978-3-662-68429-0

Die Deutsche Nationalbibliothek verzeichnet diese Publikation in der Deutschen Nationalbibliografie; detaillierte bibliografische Daten sind im Internet über http://dnb.d-nb.de abrufbar.

Planung/Lektorat: Andreas Ruedinger
Springer Spektrum ist ein Imprint der eingetragenen Gesellschaft Springer-Verlag GmbH, DE und ist ein Teil von Springer Nature.
Die Anschrift der Gesellschaft ist: Heidelberger Platz 3, 14197 Berlin, Germany

Das Papier dieses Produkts ist recyclebar.

Vorwort

Differentialgleichungen sind die Hauptwerkzeuge zur mathematischen Modellierung realer Systeme. Sie sind die „Sprache", in der sich eine Vielzahl an fundamentalen physikalischen Gesetzen (z.B. die Bewegungs- und Gravitationsgesetze der Newtonschen Mechanik, die Maxwell-Gleichungen der Elektrodynamik und die Schrödinger-Gleichung der Quantenmechanik) ausdrücken lassen, und finden vielfältigen Einsatz in den Natur- und Ingenieurs-, aber auch den Gesellschafts- und Wirtschaftswissenschaften, beispielsweise bei der

- Entwicklung von Klimamodellen,

- Steuerung von Satelliten und Raumsonden,

- Stabilisierung von Stromnetzen,

- Beschreibung von Wachstumsprozessen in der Biologie und Ökonomie,

- Modellierung von Pandemien,

- Analyse und Vorhersage der Entwicklung an den Börsen.

Nur wenige Differentialgleichungen lassen sich explizit lösen. Sie sind *nicht* der Hauptgegenstand des vorliegenden Buches, zumal sie bereits in zahlreichen hervorragenden Standardlehrbüchern umfassend behandelt werden. (Einige Beispiele hierfür haben wir ohne Anspruch auf Vollständigkeit im Literaturverzeichnis auf S. 497 zusammengestellt.) Unser Fokus liegt vielmehr auf der großen Mehrheit der Differentialgleichungen, für die man die Lösungen nicht in expliziter Form angeben kann – was schon bei sehr unschuldig wirkenden Gleichungen wie $x' = x^2 - t$ der Fall ist. Dieser Umstand sollte nicht als Makel, sondern als Ausdruck der Reichhaltigkeit dieses Gebiets der Mathematik begriffen werden, insofern als die Lösungen solcher Gleichungen (deren Existenz unter geeigneten, sehr milden Voraussetzungen sichergestellt ist) wesentlich vielfältiger sind, als dass sie sich in auf „bekannten" Funktionen basierenden expliziten Formeldarstellungen fassen ließen. Ein angemessener Standpunkt ist daher der folgende: *Differentialgleichungen definieren Funktionen. Das Ziel der Theorie ist es, Methoden zu entwickeln, um diese Funktionen zu verstehen, d.h. ihre Eigenschaften zu beschreiben.* Das primäre Ziel unserer Betrachtungen ist es also *nicht*, Lösungen von Differentialgleichungen tatsächlich zu berechnen, sondern das Verhalten dieser Lösungen *qualitativ* zu analysieren.

Dabei beschränken wir uns auf *gewöhnliche Differentialgleichungen*. Wir behandeln keine partiellen, stochastischen oder komplexen Differentialgleichungen, für die man Kenntnisse aus der Funktionalanalysis, Stochastik bzw. Funktionentheorie benötigen würde.

Dieses Buch ist hervorgegangen aus Vorlesungen und Examenskursen, die wir über fast zwei Jahrzehnte regelmäßig an der Universität Würzburg gehalten haben, und aus einem für die *Virtuelle Hochschule Bayern (vhb)* konzipierten Online-Kurs *Examensvorbereitung Gewöhnliche Differential-gleichungen für Lehramt Gymnasium.* Es richtet sich sowohl an Studierende aller mathematischen Bachelor-Studiengänge als auch – und insbesondere – an Studierende des vertieften (gymnasialen) Lehramts, und es ist in mehrfacher Hinsicht speziell auf die Belange der Letzteren zugeschnitten:

- Die Stoffauswahl ist weitgehend bestimmt durch die Anforderungen des Ersten Staatsexamens in Bayern, bei dem Aufgaben aus dem Bereich Differentialgleichungen – neben der Funktionentheorie – einen wesentlichen Bestandteil des *Analysis*-Examens bilden (im langjährigen Mittel etwa 40%).

  Die einzige größere Ausnahme hiervon bilden die Kapitel 13 und 14, die fortgeschrittenen, über den Examensstoff hinausgehenden Betrachtungen zur Stabilitätstheorie gewidmet sind. Sie sind durch *Sternchen* (*) kenntlich gemacht.

- Es sind insgesamt 40 frühere Examensaufgaben mit ausführlichen Lösungen in den Text aufgenommen, die aus den bayerischen Staatsexamensklausuren der letzten 20 Jahre stammen.

- Zahlreiche Beispiele dienen dazu, die überragende Bedeutung von Differentialgleichungen für die Beschreibung unserer Welt zu illustrieren. Damit wollen wir angehenden Lehrerinnen und Lehrern den nötigen Hintergrund vermitteln, um später im Schulunterricht die Relevanz der Mathematik für Wissenschaft, Technik, Wirtschaft, Gesellschaft und Kultur herausarbeiten zu können. Etliche der in Kapitel 16 vorgestellten Anwendungen sind dabei auch als Anregungen für den Mathematik- und Physikunterricht in der gymnasialen Oberstufe gedacht.

- Die qualitative Untersuchung des Lösungsverhaltens von Differential-gleichungen, die im Zentrum unserer Betrachtungen steht, stellt eine exzellente Gelegenheit dar, das für viele Bereiche der Analysis typische (und für den Schulunterricht insbesondere der Oberstufe essentielle!) Wechselspiel zwischen mathematischem Formalismus und mathematischer Vorstellung bzw. Anschauung zu trainieren: Beide sind wichtig, bleiben für sich genommen aber einseitig – bloßer Formalismus bleibt unlebendig und degradiert die Mathematik zum Gespenst, vor dem man verständlicherweise Angst hat; bloße Anschauung ohne Formalismus bleibt vage und unpräzise und genügt den strengen logischen Ansprüchen der Mathematik nicht.

In diesem Sinne illustrieren wir – wo immer sinnvoll möglich – unsere theoretischen Überlegungen durch eine Vielzahl von Grafiken.

- Nach unserer Erfahrung sind Berührungsängste gegenüber einer intensiven Beschäftigung mit mathematischen Texten gerade im Lehramtsstudium verbreitet. Dies ist sicherlich auch durch die hohen zeitlichen Anforderungen dieses Studiums bedingt, das zumindest in Bayern de facto ein Doppelstudium ist und damit oft zu wenig Freiraum lässt, sich in Ruhe und Muße so sehr in eine Thematik zu vertiefen, dass man darüber buchstäblich „die Zeit vergisst".

Um diese Berührungsängste etwas abzumildern, war es uns ein besonderes Anliegen, einen Text zu verfassen, der möglichst flüssig und widerstandsarm lesbar ist und den man im Idealfall gern in die Hand nimmt und ungern wieder weglegt. Insbesondere werden neu eingeführte Begrifflichkeiten gründlich motiviert und alle mathematischen Gedankengänge (insbesondere die Beweise) ausführlich und detailliert erläutert. Dabei haben wir es bewusst in Kauf genommen, dass die Argumentationsdichte von Experten evtl. als eher niedrig empfunden wird. Andererseits hoffen wir, auch diesen das eine oder andere Interessante und wenig Bekannte zu bieten, z.B. mit der detaillierten Darstellung des Beweises des Satzes von Poincaré-Bendixson, die stärker als andere Texte zum Ziel hat, die Untiefen und Klippen der anschaulichen Evidenz zu umschiffen (um den Preis größeren technischen Aufwandes), oder mit dem Abriss über die Kontroverse zwischen Boltzmann und Zermelo über den Zweiten Hauptsatz der Thermodynamik.

Um Sie bei der besseren Vernetzung der einzelnen Aspekte des Stoffs zu unterstützen und das Verständnis von Zusammenhängen zu fördern, haben wir zudem in großem Umfang Querverweise in den Text eingearbeitet.

Natürlich können alle Hilfestellungen es nicht ersparen, die jeweiligen Inhalte *eigenständig* zu durchdenken und sich anzueignen; sie erleichtern dies aber hoffentlich. In aller Regel ist es sehr erhellend, sich nach dem schrittweisen Nachvollziehen eines Beweises Rechenschaft darüber abzulegen, was die zentralen Ideen und Argumente darin waren; auch in dieser Richtung versuchen wir Ihnen immer wieder Hinweise zu geben.

- Um gerade für die Zwecke der Prüfungs- und Examensvorbereitung die Konzentration auf das Wesentliche zu erleichtern, haben wir eine Reihe von besonders umfangreichen und technischen Beweisen (z.B. für den Satz von Peano und die Abhängigkeitssätze) in die *Weiterführenden Betrachtungen* am Ende einiger Kapitel ausgelagert und uns im Haupttext auf diejenigen Beweise beschränkt, die uns als besonders relevant für das Verständnis erscheinen oder die (auch im Hinblick auf die Examensvorbereitung) nützliche Ideen enthalten. Wir empfehlen dringend, bei der ersten Beschäftigung mit den Differentialgleichungen auch diese ausgelagerten Abschnitte gründlich zu studieren, denn selbstverständlich ist es für ein wirkliches Vertrautwerden mit einer mathematischen Theorie unerlässlich, sich nicht nur mit den Resultaten, sondern auch mit deren Beweisen, ihrem „Innenleben" gewissermaßen, zu beschäftigen, und dies möglichst lückenlos. Bei späteren Wiederholungen im Zuge der Vorbereitung auf Prüfungen und Examen können diese Abschnitte dann übersprungen werden.

  In den *Weiterführenden Betrachtungen* behandeln wir ferner einige über den Stoffkanon des Examens hinausgehende Themen (z.B. die Formel von Liouville oder den Poincaréschen Wiederkehrsatz), die uns zur Abrundung und Vertiefung des Verständnisses hilfreich erscheinen.

Bei der Beschäftigung mit einer komplexen Materie wie den Differentialgleichungen sollte man sich bewusst sein, dass sich ein umfassendes Verständnis nicht über Nacht einstellt, sondern wie alle geistigen Entwicklungs- und Reifungsprozesse seine Zeit braucht, und man sollte sich diese nehmen, ohne mit sich selbst ungeduldig zu sein: Gras wächst nicht schneller, wenn man daran zieht. Leider sind die gesellschaftlichen Erwartungen in den letzten Jahrzehnten oftmals in genau die entgegengesetzte Richtung gegangen. Tanjev Schultz hat es in dem Artikel *„Generation der Lebenslauf-Optimierer"* (Süddeutsche Zeitung vom 26.08.2011) treffend auf den Punkt gebracht: *„Politiker, Manager und Eltern schärfen den Jugendlichen gerne ein, dass sie bloß nicht den Anschluss verlieren dürften. So haben sie eine Generation von Getriebenen geschaffen, die unvereinbare Erwartungen erfüllen und möglichst wenig nach links und rechts schauen sollen. Der Bildungsweg folgt streng den vorgegebenen Bahnen. Immer mehr Eindrücke und Wissensschnipsel in immer kürzerer Zeit zu sammeln – das gelingt nur akademischen Pauschaltouristen."* Allerdings reicht der Faktor Zeit alleine natürlich nicht – ein vertieftes Verständnis, die Einsicht in größere Zusammenhänge erfordert vor allem auch eine beständige aktive Beschäftigung mit der Materie. Dies lässt sich damit vergleichen, wie man sich in einer neuen, unbekannten Stadt schrittweise orientiert: Als erstes wird man sich die täglich benutzten Routen einprägen – und vielleicht ängstlich bemüht sein, von diesen möglichst wenig abzuweichen; nach einer Weile wird man sicherer und mutiger werden und auch einmal andere Wege erkunden, wird sich in bisher unbekannte Stadtviertel vorwagen, bis man nach einigen Jahren die meisten Winkel kennt – und vor allem eine Übersichtskarte der Stadt vor dem geistigen Auge hat, die einen davor bewahrt, sich hoffnungslos zu verlaufen, wenn man doch einmal in eine unbekannte Gegend gerät. Aus dem anfänglichen „geronnenen Wissen", einem kargen Vorrat an wenigen, mühsam einstudierten Rezepten, wie man gewisse Routinewege zurücklegen kann, ist ein *„fluides Wissen"* geworden, das es ermöglicht, sich auch in neuen und unerwarteten Situationen flexibel zurechtzufinden. Sich im Laufe dieses Orientierungsprozesses auch einmal so richtig verlaufen zu haben, hilft oft entscheidend dabei, sich künftig besser zurechtzufinden, denn aus den Fehlern, die man selber begeht, lernt man gewöhnlich am besten. Wichtig ist dabei natürlich, sich überhaupt erst einmal dem Risiko des Verlaufens auszusetzen; niemand käme auf die Idee, Orientierung in einer Stadt zu erlangen, indem er Abend für Abend den Stadtplan auswendig lernt, ohne dabei sein Haus zu verlassen. Genauso muss man auch in der Mathematik manche geistigen Irr- und Umwege gehen, Rückschläge und Frustrationen überstehen, bis sich nach und nach die Erfolge in Form eines sich zunehmend vertiefenden Verständnisses einstellen. Wir möchten Sie ermutigen, sich diesem Prozess zu stellen, der zwar oft beschwerlich sein mag, aber auch außerordentlich beglückend sein kann.

Apropos Glück: Eine besondere Freude ist es uns, den wissenschaftlichen Mitarbeitern und studentischen Hilfskräften am Lehrstuhl für Komplexe Analysis für ihre engagierte und wertvolle Mithilfe bei der Arbeit an diesem Lehrbuch und an dem zugrundeliegenden *vhb*-Kurs zu danken. An erster Stelle gilt unser Dank Michael Heins und Felix Weiß, die mit bewundernswerter Geschicklichkeit und Geduld einen Großteil der Graphiken erstellt haben, sowie Annika Moucha, Jochen Didam, Janina Just, Marisa Schult, Kristin Weiser und Claudia Wiegmann, die mit großer Akribie Fehler eliminiert und zahllose wertvolle Anregungen zur didaktischen und fachlichen Verbesserung des Textes beigesteuert haben. Ferner sind wir Christina Behrens, Caecilia Hepperle, Kaja Jurak, Larissa Lazarov und Simon Reinwand für etliche Hinweise auf Schreibfehler und inhaltliche Inkonsistenzen sehr verbunden. Für noch verbliebene Fehler und Unzulänglichkeiten tragen selbstverständlich allein wir die Verantwortung.

Dankend erwähnen möchten wir außerdem die zahlreichen Vorbilder, die uns bei der Abfassung dieses Buches inspiriert haben, vor allem die hervorragenden Lehrbücher von H. Amann [1], M. Hirsch & S. Smale [19] und von W. Walter [45], den Klassiker [8] von E. Coddington & N. Levinson sowie die Vorlesungen von H.-W. Knobloch und G. Köhler, auch wenn aufgrund vielfacher Überarbeitungen des Manuskripts über einen Zeitraum von mehr als 15 Jahren die Parallelen zu ihnen zunehmend in den Hintergrund getreten sein mögen. In diesem Zusammenhang sei auch darauf hingewiesen, dass wir hinsichtlich der – zum Gemeingut gehörenden – mathematischen Inhalte selbstverständlich keinen Anspruch auf Originalität erheben.

Weiterhin danken wir Andreas Rüdinger und Verena Nörthen vom Springer-Verlag für die stets angenehme und produktive Zusammenarbeit und die geduldige Unterstützung.

Ein besonderer Dank, auch wenn er seine Adressaten nicht mehr erreichen kann, gilt unseren leider bereits verstorbenen akademischen Lehrern Stephan Ruscheweyh, Hans-Wilhelm Knobloch und Günter Köhler, die uns die Schönheit der Mathematik und insbesondere der reellen und komplexen Analysis nahegebracht und die unsere Art zu denken und zu lehren entscheidend geprägt haben.

Wir hoffen, dass etwas von dieser Schönheit bei der Lektüre dieses Lehrbuches für Sie spürbar wird, und wir wünschen Ihnen viel Freude, Erfolg und inspirierende neue Einsichten bei der Beschäftigung mit der Theorie der Gewöhnlichen Differentialgleichungen!

Würzburg, im September 2023   Jürgen Grahl
                                               Daniela Kraus
                                               Oliver Roth
                                               Johannes Stowasser

Inhaltsverzeichnis

Teil I

Existenz- und Eindeutigkeitssätze

1 Differentialgleichungen und Anfangswertprobleme

Definition 1.1 *Es seien ein $n \in \mathbb{N}$, ein echtes Intervall[1] $J \subseteq \mathbb{R}$ und eine nicht-leere offene Teilmenge D des $\mathbb{R}^n$ gegeben. Die Punkte in $J \times D$ werden in der Form (t, x) mit $t \in J$ und $x \in D$ geschrieben. Es sei $f : J \times D \longrightarrow \mathbb{R}^n$ eine stetige Abbildung. Dann heißt die Gleichung*

$$x' = f(t, x)$$

eine **gewöhnliche Differentialgleichung erster Ordnung** *oder präziser ein* **System von n gewöhnlichen Differentialgleichungen erster Ordnung**. *Ausführlich schreibt es sich in der Form*

$$
\begin{aligned}
x_1' &= f_1(t, x_1, \ldots, x_n) \\
&\vdots \\
x_n' &= f_n(t, x_1, \ldots, x_n).
\end{aligned}
$$

Eine Lösung dieses Systems ist eine differenzierbare Abbildung $\varphi : I \longrightarrow D$ auf einem in J enthaltenen, echten Intervall I, die

$$\varphi'(t) = f(t, \varphi(t)) \qquad \text{für alle } t \in I$$

erfüllt. Dabei ist die Ableitung $\varphi'(t) = (\varphi_1'(t), \ldots, \varphi_n'(t))^T$ der (Spalten-) Vektor aus den Ableitungen der Komponentenfunktionen von φ.

Ist überdies $\varphi(t_0) = x_0$ für ein $t_0 \in I$, so nennt man $\varphi : I \longrightarrow D$ eine **Lösung** *des* **Anfangswertproblems**

$$x' = f(t, x), \qquad x(t_0) = x_0. \tag{1.1}$$

Die Abbildung $f : J \times D \longrightarrow \mathbb{R}^n$ wird auch als **rechte Seite** *der Differentialgleichung $x' = f(t, x)$ bezeichnet.*

Ist hierbei f von der ersten Variablen t unabhängig, also $f(t, x) = g(x)$ mit einer stetigen Abbildung $g : D \longrightarrow \mathbb{R}^n$, so nennt man die Differentialgleichung $x' = f(t, x) = g(x)$ ein **autonomes System** *oder eine* **autonome Differentialgleichung**.

---

[1]Unter einem echten Intervall verstehen wir ein Intervall mit nicht-leerem Inneren, unabhängig davon, ob es offen, halb-offen oder abgeschlossen ist. Mit anderen Worten soll es nicht leer und nicht einelementig sein.

© Der/die Autor(en), exklusiv lizenziert an
Springer-Verlag GmbH, DE, ein Teil von Springer Nature 2024
J. Grahl et al., *Gewöhnliche Differentialgleichungen*

Es kann nützlich sein, sich $t \in J$ als *Zeitvariable* und $x \in D$ als *Ortsvariable* vorzustellen. Man denke beispielsweise an eine Differentialgleichung aus der klassischen Mechanik, bei der die Lösung $\varphi : I \longrightarrow D$ die Flugbahn eines Körpers unter dem Einfluss gewisser Kräfte darstellt. Besonders in der Physik wird oft $\dot{\varphi}$ anstatt von φ' als Notation für die Ableitung von φ nach t benutzt, sofern t als Zeit interpretiert wird. Aufgrund ihrer schlechteren Lesbarkeit vermeiden wir diese Schreibweise weitgehend.

Autonome Differentialgleichungen sind diejenigen, bei denen die rechte Seite nicht explizit von der Zeit abhängt[2]. Diese Zeitinvarianz führt dazu, dass man aus Lösungen durch zeitliche Verschiebung neue Lösungen erhält.

Proposition 1.2   *Es seien D eine nicht-leere offene Teilmenge des $\mathbb{R}^n$, $(t_0, x_0) \in \mathbb{R} \times D$ und $f : D \longrightarrow \mathbb{R}^n$ eine stetige Abbildung. Ist $\varphi : I \longrightarrow D$ eine Lösung des Anfangswertproblems*

$$x' = f(x), \qquad x(t_0) = x_0$$

auf einem echten Intervall $I \subseteq \mathbb{R}$, so ist für jedes $s \in \mathbb{R}$ durch

$$\psi : I + s \longrightarrow D, \quad \psi(t) := \varphi(t - s)$$

eine Lösung des Anfangswertproblems

$$x' = f(x), \qquad x(t_0 + s) = x_0$$

gegeben. Hierbei ist $I + s = \{t + s : t \in I\}$ das Translat von I um s.

Beweis. Offenbar ist ψ wohldefiniert, und wegen $\psi(t_0 + s) = \varphi(t_0 + s - s) = \varphi(t_0) = x_0$ sowie

$$\psi'(t) = \varphi'(t - s) = f(\varphi(t - s)) = f(\psi(t)) \qquad \text{für alle } t \in I + s$$

gilt die Behauptung. Entscheidend für die Gültigkeit der Rechnung ist, dass f nicht von t abhängt. ∎

---

[2]In der Physik unterscheidet man mitunter zwischen expliziter und impliziter Zeitabhängigkeit der rechten Seite einer Differentialgleichung. Mit letzterer ist eigentlich eine Trivialität gemeint, nämlich dass auch eine nicht explizit zeitabhängige rechte Seite $g : D \longrightarrow \mathbb{R}^n$ nach Einsetzen einer Lösung φ zeitabhängig wird, d.h. dass die Komposition $t \mapsto g(\varphi(t))$ eine Funktion der Zeit ist. Strenggenommen werden hier also die Funktionen $x \mapsto g(x)$ und $t \mapsto g(\varphi(t))$ miteinander verwechselt – ein Vorgehen, das in der Physik auch in ähnlich gelagerten Fällen verbreitet ist und aus pragmatischen Gründen durchaus eine gewisse Berechtigung hat.

Bei autonomen Systemen kann man also den „Zeitnullpunkt" willkürlich wählen. Aus diesem Umstand ergeben sich einige Vereinfachungen und spezifische Phänomene, die wir in Teil II genauer unter die Lupe nehmen. Auch in unseren späteren Untersuchungen spielen autonome Systeme eine herausgehobene Rolle: Eine vollständige Lösungstheorie für lineare Differentialgleichungen existiert nur im autonomen Fall (siehe Kapitel 7), und in der in Teil IV behandelten Stabilitätstheorie beschränken wir uns ausschließlich auf autonome Systeme.

In zahlreichen physikalisch bedeutsamen Differentialgleichungen kommen nicht nur erste, sondern auch höhere Ableitungen vor. Dies gibt Anlass zu einer weiteren Erklärung.

Definition 1.3 *Es seien ein $n \in \mathbb{N}$, ein echtes Intervall $J \subseteq \mathbb{R}$ und eine nicht-leere offene Teilmenge D des $\mathbb{R}^n$ gegeben. Es sei $f : J \times D \longrightarrow \mathbb{R}$ eine stetige reellwertige Funktion. Dann heißt die Gleichung*

$$x^{(n)} = f(t, x, x', \ldots, x^{(n-1)}) \qquad (1.2)$$

eine **gewöhnliche Differentialgleichung der Ordnung n**. *Unter einer Lösung dieser Differentialgleichung versteht man eine n-mal differenzierbare Funktion $\varphi : I \longrightarrow \mathbb{R}$ auf einem echten Intervall $I \subseteq J$, die*

$$(\varphi(t), \varphi'(t), \ldots, \varphi^{(n-1)}(t)) \in D$$
$$\text{und} \quad \varphi^{(n)}(t) = f(t, \varphi(t), \varphi'(t), \ldots, \varphi^{(n-1)}(t)) \qquad \textit{für alle } t \in I$$

erfüllt. Ein **Anfangswertproblem** *besteht hier in einer Vorgabe von Werten $t_0 \in J$ und $(\varphi(t_0), \varphi'(t_0), \ldots, \varphi^{(n-1)}(t_0)) \in D$.*

Eine gewöhnliche Differentialgleichung n-ter Ordnung der Gestalt (1.2) ist stets äquivalent zu einem System von n Differentialgleichungen erster Ordnung. Um dies einzusehen, führt man Variablen $u_0, u_1, \ldots, u_{n-1} \in \mathbb{R}$ ein und betrachtet das System

$$\begin{aligned} u_0' &= u_1 \\ u_1' &= u_2 \\ &\ \vdots \\ u_{n-1}' &= f(t, u_0, \ldots, u_{n-1}). \end{aligned} \qquad (1.3)$$

Ist $\varphi = (\varphi_0, \ldots, \varphi_{n-1})^T : I \longrightarrow \mathbb{R}^n$ eine Lösung dieses Systems, so ist die reellwertige Funktion $\psi := \varphi_0 : I \longrightarrow \mathbb{R}$ eine Lösung von (1.2). Ist umgekehrt $\psi : I \longrightarrow \mathbb{R}$ eine Lösung von (1.2), so ist $\varphi := (\psi, \psi', \ldots, \psi^{(n-1)})$ eine Lösung von (1.3).

Daher ist es in theoretischen Untersuchungen im Prinzip überflüssig, Differentialgleichungen höherer Ordnung zu betrachten: Man kann alles auf Systeme erster Ordnung zurückführen. Nur manchmal ist die besondere Gestalt des Systems (1.3) von Bedeutung, z.B. beim Studium *linearer* Differentialgleichungen höherer Ordnung. Wir gehen hierauf in Kapitel 9 näher ein.

Man könnte nun noch *Systeme* von Differentialgleichungen höherer Ordnung einführen. Diese spielen für unsere Zwecke allerdings keine Rolle. Zudem liegt auf der Hand, wie sie sich – analog zum obigen Vorgehen – auf ein System erster Ordnung (mit größerer Variablenzahl) reduzieren lassen.

In den Definitionen 1.1 und 1.3 ist es wesentlich, dass die Differentialgleichung in nach der höchsten Ableitung aufgelöster Form vorliegt, und die gesamte weitere Theorie basiert entscheidend auf dieser Darstellung, die man auch eine **explizite Differentialgleichung** nennt. Differentialgleichungen wie etwa

$$x' + \sin x' = \arctan x + x^2 \tag{1.4}$$

werden durch die bisherigen Definitionen nicht abgedeckt. Allgemein nennt man eine Gleichung

$$F(t, x, x', \ldots, x^{(n)}) = 0 \tag{1.5}$$

mit einer reellwertigen und stetigen Funktion F eine **implizite Differentialgleichung**.

Nach dem Satz über implizite Funktionen hat (1.5) in aller Regel zumindest „lokal" eine explizite Darstellung der Gestalt (1.2): Die Funktion F sei stetig differenzierbar, und $p^* = (t^*, q^*, x_n^*)$ mit $t^*, x_n^* \in \mathbb{R}$, $q^* \in \mathbb{R}^n$ sei eine Nullstelle von F. Wenn $\frac{\partial F}{\partial x_n}(p^*) \neq 0$ ist, dann ist die Regularitätsvoraussetzung im Satz über implizite Funktionen [24, Satz 27.1] erfüllt[3]. Es gibt daher offene Umgebungen $U \subseteq \mathbb{R}^{n+1}$ von (t^*, q^*) und $V \subseteq \mathbb{R}$ von x_n^* und eine stetig differenzierbare Funktion $f : U \longrightarrow V$, so dass $f(t^*, q^*) = x_n^*$ und alle in $U \times V$ gelegenen Nullstellen $(t, x_0, \ldots, x_{n-1}, x_n)$ von F durch $x_n = f(t, x_0, \ldots, x_{n-1})$ gegeben sind.

Deswegen können wir uns im Folgenden weitestgehend auf das Studium expliziter Differentialgleichungen beschränken. (Eine wichtige Klasse von lediglich impliziten Differentialgleichungen, nämlich die sog. *exakten*, behandeln wir in Abschnitt 15.1.)

---

[3] Im Beispiel der Differentialgleichung (1.4) ist $n = 1$ und $F(t, x_0, x_1) = x_1 + \sin(x_1) - \arctan(x_0) - x_0^2$, also $\frac{\partial F}{\partial x_1}(t, x_0, x_1) = 1 + \cos x_1$. Die Regularitätsvoraussetzung ist daher außer für $x_1 = (2k+1)\pi$ mit $k \in \mathbb{Z}$ immer erfüllt.

Die hier betrachteten Differentialgleichungen heißen *gewöhnlich*, weil ihre Lösungen Funktionen von nur einer reellen Variablen t sind. Hingegen nennt man eine Gleichung bzw. ein Gleichungssystem eine **partielle Differentialgleichung**, wenn in ihr partielle Ableitungen nach mehreren Variablen vorkommen und die Lösungen von diesen Variablen abhängen. Ein typisches Beispiel ist die **Wellengleichung**

$$\frac{\partial^2 u}{\partial t^2} = c^2 \sum_{j=1}^{n} \frac{\partial^2 u}{\partial x_j^2}$$

für die Ausbreitung einer Welle im $\mathbb{R}^n$; hierbei hängen die Lösungen $u(t, x)$ sowohl von der Zeit t als auch vom Ort $x = (x_1, \ldots, x_n)$ ab. Die Theorie der partiellen Differentialgleichungen ist ungleich komplizierter als die der gewöhnlichen und nicht Gegenstand dieses Lehrbuchs.

Bemerkung 1.4 Ist $\varphi : I \longrightarrow \mathbb{R}^n$ eine Lösung der Differentialgleichung $x' = f(t, x)$ mit stetiger rechter Seite $f : J \times D \longrightarrow \mathbb{R}^n$, so liest man aus

$$\varphi'(t) = f(t, \varphi(t)) \qquad \text{für alle } t \in I \tag{1.6}$$

ab, dass φ' stetig, φ also sogar *stetig* differenzierbar ist.

Setzt man f überdies als m-mal stetig differenzierbar (kurz: als von der Klasse C^m) voraus, so ist φ von der Klasse C^{m+1}. Dies überlegt man sich wie folgt induktiv: Den Fall $m = 0$ haben wir soeben behandelt. Ist die Behauptung für ein $m \in \mathbb{N}_0$ bereits gezeigt und ist f von der Klasse C^{m+1} (und damit insbesondere von der Klasse C^m), so ist φ nach Induktionsvoraussetzung zumindest von der Klasse C^{m+1}. Nunmehr erkennt man aus (1.6), dass auch φ' von der Klasse C^{m+1}, φ also von der Klasse C^{m+2} ist, womit der Induktionsschluss vollzogen ist. $\qquad\square$

Bei der Betrachtung des Anfangswertproblems (1.1) stellen sich die folgenden (aufeinander aufbauenden) Fragen:

(F1) Gibt es eine Lösung?

(F2) Ist die Lösung eindeutig?

(F3) Was ist das maximale Definitionsintervall der Lösung?

(F4) Welche Eigenschaften hat die Lösung?

(F5) Kann die Lösung durch eine explizite Formel dargestellt werden?

Hierbei bedürfen die Fragen (F2) und (F3) einer Präzisierung: Ist nämlich $\varphi : I \longrightarrow D$ eine Lösung von (1.1) auf einem Intervall I mit $t_0 \in I$, so ist für jedes Intervall $I^* \subsetneq I$ mit $t_0 \in I^*$ auch die Restriktion $\varphi|_{I^*} : I^* \longrightarrow D$ eine Lösung von (1.1), und diese ist trivialerweise von φ verschieden, da sie einen anderen Definitionsbereich hat. Die Frage nach der Eindeutigkeit einer Lösung ist insofern erst dann sinnvoll, wenn man sie auf ein festes Definitionsintervall bezieht. A priori ist freilich oftmals nicht ersichtlich, wie groß das Definitionsintervall einer Lösung gewählt werden kann. Dieser Ungewissheit werden wir durch Einführung eines neuen Begriffs abhelfen: Wir legen kurzerhand das *maximale* Definitionsintervall zugrunde, auch dann, wenn wir dieses nicht konkret angeben können. Den Fragen, was „maximal" hier genau bedeutet und warum ein solches maximales Definitionsintervall überhaupt existiert, wenden wir uns zu Beginn von Kapitel 3 zu.

Die Antworten auf (F1) bis (F5) hängen natürlich von den Eigenschaften der rechten Seite der Differentialgleichung ab. Wir werden einige Arbeit aufwenden, um die „richtigen" Voraussetzungen zu finden, unter denen sich aussagekräftige Resultate formulieren lassen. Für eine spezielle, aber wichtige Klasse von skalaren Differentialgleichungen liefert der folgende Satz Antwort auf (F1), (F2) und (F5).

Satz 1.5 (Trennung der Variablen)   *Es seien $g : J \longrightarrow \mathbb{R}$ und $h : D \longrightarrow \mathbb{R}$ stetige Funktionen auf offenen, nicht-leeren Intervallen $J, D \subseteq \mathbb{R}$. Dann heißt*

$$x' = g(t) \cdot h(x)$$

*eine **Differentialgleichung mit getrennten Variablen**.*

Für alle $(t_0, x_0) \in J \times D$ mit $h(x_0) \neq 0$ gibt es ein offenes Teilintervall $I \subseteq J$ mit $t_0 \in I$, auf dem das Anfangswertproblem

$$x' = g(t) \cdot h(x), \qquad x(t_0) = x_0 \tag{1.7}$$

eine eindeutig bestimmte Lösung $x : I \longrightarrow D$ besitzt. Man erhält sie durch Auflösen von

$$\int_{x_0}^{x(t)} \frac{1}{h(\zeta)} \, d\zeta = \int_{t_0}^{t} g(s) \, ds \tag{1.8}$$

nach $x(t)$.

Anstelle von „Trennung der Variablen" ist auch der Begriff „Separation der Variablen" gebräuchlich.

Beweis. (Examensaufgabe) Aufgrund der Stetigkeit von h dürfen wir o.B.d.A. annehmen, dass $h(x) \neq 0$ für alle $x \in D$ gilt. Denn nach dem Permanenzprinzip ist h in einer gewissen offenen Umgebung von x_0 nullstellenfrei, und man kann D durch diese Umgebung ersetzen. Dabei ändert sich nichts an der Gültigkeit der Behauptung, da nur die *lokale* Existenz einer Lösung gefordert wird: Zwar wird sich i.Allg. mit D auch das Definitionsintervall I der Lösung verkleinern, damit $x(I) \subseteq D$ gewährleistet bleibt, dies ist hier jedoch unproblematisch, da nicht $I = J$ verlangt wird, sondern nur $I \subseteq J$.

Nunmehr sind die Funktionen

$$G : J \longrightarrow \mathbb{R}, \ G(t) := \int_{t_0}^{t} g(s)\,ds, \qquad H : D \longrightarrow \mathbb{R}, \ H(x) := \int_{x_0}^{x} \frac{1}{h(\xi)}\,d\xi$$

wohldefiniert und nach dem Hauptsatz der Differential- und Integralrechnung (HDI) stetig differenzierbar mit $G' = g$ und $H' = \frac{1}{h}$. Als stetige und nullstellenfreie Funktion hat h nach dem Zwischenwertsatz keine Vorzeichenwechsel, und gleiches gilt daher für H'. Folglich ist H streng monoton und besitzt somit eine Umkehrfunktion H^{-1}, die wegen der Nullstellenfreiheit von H' selbst differenzierbar ist mit der Ableitung

$$(H^{-1})'(u) = \frac{1}{H'(H^{-1}(u))} = h(H^{-1}(u))$$

für alle $u \in H(D) =: D^*$. Nach dem Zwischenwertsatz ist D^* ein Intervall, und weil $D^* = \left(H^{-1}\right)^{-1}(D)$ das Urbild der offenen Menge D unter der stetigen Funktion H^{-1} ist, ist D^* offen[4]. Ebenso ist $G^{-1}(D^*)$ offen. Wegen $G(t_0) = 0 = H(x_0) \in D^*$ ist $t_0 \in G^{-1}(D^*)$. Daher können wir ein offenes Intervall I so wählen, dass $t_0 \in I \subseteq G^{-1}(D^*) \subseteq J$ ist.

Zur Existenz der Lösung: Nach Konstruktion ist die Funktion

$$x : I \longrightarrow D, \quad x(t) := H^{-1}(G(t))$$

wohldefiniert. Es gilt sowohl

$$x'(t) = (H^{-1})'(G(t)) \cdot G'(t) = h(H^{-1}(G(t))) \cdot g(t) = g(t) \cdot h(x(t))$$

---

[4]Zur Erinnerung: Die Stetigkeit einer beliebigen Abbildung $f : X \longrightarrow Y$ zwischen zwei metrischen Räumen X und Y ist äquivalent dazu, dass für alle offenen Teilmengen $V \subseteq Y$ das Urbild $f^{-1}(V)$ offen in X ist. Diese Charakterisierung der Stetigkeit ist so grundlegend, dass man sie sogar zur Definition des Stetigkeitsbegriffs in beliebigen topologischen Räumen heranzieht.

für alle $t \in I$ als auch

$$x(t_0) = H^{-1}(G(t_0)) = H^{-1}(H(x_0)) = x_0,$$

d.h. x ist eine Lösung von (1.7).

Zur Eindeutigkeit: Es sei nun $\widetilde{x} : I \longrightarrow D$ eine beliebige Lösung von (1.7).
Dann gilt $\widetilde{x}(t_0) = x_0$ und

$$\frac{\widetilde{x}'(s)}{h(\widetilde{x}(s))} = g(s) \qquad \text{für alle } s \in I.$$

Durch Integration und nachfolgende Substitution erhalten wir

$$
\begin{aligned}
G(t) = \int_{t_0}^{t} g(s)\,ds &= \int_{t_0}^{t} \frac{\widetilde{x}'(s)}{h(\widetilde{x}(s))}\,ds \\
&= \int_{\widetilde{x}(t_0)}^{\widetilde{x}(t)} \frac{1}{h(\xi)}\,d\xi = \int_{x_0}^{\widetilde{x}(t)} \frac{1}{h(\xi)}\,d\xi = H(\widetilde{x}(t))
\end{aligned}
\tag{1.9}
$$

für alle $t \in I$, und wegen

$$x(t) = H^{-1}(G(t)) = H^{-1}(H(\widetilde{x}(t)) = \widetilde{x}(t) \qquad \text{für alle } t \in I$$

bedeutet dies $\widetilde{x} = x$. Damit ist die Eindeutigkeit der Lösung bewiesen, und
die Gleichungskette in (1.9) enthält insbesondere auch (1.8).   ■

Angenommen, in der Situation von Satz 1.5 gilt $h(x_0) = 0$. Offenbar hat
(1.7) dann zumindest die konstante Lösung $x : J \longrightarrow \mathbb{R}$, $x(t) = x_0$. Diese
ist aber im Allgemeinen in keiner Umgebung von t_0 eindeutig. Manchmal
kann man (1.8) auch in dieser Situation benutzen, um eine weitere Lösung
zu ermitteln.

Die Rechnung (1.9) im obigen Beweis der Eindeutigkeit lässt sich geradezu
als Blaupause für die praktische Durchführung der Methode der Trennung
der Variablen verwenden, wie das folgende Beispiel illustriert.

Beispiel 1.6 (Examensaufgabe)   Es sei $p : \mathbb{R} \longrightarrow \mathbb{R}$ eine stetige Funktion
mit

$$\gamma = \sup_{t \geq 0} \int_0^t p(s)\,ds \in \mathbb{R}.$$

(a) Berechnen Sie für $x_0 \in \mathbb{R}$ die Lösungen $x(t)$ des Anfangswertproblems

$$x'(t) = p(t) \cdot e^{x(t)} \qquad \text{für } t \geq 0, \qquad x(0) = x_0.$$

(b) Beweisen Sie: Ist $1 > \gamma e^{x_0}$, so existiert die Lösung in (a) für alle Zeiten
$t \geq 0$.

Lösung:

(a) Es sei x eine Lösung des gegebenen Anfangswertproblems. Mittels Trennung der Variablen erhält man für alle zulässigen $t \geq 0$

$$\int_0^t p(s)\,ds = \int_0^t \frac{x'(s)}{e^{x(s)}}\,ds = \int_{x_0}^{x(t)} \frac{1}{e^u}\,du = e^{-x_0} - e^{-x(t)},$$

also

$$x(t) = -\log\left(e^{-x_0} - \int_0^t p(s)\,ds\right). \qquad (1.10)$$

Dass es sich dabei tatsächlich um eine Lösung handelt, ist klar. Sie ist definiert für alle $t \geq 0$ mit $\int_0^t p(s)\,ds < e^{-x_0}$.

(b) Es sei $\gamma e^{x_0} < 1$. Dann ist für alle $t \geq 0$

$$e^{-x_0} - \int_0^t p(s)\,ds > \gamma - \int_0^t p(s)\,ds \geq 0$$

nach Definition von γ. Also existiert die Lösung aus (a) für alle $t \geq 0$, denn das Argument des Logarithmus in (1.10) ist stets positiv. $\qquad \square$

Warnung: Eine häufige Fehlerquelle (gerade auch im Examen) bei der Anwendung der Trennung der Variablen resultiert aus einem unreflektierten und missbräuchlichen Umgang mit dem Leibnizschen Differentialkalkül: Dabei wird $x' = \dfrac{dx}{dt}$ geschrieben und die Differentialgleichung $\dfrac{dx}{dt} = g(t) \cdot h(x)$ durch „Multiplikation" mit dt und Division durch $h(x)$ formal in die Gestalt

$$\frac{dx}{h(x)} = g(t)\,dt \qquad (1.11)$$

gebracht, woraus dann durch unbestimmte Integration

$$\int \frac{1}{h(x)}\,dx = \int g(t)\,dt + C$$

mit einer Integrationskonstanten C gefolgert wird. Während die letzte Gleichung korrekt ist (gegenüber (1.8) allerdings den Nachteil hat, dass man die Integrationskonstante noch an die jeweiligen Anfangswerte anpassen muss), sind Schreibweisen wie (1.11) (jedenfalls im Rahmen der elementaren Analysis) mathematisch unsinnig und sollten unbedingt vermieden werden: Wir können das Symbol $\frac{dx}{dt}$ nur als Ganzes benutzen; die Differentiale dx und dt haben keine eigenständige Bedeutung und können insbesondere nicht naiv „multipliziert" oder „gekürzt" werden. – Der von Leibniz eingeführten Notation $\frac{dx}{dt}$ lag ursprünglich die Vorstellung „infinitesimal kleiner", aber dennoch von Null verschiedener Größen dx und dt zugrunde. Diese genügt natürlich nicht den Ansprüchen der modernen Mathematik an logische Klarheit und formale Exaktheit, weswegen für sie in der von Weierstraß begründeten heutigen Analysis kein Platz ist[5]. Es ist im Gegenteil deren Verdienst, durch Einführung der Epsilontik solch vage, unausweichlich in logische Widersprüche führende Vorstellungen obsolet gemacht zu haben. Schreibweisen wie in (1.11) (und analog bei der Ketten- und der Substitutionsregel, welche ja der Methode der Trennung der Variablen zugrundeliegen) sind daher zwar suggestiv und insofern möglicherweise als Merkhilfe nützlich, sie sind aber ohne Beweiswert. Dass sie dennoch das „richtige" Ergebnis liefern, liegt daran, dass die Notationen entsprechend geschickt eingerichtet worden sind.

Nur die wenigsten Typen von Differentialgleichungen lassen sich mit Hilfe von „Rezepten" systematisch lösen. Dies wird oft dadurch verschleiert, dass man sich mit diesen weit überproportional oft beschäftigt – auch weil zu ihnen viele physikalisch bedeutsame zählen. Das wohl wichtigste Beispiel neben den Differentialgleichungen mit getrennten Variablen sind die linearen autonomen Differentialgleichungen; wir behandeln sie ausführlich in den Kapiteln 7 bis 9. In den meisten anderen Fällen hingegen ist es völlig aussichtslos, Lösungen in Form einer expliziten Formel angeben zu wollen[6]. Dies gilt bereits für Systeme von nicht-autonomen linearen Differentialgleichungen und erst recht für nicht-lineare Differentialgleichungen, wenn nicht zufällig spezielle Methoden (wie eben die Trennung der Variablen) oder Tricks (z.B. geschickte Substitutionen) greifen. Deswegen ist es so wichtig, die Existenz von Lösungen abstrakt nachzuweisen, ohne sie konkret ausrechnen zu müssen. Einem ähnlichen Zweck dient ein Großteil der in den folgenden Kapiteln entwickelten Theorie mit ihren Eindeutigkeitsaussagen, Erhaltungsgrößen (Ersten Integralen), Stabilitätsbetrachtungen usw.: Stets geht es darum, zumindest qualitative Aussagen über Lösungen zu gewinnen, die man nicht explizit bestimmen kann.

---

[5]Im Rahmen der von Abraham Robinson (1918–1974) in den 1960er Jahren begründeten *Nicht-Standard-Analysis* kann man formale Definitionen für die Differentiale dx und dt geben, ebenso in der Theorie der Differentialformen. In letzterer haben diese Differentiale allerdings mit „unendlich kleinen" Größen (zunächst) nichts zu tun.

[6]Man kann natürlich numerisch Löungen bestimmen, z.B. mittels des `Mathematica`-Befehls `NDSolve`, und diese graphisch darstellen.

Der nächste Satz kommt mit besonders schwachen Voraussetzungen aus.

Satz 1.7 (Existenzsatz von Peano[7]) *Es sei $J \subseteq \mathbb{R}$ ein offenes, nicht-leeres Intervall, $D \subseteq \mathbb{R}^n$ sei offen und nicht-leer, und $f : J \times D \longrightarrow \mathbb{R}^n$ sei stetig. Dann hat das Anfangswertproblem*

$$x' = f(t, x), \qquad x(t_0) = x_0$$

für jeden Punkt $(t_0, x_0) \in J \times D$ eine Lösung $x : I \longrightarrow D$ auf einem gewissen offenen Teilintervall $I \subseteq J$ mit $t_0 \in I$.

Der Beweis beruht auf dem Satz von Arzelà-Ascoli und ist relativ tiefliegend. Wir führen ihn in den *Weiterführenden Betrachtungen* zu Kapitel 2.

Der Satz von Peano hat den großen Nachteil, dass er nicht die Eindeutigkeit einer Lösung eines Anfangswertproblems auf einem *festen* Intervall garantieren kann.

Beispiel 1.8 Das Anfangswertproblem

$$x' = 2\sqrt{|x|}, \qquad x(0) = 0 \tag{1.12}$$

erfüllt die Voraussetzungen von Satz 1.7, da die rechte Seite $(t, x) \mapsto 2\sqrt{|x|}$ der Differentialgleichung stetig auf $\mathbb{R} \times \mathbb{R}$ ist. Offenbar ist die konstante Funktion 0 eine Lösung. Mittels Trennung der Variablen (oder durch geschicktes Raten) ermittelt man die unendlich vielen weiteren Lösungen $x_{a,b} : \mathbb{R} \longrightarrow \mathbb{R}$, die definiert sind durch

$$x_{a,b}(t) = \begin{cases} -(t-a)^2, & \text{falls } t < a, \\ 0, & \text{falls } a \leq t \leq b, \\ (t-b)^2, & \text{falls } t > b, \end{cases} \tag{1.13}$$

wobei $a, b \in \mathbb{R}$ mit $a \leq 0 \leq b$ beliebig gewählt werden können und (bei sinngemäßer Abwandlung der Definition) auch $a = -\infty$ bzw. $b = +\infty$ möglich ist. Dies ist ein Beispiel für „spontanes Wachstum" (Abb. 1.1).

Um mit der Methode der Trennung der Variablen besser vertraut zu werden, skizzieren wir, wie sich mit ihrer Hilfe alle Lösungen ergeben: Ist x eine in

---

[7]Nach Giuseppe Peano (1858–1932), der sich vor allem durch seine Beiträge zur mathematischen Logik und Mengenlehre und insbesondere durch die Axiomatisierung der natürlichen Zahlen (Peano-Axiome) einen Namen gemacht hat, aber auch durch die Entdeckung raumfüllender Kurven, d.h. stetiger surjektiver Abbildungen von $[0, 1]$ auf $[0, 1] \times [0, 1]$.

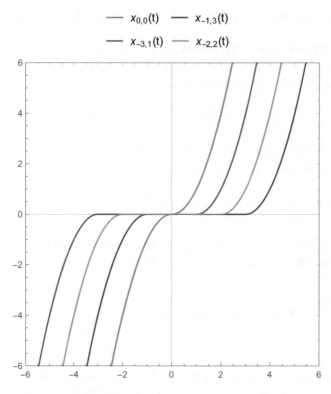

Abb. 1.1: Einige Funktionen der Familie (1.13)

einer Umgebung J von t_0 definierte Lösung mit $x_0 = x(t_0) \neq 0$ und ist J o.B.d.A. so klein gewählt, dass auch $x(t) \neq 0$ für alle $t \in J$ ist, so ist

$$t - t_0 = \int_{t_0}^{t} 1 \, dt = \int_{t_0}^{t} \frac{x'(t)}{2\sqrt{|x(t)|}} \, dt = \int_{x_0}^{x(t)} \frac{du}{2\sqrt{|u|}} = \pm \left(\sqrt{|x(t)|} - \sqrt{|x_0)|} \right)$$

für alle $t \in J$; welches der beiden Vorzeichen vorliegt, hängt davon ab, ob x auf J positiv oder negativ ist, ob also $|x| = x$ oder $|x| = -x$ ist. (Im letzteren Fall wechselt die Stammfunktion aufgrund der Kettenregel ihr Vorzeichen!) Damit ergibt sich

$$x(t) = \pm \left(t - t_0 \pm \sqrt{|x_0|} \right)^2.$$

Die o.g. Parameter a und b entsprechen also $t_0 \mp \sqrt{|x_0|}$. Da das Quadrieren keine Äquivalenzumformung ist, hat man auf diese Weise allerdings nur eine notwendige Bedingung dafür hergeleitet, wie die Lösung aussieht. Einige Möglichkeiten scheiden deswegen aus, weil sie streng monoton fallen, während jede Lösung aufgrund der nicht-negativen rechten Seite der

Differentialgleichung monoton steigen muss. Damit ergeben sich die o.g. Lösungen. Die Bedingung $a \leq 0 \leq b$ rührt daher, dass $x(0) = 0$ gelten soll. Zwar erhält man auch für $a \leq b < 0$ bzw. für $0 < a \leq b$ Lösungen, diese erfüllen aber nicht die Anfangsbedingung.

Nachteil dieses formalen Zugangs ist, dass er recht schwerfällig und aufgrund der Fallunterscheidungen für die Vorzeichen möglicherweise verwirrend ist. In konkreten Examensaufgaben genügt es in Fällen wie diesem völlig, die Lösungen einfach anzugeben, da ja offensichtlich ist, dass sie die Differentialgleichung erfüllen. Dafür reicht im Kern die Beobachtung, dass die „steigenden Äste" von $t \mapsto t^2$ (mit $t \geq 0$) bzw. $t \mapsto -t^2$ (mit $t \leq 0$) Lösungen sind (dies ist offensichtlich); wenn man dann noch berücksichtigt, dass Lösungen zeitlich verschoben werden können (weil die Differentialgleichung autonom ist, siehe Proposition 1.2) und dass es außerdem die Nulllösung gibt, dann wird in natürlicher Weise klar, wie man diese drei Typen von Lösungen zu einer Lösung „verkleben" kann, indem man die Stellen a und b vorgibt, an denen der eine Typ in den anderen übergeht.

Anfangswertprobleme vom Typ (1.12) haben auch eine physikalische Relevanz: Ein mit Wasser gefüllter zylinderförmiger Eimer vom Radius $R > 0$ habe im Boden ein kreisförmiges Loch des Durchmessers $r > 0$, durch welches das Wasser herausfließt. Dessen Geschwindigkeit hängt von der Höhe $x(t)$ des im Eimer verbliebenen Wassers ab. Die Wassermenge, die mit der Geschwindigkeit $v(t)$ durch das Loch fließt, ist natürlich gleich der Wassermenge, die den Eimer verlässt, d.h. es gilt

$$r^2 \pi \cdot v(t) = -R^2 \pi \cdot x'(t) \,. \tag{1.14}$$

Weiterhin ist die potentielle Energie, die verloren geht, wenn eine kleine Menge an Wasser der Masse Δm den Eimer verlässt, gleich der kinetischen Energie der gleichen Menge an Wasser, die durch das Loch fließt. Für hinreichend kleine Δm gilt also näherungsweise

$$\Delta m \cdot g \cdot x \approx \frac{1}{2} \, \Delta m \cdot v^2,$$

wobei g die Fallbeschleunigung ist, die in Meeresspiegelhöhe den Wert $g = 9{,}81 \, \text{m/s}^2$ hat. Für $\Delta m \to 0$ geht dies in eine Gleichheit über, was uns auf $v^2 = 2gx$ führt. Hieraus und aus (1.14) erhalten wir die Differentialgleichung

$$x'(t) = -C\sqrt{|x(t)|} \qquad \text{mit} \qquad C = \sqrt{2g} \cdot \frac{r^2}{R^2} > 0 \,.$$

Dies ist das sog. **Gesetz von Torricelli**[8]. Machen wir die Vorgabe, dass
der Eimer zum Zeitpunkt T leer ist, also $x(T) = 0$ gilt, so ergibt sich das
Anfangswertproblem

$$x'(t) = -C\sqrt{|x(t)|}, \qquad x(T) = 0.$$

Die Tatsache, dass dieses unendlich viele Lösungen auf $\mathbb{R}$ hat, spiegelt die
Möglichkeit wider, dass der Eimer bereits zu jedem früheren Zeitpunkt als
T leergelaufen sein kann. $\square$

Beispiel 1.9 (Examensaufgabe)   Wir wollen Existenz und Eindeutigkeit
globaler Lösungen $x : \mathbb{R} \longrightarrow \mathbb{R}$ der Anfangswertprobleme

$$x'(t) = 2\sqrt{|x(t)|} \cdot \cos t, \qquad x(0) = c$$

für $c \geq 0$ diskutieren. Unter einer globalen Lösung verstehen wir dabei stets
eine Lösung, die auf ganz $\mathbb{R}$ definiert ist.

(a) Bestimmen Sie für jedes $c > 1$ eine globale Lösung des entsprechenden
    Anfangswertproblems. Warum ist diese dessen einzige globale Lösung?

(b) Geben Sie für jedes $c \in [0, 1]$ jeweils zwei verschiedene globale Lösun-
    gen des Anfangswertproblems an.

Lösung:

(a) Es sei ein $c > 1$ fixiert. Es sei $x : I \longrightarrow \mathbb{R}$ eine Lösung unseres An-
    fangswertproblems auf einem offenen Intervall I um 0 mit $x(t) \neq 0$
    für alle $t \in I$. Wegen $x(0) = c > 0$ ist dann aufgrund des Zwischen-
    wertsatzes auch $x(t) > 0$ und somit $|x(t)| = x(t)$ für alle $t \in I$. Mittels
    Trennung der Variablen erhält man daher für alle $t \in I$

$$\sin t = \int_0^t \cos s \, ds = \int_0^t \frac{x'(s)}{2\sqrt{x(s)}} \, ds = \int_{x(0)}^{x(t)} \frac{du}{2\sqrt{u}} = \sqrt{x(t)} - \sqrt{c},$$

    also

$$x(t) = \left(\sin t + \sqrt{c}\right)^2.$$

    Offensichtlich ist hierdurch tatsächlich eine auf ganz $\mathbb{R}$ definierte
    Lösung des Anfangswertproblems gegeben. Diese Betrachtung zeigt
    zudem die Eindeutigkeit *nullstellenfreier* Lösungen.

---

[8]Nach Evangelista Torricelli (1608–1647), der auch als Erfinder des Quecksilber-
Barometers und als einer der Wegbereiter der Infinitesimalrechnung in die Annalen der
Wissenschaftsgeschichte eingegangen ist.

Nun sei auch $y : \mathbb{R} \longrightarrow \mathbb{R}$ eine globale Lösung des Anfangswertproblems. Falls y nullstellenfrei ist, folgt mit dem bereits Gezeigten $y \equiv x$. Es bleibt also noch der Fall zu betrachten, dass y eine Nullstelle hat. O.B.d.A. dürfen wir annehmen, dass diese positiv ist. Aus Stetigkeitsgründen hat y dann auch eine kleinste positive Nullstelle t_0.

> Die Menge der Nullstellen von y ist nämlich – als Urbild der abgeschlossenen Menge $\{0\}$ unter der stetigen Funktion y – abgeschlossen. Da zudem $y(0) = c \neq 0$ ist, besitzt sie ein kleinstes positives Element.

Es ist also $y(t) \neq 0$ für alle $t \in [0, t_0)$, so dass wir mit unseren obigen Überlegungen auf $y(t) = x(t)$ für alle $t \in [0, t_0)$ schließen können. Wiederum aus Stetigkeitsgründen folgt dann aber auch $x(t_0) = y(t_0) = 0$. Dies ist ein Widerspruch zu $x(t) \geq (\sqrt{c} - 1)^2 > 0$.

Damit ist die Eindeutigkeit der Lösung x gezeigt.

(b) Nun sei $0 \leq c \leq 1$. Zur Abkürzung setzen wir $a := \arcsin \sqrt{c} \in [0, \frac{\pi}{2}]$. Dann sind zwei verschiedene Lösungen des Anfangswertproblems gegeben durch

$$x_1(t) := \begin{cases} (\sin t + \sqrt{c})^2 & \text{für } -a \leq t \leq \pi + a, \\ 0 & \text{sonst,} \end{cases}$$

$$x_2(t) := \begin{cases} (\sin t + \sqrt{c})^2 & \text{für } -a \leq t \leq \pi + a, \\ -(\sin t + \sqrt{c})^2 & \text{für } \pi + a < t \leq 2\pi - a, \\ 0 & \text{sonst.} \end{cases}$$

Begründung: Dass die Differentialgleichung und die Anfangsbedingung erfüllt sind, prüft man direkt nach. Dabei ist zu beachten, dass $\sin t + \sqrt{c} \leq 0$ für $\pi + a \leq t \leq 2\pi - a$ ist, so dass für diese t

$$\sqrt{\left| -(\sin t + \sqrt{c})^2 \right|} = -(\sin t + \sqrt{c})$$

gilt. Dass x_1 und x_2 überall differenzierbar sind, ist dadurch gesichert, dass $t \mapsto (\sin t + \sqrt{c})^2$ an den „Nahtstellen" $t = -a$, $t = \pi + a$ und $t = 2\pi - a$ den Wert 0 und die Ableitung 0 hat.

Die Wahl von x_1 und x_2 ist natürlich durch die Ergebnisse aus (a) inspiriert. Man kann auch im Fall $0 \leq c \leq 1$ Lösungen mittels Trennung der Variablen bestimmen, gerät dabei allerdings aufgrund der durch den Absolutbetrag verursachten Vorzeichenproblematik in recht unangenehme Fallunterscheidungen. Da es nicht verlangt ist, *sämtliche*

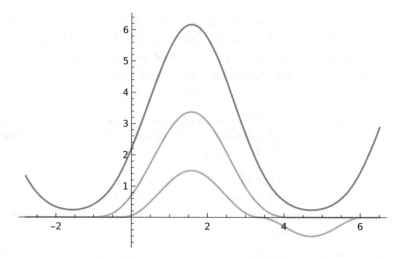

Abb. 1.2: Zu Beispiel 1.9: die Graphen der Lösungen x aus (a) für $c = 2{,}2$ (blau) und x_1 bzw. x_2 aus (b) für $c = 0{,}7$ (orange) bzw. $c = 0{,}05$ (grün)

Lösungen zu bestimmen, empfiehlt es sich, dies zu vermeiden und stattdessen die in (a) gefundene Lösung x an den Fall $0 \le c \le 1$ „anzupassen". $\qquad\qquad\qquad\qquad\qquad\qquad\qquad\qquad\qquad\qquad\qquad$ $\square$

Warum stellt es eine Komplikation dar, wenn es zu einem gegebenen Anfangswertproblem mehrere Lösungen gibt? Warum ist Eindeutigkeit so wichtig bzw. wünschenswert? Um ein Gefühl für diese Problematik zu bekommen, lohnt es sich, zwei Beispiele zu betrachten.

Beispiel 1.10 In der Physik tauchen Differentialgleichungen zur Beschreibung von Naturgesetzen auf (siehe hierzu ausführlich Kapitel 16). Wir betrachten ein (x, y)-Koordinatensystem, in dem die Gravitation (mit konstanter Fallbeschleunigung $g > 0$) in negativer y-Richtung wirkt. Dann lässt sich ein schiefer Wurf nach den Newtonschen Gesetzen durch das Anfangswertproblem

$$\begin{pmatrix} x'' \\ y'' \end{pmatrix} = \begin{pmatrix} 0 \\ -g \end{pmatrix}, \qquad \begin{pmatrix} x \\ y \end{pmatrix}(0) = p_0, \qquad \begin{pmatrix} x' \\ y' \end{pmatrix}(0) = v_0 \qquad (1.15)$$

beschreiben. Experimente zeigen, dass die Flugbahn durch den Anfangspunkt p_0 und die Anfangsgeschwindigkeit v_0 vorherbestimmt ist. Damit die mathematische Theorie diese Beobachtung abbildet, ist es entscheidend, dass (1.15) auf jedem Intervall um 0 eindeutig lösbar ist. $\qquad\qquad$ $\square$

Beispiel 1.11 Differentialgleichungen sind in der Mathematik ein wichtiges Werkzeug, um neue Funktionen mit interessanten Eigenschaften zu konstruieren. Ein sehr einfaches Beispiel ist die Exponentialfunktion $\exp :$ $\mathbb{R} \longrightarrow \mathbb{R}$, die man statt über die Exponentialreihe auch als Lösung des Anfangswertproblems

$$x' = x, \quad x(0) = 1 \tag{1.16}$$

definieren könnte. Dies ist aber nur dann zielführend, wenn (1.16) auf $\mathbb{R}$ eindeutig lösbar ist: Man möchte, dass die Differentialgleichung charakteristisch für die neue Funktion ist. Weniger triviale Beispiele für dieses Vorgehen liefern verschiedene Klassen von orthogonalen Polynomen, die u.a. für die theoretische Physik bedeutsam sind, wie etwa die Lagrange-, Hermite-Laguerre- und Tschebyschew-Polynome: Sie alle lassen sich als Lösungen spezieller Diffferentialgleichungen beschreiben bzw. definieren. □

Bemerkung 1.12 (Eulersches Polygonzugverfahren) Da man Differentialgleichungen i.Allg. nicht explizit lösen kann, muss man sich oft damit begnügen, mittels numerischer Verfahren zumindest eine (mehr oder minder stark fehlerbehaftete) Näherungslösung zu berechnen. Das einfachste und älteste solche Verfahren ist das 1768 von Euler eingeführte Polygonzugverfahren. Um seine Grundidee zu verstehen, fassen wir die Differentialgleichung als Bewegungsgleichung für ein Objekt (ein Teilchen, Auto, Flugzeug etc.) auf. Sie gibt dann zu jedem Zeitpunkt an, in welche Richtung und mit welcher Geschwindigkeit sich das Objekt bewegt (sofern es der Differentialgleichung gehorcht). Genauer: Ist $x : I \longrightarrow \mathbb{R}^n$ eine Lösung des Anfangswertproblems

$$x' = f(t, x), \qquad x(t_0) = x_0$$

mit zumindest stetigem $f : J \times D \longrightarrow \mathbb{R}^n$, so gibt $x'(t_*) = f(t_*, x(t_*))$ den Tangentialvektor an die Bahn von x zur Zeit t_* und im Punkt $x(t_*)$ an, und dieser enthält die Information über Betrag und Richtung des Vektors der Momentangeschwindigkeit zur Zeit t_*. (Eingehender werden wir diese Vorstellung in Abschnitt 4.2 diskutieren.) Um das Anfangswertproblem approximativ zu lösen, starten wir zur Zeit t_0 im Punkt x_0 und „laufen" ein kurzes Stückchen, bis zum Zeitpunkt t_1, geradlinig in die durch $f(t_0, x_0)$ gegebene Richtung, mit der Geschwindigkeit $\|f(t_0, x_0)\|$. Am dann erreichten Endpunkt x_1 korrigieren wir die Laufrichtung: Wir laufen in Richtung $f(t_1, x_1)$ weiter (und mit der durch die Norm dieses Vektors gegebenen Geschwindigkeit), bis zum Zeitpunkt t_2, in dem wir in einem Punkt x_2 angelangt sind. Dort aktualisieren wir den Geschwindigkeitsvektor erneut, zu $f(t_2, x_2)$ usw.

Man kann hoffen, auf diese Weise eine brauchbare Approximation an die tatsächliche Lösung zu gewinnen. Diese Hoffnung ist um so eher berechtigt, je kleiner wir die Schrittweite wählen. In gewisser Weise kommt das Polgonzugverfahren dem (nicht zu empfehlenden!) Versuch gleich, mit geschlossenen Augen Auto zu fahren, wobei man die Augen in regelmäßigen Abständen kurz öffnet, um die Richtung zu korrigieren: Je kürzer die Zeitintervalle zwischen diesen einzelnen Korrekturen sind, desto leichter lässt es sich vermeiden, in Schlangenlinien zu fahren oder gar völlig von der Straße abzukommen.

Ganz treffend ist diese Analogie freilich nicht: Beim Autofahren ist in aller Regel der „richtige" Weg durch den Straßenverlauf vorgegeben; wenn man sich ein wenig von ihm entfernt hat, kann man dies durch geeignete Korrekturmanöver, die in Richtung Fahrbahnmitte zurückführen, ausgleichen. Beim Polygonzugverfahren hingegen kennt man die korrekte Lösung nicht und kann daher auch nicht zu ihr hinlenken[9]. Vielmehr muss man hier damit rechnen, dass einmal eingetretene Abweichungen Bestand haben und sich im Laufe der Zeit immer weiter vergrößern. Man muss also gewissermaßen darauf hoffen, dass die Straße sehr breit ist und dadurch auch größere Abweichungen zu keinem Unglück führen.

Konkret umsetzen lässt sich das Polygonzugverfahren wie folgt: Ist $x : I \longrightarrow \mathbb{R}^n$ eine exakte Lösung des Anfangswertproblems mit $I = [a, b]$ und $a < t_0 < b$, so zerlegen wir das Intervall $I_+ := [t_0, b]$ durch die Einführung von Teilpunkten $t_1, \ldots, t_m$ mit $t_0 < t_1 < \cdots < t_m = b$ in m Teilintervalle $[t_k, t_{k+1}]$ $(k = 0, \ldots, m-1)$. (Für $I_- := [a, t_0]$ kann man analog vorgehen.) Es seien $h_k := t_{k+1} - t_k$ die Längen dieser Teilintervalle. Für $h \to 0$ gilt

$$x(t_k + h) = x(t_k) + h \cdot x'(t_k) + o(h) = x(t_k) + h \cdot f(t_k, x(t_k)) + o(h)$$

mit dem **Landau-Symbol** $o(\,\cdot\,)$; hierbei stellt „$r(s) = o(\varphi(s))$ für $s \to 0$" eine Kurzschreibweise für $\lim_{s \to 0} \frac{r(s)}{\varphi(s)} = 0$ dar.

Damit können wir die unbekannten Werte $x(t_k)$ wie folgt annähern: Haben wir – ausgehend von $x(t_0) = x_0$ – bereits Approximationen $x_j \approx x(t_j)$ für

---

[9]In der Terminologie der Kybernetik: Beim Autofahren liegt – entgegen der landläufigen Sprechweise – eine *Regelung* vor, die durch eine Rückkopplungsschleife charakterisiert ist: Der Ist-Wert wird ständig mit dem Soll-Wert verglichen, und in Abhängigkeit von der Differenz zwischen beiden werden geeignete Ausgleichsmaßnahmen ergriffen. Das Polygonzugverfahren hingegen entspricht lediglich einer *Steuerung*, bei der es keine solchen Ausgleichsmaßnahmen gegen Störungen gibt. – Die mathematische Modellierung von Regelungsvorgängen ist Gegenstand der *Kontrolltheorie*.

$j = 0, \ldots, k$ gefunden, so approximieren wir

$$\begin{aligned} x(t_{k+1}) = x(t_k + h_k) &\approx x(t_k) + h_k \cdot f(t_k, x(t_k)) \\ &\approx x_k + h_k \cdot f(t_k, x_k). \end{aligned}$$

Auf diese Weise erhalten wir die Iterationsvorschrift

$$x_{k+1} := x_k + h_k \cdot f(t_k, x_k) \qquad \text{für alle } k = 0, \ldots, m-1.$$

Die gesuchte Näherungslösung $x^* : I \longrightarrow \mathbb{R}^n$ ergibt sich hieraus durch lineare Interpolation der Werte x_k und x_{k+1} auf den Intervallen $[t_k, t_{k+1}]$, d.h. indem man

$$x^*(t) := x_k + \frac{t - t_k}{h_k} \cdot (x_{k+1} - x_k) \qquad \text{für } t \in [t_k, t_{k+1}]$$

setzt. Mathematisch läuft das Polygonzugverfahren also auf (stückweise) lineare Approximationen (d.h. Taylor-Approximationen erster Ordnung) von Lösungen der Differentialgleichung hinaus.

Wie wir oben festgestellt haben, müssen die Schrittweiten h_k hinreichend klein gewählt werden, um brauchbare Ergebnisse zu erhalten. Eine sehr einfache Umsetzung des Verfahrens besteht darin, die Teilpunkte t_k äquidistant zu wählen, so dass alle h_k gleich sind. Wesentlich geschickter ist es, die Schrittweite an die aktuellen „Gegebenheiten" anzupassen. So liegt es nahe, h_k kleiner zu wählen, wenn $\|f(t_k, x_k)\|$ groß ist oder wenn $f(t_k, x_k)$ gegenüber $f(t_{k-1}, x_{k-1})$ stark variiert hat – so wie man beim Autofahren die Lenkradstellung um so engmaschiger und feinfühliger kontrollieren und ggf. korrigieren muss, je schneller man fährt und je kurviger der Fahrbahnverlauf ist. Diese sog. *Schrittweitensteuerung* stellt eine wichtige Aufgabe der numerischen Mathematik dar.

Das Eulersche Polygonzugverfahren ist mehr von didaktischer als von praktischer Relevanz. Sein Nachteil ist, dass es lediglich ein Verfahren der Ordnung 1 und damit vergleichsweise grob ist: Der globale Fehler, d.h. die Differenz zwischen exakter Lösung und Näherungslösung (gemessen z.B. in der Maximumsnorm, vgl. (2.5)), ist ungefähr proportional zur Schrittweite, wird also nur mit deren *erster* Potenz klein. Auf der Suche nach genaueren Verfahren bieten sich zweierlei Verfeinerungen an:

- Man kann für die Berechnung des jeweils nächsten Näherungswertes x_{k+1} nicht nur den letzten Näherungswert x_k heranziehen, sondern auch die davor bestimmten. (Solche Verfahren bezeichnet man als **Mehrschrittverfahren**, während das Euler-Verfahren ein **Ein-schrittverfahren** darstellt.) Anschaulich gesprochen erhält man auf diese Weise Informationen, wie sich die „Fahrtrichtung" zuletzt verändert hat, wie stark also der „Straßenverlauf" aktuell gekrümmt ist, welche man dann ein Stückchen in die Zukunft extrapolieren kann.

- Wir haben oben $f(t_k, x_k)$ als Näherung für den Tangentialvektor im Punkt x_k verwendet. Dies hat den Nachteil, dass dieser Tangential-vektor sehr schnell „veraltet". Geschickter ist es, auch hier ein we-nig „in die Zukunft zu blicken" – so wie man sich beim Autofahren auch von den nächsten 10 bis 100 Metern des Straßenverlaufs leiten lässt: Beispielsweise könnte man auf dem Zeitintervall $[t_k, t_{k+1}]$ als näherungsweisen Tangentialvektor $f\left(t_k + \frac{h_k}{2}, \xi_k\right)$ verwenden, wobei ξ_k eine grobe Näherung an $x\left(t_k + \frac{h_k}{2}\right)$ ist – etwa die, die man mit dem ursprünglichen Euler-Verfahren für die halbe Schrittweite $\frac{h_k}{2}$ erhält. Diese Grundidee lässt sich noch wesentlich verallgemeinern und führt auf die sog. **Runge-Kutta-Verfahren**.

Selbstverständlich lassen sich diese beiden Ansätze auch miteinander kom-binieren. Auf diese Weise gelangt man zu Verfahren höherer Ordnung, bei denen sich der globale Fehler durch höhere Potenzen der Schrittweite abschätzen lässt und die folglich wesentlich leistungsfähiger sind.   □

2 Eindeutigkeit und lokale Existenz von Lösungen

2.1 Globale Eindeutigkeit von Lösungen

Im Beispiel 1.8 ist die rechte Seite $f(t, x) = 2\sqrt{|x|}$ der Differentialgleichung zwar stetig, jedoch strebt die (für alle $x \neq 0$ existierende) partielle Ableitung nach der Ortsvariablen, nämlich

$$\frac{\partial f}{\partial x}(t, x) = \begin{cases} \frac{1}{\sqrt{|x|}}, & \text{falls } x > 0, \\ -\frac{1}{\sqrt{|x|}}, & \text{falls } x < 0, \end{cases}$$

für $x \to 0$ gegen $\pm\infty$. Zu allen $x_1, x_2 \in (0, \infty)$ mit $x_1 \neq x_2$ gibt es nach dem Mittelwertsatz ein ξ zwischen x_1 und x_2 mit

$$\frac{f(t, x_1) - f(t, x_2)}{x_1 - x_2} = \frac{\partial f}{\partial x}(t, \xi). \tag{2.1}$$

Folglich kann (2.1) beliebig groß werden, wenn x_1 und x_2 nur genügend nahe bei 0 liegen. Es stellt sich heraus, dass die eindeutige Lösbarkeit eines Anfangswertproblems

$$x' = f(t, x), \qquad x(t_0) = x_0$$

gewährleistet werden kann, sofern die linke Seite von (2.1) beschränkt bleibt. Funktionen mit dieser Eigenschaft nennt man Lipschitz-stetig[10]. Die nachstehende Definition überträgt den aus der eindimensionalen Analysis bekannten Begriff in den für unsere Zwecke relevanten mehrdimensionalen Kontext. Zur Abstandsmessung im $\mathbb{R}^n$ oder auch $\mathbb{C}^n$ dient uns dabei die **euklidische Norm**[11]

$$\|x\| := \sqrt{\sum_{k=1}^{n} |x_k|^2} \qquad \text{für alle } x = (x_1, \ldots, x_n) \in \mathbb{R}^n \text{ bzw. } x \in \mathbb{C}^n.$$

---

[10]Nach Rudolf Lipschitz (1832–1903), der die Bedeutung der Dehnungsbeschränktheit für die Theorie der Differentialgleichungen erkannt hat.

[11]Im Folgenden verwenden wir die Notation $\|\cdot\|$ mitunter auch für andere Normen. Sofern nichts anderes angegeben, ist damit aber stets die euklidische Norm gemeint. Für diese sind auch andere Bezeichnungen wie $\|\cdot\|_2$, $|\cdot|_2$ oder auch $|\cdot|$ gebräuchlich.

© Der/die Autor(en), exklusiv lizenziert an
Springer-Verlag GmbH, DE, ein Teil von Springer Nature 2024
J. Grahl et al., *Gewöhnliche Differentialgleichungen*

Mit

$$U_r(x_0) := \{x \in \mathbb{R}^n : \|x - x_0\| < r\}, \quad B_r(x_0) := \{x \in \mathbb{R}^n : \|x - x_0\| \leq r\}$$

bezeichnen wir die offene bzw. abgeschlossene Kugel mit Radius $r > 0$ und Mittelpunkt $x_0 \in \mathbb{R}^n$. Gelegentlich verwenden wir dieselbe Notation auch für die Kugeln in beliebigen metrischen Räumen.

Definition 2.1   *Es sei $G \subseteq \mathbb{R} \times \mathbb{R}^n$ eine nicht-leere Menge. Man sagt, eine Abbildung $f : G \longrightarrow \mathbb{R}^m$, $(t,x) \mapsto f(t,x)$ erfüllt eine **Lipschitz-Bedingung bezüglich x** oder ist **dehnungsbeschränkt bezüglich x** auf G, wenn es eine Konstante $L > 0$ gibt mit*

$$\|f(t,x_1) - f(t,x_2)\| \leq L \cdot \|x_1 - x_2\| \qquad \textit{für alle } (t,x_1),(t,x_2) \in G.$$

*In diesem Fall nennt man L eine **Lipschitz-Konstante** oder **Dehnungs-schranke** von f bezüglich x auf G.*

*Die Abbildung $f : G \longrightarrow \mathbb{R}^m$ heißt **lokal Lipschitz-stetig bezüglich x**, falls jeder Punkt $(t_0,x_0) \in G$ eine Umgebung U besitzt, so dass die Restriktion $f|_{U \cap G}$ einer Lipschitz-Bedingung bezüglich x auf $U \cap G$ genügt.*

Im Falle lediglich lokaler Lipschitz-Stetigkeit findet man also i.Allg. keine „globale", auf ganz G gültige Lipschitz-Konstante, sondern diese wird typischerweise zum Rand hin schlechter werden. – Die Bezeichnungen sind in der Literatur nicht einheitlich: Der Begriff der Lipschitz-Stetigkeit wird sowohl im Sinne *lokaler* als auch im Sinne *globaler* Lipschitz-Stetigkeit verwendet. Wir empfehlen daher, zur Vermeidung von Unklarheiten stets das Attribut „lokal" bzw. „global" hinzuzufügen.

Statt „bezüglich x" kann man auch Sprechweisen wie „bezüglich der zweiten Variablen / der Ortsvariablen / der Nicht-Zeitvariablen" benutzen. Diese haben den Vorteil, dass sie nicht davon abhängen, welcher Buchstabe für die Ortsvariable verwendet wird.

Beispiel 2.2   Die Funktion $f : \mathbb{R} \times [0,\infty) \longrightarrow \mathbb{R}$, $f(t,x) = t\sqrt{x}$ ist lokal Lipschitz-stetig bezüglich x auf $\mathbb{R} \times (0,\infty)$, aber nicht auf $\mathbb{R} \times [0,\infty)$.

Begründung: Es seien ein $x_0 > 0$ und ein $t_0 \in \mathbb{R}$ gegeben. Hierzu kann man ein $\varepsilon > 0$ mit $x_0 - \varepsilon > 0$ wählen. Dann gilt für alle $x_1, x_2 \geq x_0 - \varepsilon$ und alle $t \in (t_0 - 1, t_0 + 1)$

$$|f(t,x_1) - f(t,x_2)| = |t| \cdot |\sqrt{x_1} - \sqrt{x_2}| = \frac{|t| \cdot |x_1 - x_2|}{\sqrt{x_1} + \sqrt{x_2}} \leq \frac{|t_0| + 1}{2\sqrt{x_0 - \varepsilon}} \cdot |x_1 - x_2|.$$

Dies bedeutet, dass f in der Umgebung $U = (t_0 - 1, t_0 + 1) \times (x_0 - \varepsilon, \infty)$ von (t_0, x_0) eine Lipschitz-Bedingung erfüllt.

Nun sei U eine (beliebig kleine) Umgebung von $(t_0, 0)$. Es gibt dann ein $t^* \neq 0$ und ein $N \in \mathbb{N}$ mit $\left(t^*, \frac{1}{n^2}\right) \in U$ für alle $n \geq N$ sowie $(t^*, 0) \in U$. (Hierbei kann man „fast immer" $t^* = t_0$ wählen, es sei denn, es ist $t_0 = 0$.) Für $x_1 = \frac{1}{n^2}$ mit beliebig großem $n \geq N$ und $x_2 = 0$ gilt nunmehr

$$|f(t^*, x_1) - f(t^*, x_2)| = |t^* \sqrt{x_1} - 0| = \frac{|t^*|}{n} = n \cdot |t^*| \cdot |x_1 - x_2|$$

und $(t^*, x_1), (t^*, x_2) \in U$, so dass f in U keiner Lipschitz-Bedingung genügen kann. $\qquad\square$

Zweck dieses Beispiels ist es, mit den neuen Begrifflichkeiten vertraut zu werden. Das darin präsentierte Vorgehen zur Überprüfung der Lipschitz-Stetigkeit ist freilich sehr umständlich und für praktische Anwendungen wenig geeignet. Angesichts der überragenden Bedeutung der Voraussetzung der Lipschitz-Stetigkeit für fast alle unserer künftigen Betrachtungen benötigen wir ein leichter handhabbares Kriterium. Dazu stellen wir folgende Vorüberlegung an:

Für eine differenzierbare Funktion $f : I \longrightarrow \mathbb{R}$ auf einem reellen Intervall I wissen wir aus der eindimensionalen Analysis, dass sie genau dann dehnungsbeschränkt ist, wenn ihre Ableitung beschränkt ist, und dass in diesem Fall jede Schranke für den Betrag der Ableitung eine Dehnungsschranke für f liefert. Denn die Dehnungsbeschränktheit von f bedeutet anschaulich, dass die *Sekanten*steigungen von f beschränkt sind, und die Werte von f' lassen sich als *Tangenten*steigungen interpretieren. Da nach dem Mittelwertsatz jede Sekantensteigung als Tangentensteigung auftritt, impliziert die Beschränktheit der Tangentensteigungen die der Sekantensteigungen, während die Umkehrung direkt aus der Definition der Differenzierbarkeit folgt. Dieser Grundgedanke, der auch bei der einführenden Betrachtung zu Beginn dieses Abschnitts, in (2.1) Pate gestanden hat, lässt sich in unseren mehrdimensionalen Kontext übertragen – auch wenn hier die Veranschaulichung durch Sekanten- und Tangentensteigungen nicht mehr möglich ist und die Dinge ein wenig technischer werden. Wir beginnen mit einer einfachen Abschätzung, die sich im Folgenden immer wieder als nützlich erweist.

Proposition 2.3   *Für jede Matrix $A = (a_{jk})_{j,k} \in \mathbb{C}^{m \times n}$ gilt*

$$\|Ax\| \leq \sqrt{\sum_{j=1}^{m} \sum_{k=1}^{n} |a_{jk}|^2} \cdot \|x\| \qquad \text{für alle } x \in \mathbb{C}^n.$$

Beweis. Da die j-te Komponente des Vektors Ax durch $\displaystyle\sum_{k=1}^{n} a_{jk}x_k$ gegeben ist, folgt mit der Cauchy-Schwarzschen Ungleichung[12]

$$\|Ax\|^2 = \sum_{j=1}^{m}\left|\sum_{k=1}^{n} a_{jk}x_k\right|^2$$

$$\leq \sum_{j=1}^{m}\left(\sum_{k=1}^{n}|a_{jk}|^2 \cdot \sum_{k=1}^{n}|x_k|^2\right) = \sum_{j=1}^{m}\sum_{k=1}^{n}|a_{jk}|^2 \cdot \|x\|^2$$

für alle $x \in \mathbb{C}^n$. Durch Wurzelziehen ergibt sich die Behauptung. ∎

Auch die folgende Notation werden wir immer wieder benötigen.

Notation: Es seien offene Mengen $U \subseteq \mathbb{R}^p$, $V \subseteq \mathbb{R}^q$ und eine Abbildung $f : U \times V \longrightarrow \mathbb{R}^m$ gegeben. Die Variablen in U seien mit $x = (x_1, \ldots, x_p)$ und diejenigen in V mit $y = (y_1, \ldots, y_q)$ bezeichnet. Falls für ein festes $y \in V$ die Abbildung $x \mapsto f(x, y)$ (total) differenzierbar ist, setzen wir

$$D_x f(x, y) := \begin{pmatrix} \frac{\partial f_1}{\partial x_1} & \cdots & \frac{\partial f_1}{\partial x_p} \\ \vdots & & \vdots \\ \frac{\partial f_m}{\partial x_1} & \cdots & \frac{\partial f_m}{\partial x_p} \end{pmatrix}(x, y)$$

für alle $x \in U$. Analog erklären wir $D_y f(x, y)$ im Falle der (totalen) Differenzierbarkeit von $y \mapsto f(x, y)$ für festes $x \in U$. Es handelt sich hierbei also um die Jacobi-Matrizen der Abbildungen $x \mapsto f(x, y)$ bzw. $y \mapsto f(x, y)$. – Sie sind zu unterscheiden vom **totalen Differential** $\mathcal{D}f(x, y)$, welches eine *lineare Abbildung* und keine *Matrix* ist. □

---

[12]Zur Erinnerung: Ist V ein reeller oder komplexer Vektorraum mit einem (euklidischen oder unitären) Skalarprodukt $\langle \cdot, \cdot \rangle$, so gilt nach der Cauchy-Schwarzschen Ungleichung

$$|\langle v, w \rangle| \leq \sqrt{\langle v, v \rangle}\sqrt{\langle w, w \rangle} = \|v\| \cdot \|w\| \qquad \text{für alle } v, w \in V,$$

wobei $\|\cdot\|$ die durch $\langle \cdot, \cdot \rangle$ induzierte Norm ist. Für den $\mathbb{R}^n$ und $\mathbb{C}^n$ mit dem Standard-Skalarprodukt gilt speziell

$$\left|\sum_{k=1}^{n} v_k w_k\right| \leq \sqrt{\sum_{k=1}^{n}|v_k|^2} \cdot \sqrt{\sum_{k=1}^{n}|w_k|^2} \qquad \text{für alle } v, w \in \mathbb{C}^n.$$

Satz 2.4 *Es sei $G \subseteq \mathbb{R} \times \mathbb{R}^n$ eine nicht-leere Menge, und es sei $f : G \longrightarrow \mathbb{R}^m$, $(t, x) \mapsto f(t, x)$ eine Abbildung.*

(a) *Ist G offen und f bezüglich x stetig differenzierbar[13], so ist f lokal Lipschitz-stetig bezüglich x.*

(b) *Ist $K \subseteq G$ kompakt sowie f stetig und bezüglich x lokal Lipschitz-stetig auf K, so erfüllt f auf K eine Lipschitz-Bedingung bezüglich x.*

Beweis.

(a) Nach Voraussetzung ist $D_x f : G \longrightarrow \mathbb{R}^{m \times n}$ stetig. Wir fixieren ein $(t_0, x_0) \in G$. Wegen der Offenheit von G können wir ein $r > 0$ so wählen, dass

$$B := [t_0 - r, t_0 + r] \times B_r(x_0) \subseteq G.$$

Wir zeigen, dass f auf B einer Lipschitz-Bedingung genügt. Da die Einträge von $D_x f = (a_{jk})_{j,k}$ stetige Funktionen sind, sind ihre Beträge auf der kompakten Menge B durch eine Konstante $L > 0$ nach oben beschränkt. Für alle $(t, x) \in B$ und alle $v \in \mathbb{R}^n$ folgt daher mit Proposition 2.3

$$\|D_x f(t, x) v\| \leq \sqrt{\sum_{j=1}^{m} \sum_{k=1}^{n} |a_{jk}(t, x)|^2} \cdot \|v\| \leq L\sqrt{nm} \cdot \|v\|.$$

Für fest gewählte $(t, x_1), (t, x_2) \in B$ sei $\varphi : [0, 1] \longrightarrow \mathbb{R}^m$ definiert durch

$$\varphi(s) := f(t, x_1 + s(x_2 - x_1));$$

wesentlich hierfür ist, dass die durch $s \mapsto (t, x_1 + s(x_2 - x_1))$ für $0 \leq s \leq 1$ parametrisierte Verbindungsstrecke von (t, x_1) und (t, x_2) wegen der Konvexität von B ganz in B und damit in G liegt, so dass φ wohldefiniert ist.

Mit der Kettenregel ergibt sich

$$\varphi'(s) = D_x f(t, x_1 + s(x_2 - x_1))(x_2 - x_1)$$

und somit

---

[13]Dies bedeutet, dass sämtliche partiellen Ableitungen $(t, x) \mapsto \frac{\partial f_j}{\partial x_k}(t, x)$ der Komponentenfunktionen f_j nach den Variablen x_k existieren und stetig sind – und zwar auch stetig bezüglich t.

$$\|f(t, x_2) - f(t, x_1)\| = \|\varphi(1) - \varphi(0)\| = \left\| \int_0^1 \varphi'(s)\, ds \right\|$$

$$= \left\| \int_0^1 D_x f(t, x_1 + s(x_2 - x_1))(x_2 - x_1)\, ds \right\|$$

$$\leq^{14} \int_0^1 \|D_x f(t, x_1 + s(x_2 - x_1))(x_2 - x_1)\|\, ds$$

$$\leq \int_0^1 L\sqrt{nm} \cdot \|x_2 - x_1\|\, ds$$

$$= L\sqrt{nm} \cdot \|x_2 - x_1\|$$

für alle $(t, x_1), (t, x_2) \in B$.

(b) Da f stetig ist, gibt es ein $M > 0$ mit $\|f(t, x)\| \leq M$ für alle $(t, x) \in K$. Wir nehmen an, f erfülle keine Lipschitz-Bedingung bezüglich x auf K. Für jedes $k \in \mathbb{N}$ gibt es dann Punkte $(t_k, x_k), (t_k, y_k) \in K$ mit

$$\|f(t_k, x_k) - f(t_k, y_k)\| > k \cdot \|x_k - y_k\|. \tag{2.2}$$

Da K kompakt ist, können wir nach eventueller Auswahl von Teilfolgen annehmen, dass $(t_k, x_k) \to (t_0, x_0) \in K$ und $(t_k, y_k) \to (t_0, y_0) \in K$ für $k \to \infty$ gilt. Es folgt

$$\|x_0 - y_0\| = \lim_{k \to \infty} \|x_k - y_k\| \leq \limsup_{k \to \infty} \frac{1}{k} \|f(t_k, x_k) - f(t_k, y_k)\|$$

$$\leq \limsup_{k \to \infty} \frac{1}{k} (\|f(t_k, x_k)\| + \|f(t_k, y_k)\|) \leq \lim_{k \to \infty} \frac{2M}{k} = 0,$$

---

[14] Diese so selbstverständlich aussehende Abschätzung ist aus der *Analysis* möglicherweise nur für den eindimensionalen Fall bekannt. Den mehrdimensionalen Fall kann man hierauf wie folgt zurückführen: Ist $F : J \longrightarrow \mathbb{R}^n$ (komponentenweise) Riemann-integrierbar auf einem kompakten Intervall $J = [a, b]$ und $w := \int_a^b F(t)\, dt \in \mathbb{R}^n$ das (komponentenweise erklärte) Riemann-Integral von F auf J, so wählt man einen Vektor $v \in \mathbb{R}^n$ mit $\|v\| = 1$ und $\langle v, w \rangle = \|w\|$ (für den also in der Cauchy-Schwarzschen Ungleichung die Gleichheit gilt); man kann im Fall $w \neq 0$ beispielsweise $v = \frac{1}{\|w\|} \cdot w$ wählen, während der Fall $w = 0$ ohnehin trivial ist. Aufgrund der Linearität des Integraloperators kann man Integration und Bildung des Skalarprodukts vertauschen und erhält mit der Standard-Abschätzung für eindimensionale Riemann-Integrale und der Cauchy-Schwarzschen Ungleichung

$$\left\| \int_a^b F(t)\, dt \right\| = \|w\| = \langle v, w \rangle = \left\langle v, \int_a^b F(t)\, dt \right\rangle$$

$$= \int_a^b \langle v, F(t) \rangle\, dt \leq \int_a^b \|v\| \cdot \|F(t)\|\, dt = \int_a^b \|F(t)\|\, dt.$$

also $x_0 = y_0$. (Dass wir hier zweimal den Limes superior verwendet haben, liegt daran, dass wir uns an diesen Stellen der Existenz eines Grenzwertes noch nicht sicher sein konnten.) Nach Voraussetzung gibt es eine Umgebung U von $(t_0, x_0) \in K$, so dass f auf $U \cap K$ einer Lipschitz-Bedingung genügt, so dass also für eine geeignete Lipschitz-Konstante L

$$\|f(t, x) - f(t, y)\| \leq L \|x - y\| \qquad \text{für alle } (t, x), (t, y) \in U \cap K$$

gilt. Für hinreichend große $k \in \mathbb{N}$ ist $(t_k, x_k), (t_k, y_k) \in U \cap K$, also

$$\|f(t_k, x_k) - f(t_k, y_k)\| \leq L \|x_k - y_k\|,$$

was aber (2.2) widerspricht. ■

Das Kriterium in Satz 2.4 reicht glücklicherweise für die meisten praktischen Zwecke aus: In der großen Mehrzahl der Fälle sind die rechten Seiten von Differentialgleichungen stetig differenzierbar. In seltenen Fällen muss man aber auch direkt mit der Definition der Lipschitz-Stetigkeit arbeiten. Beim Beweis der folgenden einfachen Beobachtung führen beide Wege sehr schnell zum Ziel.

Proposition 2.5 *Es seien $J \subseteq \mathbb{R}$ ein echtes offenes Intervall sowie $A : J \longrightarrow \mathbb{R}^{m \times n}$ und $b : J \longrightarrow \mathbb{R}^m$ stetige Abbildungen. Dann ist*

$$f : J \times \mathbb{R}^n \longrightarrow \mathbb{R}^m, \quad f(t, x) = A(t) \cdot x + b(t)$$

lokal Lipschitz-stetig bezüglich x.

Dieses Resultat werden wir in Teil III und speziell in Satz 6.4 benötigen, um unsere Existenz- und Eindeutigkeitstheorie auf lineare Differentialgleichungen anwenden zu können.

Beweis. Dies folgt sofort aus Satz 2.4, denn f ist offensichtlich differenzierbar bezüglich x und $D_x f(t, x) = A(t)$ ist stetig.

In diesem Fall ist es aber auch aufschlussreich, direkt mit der Definition der Lipschitz-Stetigkeit zu argumentieren: Dazu sei ein $(t_0, x_0) \in J \times \mathbb{R}^n$ gegeben. Da J offen ist, kann man $\varepsilon > 0$ so klein wählen, dass $I := [t_0 - \varepsilon, t_0 + \varepsilon] \subseteq J$ gilt. Die Beträge der stetigen Einträge a_{jk} von $A = (a_{jk})_{j,k}$ sind auf dem kompakten Intervall I durch eine Konstante $L > 0$ nach oben beschränkt.

Wie im Beweis von Satz 2.4 (a) erhält man daher mittels Proposition 2.3
für alle $t \in I$ und alle $x \in \mathbb{R}^n$

$$\|A(t)x\| \leq \sqrt{\sum_{j=1}^{m} \sum_{k=1}^{n} |a_{jk}(t)|^2} \cdot \|x\| \leq L\sqrt{nm} \cdot \|x\|.$$

Folglich gilt für alle $t \in I$ und alle $x_1, x_2 \in \mathbb{R}^n$

$$\|f(t, x_2) - f(t, x_1)\| = \|A(t)(x_2 - x_1)\| \leq L\sqrt{nm} \cdot \|x_2 - x_1\|,$$

und damit erfüllt f eine Lipschitz-Bedingung auf der Umgebung $I \times \mathbb{R}^n$ von
(t_0, x_0).   ∎

Aus dem Beweis erkennt man auch: Falls die Matrix A nicht von t abhängt
(wie es bei autonomen linearen Differentialgleichungen der Fall ist), so ist
$f(t, x) = Ax + b(t)$ sogar global Lipschitz-stetig.

Nunmehr können wir unseren zentralen Eindeutigkeitssatz formulieren:

Satz 2.6 (Globaler Eindeutigkeitssatz von Picard-Lindelöf[15]**)**   *Es
seien $J \subseteq \mathbb{R}$ ein echtes Intervall, $D \subseteq \mathbb{R}^n$ offen und nicht-leer, $f : J \times D \longrightarrow$
$\mathbb{R}^n$ stetig und bezüglich der zweiten Variablen lokal Lipschitz-stetig, und $x_1 :$
$I_1 \longrightarrow D$ und $x_2 : I_2 \longrightarrow D$ seien zwei Lösungen der Differentialgleichung
$x' = f(t, x)$ auf Teilintervallen $I_1, I_2 \subseteq J$. Falls $x_1(t_0) = x_2(t_0)$ für ein
$t_0 \in I_1 \cap I_2$ ist, dann gilt $x_1(t) = x_2(t)$ für alle $t \in I_1 \cap I_2$.*

Bei der Anwendung von Satz 2.6 wird oft vergessen, die Stetigkeit von f (als
Funktion *beider* Argumente) zu überprüfen bzw. (in den Fällen, in denen sie
offensichtlich ist) zu erwähnen. Dies ist eine Quelle leicht zu vermeidender
Fehler.

Für den Beweis von Satz 2.6 benötigen wir ein etwas technisches, aber
sehr nützliches Lemma, das wir auch später (insbesondere beim Beweis der
Abhängigkeitssätze in den *Weiterführenden Betrachtungen* zu Kapitel 3)
wiederholt verwenden werden.

---

[15]Nach Émile Picard (1856–1941) und Ernst Lindelöf (1870–1946). Beide haben nicht
nur zur Theorie der Differentialgleichungen, sondern auch zur Funktionentheorie, insbesondere zur Wertverteilungstheorie, wichtige Beiträge geleistet.

Lemma 2.7 (Lemma von Gronwall[16], 1918) *Es sei $J \subseteq \mathbb{R}$ ein Intervall mit $t_0 \in J$, $u : J \longrightarrow \mathbb{R}$ sei stetig und nicht-negativ, und C und K seien nicht-negative reelle Zahlen. Dann folgt aus der impliziten Abschätzung*

$$u(t) \leq C + K \left| \int_{t_0}^t u(s)\,ds \right| \qquad \text{für alle } t \in J$$

die explizite Abschätzung

$$u(t) \leq C e^{K|t-t_0|} \qquad \text{für alle } t \in J.$$

Beweis. Wir zeigen die Behauptung für alle $t \in J \cap [t_0, \infty) =: J_+$. Den Fall $t \in J \cap (-\infty, t_0]$ behandelt man analog.

Fall 1: Es gelte zunächst $C > 0$. Dann ist die durch

$$v(t) := C + K \int_{t_0}^t u(s)\,ds$$

definierte Funktion v positiv auf J_+, und es ist $v' = Ku$ und $v(t_0) = C$. Nach Voraussetzung gilt für alle $t \in J_+$ ferner $u(t) \leq v(t)$, d.h.

$$\frac{d}{dt} \log v(t) = \frac{v'(t)}{v(t)} = \frac{Ku(t)}{v(t)} \leq K,$$

und Integration liefert für diese t

$$\log v(t) \leq \log v(t_0) + K(t - t_0),$$

also

$$u(t) \leq v(t) \leq v(t_0) e^{K(t-t_0)} = C e^{K|t-t_0|}.$$

Fall 2: Nun gelte $C = 0$. Für alle $j \in \mathbb{N}$ ist dann nach Voraussetzung

$$u(t) \leq \frac{1}{j} + K \left| \int_{t_0}^t u(s)\,ds \right| \qquad \text{für alle } t \in J,$$

so dass mit dem in Fall 1 Bewiesenen

$$u(t) \leq \frac{1}{j} \cdot e^{K(t-t_0)} \qquad \text{für alle } t \in J_+$$

folgt. Für $j \to \infty$ erhält man hieraus

$$0 \leq u(t) \leq \lim_{j \to \infty} \frac{1}{j} \cdot e^{K(t-t_0)} = 0,$$

also wie behauptet $u(t) = 0$ für alle $t \in J_+$. ∎

---

[16]Nach dem schwedischen, ab 1904 in den USA lebenden Mathematiker Thomas Hakon Gronwall (1877–1932), auf den u.a. auch der Gronwallsche Flächensatz in der geometrischen Funktionentheorie zurückgeht.

Beweis von Satz 2.6. Wir setzen $I := I_1 \cap I_2$ und betrachten die stetige Funktion

$$\Delta : I \longrightarrow [0, \infty), \ \Delta(t) := \|x_1(t) - x_2(t)\| .$$

Nach Voraussetzung ist $\Delta(t_0) = 0$. Wir nehmen an, es gilt $\Delta(\tau) > 0$ für ein $\tau \in I$. O.B.d.A. sei $\tau > t_0$. Mit der gleichen Begründung wie in Beispiel 1.9 (a) besitzt Δ in $[t_0, \tau)$ eine größte Nullstelle τ_0. Es ist also $\Delta(\tau_0) = 0$ und $\Delta(t) > 0$ für alle $t \in (\tau_0, \tau]$. Es gibt eine Umgebung U des Punktes $(\tau_0, x_1(\tau_0))$, so dass f auf $U \cap (I \times D)$ einer Lipschitz-Bedingung bezüglich x mit einer Lipschitz-Konstanten $L > 0$ genügt. Aus der Stetigkeit von x_1 und x_2 und aus $x_1(\tau_0) = x_2(\tau_0)$ folgt, dass es ein $\delta > 0$ mit

$$(t, x_1(t)), (t, x_2(t)) \in U \qquad \text{für alle } t \in [\tau_0, \tau_0 + \delta)$$

gibt. Unter Beachtung von

$$x_j(t) = x_j(\tau_0) + \int_{\tau_0}^{t} x_j'(s) \, ds = x_j(\tau_0) + \int_{\tau_0}^{t} f(s, x_j(s)) \, ds$$

für alle $t \in I$, $j = 1, 2$ und abermals von $x_1(\tau_0) = x_2(\tau_0)$ erhält man für alle $t \in [\tau_0, \tau_0 + \delta)$ die Abschätzung

$$\Delta(t) = \|x_1(t) - x_2(t)\| = \left\| \int_{\tau_0}^{t} (f(s, x_1(s)) - f(s, x_2(s))) \, ds \right\|$$

$$\leq \int_{\tau_0}^{t} \|f(s, x_1(s)) - f(s, x_2(s))\| \, ds \leq L \int_{\tau_0}^{t} \|x_1(s) - x_2(s)\| \, ds$$

$$= L \int_{\tau_0}^{t} \Delta(s) \, ds.$$

Das Lemma von Gronwall (Lemma 2.7) impliziert nun $\Delta(t) = 0$ für alle $t \in [\tau_0, \tau_0 + \delta)$, was aber der Wahl von τ_0 widerspricht. Für alle $t \in I$ gilt daher $\Delta(t) = 0$, d.h. $x_1(t) = x_2(t)$. ∎

Der Eindeutigkeitssatz 2.6 ermöglicht oftmals verblüffend elegante Beweise für gewisse, als Funktionalgleichungen formulierbare Eigenschaften von Lösungen einer Differentialgleichung. Ein erstes Beispiel für dieses wichtige Leitmotiv lernen wir in der folgenden Examensaufgabe kennen.

Beispiel 2.8 (Examensaufgabe)   Gegeben sei das lineare Differentialgleichungssystem

$$\frac{d}{dt} \begin{pmatrix} y_1 \\ \vdots \\ y_n \end{pmatrix} = A(t) \begin{pmatrix} y_1 \\ \vdots \\ y_n \end{pmatrix} \tag{2.3}$$

mit einer stetigen, matrixwertigen Abbildung $A : \mathbb{R} \longrightarrow \mathbb{R}^{n \times n}$. Es sei A periodisch mit Periode $\gamma > 0$, d.h.

$$A(t + \gamma) = A(t) \qquad \text{für alle } t \in \mathbb{R}.$$

(a) Es sei $\varphi : \mathbb{R} \longrightarrow \mathbb{R}^n$ eine Lösung von (2.3) mit $\varphi(0) = \varphi(\gamma)$. Man zeige, dass φ periodisch mit der Periode γ ist.

(b) Man zeige durch Angabe eines Gegenbeispiels, dass nicht notwendig alle Lösungen von (2.3) periodisch sind.

Lösung:

(a) Wir setzen $\psi(t) := \varphi(t + \gamma)$ für alle $t \in \mathbb{R}$. Dann ist

$$\psi'(t) = \varphi'(t + \gamma) = A(t + \gamma)\varphi(t + \gamma) = A(t)\psi(t)$$

für alle $t \in \mathbb{R}$ und $\psi(0) = \varphi(\gamma) = \varphi(0)$. Infolgedessen lösen sowohl φ als auch ψ das Anfangswertproblem

$$y' = A(t)y, \qquad y(0) = \varphi(0).$$

Da die rechte Seite der Differentialgleichung wegen der Stetigkeit von A nach Proposition 2.5 lokal Lipschitz-stetig bezüglich y ist, ist Satz 2.6 anwendbar und liefert $\varphi = \psi$, also

$$\varphi(t) = \psi(t) = \varphi(t + \gamma)$$

für alle $t \in \mathbb{R}$.

(b) Es sei $n = 1$ und $A(t) = 1$ für alle $t \in \mathbb{R}$. Dann löst die Exponentialfunktion $\exp : \mathbb{R} \longrightarrow \mathbb{R}$ die Differentialgleichung $y' = A(t)y = y$, aber $\exp : \mathbb{R} \longrightarrow \mathbb{R}$ ist streng monoton wachsend und somit nicht periodisch. $\qquad \square$

Der Satz von Picard-Lindelöf wird sich in unseren weiteren Betrachtungen geradezu als der Goldstandard erweisen, um die Eindeutigkeit (und in der Version von Satz 2.11 bzw. Satz 3.2 auch die Existenz) der Lösung eines Anfangswertproblems sicherzustellen. Es sei allerdings daran erinnert, dass man die Eindeutigkeit mitunter auch bereits mithilfe der Methode der Trennung der Variablen (Satz 1.5) erhält, und in dieser – freilich recht speziellen – Situation sogar unter der schwächeren Voraussetzung, dass die rechte Seite der Differentialgleichung lediglich stetig ist.

2.2   Lokale Existenz von Lösungen

Es gibt eine Methode, die sowohl in der reinen Mathematik als auch in der Numerik gerne benutzt wird, wenn man nicht weiß, wie man eine Lösung einer gegebenen Gleichung berechnen soll. Man kann sie gut anhand des *Heron-Verfahrens* (auch als *babylonisches Wurzelziehen* bekannt) erläutern:

Beispiel 2.9   Die Gleichung $x^2 = 2$ ist für $x \neq 0$ äquivalent zu $2x = x + \frac{2}{x}$, also zur Fixpunktgleichung

$$x = T(x), \qquad \text{wobei} \qquad T(x) := \frac{1}{2}\left(x + \frac{2}{x}\right).$$

Schritt 1: Wähle einen Startwert $x_0 > 0$, der die gesuchte Lösung zumindest grob approximiert (z.B. $x_0 = 1$).

Schritt 2: Definiere die Folge $(x_k)_k \subset \mathbb{R}^+$ iterativ über

$$x_{k+1} := T(x_k) \qquad \text{für alle } k \in \mathbb{N}_0.$$

Schritt 3: Zeige, dass die Folge $(x_k)_k$ konvergiert.

Wegen der Stetigkeit von T gilt dann für den Grenzwert $x^* = \lim_{k \to \infty} x_k$, sofern er $\neq 0$ ist,

$$T(x^*) = T\left(\lim_{k \to \infty} x_k\right) = \lim_{k \to \infty} T(x_k) = \lim_{k \to \infty} x_{k+1} = x^*,$$

d.h. er erfüllt „automatisch" die obige Fixpunktgleichung.

Dieses Vorgehen steht oder fällt selbstverständlich damit, ob es gelingt, eine (stetige) Abbildung T so zu wählen, dass $(x_k)_k$ tatsächlich konvergiert. In unserem Beispiel ist dies dadurch gewährleistet, dass sich T in der Nähe des Fixpunktes $\sqrt{2}$ kontrahierend verhält. Es ist nämlich

$$T'(x) = \frac{1}{2} - \frac{1}{x^2}, \qquad \text{also} \qquad T'\left(\sqrt{2}\right) = 0,$$

so dass $|T'(x)|$ in einer gewissen Umgebung von $\sqrt{2}$ (genauer: für alle $x \geq 1$) kleiner als z.B. 0,5 ist[17].

---

[17]Tatsächlich ist die Konvergenzgeschwindigkeit hier besonders hoch: Dass der Fixpunkt sogar eine Nullstelle von T' ist, führt dazu, dass das Verfahren quadratisch konvergiert, d.h. in jedem Schritt verdoppelt sich die Zahl der korrekten Dezimalstellen ungefähr, sofern man mit einer hinreichend guten Näherung $x_0 \geq 1$ startet. Einen solchen Fixpunkt einer Abbildung T, in dem die Ableitung T' verschwindet, bezeichnet man in der Iterationstheorie daher als super-attraktiven Fixpunkt. – Ein weiterer numerischer Vorteil dieses Iterationsverfahrens ist, dass es unempfindlich gegenüber (nicht allzu großen) Rechenfehlern ist: Eine fehlerhaft berechnete Iterierte x_k kann kurzerhand als neuer Startwert verwendet werden.

Im Detail kann man die Konvergenz wie folgt beweisen: Aus $x_0 > 0$ und der Rekursionsvorschrift ergibt sich induktiv $x_k > 0$ für alle k; insbesondere ist die Folge $(x_k)_k$ wohldefiniert. Da x_{k+1} das arithmetische Mittel aus x_k und $\frac{2}{x_k}$ darstellt, folgt aus der Ungleichung zwischen arithmetischem und geometrischem Mittel

$$x_{k+1} \geq \sqrt{x_k \cdot \frac{2}{x_k}} = \sqrt{2} \qquad \text{für alle } k \geq 0.$$

Also ist $x_k \geq \sqrt{2}$ für alle $k \geq 1$. Damit folgt weiter

$$x_{k+1} - x_k = \frac{1}{2} \cdot \left(\frac{2}{x_k} - x_k \right) = \frac{1}{2x_k} \cdot (2 - x_k^2) \leq 0$$

für alle $k \geq 1$. Die Folge $(x_k)_{k \geq 1}$ ist also monoton fallend, und sie besitzt die untere Schranke $\sqrt{2} > 0$. Nach dem Monotonieprinzip ist sie somit konvergent, und ihr Grenzwert ist $\neq 0$. $\square$

Damit wir eine ähnliche Strategie auf Anfangswertprobleme anwenden können, müssen wir diese als erstes in geschickter Weise in eine Fixpunktgleichung überführen.

Lemma 2.10   *Es seien $J \subseteq \mathbb{R}$ ein echtes Intervall, $D \subseteq \mathbb{R}^n$ offen und nicht-leer und $f : J \times D \longrightarrow \mathbb{R}^n$ eine stetige Abbildung. Dann sind für eine Abbildung $x : I \longrightarrow D$ auf einem echten Intervall I mit $t_0 \in I \subseteq J$ die folgenden beiden Aussagen äquivalent:*

(i) *x ist stetig differenzierbar und löst das Anfangswertproblem*

$$x' = f(t, x), \qquad x(t_0) = x_0.$$

(ii) *x ist stetig und löst die Integralgleichung*

$$x(t) = x_0 + \int_{t_0}^{t} f(s, x(s)) \, ds \qquad \text{für alle } t \in I.$$

Beweis. Dies folgt sofort aus dem Hauptsatz der Differential- und Integralrechnung.   ∎

Um eine *differenzierbare* Lösung des Anfangswertproblems in (i) zu finden, reicht es also aus, eine *stetige* Lösung der Integralgleichung in (ii) zu finden. In gewisser Weise ist das Integrieren eine unproblematischere Operation als das Differenzieren: Durch Integrieren werden Funktionen „geglättet". Vor allem aber haben wir unser Problem damit auf ein Fixpunktproblem reduziert, für das wir nun die Schritte aus Beispiel 2.9 übernehmen können. Entscheidend dabei ist natürlich der Nachweis der Konvergenz im dritten Schritt.

Satz 2.11 (Satz von Picard-Lindelöf, lokale Version)   *Es seien $J \subseteq$
$\mathbb{R}$ ein offenes, nicht-leeres Intervall, D eine offene, nicht-leere Teilmenge des
$\mathbb{R}^n$ und $(t_0, x_0) \in J \times D$. Die Abbildung $f : J \times D \longrightarrow \mathbb{R}^n$ sei stetig und
erfülle eine Lipschitz-Bedingung bezüglich x. Dann gibt es ein $\alpha > 0$, so
dass das Anfangswertproblem*

$$x' = f(t, x), \qquad x(t_0) = x_0$$

genau eine Lösung x auf dem Intervall $I = [t_0 - \alpha, t_0 + \alpha]$ besitzt.

Beweis. Wegen der Offenheit von J und D gibt es ein $\delta > 0$ und ein $\varepsilon > 0$,
so dass $Q := [t_0 - \delta, t_0 + \delta] \times B_\varepsilon(x_0) \subseteq J \times D$. Da f stetig und Q kompakt
ist, existiert das Maximum

$$M := \max_{(t,x) \in Q} \|f(t, x)\| < \infty.$$

Weiter gibt es nach Voraussetzung ein $L > 0$ mit

$$\|f(t, x) - f(t, y)\| \le L \|x - y\| \qquad \text{für alle } (t, x), (t, y) \in Q.$$

Falls $M = 0$, so ist $f|_Q \equiv 0$, und die Behauptung ist klar. O.B.d.A. dürfen
wir also $M > 0$ annehmen. Dann ist

$$\alpha := \min\left\{\delta, \frac{\varepsilon}{M}\right\} > 0.$$

Es sei $I := [t_0 - \alpha, t_0 + \alpha]$. Nach Satz 2.6 gibt es auf I *höchstens* eine Lösung.
Zum Nachweis der *Existenz* einer Lösung betrachten wir die durch

$$x_0(t) := x_0, \qquad x_{k+1}(t) := x_0 + \int_{t_0}^t f(s, x_k(s))\, ds$$

rekursiv definierte Funktionenfolge $(x_k)_k$. Um sicherzustellen, dass diese
Funktionen auf I wohldefiniert sind, zeigen wir mittels vollständiger In-
duktion zunächst $x_k(t) \in B_\varepsilon(x_0)$ für alle $t \in I$ und alle $k \in \mathbb{N}_0$. Der Induktionsanfang $k = 0$ ist klar. Hat man die Behauptung für ein $k \ge 0$ schon
gezeigt, so ist $s \mapsto f(s, x_k(s))$ wohldefiniert und stetig auf I, und es folgt

$$\|x_{k+1}(t) - x_0\| = \left\|\int_{t_0}^t f(s, x_k(s))\, ds\right\|$$

$$\le^{18} \left|\int_{t_0}^t \|f(s, x_k(s))\|\, ds\right| \le M \cdot |t - t_0| \le M\alpha \le \varepsilon$$

für alle $t \in I$, d.h. $x_{k+1}(t) \in B_\varepsilon(x_0)$ für alle $t \in I$. Damit ist der Induktionsschluss vollzogen und die Wohldefiniertheit von $(x_k)_k$ nachgewiesen.

Wir zeigen nun, dass $(x_k)_k$ auf I gleichmäßig konvergiert. Dazu beweisen wir mit vollständiger Induktion

$$\|x_k(t) - x_{k-1}(t)\| \leq \frac{ML^{k-1}}{k!} \cdot |t - t_0|^k \qquad \text{für alle } k \in \mathbb{N},\, t \in I. \qquad (2.4)$$

Der Induktionsanfang ist wegen

$$\|x_1(t) - x_0\| \leq M \cdot |t - t_0| \qquad \text{für alle } t \in I$$

erfüllt. Ist die Behauptung für ein $k \in \mathbb{N}$ schon nachgewiesen, so folgt

$$
\begin{aligned}
\|x_{k+1}(t) - x_k(t)\| &= \left\| \int_{t_0}^t \big(f(s, x_k(s)) - f(s, x_{k-1}(s))\big)\, ds \right\| \\
&\leq \left| \int_{t_0}^t \|f(s, x_k(s)) - f(s, x_{k-1}(s))\|\, ds \right| \\
&\leq L \cdot \left| \int_{t_0}^t \|x_k(s) - x_{k-1}(s)\|\, ds \right| \\
&\leq L \cdot \frac{ML^{k-1}}{k!} \cdot \left| \int_{t_0}^t |s - t_0|^k\, ds \right| = \frac{ML^k}{(k+1)!} \cdot |t - t_0|^{k+1}
\end{aligned}
$$

für alle $t \in I$, also die Behauptung für $k + 1$. Dies zeigt (2.4). Wegen

$$x_k(t) = x_0 + \sum_{j=1}^k (x_j(t) - x_{j-1}(t))$$

lässt sich $(x_k)_k$ als Folge der Partialsummen der Teleskopreihe

$$x_0 + \sum_{j=1}^\infty (x_j(t) - x_{j-1}(t))$$

auffassen, welche wegen (2.4) und der Konvergenz von

$$\sum_{k=1}^\infty \frac{ML^{k-1}}{k!} \cdot \alpha^k = \frac{M}{L} \cdot \left(e^{\alpha L} - 1\right)$$

---

[18]In Fällen wie diesen ist man beim Hineinziehen der Norm in das Integral versucht, die äußeren Betragsstriche wegzulassen. Dies wäre jedoch nicht korrekt, da die obere Integrationsgrenze (hier t) kleiner als die untere Grenze (hier t_0) sein kann; in diesem Fall ist das Integral über eine positive Integrandenfunktion negativ.

nach dem Majorantenkriterium von Weierstraß gleichmäßig auf I gegen eine stetige Grenzfunktion $x := \lim_{k\to\infty} x_k$ konvergiert. Wegen der Abgeschlossenheit von $B_\varepsilon(x_0)$ gilt auch $x(t) \in B_\varepsilon(x_0)$ für alle $t \in I$. Daher sind die Funktionen

$$y_k : I \longrightarrow \mathbb{R}^n, \ y_k(t) := f(t, x_k(t)), \qquad y : I \longrightarrow \mathbb{R}^n, \ y(t) := f(t, x(t))$$

wohldefiniert. Es gilt

$$\|y(t) - y_k(t)\| = \|f(t, x(t)) - f(t, x_k(t))\| \le L \, \|x(t) - x_k(t)\|$$

für alle $t \in I$, und damit ist auch die Funktionenfolge $(y_k)_k$ gleichmäßig konvergent mit $\lim_{k\to\infty} y_k = y$. Dies ermöglicht die Vertauschung von Grenzübergang und Integration, und es folgt

$$x(t) = \lim_{k\to\infty} x_{k+1}(t) = x_0 + \lim_{k\to\infty} \int_{t_0}^{t} y_k(s)\,ds = x_0 + \int_{t_0}^{t} y(s)\,ds$$

$$= x_0 + \int_{t_0}^{t} f(s, x(s))\,ds$$

für alle $t \in I$. Somit erfüllt x die angestrebte Fixpunktgleichung und ist daher nach Lemma 2.10 eine Lösung unseres Anfangswertproblems. ∎

Die im obigen Beweis benutzte Methode nennt man *Iterationsverfahren von Picard-Lindelöf*. Sie kann gelegentlich auch dazu verwendet werden, um die Lösung eines konkreten Anfangswertproblems explizit zu berechnen. Ein Beispiel hierfür gibt die nächste Examensaufgabe. Zu ihrer Lösung benötigen wir zudem die Methode der Variation der Konstanten, die wir in Kapitel 6 in wesentlich allgemeinerem Rahmen behandeln werden. Wir beschränken uns hier auf den skalaren Fall.

Satz 2.12 (Variation der Konstanten)   *Es seien $J \subseteq \mathbb{R}$ ein echtes offenes Intervall und $a, b : J \longrightarrow \mathbb{R}$ stetige Funktionen. Dann ist die eindeutig bestimmte Lösung $\varphi : J \longrightarrow \mathbb{R}$ des Anfangswertproblems*

$$x' = a(t) \cdot x + b(t), \qquad x(t_0) = x_0$$

mit $(t_0, x_0) \in J \times \mathbb{R}$ gegeben durch

$$\varphi(t) = \left(x_0 + \int_{t_0}^{t} e^{-A(s)} b(s)\,ds \right) \cdot e^{A(t)} \qquad \text{mit } A(t) := \int_{t_0}^{t} a(u)\,du.$$

Beweis. Offensichtlich ist $\varphi(t_0) = x_0$, und durch Ableiten erhält man

$$\varphi'(t) = \varphi(t) \cdot A'(t) + e^{-A(t)} b(t) \cdot e^{A(t)} = a(t) \cdot \varphi(t) + b(t)$$

für alle $t \in J$. Also hat φ die gewünschten Eigenschaften. Die Eindeutigkeit der Lösung folgt aus Satz 2.6 in Verbindung mit Proposition 2.5. – Das Resultat ist auch ein Spezialfall von Satz 6.11. ∎

Beispiel 2.13 (Examensaufgabe)   Man löse das Anfangswertproblem

$$x' = x + t, \qquad x(0) = -1$$

(a) mit der Methode der Variation der Konstanten;

(b) mittels der Picard-Lindelöf-Iteriertenfolge $(\alpha_k)_k$, beginnend mit $\alpha_0(t) \equiv -1$.

Lösung:

(a) Satz 2.12 über die Variation der Konstanten liefert als Lösung $x : \mathbb{R} \longrightarrow \mathbb{R}$ des gegebenen Anfangswertproblems

$$x(t) = e^{A(t)} \left(-1 + \int_0^t s e^{-A(s)} \, ds \right) \qquad \text{mit} \qquad A(t) := \int_0^t 1 \, du = t,$$

und mit partieller Integration ergibt sich

$$x(t) = -e^t + e^t \int_0^t s e^{-s} \, ds = -e^t + e^t \left(\left[-s e^{-s} \right]_0^t + \int_0^t e^{-s} \, ds \right)$$

$$= -e^t + e^t (-t e^{-t} - e^{-t} + 1) = -t - 1.$$

(b) Die ersten drei Iterierten berechnen sich zu

$$\alpha_0(t) = -1,$$

$$\alpha_1(t) = -1 + \int_0^t (-1 + s) \, ds = -1 - t + \frac{t^2}{2},$$

$$\alpha_2(t) = -1 + \int_0^t \left(-1 - s + \frac{1}{2} s^2 + s \right) ds = -1 - t + \frac{t^3}{6}.$$

Damit liegt die Vermutung nahe, dass allgemein

$$\alpha_k(t) = -1 - t + \frac{t^{k+1}}{(k+1)!}$$

für alle $k \in \mathbb{N}$ gilt. Angenommen, diese Formel ist für ein $k \in \mathbb{N}$ richtig, dann lautet die nächste Iterierte

$$\alpha_{k+1}(t) = -1 + \int_0^t \left(\alpha_k(s) + s \right) ds$$

$$= -1 + \int_0^t \left(-1 + \frac{s^{k+1}}{(k+1)!} \right) ds = -1 - t + \frac{t^{k+2}}{(k+2)!}.$$

Nach dem Prinzip der vollständigen Induktion gilt die Formel damit allgemein. Es sei nun ein $t \in \mathbb{R}$ gegeben. Da die Exponentialreihe $\sum_{k=0}^{\infty} \frac{t^k}{k!}$ konvergiert, gilt wegen des notwendigen Konvergenzkriteriums für Reihen $\lim_{k \to \infty} \frac{t^k}{k!} = 0$. Dies zeigt $\lim_{k \to \infty} \alpha_k(t) = -1 - t$. Die (punktweise) Grenzfunktion $x(t) = -1 - t$ der Picard-Lindelöf-Iterierten ist die Lösung des gegebenen Anfangswertproblems. $\qquad \square$

Der Beweis von Satz 2.11 beruht implizit auf dem Banachschen[19] Fixpunktsatz. Zu dessen Formulierung erinnern wir zunächst an zwei Begriffe:

- Ein metrischer Raum (X, d) heißt **vollständig**, wenn jede Cauchy-Folge in (X, d) gegen ein Element in X konvergiert. Ein vollständiger normierter Vektorraum heißt ein **Banach-Raum**.

- Eine Abbildung $T : X \longrightarrow X$ eines metrischen Raumes (X, d) in sich heißt eine **Kontraktion**, falls es eine Dehnungsschranke $\lambda \in (0, 1)$ für T gibt, falls also

$$d(T(x), T(y)) \leq \lambda \cdot d(x, y) \qquad \text{für alle } x, y \in X.$$

Satz 2.14 (Banachscher Fixpunktsatz) *Es sei (X, d) ein vollständiger metrischer Raum, und $T : X \longrightarrow X$ sei eine kontrahierende Abbildung. Dann besitzt T genau einen Fixpunkt $\xi \in X$.*

Es sei $\lambda \in (0, 1)$ eine Dehnungsschranke für T. Wenn man einen beliebigen Punkt $a_0 \in X$ wählt und die Folge $(a_k)_{k \geq 0}$ in X rekursiv durch $a_k = T(a_{k-1})$ für $k \geq 1$ definiert, dann gilt

$$d(a_k, \xi) \leq \frac{\lambda^k}{1 - \lambda} \cdot d(a_1, a_0) \quad \text{für alle } k \in \mathbb{N} \qquad \text{und} \qquad \xi = \lim_{k \to \infty} a_k.$$

[19]Stefan Banach (1892–1945) zählt zu den hervorragendsten polnischen Mathematikern des 20. Jahrhunderts. Er war einer der Begründer der Funktionalanalysis, und nach ihm sind neben dem Banachschen Fixpunktsatz und den Banach-Räumen u.a. der Fortsetzungssatz von Hahn-Banach und der Satz von Banach-Steinhaus benannt. Bekannt ist er außerdem u.a. durch das *Banach-Tarski-Paradoxon*: Eine Kugel in $\mathbb{R}^3$ ist in endlich viele (fünf) Teilmengen zerlegbar, die durch geeignete Bewegungen zu einer Kugel mit doppeltem Volumen (!) zusammensetzbar sind.

Angesichts der zentralen Bedeutung dieses Satzes rekapitulieren wir auch den (vermutlich aus den *Analysis*-Grundvorlesungen bekannten) Beweis.

Beweis. Wir erklären die Folge $(a_k)_k$ wie im Satz. Induktiv ergibt sich dann

$$d(a_{k+1}, a_k) \leq \lambda^k \cdot d(a_1, a_0) \qquad \text{für alle } k \in \mathbb{N}_0.$$

Denn dies ist offensichtlich richtig für $k = 0$, und aus der Gültigkeit für ein k folgt

$$d(a_{k+2}, a_{k+1}) = d(T(a_{k+1}), T(a_k)) \leq \lambda \cdot d(a_{k+1}, a_k) \leq \lambda^{k+1} \cdot d(a_1, a_0).$$

Aus der Dreiecksungleichung und aus der Voraussetzung $\lambda < 1$ folgt mithilfe der geometrischen Summenformel

$$d(a_{k+j}, a_k) \quad \leq \quad \sum_{\nu=k}^{k+j-1} d(a_{\nu+1}, a_\nu)$$

$$\leq \quad (\lambda^k + \ldots + \lambda^{k+j-1}) \cdot d(a_1, a_0) \leq \frac{\lambda^k}{1 - \lambda} \cdot d(a_1, a_0)$$

für alle $j, k \in \mathbb{N}$. Hierbei strebt die rechte Seite für $k \to \infty$ gegen 0. Dies zeigt, dass $(a_k)_k$ eine Cauchy-Folge in X ist. Wegen der Vollständigkeit von X ist die Folge konvergent; es existiert also der Grenzwert

$$\xi = \lim_{k \to \infty} a_k \in X.$$

Wegen

$$|d(a_{k+j}, a_k) - d(\xi, a_k)| \leq d(\xi, a_{k+j}) \longrightarrow 0 \qquad \text{für } j \to \infty$$

ist dann auch

$$d(\xi, a_k) = \lim_{j \to \infty} d(a_{k+j}, a_k) \leq \frac{\lambda^k}{1 - \lambda} \cdot d(a_1, a_0) \qquad \text{für alle } k \in \mathbb{N}.$$

Als dehnungsbeschränkte Funktion ist T insbesondere stetig, und mit dem Folgenkriterium ergibt sich

$$T(\xi) = T\left(\lim_{k \to \infty} a_k\right) = \lim_{k \to \infty} T(a_k) = \lim_{k \to \infty} a_{k+1} = \xi.$$

Somit ist ξ ein Fixpunkt von T.

Zu zeigen bleibt noch dessen Eindeutigkeit. Hierzu sei neben ξ auch $\eta \in X$ ein Fixpunkt von T, also $T(\eta) = \eta$. Dann gilt

$$d(\eta, \xi) = d(T(\eta), T(\xi)) \leq \lambda \cdot d(\eta, \xi).$$

Wegen $\lambda < 1$ folgt hieraus $d(\eta, \xi) = 0$, also $\eta = \xi$. Der Fixpunkt ξ von T ist demnach eindeutig bestimmt. ∎

Beispiel 2.15

(1) Im Banachschen Fixpunktsatz kann auf die Vollständigkeit von X nicht verzichtet werden, wie das (an unsere obigen Überlegungen zum Heron-Verfahren angelehnte) Beispiel des Raumes $X = \mathbb{Q} \cap [1, 2]$ und der Abbildung $T : x \mapsto \frac{x}{2} + \frac{1}{x}$ zeigt:

Zunächst ist offensichtlich $1 \leq T(x) \leq 2$ für alle $x \in [1, 2]$, und T bildet rationale Zahlen auf ebensolche ab, so dass $T : X \longrightarrow X$ eine Selbstabbildung von X ist. Für alle $x, y \in [1, 2]$ ist

$$|T(x) - T(y)| = \left| \frac{1}{2}(x - y) + \frac{y - x}{xy} \right| = \left| \frac{1}{2} - \frac{1}{xy} \right| \cdot |x - y| \leq \frac{1}{2} \cdot |x - y|,$$

d.h. T ist kontrahierend mit Dehnungsschranke $\frac{1}{2}$. Jedoch liegt der einzige Fixpunkt $\xi = \sqrt{2}$ von T nicht in $\mathbb{Q}$.

(2) Die Voraussetzung $\lambda \leq 1$ ist zu schwach, wie das Beispiel $X = \mathbb{R}$, $T(x) = x + 1$ zeigt: Offensichtlich ist T dehnungsbeschränkt mit Dehnungsschranke 1, hat aber keinen Fixpunkt. Nicht einmal die Bedingung

$$d(T(x), T(y)) < d(x, y) \qquad \text{für alle } x, y \in X \text{ mit } x \neq y$$

reicht aus, um die Existenz eines Fixpunkts zu sichern, wie die fixpunktfreie Abbildung $T : \mathbb{R} \longrightarrow \mathbb{R}$, $T(x) := x - \arctan x + 2$ zeigt: Hier ist $0 \leq T'(x) = \frac{x^2}{1+x^2} < 1$ für alle $x \in \mathbb{R}$; zu beliebigen $x, y \in \mathbb{R}$ mit $x \neq y$ gibt es nach dem Mittelwertsatz der Differentialrechnung ein ξ zwischen x und y, so dass

$$|T(y) - T(x)| = |T'(\xi)| \cdot |y - x| < |y - x|$$

ist. Es ist für die Gültigkeit des Banachschen Fixpunktsatzes also entscheidend, dass man eine einheitliche Dehnungsschranke < 1 vorschreibt. □

Wir geben im Folgenden eine Beweisalternative für den Satz von Picard-Lindelöf, die direkt mit dem Banachschen Fixpunktsatz argumentiert. Der vollständige metrische Raum, auf den dieser angewandt wird, ist hierbei ein Raum stetiger Abbildungen. Für solche – auch später mehrfach benötigten – Räume führen wir eine eigene Notation ein.

Notationen und Bemerkungen. Es seien (X, d_X) und (W, d_W) metrische Räume. Die Menge aller stetigen Abbildungen $f : X \longrightarrow W$ bezeichnen wir mit $C(X, W)$.

Nun sei X sogar kompakt, und W sei ein Teilraum eines normierten Vektorraums Y mit der Norm $\| \cdot \|$. Dann ist $C(X, W)$ offensichtlich ein Vektorraum (denn Summen und skalare Vielfache von stetigen Abbildungen $f : X \longrightarrow W$ sind wieder stetig und bilden nach W ab). Wir können ihn mit der **Maximumsnorm**

$$\| f \|_\infty := \max_{x \in X} \| f(x) \| \tag{2.5}$$

auf X ausstatten. (Die Existenz dieses Maximums ist durch die Kompaktheit von X und die Stetigkeit von $x \mapsto \| f(x) \|$ sichergestellt.) Wie aus der *Analysis* bekannt, ist die Konvergenz in der Maximumsnorm genau die gleichmäßige Konvergenz. – Ist W lediglich eine Teilmenge von Y, so können wir $C(X, W)$ als Teilmenge von $C(X, Y)$ auffassen und daher ebenfalls mit der Maximumsnorm $\| \cdot \|_\infty$ versehen. $\qquad\square$

Proposition 2.16 *Es seien (X, d) ein kompakter metrischer Raum und W eine abgeschlossene Teilmenge eines Banach-Raums $(Y, \| \cdot \|)$. Dann ist $(C(X, W), \| \cdot \|_\infty)$ ein vollständiger metrischer Raum. Falls W sogar ein abgeschlossener Teilraum von Y ist, ist $(C(X, W), \| \cdot \|_\infty)$ ebenfalls ein Banach-Raum.*

Beweis. Eine Cauchy-Folge in $C(X, W)$ bezüglich der Maximumsnorm ist eine gleichmäßige Cauchy-Folge; diese ist wegen der Vollständigkeit von Y zunächst punktweise konvergent und sodann sogar gleichmäßig. Nach einem bekannten Satz von Cauchy und Weierstraß überträgt sich dabei die Stetigkeit auf die Grenzfunktion. Weil W abgeschlossen in Y ist, bildet die Grenzfunktion ebenfalls nach W ab. Insgesamt gehört sie somit zum Raum $C(X, W)$. Dies zeigt die Vollständigkeit von $(C(X, W), \| \cdot \|_\infty)$.

Falls W zusätzlich ein Teilraum von Y ist, so ist $(C(X, W), \| \cdot \|_\infty)$ wie oben festgestellt ein normierter Vektorraum und somit insgesamt ein Banach-Raum. $\qquad\blacksquare$

2. Beweis von Satz 2.11. (Examensaufgabe) Wie im ersten Beweis finden wir $\delta, \varepsilon, L > 0$ mit $Q := [t_0 - \delta, t_0 + \delta] \times B_\varepsilon(x_0) \subseteq J \times D$ und

$$\| f(t, x) - f(t, y) \| \leq L \| x - y \| \qquad \text{für alle } (t, x), (t, y) \in Q, \tag{2.6}$$

setzen

$$M := \max_{(t,x) \in Q} \|f(t,x)\|$$

und nehmen o.B.d.A. $M > 0$ an. Diesmal wählen wir

$$\alpha := \min\left\{\delta, \frac{\varepsilon}{M}, \frac{1}{2L}\right\} > 0$$

und $I = [t_0 - \alpha, t_0 + \alpha]$. (Diese Wahl ist etwas schlechter als die im ersten Beweis, was für unsere Zwecke aber irrelevant ist.) Für $g \in C(I, B_\varepsilon(x_0))$ definieren wir die stetige Abbildung $T(g) : I \longrightarrow \mathbb{R}^n$ durch

$$T(g)(t) := x_0 + \int_{t_0}^t f(s, g(s))\, ds \qquad \text{für alle } t \in I.$$

Für alle $t \in I$ ist

$$\|T(g)(t) - x_0\| = \left\|\int_{t_0}^t f(s, g(s))\, ds\right\| \le \left|\int_{t_0}^t \|f(s, g(s))\|\, ds\right|$$

$$\le |t - t_0| \cdot M \le \alpha \cdot M \le \varepsilon,$$

also $T(g)(t) \in B_\varepsilon(x_0)$. Dies zeigt $T(g) \in C(I, B_\varepsilon(x_0))$. Somit ist durch $g \mapsto T(g)$ ein Operator T definiert, der den Raum $C(I, B_\varepsilon(x_0))$ in sich selbst abbildet. Gemäß Proposition 2.16 ist $C(I, B_\varepsilon(x_0))$, versehen mit der Maximumsnorm $\|\cdot\|_\infty$, ein vollständiger metrischer Raum. Für alle $g, h \in C(I, B_\varepsilon(x_0))$ und alle $t \in I$ gilt wegen (2.6)

$$\|T(g)(t) - T(h)(t)\| = \left\|\int_{t_0}^t f(s, g(s)) - f(s, h(s))\, ds\right\|$$

$$\le \left|\int_{t_0}^t \|f(s, g(s)) - f(s, h(s))\|\, ds\right|$$

$$\le |t - t_0| \cdot \max_{s \in I} \|f(s, g(s)) - f(s, h(s))\|$$

$$\le |t - t_0| \cdot L \cdot \max_{s \in I} \|g(s) - h(s)\| \le \alpha L \cdot \|g - h\|_\infty.$$

Geht man hierin auf der linken Seite zum Maximum über alle $t \in I$ über, erhält man

$$\|T(g) - T(h)\|_\infty = \max_{t \in I} \|T(g)(t) - T(h)(t)\| \le \alpha L \cdot \|g - h\|_\infty \le \frac{1}{2} \|g - h\|_\infty$$

für alle $g, h \in C(I, B_\varepsilon(x_0))$. Mithin ist T eine Kontraktion.

Nach dem Banachschen Fixpunktsatz (Satz 2.14) gibt es folglich ein $x \in$ $C(I, B_\varepsilon(x_0))$ mit $T(x) = x$. Gemäß Lemma 2.10 ist x eine Lösung des Anfangswertproblems. □

Die Folge der Picard-Iterierten aus dem ersten Beweis von Satz 2.11 entspricht gerade der im Banachschen Fixpunktsatz angegebenen Folge der Iterierten $a_k = T(a_{k-1})$, die gegen den Fixpunkt von T konvergiert.

Hier noch eine weitere Examensaufgabe, die ebenfalls eindrucksvoll die Kraft des Banachschen Fixpunktsatzes illustriert und dabei helfen mag, mit den Begrifflichkeiten aus dem soeben vorgestellten Beweis besser vertraut zu werden.

Beispiel 2.17 (Examensaufgabe) Es sei $G : [0,1]^2 \longrightarrow \mathbb{R}$ gegeben durch

$$G(x,y) := \begin{cases} y(x-1) & \text{für } y \leq x, \\ x(y-1) & \text{für } y > x. \end{cases}$$

(a) Es sei $f : [0,1] \longrightarrow \mathbb{R}$ stetig. Zeigen Sie, dass die Funktion $u : [0,1] \longrightarrow$ $\mathbb{R}$, gegeben durch

$$u(x) := \int_0^1 G(x,y) f(y)\, dy \qquad \text{für } x \in [0,1]$$

zweimal stetig differenzierbar ist mit

$$u''(x) = f(x) \qquad \text{für alle } x \in [0,1], \qquad u(0) = u(1) = 0. \qquad (2.7)$$

(Man nennt G die *Greensche Funktion* des Randwertproblems (2.7).)

(b) Zeigen Sie, dass durch

$$u_0(x) := 0, \qquad u_{k+1}(x) := \int_0^1 G(x,y) \cos(u_k(y))\, dy$$

für alle $x \in [0,1]$, $k \in \mathbb{N}_0$ eine Folge $(u_k)_k$ stetiger Funktionen auf $[0,1]$ definiert wird, die auf $[0,1]$ gleichmäßig gegen eine zweimal stetig differenzierbare Funktion $\widetilde{u} : [0,1] \longrightarrow \mathbb{R}$ konvergiert mit

$$\widetilde{u}''(x) = \cos(\widetilde{u}(x)) \qquad \text{für alle } x \in [0,1], \qquad \widetilde{u}(0) = \widetilde{u}(1) = 0.$$

Lösung:

(a) Es ist hilfreich, bei gegebenem $x \in [0,1]$ das $u(x)$ definierende Integral in zwei Teilintegrale aufzuteilen, wobei einmal über $[0,x]$ und dann über $[x,1]$ integriert wird, und dann die dort jeweils gültige Definition von $G(x,y)$, die ja eine „abschnittsweise" ist, einzusetzen. Auf diese Weise erhält man für alle $x \in [0,1]$

$$u(x) = (x-1) \int_0^x y f(y)\, dy + x \int_x^1 (y-1)f(y)\, dy;$$

die Existenz dieser Integrale ist wegen der Stetigkeit von f klar. Aus dieser Darstellung folgt bereits $u(0) = u(1) = 0$. Nach dem HDI in Verbindung mit der Produktregel ist u stetig differenzierbar auf $[0,1]$ mit

$$
\begin{aligned}
u'(x) &= \int_0^x y f(y)\, dy + (x-1) \cdot x f(x) \\
&\quad + \int_x^1 (y-1)f(y)\, dy - x \cdot (x-1)f(x) \\
&= \int_0^x y f(y)\, dy + \int_x^1 (y-1)f(y)\, dy.
\end{aligned}
$$

Diese Funktion ist wiederum nach dem HDI stetig differenzierbar auf $[0,1]$ mit

$$u''(x) = x f(x) - (x-1)f(x) = f(x).$$

Mithin ist u zweimal stetig differenzierbar.

(b) Wir versuchen den Banachschen Fixpunktsatz anzuwenden, auf den Integraloperator T, der einer auf $[0,1]$ stetigen Funktion u die durch

$$T(u)(x) := \int_0^1 G(x,y) \cos(u(y))\, dy$$

definierte Funktion $T(u)$ zuordnet. Diese ist nach (a) auf $[0,1]$ ebenfalls stetig (sogar zweimal stetig differenzierbar). T bildet also den Raum $C([0,1], \mathbb{R})$ in sich ab; insbesondere sind die in der Aufgabenstellung erklärten Funktionen x_k allesamt stetig. Nach Proposition 2.16 ist $C([0,1], \mathbb{R})$, versehen mit der Maximumsnorm, vollständig.

Wir zeigen nun, dass T eine Kontraktion ist: Für alle $(x,y) \in [0,1]^2$ gilt gemäß der Definition von G

$$0 \le -G(x,y) = \begin{cases} y(1-x) \le x(1-x) & \text{für } y \le x, \\ x(1-y) \le y(1-y) & \text{für } y > x. \end{cases}$$

Hierbei gilt $x(1-x) \leq \frac{1}{4}$ für alle $x \in [0,1]$, da die Funktion $x \mapsto x(1-x)$ ihr Maximum in $x = \frac{1}{2}$ annimmt. Somit folgt

$$L := \max_{(x,y)\in[0,1]^2} |G(x,y)| \leq \frac{1}{4}.$$

(Tatsächlich gilt hier sogar die Gleichheit, welche für unsere Zwecke aber irrelevant ist.) Da $|\cos'(\xi)| = |-\sin(\xi)| \leq 1$ für alle $\xi \in \mathbb{R}$ ist, folgt mit dem Mittelwertsatz, dass der Cosinus (global) Lipschitz-stetig mit Lipschitz-Konstante 1 ist (vgl. Beispiel 2.15 (2)). Nun seien zwei Funktionen $u, v \in C([0,1], \mathbb{R})$ gegeben. Für alle $x \in [0,1]$ folgt dann

$$
\begin{aligned}
|T(u)(x) - T(v)(x)| &= \left| \int_0^1 G(x,y)\left(\cos(u(y)) - \cos(v(y))\right) dy \right| \\
&\leq \int_0^1 |G(x,y)| \cdot |\cos(u(y)) - \cos(v(y))|\, dy \\
&\leq \int_0^1 L \cdot |u(y) - v(y)|\, dy \leq L \cdot \|u - v\|_\infty.
\end{aligned}
$$

Durch Übergang zum Maximum über alle $x \in [0,1]$ folgt

$$\|T(u) - T(v)\|_\infty \leq L \cdot \|u - v\|_\infty.$$

Wegen $L < 1$ ist damit T in der Tat als Kontraktion nachgewiesen.

Damit sind die Voraussetzungen für die Anwendung des Banachschen Fixpunktsatzes erfüllt. Dieser liefert nunmehr die Konvergenz der angegebenen Folge $(u_k)_k$ in der Maximumsnorm (also die gleichmäßige Konvergenz) gegen einen Fixpunkt $\widetilde{u} \in C([0,1], \mathbb{R})$. Dass für diesen $T(\widetilde{u}) = \widetilde{u}$ gilt, hat gemäß (a), angewandt auf die Komposition $f := \cos \circ \widetilde{u}$, zur Folge, dass $\widetilde{u}$ zweimal stetig differenzierbar ist (denn $T(\widetilde{u})$ ist es) mit

$$\widetilde{u}'' = (T(\widetilde{u}))'' = \cos \circ \widetilde{u}.$$

Die Gültigkeit der Randbedingungen $\widetilde{u}(0) = \widetilde{u}(1) = 0$ folgt direkt aus (a).

Warnung: Beim Nachweis der zweimaligen stetigen Differenzierbarkeit der Grenzfunktion ist Vorsicht geboten: Zwar sind die u_k gemäß (a) alle zweimal stetig differenzierbar, diese Eigenschaft überträgt sich unter gleichmäßiger Konvergenz aber i.Allg. *nicht* auf die Grenzfunktion $\widetilde{u}$. Erst die Möglichkeit, $\widetilde{u}$ als Bild unter dem Operator T darzustellen und (a) anzuwenden, überwindet diese Schwierigkeit. $\qquad\square$

Weiterführende Betrachtungen: Der Satz von Arzelà-Ascoli und der Satz von Peano

Dieser Abschnitt ist dem relativ umfangreichen Beweis für den Existenzsatz von Peano (Satz 1.7) gewidmet. Die Grundidee ist die folgende: Wir betrachten ein stetiges Funktional μ, welches ein Maß dafür darstellt, wie stark ein Lösungskandidat von einer tatsächlichen Lösung eines gegebenen Anfangswertproblems abweicht; hierbei bedeutet $\mu(x) = 0$, dass es sich bei x um eine exakte Lösung handelt. Mittels eines Kompaktheitsarguments zeigen wir, dass μ auf einer geeigneten Menge von als Lösungen infrage kommenden Funktionen ein Minimum annimmt[20]. Sodann weisen wir nach, dass dieses Minimum den Wert 0 haben muss, indem wir zeigen, dass μ beliebig kleine positive Werte annimmt, d.h. indem wir beliebig gute Näherungslösungen konstruieren. Jede Funktion, für die das Minimum angenommen wird, ist dann eine Lösung des Anfangswertproblems.

Bei der Ausführung dieses Plans benötigen wir zwei Hilfsmittel:

- Für die Konstruktion von Näherungslösungen bedienen wir uns des in Bemerkung 1.12 vorgestellten Eulerschen Polygonzugverfahrens.

- Der Kompaktheitsschluss beruht auf dem Satz von Arzelà-Ascoli, dem wir uns im Folgenden widmen.

Der Satz von Arzelà-Ascoli

Zur Motivation dieses Satzes machen wir uns bewusst, dass die aus dem $\mathbb{R}^n$ und $\mathbb{C}^n$ bekannte Äquivalenz von Kompaktheit einerseits und Abgeschlossenheit und Beschränktheit andererseits in beliebigen metrischen Räumen i.Allg. nicht gilt: Dort sind zwar Folgenkompaktheit und Überdeckungskompaktheit äquivalent (weswegen wir kurz nur von „Kompaktheit" sprechen), und sie implizieren die Abgeschlossenheit und Beschränktheit, es kann aber abgeschlossene und beschränkte Mengen geben, die nicht kompakt sind:

Beispiel 2.18

(1) Wir betrachten erneut den Vektorraum $C([0,1], \mathbb{R})$, ausgestattet mit der Maximumsnorm $\|\cdot\|_\infty$, und in diesem die Menge $M =$

---

[20]Dieser Zugang, den Existenzbeweis auf ein Minimierungsproblem zurückzuführen, greift eine Idee aus [27] auf.

$\{f_k : k \in \mathbb{N}\}$ der Funktionen $f_k(t) := t^k$: Bekanntlich konvergiert $(f_k)_k$ punktweise, aber nicht gleichmäßig gegen die unstetige Grenzfunktion

$$f(t) = \begin{cases} 0 & \text{für } 0 \leq t < 1, \\ 1 & \text{für } t = 1, \end{cases}$$

und Gleiches gilt für jede Teilfolge von $(f_k)_k$. Daher ist M nicht folgen-kompakt. Wegen $\|f_k\|_\infty = 1$ für alle k ist die Menge M andererseits beschränkt, und sie ist auch abgeschlossen, denn eine Folge $(g_j)_j$ in M kann nur dann gegen eine stetige Grenzfunktion g konvergieren, wenn es ein $k_0 \in \mathbb{N}$ mit $g_j = f_{k_0}$ für alle hinreichend großen j gibt, so dass auch $g = f_{k_0} \in M$ gilt.

(2) Das Beispiel in (1) ist lediglich ein Spezialfall eines allgemeineren Resultats: In beliebigen unendlich-dimensionalen normierten Vek-torräumen ist die abgeschlossene Einheitskugel stets nicht kompakt [18, Satz 11.7]. – Dies führt auf eine interessante Charakterisierung der Endlichdimensionalität: Die endlich-dimensionalen normierten Vek-torräume sind genau diejenigen, in denen Kompaktheit äquivalent ist mit Abgeschlossenheit und Beschränktheit. □

Es stellt sich die Frage, ob es eine dritte Eigenschaft gibt, die in Verbindung mit der Abgeschlossenheit und Beschränktheit äquivalent zur Kompaktheit ist. Für den Spezialfall gewisser Räume von stetigen Abbildungen ist die sog. *gleichgradige Stetigkeit* eine solche Eigenschaft. Dies ist die Aussage des Satzes von Arzelà-Ascoli, den wir für stetige Abbildungen $f : K \longrightarrow \mathbb{R}^n$ auf einem beliebigen kompakten metrischen Raum K formulieren und beweisen.

Definition 2.19   *Es seien (X, d_X) und (W, d_W) metrische Räume, und es sei $\mathcal{F}$ eine Familie in $C(X, W)$. Dann heißt $\mathcal{F}$ **gleichgradig stetig in einem Punkt** $x_0 \in X$, falls*

$$\forall_{\varepsilon > 0} \exists_{\delta > 0} \forall_{f \in \mathcal{F}} \forall_{x \in X} \left(d_X(x, x_0) < \delta \implies d_W(f(x), f(x_0)) < \varepsilon \right)$$

*gilt. $\mathcal{F}$ heißt **gleichgradig stetig** in X, falls $\mathcal{F}$ gleichgradig stetig in jedem $x_0 \in X$ ist.*

*Nun sei $W = \mathbb{R}^n$, versehen mit der euklidischen Metrik. Die Familie $\mathcal{F} \subseteq C(X, \mathbb{R}^n)$ heißt **punktweise beschränkt**, falls es für jedes $x \in X$ ein $M(x) < \infty$ gibt, so dass*

$$\|f(x)\| \leq M(x) \qquad \text{für alle } f \in \mathcal{F}.$$

Sie heißt **gleichmäßig beschränkt**, *falls man hierin $M(x)$ unabhängig von x wählen kann, falls es also ein $M < \infty$ gibt, so dass*

$$\|f(x)\| \leq M \qquad \text{für alle } f \in \mathcal{F} \text{ und alle } x \in X.$$

Die Definition der gleichgradigen Stetigkeit unterscheidet sich „nur" um einen zusätzlichen Quantor (nämlich $\forall_{f \in \mathcal{F}}$) von der Definition der Stetigkeit einer einzelnen Funktion f. Die Essenz dieser Definition liegt darin, dass für beliebiges $\varepsilon > 0$ ein- und dasselbe $\delta > 0$ simultan für alle $f \in \mathcal{F}$ das in der Definition der Stetigkeit Geforderte leisten soll.

Beispiel 2.20 Die Menge M aus Beispiel 2.18 (1) ist nicht gleichgradig stetig in $t_0 = 1$: Andernfalls gäbe es nämlich zu $\varepsilon := \frac{1}{2}$ ein $\delta > 0$, so dass für alle $k \in \mathbb{N}$ und alle $t \in [0,1]$ die Implikation

$$|t - 1| \leq \delta \quad \Longrightarrow \quad |f_k(t) - f_k(1)| < \varepsilon = \frac{1}{2},$$

gelten würde. Insbesondere wäre für alle $k \in \mathbb{N}$

$$\frac{1}{2} \geq |f_k(1 - \delta) - f_k(1)| = |(1 - \delta)^k - 1| \longrightarrow 1 \qquad \text{für } k \to \infty,$$

ein Widerspruch!   □

Im Beweis des Satzes von Arzelà-Ascoli erweisen sich die beiden folgenden Lemmata als hilfreich.

Lemma 2.21 *Es seien (K, d_K) und (W, d_W) metrische Räume, und K sei kompakt. Es sei $\mathcal{F}$ eine gleichgradig stetige Familie von Funktionen aus $C(K, W)$. Dann gilt*

$$\forall_{\varepsilon > 0} \exists_{\delta > 0} \forall_{f \in \mathcal{F}} \forall_{x,y \in K} \left(d_K(x, y) < \delta \implies d_W(f(x), f(y)) < \varepsilon \right).$$

Der Beweis ähnelt sehr dem aus der *Analysis* bekannten Beweis dafür, dass stetige Funktionen auf Kompakta gleichmäßig stetig sind.

Beweis. Wir nehmen an, die Behauptung wäre falsch, es würde also

$$\exists_{\varepsilon_0 > 0} \forall_{\delta > 0} \exists_{f \in \mathcal{F}} \exists_{x,y \in K} \left(d_K(x, y) < \delta \wedge d_W(f(x), f(y)) \geq \varepsilon_0 \right)$$

gelten. Wir können für δ nacheinander die Zahlen $\frac{1}{k}$ mit $k \in \mathbb{N}$ wählen. So erhalten wir zwei Folgen $(x_k)_k$ und $(y_k)_k$ von Punkten $x_k, y_k \in K$ und eine Folge $(f_k)_k$ von Funktionen $f_k \in \mathcal{F}$ mit

$$d_K(x_k, y_k) < \frac{1}{k} \qquad \text{und} \qquad d_W(f_k(x_k), f_k(y_k)) \geq \varepsilon_0 \qquad \text{für alle } k.$$

Weil K kompakt ist, besitzt $(x_k)_k$ eine gegen ein $\xi \in K$ konvergente Teilfolge $(x_{k_\nu})_\nu$. Wegen $d_K(x_k, y_k) < \frac{1}{k}$ ist auch

$$\lim_{\nu \to \infty} y_{k_\nu} = \xi.$$

Weil $\mathcal{F}$ in ξ gleichgradig stetig ist, gibt es ein $\delta_0 > 0$, so dass

$$\forall_{f \in \mathcal{F}} \forall_{x \in K} \left(d_K(x, \xi) < \delta_0 \implies d_W(f(x), f(\xi)) < \frac{\varepsilon_0}{2} \right)$$

gilt. Hierzu gibt es ein $\mu \in \mathbb{N}$ mit $d(x_{k_\mu}, \xi) < \delta_0$ und $d(y_{k_\mu}, \xi) < \delta_0$. Es folgt dann

$$d_W(f_{k_\mu}(x_{k_\mu}), f_{k_\mu}(y_{k_\mu})) \leq d_W(f_{k_\mu}(x_{k_\mu}), f_{k_\mu}(\xi)) + d_W(f_{k_\mu}(y_{k_\mu}), f_{k_\mu}(\xi))$$

$$< \frac{\varepsilon_0}{2} + \frac{\varepsilon_0}{2} = \varepsilon_0.$$

Das steht im Widerspruch zu $d_W(f_k(x_k), f_k(y_k)) \geq \varepsilon_0$ für alle k. Damit ist die Behauptung bewiesen. ∎

Lemma 2.22 *Es sei (K, d) ein kompakter metrischer Raum. Dann gibt es eine abzählbare Menge $D \subseteq K$, die dicht in K liegt. (Man sagt auch, dass K **separabel** ist.)*

Beweis. Die Idee zur Konstruktion der Menge D besteht darin, K mit abzählbar vielen „Gitternetzen" zunehmender Feinheit zu überziehen. Die Vereinigung aller hierbei auftretender Gitterpunkte bildet dann die Menge D. Nun zu den Details:

Zu jedem $\varepsilon > 0$ gibt es endlich viele Punkte $a_1, \ldots, a_m \in K$, so dass

$$K \subseteq U_\varepsilon(a_1) \cup \cdots \cup U_\varepsilon(a_m);$$

man kann K also mit endlich vielen ε-Kugeln überdecken. Diese Eigenschaft – die man als **Präkompaktheit** bezeichnet – ergibt sich direkt aus der Überdeckungskompaktheit von K, denn zu der offenen Überdeckung $\bigcup_{a \in K} U_\varepsilon(a) \supseteq K$ gibt es eine endliche Teilüberdeckung.

Insbesondere gibt es für jedes $k \in \mathbb{N}$ endlich viele Punkte $a_1^{(k)}, \ldots, a_{m_k}^{(k)} \in K$, so dass

$$K \subseteq U_{1/k}(a_1^{(k)}) \cup \cdots \cup U_{1/k}(a_{m_k}^{(k)}). \tag{2.8}$$

Es sei

$$D := \left\{ a_j^{(k)} \mid 1 \leq j \leq m_k, k \in \mathbb{N} \right\}$$

die Menge aller dieser Punkte $a_j^{(k)}$. Dann ist D abzählbar und $D \subseteq K$. Um zu zeigen, dass D dicht in K liegt, seien ein $x \in K$ und ein $\varepsilon > 0$ gegeben. Hierzu gibt es ein $k \in \mathbb{N}$ mit $\frac{1}{k} < \varepsilon$. Wegen (2.8) gibt es ein $j \in \{1, \dots, m_k\}$ mit $x \in U_{1/k}\big(a_j^{(k)}\big)$. Dies bedeutet aber auch $a_j^{(k)} \in U_{1/k}(x) \subseteq U_\varepsilon(x)$. Also ist $U_\varepsilon(x) \cap D \neq \emptyset$. Damit ist D als dicht in K nachgewiesen. ∎

Satz 2.23 (Satz von Arzelà-Ascoli[21]) *Es seien (K, d) ein kompakter metrischer Raum und $\mathcal{F}$ eine gleichgradig stetige und punktweise beschränkte Familie von Abbildungen aus $C(K, \mathbb{R}^n)$. Dann enthält jede Folge in $\mathcal{F}$ eine gleichmäßig konvergente Teilfolge. Zudem ist $\mathcal{F}$ sogar gleichmäßig beschränkt.*

Beweis. I. Nach Lemma 2.22 gibt es eine abzählbare, in K dichte Menge $D = \{a_1, a_2, \dots\} \subseteq K$.

Es sei $(f_m)_m$ eine Folge in $\mathcal{F}$. Da $(f_m(a_1))_m$ nach Voraussetzung beschränkt ist, gibt es nach dem Satz von Bolzano-Weierstraß eine Teilfolge $(f_{m_{1,k}})_k$ von $(f_m)_m$, so dass $(f_{m_{1,k}}(a_1))_k$ konvergiert. Induktiv folgt durch wiederholte Teilfolgenauswahl für jedes $j \geq 1$ die Existenz einer Teilfolge $(f_{m_{j,k}})_k$, die in den sämtlichen Punkten $a_1, \dots, a_j$ konvergiert. Hat man nämlich für festes j bereits eine solche Folge gefunden, so ist diese in a_{j+1} beschränkt und besitzt daher eine Teilfolge, die auch noch in a_{j+1} konvergiert. Nach Konstruktion ist hierbei $(f_{m_{\ell,k}})_k$ für $\ell \geq j$ stets eine Teilfolge von $(f_{m_{j,k}})_k$.

Die Diagonalfolge $(f_{m_{k,k}})_k =: (g_k)_k$ ist dann eine Teilfolge von $(f_m)_m$, die in allen Punkten von D konvergiert. Ist nämlich ein $a_j \in D$ gegeben, so konvergiert $(g_k(a_j))_k$, weil $(g_k)_{k \geq j}$ eine Teilfolge von $(f_{m_{j,k}})_k$ ist. Dieses Diagonalverfahren ist in folgendem Schema illustriert:

$$
\begin{array}{cccc}
\boldsymbol{f_{m_{1,1}}} & f_{m_{1,2}} & f_{m_{1,3}} & \cdots \\
f_{m_{2,1}} & \boldsymbol{f_{m_{2,2}}} & f_{m_{2,3}} & \cdots \\
f_{m_{3,1}} & f_{m_{3,2}} & \boldsymbol{f_{m_{3,3}}} & \cdots \\
\vdots \quad \vdots & \vdots \quad \vdots & \vdots &
\end{array}
$$

Es sei ein $\varepsilon > 0$ gegeben. Wegen der gleichgradigen Stetigkeit von $\mathcal{F}$ und Lemma 2.21 gibt es dann ein $\delta > 0$, so dass für alle $k \in \mathbb{N}$ und alle $x, y \in K$ die Implikation

$$
d(x, y) < \delta \quad \Longrightarrow \quad \|g_k(x) - g_k(y)\| < \frac{\varepsilon}{3}
$$

---

[21]nach Cesare Arzelà (1847–1912) und Giulio Ascoli (1843–1896)

gilt. Wegen der Dichtheit von D in K ist $\{U_\delta(a_j) \mid j \in \mathbb{N}\}$ eine offene Überdeckung von K. Aufgrund der (Überdeckungs-)Kompaktheit von K existiert also ein $\ell \in \mathbb{N}$, so dass $K \subseteq \bigcup_{j=1}^{\ell} U_\delta(a_j)$.

Wegen der punktweisen Konvergenz von $(g_k)_k$ auf D gibt es ein $k_0 \in \mathbb{N}$, so dass für alle $p, q \geq k_0$ und alle $j = 1, \ldots, \ell$

$$\|g_p(a_j) - g_q(a_j)\| < \frac{\varepsilon}{3}$$

ist. Es sei ein $x \in K$ gegeben. Dann gibt es ein $j_0 \in \{1, \ldots, \ell\}$ mit $x \in U_\delta(a_{j_0})$. Für alle $p, q \geq k_0$ folgt dann

$$
\begin{aligned}
&\|g_p(x) - g_q(x)\| \\
\leq{} &\|g_p(x) - g_p(a_{j_0})\| + \|g_p(a_{j_0}) - g_q(a_{j_0})\| + \|g_q(a_{j_0}) - g_q(x)\| \\
\leq{} &\frac{\varepsilon}{3} + \frac{\varepsilon}{3} + \frac{\varepsilon}{3} = \varepsilon.
\end{aligned}
$$

Nach dem Cauchy-Kriterium ist $(g_k)_k$ also auf K gleichmäßig konvergent. Damit ist die erste Behauptung gezeigt.

II. Wäre $\mathcal{F}$ nicht gleichmäßig beschränkt, so gäbe es Folgen $(f_m)_m \subseteq \mathcal{F}$ und $(x_m)_m \subseteq K$ mit $\|f_m(x_m)\| \geq m$ für alle $m \in \mathbb{N}$. Wegen der Kompaktheit von K gibt es eine Teilfolge $(x_{m_k})_k$, die gegen ein $x^* \in K$ konvergiert. Da $\mathcal{F}$ punktweise beschränkt ist, gibt es ein $C > 0$ mit $\|f_{m_k}(x^*)\| \leq C$ für alle k. Aufgrund der gleichgradigen Stetigkeit von $\mathcal{F}$ in x^* gibt es (zu $\varepsilon = 1$) ein $\delta > 0$, so dass

$$\|f_m(x) - f_m(x^*)\| \leq 1 \qquad \text{für alle } x \in K \text{ mit } d(x, x^*) < \delta \text{ und alle } m \in \mathbb{N}.$$

Wegen $\lim_{k \to \infty} x_{m_k} = x^*$ gibt es ein $k_0 \in \mathbb{N}$ mit $d(x_{m_k}, x^*) < \delta$ für alle $k \geq k_0$. Damit folgt insgesamt

$$m_k \leq \|f_{m_k}(x_{m_k})\| \leq \|f_{m_k}(x_{m_k}) - f_{m_k}(x^*)\| + \|f_{m_k}(x^*)\| \leq 1 + C$$

für alle $k \geq k_0$, im Widerspruch zu $\lim_{k \to \infty} m_k = \infty$. Mithin ist $\mathcal{F}$ gleichmäßig beschränkt. $\blacksquare$

Damit können wir nun die eingangs gesuchte äquivalente Charakterisierung von Kompaktheit im Funktionenraum $C(K, \mathbb{R}^n)$ beweisen.

Korollar 2.24   *Es seien (K, d) ein kompakter metrischer Raum und $X := C(K, \mathbb{R}^n)$, versehen mit der Maximumsnorm. Für jede Teilmenge $M \subseteq X$ ist dann die Kompaktheit von M äquivalent dazu, dass M abgeschlossen, beschränkt und gleichgradig stetig ist.*

Beweis. „$\Longrightarrow$": Es sei $M \subseteq X$ kompakt. Dass M dann abgeschlossen in X und beschränkt ist, ist klar, da dieser Schluss in beliebigen metrischen Räumen gilt. Es bleibt also noch zu zeigen, dass M gleichgradig stetig ist.

Hierzu sei ein $a \in K$ gegeben. Wäre M in a nicht gleichgradig stetig, so gäbe es ein $\varepsilon_0 > 0$ und Folgen $(f_k)_k \subseteq M$, $(x_k)_k \subseteq K$ mit $\lim_{k \to \infty} x_k = a$ und $\|f_k(x_k) - f_k(a)\| \geq \varepsilon_0$ für alle k. Da M kompakt ist, gibt es hierzu eine Teilfolge $(f_{k_\mu})_\mu$, die gleichmäßig auf K gegen eine Grenzfunktion $F \in M$ konvergiert. Insbesondere gibt es ein $\mu_0 \in \mathbb{N}$, so dass

$$\left\| f_{k_\mu}(x) - F(x) \right\| < \frac{\varepsilon_0}{3} \qquad \text{für alle } x \in K \text{ und alle } \mu \geq \mu_0.$$

Da F stetig ist, gibt es ein $\delta > 0$ mit

$$\| F(x) - F(a) \| < \frac{\varepsilon_0}{3} \qquad \text{für alle } x \in K \text{ mit } d(x, a) < \delta.$$

Hierzu wiederum finden wir ein $\mu^* \geq \mu_0$, so dass $d(x_{k_\mu}, a) < \delta$ für alle $\mu \geq \mu^*$. Damit ergibt sich insgesamt für alle $\mu \geq \mu^*$

$$\begin{aligned}
&\left\| f_{k_\mu}(x_{k_\mu}) - f_{k_\mu}(a) \right\| \\
\leq\ & \left\| f_{k_\mu}(x_{k_\mu}) - F(x_{k_\mu}) \right\| + \left\| F(x_{k_\mu}) - F(a) \right\| + \left\| F(a) - f_{k_\mu}(a) \right\| \\
<\ & \frac{\varepsilon_0}{3} + \frac{\varepsilon_0}{3} + \frac{\varepsilon_0}{3} = \varepsilon_0,
\end{aligned}$$

im Widerspruch zur Wahl der f_k und x_k. Mithin ist M in a gleichgradig stetig.

„$\Longleftarrow$": Nun sei $M \subseteq X$ abgeschlossen, beschränkt und gleichgradig stetig. Insbesondere ist M dann punktweise beschränkt.

Es sei $(f_k)_k$ eine Folge in M. Diese enthält nach dem Satz von Arzelà-Ascoli (Satz 2.23) eine Teilfolge $(f_{k_\nu})_\nu$, die gleichmäßig auf K gegen eine Grenzfunktion F konvergiert. Nach dem aus der *Analysis* bekannten Satz von Cauchy-Weierstraß ist F stetig auf K, also $F \in X$. Da M abgeschlossen ist, folgt sogar $F \in M$. Damit ist M als (folgen-)kompakt nachgewiesen. ∎

Beweis des Satzes von Peano

Satz 1.7 (Existenzsatz von Peano)   *Es sei $J \subseteq \mathbb{R}$ ein offenes, nicht-leeres Intervall, $D \subseteq \mathbb{R}^n$ sei offen und nicht-leer, und $f : J \times D \longrightarrow \mathbb{R}^n$ sei stetig. Dann hat das Anfangswertproblem*

$$x' = f(t, x), \qquad x(t_0) = x_0$$

für jeden Punkt $(t_0, x_0) \in J \times D$ *eine Lösung* $x : I \longrightarrow D$ *auf einem gewissen offenen Teilintervall* $I \subseteq J$ *mit* $t_0 \in I$. □

Beweis. Es sei ein $(t_0, x_0) \in J \times D$ gegeben.

Es genügt, die Existenz einer Lösung des Anfangswertproblems auf einem Intervall $[t_0, t_0 + \alpha)$ mit $\alpha > 0$ zu zeigen. Die Existenz auf einem Intervall $(t_0 - \alpha^*, t_0]$ mit $\alpha^* > 0$ ergibt sich dann nämlich durch Zeitumkehr, d.h. indem man das Anfangswertproblem

$$x' = -f(-t, x) =: g(t, x), \qquad x(-t_0) = x_0$$

betrachtet und hierauf das bereits Bewiesene anwendet: Ist ψ dessen Lösung auf einem Intervall $[-t_0, -t_0 + \alpha^*)$ mit $\alpha^* > 0$, so ist $\psi_*(t) := \psi(-t)$ wegen

$$\psi_*'(t) = -\psi'(-t) = -g(-t, \psi(-t)) = f(t, \psi_*(t))$$

eine Lösung des ursprünglichen Anfangswertproblems auf $(t_0 - \alpha^*, t_0]$. Indem man die beiden Lösungen auf $[t_0, t_0 + \alpha)$ und auf $(t_0 - \alpha^*, t_0]$ zusammensetzt, erhält man eine Lösung auf $(t_0 - \alpha^*, t_0 + \alpha)$. (Dass die zusammengesetzte Lösung auch in t_0 wohldefiniert und differenzierbar ist, ergibt sich daraus, dass beide Teillösungen in t_0 den Wert x_0 und die Ableitung $f(t_0, x_0)$ haben.)

Für die im Folgenden benötigten Kompaktheitsschlüsse erweist es sich als vorteilhaft, die Existenz einer Lösung sogar auf einem kompakten Intervall $[t_0, t_0 + \alpha]$ nachzuweisen.

Wegen der Offenheit von J und D finden wir Konstanten $a > 0$ und $b > 0$, so dass $Q := [t_0, t_0 + a] \times B_b(x_0) \subseteq J \times D$. Da Q kompakt ist, gibt es ein $L > 0$ mit

$$\|f(t, x)\| \leq L \qquad \text{für alle } (t, x) \in Q.$$

Wir setzen nun

$$\alpha := \min\left\{a, \frac{b}{L}\right\} > 0 \qquad \text{und} \qquad I := [t_0, t_0 + \alpha].$$

Es sei $\mathcal{L} \subseteq C(I, \mathbb{R}^n)$ die Menge aller Funktionen $x : I \longrightarrow \mathbb{R}^n$ mit $x(t_0) = x_0$, die eine Lipschitz-Bedingung mit der Lipschitz-Konstanten L erfüllen, für die also

$$\|x(s) - x(t)\| \leq L \cdot |s - t| \qquad \text{für alle } s, t \in I$$

gilt. (Diese Bedingungen sind offensichtlich „Minimalanforderungen", denen eine in $B_b(x_0)$ verlaufende Lösung unseres Anfangswertproblems genügen muss – wenn wir überhaupt eine solche Lösung finden, dann in der Klasse $\mathcal{L}$.)

Die Familie $\mathcal{L}$ ist gleichgradig stetig, denn zu gegebenem $\varepsilon > 0$ leistet $\delta :=$ $\frac{\varepsilon}{L} > 0$ simultan für alle $f \in \mathcal{L}$ den in der Definition verlangten Dienst. Ebenso ist $\mathcal{L}$ punktweise (sogar gleichmäßig) beschränkt, denn für jedes $x \in \mathcal{L}$ und alle $t \in I$ ist

$$\|x(t)\| \leq \|x(t) - x(t_0)\| + \|x(t_0)\| \leq L \cdot |t - t_0| + \|x_0\| \leq L\alpha + \|x_0\|.$$

Wir statten $C(I, \mathbb{R}^n)$ (und damit $\mathcal{L}$) mit der Maximumsnorm $\|x\|_\infty :=$ $\max_{t \in I} \|x(t)\|$ auf I aus. Aufgrund des Satzes von Arzelà-Ascoli (Satz 2.23) – dessen Voraussetzungen wir soeben verifiziert haben – ist $\mathcal{L}$ kompakt, denn jede Folge $(x_k)_k$ in $\mathcal{L}$ enthält nach diesem Satz eine gleichmäßig konvergente Teilfolge, und deren Grenzwert gehört ebenfalls zu $\mathcal{L}$, da die $\mathcal{L}$ definierenden Eigenschaften unter gleichmäßiger Konvergenz (also unter Konvergenz in der Maximumsnorm) erhalten bleiben.

Für alle $x \in \mathcal{L}$ und alle $t \in I$ ist insbesondere

$$\|x(t) - x_0\| \leq L \cdot |t - t_0| \leq L\alpha \leq b, \qquad \text{also} \qquad (t, x(t)) \in Q.$$

Daher ist für alle $x \in \mathcal{L}$ die Komposition $t \mapsto f(t, x(t))$ auf I wohldefiniert, stetig und durch L beschränkt. Folglich ist durch

$$T(x)(t) := x(t) - x_0 - \int_{t_0}^t f(s, x(s))\, ds \qquad \text{für alle } x \in \mathcal{L} \text{ und alle } t \in I$$

ein Integraloperator $T : \mathcal{L} \longrightarrow C(I, \mathbb{R}^n)$ wohldefiniert. Weiter sei $\mu : \mathcal{L} \longrightarrow [0, \infty)$ definiert durch

$$\mu(x) := \|T(x)\|_\infty \qquad \text{für alle } x \in \mathcal{L}.$$

In Anbetracht von Lemma 2.10 können wir $\mu(x)$ als Maß dafür auffassen, wie weit x von einer Lösung des Anfangswertproblems auf I entfernt ist. Im Falle $\mu(x) = 0$ ist $T(x) = 0$, so dass es sich bei x um eine Lösung handelt.

Wir zeigen, dass μ stetig ist. Hierzu sei ein $\varepsilon > 0$ gegeben. Wegen der gleichmäßigen Stetigkeit von f auf dem Kompaktum $I \times B_b(x_0)$ gibt es ein $\delta > 0$, so dass für alle $(s, x), (t, y) \in I \times B_b(x_0)$ die Implikation

$$|s - t| < \delta, \|x - y\| < \delta \quad \Longrightarrow \quad \|f(s, x) - f(t, y)\| < \frac{\varepsilon}{2\alpha} \tag{2.9}$$

gilt. O.E. können wir $2\delta < \varepsilon$ annehmen. Es seien zwei Funktionen $x, y \in \mathcal{L}$ mit $\|y - x\|_\infty < \delta$ gegeben. Dann erhalten wir

$$|\mu(y) - \mu(x)|$$

$$= \left| \|T(y)\|_\infty - \|T(x)\|_\infty \right|$$

$$\leq \|T(y) - T(x)\|_\infty$$

$$= \max_{t \in I} \left\| y(t) - x(t) - \int_{t_0}^t \big(f(s, y(s)) - f(s, x(s)) \big) \, ds \right\|$$

$$\leq \|y - x\|_\infty + \max_{t \in I} \left(|t - t_0| \cdot \max_{s \in [t_0, t]} \|f(s, y(s)) - f(s, x(s))\| \right)$$

$$\leq \delta + \alpha \cdot \frac{\varepsilon}{2\alpha} \leq \varepsilon.$$

Also ist μ in der Tat stetig. Daher und wegen der Kompaktheit von $\mathcal{L}$ nimmt μ auf $\mathcal{L}$ ein Minimum φ an. Wir wollen zeigen, dass $\mu(\varphi) = 0$ ist. Hierfür genügt es nachzuweisen, dass μ auf $\mathcal{L}$ beliebig kleine positive Werte annimmt, dass es also beliebig gute Näherungslösungen unseres Anfangswertproblems auf I gibt. Dieser Nachweis gelingt mithilfe des Eulerschen Polygonzugverfahrens.

Es sei ein $\varepsilon > 0$ gegeben. Hierzu gibt es wiederum ein $\delta > 0$, so dass (2.9) gilt. Wir wählen k so groß, dass $\frac{\alpha}{k} < \frac{\delta}{L+1}$, und zerlegen das Intervall I in k Teilintervalle $[t_j, t_{j+1}]$ $(j = 0, \ldots, k-1)$, wobei

$$t_j := t_0 + \frac{j}{k} \cdot \alpha \qquad \text{für alle } j = 1, \ldots, k.$$

Wie in Bemerkung 1.12 definieren wir den Polygonzug $u : I \longrightarrow \mathbb{R}^n$ induktiv mittels

$$u(t_0) := x_0$$
$$u(t) := u(t_j) + (t - t_j) \cdot f(t_j, u(t_j)) \quad \text{für } j = 0, \ldots, k-1, t \in (t_j, t_{j+1}].$$

Um zu gewährleisten, dass die Werte $f(t_j, u(t_j))$ und damit u wohldefiniert sind, müssen wir uns zunächst davon überzeugen, dass die Kurve u – so lange sie definiert ist – ganz in $B_b(x_0)$ verläuft (in der Autofahrt-Analogie von Bemerkung 1.12: dass wir den befahrbaren Bereich nicht verlassen). Hierzu genügt es wegen der Konvexität von $B_b(x_0)$, induktiv $u(t_j) \in B_b(x_0)$ für alle $j = 0, \ldots, k$ zu zeigen. Für $j = 0$ ist dies klar, da $u(t_0) = x_0$. Ist für ein $j \in \{0, \ldots, k-1\}$ die Gültigkeit von $u(t_\ell) \in B_b(x_0)$ für alle $\ell = 0, \ldots, j$ (und damit die Wohldefiniertheit von u auf $[t_0, t_{j+1}]$) bereits gesichert, so folgt

$$\|u(t_{j+1}) - x_0\| \leq \sum_{\ell=0}^j \|u(t_{\ell+1}) - u(t_\ell)\| = \sum_{\ell=0}^j \|f(t_\ell, u(t_\ell))\| \cdot (t_{\ell+1} - t_\ell)$$

$$\leq \sum_{\ell=0}^{j} L \cdot (t_{\ell+1} - t_\ell) = L \cdot (t_{j+1} - t_0) \leq L \cdot \alpha \leq b,$$

also $u(t_{j+1}) \in B_b(x_0)$, womit die Behauptung gezeigt ist.

Offensichtlich ist u auf I stetig und stückweise stetig differenzierbar mit $u(t_0) = x_0$. Wegen $\|f(t_j, u(t_j))\| \leq L$ erfüllt u auf allen Intervallen $[t_j, t_{j+1}]$ eine Lipschitz-Bedingung mit der Lipschitz-Konstanten L, und dies überträgt sich somit auf ganz $I = [t_0, t_k]$. Daher ist $u \in \mathcal{L}$.

Es sei ein $s \in I$ gegeben. Hierzu gibt es ein $j \in \{0, \ldots, k-1\}$ mit $s \in [t_j, t_{j+1}]$. Dann ist $|s - t_j| \leq \frac{\alpha}{k} < \frac{\delta}{L+1} \leq \delta$ und

$$\|u(s) - u(t_j)\| = \|(s - t_j) \cdot f(t_j, u(t_j))\| \leq \frac{\alpha}{k} \cdot L < \delta.$$

Hieraus und aus (2.9) ergibt sich im Falle $s \in (t_j, t_{j+1})$

$$\|u'(s) - f(s, u(s))\| = \|f(t_j, u(t_j)) - f(s, u(s))\| \leq \frac{\varepsilon}{2\alpha}.$$

Für alle $t \in I$ folgt damit

$$\|T(u)(t)\| = \left\| u(t) - x_0 - \int_{t_0}^{t} f(s, u(s)) \, ds \right\|$$

$$= \left\| \int_{t_0}^{t} u'(s) \, ds - \int_{t_0}^{t} f(s, u(s)) \, ds \right\| \leq |t - t_0| \cdot \frac{\varepsilon}{2\alpha} < \varepsilon.$$

Also ist $\mu(u) = \|T(u)\|_\infty \leq \varepsilon$, d.h. die Näherungslösung u weist die gewünschte Approximationsgüte auf. Damit ist der Satz bewiesen. ∎

Ist $(u_k)_k$ eine Folge von mit dem Polgonzugverfahren konstruierten Näherungslösungen mit $\lim_{k \to \infty} \mu(u_k) = 0$, so kann man zeigen, dass eine geeignete Teilfolge hiervon gegen eine Lösung des Anfangswertproblems konvergiert. Hierfür ist wiederum der Satz von Arzelà-Ascoli entscheidend. Für die gesamte Folge hingegen kann man i. Allg. keine Konvergenz erwarten: Es ist möglich, dass andere Teilfolgen gegen andere Lösungen konvergieren. Dass die Lösung i. Allg. nicht eindeutig ist, spiegelt sich also in der Notwendigkeit des Übergangs zu Teilfolgen wider. Diese führt auch dazu, dass der Beweis nicht konstruktiv ist, auch wenn die Verwendung der konkreten Näherungslösungen aus dem Polygonzugverfahren diesen Eindruck erwecken könnte: Das für die Teilfolgenauswahl herangezogene Kompaktheitsargument gibt keinerlei Aufschluss darüber, welche Teilfolge man konkret auszuwählen hat. – Einen Hinweis auf die potentielle Nicht-Eindeutigkeit der Lösung liefert auch der Umstand, dass kein Grund dafür ersichtlich ist, weshalb μ nur ein einziges Minimum haben sollte.

Es stellt sich die Frage, warum wir statt des relativ technischen Polygonzugverfahrens nicht einfach die uns bereits bekannte Picard-Iteration (vgl. den Beweis von Satz 2.11) zur Konstruktion von Näherungslösungen benutzt haben. Das folgende Beispiel von M. Müller von 1927 [30] zeigt, dass dies i.Allg. nicht zum Ziel führt.

Beispiel 2.25   Wir betrachten das Anfangswertproblem

$$x' = f(t,x), \qquad x(0) = 0,$$

wobei $f : [-1,1] \times \mathbb{R} \longrightarrow \mathbb{R}$ definiert ist durch

$$f(t,x) := \begin{cases} 0 & \text{für } t = 0, \\ 2t & \text{für } 0 < |t| \leq 1, x \leq 0, \\ 2t - \frac{4x}{t} & \text{für } 0 < |t| \leq 1, 0 < x < t^2, \\ -2t & \text{für } 0 < |t| \leq 1, t^2 \leq x. \end{cases}$$

Wie man sich durch Betrachtung der Übergänge zwischen den einzelnen Abschnitten des Definitionsbereichs sowie des Grenzübergangs $(t,x) \to (0,0)$ überzeugt, ist f stetig (vgl. Abb. 2.1).

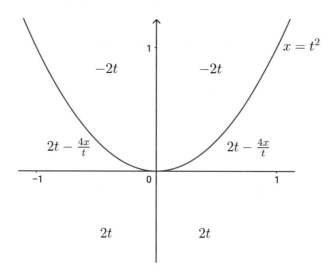

Abb. 2.1: Die Werte der Funktion f aus Beispiel 2.25

Für die Picard-Iterierten x_k zum obigen Anfangswertproblem berechnet man für alle $t \in [-1, 1]$

$$
\begin{aligned}
x_0(t) &= 0, \\
x_1(t) &= 0 + \int_0^t f(s, 0)\, ds = \int_0^t 2s\, ds = t^2, \\
x_2(t) &= \int_0^t f(s, s^2)\, ds = -\int_0^t 2s\, ds = -t^2, \\
x_3(t) &= \int_0^t f(s, -s^2)\, ds = \int_0^t 2s\, ds = t^2
\end{aligned}
$$

und somit $x_{2k-1}(t) = t^2$, $x_{2k}(t) = -t^2$ für alle $k \in \mathbb{N}$.

Daher ist das Picardsche Iterationsverfahren nicht konvergent. Aber auch ein Übergang zu Teilfolgen bringt uns nicht weiter: Die einzigen Grenzfunktionen von Teilfolgen von $(x_k)_k$ sind $\varphi_+(t) := t^2$ und $\varphi_-(t) := -t^2$; diese sind jedoch keine Lösungen der Differentialgleichung, denn es ist $\varphi'_\pm(t) = \pm 2t$, aber $f(t, \varphi_\pm(t)) = \mp 2t$.

In diesem Beispiel ist es also unmöglich, mithilfe der Picard-Iteration eine Folge von immer besseren Näherungslösungen zu gewinnen, wie wir sie für unseren Beweis des Satzes von Peano benötigt haben.   □

3 Maximale Lösungen und ihr Randverhalten

Bis jetzt haben wir lediglich *lokale* Lösungen von Anfangswertproblemen konstruiert, d.h. Lösungen, die auf einer gewissen, möglicherweise sehr kleinen Umgebung der Anfangszeit definiert sind. Dies liegt in der Natur der Sache und nicht etwa an beweistechnischen Ungeschicklichkeiten. Freilich ist das im Beweis von Satz 2.11 gefundene Existenzintervall meist nicht das größtmögliche. In diesem Kapitel zeigen wir, dass die Lösungen ein natürliches maximales Definitionsintervall besitzen, und wir lernen Kriterien kennen, anhand derer man (manchmal) dessen Ausdehnung abschätzen kann. Deren Quintessenz ist, dass Lösungen nicht „einfach so", sondern nur mit „triftigem Grund" aufhören zu existieren.

Definition 3.1 *Eine Lösung $x : I \longrightarrow D$ der Differentialgleichung $x' = f(t, x)$ auf einem echten Intervall I heißt* **maximal** *oder* **nicht fortsetzbar**, *wenn sie die folgende Eigenschaft hat: Für jede Lösung $\widetilde{x} : \widetilde{I} \longrightarrow D$ der Differentialgleichung auf einem Intervall $\widetilde{I} \supseteq I$, die $\widetilde{x}|_I = x$ erfüllt, folgt $\widetilde{I} = I$. In diesem Fall nennt man I das* **maximale Existenzintervall** *der Lösung.*

Ist $x : I \longrightarrow D$ eine im soeben erklärten Sinne maximale Lösung des Anfangswertproblems

$$x' = f(t, x), \qquad x(t_0) = x_0,$$

so bezeichnen wir das maximale Existenzintervall dieser Lösung mit $I(t_0, x_0)$.

Die Existenz maximaler Lösungen wird durch die folgende dritte Version des Satzes von Picard-Lindelöf gewährleistet.

Satz 3.2 (Globaler Existenz- und Eindeutigkeitssatz von Picard-Lindelöf) *Es sei $J \subseteq \mathbb{R}$ ein echtes offenes Intervall, $D \subseteq \mathbb{R}^n$ sei offen und nicht-leer, und die Abbildung $f : J \times D \longrightarrow \mathbb{R}^n$ sei stetig und bezüglich der zweiten Variablen lokal Lipschitz-stetig. Dann hat für jeden Punkt $(t_0, x_0) \in J \times D$ das Anfangswertproblem*

$$x' = f(t, x), \qquad x(t_0) = x_0 \tag{3.1}$$

genau eine maximale Lösung $x : I(t_0, x_0) \longrightarrow D$. Das maximale Existenzintervall $I(t_0, x_0)$ ist offen. Wir notieren es in der Form[22]

$$I(t_0, x_0) = (t_\alpha(t_0, x_0), t_\omega(t_0, x_0)).$$

Beweis. Da der Beweis etwas technisch ist, beschreiben wir zunächst seinen
Grundgedanken (Abb. 3.1): Nach der lokalen Version des Satzes von Picard-
Lindelöf (Satz 2.11) hat (3.1) eine Lösung x^* auf einer gewissen kompakten
Umgebung $[t_0 - \delta, t_0 + \delta] \subseteq J$ von t_0 (mit $\delta > 0$). Diese Lösung können wir
nach rechts über $t_0 + \delta$ hinaus fortsetzen, indem wir das zu $t_1 := t_0 + \delta$ und
$x_1 := x^*(t_1)$ gehörige Anfangswertproblem

$$x' = f(t, x), \qquad x(t_1) = x_1$$

(lokal) lösen; dies ist wegen $t_1 \in J$ und $x_1 \in D$ möglich. Analog kann man
x^* nach links fortsetzen. Auf diese Weise fortfahrend, „klebt" man so lange
lokale Lösungen aneinander, bis man nicht mehr weiterkommt.

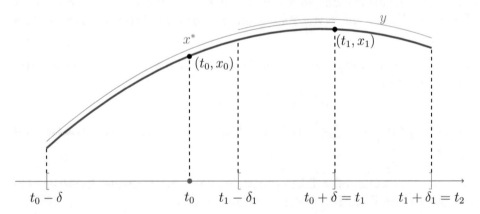

Abb. 3.1: Zusammenkleben zweier lokaler Lösungen $x^* : [t_0 - \delta, t_0 + \delta] \longrightarrow D$
und $y : [t_1 - \delta_1, t_1 + \delta_1] \longrightarrow D$

Bei der Präzisierung, was „bis man nicht mehr weiterkommt" mathematisch
exakt bedeutet, ist eine gewisse Achtsamkeit geboten: Zum einen kommt dieses Verfahren nicht nach endlich vielen Schritten zum Halten, denn zu jeder
in endlich vielen Schritten gewonnenen Fortsetzung auf z.B. ein Intervall
$[t_0 - \delta, s]$ mit $s \in J$ ist mit derselben Begründung wie soeben eine weitere Fortsetzung nach rechts über s hinaus möglich. Man muss also (zumindest gedanklich) unendlich viele solche Fortsetzungsschritte durchführen; als

---

[22]Hierbei sollen die Indizes α und ω an „Anfang" und „Ende" erinnern.

Vereinigung der unendlich vielen kompakten Definitionsintervalle all dieser Fortsetzungen erhält man ein *offenes* Intervall $I(t_0, x_0)$. Zum anderen muss man darauf achten, dass die einzelnen Schritte nicht „unnötig kurz" ausfallen; sonst könnte es passieren, dass auch in den Randpunkten von $I(t_0, x_0)$ noch eine Fortsetzung möglich ist. In den Griff bekommen kann man diese Schwierigkeiten dadurch, dass man sich von der Vorstellung einer schrittweisen Konstruktion der Fortsetzung löst und stattdessen die Randpunkte von $I(t_0, x_0)$ als Infimum bzw. Supremum der Zeiten definiert, bis zu denen die Fortsetzung möglich ist. Wir setzen also

$$I_- := \{s < t_0 : (3.1) \text{ hat eine Lösung auf } [s, t_0 + \delta]\},$$

$$I_+ := \{s > t_0 : (3.1) \text{ hat eine Lösung auf } [t_0 - \delta, s]\}.$$

Aufgrund der Existenz der lokalen Lösung x^* sind I_- und I_+ nicht-leer. Dies stellt sicher, dass

$$t_\alpha := \inf I_- \qquad \text{und} \qquad t_\omega := \sup I_+$$

wohldefiniert sind, wobei $t_\alpha = -\infty$ bzw. $t_\omega = +\infty$ möglich ist. Sind $s_1, s_2 \in I_+$ mit zugehörigen Lösungen $x_1 : [t_0 - \delta, s_1] \longrightarrow D$ und $x_2 : [t_0 - \delta, s_2] \longrightarrow D$ von (3.1), so ist $x_1(t_0) = x_0 = x_2(t_0)$, und der Eindeutigkeitssatz 2.6 impliziert

$$x_1(t) = x_2(t) \qquad \text{für alle } t \in [t_0 - \delta, s_1] \cap [t_0 - \delta, s_2]. \tag{3.2}$$

Daher definiert die Gesamtheit der Lösungen, die man auf den Teilintervallen $[t_0 - \delta, s]$ hat, eine Lösung x auf ganz $[t_0 - \delta, t_\omega)$: Ist nämlich $t \in [t_0 - \delta, t_\omega)$, so gibt es nach Definition von t_ω ein $s \in I_+$ mit $s > t$; auf $[t_0 - \delta, s]$ und damit insbesondere auf $[t_0 - \delta, t]$ existiert also eine Lösung $\widetilde{x}$, und wir können

$$x(t) := \widetilde{x}(t)$$

setzen. Wegen (3.2) ist diese Festlegung unabhängig von der speziellen Wahl von $s > t$, und somit ist x auf $[t_0 - \delta, t_\omega)$ wohldefiniert (und stimmt auf $[t_0 - \delta, t_0 + \delta]$ natürlich mit der initialen Lösung x^* überein). Analog kann man $x(t)$ auch für $t \in (t_\alpha, t_0 + \delta]$ erklären. Dass x stetig differenzierbar ist (es also anschaulich gesprochen beim „Zusammenkleben" nicht zu „Knicken" kommt), ist dadurch gewährleistet, dass x lokal mit Lösungen von (3.1) übereinstimmt.

Auf diese Weise erhält man eine auf (t_α, t_ω) definierte Lösung. Wäre diese in einen der beiden Randpunkte fortsetzbar, so auch (durch abermalige

Anwendung von Satz 2.11) darüber hinaus, was der Definition von t_α bzw. t_ω widerspräche.

Also ist (t_α, t_ω) das maximale Existenzintervall der Lösung, und dieses ist offen.　　　　　　　　　　　　　　　　　　　　　　　　　　　　　　　■

Man kann Satz 3.2 als eine präzise Fassung des **starken Kausalitätsprinzips** ansehen, wonach *gleiche Ursachen gleiche Wirkungen haben.*

Eine einfache, aber für alles Weitere außerordentlich wichtige Beobachtung ist, dass sich unter den Voraussetzungen von Satz 3.2 die Graphen zweier maximaler Lösungen einer Differentialgleichung nur dann schneiden, wenn die beiden Lösungen gleich sind[23].

Wie im Anschluss an (F2) (S. 7) erläutert, lässt sich die Eindeutigkeit der Lösung eines Anfangswertproblems durch Verkleinerung des Definitionsintervalls trivialerweise durchbrechen, weswegen man nur z.B. für maximale Lösungen (oder allgemeiner Lösungen mit fixiertem Definitionsintervall) Eindeutigkeit hat. Präzise muss man also stets von der Eindeutigkeit der *maximalen* Lösung sprechen. Dessen ungeachtet verwendet man nicht selten auch die weniger sperrige Formulierung „Eindeutigkeit der Lösung", sofern keine Missverständnisse zu befürchten sind.

Wir haben mit den Sätzen 2.6, 2.11 und 3.2 nunmehr drei verschiedene, aufeinander aufbauende Versionen des Satzes von Picard-Lindelöf kennengelernt, die auch die verschiedenen Facetten dieses Satzes zum Ausdruck bringen sollen. Für die Praxis genügt es, sich das „fertige Endresultat" in Satz 3.2 zu merken.

Anders als in Satz 2.6 haben wir in Satz 3.2 die Offenheit von J vorausgesetzt. Dies ist (abgesehen davon, dass „natürliche" Definitionsintervalle oft-

---

[23]Gibt es hingegen zu einem Anfangswertproblem zwei verschiedene Lösungen, wie es bei Verzicht auf die lokale Lipschitz-Stetigkeit geschehen kann, so können *beide* maximal im Sinne unserer Definition 3.1 sein. – Mitunter trennt man auch begrifflich zwischen nicht-fortsetzbaren und maximalen Lösungen, wobei man nicht-fortsetzbare Lösungen wie oben definiert und eine Lösung $x : I \longrightarrow D$ maximal nennt, wenn Folgendes gilt: Ist $\tilde{x} : \tilde{I} \longrightarrow D$ eine weitere Lösung auf einem Intervall $\tilde{I} \supseteq I$ und ist $\tilde{x}(t_0) = x(t_0) =: x_0$ für ein $t_0 \in I$, so folgt $\tilde{I} = I$. Bei dieser Begriffswahl kann es nicht-fortsetzbare Lösungen geben, die nicht maximal sind, weil nämlich eine andere Lösung desselben Anfangswertproblems auf einem größeren Intervall existiert. In der Situation des Satzes von Picard-Lindelöf (die in fast allen unserer Überlegungen stets vorliegt) können solche Phänomene nicht auftreten: Die beiden Definitionen fallen dann zusammen, denn sie unterscheiden sich im Wesentlichen nur dadurch, dass $\tilde{x}(t) = x(t)$ im einen Fall für alle $t \in I$, im anderen Fall für ein $t \in I$ vorausgesetzt wird, und beides ist unter den Voraussetzungen des Satzes von Picard-Lindelöf äquivalent. Deswegen haben wir in Definition 3.1 die Begriffe „maximal" und „nicht fortsetzbar" als synonym gewählt.

mals offen sind) dadurch bedingt, dass es in letzterem Satz darum geht, lokal gefundene Lösungen, die zunächst auf einem kompakten Intervall definiert sind, über dieses kompakte Intervall hinaus zu einer maximalen Lösung fortzusetzen, ohne sich dabei um die Ränder des Definitionsbereichs der rechten Seite der Differentialgleichung kümmern zu müssen. Dass eine Menge keinen ihrer Randpunkte enthält, bedeutet aber gerade, dass die Menge offen ist.

Für fortgeschrittenere Untersuchungen ist es nützlich, sämtliche maximalen Lösungen einer Differentialgleichung in einer einzigen Abbildung zu „bündeln".

Definition 3.3 *Es sei $J \subseteq \mathbb{R}$ ein echtes offenes Intervall, $D \subseteq \mathbb{R}^n$ sei offen und nicht-leer, und die Abbildung $f : J \times D \longrightarrow \mathbb{R}^n$ sei stetig und bezüglich der zweiten Variablen lokal Lipschitz-stetig. Für $(\tau, \zeta) \in J \times D$ sei $x_{\tau,\zeta} : I(\tau, \zeta) \longrightarrow D$ die maximale Lösung des Anfangswertproblems*

$$x' = f(t, x), \qquad x(\tau) = \zeta.$$

Dann heißt die auf der Menge

$$\mathcal{D}(f) := \{(t, \tau, \zeta) \in J \times J \times D : t \in I(\tau, \zeta)\}$$

definierte Abbildung

$$\varphi : \mathcal{D}(f) \longrightarrow D, \quad \varphi(t, \tau, \zeta) := x_{\tau,\zeta}(t)$$

die **allgemeine Lösung** *der Differentialgleichung $x' = f(t, x)$.*

Die allgemeine Lösung ordnet also einem Tripel (t, τ, ζ) den Wert der zu den Anfangsdaten (τ, ζ) gehörigen maximalen Lösung zur Zeit t zu: Zusätzlich zur Zeitvariablen werden die Anfangsdaten als Variablen mitgeführt. – Bei den in Teil II behandelten autonomen Systemen wird sich zeigen, dass man für die Anfangszeit τ o.B.d.A. $\tau = 0$ annehmen und sie aus der Liste der Variablen in φ eliminieren kann; auf diese Weise gelangt man zum Fluss eines autonomen Systems (vgl. Definition 4.4).

Notationen wie $I(t_0, x_0)$, $t_\alpha(t_0, x_0)$, $\varphi(t, \tau, \zeta)$ usw., die die Abhängigkeit von den Anfangsdaten t_0 und x_0 zum Ausdruck bringen, sind für unsere weiteren Betrachtungen zweckmäßig, aber keinesfalls kanonisch. Gebräuchlich sind z.B. auch suggestive Bezeichnungen wie $I_{\max}$ statt $I(t_0, x_0)$.

Bemerkung 3.4 (Abhängigkeitssätze) Versucht man einen realen Vorgang (z.B. die Bahn einer Raumsonde) mithilfe von Differentialgleichungen zu beschreiben, so werden letztere in aller Regel von einer Reihe von

Parametern (z.B. Position und Masse der Sonne und der Planeten, Sonnenwind etc.) abhängen. Ihre Lösungen sind dann nicht nur von den Anfangsbedingungen (z.B. Ort und Geschwindigkeit der Sonde), sondern auch von diesen zusätzlichen Parametern abhängig. In der Praxis sind diese fast immer fehlerbehaftet, und Gleiches gilt für die Anfangsdaten.

Eine Minimalanforderung dafür, dass die Beschreibung des betreffenden realen Vorgangs durch eine Differentialgleichung überhaupt sinnvoll ist, besteht daher darin, dass deren Lösungen zumindest stetig von den Parametern und den Anfangsdaten abhängen. Unter den Voraussetzungen des Satzes von Picard-Lindelöf kann man dies tatsächlich zeigen, und falls man zusätzlich voraussetzt, dass die rechte Seite der Differentialgleichung sogar m-mal stetig differenzierbar von den Parametern und Anfangsdaten abhängt, so gilt Selbiges auch für die Lösungen. Zudem kann man zeigen, dass der Definitionsbereich $\mathcal{D}(f)$ der allgemeinen Lösung stets offen ist.

Diese sog. *Abhängigkeitssätze* lassen sich als **schwaches Kausalitätsprinzip** interpretieren, wonach *ähnliche Ursachen ähnliche Wirkungen* haben[24].

Die Beweise dieser Sätze sind sehr technisch und wirken möglicherweise wenig transparent. Detailliert führen wie sie in den *Weiterführenden Betrachtungen* am Ende dieses Kapitels aus. Hier wollen wir uns darauf beschränken, die – auf dem Gronwall-Lemma basierende – Grundidee für den Beweis der Stetigkeit der allgemeinen Lösung $\varphi : \mathcal{D}(f) \longrightarrow D$ herauszuarbeiten.

Dazu sei (mit den Bezeichnungen aus Definition 3.3) ein $(\tau_0, \zeta_0) \in J \times D$ gegeben, und der Einfachheit halber setzen wir voraus, dass f bezüglich der zweiten Variablen einer *globalen* Lipschitz-Bedingung mit der Lipschitz-Konstanten $L > 0$ genügt und global beschränkt ist, d.h. dass $\|f(t, x)\| \leq M$

---

[24]Um abzuschätzen, wie exakt die Vorhersagen sind, die die Differentialgleichung trifft, ist dieser zunächst rein qualitative Befund in der Praxis freilich nur von geringem Wert: Auch wenn wir wissen, dass die weitere Bahn der o.g. Raumsonde stetig von der Position zu einem gegebenen Zeitpunkt abhängt, so macht es doch einen erheblichen Unterschied, ob ein Fehler von 1 km in der Positionsbestimmung nach 200 Tagen Flug zu einer Bahnabweichung von 2 km oder von 5.000 km führt – ein Unterschied, der insbesondere bei den heute zur weiteren Beschleunigung von Raumsonden üblichen Swing-By-Manövern an den größeren Planeten (Jupiter, Saturn etc.) relevant wird: Ein Verfehlen des Jupiter um mehrere Tausend Kilometer bei einem solchen Manöver würde den beabsichtigten Kurs komplett über den Haufen werfen und damit das weitgehende Scheitern der Mission bedeuten. Um zu quantifizieren, wie ausgeprägt die Abhängigkeit von den Parametern und Anfangsdaten ist, d.h. wie empfindlich die Lösungen der Differentialgleichung auf leichte Variationen dieser Daten reagieren, sind im Einzelfall wesentlich genauere Analysen erforderlich. Insbesondere kommt hier auch die Stabilitätstheorie ins Spiel, die wir in Teil IV behandeln.

für alle $(t, x) \in J \times D$ mit einer Konstanten $M > 0$ gilt. Für alle (τ, ζ) „nahe bei" (τ_0, ζ_0) und alle zulässigen[25] t betrachten wir die Funktion

$$u(t) := \|\varphi(t, \tau, \zeta) - \varphi(t, \tau_0, \zeta_0)\|,$$

die den Abstand zwischen den beiden Lösung zu den Anfangsdaten (τ, ζ) bzw. (τ_0, ζ_0) misst. Wegen

$$\varphi(t, \tau, \zeta) = \varphi(\tau_0, \tau, \zeta) + \int_{\tau_0}^t f(s, \varphi(s, \tau, \zeta))\, ds,$$

$$\varphi(t, \tau_0, \zeta_0) = \varphi(\tau_0, \tau_0, \zeta_0) + \int_{\tau_0}^t f(s, \varphi(s, \tau_0, \zeta_0))\, ds$$

und $\varphi(\tau_0, \tau_0, \zeta_0) = \zeta_0$ ist

$$u(t) \le \|\varphi(\tau_0, \tau, \zeta) - \zeta_0\| + \left\| \int_{\tau_0}^t \big(f(s, \varphi(s, \tau, \zeta)) - f(s, \varphi(s, \tau_0, \zeta_0)) \big)\, ds \right\|.$$

Hierbei ist

$$\|f(s, \varphi(s, \tau, \zeta)) - f(s, \varphi(s, \tau_0, \zeta_0))\| \le L \cdot \|\varphi(s, \tau, \zeta) - \varphi(s, \tau_0, \zeta_0)\| = L \cdot u(s).$$

Außerdem ist

$$\|\varphi(\tau, \tau, \zeta) - \varphi(\tau_0, \tau, \zeta)\| = \left\| \int_{\tau_0}^{\tau} f(s, \varphi(s, \tau, \zeta))\, ds \right\| \le M \cdot |\tau - \tau_0|.$$

Damit ergibt sich

$$\begin{aligned}
u(t) &\le \|\varphi(\tau_0, \tau, \zeta) - \varphi(\tau, \tau, \zeta)\| + \|\zeta - \zeta_0\| \\
&\quad + \left| \int_{\tau_0}^t \|f(s, \varphi(s, \tau, \zeta)) - f(s, \varphi(s, \tau_0, \zeta_0))\|\, ds \right| \\
&\le M \cdot |\tau - \tau_0| + \|\zeta - \zeta_0\| + L \cdot \left| \int_{\tau_0}^t u(s)\, ds \right|.
\end{aligned}$$

Mit dem Gronwall-Lemma 2.7 erhalten wir somit die explizite Abschätzung

$$\|\varphi(t, \tau, \zeta) - \varphi(t, \tau_0, \zeta_0)\| = u(t) \le (M \cdot |\tau - \tau_0| + \|\zeta - \zeta_0\|) \cdot e^{L \cdot |t - \tau_0|}.$$

---

[25]Um uns nicht in technischen Komplikationen zu verstricken, die u.a. daher rühren, dass die Definitionsbereiche der Lösungen von den Anfangsdaten abhängen, spezifizieren wir nicht näher, was genau „zulässig" hier bedeutet. Für die Zwecke dieser heuristischen Betrachtung genügt es, sich vorzustellen, dass die maximalen Existenzintervalle der Lösungen allesamt ganz $\mathbb{R}$ sind, auch wenn dies i.Allg. natürlich nicht der Fall sein muss.

Hieraus liest man sofort die stetige Abhängigkeit der allgemeinen Lösung φ von den Anfangsdaten (τ, ζ) ab: Für festes t wird sich $\varphi(t, \tau, \zeta)$ um so weniger von $\varphi(t, \tau_0, \zeta_0)$ unterscheiden, je näher τ an τ_0 und ζ an ζ_0 liegt[26]. Anhand des Faktors $e^{L|t-\tau_0|}$ sieht man allerdings auch, dass diese Abhängigkeit um so „lockerer" werden kann, je weiter t von der Anfangszeit τ_0 entfernt ist: Auch wenn das Verhalten des durch die Differentialgleichung beschriebenen Systems zu jedem gegebenen Zeitpunkt, selbst in „ferner Zukunft", stetig von den Anfangsbedingungen abhängt, so *können* kleine Variationen dieser auf lange Sicht zu immer größeren Abweichungen der zugehörigen Lösungen führen.

Wir formulieren hier bewusst im Potentialis: Ebenso denkbar ist, dass sich diese Abweichungen auf lange Sicht selbstlimitierend verhalten oder sogar wieder völlig abklingen. Der Frage, wie stark sich kleine Änderungen in den Anfangszuständen *langfristig* tatsächlich auswirken, geht die Stabilitätstheorie nach, der Teil IV gewidmet ist.   □

Es ist nicht immer einfach (und oft sogar unmöglich), für ein konkretes Anfangswertproblem das maximale Existenzintervall der Lösung anzugeben, insbesondere wenn keine explizite Formel für die Lösung zur Verfügung steht. Der nachfolgende Satz ist ein Werkzeug, das bei der Bestimmung maximaler Existenzintervalle helfen kann.

Satz 3.5 (Satz über den Verlauf der Lösungen im Großen)   *Es sei $J \subseteq \mathbb{R}$ ein echtes offenes Intervall, $D \subseteq \mathbb{R}^n$ sei offen und nicht-leer, und die Abbildung $f : J \times D \longrightarrow \mathbb{R}^n$ sei stetig und bezüglich der zweiten Variablen lokal Lipschitz-stetig. Ferner sei $x : I(t_0, x_0) \longrightarrow D$ die maximale Lösung des Anfangswertproblems*

$$x' = f(t, x), \qquad x(t_0) = x_0$$

mit $(t_0, x_0) \in J \times D$. Zu jeder kompakten Menge $K \subseteq J \times D$ gibt es dann ein Intervall $[a, b] \subseteq I(t_0, x_0)$ mit

$$(t, x(t)) \notin K \qquad \text{für alle } t \in I(t_0, x_0) \setminus [a, b].$$

---

[26]Man beachte, dass unsere Betrachtung lediglich die Stetigkeit von $(\tau, \zeta) \mapsto \varphi(t, \tau, \zeta)$ für festes t gezeigt hat. Die Stetigkeit von φ in einem Punkt (t_0, τ_0, ζ_0) ergibt sich dann, indem man in

$$\|\varphi(t, \tau, \zeta) - \varphi(t_0, \tau_0, \zeta_0)\| \leq \|\varphi(t, \tau, \zeta) - \varphi(t, \tau_0, \zeta_0)\| + \|\varphi(t, \tau_0, \zeta_0) - \varphi(t_0, \tau_0, \zeta_0)\|$$

die obige, aus dem Lemma von Gronwall gewonnene Abschätzung einsetzt und die Stetigkeit von $t \mapsto \varphi(t, \tau_0, \zeta_0)$ in $t = t_0$ berücksichtigt.

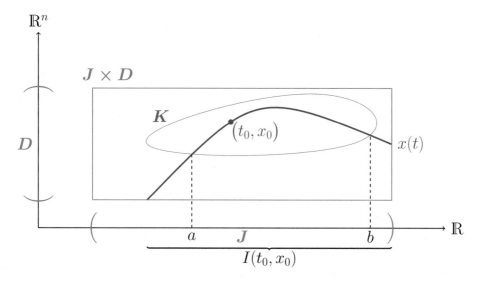

Abb. 3.2: Zum Satz über den Verlauf der Lösungen im Großen (Satz 3.5)

Beweis. Wir verwenden die Abkürzungen $t_\omega := t_\omega(t_0, x_0)$ und $t_\alpha := t_\alpha(t_0, x_0)$, so dass also $I(t_0, x_0) = (t_\alpha, t_\omega)$ ist, und wählen Folgen $(a_k)_k$ und $(b_k)_k$ mit $t_\alpha < a_k < b_k < t_\omega$ für alle $k \in \mathbb{N}$ und

$$\lim_{k\to\infty} a_k = t_\alpha, \qquad \lim_{k\to\infty} b_k = t_\omega. \tag{3.3}$$

Angenommen, die Behauptung ist falsch. Dann gibt es eine kompakte Menge $K \subseteq J \times D$, so dass für jedes $k \in \mathbb{N}$ ein

$$t_k \in (t_\alpha, t_\omega) \setminus [a_k, b_k] \quad \text{mit} \quad (t_k, x(t_k)) \in K$$

existiert. Wegen der (Folgen-)Kompaktheit von K können wir eine Teilfolge $(t_{k_\ell})_\ell$ auswählen, für die $(t_{k_\ell}, x(t_{k_\ell}))_\ell$ gegen ein $(t^*, x^*) \in K$ konvergiert. Wegen (3.3) und aufgrund der Wahl der t_k muss $t^* = t_\alpha$ oder $t^* = t_\omega$ gelten[27]. O.B.d.A. liege der Fall $t^* = t_\omega$ vor.

Somit gilt insbesondere $t_\omega \in J$ und $t_\omega < \infty$. Wegen der Offenheit von J und D gibt es ein $\delta > 0$ und ein $\varepsilon > 0$ mit $[t_\omega - 2\delta, t_\omega + 2\delta] = B_{2\delta}(t_\omega) \subseteq J$ und $B_{2\varepsilon}(x^*) \subseteq D$. Wir setzen

$$Q := B_{2\delta}(t_\omega) \times B_{2\varepsilon}(x^*).$$

---

[27]Insbesondere liegt t^* also nicht im Definitionsbereich von x. Daher konnten wir uns nicht auf das Folgenkriterium für Stetigkeit berufen, um die Konvergenz von $(x(t_k))_k$ sicherzustellen; vielmehr ist die Kompaktheit von K entscheidend, und wir erhalten Konvergenz nur für eine geeignete Teilfolge.

Dann existiert das Maximum $M := \max_{(t,x)\in Q} \|f(t,x)\| < \infty$, da f stetig und Q kompakt ist. Nach Satz 2.4 (b) gibt es ein $L > 0$ mit

$$\|f(t,x) - f(t,y)\| \leq L \cdot \|x - y\| \qquad \text{für alle } (t,x), (t,y) \in Q.$$

Für alle hinreichend großen ℓ ist $(t_{k_\ell}, x(t_{k_\ell})) \in B_\delta(t_\omega) \times B_\varepsilon(x^*)$ und somit $B_\delta(t_{k_\ell}) \times B_\varepsilon(x(t_{k_\ell})) \subseteq Q \subseteq J \times D$. Nach Satz 2.11 hat für diese ℓ das Anfangswertproblem

$$y' = f(t,y), \qquad y(t_{k_\ell}) = x(t_{k_\ell})$$

eine eindeutige Lösung $y_\ell : [t_{k_\ell} - \alpha, t_{k_\ell} + \alpha] \longrightarrow D$. Wie der Beweis dieses Satzes zeigt, kann man hierbei $\alpha = \min\left\{\delta, \frac{\varepsilon}{M+1}\right\} > 0$ unabhängig von ℓ wählen. (Dass wir die Konstante M im Nenner durch $M+1$ ersetzt haben, dient dazu, den Fall $M = 0$ abzufangen.) Ist hier ℓ zudem so groß, dass $t_{k_\ell} + \alpha > t_\omega$ gilt, so kann x mittels y_ℓ über t_ω hinaus fortgesetzt werden. Dies steht im Widerspruch dazu, dass x maximal ist. ∎

Der Graph der maximalen Lösung verlässt also jede kompakte Teilmenge von $J \times D$. Mit anderen Worten: Jede Lösung lässt sich so fortsetzen, dass sich ihr Graph bis zum Rand von $J \times D$ (ggf. bis ins Unendliche) erstreckt[28] (Abb. 3.2). (Maximale) Lösungen hören somit nicht „ohne guten Grund" auf zu existieren. Noch etwas eingängiger wird dieses Prinzip in Satz 3.8 zum Ausdruck kommen. Hierfür benötigen wir den folgenden Begriff.

Definition 3.6   *Für eine nicht-leere Menge $M \subseteq \mathbb{R}^n$ und ein $x \in \mathbb{R}^n$ bezeichnen wir mit*

$$\mathrm{dist}\,(x, M) := \inf\{\|x - \xi\| : \xi \in M\}$$

*den **Abstand von x zu M**. Weiter setzen wir $\mathrm{dist}\,(x, \emptyset) := +\infty$.*

Den Abstand zweier nicht-leerer Mengen $A, B \subseteq \mathbb{R}^n$ definieren wir durch

$$\mathrm{dist}\,(A, B) := \inf\{\|a - b\| : a \in A,\ b \in B\}.$$

Im Fall $x \in M$ gilt selbstverständlich $\mathrm{dist}\,(x, M) = 0$. Hingegen kann man aus $\mathrm{dist}\,(x, M) = 0$ nicht auf $x \in M$, sondern nur auf $x \in \overline{M}$ schließen. Etwas allgemeiner liefert Teil (b) der nachstehenden Proposition eine hinreichende Bedingung dafür, dass zwei zueinander disjunkte Mengen positiven Abstand voneinander haben.

---

[28]Dieses Prinzip war bereits zu Beginn des Beweises von Satz 3.2 zu erahnen, als wir festgestellt haben, dass sich die – vermeintlich in t_1 endende – lokale Lösung x^* wegen $t_1 \in J$ und $x_1 \in D$ doch über t_1 hinaus fortsetzen lässt.

Proposition 3.7

(a) *Für jede nicht-leere Menge $M \subseteq \mathbb{R}^n$ und alle $x, y \in \mathbb{R}^n$ gilt*

$$|\operatorname{dist}(x, M) - \operatorname{dist}(y, M)| \leq \|x - y\|.$$

Insbesondere ist die Funktion $x \mapsto \operatorname{dist}(x, M)$ stetig.

(b) *Es seien $A, B \subseteq \mathbb{R}^n$ zwei nicht-leere, zueinander disjunkte Mengen, und A sei abgeschlossen und B kompakt. Dann gilt $\operatorname{dist}(A, B) > 0$.*

Zwei „lediglich" abgeschlossene, zueinander disjunkte Mengen können dagegen sehr wohl den Abstand 0 haben. Dies illustrieren z.B. die abgeschlossenen, aber nicht kompakten Mengen

$$A = \left\{(x, y) \in \mathbb{R}^2 : y = 0\right\} \quad \text{und} \quad B = \left\{(x, y) \in \mathbb{R}^2 : x \neq 0, \, y = \frac{1}{x}\right\}.$$

Beweis.

(a) Aufgrund der Dreiecksungleichung gilt

$$
\begin{aligned}
\operatorname{dist}(x, M) &= \inf\left\{\|x - \xi\| : \xi \in M\right\} \\
&\leq \inf\left\{\|x - y\| + \|y - \xi\| : \xi \in M\right\} \\
&= \|x - y\| + \operatorname{dist}(y, M),
\end{aligned}
$$

also

$$\operatorname{dist}(x, M) - \operatorname{dist}(y, M) \leq \|x - y\|.$$

Damit und mit der analogen Abschätzung, die sich durch Vertauschen der Rollen von x und y ergibt, folgt die Behauptung.

(b) Wäre $\operatorname{dist}(A, B) = 0$, so gäbe es Folgen $(a_k)_k$ in A und $(b_k)_k$ in B mit $\lim_{k \to \infty} d(a_k, b_k) = 0$. Da B kompakt ist, gäbe es eine Teilfolge $(b_{k_\mu})_\mu$, die gegen ein $b \in B$ konvergiert. Wegen $\lim_{k \to \infty} d(a_k, b_k) = 0$ wäre dann aber auch $\lim_{\mu \to \infty} a_{k_\mu} = b$, und mit der Abgeschlossenheit von A würde $b \in A$ folgen, im Widerspruch zu $A \cap B = \emptyset$. Also gilt $\operatorname{dist}(A, B) > 0$. ∎

Satz 3.8 (Randverhalten maximaler Lösungen) *Es sei $J = (c, d) \subseteq \mathbb{R}$ ein echtes offenes Intervall (wobei auch $c = -\infty$ bzw. $d = +\infty$ zulässig ist), $D \subseteq \mathbb{R}^n$ sei offen und nicht-leer, und die Abbildung $f : J \times D \longrightarrow \mathbb{R}^n$*

sei stetig und bezüglich der zweiten Variablen lokal Lipschitz-stetig. Ferner
sei $x : (t_\alpha, t_\omega) \longrightarrow D$ die maximale Lösung des Anfangswertproblems

$$x' = f(t, x), \qquad x(t_0) = x_0$$

mit $(t_0, x_0) \in J \times D$. Dann tritt (mindestens) einer der beiden folgenden
Fälle ein:

(a) $t_\omega = d$.

(b)
$$\lim_{t \to t_\omega -} \min \left\{ \operatorname{dist}(x(t), \partial D), \frac{1}{\|x(t)\|} \right\} = 0.$$

Im Fall $\partial D = \emptyset$, d.h. $D = \mathbb{R}^n$ vereinfacht sich diese Bedingung zu
$\lim_{t \to t_\omega -} \|x(t)\| = \infty$.

Eine analoge Aussage gilt für das Verhalten von $x(t)$ für $t \to t_\alpha +$.

Hingegen kann man nicht schließen, dass $\lim_{t \to t_\omega -} \operatorname{dist}(x(t), \partial D) = 0$ oder
$\lim_{t \to t_\omega -} \|x(t)\| = \infty$ ist: Es ist auch möglich, dass $x(t)$ unendlich oft zwischen der Annäherung an den Rand ∂D und der „Annäherung" an Unend-
lich hin- und herpendelt.[29]

Beweis. Wir nehmen an, weder (a) noch (b) wäre erfüllt. Dann ist zum
einen $t_\omega \in J$, und es gibt ein $\delta > 0$ mit $t_\omega + \delta < d$. Zum anderen gibt es
ein $\varepsilon > 0$ und eine Folge $(t_k)_{k \geq 1} \subseteq [t_0, t_\omega)$, so dass $\operatorname{dist}(x(t_k), \partial D) \geq \varepsilon$ und
$\|x(t_k)\| \leq \frac{1}{\varepsilon}$ für alle k sowie $\lim_{k \to \infty} t_k = t_\omega$ ist. Angesichts der Stetigkeit
von $x \mapsto \operatorname{dist}(x, \partial D)$ (Proposition 3.7 (a)) ist

$$K := \left\{ (t, x) \in [t_0, t_\omega] \times D : \|x\| \leq \frac{1}{\varepsilon}, \operatorname{dist}(x, \partial D) \geq \varepsilon \right\} \qquad (3.4)$$

eine kompakte Teilmenge von $J \times D$, und es ist $(t_k, x(t_k)) \in K$ für alle k.
Nach dem Satz über den Verlauf der Lösungen im Großen (Satz 3.5) gibt
es ein Intervall $[a, b] \subseteq (t_\alpha, t_\omega)$ mit $(t, x(t)) \notin K$ für alle $t \in (t_\alpha, t_\omega) \setminus [a, b]$.
Wegen $\lim_{k \to \infty} t_k = t_\omega$ gilt $t_k \in (t_\alpha, t_\omega) \setminus [a, b]$ für alle hinreichend großen
k; für diese k ist somit $(t_k, x(t_k)) \notin K$, ein Widerspruch. Dies zeigt die
Behauptung. ∎

Anschaulich besagt die Überlegung in diesem Beweis: Wenn Fall (b) nicht
eintritt, wenn $x(t)$ also zumindest für alle t aus einer gegen t_ω strebenden
Folge $(t_k)_k$ sowohl von ∂D als auch von Unendlich wegbeschränkt bleibt,

---

[29]Diese Situation liegt bei dem autonomen System aus Beispiel 13.8 (2) vor, sofern man
den Phasenraum auf den dort erwähnten Vertikalstreifen S einschränkt.

dann kann $(t, x(t))$ das wie in (3.4) gewählte Kompaktum K in Richtung der Ortsvariablen nicht (dauerhaft) verlassen und muss es daher in Richtung der Zeitvariablen verlassen. Dies bedeutet, dass sich das maximale Definitionsintervall von x nach rechts bis zum Rand von J erstreckt.

Sehr nützlich sind die folgenden Konsequenzen aus dem Satz über den Verlauf der Lösungen im Großen bzw. aus Satz 3.8. Sie stellen Kriterien dafür bereit, dass eine Lösung global existiert.

Korollar 3.9   *Es sei $J = (c, d) \subseteq \mathbb{R}$ ein echtes offenes Intervall (wobei auch $c = -\infty$ bzw. $d = +\infty$ zulässig ist), $D \subseteq \mathbb{R}^n$ sei offen und nicht-leer, und die Abbildung $f : J \times D \longrightarrow \mathbb{R}^n$ sei stetig und bezüglich der zweiten Variablen lokal Lipschitz-stetig. Ferner sei $(t_0, x_0) \in J \times D$, und $x : (t_\alpha, t_\omega) \longrightarrow D$ sei die maximale Lösung des Anfangswertproblems*

$$x' = f(t, x), \qquad x(t_0) = x_0.$$

Falls es eine kompakte Menge $C \subset D$ gibt mit $x(t) \in C$ für alle $t \in [t_0, t_\omega)$ (bzw. für alle $t \in (t_\alpha, t_0]$), so ist $t_\omega = d$ (bzw. $t_\alpha = c$).

Beweis. Wegen der Offenheit von D sind C und ∂D zueinander disjunkt. Daher haben die kompakte Menge C und die abgeschlossene Menge ∂D positiven Abstand (Proposition 3.7 (b)). Aus den Voraussetzungen folgt nun, dass Fall (b) in Satz 3.8 nicht eintreten kann. Es muss also Fall (a) vorliegen, d.h. $t_\omega = d$ (bzw. $t_\alpha = c$) gelten. $\blacksquare$

Einen wichtigen und übersichtlichen Spezialfall von Korollar 3.9 erhalten wir für $D = \mathbb{R}^n$. In diesem Fall (und unter ansonsten gleichen Voraussetzungen) können wir die Aussage des Korollars einfacher wie folgt formulieren:

- Falls x auf $[t_0, t_\omega)$ (bzw. auf $(t_\alpha, t_0]$) beschränkt ist, dann ist $t_\omega = d$ (bzw. $t_\alpha = c$).

- Falls x beschränkt ist, dann ist $(t_\alpha, t_\omega) = J$, d.h. die Lösung ist auf ganz J definiert.

Hierbei ist die Voraussetzung $D = \mathbb{R}^n$ essentiell. Ist sie nicht erfüllt, so kann auch eine beschränkte Lösung gegen den Rand von D laufen (wie wir es etwa in Beispiel 3.14 erleben werden), ohne dass man einen Widerspruch zum Satz über den Verlauf der Lösungen im Großen erhält. Selbiges gilt für das folgende Resultat, in dem ebenfalls $D = \mathbb{R}^n$ ist.

Satz 3.10 (Satz von der linear beschränkten rechten Seite) *Es sei* $J \subseteq \mathbb{R}$ *ein echtes offenes Intervall, und die Abbildung* $f : J \times \mathbb{R}^n \longrightarrow \mathbb{R}^n$ *sei stetig und bezüglich der zweiten Variablen lokal Lipschitz-stetig. Weiterhin gebe es stetige Funktionen* $a, b : J \longrightarrow [0, \infty)$ *mit*

$$\|f(t,x)\| \le a(t) \cdot \|x\| + b(t) \qquad \text{für alle } t \in J,\ x \in \mathbb{R}^n.$$

Dann existiert jede maximale Lösung von $x' = f(t,x)$ *auf dem gesamten Intervall* J.

Beweis. Es sei $(t_0, x_0) \in J \times \mathbb{R}^n$, und $x : I(t_0, x_0) \longrightarrow \mathbb{R}^n$ sei die maximale Lösung des Anfangswertproblems

$$x' = f(t,x), \qquad x(t_0) = x_0.$$

Wir nehmen $I(t_0, x_0) =: (t_\alpha, t_\omega) \subsetneq J$ an. Dann muss mindestens einer der beiden Randpunkte t_α, t_ω in J enthalten sein. O.B.d.A. sei $t_\omega \in J$. Auf dem Kompaktum $[t_0, t_\omega] \subseteq J$ existieren dann die Maxima

$$M_1 := \max_{t \in [t_0, t_\omega]} a(t), \qquad M_2 := \max_{t \in [t_0, t_\omega]} b(t),$$

und für alle $t \in [t_0, t_\omega)$ gilt

$$\|x(t)\| = \left\| x_0 + \int_{t_0}^t f(s, x(s))\, ds \right\| \le \|x_0\| + \int_{t_0}^t \|f(s, x(s))\|\, ds$$

$$\le \|x_0\| + \int_{t_0}^t \big(a(s)\, \|x(s)\| + b(s)\big)\, ds$$

$$\le \|x_0\| + M_2(t_\omega - t_0) + M_1 \int_{t_0}^t \|x(s)\|\, ds.$$

Das Gronwall-Lemma 2.7 impliziert daher

$$\|x(t)\| \le (\|x_0\| + M_2(t_\omega - t_0)) \cdot e^{M_1(t_\omega - t_0)} =: M \tag{3.5}$$

für alle $t \in [t_0, t_\omega)$. Da $K := [t_0, t_\omega] \times B_M(0)$ eine kompakte Teilmenge von $J \times \mathbb{R}^n$ ist, existiert nach dem Satz über den Verlauf der Lösungen im Großen ein $\beta \in [t_0, t_\omega)$ mit $(t, x(t)) \notin K$ für alle $t \in (\beta, t_\omega)$. Dies bedeutet $x(t) \notin B_M(0)$ für alle $t \in (\beta, t_\omega)$, im Widerspruch zu (3.5). Unsere Annahme war also falsch. Somit gilt $I(t_0, x_0) = J$. ∎

Den Kerngedanken dieses Beweises kann man wie folgt zusammenfassen: Wenn die rechte Seite der Differentialgleichung linear beschränkt ist, dann kann die Lösung höchstens so schnell wachsen wie die Lösung einer linearen Differentialgleichung, nämlich exponentiell – dies wird in etwas versteckter Form in (3.5) verifiziert –, und da letztere auf ganz J existiert, überträgt sich diese globale Existenz mithilfe des Satzes über den Verlauf der Lösungen im Großen auf die Lösungen der ursprünglichen Differentialgleichung.

In der Praxis ist hier sehr oft $J = \mathbb{R}$. In diesem Fall kann man die Situation noch stärker vereinfacht und griffiger auch so beschreiben: Weil die Lösung „nur" höchstens exponentiell wächst und die Exponentialfunktion (trotz ihres rasanten Wachstums) auf ganz $\mathbb{R}$ existiert, gilt dies auch für die Lösung: Sie kann nicht in endlicher Zeit in „Richtung Unendlich" ausbrechen, wie sie es nach dem Satz über den Verlauf der Lösungen im Großen müsste, wenn sie nicht für alle Zeiten existieren würde.

Diese Überlegungen lassen sich auch auf Konstellationen verallgemeinern, in denen Korollar 3.9 und Satz 3.10 zu schwach sind: Ist beispielsweise eine maximale Lösung einer skalaren Differentialgleichung zwischen zwei Lösungen eingesperrt, die beide für alle Zeiten existieren, dann muss dies für die eingesperrte Lösung ebenfalls gelten. Mit einer solchen Situation werden wir uns in Beispiel 3.15 genauer befassen.

Warnung: Ein häufiges Missverständnis besteht in der Annahme, dass eine maximale Lösung überall definiert ist, mit den Notationen aus Satz 3.2 also $I(t_0, x_0) = J$ gilt. Diesem Missverständnis wird evtl. durch die Bezeichnung „globaler Existenz- und Eindeutigkeitssatz" Vorschub geleistet: Global ist hier in Abgrenzung zur lokalen Version des Satzes von Picard-Lindelöf (Satz 2.11) zu verstehen und heißt **nicht**, dass die Lösung für alle zulässigen Zeiten (d.h. auf ganz J) existiert. Dass dies i.Allg. nicht der Fall ist, zeigen Beispiele wie

$$x' = x^2, \qquad x' = e^x, \qquad x' = e^{e^x} \qquad \text{usw.,} \qquad (3.6)$$

bei denen die rechte Seite so schnell wächst (in Abhängigkeit von x), dass Lösungen in endlicher Zeit ins Unendliche streben. Aussagen darüber, wann Lösungen auf ganz J (d.h. meist auf ganz $\mathbb{R}$) existieren, erhält man erst aus den Sätzen über den Verlauf der Lösungen im Großen bzw. über die linear beschränkte rechte Seite.

Es stellt sich die Frage, wie man in Fällen wie in (3.6) nachweisen kann, dass die Lösungen *nicht* für alle Zeiten existieren. In Spezialfällen kann man sie mittels Trennung der Variablen explizit angeben (wie für $x' = x^2$ und $x' = e^x$) und daraus die behauptete Eigenschaft direkt ablesen. Wenn dies nicht möglich ist (wie für $x' = e^{e^x}$), führt Trennung der Variablen dennoch oft zum Ziel, wenn man das dabei auftretende Integral geeignet abschätzt. Dieses Vorgehen illustriert unser nächstes Beispiel.

Beispiel 3.11 (Examensaufgabe)   Es sei $u_0 > 0$. Betrachten Sie das Anfangswertproblem

$$u'(t) = (u(t))^{u(t)}, \qquad u(0) = u_0.$$

(a) Man zeige, dass dieses eine eindeutige maximale Lösung besitzt.

(b) Man zeige, dass die maximale Lösung nicht auf ganz $[0, \infty)$ definiert ist.

Lösung:

(a) Es bezeichne

$$f : (0, \infty) \longrightarrow (0, \infty), \quad f(u) := u^u = \exp(u \log u)$$

die rechte Seite der (autonomen) Differentialgleichung. Da f als stetig differenzierbare Funktion insbesondere lokal Lipschitz-stetig ist, hat das gegebene Anfangswertproblem nach dem Satz von Picard-Lindelöf (Satz 3.2) eine eindeutige maximale Lösung.

(b) Es sei $u : I_{\max} \longrightarrow (0, \infty)$ mit $I_{\max} = (t_\alpha, t_\omega)$ die maximale Lösung aus (a). Dann ist $u'(t) > 0$ für alle $t \in I_{\max}$, d.h. u wächst streng monoton; insbesondere ist $u(t) \geq u(0) = u_0$ für alle $t \in [0, t_\omega)$. Trennung der Variablen ergibt

$$t = \int_0^t 1 \, ds = \int_0^t \frac{u'(s)}{(u(s))^{u(s)}} \, ds = \int_{u_0}^{u(t)} \frac{1}{r^r} \, dr$$

für alle $t \in [0, t_\omega)$. Definiert man also $S : [u_0, \infty) \longrightarrow \mathbb{R}$ durch

$$S(v) := \int_{u_0}^v \frac{1}{r^r} \, dr,$$

so ist S stetig differenzierbar und streng monoton wachsend, und es gilt $S(u(t)) = t$ für alle $t \in [0, t_\omega)$. Es sei $\alpha := \max\{2, u_0\}$. Dann ist

$$S(v) = \int_{u_0}^\alpha \frac{1}{r^r} \, dr + \int_\alpha^v \frac{1}{r^r} \, dr \leq \int_{u_0}^\alpha \frac{1}{r^r} \, dr + \int_\alpha^v \frac{1}{r^2} \, dr$$

für alle $v \geq \alpha$. Hieraus und aus der Konvergenz des uneigentlichen Integrals $\int_{\alpha}^{\infty} \frac{1}{r^2} \, dr$ folgt, dass S nach oben beschränkt ist. Somit existiert $T := \sup_{v \geq u_0} S(v)$ als positive reelle Zahl, und wir erhalten

$$t = S(u(t)) \leq T \qquad \text{für alle } t \in [0, t_\omega)$$

und damit insbesondere $t_\omega \leq T < \infty$. Also ist die maximale Lösung nicht auf ganz $[0, \infty)$ definiert.

Dieses Ergebnis ist sicherlich keine Überraschung: Bereits die Lösungen von $u' = u^2$ mit $u(0) > 0$ (welche die Form $u(t) = \frac{u_0}{1-u_0 t}$ haben) streben in endlicher Zeit ins Unendliche. Um so mehr gilt dies für die Lösung des hier vorliegenden Anfangswertproblems, denn $f(u) = u^u$ wächst für $u \to +\infty$ wesentlich schneller als $u \mapsto u^2$ (nämlich schneller als jedes Polynom und schneller sogar als die Exponentialfunktion). – Implizit liegt dieser Vergleich mit der Differentialgleichung $u' = u^2$ der obigen Integralabschätzung zugrunde. $\qquad\square$

Mit der bisher entwickelten Theorie lassen sich bereits sehr brauchbare qualitative Aussagen über das Verhalten der Lösungen von Differentialgleichungen gewinnen. Das folgende Beispiel illustriert die hierbei üblichen Schlussweisen und steht zudem prototypisch für eine Vielzahl von Examensaufgaben. Darin taucht der Begriff des stationären Punktes bzw. der stationären Lösung auf, der auch in unseren späteren Betrachtungen eine herausgehobene Rolle spielen wird.

Definition 3.12 *Es sei $x' = f(x)$ ein autonomes System, wobei $f :$ $D \longrightarrow \mathbb{R}^n$ eine stetige Abbildung auf einer offenen, nicht-leeren Menge $D \subseteq \mathbb{R}^n$ ist. Einen Punkt $\zeta \in D$ mit $f(\zeta) = 0$ nennt man einen* **Gleichgewichtspunkt** *oder eine* **Ruhelage**, *gelegentlich auch einen* **stationären Punkt, kritischen Punkt** *oder* **Fixpunkt** *von $x' = f(x)$. In diesem Fall ist durch $t \mapsto \zeta$ offensichtlich eine Lösung der Differentialgleichung definiert. Diese bezeichnet man als* **stationäre Lösung**.

Beispiel 3.13 (Examensaufgabe) Gegeben sei das Anfangswertproblem

$$x' = x(x - 2) \cdot e^{\cos x}, \qquad x(0) = 1.$$

Zeigen Sie:

(a) Das Anfangswertproblem hat eine eindeutige maximale Lösung $x :$ $I \longrightarrow \mathbb{R}$ auf einem offenen Intervall $I \subseteq \mathbb{R}$. Welche stationären Lösungen hat die Differentialgleichung?

(b) Die maximale Lösung x aus (a) existiert auf ganz $\mathbb{R}$ und ist monoton fallend und beschränkt.

(c) Die Grenzwerte $\lim_{t \to \pm \infty} x(t)$ existieren in $\mathbb{R}$. Bestimmen Sie diese Grenzwerte.

Lösung:

(a) Die rechte Seite $f : \mathbb{R} \longrightarrow \mathbb{R}$, $f(x) = x(x{-}2) \cdot e^{\cos x}$ der Differentialgleichung ist stetig differenzierbar und damit insbesondere lokal Lipschitz-stetig. Also hat das Anfangswertproblem nach dem Satz von Picard-Lindelöf (Satz 3.2) eine eindeutige maximale Lösung $x : I \longrightarrow \mathbb{R}$ auf einem offenen Intervall I. Da $e^{\cos x} > 0$ für alle $x \in \mathbb{R}$ gilt, ist $f(x) = 0$ genau dann, wenn $x = 0$ oder $x = 2$ ist. Daher sind die stationären Lösungen der Differentialgleichung $x' = f(x)$ gerade die konstanten Funktionen $t \mapsto 0$ und $t \mapsto 2$.

(b) Weil der Anfangswert $x(0) = 1$ zwischen den beiden stationären Punkten 0 und 2 liegt, muss nach dem globalen Eindeutigkeitssatz (und dem Zwischenwertsatz) $x(t) \in (0, 2)$ für alle $t \in I$ gelten.

Da diese Schlussweise von überragender Bedeutung in der Theorie der gewöhnlichen Differentialgleichungen ist, geben wir an dieser Stelle einmalig eine ausführliche Begründung dafür. Im Examen ist eine solche nicht erforderlich; die voranstehende Kurzfassung genügt.

Angenommen, es gibt ein $t^* \in I$ mit $x(t^*) \geq 2 > 1 = x(0)$. Dann gibt es nach dem Zwischenwertsatz ein σ zwischen 0 und t^* mit $x(\sigma) = 2$. Folglich sind sowohl x als auch die konstante, auf ganz $\mathbb{R}$ definierte Funktion $t \mapsto 2$ Lösungen des Anfangswertproblems

$$x' = f(x), \qquad x(\sigma) = 2.$$

Da dessen maximale Lösung eindeutig ist, folgt $x \equiv 2$, im Widerspruch zu $x(0) = 1 \neq 2$. Dies zeigt $x(t) < 2$ für alle $t \in I$, und analog begründet man $x(t) > 0$ für alle $t \in I$.

Da x also beschränkt ist, gilt nach Korollar 3.9 $I = \mathbb{R}$. Ferner folgt

$$x'(t) = \underbrace{x(t)}_{>0} \cdot \underbrace{(x(t) - 2)}_{<0} \cdot \underbrace{e^{\cos x(t)}}_{>0} < 0 \qquad \text{für alle } t \in \mathbb{R},$$

so dass x streng monoton fällt.

(c) Da x nach (b) monoton und beschränkt ist, existieren die Grenzwerte $\lim_{t \to \pm\infty} x(t)$ und liegen im Intervall $[0, 2]$. Angenommen, es gilt $\lim_{t \to \infty} x(t) =: g > 0$. Für alle $t \geq 0$ ist dann $0 < g \leq x(t) \leq x(0) = 1$ und somit

$$-x'(t) = x(t)(2 - x(t)) \cdot e^{\cos x(t)} \geq g \cdot (2 - 1) \cdot e^{-1} = \frac{g}{e}.$$

Hieraus erhalten wir durch Integration

$$x(t) = x(0) + \int_0^t x'(s) \, ds \leq 1 - \int_0^t \frac{g}{e} \, ds = 1 - \frac{tg}{e}$$

für alle $t \geq 0$. Damit ergibt sich der Widerspruch

$$0 < g = \lim_{t \to \infty} x(t) \leq \lim_{t \to \infty} \left(1 - \frac{tg}{e}\right) = -\infty,$$

d.h. unsere Annahme war falsch[30]. Stattdessen gilt $\lim_{t \to \infty} x(t) = 0$. Analog beweist man $\lim_{t \to -\infty} x(t) = 2$.

Ergänzungen und Ausblick:

- Dass die beiden in (c) bestimmten Grenzwerte ausgerechnet die stationären Punkte 0 und 2 der Differentialgleichung sind, ist kein Zufall. In allgemeinerem Rahmen werden wir diesen Sachverhalt in Satz 4.12 beweisen.

- Abb. 3.3 zeigt einige Lösungen unserer Differentialgleichung. Da diese autonom ist und alle Lösungen x mit Anfangswerten $x(0) \in (0, 2)$ für $t \to \pm\infty$ gegen die stationären Lösungen 2 bzw. 0 streben, unterscheiden sich diese Lösungen nur um eine zeitliche Verschiebung voneinander (Proposition 1.2). – Hingegen kann man zeigen, dass Lösungen mit Anfangswerten $x(0) \notin [0, 2]$ unbeschränkt sind und auch nicht auf ganz $\mathbb{R}$ existieren.

- Der Faktor $e^{\cos x}$ auf der rechten Seite der Differentialgleichung hat, da er lediglich zwischen $\frac{1}{e}$ und e variieren kann, keinen Einfluss auf das *qualitative* Verhalten der Lösungen; er sorgt primär dafür, die Angabe expliziter Lösungen (außer den stationären) zu verunmöglichen. Den

---

[30]Entscheidend hierbei war die negative obere Schranke $-\frac{g}{e}$ für die Ableitung. Diese stellt quasi eine „Mindestgeschwindigkeit" sicher, mit der die Lösung fällt, so dass sie „unter alle Grenzen" fallen muss. Allein aus $x'(t) < 0$ hätte man dies nicht folgern können, denn diese Bedingung besagt lediglich, dass x streng monoton fällt.

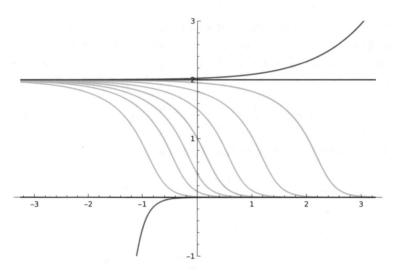

Abb. 3.3: Einige Lösungen der Differentialgleichung $x' = x(x - 2) \cdot e^{\cos x}$ aus Beispiel 3.13

quantitativen Einfluss dieses Faktors kann man in Abb. 3.3 daran erkennen, dass die Graphen der Lösungen nicht symmetrisch bezüglich Vertauschung der stationären Punkte 0 und 2 sind: Sie verlaufen für Werte $x(t)$ in der Nähe von 0 steiler als für solche in der Nähe von 2. Dies liegt daran, dass $e^{\cos x}$ für $x = 0$ den Wert $e \approx 2{,}7$, für $x = 2$ hingegen den deutlich niedrigeren Wert $\approx 0{,}66$ hat. $\qquad\square$

Eine auf den ersten Blick sehr ähnliche Differentialgleichung behandelt unser nächstes Beispiel; in einigen Details gibt es aber doch Unterschiede in der Argumentation, da nunmehr in Teil (d) eine Lösung, die nicht für alle Zeiten existiert, untersucht werden soll. Hierbei kommt uns die in Beispiel 3.11 vorgestellte Methode zu Hilfe.

Beispiel 3.14 (Examensaufgabe)   Für x aus dem Intervall $D = (0, \infty)$ betrachten wir die Differentialgleichung

$$x' = (x - 2)(x + 2) \log(x).$$

(a) Zeigen Sie, dass für jedes $x_0 > 0$ eine eindeutige maximale Lösung $x : I \longrightarrow \mathbb{R}$ der Differentialgleichung zum Anfangswert $x(0) = x_0$ auf einem offenen Intervall $I \subseteq \mathbb{R}$ mit $0 \in I$ existiert.

(b) Bestimmen Sie alle Anfangswerte $x_0 > 0$, für die die maximale Lösung aus (a) konstant ist.

(c) Bestimmen Sie alle Anfangswerte $x_0 > 0$, für die die maximale Lösung aus (a) streng monoton wächst, und alle $x_0 > 0$, für die sie streng monoton fällt.

(d) Es sei $x_0 := \frac{1}{2}$, $x : I \longrightarrow \mathbb{R}$ sei die maximale Lösung zum Anfangswert $x(0) = x_0$, und es sei $I = (a, b)$. Bestimmen Sie a, b und die Grenzwerte $\lim_{t \to a} x(t)$ und $\lim_{t \to b} x(t)$. Für a ist eine Darstellung als Integral ausreichend.

Lösung:

(a) Die rechte Seite $f(x) := (x - 2)(x + 2) \log(x)$ der Differentialgleichung ist auf D stetig differenzierbar und somit lokal Lipschitz-stetig. Nach dem Satz von Picard-Lindelöf (Satz 3.2) existiert also zu jedem $x_0 > 0$ eine eindeutige maximale Lösung x mit $x(0) = x_0$ auf einem offenen Intervall um 0.

(b) Konstante (stationäre) Lösungen erhalten wir genau dann, wenn x_0 eine Nullstelle von f ist, also für $x_0 = 1$ und $x_0 = 2$. (Man beachte, dass die Nullstelle -2 des Faktors $x + 2$ keine Nullstelle von f ist, da -2 nicht im Definitionsbereich von f liegt.)

(c) Die Funktion f ist positiv auf den Intervallen $D_1 := (0, 1)$ und $D_3 := (2, \infty)$ und negativ auf dem Intervall $D_2 := (1, 2)$.

Weil die Differentialgleichung die stationären Lösungen $t \mapsto 1$ und $t \mapsto 2$ hat, folgt aus dem globalen Eindeutigkeitssatz und dem Zwischenwertsatz, dass für $j = 1, 2, 3$ die Lösung zu einem Anfangswert $x_0 \in D_j$ für alle zulässigen Zeiten in D_j verbleibt. Sie ist also streng monoton wachsend für $x_0 \in D_1 \cup D_3$ und streng monoton fallend für $x_0 \in D_2$.

(d) Wir schreiben $I = (a, b)$ mit $-\infty \le a < 0 < b \le \infty$. Wegen $x_0 = \frac{1}{2} \in D_1$ folgt aus (c), dass die zugehörige Lösung x streng monoton wächst und im Intervall D_1 verläuft. Insbesondere existieren die Grenzwerte

$$
\begin{aligned}
L_a &:= \lim_{t \to a+} x(t) = \inf\{x(t) \colon t \in (a, 0]\} \in [0, x_0)\,, \\
L_b &:= \lim_{t \to b-} x(t) = \sup\{x(t) \colon t \in [0, b)\} \in (x_0, 1]\,.
\end{aligned}
$$

Da $x(t)$ für $t \ge 0$ in der kompakten Teilmenge $[x_0, 1]$ von $D = (0, \infty)$ verläuft, können wir mit Korollar 3.9 auf $b = \infty$ schließen.

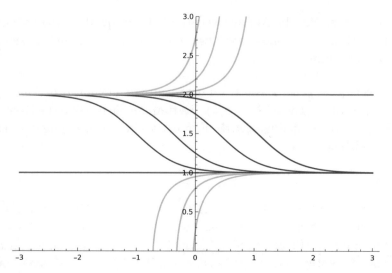

Abb. 3.4: Einige Lösungen der Differentialgleichung $x' = (x-2)(x+2)\log(x)$ aus Beispiel 3.14

Wäre $L_b < 1$, so wäre für alle $t \in (0, b) = (0, \infty)$

$$x'(t) = (4 - x^2(t)) \cdot \log \frac{1}{x(t)} \geq (4 - L_b^2) \cdot \log \frac{1}{L_b} =: \varepsilon > 0,$$

und es würde

$$x(t) = x(0) + \int_0^t x'(s)\,ds \geq x_0 + \varepsilon t$$

für alle $t \geq 0$ folgen, also $\lim_{t\to+\infty} x(t) = +\infty$, im Widerspruch zu $L_b < 1$. Damit ist $L_b = 1$ gezeigt[31].

Diese letzte Schlussweise steht und fällt damit, dass $b = +\infty$ ist. Für den Randpunkt a müssen wir anders argumentieren; tatsächlich stellt sich heraus, dass $a > -\infty$ ist.

Mittels Trennung der Variablen erhalten wir für alle $t \in (a, 0)$

$$t = \int_0^t 1\,ds = \int_0^t \frac{x'(s)}{(x(s) - 2)(x(s) + 2)\log(x(s))}\,ds$$

$$= \int_{x_0}^{x(t)} \frac{dy}{(y - 2)(y + 2)\log(y)}.$$

---

[31] Auch hier ist der Grenzwert $L_b = L_\infty$ also ein Gleichgewichtspunkt, wie wir es bereits in Beispiel 3.13 beobachtet hatten.

Für $t \to a$ ergibt sich hieraus

$$a = \int_{\frac{1}{2}}^{L_a} \frac{dy}{(y-2)(y+2)\log(y)} = -\int_{L_a}^{\frac{1}{2}} \frac{dy}{(2-y)(2+y)\log\frac{1}{y}}.$$

Hierbei ist der Integrand wegen $\lim_{y \to 0+} \dfrac{1}{\log(y)} = 0$ stetig nach $y = 0$ fortsetzbar, so dass das (im Fall $L_a = 0$ uneigentliche) Integral in jedem Fall existiert. Dies zeigt $a > -\infty$ und liefert die gewünschte Integraldarstellung für a.

Mit dem Satz über den Verlauf der Lösungen im Großen (in Verbindung mit der Monotonie von x) folgt nun auch $L_a = 0$: Wäre nämlich $L_a > 0$, so wäre $(t, x(t))$ für alle $t \in (a, 0]$ in der kompakten Menge $[a, 0] \times [L_a, x_0] \subseteq \mathbb{R} \times D$ enthalten; diese wird jedoch nach besagtem Satz von $(t, x(t))$ verlassen, sofern t hinreichend nahe bei a ist.

Variante: Dass $L_b = 1$ und $L_a = 0$ ist, kann man (ohne die Kenntnis von $b = +\infty$) auch wie folgt begründen: Es gibt eine maximale Lösung y der Differentialgleichung zum Anfangswert $y(0) = L_b$. Wäre $L_b < 1$, so wäre diese Lösung ebenfalls streng monoton wachsend. Wegen $L_b > x(0) = x_0$ gibt es ein $t_a \in (a, 0)$ mit $y(t_a) \in (x_0, L_b)$. Hierzu gibt es nach Definition von L_b und aufgrund des Zwischenwertsatzes ein $t_b \in (0, b)$ mit $x(t_b) = y(t_a)$. Da auch $t \mapsto y(t + t_a - t_b)$ eine Lösung der (autonomen!) Differentialgleichung ist (Proposition 1.2), die in $t = t_b$ den Wert $y(t_a)$ hat, erhalten wir mit der Eindeutigkeitsaussage im Satz von Picard-Lindöf und der Maximalität von x und y

$$x(t) = y(t + t_a - t_b) \qquad \text{für alle } t \in (a, b).$$

Insbesondere ist $(a+t_a-t_b, b+t_a-t_b)$ das maximale Definitionsintervall von y. Da andererseits y auf einer Umgebung von 0 definiert ist, folgt $b_y := b + t_a - t_b > 0$ und damit

$$\lim_{t \to b_y-} y(t) > y(0) = L_b = \lim_{t \to b-} x(t) = \lim_{t \to b-} y(t + t_a - t_b) = \lim_{t \to b_y-} y(t),$$

ein Widerspruch! Also ist $L_b = 1$. Analog zeigt man $L_a = 0$.

Diese Argumentation mag recht technisch wirken, ihr liegt aber eine einfache geometrische Überlegung zugrunde: Wäre $L_b < 1$, so kann man eine Lösung y betrachten, die bereits zur Zeit $t = 0$ den (von der ursprünglichen Lösung x auch langfristig nicht überschreitbaren) Wert L_b hat und „danach" streng monoton weiterwächst, so dass sie für $t > 0$ Werte größer als L_b annimmt. Andererseits unterscheidet sich y von x nur durch eine zeitliche Verschiebung. Damit muss auch x Werte $> L_b$ annehmen, ein Widerspruch. $\qquad\qquad\square$

Beispiel 3.15 (Examensaufgabe) Wir betrachten die Differentialgleichung

$$x' = 1 + x^2 \sin(t - x). \tag{3.7}$$

(a) Für $k \in \mathbb{Z}$ lassen sich die Lösungen $x_k : \mathbb{R} \longrightarrow \mathbb{R}$ von (3.7) zu den Anfangsbedingungen $x_k(k\pi) = 0$ einfach angeben. Bestimmen Sie diese Lösungen.

(b) Für $k \in \mathbb{Z}$ sei

$$T_k := \left\{ (t, x) \in \mathbb{R}^2 \mid k\pi < t - x < (k+1)\pi \right\}.$$

Zeigen Sie: Ist $x : I \longrightarrow \mathbb{R}$ eine Lösung von (3.7) und liegt ein Punkt des Graphen $G_x := \{(t, x(t)) : t \in I\}$ in T_k, so ist $G_x \subseteq T_k$.

(c) Zeigen Sie: Alle maximalen Lösungen von (3.7) sind auf ganz $\mathbb{R}$ definiert.

Lösung:

(a) Offensichtlich ist
$$x_k(t) = t - k\pi$$

die Lösung von (3.7) zur Anfangsbedingung $x_k(k\pi) = 0$.

(b) Es sei $x : I \longrightarrow \mathbb{R}$ eine Lösung von (3.7) mit $(t^*, x(t^*)) \in T_k$ für ein $t^* \in I$. Der Rand von T_k ist

$$\partial T_k = \left\{ (t, x) \in \mathbb{R}^2 \mid t - x = k\pi \text{ oder } t - x = (k+1)\pi \right\},$$

besteht also aus den Graphen der Lösungen x_k und x_{k+1} aus (a).

Wegen der stetigen Differenzierbarkeit der rechten Seite von (3.7) ist der Satz von Picard-Lindelöf (Satz 3.2) anwendbar. Ihm zufolge sind die Graphen zweier verschiedener maximaler Lösungen der Differentialgleichung disjunkt. Daher muss der Graph von x komplett in T_k enthalten sein. (Hier geht implizit auch wieder der Zwischenwertsatz ein, der es ausschließt, dass sich eine Lösung aus T_k „herausbeamt", ohne den Rand von T_k zu treffen.)

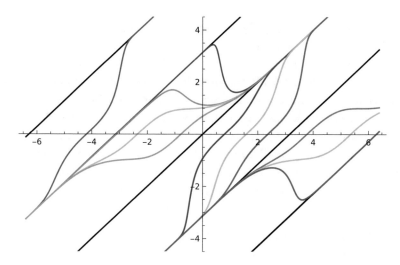

Abb. 3.5: Einige Lösungen der Differentialgleichung aus Beispiel 3.15

(c) Es sei $x : I_{\max} \longrightarrow \mathbb{R}$ eine Lösung von (3.7) mit maximalem offenen Definitionsintervall $I_{\max} = (t_\alpha, t_\omega)$. Wir nehmen an, es wäre $t_\omega < +\infty$.

Es sei ein $t^* \in I_{\max}$ beliebig gewählt. Dann gibt es ein $k \in \mathbb{Z}$ mit

$$k\pi \leq t^* - x(t^*) \leq (k+1)\pi.$$

Falls hierbei sogar $k\pi < t^* - x(t^*) < (k+1)\pi$ gilt, so ist, wie in (b) gezeigt, $G_x \subseteq T_k$. Andernfalls ist $t^* - x(t^*) = k\pi$ oder $t^* - x(t^*) = (k+1)\pi$, also

$$x(t^*) = x_k(t^*) \qquad \text{oder} \qquad x(t^*) = x_{k+1}(t^*),$$

und aus Eindeutigkeitsgründen ist dann $x \equiv x_k$ oder $x \equiv x_{k+1}$, d.h. $G_x \subseteq \partial T_k$. In jedem Fall ist also $G_x \subseteq \overline{T_k}$ und somit insbesondere

$$t - (k+1)\pi \leq x(t) \leq t - k\pi \qquad \text{für alle } t \in I_{\max}. \tag{3.8}$$

Nach dem Satz über den Verlauf der Lösungen im Großen (Satz 3.5) gibt es zu dem Kompaktum

$$K := [t^*, t_\omega + 1] \times [t^* - (k+1)\pi, t_\omega - k\pi]$$

ein $b \in (t^*, t_\omega)$, so dass $(t, x(t)) \notin K$ für alle $t \in (b, t_\omega)$. Dies ist ein Widerspruch zu (3.8) und zur Wahl von K.

Also ist $t_\omega = +\infty$, und analog folgt $t_\alpha = -\infty$, insgesamt also $I_{\max} = \mathbb{R}$.

Die Grundidee hinter dieser etwas technischen Betrachtung lässt sich folgendermaßen erklären: Zu jedem $T > 0$ kann man ein sich nach rechts über T hinaus erstreckendes Kompaktum K wählen, welches von der Lösung $x(t)$ für wachsendes t wegen ihres „Eingesperrtseins" zwischen zwei affinen Funktionen nicht in x-Richtung verlassen wird; hierzu genügt es, dass man K in x-Richtung hinreichend weit ausgedehnt wählt. Nach dem Satz über den Verlauf der Lösungen im Großen muss die Lösung das Kompaktum K dann in Zeitrichtung verlassen, d.h. sie muss mindestens bis zum Zeitpunkt T existieren. Da $T > 0$ beliebig war, existiert sie also für alle (positiven) Zeiten, und analog argumentiert man für negative Zeiten.

Variante: Einige Überlegungen in der obigen Lösung lassen sich etwas vereinfachen, wenn man erkennt, dass sich die Differentialgleichung (3.7) mittels der Substitution $y := x - t$ in die Form

$$y' = -(y + t)^2 \sin y \tag{3.9}$$

bringen lässt. Da (3.9) die konstanten Lösungen $y_k(t) := k\pi$ mit $k \in \mathbb{Z}$ hat, müssen alle anderen maximalen Lösungen aus Eindeutigkeitsgründen zwischen jeweils zwei solchen konstanten Lösungen verlaufen und somit beschränkt sein. Damit wird Korollar 3.9 anwendbar (anders als bei der obigen Lösung!) und stellt sicher, dass die maximalen Lösungen auf ganz $\mathbb{R}$ existieren. $\qquad\qquad\square$

Weiterführende Betrachtungen: Die Abhängigkeitssätze

Wir nehmen nun die – in Bemerkung 3.4 nur kurz angerissene – Frage, inwieweit die Lösungen einer Differentialgleichung stetig bzw. differenzierbar von den Anfangsbedingungen und etwaigen Parametern abhängen, detailliert unter die Lupe.

Satz 3.16 (Stetige Abhängigkeit)   *Es sei $J \subseteq \mathbb{R}$ ein echtes offenes Intervall, $D \subseteq \mathbb{R}^n$ sei offen und nicht-leer, die Abbildung $f : J \times D \longrightarrow \mathbb{R}^n$ sei stetig und bezüglich der zweiten Variablen lokal Lipschitz-stetig, und es sei $\varphi : \mathcal{D}(f) \longrightarrow D$ die in Definition 3.3 erklärte allgemeine Lösung der Differentialgleichung $x' = f(t, x)$. Dann gilt:*

(1) Der Definitionsbereich $\mathcal{D}(f)$ von φ ist eine offene Teilmenge von $J \times J \times D \subseteq \mathbb{R} \times \mathbb{R} \times \mathbb{R}^n$.

(2) Die Abbildung $\varphi : \mathcal{D}(f) \longrightarrow D$ ist lokal Lipschitz-stetig.

Satz 3.16 impliziert insbesondere, dass auf *kompakten* Zeitintervallen das *schwache Kausalitätsprinzip* gilt: *Ähnliche Ursachen haben ähnliche Wirkungen.* Eine präzise Formulierung lautet wie folgt:

Korollar 3.17 (Schwaches Kausalitätsprinzip) *Es sei* $J \subseteq \mathbb{R}$ *ein echtes offenes Intervall,* $D \subseteq \mathbb{R}^n$ *sei offen und nicht-leer, und die Abbildung* $f : J \times D \longrightarrow \mathbb{R}^n$ *sei stetig und bezüglich der zweiten Variablen lokal Lipschitz-stetig. Es sei* $(\tau_0, \zeta_0) \in J \times D$*, und* I *sei ein kompaktes Teilintervall des maximalen Existenzintervalls* $I(\tau_0, \zeta_0)$*. Dann gibt es zu jedem* $\varepsilon > 0$ *ein* $\delta > 0$*, so dass für alle* $(\tau, \zeta) \in B_\delta(\tau_0, \zeta_0)$

$$I \subseteq I(\tau, \zeta) \qquad \text{und} \qquad \|\varphi(t, \tau, \zeta) - \varphi(t, \tau_0, \zeta_0)\| < \varepsilon \qquad \text{für alle } t \in I$$

gilt.

Beweis. Die Menge $\mathcal{D}(f)$ ist nach Satz 3.16 offen und somit disjunkt zu ihrem Rand $\partial \mathcal{D}(f)$, und dieser ist abgeschlossen. Daher und weil $K := I \times \{\tau_0\} \times \{\zeta_0\}$ kompakt und in $\mathcal{D}(f)$ enthalten ist, hat K gemäß Proposition 3.7 (b) positiven Abstand zu $\partial \mathcal{D}(f)$, sofern $\partial \mathcal{D}(f) \neq \emptyset$ ist. Folglich gibt es ein $\eta > 0$ derart, dass

$$C := I \times B_\eta(\tau_0, \zeta_0)$$

ganz in $\mathcal{D}(f)$ liegt, und dies bleibt auch im Fall $\partial \mathcal{D}(f) = \emptyset$ gültig. Insbesondere existiert die Lösung $\varphi(\,\cdot\,, \tau, \zeta)$ für alle $(\tau, \zeta) \in B_\eta(\tau_0, \zeta_0)$ auf ganz I; es gilt also $I \subseteq I(\tau, \zeta)$ für alle diese (τ, ζ). Auf der kompakten Menge C ist die (ebenfalls nach Satz 3.16) stetige Abbildung $\varphi : \mathcal{D}(f) \longrightarrow D$ gleichmäßig stetig. Zu gegebenem $\varepsilon > 0$ gibt es daher ein $\delta \in (0, \eta)$ mit $\|\varphi(\tau, \tau, \zeta) - \varphi(t, \tau_0, \zeta_0)\| < \varepsilon$ für alle $(\tau, \zeta) \in B_\delta(\tau_0, \zeta_0)$ und alle $t \in I$. ■

Die Abschätzung in Korollar 3.17 gilt i.Allg. nicht für das gesamte *offene* Existenzintervall $I(\tau_0, \zeta_0)$, sondern nur für kompakte Teilintervalle, wie das folgende Beispiel zeigt.

Beispiel 3.18 Die allgemeine Lösung der Differentialgleichung $x' = 2tx$ ist offensichtlich gegeben durch

$$\varphi(t, \tau, \zeta) = \zeta e^{t^2 - \tau^2} \qquad \text{für alle } (t, \tau, \zeta) \in \mathbb{R} \times \mathbb{R} \times \mathbb{R}^1.$$

Für sie gilt

$$\|\varphi(t, \tau_0, \zeta) - \varphi(t, \tau_0, \zeta_0)\| = e^{t^2 - \tau_0^2} \cdot |\zeta - \zeta_0|.$$

Es seien $\tau_0 := 0$ und $\zeta_0 \in \mathbb{R}$ beliebig. Dann ist $I(\tau_0, \zeta_0) = \mathbb{R}$. Es seien ein $\varepsilon > 0$ und ein $T > 0$ gegeben, und es sei $I := [-T, T]$. Setzt man

$\delta := \varepsilon e^{-T^2} > 0$, so gilt für alle $\zeta \in \mathbb{R}$ mit $|\zeta - \zeta_0| < \delta$ und alle $t \in I$ die Abschätzung

$$\|\varphi(t, \tau_0, \zeta) - \varphi(t, \tau_0, \zeta_0)\| < e^{T^2} \cdot \delta = \varepsilon,$$

aber offensichtlich gilt sie nicht für alle $t \in I(\tau_0, \zeta_0) = \mathbb{R}$, und auch durch Verkleinern von δ ist sie nicht für alle $t \in \mathbb{R}$ simultan erfüllbar. $\qquad\square$

Satz 3.19 (Differenzierbare Abhängigkeit)   *Es seien $J \subseteq \mathbb{R}$ ein echtes offenes Intervall, $D \subseteq \mathbb{R}^n$ offen und nicht-leer, $m \in \mathbb{N}$, und die Abbildung $f : J \times D \longrightarrow \mathbb{R}^n$ sei m-mal stetig differenzierbar. Dann ist die allgemeine Lösung $\varphi : \mathcal{D}(f) \longrightarrow D$ der Differentialgleichung $x' = f(t, x)$ m-mal stetig differenzierbar. Ferner gelten für alle $(\tau, \zeta) \in J \times D$ die folgenden Aussagen.*

(a) *Die (matrixwertige) Abbildung $t \mapsto D_\zeta \varphi(t, \tau, \zeta)$ genügt dem Anfangswertproblem*

$$Y' = D_x f(t, \varphi(t, \tau, \zeta)) \cdot Y, \qquad\qquad Y(\tau) = E_n \in \mathbb{R}^{n \times n}. \qquad (3.10)$$

(b) *Die (vektorwertige) Abbildung $t \mapsto \frac{\partial \varphi}{\partial \tau}(t, \tau, \zeta)$ genügt dem Anfangswertproblem*

$$y' = D_x f(t, \varphi(t, \tau, \zeta)) \cdot y, \qquad\qquad y(\tau) = -f(\tau, \zeta). \qquad (3.11)$$

Die Differentialgleichung in (3.10) bzw. (3.11) heißt **Variationsgleichung** von $x' = f(t, x)$ entlang der Lösung $\varphi(\cdot, \tau, \zeta)$. Gemäß der Definition der Differenzierbarkeit als lokaler linearer Approximierbarkeit gilt

$$\varphi(t, \tau, \zeta + h) = \varphi(t, \tau, \zeta) + D_\zeta \varphi(t, \tau, \zeta) \cdot h + o(|h|).$$

Die Matrix $D_\zeta \varphi(t, \tau, \zeta)$ gibt also die Empfindlichkeit an, mit der („infinitesimal") kleine Variationen des Anfangswertes ζ auf die Lösung durchschlagen; analog misst $\frac{\partial \varphi}{\partial \tau}(t, \tau, \zeta)$ die Empfindlichkeit bezüglich kleiner Variationen der Anfangszeit τ. Die Variationsgleichung beschreibt dann, wie sehr sich diese Sensitivitäten im Zeitverlauf bzw. entlang der Lösung verändern.

Die Hauptschwierigkeit im Beweis von Satz 3.19 besteht im Nachweis der stetigen Differenzierbarkeit von φ. Ist diese sichergestellt, kann man sich (3.10) und (3.11) sofort dadurch herleiten, dass man

$$\frac{\partial \varphi}{\partial t}(t, \tau, \zeta) = f(t, \varphi(t, \tau, \zeta))$$

nach ζ bzw. nach τ differenziert, dabei auf der rechten Seite die Kettenregel beachtet und auf der linken Seite die Reihenfolge der partiellen Ableitungen vertauscht. Für (3.11) ist dies in (3.23) ausgeführt. – Diese Überlegung eignet sich auch gut als Merkregel für die Gestalt der Variationsgleichung.

Beispiel 3.20   Die skalare Differentialgleichung

$$x' = \sin(x^2 - t^2) + 1 =: f(t, x)$$

hat offenbar die Lösung $\varphi(t, 0, 0) = t$. Es gilt

$$\frac{\partial f}{\partial x}(t, x) = 2x \cos(x^2 - t^2), \qquad \text{also} \qquad \frac{\partial f}{\partial x}(t, \varphi(t, 0, 0)) = 2t.$$

Die Variationsgleichung entlang der Lösung $\varphi(\,\cdot\,, 0, 0)$ lautet somit

$$y' = 2ty.$$

Die maximale Lösung dieser linearen Differentialgleichung zum Anfangswert $y(0) = y_0$ ergibt sich zu

$$y(t) = e^{t^2} y_0 \qquad \text{für alle } t \in \mathbb{R}.$$

Wendet man dies auf $y_0 = 1$ bzw. $y_0 = -f(0, 0) = -1$ an, so erhält man mit Satz 3.19 (a) bzw. (b)

$$\frac{\partial \varphi}{\partial \zeta}(t, 0, 0) = e^{t^2} \qquad \text{und} \qquad \frac{\partial \varphi}{\partial \tau}(t, 0, 0) = -e^{t^2}.$$

$\square$

Die beiden folgenden Resultate stellen parameterabhängige Varianten von Satz 3.16 bzw. Satz 3.19 dar.

Satz 3.21 (Stetige Abhängigkeit von Parametern)   *Es sei $J \subseteq \mathbb{R}$ ein echtes offenes Intervall, $D \subseteq \mathbb{R}^n$ und $\Lambda \subseteq \mathbb{R}^p$ seien nicht-leere offene Mengen, und $f : J \times D \times \Lambda \longrightarrow \mathbb{R}^n$ sei stetig und bezüglich $x \in D$ lokal Lipschitz-stetig. Für $(\tau, \zeta, \lambda) \in J \times D \times \Lambda$ sei $I(\tau, \zeta, \lambda) \subseteq J$ das maximale (offene) Existenzintervall der Lösung $\varphi(\,\cdot\,, \tau, \zeta, \lambda)$ des Anfangswertproblems*

$$x' = f(t, x, \lambda), \qquad x(\tau) = \zeta. \tag{3.12}$$

Dann ist die Menge

$$\mathcal{D}(f, \Lambda) = \{(t, \tau, \zeta, \lambda) \in J \times J \times D \times \Lambda : t \in I(\tau, \zeta, \lambda)\}$$

offen, und $\varphi : \mathcal{D}(f, \Lambda) \longrightarrow D$ ist stetig und bezüglich (t, τ, ζ) lokal Lipschitz-stetig.

Korollar 3.22 (Differenzierbare Abhängigkeit von Parametern)
Es sei $J \subseteq \mathbb{R}$ ein echtes offenes Intervall, $D \subseteq \mathbb{R}^n$ und $\Lambda \subseteq \mathbb{R}^p$ seien nicht-leere offene Mengen, und $f : J \times D \times \Lambda \longrightarrow \mathbb{R}^n$ sei m-mal stetig differenzierbar. Dann ist die allgemeine Lösung $\varphi : \mathcal{D}(f, \Lambda) \longrightarrow D$ der Differentialgleichung $x' = f(t, x, \lambda)$ (mit $\mathcal{D}(f, \Lambda)$ wie in Satz 3.21) m-mal stetig differenzierbar.

Der Beweis der Abhängigkeitssätze ist technisch aufwändig, aber auch eine gute Übung in fortgeschrittener „Epsilontik“. Wir beginnen mit dem Beweis von Satz 3.21, von dem Satz 3.16 ein Spezialfall ist und den wir für den Beweis von Satz 3.19 benötigen.

Beweis von Satz 3.21. Die Hauptarbeit besteht im Nachweis der Offenheit von $\mathcal{D}(f, \Lambda)$. Auf den ersten Blick scheint diese unproblematisch zu sein, da J, D und Λ als offen vorausgesetzt werden und die maximalen Existenzintervalle $I(\tau, \zeta, \lambda)$ nach Satz 3.2 offen sind. Die Schwierigkeit ist folgende: Ist ein Punkt $(t_0, \tau_0, \zeta_0, \lambda_0) \in \mathcal{D}(f, \Lambda)$ gegeben, so müssen wir zeigen, dass beim Übergang von $\tau_0, \zeta_0, \lambda_0$ zu hinreichend benachbarten Größen τ, ζ, λ das „neue“ maximale Existenzintervall $I(\tau, \zeta, \lambda)$ „immer noch“ t_0 enthält – genauer sogar eine feste Umgebung von t_0, deren Ausdehnung nicht von τ, ζ, λ abhängt. Mit anderen Worten: Wir müssen ausschließen, dass bei geringfügiger Variation von $\tau_0, \zeta_0, \lambda_0$ das maximale Existenzintervall sprunghaft kleiner wird[32]. Dies nachzuweisen gestaltet sich deshalb als technisch so aufwändig, weil t_0 i.Allg. „weit“ von der Anfangszeit τ_0 entfernt ist, so dass wir die Veränderung der Lösung über eine große Zeitdistanz kontrollieren müssen.

Es sei also ein Punkt $(t_0, \tau_0, \zeta_0, \lambda_0) \in \mathcal{D}(f, \Lambda)$ gegeben. Unser Ziel ist es, eine offene Umgebung $Q \subseteq \mathbb{R} \times \mathbb{R} \times \mathbb{R}^n \times \mathbb{R}^p$ von $(t_0, \tau_0, \zeta_0, \lambda_0)$ mit $Q \subseteq \mathcal{D}(f, \Lambda)$

---

[32]In mathematisch präziser Terminologie weisen wir hier nach, dass t_ω unterhalbstetig und t_α oberhalbstetig von $(\tau_0, \zeta_0, \lambda_0)$ abhängt: Für jedes $\varepsilon > 0$ gibt es ein $\delta > 0$, so dass $t_\omega(\tau, \zeta, \lambda) > t_\omega(\tau_0, \zeta_0, \lambda_0) - \varepsilon$ für alle $(\tau, \zeta, \lambda) \in U_\delta(\tau_0, \zeta_0, \lambda_0)$ gilt, und analog für t_α. Hingegen liegt i.Allg. keine stetige Abhängigkeit vor: t_ω kann sprunghaft größer und t_α sprunghaft kleiner werden. Dies wird durch die (parameterunabhängige) Differentialgleichung $x' = t \cdot x^2$ illustriert, für deren allgemeine Lösung offensichtlich

$$\varphi(t, \tau, \zeta) = \frac{2\zeta}{2 + \zeta(\tau^2 - t^2)} \qquad \text{und insbesondere} \qquad \varphi(t, -1, \zeta) = \frac{2\zeta}{2 + \zeta - \zeta t^2}$$

gilt. Für das maximale Definitionsintervall ergibt sich hier

$$I(-1, \zeta) = \begin{cases} \left(-\infty, -\sqrt{\frac{2}{\zeta} + 1} \right) \subseteq (-\infty, 0) & \text{für } \zeta \leq -2, \\ \mathbb{R} & \text{für } -2 < \zeta < 0. \end{cases}$$

In $\zeta_0 = -2$ ist $\zeta \mapsto t_\omega(-1, \zeta)$ also unterhalbstetig, aber nicht stetig.

derart zu konstruieren, dass φ auf Q eine Lipschitzbedingung bezüglich (t, τ, ζ) erfüllt. Auf diese Weise erhalten wir die erste und dritte Aussage des Satzes. Sodann müssen wir noch die Stetigkeit von φ in $(t_0, \tau_0, \zeta_0, \lambda_0)$ nachweisen.

(a) Nach Definition von $\mathcal{D}(f, \Lambda)$ gilt $t_0, \tau_0 \in I(\tau_0, \zeta_0, \lambda_0)$. Daher und weil $I(\tau_0, \zeta_0, \lambda_0)$ offen ist, gibt es ein offenes und beschränktes Intervall I_0 mit $t_0, \tau_0 \in I_0$ und $\overline{I_0} \subset I(\tau_0, \zeta_0, \lambda_0)$. Es sei $\ell > 0$ die Länge von I_0. Die kompakte (!) Menge $\{(t, \varphi(t, \tau_0, \zeta_0, \lambda_0)) : t \in \overline{I_0}\}$ ist in $J \times D$ enthalten; bei ihr handelt es sich um den Graph der auf $\overline{I_0}$ eingeschränkten Lösung zu den Anfangsdaten (τ_0, ζ_0) und zum Parameter λ_0. Weil die Menge $J \times D$ offen, also disjunkt zu ihrem Rand ist, finden wir mittels Proposition 3.7 (b) ein $\eta > 0$, so dass der Abschluss $\overline{G}$ der offenen Menge

$$G := \{(t, x) \in \mathbb{R} \times \mathbb{R}^n : t \in I_0, \|x - \varphi(t, \tau_0, \zeta_0, \lambda_0)\| < 3\eta\}$$

ganz in $J \times D$ liegt.

Es gibt ein $r > 0$ mit $B_r(\lambda_0) \subseteq \Lambda$. Nach Satz 2.4 (b) genügt f auf dem Kompaktum $\overline{G} \times B_r(\lambda_0)$ einer Lipschitz-Bedingung bezüglich x mit einer Lipschitz-Konstanten $L > 0$. Weiter existiert das Maximum

$$M := \max\left\{\|f(t, x, \lambda)\| : (t, x, \lambda) \in \overline{G} \times B_r(\lambda_0)\right\}.$$

(b) Für zunächst beliebige $(\tau, \zeta) \in G$ und $\lambda \in \Lambda$ betrachten wir das Anfangswertproblem (3.12). In (c) und (d) werden wir weitere Bedingungen an (τ, ζ, λ) stellen.

Es sei $I_G(\tau, \zeta, \lambda)$ das größte offene Intervall um τ, so dass $I_G(\tau, \zeta, \lambda) \subseteq I(\tau, \zeta, \lambda)$ und $(t, \varphi(t, \tau, \zeta, \lambda)) \in G$ für alle $t \in I_G(\tau, \zeta, \lambda)$ ist[33]. Man kann $I_G(\tau, \zeta, \lambda)$ als das maximale Definitionsintervall der Lösung des Anfangswertproblems zum Parameter λ auffassen, wenn man den Definitionsbereich der rechten Seite der Differentialgleichung auf G statt $J \times D$ einschränkt.

Es gilt $I_G(\tau, \zeta, \lambda) \subseteq I_0 \subsetneq I(\tau_0, \zeta_0, \lambda_0)$. I.Allg. ist $I_G(\tau, \zeta, \lambda)$ ein echtes Teilintervall von I_0; für (τ, ζ, λ) nahe genug bei $(\tau_0, \zeta_0, \lambda_0)$ werden wir

---

[33]Formal exakt definieren kann man $I_G(\tau, \zeta, \lambda)$ als die Vereinigung aller offenen Teilintervalle I von $I(\tau, \zeta, \lambda)$ mit $(t, \varphi(t, \tau, \zeta, \lambda)) \in G$ für alle $t \in I$. Damit ist die Offenheit von $I_G(\tau, \zeta, \lambda)$ klar, denn die Vereinigung beliebig vieler offener Mengen ist offen. Dass es überhaupt ein *echtes* Intervall I mit den genannten Eigenschaften gibt (und $I_G(\tau, \zeta, \lambda)$ somit ebenfalls ein *echtes* Intervall ist), ist durch $(\tau, \zeta) \in G$ in Verbindung mit der Offenheit von G und Stetigkeit von $\varphi(\cdot, \tau, \zeta, \lambda)$ gewährleistet: Für t hinreichend nahe bei τ gilt sicher $(t, \varphi(t, \tau, \zeta, \lambda)) \in G$.

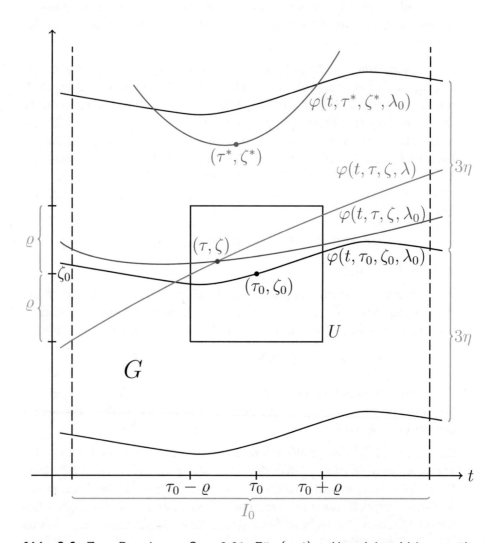

Abb. 3.6: Zum Beweis von Satz 3.21: Für $(\tau, \zeta) \in U$ und $\lambda \in V$ ist gewährleistet, dass der Graph von $\varphi(\,\cdot\,, \tau, \zeta, \lambda)$ auf dem Intervall I_0 ganz in dem 3η-
Schlauch G um den Graphen von $\varphi(\,\cdot\,, \tau_0, \zeta_0, \lambda_0)$ verläuft. Für $(\tau^*, \zeta^*) \notin U$
hingegen kann G von der zugehörigen Lösung $\varphi(\,\cdot\,, \tau^*, \zeta^*, \lambda_0)$ bereits „vorzeitig"
verlassen werden. – Man beachte, dass sich Graphen von Lösungen zum gleichen
Parameterwert λ_0 aus Eindeutigkeitsgründen nicht schneiden können, die zu
verschiedenen Parameterwerten λ und λ_0 gehörenden dagegen sehr wohl.

in (c) und (d) jedoch $I_G(\tau, \zeta, \lambda) = I_0$ zeigen. Dies bedeutet, dass der Graph von $\varphi(\,\cdot\,, \tau, \zeta, \lambda)$ nicht in x-Richtung, sondern in t-Richtung aus G hinausläuft.

Es sei nun ein $(\tau, \zeta) \in G$ fixiert. Zur Vereinfachung der Notation setzen wir $q := (\tau, \zeta, \lambda_0)$ und $q_0 := (\tau_0, \zeta_0, \lambda_0)$. In Anbetracht von $I_G(q) \subseteq I_0 \subseteq I(q_0)$ ist

$$u(t) := \|\varphi(t, q) - \varphi(t, q_0)\|$$

für alle $t \in I_G(q)$ wohldefiniert[34], und weil auch $\tau \in I_G(q) \subseteq I(q_0)$ ist, gilt

$$\varphi(t, q) = \varphi(\tau, q) + \int_\tau^t f(s, \varphi(s, q), \lambda_0)\, ds,$$

$$\varphi(t, q_0) = \varphi(\tau, q_0) + \int_\tau^t f(s, \varphi(s, q_0), \lambda_0)\, ds.$$

Nach Definition von $I_G(q)$ ist $(s, \varphi(s, q)) \in G$ für alle $s \in I_G(q)$, und nach Definition von G ist $(s, \varphi(s, q_0)) \in G$ für alle $s \in I_0$. Daher gilt für alle $s \in I_G(q) \subseteq I_0$

$$\|f(s, \varphi(s, q), \lambda_0) - f(s, \varphi(s, q_0), \lambda_0)\| \leq L \cdot \|\varphi(s, q) - \varphi(s, q_0)\| = L \cdot u(s).$$

Angesichts von $\tau, \tau_0 \in I_0$ ist außerdem

$$\|\varphi(\tau, q_0) - \varphi(\tau_0, q_0)\| = \left\| \int_{\tau_0}^\tau f(s, \varphi(s, q_0), \lambda_0)\, ds \right\| \tag{3.13}$$

$$\leq M \cdot |\tau - \tau_0|.$$

Damit und mit $\varphi(\tau, q) = \varphi(\tau, \tau, \zeta, \lambda_0) = \zeta$ bzw. $\varphi(\tau_0, q_0) = \zeta_0$ ergibt sich für alle $t \in I_G(q)$

$$u(t) \leq \|\zeta - \varphi(\tau, q_0)\| + \left\| \int_\tau^t \big(f(s, \varphi(s, q), \lambda_0) - f(s, \varphi(s, q_0), \lambda_0) \big)\, ds \right\|$$

$$\leq \|\zeta - \zeta_0\| + \|\varphi(\tau_0, q_0) - \varphi(\tau, q_0)\|$$

$$+ \left| \int_\tau^t \|f(s, \varphi(s, q), \lambda_0) - f(s, \varphi(s, q_0), \lambda_0)\|\, ds \right|$$

---

[34] Die folgenden Überlegungen hatten wir im Kern bereits in Bemerkung 3.4 angestellt, als wir die Grundidee des Beweises der Abhängigkeitssätze skizziert hatten. Anders als dort müssen wir hier allerdings mehr Mühe investieren, um uns zu überzeugen, dass die betrachteten Argumentstellen im Definitionsbereich von f bzw. von φ liegen. Zudem müssen wir die Variation des Parameters λ kontrollieren, was wir uns allerdings für (d) vorbehalten: In (b) und (c) beschränken wir uns auf den Fall $\lambda = \lambda_0$.

$$\leq \;\; \|\zeta - \zeta_0\| + M \cdot |\tau - \tau_0| + L \cdot \left| \int_\tau^t u(s)\,ds \right|.$$

Mit dem Gronwall-Lemma 2.7 erhalten wir die explizite Abschätzung

$$\|\varphi(t,q) - \varphi(t,q_0)\| = u(t) \leq (\|\zeta - \zeta_0\| + M \cdot |\tau - \tau_0|) \cdot e^{L\cdot|t-\tau|} \quad (3.14)$$

für alle $t \in I_G(q)$.

(c) In Abhängigkeit von den in (a) eingeführten Größen ℓ, η, M und L wählen wir nun ein $\varrho > 0$ mit

$$\varrho \cdot (1+M) \cdot e^{L\cdot\ell} < \eta, \quad [\tau_0 - \varrho, \tau_0 + \varrho] \subseteq I_0 \quad \text{und} \quad B_\varrho(\zeta_0) \subseteq D$$

und setzen

$$U := \{(\tau, x) \in \mathbb{R} \times \mathbb{R}^n : |\tau - \tau_0| < \varrho, \|x - \zeta_0\| < \varrho\}.$$

Für alle $(\tau, x) \in U$ gilt $\tau \in I_0$ und mit derselben Abschätzung wie in (3.13)

$$\begin{aligned} \|x - \varphi(\tau, q_0)\| &\leq \|x - \zeta_0\| + \|\zeta_0 - \varphi(\tau, q_0)\| \\ &\leq \varrho + M \cdot |\tau - \tau_0| \leq \varrho + M\varrho < \eta, \end{aligned}$$

also $(\tau, x) \in G$. Mithin ist $U \subseteq G$.

Es sei ein $(\tau, \zeta) \in U$ fixiert, und wie oben sei $q := (\tau, \zeta, \lambda_0)$. Für alle $t \in I_G(q)$ folgt aus (3.14)

$$\|\varphi(t,q) - \varphi(t,q_0)\| \leq (\varrho + M\varrho) \cdot e^{L\cdot\ell} < \eta. \quad (3.15)$$

Hieraus können wir auf $I_G(q) = I_0$ schließen: Wir wissen bereits $I_G(q) \subseteq I_0$. Zum Nachweis, dass hierin Gleichheit gilt, sei $I_G(q) = (a, b)$, und wir nehmen an, dass z.B. der rechte Randpunkt b im (offenen!) Intervall I_0 liegt. Wäre $b \in I(q)$, so würde aus (3.15) und der Stetigkeit von $\varphi(\cdot, q)$ und $\varphi(\cdot, q_0)$ folgen, dass es ein $\delta > 0$ gibt mit $[b, b+\delta] \subseteq I_0 \cap I(q)$ und

$$\|\varphi(t,q) - \varphi(t,q_0)\| < 2\eta \quad \text{für alle } t \in [b, b+\delta).$$

Für alle diese t wäre dann $(t, \varphi(t,q)) \in G$. Dies würde der Maximalität von $I_G(q)$ widersprechen. Also muss $b \notin I(q)$ gelten, d.h. b ist auch der rechte Randpunkt des maximalen Existenzintervalls $I(q)$. Dies widerspricht aber dem Satz über den Verlauf der Lösungen im Großen (Satz 3.5), denn nach diesem müsste $(t, \varphi(t,q))$ für $t \to b-$ das Kompaktum $\overline{G}$ verlassen, was aber wiederum durch (3.15) unterbunden wird. Also ist in der Tat $I_G(q) = I_0$.

(d) Nunmehr wenden wir uns der Variation des Parameters λ_0 zu.

Es sei $\varepsilon := \frac{\eta}{\ell} \cdot e^{-L \cdot \ell} > 0$. Da f auf jedem Kompaktum in $J \times D \times \Lambda$ gleichmäßig stetig ist, gibt es ein $\sigma > 0$, so dass $\sigma \leq r$ (also insbesondere $B_\sigma(\lambda_0) \subseteq \Lambda$) und

$$\|f(t, x, \lambda) - f(t, x, \lambda_0)\| < \varepsilon \qquad \text{für alle } (t, x, \lambda) \in \overline{G} \times B_\sigma(\lambda_0).$$

Wir setzen $V := U_\sigma(\lambda_0)$.

Erneut sei ein $(\tau, \zeta) \in U$ fixiert, und wie oben sei $q := (\tau, \zeta, \lambda_0)$. Weiter sei $\lambda \in V$, $q^* := (\tau, \zeta, \lambda)$, und für $t \in I_G(q^*) \subseteq I_0 = I_G(q)$ sei

$$v(t) := \|\varphi(t, q^*) - \varphi(t, q)\|.$$

Angesichts von $\varphi(\tau, q^*) = \varphi(\tau, q) = \zeta$ gilt dann für alle $t \in I_G(q^*)$

$$
\begin{aligned}
v(t) &= \left\| \int_\tau^t \big(f(s, \varphi(s, q^*), \lambda) - f(s, \varphi(s, q), \lambda_0) \big) \right\| \\
&\leq \left\| \int_\tau^t \big(f(s, \varphi(s, q^*), \lambda) - f(s, \varphi(s, q), \lambda) \big) \, ds \right\| \\
&\quad + \left\| \int_\tau^t \big(f(s, \varphi(s, q), \lambda) - f(s, \varphi(s, q), \lambda_0) \big) \, ds \right\| \\
&\leq L \cdot \left| \int_\tau^t \|\varphi(s, q^*) - \varphi(s, q)\| \, ds \right| + |t - \tau| \cdot \varepsilon \\
&= L \cdot \left| \int_\tau^t v(s) \, ds \right| + |t - \tau| \cdot \varepsilon;
\end{aligned}
$$

wesentlich hierfür ist $(s, \varphi(s, q^*)), (s, \varphi(s, q)) \in G$ für alle $s \in I_G(q^*)$. Eine erneute Anwendung des Gronwall-Lemmas liefert für alle $t \in I_G(q^*)$

$$
\begin{aligned}
\|\varphi(t, q^*) - \varphi(t, q)\| = v(t) &\leq |t - \tau| \cdot \varepsilon \cdot e^{L \cdot |t - \tau|} \\
&\leq \ell \varepsilon \cdot e^{L \cdot \ell} = \eta;
\end{aligned}
\tag{3.16}
$$

hierbei haben wir $t, \tau \in I_G(q^*) \subseteq I_0$ und die Definition von ℓ als Länge von I_0 verwendet. Damit und mit (3.15) ergibt sich insgesamt

$$
\begin{aligned}
&\|\varphi(t, q^*) - \varphi(t, q_0)\| \\
&\leq \|\varphi(t, q^*) - \varphi(t, q)\| + \|\varphi(t, q) - \varphi(t, q_0)\| \leq 2\eta.
\end{aligned}
\tag{3.17}
$$

Mit derselben Schlussweise wie in (c) folgt hieraus $I_G(q^*) = I_0$.

Damit haben wir einen entscheidenden Durchbruch erzielt: Wir können nun sicher sein, dass für alle $(\tau, \zeta, \lambda) \in U \times V$ die maximale Lösung

$\varphi(\cdot, \tau, \zeta, \lambda)$ auf ganz I_0 existiert und ihr Graph für alle $t \in I_0$ in G verbleibt. Die zu Beginn des Beweises skizzierte Schwierigkeit ist hierdurch überwunden.

(e) Wir setzen nun $Q := I_0 \times U \times V$. Dann ist Q eine offene Umgebung von $(t_0, \tau_0, \zeta_0, \lambda_0)$. Nach (a), (b), (c) und (d) gilt

$$Q \subseteq I_0 \times G \times \Lambda \subseteq I_0 \times J \times D \times \Lambda$$

und

$$I_0 = I_G(\tau, \zeta, \lambda) \subseteq I(\tau, \zeta, \lambda) \qquad \text{für alle } (\tau, \zeta, \lambda) \in U \times V.$$

Somit ist Q in $\mathcal{D}(f, \Lambda)$ enthalten.

(f) Wir zeigen, dass φ auf Q einer Lipschitzbedingung bezüglich (t, τ, ζ) genügt.

Für alle $(s, \tau, \zeta, \lambda) \in Q$ gilt wegen (3.17)

$$(s, \varphi(s, \tau, \zeta, \lambda)) \in G \qquad \text{und daher} \qquad \|f(s, \varphi(s, \tau, \zeta, \lambda), \lambda)\| \leq M.$$

Damit ergibt sich

$$\|\varphi(t, \tau, \zeta, \lambda) - \varphi(t', \tau, \zeta, \lambda)\| = \left\| \int_{t'}^{t} f(s, \varphi(s, \tau, \zeta, \lambda), \lambda)\, ds \right\| \leq M \cdot |t - t'|$$

für alle $(t, \tau, \zeta, \lambda), (t', \tau, \zeta, \lambda) \in Q$. Mit analoger Begründung wie für (3.14) erhalten wir aus der Lipschitzbedingung von f auf $\overline{G} \times B_r(\lambda_0)$ bezüglich x, dass für alle $(t', \tau, \zeta, \lambda), (t', \tau', \zeta', \lambda) \in Q$

$$\|\varphi(t', \tau, \zeta, \lambda) - \varphi(t', \tau', \zeta', \lambda)\| \leq (\|\zeta - \zeta'\| + M \cdot |\tau - \tau'|) \cdot e^{L \cdot \ell}$$

gilt. Insgesamt ergibt sich

$$\begin{aligned} &\|\varphi(t, \tau, \zeta, \lambda) - \varphi(t', \tau', \zeta', \lambda)\| \\ &\leq M \cdot |t - t'| + (\|\zeta - \zeta'\| + M \cdot |\tau - \tau'|)\, e^{L \cdot \ell} \end{aligned} \qquad (3.18)$$

für alle $(t, \tau, \zeta, \lambda), (t', \tau', \zeta', \lambda) \in Q$. Dies zeigt unsere Behauptung.

(g) Zum Nachweis der Stetigkeit von φ in $(t_0, \tau_0, \zeta_0, \lambda_0)$ sei ein $\varepsilon > 0$ gegeben. Hierzu gibt es ein $\delta > 0$, so dass $\delta \leq \sigma$ (also $B_\delta(\lambda_0) \subseteq V$),

$$(t_0 - \delta, t_0 + \delta) \subseteq I_0, \quad B_\delta(\tau_0) \times B_\delta(\zeta_0) \subseteq U, \quad \delta \cdot \left(M + (1 + M)e^{L \cdot \ell} \right) < \frac{\varepsilon}{2}$$

und so dass für alle $(t, x, \lambda) \in \overline{G} \times B_\delta(\lambda_0)$

$$\|f(t, x, \lambda) - f(t, x, \lambda_0)\| < \frac{\varepsilon}{2\ell} \cdot e^{-L \cdot \ell} =: \varepsilon_0$$

gilt. Es sei ein $(t, \tau, \zeta, \lambda) \in (t_0 - \delta, t_0 + \delta) \times B_\delta(\tau_0) \times B_\delta(\zeta_0) \times B_\delta(\lambda_0) \subseteq I_0 \times U \times V = Q$ gegeben. Hierauf können wir die Abschätzung (3.16) aus (d) anwenden und erhalten

$$\|\varphi(t, \tau, \zeta, \lambda) - \varphi(t, \tau, \zeta, \lambda_0)\| \leq |t - \tau| \cdot \varepsilon_0 \cdot e^{L \cdot |t - \tau|} \leq \ell \cdot \varepsilon_0 \cdot e^{L \cdot \ell} = \frac{\varepsilon}{2}.$$

Hieraus und aus (3.18) ergibt sich nun insgesamt

$$\|\varphi(t, \tau, \zeta, \lambda) - \varphi(t_0, \tau_0, \zeta_0, \lambda_0)\|$$

$$\leq \quad \|\varphi(t, \tau, \zeta, \lambda) - \varphi(t, \tau, \zeta, \lambda_0)\| + \|\varphi(t, \tau, \zeta, \lambda_0) - \varphi(t_0, \tau_0, \zeta_0, \lambda_0)\|$$

$$\leq \quad \frac{\varepsilon}{2} + M \cdot |t - t_0| + (\|\zeta - \zeta_0\| + M \cdot |\tau - \tau_0|) \cdot e^{L \cdot \ell}$$

$$\leq \quad \frac{\varepsilon}{2} + M \cdot \delta + (1 + M) \cdot \delta \cdot e^{L \cdot \ell} \leq \frac{\varepsilon}{2} + \frac{\varepsilon}{2} = \varepsilon.$$

Da dies für alle $(t, \tau, \zeta, \lambda) \in (t_0 - \delta, t_0 + \delta) \times B_\delta(\tau_0) \times B_\delta(\zeta_0) \times B_\delta(\lambda_0)$ gilt, ist damit auch die Stetigkeit von φ in $(t_0, \tau_0, \zeta_0, \lambda_0)$ gezeigt. ∎

Beweis von Satz 3.16. Wir führen den Satz auf Satz 3.21 zurück, indem wir z.B. $\Lambda = (0, 1)$ und

$$F(t, x, \lambda) := f(t, x) \qquad \text{für alle } (t, x, \lambda) \in J \times D \times \Lambda$$

setzen und die (lediglich in einem formalen Sinne) parameterabhängigen Anfangswertprobleme

$$x' = F(t, x, \lambda), \qquad x(\tau) = \zeta$$

mit $(\tau, \zeta, \lambda) \in J \times D \times \Lambda$ betrachten. Deren Lösungen sind natürlich identisch mit den Lösungen von $x' = f(t, x)$, $x(\tau) = \zeta$ und somit *unabhängig* von $\lambda \in \Lambda$. Insbesondere sind die maximalen Existenzintervalle $I_F(\tau, \zeta, \lambda)$ bzw. $I(\tau, \zeta)$ der Lösungen der beiden Anfangswertprobleme stets gleich, und für die allgemeine Lösung $\varphi_F : \mathcal{D}(F, \Lambda) \longrightarrow D$ der parameterabhängigen Differentialgleichung ergibt sich $\varphi_F(t, \tau, \zeta, \lambda) = \varphi(t, \tau, \zeta)$ und

$$\mathcal{D}(F, \Lambda) = \{(t, \tau, \zeta, \lambda) \in J \times J \times D \times \Lambda : t \in I_F(\tau, \zeta, \lambda)\}$$
$$= \{(t, \tau, \zeta, \lambda) \in J \times J \times D \times \Lambda : t \in I(\tau, \zeta)\} = \mathcal{D}(f) \times \Lambda;$$

$\mathcal{D}(f)$ ist also die Projektion von $\mathcal{D}(F, \Lambda)$ auf $J \times D$. Nach Satz 3.21 ist $\mathcal{D}(F, \Lambda)$ offen und φ_F lokal Lipschitz-stetig bezüglich (t, τ, ζ). Hieraus folgt, dass auch $\mathcal{D}(f)$ offen und φ lokal Lipschitz-stetig ist. ∎

Bemerkung 3.23   Ein Teil des Beweisaufwands für Satz 3.21 rührte von der Parameterabhängigkeit der Differentialgleichung her. Um diese zu kontrollieren, kann man auch einen anderen Zugang wählen: Dabei beweist man zunächst Satz 3.16, im Kern mit derselben Argumentation wie im voranstehenden Beweis von Satz 3.21, jedoch mit erheblichen technischen Vereinfachungen. Sodann führt man den parameterabhängigen Fall wie folgt hierauf zurück: Man erweitert das Differentialgleichungssystem so, dass die Parameter die Rolle zusätzlicher Variabler übernehmen, von denen man verlangt, dass sie zeitlich konstant sind. Anstelle des parameterabhängigen Systems $x' = f(t, x, \lambda)$ betrachtet man also das parameterfreie System

$$\begin{aligned} x' &= f(t, x, \lambda) \\ \lambda' &= 0, \end{aligned}$$

auf das man das vorher für Systeme ohne Parameter Bewiesene anwenden kann. Auf diese Weise erhält man eine Variante von Satz 3.21, bei der man allerdings zusätzlich voraussetzen muss, dass f auch vom Parameter λ lokal Lipschitz-stetig (und nicht nur stetig) abhängt. Für die meisten praktischen Zwecke ist dies eine zu verschmerzende Einschränkung. Bei der von uns gewählten Beweisanordnung für die Abhängigkeitssätze benötigen wir jedoch die oben gezeigte allgemeinere Version, um Satz 3.19 zu beweisen.

Mithilfe dieser Transformation eines parameterabhängigen Systems in ein parameterunabhängiges mit zusätzlichen Variablen ergibt sich Korollar 3.22 unmittelbar aus Satz 3.19. Präziser gilt: Aus der Gültigkeit von Satz 3.19 für ein $m \in \mathbb{N}$ folgt die von Korollar 3.22 für dieses m.   □

Beweis von Satz 3.19. I. Wir beweisen zunächst den Fall $m = 1$, setzen f also als stetig differenzierbar voraus.

(a) Als erstes kümmern wir uns um die Differenzierbarkeit von φ bezüglich ζ. Hierzu sei ein Punkt $(t_0, \tau_0, \zeta_0) \in \mathcal{D}(f)$ fest gewählt. Ähnlich wie im Beweis von Satz 3.21 gibt es ein offenes und beschränktes Intervall I_0 mit $\overline{I_0} \subset I(\tau_0, \zeta_0)$ und $t_0, \tau_0 \in I_0$, und hierzu finden wir ein $\eta > 0$, so dass

$$\left\{ (t, x) \in \mathbb{R} \times \mathbb{R}^n : t \in \overline{I_0}, \ \|x - \varphi(t, \tau_0, \zeta_0)\| \le \eta \right\}$$

ganz in $J \times D$ liegt. Nach Korollar 3.17 (dessen Gültigkeit aus dem bereits bewiesenen Satz 3.16 folgt) gibt es ein $\delta > 0$ mit $B_\delta(\zeta_0) \subset D$ und $\overline{I_0} \subset I(\tau_0, \zeta)$ für alle $\zeta \in B_\delta(\zeta_0)$. Nach Satz 3.16 ist $\varphi : \mathcal{D}(f) \longrightarrow$

D stetig, also auf jeder kompakten Teilmenge von $\mathcal{D}(f)$ gleichmäßig stetig. Indem wir $\delta > 0$ ggf. verkleinern, können wir daher zusätzlich

$$\|\varphi(t, \tau_0, \zeta) - \varphi(t, \tau_0, \zeta_0)\| < \eta \tag{3.19}$$

für alle $\zeta \in B_\delta(\zeta_0)$ und alle $t \in I_0$ erreichen. Für alle $t \in I_0$ und alle $h \in B_\delta(0) \subset \mathbb{R}^n$ sind

$$v(t, h) := \varphi(t, \tau_0, \zeta_0 + h) - \varphi(t, \tau_0, \zeta_0)$$

und wegen (3.19) auch

$$A(t, h) := \int_0^1 D_x f(t, \varphi(t, \tau_0, \zeta_0) + s v(t, h)) \, ds$$

wohldefiniert. Wegen $v(t, 0) = 0$ ist

$$A(t, 0) = \int_0^1 D_x f(t, \varphi(t, \tau_0, \zeta_0)) \, ds = D_x f(t, \varphi(t, \tau_0, \zeta_0)).$$

Um die Differenzierbarkeit von φ bezüglich ζ nachzuweisen, wollen wir $v(t, h)$ durch einen linearen Ausdruck in h approximieren.

Zunächst untersuchen wir, wie v von t abhängt, wobei h nur die Rolle eines Parameters spielt. Es sei also ein $h \in B_\delta(0)$ fixiert. Mit dem HDI und der Kettenregel ergibt sich für alle $t \in I_0$

$$
\begin{aligned}
\frac{\partial v}{\partial t}(t, h) &= f(t, \varphi(t, \tau_0, \zeta_0 + h)) - f(t, \varphi(t, \tau_0, \zeta_0)) \\
&= f(t, \varphi(t, \tau_0, \zeta_0) + v(t, h)) - f(t, \varphi(t, \tau_0, \zeta_0)) \\
&= \int_0^1 \frac{d}{ds} f(t, \varphi(t, \tau_0, \zeta_0) + s \cdot v(t, h)) \, ds \\
&= \int_0^1 D_x f(t, \varphi(t, \tau_0, \zeta_0) + s v(t, h)) \, ds \cdot v(t, h) \\
&= A(t, h) \cdot v(t, h) \, .
\end{aligned}
$$

Da außerdem $v(\tau_0, h) = \zeta_0 + h - \zeta_0 = h$ ist, löst $t \mapsto v(t, h)$ also das Anfangswertproblem

$$z' = A(t, h) \cdot z, \qquad z(\tau_0) = h \, . \tag{3.20}$$

Mit φ ist auch v stetig. Hieraus und aus der Stetigkeit von $D_x f$ folgt die Stetigkeit des parameterabhängigen Integrals A. Daher ist die rechte Seite der Differentialgleichung in (3.20) stetig, und mit derselben

Begründung wie im Beweis von Proposition 2.5 ergibt sich, dass sie bezüglich z lokal Lipschitz-stetig ist.

Nach dem Satz von Picard-Lindelöf hat das Anfangswertproblem (3.20) daher eine eindeutig bestimmte Lösung, und nach Satz 3.21 hängt diese stetig von dem Parameter h ab. Das Gleiche trifft für das Anfangswertproblem

$$C' = A(t,h) \cdot C\,, \qquad C(\tau_0) = E_n \in \mathbb{R}^{n \times n}$$

zu, das man als System von n^2 linearen Differentialgleichungen auffassen kann. Wir bezeichnen dessen Lösung mit $C(t,h)$. Dann löst $t \mapsto C(t,h) \cdot h$ offenbar (3.20), und aufgrund der Eindeutigkeit der Lösung folgt $C(t,h) \cdot h = v(t,h)$ für alle $t \in I_0$. Damit ist

$$\varphi(t,\tau_0,\zeta_0 + h) - \varphi(t,\tau_0,\zeta_0) - C(t,0) \cdot h$$
$$= (C(t,h) - C(t,0)) \cdot h =: R(t,h) \tag{3.21}$$

für alle $t \in I_0$ und alle $h \in B_\delta(0)$ gezeigt. Wir vollziehen nun einen Perspektivenwechsel: Wir fixieren ein $t \in I_0$ und lassen h variieren. Aufgrund der Stetigkeit von $h \mapsto C(t,h)$ gilt $\lim_{h \to 0}(C(t,h) - C(t,0)) = 0$ und damit

$$\lim_{h \to 0} \frac{R(t,h)}{\|h\|} = 0.$$

Daher ist $\zeta \mapsto \varphi(t,\tau_0,\zeta)$ in $\zeta = \zeta_0$ (total) differenzierbar mit

$$D_\zeta \varphi(t,\tau_0,\zeta_0) = C(t,0) =: Y(t).$$

Weiter folgt, dass Y für alle $t \in I_0$ die Variationsgleichung

$$Y'(t) = A(t,0) \cdot Y(t) = D_x f(t,\varphi(t,\tau_0,\zeta_0)) \cdot Y(t)$$

mit $Y(\tau_0) = C(\tau_0,0) = E_n$ erfüllt. Da dies für alle $(\tau_0,\zeta_0) \in J \times D$ gilt, ist damit (3.10) gezeigt.

Man kann nun τ und ζ als Parameter in der Variationsgleichung auffassen und Satz 3.21 anwenden. Auf diese Weise erhalten wir die Stetigkeit von $(t,\tau,\zeta) \mapsto D_\zeta \varphi(t,\tau,\zeta)$.

(b) Die Differenzierbarkeit von φ bezüglich τ können wir wie folgt auf das bereits Bewiesene zurückführen: Wir schreiben $y = (s,x)^T$ und $\eta = (\tau,\zeta)^T$, setzen

$$g(y) = g(s,x) := \begin{pmatrix} 1 \\ f(s,x) \end{pmatrix} \qquad \text{für } (s,x) \in J \times D$$

und betrachten das Anfangswertproblem

$$y' = \begin{pmatrix} s' \\ x' \end{pmatrix} = g(s,x) = g(y), \qquad y(\sigma) = \begin{pmatrix} s(\sigma) \\ x(\sigma) \end{pmatrix} = \begin{pmatrix} \tau \\ \zeta \end{pmatrix} = \eta.$$

Mit f ist auch g stetig differenzierbar. Es sei

$$(t,\sigma,\eta) \mapsto \mu(t,\sigma,\eta) = \begin{pmatrix} \theta \\ \psi \end{pmatrix}(t,\sigma,\eta)$$

die allgemeine Lösung dieses Anfangswertproblems. Offensichtlich ist $\theta(t,\sigma,\eta) = t + \tau - \sigma$. Außerdem gilt

$$\varphi(t,\tau,\zeta) = \psi(t-\tau,0,\eta) \qquad \text{für alle } t \in I(\tau,\zeta), \tag{3.22}$$

denn für $u(t) := \psi(t-\tau,0,\eta)$ gilt

$$u'(t) = f(\theta(t-\tau,0,\eta), \psi(t-\tau,0,\eta)) = f(t,u(t))$$

und $u(\tau) = \psi(0,0,\eta) = \zeta$, so dass u ebenso wie $\varphi(\cdot,\tau,\zeta)$ das Anfangswertproblem $x' = f(t,x)$, $x(\tau) = \zeta$ löst und beide daher aus Eindeutigkeitsgründen übereinstimmen. Der Vorteil dieser Transformation ist, dass die Differentialgleichung $y' = g(y)$ autonom ist und die Anfangszeit τ nunmehr in der Rolle eines Anfangswertes (zusammen mit ζ) sowie als Translation in der Zeitvariablen auftaucht. Beides können wir mit unseren bisherigen Resultaten kontrollieren.

Nach Satz 3.16 ist μ stetig. Weiter ist μ nach dem in (a) Gezeigten bezüglich η differenzierbar, und $D_\eta\mu = D_{(\tau,\zeta)}\mu$ ist stetig. Insbesondere ist ψ stetig und $D_\tau\psi = \frac{\partial\psi}{\partial\tau}$ existiert und ist stetig[35]. Aus (3.22) erkennt man nun sofort die Differenzierbarkeit von φ bezüglich τ mit

$$\begin{aligned}
\frac{\partial\varphi}{\partial\tau}(t,\tau,\zeta) &= -\frac{\partial\psi}{\partial t}(t-\tau,0,(\tau,\zeta)) + \frac{\partial\psi}{\partial\tau}(t-\tau,0,(\tau,\zeta)) \\
&= -f(t,\varphi(t,\tau,\zeta)) + \frac{\partial\psi}{\partial\tau}(t-\tau,0,(\tau,\zeta)).
\end{aligned}$$

---

[35] An dieser Stelle ist es erhellend, sich daran zu erinnern, dass die Stetigkeit von ψ – anders als im Eindimensionalen – nicht aus der Stetigkeit der partiellen Ableitung $D_\tau\psi$ folgt. Dies wird eindrucksvoll durch in jedem Punkt unstetige Funktionen wie

$$h(u,v) := \begin{cases} 1 & \text{für } (u,v) \in \mathbb{Q} \times \mathbb{R} \\ 0 & \text{für } (u,v) \in (\mathbb{R} \setminus \mathbb{Q}) \times \mathbb{R} \end{cases}$$

illustriert, für die $\frac{\partial h}{\partial v} \equiv 0$ ist.

Hieraus wird ersichtlich, dass $\frac{\partial\varphi}{\partial\tau}$ stetig ist. Indem wir

$$\frac{\partial\varphi}{\partial t}(t,\tau,\zeta) = f(t,\varphi(t,\tau,\zeta))$$

mittels der Kettenregel nach τ differenzieren, erhalten wir

$$\frac{\partial^2\varphi}{\partial\tau\partial t}(t,\tau,\zeta) = D_x f(t,\varphi(t,\tau,\zeta)) \cdot \frac{\partial\varphi}{\partial\tau}(t,\tau,\zeta). \tag{3.23}$$

Diese Identität zeigt insbesondere auch die Stetigkeit von $\frac{\partial^2\varphi}{\partial\tau\partial t}$. Nach einer starken Version des Satzes von Schwarz [37, Theorem 9.4.1] existiert daher auch $\frac{\partial^2\varphi}{\partial t\partial\tau}$, und beide Ableitungen stimmen überein. Damit erweist sich (3.23) als die behauptete Variationsgleichung in (3.11).

Zur Begründung der Anfangswert-Aussage in (3.11) differenzieren wir $\varphi(\tau,\tau,\zeta) = \zeta$ nach τ und erhalten

$$\begin{aligned}
0 &= \frac{\partial\varphi}{\partial t}(\tau,\tau,\zeta) + \frac{\partial\varphi}{\partial\tau}(\tau,\tau,\zeta) \\
&= f(\tau,\varphi(\tau,\tau,\zeta)) + \frac{\partial\varphi}{\partial\tau}(\tau,\tau,\zeta) = f(\tau,\zeta) + \frac{\partial\varphi}{\partial\tau}(\tau,\tau,\zeta),
\end{aligned}$$

also

$$\frac{\partial\varphi}{\partial\tau}(\tau,\tau,\zeta) = -f(\tau,\zeta).$$

(c) Die Existenz und Stetigkeit von $\frac{\partial\varphi}{\partial t}$ ist durch die Differentialgleichung gesichert.

Insgesamt existieren somit die partiellen Ableitungen von φ nach allen Variablen und sind stetig. Hiermit sind für $m = 1$ alle Behauptungen bewiesen.

II. Für allgemeines m kann man ähnlich wie in Bemerkung 1.4 induktiv argumentieren. Den Induktionsanfang $m = 1$ haben wir in I. abgehandelt. Der Schluss von m auf $m+1$ geht folgendermaßen: Wir nehmen an, dass der Satz für alle (expliziten, gewöhnlichen) Differentialgleichungen, deren rechte Seite von der Klasse C^m ist, bereits gezeigt ist, und setzen voraus, dass f von der Klasse C^{m+1} ist. Dann ist die allgemeine Lösung $\varphi : \mathcal{D}(f) \longrightarrow D$ nach Induktionsannahme zumindest von der Klasse C^m, und ebenso $D_x f$. Für jedes feste $\tau_0 \in J$ ist die Abbildung $(t,\zeta,Y) \mapsto D_x(t,\varphi(t,\tau_0,\zeta)) \cdot Y$ (wobei $Y \in \mathbb{R}^{n\times n}$) somit von der Klasse C^m.

Die Abbildung $Y_*(t) = D_\zeta\varphi(t,\tau,\zeta)$ löst nach dem in I. (a) Bewiesenen das Anfangswertproblem

$$Y'(t) = D_x f(t,\varphi(t,\tau,\zeta)) \cdot Y(t), \qquad Y(\tau) = E_n.$$

Wie am Ende von Bemerkung 3.23 festgestellt, folgt aus der Induktionsannahme die Gültigkeit von Korollar 3.22 für parameterabhängige Differentialgleichungen mit m-mal stetig differenzierbarer rechter Seite. Daher ist
die allgemeine Lösung $\Psi(t, \sigma, A, \tau, \zeta)$ des Anfangswertproblems

$$Y'(t) = D_x f(t, \varphi(t, \tau, \zeta)) \cdot Y(t), \qquad Y(\sigma) = A$$

von der Klasse C^m. Offenbar ist

$$D_\zeta \varphi(t, \tau, \zeta) = \Psi(t, \tau, E_n, \tau, \zeta).$$

Mithin ist auch $(t, \tau, \zeta) \mapsto D_\zeta \varphi(t, \tau, \zeta)$ von der Klasse C^m. Mit der Variationsgleichung in (b) für die partielle Ableitung nach τ ergibt sich analog,
dass auch $\frac{\partial \varphi}{\partial \tau}$ von der Klasse C^m ist. Gleiches gilt aufgrund der Differentialgleichung auch für $\frac{\partial \varphi}{\partial t}$.

Damit ist insgesamt gezeigt, dass φ von der Klasse C^{m+1} ist, und der Induktionsschluss ist vollbracht.   ∎

Teil II

Autonome Differentialgleichungen

4 Flüsse, Trajektorien und Phasenporträts

4.1 Flüsse

Ein Grund, warum Differentialgleichungen so nützlich sind, ist, dass sich mit ihnen eine Vielzahl von Vorgängen in der Natur beschreiben lässt. Die Mechanismen dahinter sind dabei oft zeitunabhängig. Zum Beispiel ändert sich die Gravitationskraft auf der Erdoberfäche nicht mit der Zeit; deswegen hat der Zeitpunkt, zu dem ein Ball geworfen wird, keinen Einfluss auf die Flugbahn. Ein weiteres Beispiel ist das Phänomen des radioaktiven Zerfalls.

Beispiel 4.1   Das radioaktive Isotop ^{238}U (Uran-238) hat die Zerfallskonstante $\lambda = 4{,}916 \cdot 10^{-18} s^{-1}$. Dies bedeutet, dass zu jedem Zeitpunkt, egal ob heute oder z.B. in einer Milliarde Jahren, ein gegebenes ^{238}U-Atom in der nächsten Sekunde mit der festen Wahrscheinlichkeit $p = 4{,}916 \cdot 10^{-18}$ (was in etwa 1 zu 200 Billiarden entspricht) zerfällt. Die weitere „Lebenserwartung" eines solchen Atoms ist also unabhängig davon, wie lange es bereits „lebt". Angenommen, wir starten mit einer Anzahl N von ^{238}U-Atomen. Dann sind davon nach einer hinreichend kleinen Zeitspanne Δt noch etwa $N + \Delta N$ mit

$$\Delta N = -\lambda N \Delta t$$

übrig. Schreiben wir diese Beziehung als

$$\frac{\Delta N}{\Delta t} = -\lambda N$$

und betrachten den Grenzfall $\Delta t \to 0$, so erhalten wir die Differentialgleichung

$$\frac{dN}{dt} = -\lambda N,$$

welche somit ein Modell für diesen Zerfallsprozess ist. $\square$

Bei der Modellierung solcher Phänomene begegnen wir in natürlicher Weise den bereits in Definition 1.1 erklärten autonomen Differentialgleichungen, bei denen die rechte Seite nicht explizit von der Zeitvariablen abhängt. In diesem Kapitel führen wir nach und nach ein spezifisches System von Begriffen – und damit auch von geometrischen Veranschaulichungen – ein, das den Besonderheiten dieser Differentialgleichungen angepasst ist.

Als Startpunkt hierfür wollen wir selbstverständlich die Erkenntnisse aus Teil I verwenden. Hierbei ist eine kleine Spitzfindigkeit zu beachten: Um die dort entwickelte Theorie anwenden zu können, müssen wir ein autonomes System

$$x' = f(x)$$

formal als

$$x' = F(t, x)$$

mit der rechten Seite $F : \mathbb{R} \times D \longrightarrow \mathbb{R}^n$, $F(t, x) := f(x)$ schreiben. Unter welchen Voraussetzungen an f ist F stetig und bezüglich x lokal Lipschitz-stetig und gestattet damit die Anwendung des Satzes von Picard-Lindelöf?

In Analogie zu Definition 2.1 heißt f **lokal Lipschitz-stetig**, wenn jedes $\zeta \in D$ eine Umgebung U besitzt, so dass

$$\|f(x) - f(y)\| \leq L \cdot \|x - y\| \qquad \text{für alle } x, y \in U \cap D$$

für ein gewisses (von U und damit von ζ abhängiges) $L > 0$ gilt. Offensichtlich impliziert die lokale Lipschitz-Stetigkeit die Stetigkeit. Man sieht sofort, dass die Äquivalenz

$$F \text{ ist stetig und bezüglich } x \text{ lokal Lipschitz-stetig}$$
$$\Longleftrightarrow \quad f \text{ ist lokal Lipschitz-stetig} \tag{4.1}$$

gilt, womit unsere obige Frage beantwortet ist.

Für den Rest von Teil II bezeichne – sofern nicht anders vermerkt – $D \subseteq \mathbb{R}^n$ eine nicht-leere offene Menge und $f : D \longrightarrow \mathbb{R}^n$ eine lokal Lipschitz-stetige Abbildung.

Wegen (4.1) ermöglicht uns dies bei der Untersuchung des autonomen Systems $x' = f(x)$, ohne Probleme alle Resultate aus Teil I zu benutzen. Insbesondere existiert die allgemeine Lösung $\varphi : \mathcal{D}(F) \longrightarrow D$ von $x' = f(x) =: F(t, x)$ (vgl. Definition 3.3).

Im Kontext von autonomen Systemen ist es hilfreich, f als **Vektorfeld** aufzufassen, das jedem *Fußpunkt* $x \in D$ den Vektor $f(x) \in \mathbb{R}^n$ „anheftet".

Beispiel 4.2 (Mathematisches Pendel)   Ein Massepunkt der Masse m
sei an einem Ende einer starren Stange der Länge l befestigt. Die Stange
stellen wir uns als masselos vor. Sie sei an ihrem anderen Ende an einem
festen Punkt P so aufgehängt, dass die Bewegung des Pendels in einer Ebene
verläuft, wie etwa bei einer Schiffsschaukel. Diese in Abb. 4.1 dargestellte
Konfiguration nennt man *mathematisches Pendel*.

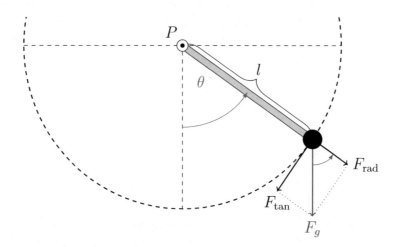

Abb. 4.1: Das mathematische Pendel

Wir nehmen an, dass lediglich die Gewichtskraft $m\,g$ auf die Masse wirkt,
wobei g die Erdbeschleunigung ist. (In einem realistischeren Modell müssten
noch andere Kräfte berücksichtigt werden, insbesondere Reibungskräfte.
Wir kommen hierauf in Abschnitt 16.5.1 zurück.) Wie bewegt sich ein solches Pendel?

Zur Beschreibung seines momentanen Zustands zur Zeit t genügt der Auslenkwinkel $\theta(t)$ gegenüber der Ruhelage, in welcher das Pendel vertikal nach
unten hängt. Von der Gewichtskraft wird lediglich die tangentiale Komponente $-m\,g\,\sin\theta$ wirksam, die das Pendel in die Ruhelage zurücktreibt. Sie
entspricht nach dem Zweiten Newtonschen Gesetz seiner Masse mal seiner
Beschleunigung, d.h. $m\,l\,\theta''$. Damit erhalten wir die autonome Differentialgleichung zweiter Ordnung

$$\theta'' = -\frac{g}{l}\,\sin\theta. \tag{4.2}$$

Bemerkenswert ist, dass in diesem Bewegungsgesetz die Masse m nicht
vorkommt. Die Eindeutigkeitsaussage im Satz von Picard-Lindelöf gewährleistet, dass die Bewegung des Pendels durch die Differentialgleichung (4.2)

und durch Vorgabe von zwei Anfangsbedingungen, nämlich der Anfangsla-
ge $\theta(0)$ und der Anfangs-(Winkel)geschwindigkeit $\theta'(0)$, eindeutig festgelegt
ist, wie es physikalisch ohnehin plausibel ist.

Zwei spezielle Lösungen lassen sich sofort angeben, nämlich die konstanten
Lösungen $\theta(t) \equiv 0$ und $\theta(t) \equiv \pi$. Die erste entspricht der bereits erwähnten
Situation, in der sich das Pendel in der tiefsten Lage in Ruhe befindet (mit
Anfangsbedingungen $\theta(0) = \theta'(0) = 0$); die zweite beschreibt die nur schwer
realisierbare Situation, dass das Pendel in vertikal nach oben zeigender Lage
verharrt (mit Anfangsbedingungen $\theta(0) = \pi$, $\theta'(0) = 0$).

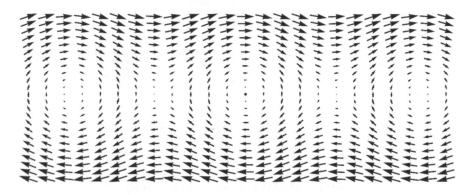

Abb. 4.2: Vektorfeld des mathematischen Pendels

Mit Hilfe der Festlegung $(x, y) = (\theta, \theta')$ ergibt sich das äquivalente autonome
System erster Ordnung

$$\begin{pmatrix} x' \\ y' \end{pmatrix} = \begin{pmatrix} y \\ -\frac{g}{l}\sin x \end{pmatrix} =: f(x, y). \tag{4.3}$$

Abb. 4.2 zeigt das Vektorfeld $f : \mathbb{R}^2 \longrightarrow \mathbb{R}^2$. Dieses vermittelt einen guten
Eindruck vom Verhalten der Lösungen von (4.3): Sie folgen nämlich, wie
wir im Anschluss an (4.4) näher erläutern werden, den Pfeilen (siehe auch
Abb. 4.8). $\qquad\qquad\qquad\qquad\qquad\qquad\qquad\qquad\qquad\qquad\qquad\qquad\qquad$ □

Bereits in Proposition 1.2 hatten wir festgestellt, dass aus den Lösungen
autonomer Systeme durch beliebige zeitliche Translationen neue Lösungen
hervorgehen. Diese Beobachtung überträgt sich natürlich auf die in Definition 3.3 erklärte allgemeine Lösung. Mit den dortigen Notationen können
wir sie wie folgt formulieren.

Proposition 4.3   *Es seien $x' = f(x)$ ein autonomes System und $(\tau, \zeta) \in \mathbb{R} \times D$. Dann gilt*

$$I(\tau, \zeta) = I(0, \zeta) + \tau \qquad und \qquad \varphi(t, \tau, \zeta) = \varphi(t - \tau, 0, \zeta)$$

für alle $t \in I(\tau, \zeta)$.

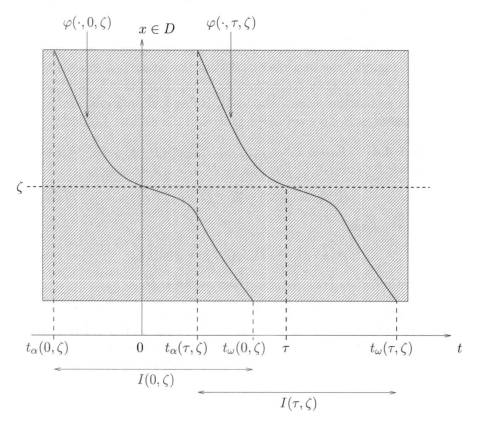

Abb. 4.3: Translationsinvarianz bei autonomen Systemen

Beweis. Wegen Proposition 1.2 ist $t \mapsto \varphi(t - \tau, 0, \zeta)$ eine Lösung des Anfangswertproblems

$$x' = f(x), \qquad x(\tau) = \zeta$$

auf $I(0, \zeta) + \tau$. Weil $t \mapsto \varphi(t, \tau, \zeta)$ mit dem Definitionsbereich $I(\tau, \zeta)$ dessen maximale Lösung ist, folgt $I(0, \zeta) + \tau \subseteq I(\tau, \zeta)$ und

$$\varphi(t - \tau, 0, \zeta) = \varphi(t, \tau, \zeta) \qquad \text{für alle } t \in I(0, \zeta) + \tau.$$

Wir müssen also nur noch die umgekehrte Inklusion $I(\tau, \zeta) \subseteq I(0, \zeta) + \tau$ zeigen. Dazu schließen wir ganz analog zum ersten Teil des Beweises: Wegen Proposition 1.2 ist $t \mapsto \varphi(t + \tau, \tau, \zeta)$ eine Lösung des Anfangswertproblems

$$x' = f(x), \qquad x(0) = \zeta$$

auf $I(\tau, \zeta) - \tau$, und da $t \mapsto \varphi(t, 0, \zeta)$ mit dem Definitionsbereich $I(0, \zeta)$ dessen maximale Lösung ist, gilt insbesondere $I(\tau, \zeta) - \tau \subseteq I(0, \zeta)$, d.h. $I(\tau, \zeta) \subseteq I(0, \zeta) + \tau$. ∎

Proposition 4.3 besagt, dass sich im Fall einer autonomen Differentialgleichung die Graphen[36] der maximalen Lösungen zu einem festem Anfangswert $\zeta \in D$, aber verschiedenen Anfangszeiten τ nur durch eine Verschiebung in der t-Richtung unterscheiden (Abb. 4.3). Daher kann man die Anfangszeit stets normieren, z. B. zu $\tau = 0$. Dies motiviert die nächste Definition:

Definition 4.4   *Es sei $x' = f(x)$ ein autonomes System. Von nun an schreiben wir $I(\zeta) := I(0, \zeta)$ für alle $\zeta \in D$. Die auf der Menge*

$$\Omega(f) := \{(t, \zeta) \in \mathbb{R} \times D : t \in I(\zeta)\}$$

definierte Abbildung

$$\phi : \Omega(f) \longrightarrow D, \ \phi(t, \zeta) := \varphi(t, 0, \zeta)$$

heißt **Fluss** *von $x' = f(x)$ auf dem* **Phasenraum** D.

Für $F(t, x) := f(x)$ ist $(t, 0, \zeta) \in \mathcal{D}(F)$ äquivalent mit $(t, \zeta) \in \Omega(f)$. Nach Satz 3.16 sind $\mathcal{D}(F)$ und damit auch $\Omega(f)$ offen, und $\varphi : \mathcal{D}(F) \longrightarrow D$ und somit auch $\phi : \Omega(f) \longrightarrow D$ sind lokal Lipschitz-stetig. Ist hierbei $f : D \longrightarrow \mathbb{R}^n$ sogar stetig differenzierbar, so ist $\phi : \Omega(f) \longrightarrow D$ ebenfalls stetig differenzierbar (Satz 3.19).

Der Fluss eines autonomen Systems ist einfacher zu handhaben als die allgemeine Lösung eines nicht-autonomen Systems. Sehr nützlich hierbei sind die beiden sog. **Flussaxiome**:

(FA1) Für alle $\zeta \in D$ gilt $\phi(0, \zeta) = \zeta$.

(FA2) Für alle $(s, \zeta) \in \Omega(f)$ gilt $I(\phi(s, \zeta)) = I(\zeta) - s$ und

$$\phi(t, \phi(s, \zeta)) = \phi(t + s, \zeta) \qquad \text{für alle } t \in I(\zeta) - s.$$

---

[36]Man beachte, dass diese Graphen Teilmengen von $\mathbb{R} \times D$, nicht von D sind. Siehe hierzu auch die Erläuterungen zum Unterschied von Graphen und Trajektorien (d.h. Lösungskurven) vor Satz 4.7.

Begründung: (FA1) ist klar wegen $\phi(0,\zeta) = \varphi(0,0,\zeta) = \zeta$ für alle $\zeta \in D$. Zum Nachweis von (FA2) sei ein $\zeta \in D$ gegeben. Wir fixieren ein $s \in I(\zeta)$ und setzen $\eta := \phi(s,\zeta) \in D$. Dann ist $t \mapsto \phi(t,\eta)$ die auf $I(\eta)$ definierte maximale Lösung des Anfangswertproblems $x' = f(x)$, $x(0) = \eta$. Wegen der Translationsinvarianz der Lösungen (Proposition 1.2) löst auch die auf $I(\zeta) - s$ definierte Abbildung $t \mapsto \phi(s+t,\zeta)$ dieses Anfangswertproblem. Aufgrund der Eindeutigkeit der maximalen Lösung ergeben sich daher beide Aussagen in (FA2). □

Der Definition 4.4 und den Flussaxiomen liegt also implizit die Eindeutigkeitsaussage im Satz von Picard-Lindelöf zugrunde. Das Operieren mit den Flussaxiomen macht die Argumentation in vielen Beweisen um einiges effizienter, um den Preis, dass dabei die Abhängigkeit von diesem Resultat ein wenig verschleiert wird.

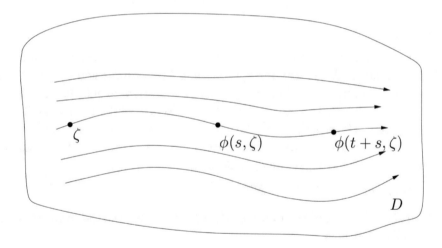

Abb. 4.4: Flussaxiome

Das Konzept des Flusses formalisiert eine einfache geometrische Vorstellung: Wir betrachten die Bewegung von Teilchen in einer zeitunabhängigen Strömung. Es bezeichne $\phi(t,\zeta)$ den Ort, an dem ein Teilchen, das sich zur Zeit 0 am Punkt ζ aufhält, zur Zeit t sein wird (bzw. im Falle $t < 0$ war). Das Flussaxiom (FA1) bringt zum Ausdruck, dass sich das Teilchen zur Zeit $t = 0$ an seinem Ausgangsort $\zeta \in D$ befindet. (FA2) besagt, dass sich selbiges Teilchen nach Ablauf der Zeit $t + s$ an derselben Position befindet wie ein weiteres Teilchen, das zur Zeit 0 bei $\phi(s,\zeta)$ (also bei der Position des ursprünglichen Teilchens zur Zeit s) gestartet ist, nach Ablauf der Zeit t. Damit wird also zum Ausdruck gebracht, dass Teilchen, die einmal am selben Ort waren – wenn auch zu unterschiedlichen Zeiten – auch danach bzw. davor dieselben Orte besuchen werden bzw. besucht haben – und dies stets mit demselben Zeitversatz. Abb. 4.4 illustriert diesen Sachverhalt.

4.2 Trajektorien und Phasenporträts

Wir wollen die geometrischen Aspekte von autonomen Systemen noch detaillierter untersuchen. Dazu benötigen wir das aus der *Analysis* bekannte Konzept des Weges und einige daran anknüpfende Begriffe, welche wir im Folgenden kurz rekapitulieren.

Eine stetige Abbildung $\psi : I \longrightarrow \mathbb{R}^n$ auf einem echten Intervall $I \subseteq \mathbb{R}$ heißt **Weg** in $\mathbb{R}^n$. Ihr Bild

$$\mathrm{Spur}\,(\psi) := \psi(I) = \{\psi(t) \,:\, t \in I\}$$

nennt man die **Spur** von ψ.

Die Voraussetzung der Stetigkeit ist relativ schwach und lässt Spielraum für sehr komplizierte Wege, die der landläufigen Vorstellung von einem linienhaften Gebilde zuwiderlaufen. So gibt es z.B. stetige surjektive Abbildungen $\gamma : [0, 1] \longrightarrow [0, 1] \times [0, 1]$, also Wege, die das Einheitsquadrat im $\mathbb{R}^2$ ausfüllen, sog. **Peano-Wege**[37]. Glücklicherweise ist bei stückweise stetig differenzierbaren Wegen, wie sie für unsere Zwecke relevant sind, ein solches „pathologisches" Verhalten ausgeschlossen.

Man nennt den Weg $\psi : I \longrightarrow \mathbb{R}^n$

- **glatt** oder **regulär**, wenn ψ stetig differenzierbar ist und ψ' keine Nullstellen hat;

- **geschlossen**, wenn $I = [a, b]$ kompakt ist und $\psi(a) = \psi(b)$ gilt;

- **einfach geschlossen** oder einen **Jordan-Weg**[38], wenn $I = [a, b]$ kompakt ist, $\psi(a) = \psi(b)$ gilt und ψ injektiv auf $[a, b)$ ist.

Abb. 4.5 verdeutlicht den Unterschied zwischen geschlossenen und einfach geschlossenen Wegen.

---

[37] Die Entdeckung derartiger „Monster" durch Giuseppe Peano im Jahr 1890 löste einen Schock unter Mathematikern aus und trug wesentlich dazu bei, das Vertrauen in anschauliche Evidenz zu untergraben und auf formale Beweise Wert zu legen.

[38] Nach Camille Jordan (1838–1922), auf den u.a. der Jordansche Kurvensatz (siehe S. 391), die Jordan-Normalform und die Konzepte der Jordan-Messbarkeit und der beschränkten Variation von Funktionen zurückgehen.

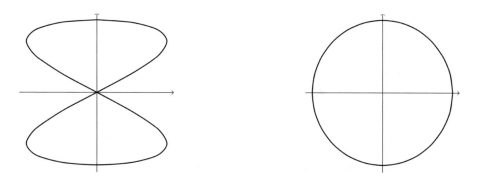

Abb. 4.5: Ein geschlossener und ein einfach geschlossener Weg im $\mathbb{R}^2$. Links: $t \mapsto \big(\sin(2t), \cos t\big)$; rechts: $t \mapsto \big(\cos t, \sin t\big)$, jeweils mit $t \in [0, 2\pi]$.

Ist der Weg $\psi : I \longrightarrow \mathbb{R}^n$ in $t_0 \in I$ differenzierbar, so hat er im Punkt $\psi(t_0)$ den **Tangentialvektor**

$$\psi'(t_0) = \lim_{t \to t_0} \frac{\psi(t) - \psi(t_0)}{t - t_0}$$

(Abb. 4.6). Dabei kann es in sog. *Doppelpunkten*, d.h. Punkten, die von dem Weg an mindestens zwei Parameterstellen „besucht" werden, für die also $\psi(t_0) = \psi(t^*)$ mit $t^* \neq t_0$ ist, durchaus zwei (oder mehr) Tangentialvektoren geben, nämlich $\psi'(t_0)$ und $\psi'(t^*)$. Der Tangentialvektor $\psi'(t_0)$ kann bei nicht-injektiven Wegen also nur der Parameterstelle t_0 und nicht dem Punkt $\psi(t_0)$ eindeutig zugeordnet werden.

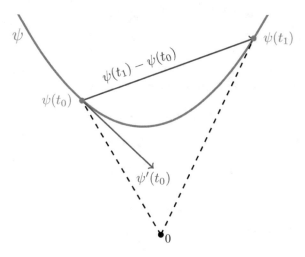

Abb. 4.6: Tangentialvektoren von Wegen

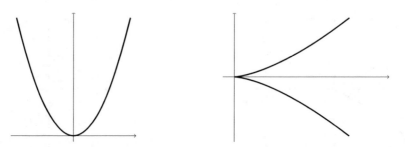

Abb. 4.7: Ein glatter und ein nicht-glatter Weg im $\mathbb{R}^2$. Links: $t \mapsto (t, t^2)$ für $t \in [-2, 2]$; rechts: $t \mapsto (t^2, t^3) =: \psi(t)$ für $t \in [-1, 1]$ (Neilsche Parabel). Auch die Parametrisierung des letzteren ist stetig differenzierbar; die „Spitze" im Punkt $(0,0) = \psi(0)$ entsteht dadurch, dass die Bewegung dort wegen $\psi'(0) = (0,0)$ für einen (infinitesimal kurzen) Moment zur Ruhe kommt und daher ihre Richtung wechseln kann.

Bei glatten Wegen hängt der *normierte* Tangentialvektor (**Tangenteneinheitsvektor**)

$$\frac{\psi'(t)}{\|\psi'(t)\|}$$

stetig von t ab. Dies garantiert einen glatten Verlauf des Weges und schließt „Spitzen" und Knicke (wie in Abb. 4.7) aus.

Definition 4.5   *Es seien $x' = f(x)$ ein autonomes System mit Fluss ϕ und $\zeta \in D$. Dann heißt der Weg*

$$\phi_\zeta : I(\zeta) \longrightarrow D, \quad \phi_\zeta(t) := \phi(t, \zeta)$$

die **Flusslinie** *durch ζ.*

Nach Konstruktion des Flusses ϕ handelt es sich bei der Flusslinie ϕ_ζ um die maximale Lösung des Anfangswertproblems

$$x' = f(x), \qquad x(0) = \zeta.$$

Insbesondere hat ϕ_ζ im Punkt $x = \phi_\zeta(t)$ den Tangentialvektor

$$\phi_\zeta'(t) = f(\phi_\zeta(t)) = f(x). \tag{4.4}$$

Das Vektorfeld f gibt also die Tangentialvektoren der Flusslinien an; diese „schlängeln" sich gewissermaßen durch den Phasenraum, indem sie den durch f vorgegebenen Richtungen folgen (Abb. 4.8). Aufgrund von (4.4) ist der Tangentialvektor einer durch x laufenden Flusslinie durch x eindeutig festgelegt; anders als beim oben skizzierten Phänomen von Doppelpunkten kann es in einem Punkt also nicht mehrere Tangentialvektoren geben.

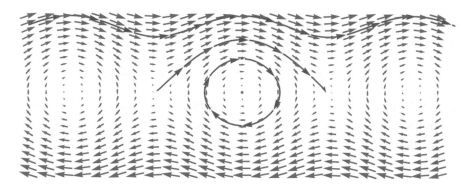

Abb. 4.8: Vektorfeld des mathematischen Pendels mit drei verschiedenen Fluss-linien (präziser: deren Trajektorien)

Definition 4.6 *Es seien $x' = f(x)$ ein autonomes System und $\zeta \in D$. Es bezeichne $\gamma(\zeta)$ die Spur der Flusslinie ϕ_ζ, ausgestattet mit der durch $t \mapsto \phi_\zeta(t)$ vorgegebenen Durchlaufungsrichtung*[39]*. Man nennt $\gamma(\zeta)$ die **Trajektorie** oder den **Orbit** oder auch die **Bahn(kurve)** durch ζ.*

Man sollte klar zwischen einer Flusslinie (d.h. einer Lösung des autonomen Systems) und ihrer Trajektorie unterscheiden. Den Unterschied kann man sich anhand folgender Analogie verdeutlichen: Die Flusslinie entspricht in etwa einem (unendlich detaillierten) Flugplan, in dem genau verzeichnet ist, wann ein Flugzeug sich an welcher Position befindet. Die Spur bzw. Trajektorie hingegen entspricht dem Kondensstreifen, den das Flugzeug erzeugt, der aber keine Rückschlüsse zulässt, wann genau das Flugzeug wo war. Der Unterschied zwischen Trajektorie und Spur ist, dass erstere orientiert ist, letztere nicht. Dennoch schreibt man aus Gründen der Bequemlichkeit häufig

$$\gamma(\zeta) = \mathrm{Spur}\,(\phi_\zeta) = \{\phi_\zeta(t) \,:\, t \in I(\zeta)\},$$

obwohl dabei formal die Durchlaufungsrichtung der Trajektorie unter den Tisch fällt.

Ferner ist es wichtig, Graphen von Trajektorien zu unterscheiden: *Graphen von Flusslinien* sind Teilmengen von $\mathbb{R}^{n+1}$, während die Trajektorien im $\mathbb{R}^n$ liegen. Daher lassen sich Trajektorien einfacher visualisieren als Flusslinien

---

[39]Formal exakt könnte man Trajektorien als Äquivalenzklassen von Wegen definieren, wobei man zwei Wege äquivalent nennt, wenn sie durch eine orientierungserhaltende, d.h. streng monoton steigende Parametertransformation auseinander hervorgehen. Für unsere Zwecke ist eine solch genaue Definition verzichtbar.

und enthalten trotzdem die wertvollsten Informationen. Dies gilt vor allem
für $n = 2$ und $n = 3$. Die Ausnahme ist der *skalare* Fall $n = 1$ – dann sind
die Trajektorien weitestgehend uninteressant (sie sind bloße Striche auf der
Zahlengeraden), und man arbeitet üblicherweise mit den Graphen.

Satz 4.7 (Eigenschaften von Trajektorien)   *Je zwei Trajektorien des
autonomen Systems $x' = f(x)$ sind entweder gleich oder disjunkt. Insbesondere geht durch jeden Punkt $\zeta \in D$ genau eine Trajektorie, nämlich
$\gamma(\zeta)$.*

Beweis. Es seien $\zeta_1, \zeta_2 \in D$ gegeben. Wir nehmen an, dass die beiden
Trajektorien $\gamma(\zeta_1)$ und $\gamma(\zeta_2)$ nicht disjunkt sind, d.h. dass $\gamma(\zeta_1) \cap \gamma(\zeta_2) \neq \emptyset$
gilt. Dann gibt es ein $\tau_1 \in I(\zeta_1)$ und ein $\tau_2 \in I(\zeta_2)$, so dass $\phi_{\zeta_1}(\tau_1) =
\phi_{\zeta_2}(\tau_2) =: \xi$. Das Flussaxiom (FA2) liefert

$$I(\zeta_1) - \tau_1 = I(\phi(\tau_1, \zeta_1)) = I(\xi) = I(\phi(\tau_2, \zeta_2)) = I(\zeta_2) - \tau_2$$

und

$$\begin{aligned}
\phi_{\zeta_1}(t + \tau_1) = \phi(t + \tau_1, \zeta_1) &= \phi(t, \phi(\tau_1, \zeta_1)) \\
&= \phi(t, \phi(\tau_2, \zeta_2)) = \phi_{\zeta_2}(t + \tau_2)
\end{aligned}$$

für alle $t \in I(\xi)$. Damit folgt

$$\begin{aligned}
\gamma(\zeta_1) = \{\phi_{\zeta_1}(t) : t \in I(\zeta_1)\} &= \{\phi_{\zeta_1}(t + \tau_1) : t \in I(\zeta_1) - \tau_1\} \\
&= \{\phi_{\zeta_2}(t + \tau_2) : t \in I(\zeta_2) - \tau_2\} = \gamma(\zeta_2),
\end{aligned}$$

so dass die Trajektorien übereinstimmen.   ∎

Satz 4.7 besagt, dass die Trajektorien den Phasenraum partitionieren. Diese
Zerlegung nennt man das **Phasenporträt** des Flusses.

Das Phasenporträt spielt besonders im *ebenen* Fall (d.h. $n = 2$), wo man
Trajektorien einfach zeichnen kann, eine große Rolle. Selbstverständlich
trifft man dabei eine Auswahl von typischen und aussagekräftigen Trajektorien.

Beispiel 4.8   Die Differentialgleichung

$$\begin{pmatrix} x' \\ y' \end{pmatrix} = \begin{pmatrix} y \\ -\frac{g}{l} \sin x \end{pmatrix}$$

des mathematischen Pendels aus Beispiel 4.2 ist aufgrund des Sinus-Terms
nicht-linear. Für hinreichend kleine Auslenkungen x des Pendels aus der

Ruhelage erscheint es legitim, den Term $\sin x$ näherungsweise durch seinen linearen Anteil x in der Taylor-Entwicklung

$$\sin x = x - \frac{x^3}{3!} + \frac{x^5}{5!} \pm \ldots$$

um 0 zu ersetzen. Auf diese Weise gelangen wir zu der einfacheren, linearen Differentialgleichung

$$\begin{pmatrix} x' \\ y' \end{pmatrix} = \begin{pmatrix} y \\ -\frac{g}{l} \cdot x \end{pmatrix} = \begin{pmatrix} 0 & 1 \\ -\frac{g}{l} & 0 \end{pmatrix} \begin{pmatrix} x \\ y \end{pmatrix}. \tag{4.5}$$

Diese bezeichnet man als **Linearisierung** der ursprünglichen Differentialgleichung um die Ruhelage. Sie beschreibt einen besonders einfachen Schwingungsvorgang, den sog. **harmonischen Oszillator**. Er stellt ein idealisiertes Modell für ein mathematisches Pendel dar. Weitere Beispiele für harmonische Oszillatoren sind elektrische Schwingkreise (Beispiel 6.2) oder Federpendel.

Es sei ein Anfangswert $(x_0, y_0) \in \mathbb{R}^2$ gegeben. Wir setzen

$$\omega := \sqrt{\frac{g}{l}} > 0$$

und verwenden die Polarkoordinatendarstellung

$$\begin{pmatrix} x_0 \\ -y_0/\omega \end{pmatrix} = r_0 \begin{pmatrix} \cos \alpha_0 \\ \sin \alpha_0 \end{pmatrix} \qquad \text{mit } r_0 \geq 0, \ \alpha_0 \in [-\pi, \pi).$$

(Im Fall $(x_0, y_0) = (0, 0)$, d.h. $r_0 = 0$ kann man hierbei α_0 beliebig wählen.) Dann hat das zu (x_0, y_0) und der Differentialgleichung (4.5) gehörige Anfangswertproblem offensichtlich die eindeutige, periodische und auf ganz $\mathbb{R}$ definierte maximale Lösung

$$t \mapsto r_0 \begin{pmatrix} \cos(\omega t + \alpha_0) \\ -\omega \sin(\omega t + \alpha_0) \end{pmatrix}.$$

Die Lösungen von (4.5) beschreiben also Schwingungen mit der Schwingungsdauer

$$T = \frac{2\pi}{\omega} = 2\pi \sqrt{\frac{l}{g}}.$$

In diesem idealisierten Pendelmodell hängt die Schwingungsdauer mithin nur von der Länge l des Pendels und dem Ortsfaktor g, aber nicht vom

maximalen Auslenkwinkel ab[40]. Experimente zeigen, dass die Schwingungsdauer ein und desselben Pendels je nach Ort des Experiments geringfügig
variiert. Dies ist ein Indiz dafür, dass der Ortsfaktor g ortsabhängig ist und
folglich die Erde keine exakte Kugelgestalt hat.

Die Gleichung (4.5) des harmonischen Oszillators wird in vielen unserer
folgenden Betrachtungen eine wichtige Rolle spielen. Der universelleren Anwendbarkeit und besseren Einprägsamkeit halber empfiehlt es sich, die physikalischen Konstanten g und l zu eliminieren (d.h. durch 1 zu ersetzen) und
zudem eine Vorzeichenumkehr vorzunehmen. Dies führt uns auf das ebene
lineare autonome System

$$\begin{pmatrix} x' \\ y' \end{pmatrix} = \begin{pmatrix} 0 & -1 \\ 1 & 0 \end{pmatrix} \begin{pmatrix} x \\ y \end{pmatrix} = \begin{pmatrix} -y \\ x \end{pmatrix}. \tag{4.6}$$

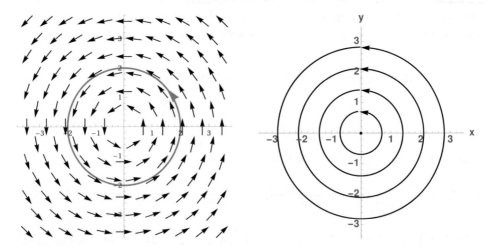

Abb. 4.9: (a) Das Vektorfeld des autonomen Systems (4.6) und die Bahn der
Lösung $t \mapsto \phi(t, \zeta)$ für $\zeta = (2, 0)$. (b) Das zugehörige Phasenporträt.

Das zu einem Anfangswert $(x_0, y_0) \in \mathbb{R}^2$ mit der Darstellung

$$\begin{pmatrix} x_0 \\ y_0 \end{pmatrix} = r_0 \begin{pmatrix} \cos \alpha_0 \\ \sin \alpha_0 \end{pmatrix} \qquad \text{mit } r_0 \geq 0, \ \alpha_0 \in [-\pi, \pi)$$

gehörige Anfangswertproblem hat die Lösung

$$t \mapsto r_0 \begin{pmatrix} \cos(t + \alpha_0) \\ \sin(t + \alpha_0) \end{pmatrix} = r_0 \begin{pmatrix} \cos t \cos \alpha_0 - \sin t \sin \alpha_0 \\ \sin t \cos \alpha_0 + \cos t \sin \alpha_0 \end{pmatrix}$$

---

[40]Hingegen ist die Schwingungsdauer der periodischen Lösungen des mathematischen
Pendels sehr wohl vom maximalen Auslenkwinkel abhängig. Genauer nehmen wir diesen
Zusammenhang in Beispiel 5.15 unter die Lupe.

$$= \begin{pmatrix} x_0 \cos t - y_0 \sin t \\ x_0 \sin t + y_0 \cos t \end{pmatrix}.$$

Folglich ist

$$\phi : \mathbb{R} \times \mathbb{R}^2 \longrightarrow \mathbb{R}^2, \quad \phi(t, \zeta) = \begin{pmatrix} \cos t & -\sin t \\ \sin t & \cos t \end{pmatrix} \zeta$$

der Fluss von (4.6). Abb. 4.9 zeigt das zugehörige Vektorfeld und Phasenporträt. Die Trajektorien verlaufen allesamt kreisförmig um den Gleichgewichtspunkt $(0, 0)$.   □

Dies ist keineswegs die einzige Problemstellung, in der sich eine Transformation auf Polarkoordinaten als segensreich erweist. Deshalb empfiehlt es sich, diese Methode in den persönlichen „Werkzeugkasten" aufzunehmen.

Die Phasenporträts *ebener linearer* autonomer Systeme (wie (4.6)) lassen sich besonders leicht skizzieren, weil nur einige wenige charakteristische Formen auftreten können. Diese werden wir in Kapitel 8 vollständig klassifizieren.

Die Trajektorien von allgemeinen autonomen Systemen können wesentlich komplizierter aussehen. Das Hauptresultat dieses Abschnitts liefert uns eine erste grobe und dennoch erstaunlich nützliche Klassifikation:

Satz 4.9 (Die drei Arten von Trajektorien)   *Es seien $x' = f(x)$ ein autonomes System und $\zeta \in D$. Dann gilt genau eine der folgenden Aussagen:*

(a) *(**Punktförmige Trajektorie**)*
   Die Flusslinie ϕ_ζ ist konstant, d.h. $I(\zeta) = \mathbb{R}$ und $\phi_\zeta \equiv \zeta$. Dies ist genau dann der Fall, wenn $f(\zeta) = 0$ gilt, wenn ζ also ein Gleichgewichtspunkt des Systems ist (vgl. Definition 3.12). Die Trajektorie $\gamma(\zeta) = \{\zeta\}$ ist einpunktig.

(b) *(**Geschlossene Trajektorie**)*
   Die Flusslinie ϕ_ζ ist periodisch und nicht-konstant, d.h. es ist $I(\zeta) = \mathbb{R}$ und es gibt eine minimale Periode $T > 0$ mit $\phi_\zeta(t + T) = \phi_\zeta(t)$ für alle $t \in \mathbb{R}$. Die Trajektorie $\gamma(\zeta)$ ist die Spur des glatten Jordan-Weges $\phi_\zeta|_{[0,T)}$.

(c) *(**Injektive Trajektorie**)*
   Die Flusslinie $\phi_\zeta : I(\zeta) \longrightarrow D$ ist injektiv. Die Trajektorie $\gamma(\zeta)$ ist die Spur eines injektiven glatten Weges.

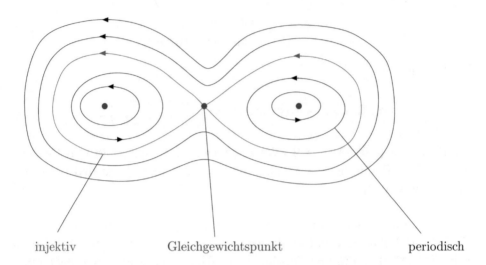

injektiv   Gleichgewichtspunkt   periodisch

Abb. 4.10: Zu Satz 4.9: Die möglichen Typen von Trajektorien

Zum Beweis benötigen wir ein Hilfsresultat über periodische Abbildungen.

Proposition 4.10   *Ist $\varphi : \mathbb{R} \longrightarrow \mathbb{R}^n$ eine nicht-konstante stetige periodische Abbildung, so besitzt φ eine kleinste positive Periode ω_0, und die Menge aller Perioden von φ ist $\mathbb{Z}\omega_0 = \{m\omega_0 \mid m \in \mathbb{Z}\}$.*

Offensichtlich bilden die Perioden einer Abbildung stets eine additive Gruppe, unabhängig von der Stetigkeit. Unstetige periodische Abbildungen haben freilich i.Allg. keine kleinste positive Periode[41]: Die Periodengruppe braucht nicht zyklisch zu sein.

Beweis. Wegen der Stetigkeit von φ ist die Menge der Perioden von φ (topologisch) abgeschlossen: Ist nämlich $(\omega_k)_k$ eine gegen ein ω_0 konvergente Folge von Perioden, so gilt

$$\varphi(x + \omega_0) = \varphi\left(\lim_{k\to\infty}(x + \omega_k)\right) = \lim_{k\to\infty}\varphi(x + \omega_k) = \lim_{k\to\infty}\varphi(x) = \varphi(x)$$

für alle $x \in \mathbb{R}$, so dass auch ω_0 Periode von φ ist. Daher ist insbesondere

$$\omega_{\inf} := \inf\{\omega > 0 \mid \omega \text{ ist Periode von } \varphi\}$$

eine Periode von φ.

---

[41]Beispielsweise ist jedes $q \in \mathbb{Q}$ eine Periode der Dirichlet-Funktion $\varphi : \mathbb{R} \longrightarrow \mathbb{R}$, die durch $\varphi(x) = 1$ für $x \in \mathbb{Q}$ und $\varphi(x) = 0$ für $x \in \mathbb{R} \setminus \mathbb{Q}$ definiert ist: Für alle $x \in \mathbb{Q}$ ist nämlich auch $x + q \in \mathbb{Q}$ und somit $\varphi(x) = \varphi(x+q) = 1$, und für $x \in \mathbb{R} \setminus \mathbb{Q}$ ist auch $x + q$ irrational, also $\varphi(x) = \varphi(x + q) = 0$. Da $\mathbb{Q}$ dicht in $\mathbb{R}$ liegt, gibt es also beliebig kleine positive Perioden von φ und somit keine kleinste solche.

Wir nehmen an, φ hätte keine kleinste positive Periode. Dann muss $\omega_{\text{inf}} = 0$ sein, d. h. zu jedem $\varepsilon > 0$ gibt es eine Periode ω von φ mit $0 < \omega < \varepsilon$. Wir zeigen, dass φ dann konstant sein muss. Hierzu sei ein beliebiges $x_0 \in \mathbb{R}$ fixiert. Es sei ein $k \in \mathbb{N}$ gegeben. Es gibt dann eine Periode ω_k von φ mit $0 < \omega_k < \frac{1}{k}$. Da das Intervall $\left(x_0 - \frac{1}{k}, x_0 + \frac{1}{k}\right)$ die Länge $\frac{2}{k} > \omega_k$ hat, enthält es ein ganzzahliges Vielfaches von ω_k; es gibt also ein $n_k \in \mathbb{Z}$ mit $n_k \omega_k \in \left(x_0 - \frac{1}{k}, x_0 + \frac{1}{k}\right)$. Da ω_k Periode von φ ist, folgt $\varphi(n_k \omega_k) = \varphi(0)$. Dies gilt für jedes k. Setzt man $x_k := n_k \omega_k$, so ist also $\varphi(x_k) = \varphi(0)$ für alle k und $\lim_{k \to \infty} x_k = x_0$. Da φ stetig ist, ergibt sich

$$\varphi(x_0) = \varphi\left(\lim_{k \to \infty} x_k\right) = \lim_{k \to \infty} \varphi(x_k) = \lim_{n \to \infty} \varphi(0) = \varphi(0).$$

Dies gilt für jedes $x_0 \in \mathbb{R}$. Somit ist φ konstant, ein Widerspruch.

Hiermit ist die Existenz einer kleinsten positiven Periode ω_0 gezeigt.

Es sei nun ω eine beliebige Periode von φ. Unser Ziel ist, ω als ganzzahliges Vielfaches von ω_0 nachzuweisen. Dazu suchen wir die „Bestapproximation" von ω durch Vielfache von ω_0 und hoffen darauf, dass diese mit ω zusammenfällt: Es existiert eine ganze Zahl m mit $0 \leq \omega - m\omega_0 < \omega_0$. Weil $\varrho = \omega - m\omega_0$ eine Periode von φ und weil ω_0 unter den positiven Perioden minimal ist, folgt $\varrho = 0$, also $\omega = m\omega_0$. Also ist $\mathbb{Z}\omega_0$ die Gruppe aller Perioden von φ. $\blacksquare$

Beweis von Satz 4.9. Angenommen, (c) gilt nicht. Dann ist $\phi_\zeta : I(\zeta) \longrightarrow D$ nicht injektiv, und es gibt $t_1, t_2 \in I(\zeta)$ mit $t_1 < t_2$ und $\xi := \phi_\zeta(t_1) = \phi_\zeta(t_2)$.

Satz 4.7 lehrt, dass sich zwei verschiedene Trajektorien nicht schneiden können. Eine weitere zentrale Einsicht besteht darin, dass sich die einzelne Trajektorie $\gamma(\zeta)$ in ξ auch nicht selbst überkreuzen kann[42] (Abb. 4.11). Die Tangentialvektoren $\phi_\zeta'(t_1)$ bzw. $\phi_\zeta'(t_2)$ beim ersten bzw. zweiten Durchgang durch ξ sind nämlich wegen (4.4) beide gleich $f(\xi)$.

Dies macht es plausibel, dass $\gamma(\zeta)$ entweder nur aus dem einzelnen Punkt ξ besteht oder eine „geschlossene Schlaufe", d.h. die Spur eines Jordan-Weges ist. Die erste Alternative entspricht (a). Bei der zweiten Alternative wird die Trajektorie $\gamma(\zeta)$ von der zugehörigen Flusslinie ϕ_ζ immer wieder durchlaufen, was nahelegt, dass ϕ_ζ periodisch ist und (b) gilt.

---

[42]Es kann vorkommen, dass es im Phasenporträt so aussieht, als ob sich eine Trajektorie selbst überkreuzt, wie es etwa in Abb. 4.10 für die rote Trajektorie der Fall ist. Dabei handelt es sich aber in Wirklichkeit um *zwei* Trajektorien, die sich in einem Gleichgewichtspunkt asymptotisch treffen, d.h. dieser wird jeweils erst für $t \to \pm\infty$ erreicht.

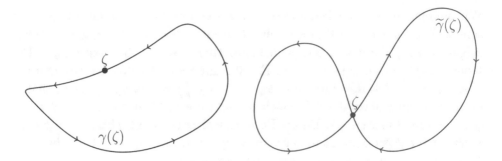

Abb. 4.11: Aussehen von nicht injektiven, nicht punktförmigen Trajektorien: links eine mögliche Trajektorie $\gamma(\zeta)$, rechts eine unmögliche Trajektorie $\widetilde{\gamma}(\zeta)$

Diese Argumentation lässt sich mit Hilfe von (FA2) wasserdicht machen: Demzufolge gilt

$$I(\zeta) - t_1 = I(\phi_\zeta(t_1)) = I(\phi_\zeta(t_2)) = I(\zeta) - t_2,$$

d.h. $I(\zeta) + (t_2 - t_1) = I(\zeta)$. Dies impliziert $I(\zeta) = \mathbb{R}$, denn das einzige nicht-leere Intervall, welches sich bei Translation um eine positive Zahl nicht ändert, ist $\mathbb{R}$ selbst. Außerdem ist

$$\begin{aligned}
\phi_\zeta(t + (t_2 - t_1)) &= \phi_{\phi_\zeta(t_2)}(t - t_1) \\
&= \phi_{\phi_\zeta(t_1)}(t - t_1) = \phi_\zeta(t - t_1 + t_1) = \phi_\zeta(t)
\end{aligned} \tag{4.7}$$

für alle $t \in \mathbb{R}$, so dass ϕ_ζ periodisch mit der Periode $t_2 - t_1 > 0$ ist. Gemäß Proposition 4.10 ist ϕ_ζ entweder konstant oder besitzt eine kleinste positive Periode T.

Fall 1: ϕ_ζ ist konstant.

Dann ist $\phi_\zeta' \equiv 0$, und mit der Differentialgleichung erhält man

$$f(\zeta) = f(\phi_\zeta(0)) = \phi_\zeta'(0) = 0.$$

Umgekehrt hat $f(\zeta) = 0$ wegen der eindeutigen Lösbarkeit des Anfangswertproblems $x' = f(x)$, $x(0) = \zeta$ wiederum $\phi_\zeta \equiv \zeta$ zur Folge. Es gilt also (a).

Fall 2: ϕ_ζ besitzt eine kleinste Periode $T > 0$.

In diesem Fall ist nur noch zu zeigen, dass die Restriktion $\phi_\zeta|_{[0,T)}$ injektiv ist[43]. Wäre dies nicht der Fall, dann gäbe es τ_1 und τ_2 mit $0 \le \tau_1 < \tau_2 < T$

---

[43]Dies folgt nicht daraus, dass T die kleinste positive Periode ist: Beispielsweise hat $\sin : \mathbb{R} \longrightarrow \mathbb{R}$ die kleinste positive Periode 2π, ist aber auf $[0, 2\pi)$ nicht injektiv, da $\sin 0 = 0 = \sin \pi$ gilt.

und $\phi_\zeta(\tau_1) = \phi_\zeta(\tau_2)$. Wie in (4.7) würde dann folgen, dass $\tau_2 - \tau_1$ eine positive Periode von ϕ_ζ ist, was wegen $\tau_2 - \tau_1 < T$ im Widerspruch dazu steht, dass T die kleinste positive Periode ist. Also ist $\phi_\zeta|_{[0,T)}$ in der Tat injektiv. Somit trifft die Flusslinie ϕ_ζ nach der Zeit T zum ersten Mal auf sich selbst und wiederholt dann ihren Lauf. Es gilt also (b).   ∎

Im Kontext periodischer Abbildungen ist mitunter die folgende, fast triviale Beobachtung sehr nützlich.

Proposition 4.11   Ist $\varphi : \mathbb{R} \longrightarrow \mathbb{R}^n$ eine differenzierbare periodische Abbildung mit der Periode $T > 0$, so ist auch die Ableitung φ' periodisch mit Periode T.

Beweis. Dies folgt sofort aus

$$
\begin{aligned}
\varphi'(t_0 + T) &= \lim_{s \to 0} \frac{\varphi(t_0 + T + s) - \varphi(t_0 + T)}{s} \\
&= \lim_{s \to 0} \frac{\varphi(t_0 + s) - \varphi(t_0)}{s} = \varphi'(t_0)
\end{aligned}
$$

für alle $t_0 \in \mathbb{R}$.   ∎

Hingegen kann man aus der Periodizität der Ableitung φ' natürlich nicht auf die Periodizität von φ schließen, wie das Beispiel $\varphi(t) := t + \sin t$ illustriert.

Die Gleichgewichtspunkte (Ruhelagen) eines autonomen Systems sind nach Satz 4.9 (a) besonders wichtig. Die naheliegende Frage, wie Phasenporträts in der Nähe von Gleichgewichtspunkten aussehen, ist der Ausgangspunkt für die in Teil IV behandelte Stabilitätstheorie. Das nächste Resultat gibt einen ersten Einblick in diesen Themenkreis.

Satz 4.12 (Examensaufgabe)   Es seien $D \subseteq \mathbb{R}^n$ offen und nicht-leer und $f : D \longrightarrow \mathbb{R}^n$ ein stetiges Vektorfeld. Für ein $p \in D$ existiere eine Lösung $\varphi : [a, \infty) \longrightarrow D$ des autonomen Systems $x' = f(x)$ mit $\lim_{t \to \infty} \varphi(t) = p$. Dann ist p ein Gleichgewichtspunkt von $x' = f(x)$.

Grenzwerte für $t \to \pm\infty$ von Lösungen autonomer Systeme sind also stets Gleichgewichtspunkte. Dieser Sachverhalt war uns bereits u.a. in Beispiel 3.13 begegnet, und er taucht regelmäßig im Rahmen von Examensaufgaben auf. Auch den Kerngedanken des Beweises können wir aus Beispiel 3.13 übernehmen: Wäre p kein Gleichgewichtspunkt, so wäre $\varphi'(t)$ für hinreichend große t näherungsweise $f(p) \neq 0$, und damit würde die Lösung ungefähr mit dem Geschwindigkeitsvektor $f(p)$ ins Unendliche streben. Diese

Strategie zur Abschätzung des Wachstums von Lösungen lässt sich leicht an andere Situationen anpassen.

Beweis. Angenommen, es gilt $f(p) \neq 0$. Dann gibt es ein $j \in \{1, \ldots, n\}$ mit $f_j(p) \neq 0$. O.B.d.A. dürfen wir $f_j(p) > 0$ annehmen. Wegen der Stetigkeit von f_j in p existiert nach dem Permanenzprinzip ein $\delta > 0$, so dass $B_\delta(p) \subseteq D$ und

$$f_j(x) \geq \frac{f_j(p)}{2} \qquad \text{für alle } x \in U_\delta(p)$$

gilt. Nach Voraussetzung gibt es ein $T > 0$ mit $\varphi(t) \in U_\delta(p)$ für alle $t \geq T$. Somit ist

$$f_j(\varphi(t)) \geq \frac{f_j(p)}{2} \qquad \text{für alle } t \geq T,$$

und Integration liefert

$$\varphi_j(t) - \varphi_j(T) = \int_T^t \varphi_j{}'(s)\, ds \;=\; \int_T^t f_j(\varphi(s))\, ds$$

$$\geq \quad \frac{f_j(p)}{2} \cdot (t - T) \longrightarrow \infty \qquad \text{für } t \to \infty,$$

im Widerspruch zu $\lim_{t \to \infty} \varphi_j(t) = p_j$. Unsere Annahme war also falsch, und stattdessen gilt $f(p) = 0$. ∎

Bemerkung 4.13   Es ist instruktiv, sich den folgenden falschen „Beweis" von Satz 4.12 anzusehen, der einen häufigen Fehlschluss enthält:

Es gilt

$$f(p) = f\left(\lim_{t \to \infty} \varphi(t) \right) = \lim_{t \to \infty} f(\varphi(t)) = \lim_{t \to \infty} \varphi'(t) = 0, \qquad (4.8)$$

denn aus $\varphi(t) \to p$ für $t \to \infty$ folgt auch $\varphi'(t) \to 0$ für $t \to \infty$.

Der Fehler hierbei besteht darin, aus der Konvergenz der Funktion φ ohne weitere Begründung darauf zu schließen, dass auch ihre Ableitung konvergiert und sogar gegen 0 strebt. Das Gegenbeispiel

$$\varphi : (0, \infty) \longrightarrow \mathbb{R}, \qquad \varphi(t) := \frac{\sin(t^3)}{t} \qquad (4.9)$$

zeigt, dass dies i.Allg. unzulässig ist: Es gilt offensichtlich $\lim_{t \to \infty} \varphi(t) = 0$, und mit der Produktregel berechnet man

$$\varphi'(t) = \frac{-\sin(t^3)}{t^2} + \frac{3t^2 \cos(t^3)}{t} = \frac{-\sin(t^3)}{t^2} + 3t\cos(t^3) \qquad \text{für alle } t > 0.$$

Hieraus liest man ab, dass $\varphi'(t)$ nicht nur keinen Grenzwert für $t \to \infty$ besitzt, sondern auch unbeschränkt ist[44].

Freilich kann die Funktion φ aus (4.9) keine Lösung einer autonomen Differentialgleichung sein, denn nach Satz 4.12 (in Verbindung mit der bis auf den letzten Schritt korrekten Rechnung in (4.8)) wäre dann tatsächlich $\lim_{t\to\infty} \varphi'(t) = 0$. Dies ergibt sich freilich erst a posteriori aus den Betrachtungen im Beweis von Satz 4.12.   □

Für die Gültigkeit von Satz 4.12 ist es wesentlich, dass das betreffende System autonom ist, wie die folgende Examensaufgabe illustriert, die sich ansonsten bereits mit der aus Satz 1.5 bekannten Methode der Trennung der Variablen vollumfänglich lösen lässt.

Beispiel 4.14 (Examensaufgabe)   Es sei $f : [0, \infty) \longrightarrow [0, \infty)$ stetig. Betrachten Sie das Anfangswertproblem

$$y'(t) = f(t) \cdot (1 - y(t)), \qquad y(0) = 0.$$

(a) Besitzt das Anfangswertproblem eine eindeutige maximale Lösung?

(b) Untersuchen Sie die Lösungen y auf etwaige Monotonie.

(c) Weisen Sie nach, dass für jede maximale Lösung y der Grenzwert $\lim_{t\to\infty} y(t)$ existiert, und bestimmen Sie ihn.

(d) Geben Sie explizit die Lösung im Fall $f(t) = \alpha t^{\beta-1}$ an, wobei $\alpha > 0$ und $\beta \geq 1$.

---

[44]Erklären lässt sich das vermeintliche Paradoxon, dass die Funktion einem Grenzwert zustrebt, die Ableitung hingegen nicht zur Ruhe kommt, sondern immer stärker oszilliert, mit folgender Analogie: Wenn ein Teilchen in einem Behälter eingesperrt ist, der immer weiter verkleinert wird, so kann es sich trotzdem beliebig schnell innerhalb dieses Behälters hin- und herbewegen, vorausgesetzt, dass es in der Lage ist, in entsprechend kurzen Zeiträumen zu beschleunigen und zu bremsen. – Aber selbst wenn φ monoton und beschränkt ist, kann man nicht auf $\lim_{t\to\infty} \varphi'(t) = 0$ schließen: Beispielsweise ist

$$\varphi(t) := \int_0^t \log(u+1) \cdot |\cos u|^{u^3}\, du$$

differenzierbar auf $(0, \infty)$ mit nicht-negativer Ableitung $\varphi'(t) = \log(t+1) \cdot |\cos t|^{t^3}$. Da die Nullstellen von φ' isoliert sind, steigt φ streng monoton, und mit einigem Aufwand kann man zeigen, dass φ beschränkt ist [12]. Jedoch strebt auch hier $\varphi'(t)$ für $t \to +\infty$ nicht gegen 0 – und ist sogar unbeschränkt.

Lösung:

(a) Es sei $y : I \longrightarrow \mathbb{R}$ eine Lösung des Anfangswertproblems auf einem Intervall $I \subseteq [0, \infty)$ mit $0 \in I$. Mittels Trennung der Variablen können wir y explizit bestimmen: Für alle $s \in I$ mit $y(s) < 1$ gilt

$$\frac{y'(s)}{1 - y(s)} = f(s);$$

hieraus und aus $y(0) = 0$ folgt durch Integration

$$\int_0^t f(s)\, ds = \int_0^t \frac{y'(s)}{1 - y(s)}\, ds = -\log|1 - y(t)| + \log|1 - y(0)|$$
$$= -\log(1 - y(t))$$

und damit

$$y(t) = 1 - \exp\left(-\int_0^t f(s)\, ds\right) \tag{4.10}$$

für alle $t \in I$ mit $y([0, t]) \subseteq (-\infty, 1)$. Da durch die rechte Seite von (4.10) eine auf $[0, \infty)$ stetige Funktion mit Werten < 1 festgelegt wird, ist klar, dass die Darstellung (4.10) für y sogar für alle $t \in I$ gültig ist. Damit ist gezeigt, dass y auf I eindeutig festgelegt ist.

Umgekehrt ist durch (4.10) offensichtlich eine Lösung des gegebenen Anfangswertsproblems mit maximalem Definitionsintervall $I_{\max} = [0, \infty)$ definiert. Also gibt es in der Tat eine eindeutige maximale Lösung.

(b) Fortan sei $y : [0, \infty) \longrightarrow \mathbb{R}$ die maximale Lösung aus (4.10). Weil f nicht-negativ ist, wächst $t \mapsto \int_0^t f(s)\, ds$ monoton, und aus (4.10) erkennt man sofort, dass auch y monoton wächst.

(c) Die Monotonie von y in Verbindung mit der Tatsache, dass offensichtlich $0 \leq y(t) \leq 1$ für alle $t \geq 0$ gilt, stellt sicher, dass der Grenzwert

$$\lim_{t \to \infty} y(t) = \sup_{t \geq 0} y(t) \in [0, 1]$$

existiert. In Anbetracht von Satz 4.12 ist man versucht zu vermuten, dass er 1 ist, die Lösung also in die stationäre Lösung $t \mapsto 1$ hineinläuft. Jedoch ist dieser Satz hier nicht anwendbar, da die Differentialgleichung nicht autonom ist. Dass hier der Grenzwert nicht 1 sein

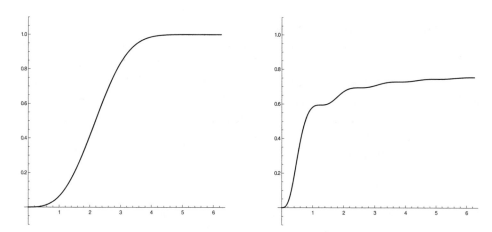

Abb. 4.12: Die Lösung des Anfangswertproblems aus Beispiel 4.14: links für die Funktion $f(t) = \alpha t^{\beta-1}$ aus (d), mit $\alpha = 0{,}2$ und $\beta = 3$; rechts für die Funktion $f(t) = \frac{1-\cos(5t)}{1+t^2}$, für die $\int_0^\infty f(s)\,ds$ konvergiert.

muss, kann man sich klarmachen, indem man Funktionen f betrachtet, die für hinreichend große t verschwinden bzw. für $t \to +\infty$ schnell genug gegen 0 streben, so dass die Dynamik der durch die Differentialgleichung beschriebenen Veränderung (anschaulich: „Bewegung") zunehmend zum Erliegen kommt. Tatsächlich ergibt sich aus (4.10)

$$\lim_{t\to\infty} y(t) = 1 - \exp\left(-\int_0^\infty f(s)\,ds\right),$$

sofern wir für den Fall, dass das uneigentliche Integral divergiert, $\int_0^\infty f(s)\,ds = +\infty$ und $\exp(-\infty) = 0$ vereinbaren[45]. Falls das uneigentliche Integral konvergiert, ist $\lim_{t\to\infty} y(t) < 1$; andernfalls ist $\lim_{t\to\infty} y(t) = 1$. Dies ist im Einklang mit unserer obigen Plausibilitätsbetrachtung. Siehe hierzu Abb. 4.12.

(d) Es sei nun $f(t) = \alpha t^{\beta-1}$ mit $\alpha > 0$ und $\beta \geq 1$. Wiederum mittels (4.10) erhält man die für alle $t \geq 0$ definierte Lösung

$$y(t) = 1 - \exp\left(-\int_0^t \alpha s^{\beta-1}\,ds\right) = 1 - \exp\left(-\frac{\alpha}{\beta} \cdot t^\beta\right).$$

---

[45]Hierfür ist es wesentlich, dass $f \geq 0$ ist, so dass der Grenzwert $\int_0^\infty f(s)\,ds = \lim_{t\to+\infty} \int_0^t f(s)\,ds$ zumindest im uneigentlichen Sinne existiert.

Variante: Zum Lösen von (a) und (b) kann man auch daran denken, die Resultate aus Kapitel 3, namentlich den Satz von Picard-Lindelöf und den Satz über die linear beschränkte rechte Seite, heranzuziehen. Allerdings haben wir in diesen vorausgesetzt, dass die rechte Seite der Differentialgleichung auf einer *offenen* Menge $J \times D$ definiert ist, was hier nicht der Fall ist. Diesem Problem können wir jedoch dadurch abhelfen, dass wir f vermöge der Festlegung $f(t) := f(0)$ für alle $t \in (-1, 0)$ stetig auf $J := (-1, \infty)$ fortsetzen. Es sei dann

$$F : (-1, \infty) \times \mathbb{R} \longrightarrow \mathbb{R}, \quad F(t, y) := f(t) \cdot (1 - y)$$

die entsprechend fortgesetzte rechte Seite der Differentialgleichung. Mit f ist auch F stetig, und offensichtlich ist F bezüglich y stetig differenzierbar und somit lokal Lipschitz-stetig. Der Satz von Picard-Lindelöf gewährleistet nun, dass das gegebene Anfangswertproblem eine eindeutige maximale Lösung $y : I_{\max} \longrightarrow \mathbb{R}$ hat. Zudem ist die rechte Seite der Differentialgleichung wegen

$$|F(t, y)| = |f(t)| \cdot |1 - y| \leq |f(t)| \cdot |y| + |f(t)| \qquad \text{für alle } t > -1, \; y \in \mathbb{R}$$

linear beschränkt, so dass wir mit Satz 3.10 auf $I_{\max} = (-1, \infty)$ schließen können.

Weil die Differentialgleichung die stationäre Lösung $t \mapsto 1$ hat und $y(0) = 0 < 1$ gilt, ergibt sich aus der Eindeutigkeitsaussage im Satz von Picard-Lindelöf und dem Zwischenwertsatz außerdem $y(t) < 1$ für alle $t > -1$. Zusammen mit $f \geq 0$ hat dies

$$y'(t) = f(t) \cdot (1 - y(t)) \geq 0 \qquad \text{für alle } t > -1$$

zur Folge, womit y abermals als monoton wachsend nachgewiesen ist.

Damit sind die Behauptungen in (a) und (b) erneut gezeigt. $\square$

Das Phasenporträt der folgenden autonomen Differentialgleichung enthält alle drei gemäß Satz 4.9 möglichen Typen von Trajektorien.

Beispiel 4.15 (Examensaufgabe)   Das Vektorfeld $f : \mathbb{R}^2 \longrightarrow \mathbb{R}^2$ sei gegeben durch

$$f(x, y) := \begin{pmatrix} -y \\ x \end{pmatrix} + \left(1 - \sqrt{x^2 + y^2}\right) \cdot \begin{pmatrix} x \\ y \end{pmatrix} \qquad \text{für alle } (x, y) \in \mathbb{R}^2.$$

Für alle Lösungen $\varphi : (t_\alpha, \infty) \longrightarrow \mathbb{R}^2 \setminus \{(0, 0)\}$ der Differentialgleichung $(x', y') = f(x, y)$ zeige man $\lim_{t \to \infty} \|\varphi(t)\| = 1$.

Lösung: Wegen $f(0,0) = (0,0)$ ist $(0,0)$ ein Gleichgewichtspunkt des Systems. Es sei eine Lösung $\varphi : (t_\alpha, \infty) \longrightarrow \mathbb{R}^2 \setminus \{(0,0)\}$ der Differentialgleichung $(x', y') = f(x, y)$ gegeben[46]. In ihrer gegenwärtigen Form ist die Differentialgleichung schwer in den Griff zu bekommen. Die spezielle Form von f legt eine Transformation auf Polarkoordinaten nahe. Deshalb benutzen wir die Darstellung

$$\varphi(t) = \begin{pmatrix} x \\ y \end{pmatrix}(t) = r(t) \cdot \begin{pmatrix} \cos\theta(t) \\ \sin\theta(t) \end{pmatrix}.$$

Differenzieren der Bedingung

$$\|\varphi\|^2 = x^2 + y^2 = r^2(\cos^2\theta + \sin^2\theta) = r^2$$

liefert

$$2rr' = 2xx' + 2yy', \qquad \text{d.h.} \qquad r' = \frac{xx' + yy'}{r},$$

wobei wir $r > 0$ benutzt haben. Damit erhalten wir für r die Differentialgleichung

$$\begin{aligned} r' &= \frac{1}{r} \cdot \left(x \cdot (-y + (1-r)x) + y \cdot (x + (1-r)y) \right) \\ &= \frac{1}{r} \cdot (x^2 + y^2)(1-r) = r(1-r). \end{aligned} \tag{4.11}$$

Da $r \mapsto (1-r)r$ auf $(0,\infty)$ lokal Lipschitz-stetig ist, ist der Satz von Picard-Lindelöf anwendbar. Wir wählen ein festes $t^* > t_\alpha$ und unterscheiden die drei Fälle $r(t^*) < 1$, $r(t^*) = 1$ und $r(t^*) > 1$. Es sei zuerst $r(t^*) = 1$. Die konstante Funktion $t \mapsto 1$ ist dann die nach Satz 3.2 eindeutige maximale Lösung des Anfangswertproblems

$$r' = (1-r) \cdot r, \qquad r(t^*) = 1.$$

O.B.d.A. sei nun $r(t^*) < 1$. (Den Fall $r(t^*) > 1$ behandelt man analog.) Wäre $r(t_0) \geq 1$ für ein $t_0 > t_\alpha$, so würde nach dem Zwischenwertsatz ein t_1 zwischen t^* und t_0 mit $r(t_1) = 1$ existieren, und aus Eindeutigkeitsgründen würde $r \equiv 1$ folgen, im Widerspruch zu $r(t^*) < 1$. Daher ist $r(t) < 1$ für alle $t > t_\alpha$. Man kann jetzt auf zwei Arten weiterargumentieren:

---

[46]Es wird hier bereits in der Aufgabenstellung vorausgesetzt, dass sich der Definitionsbereich von φ bis ∞ erstreckt. Dass dies für jede maximale Lösung ohnehin erfüllt ist, werden die folgenden Betrachtungen zeigen: Aus ihnen geht hervor, dass $\varphi(t)$ für wachsendes t beschränkt bleibt und somit nach Korollar 3.9 für alle $t > t_\alpha$ existiert.

Variante 1: Für alle $t > t_\alpha$ ist

$$r'(t) = (1 - r(t)) \cdot r(t) > 0,$$

so dass r streng monoton wächst. Daher und weil r nach oben durch 1 beschränkt ist, existiert der Grenzwert $\lim_{t\to\infty} r(t) =: r_\infty \in (0, 1]$. Nach Satz 4.12 ist r_∞ eine Nullstelle der rechten Seite von (4.11), und wegen $r_\infty > 0$ ist wie behauptet $r_\infty = 1$.

Variante 2: Trennung der Variablen und Partialbruchzerlegung liefert für alle $t \geq t^*$

$$
\begin{aligned}
t - t^* &= \int_{t^*}^{t} \frac{r'}{r(1-r)}(s)\,ds = \int_{r(t^*)}^{r(t)} \frac{1}{u(1-u)}\,du \\
&= \int_{r(t^*)}^{r(t)} \frac{1}{u}\,du + \int_{r(t^*)}^{r(t)} \frac{1}{1-u}\,du \\
&= \log u \Big|_{r(t^*)}^{r(t)} - \log(1-u) \Big|_{r(t^*)}^{r(t)} = \log \frac{r(t)}{1-r(t)} - \log \frac{r(t^*)}{1-r(t^*)}.
\end{aligned}
$$

Auflösen dieser Bedingung ergibt

$$\frac{1}{1-r(t)} - 1 = e^{t-t^*} \cdot \frac{r(t^*)}{1-r(t^*)},$$

also

$$
\begin{aligned}
r(t) &= 1 - \frac{1}{1 + e^{t-t^*} \cdot \frac{r(t^*)}{1-r(t^*)}} \\
&= \frac{e^{t-t^*} \cdot r(t^*)}{1 - r(t^*) + e^{t-t^*} \cdot r(t^*)} = \frac{r(t^*)}{r(t^*) + (1 - r(t^*)) \cdot e^{-(t-t^*)}},
\end{aligned}
\qquad (4.12)
$$

woraus man $\lim_{t\to\infty} r(t) = 1$ unmittelbar ablesen kann.

Auch wenn es für die Zwecke der Aufgabe nicht nötig ist, ist es aufschlussreich, auch die Frage zu klären, wie sich der Winkel $\theta(t)$ in Abhängigkeit von der Zeit t verhält: Aus

$$
\begin{aligned}
x' &= r' \cos\theta - r \sin\theta \cdot \theta' \\
y' &= r' \sin\theta + r \cos\theta \cdot \theta'
\end{aligned}
$$

erhalten wir

$$y'x - x'y = r^2 \left(\cos^2\theta + \sin^2\theta\right) \cdot \theta' = r^2 \cdot \theta'.$$

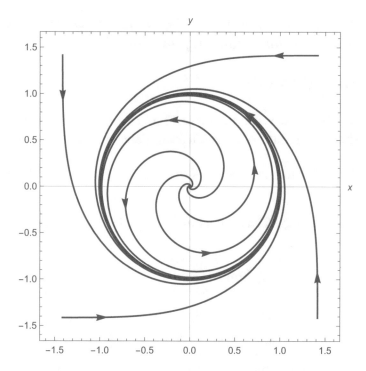

Abb. 4.13: Der Grenzzyklus aus Beispiel 4.15

Mithilfe unserer ursprünglichen Differentialgleichung ergibt sich sodann

$$r^2 \cdot \theta' = y'x - x'y$$
$$= x^2 + xy(1-r) + y^2 - xy(1-r) = x^2 + y^2 = r^2, \tag{4.13}$$

also $\theta' \equiv 1$. Mithin wächst $\theta(t) = t + \theta(0)$ linear längs der Trajektorien, so dass die Differentialgleichung insgesamt eine spiralförmige Bewegung mit konstanter Winkelgeschwindigkeit beschreibt.

Hieraus und aus (4.12) in Verbindung mit $r(t^*) < 1$ erkennt man außerdem, dass sich θ und r und damit auch φ auf $(-\infty, t^*)$ fortsetzen lassen. Es gilt dann $\lim_{t \to -\infty} r(t) = 0$, d.h. $\lim_{t \to -\infty} \varphi(t) = (0, 0)$, ebenfalls im Einklang mit Satz 4.12.

Abb. 4.13 zeigt das Phasenporträt von $(x', y') = f(x, y)$. Die Trajektorie $\gamma(1,0) = \{(x,y) \in \mathbb{R}^2 : x^2 + y^2 = 1\}$ ist geschlossen, während die Trajektorie $\gamma(0,0) = \{(0,0)\}$ einpunktig ist. Alle anderen Trajektorien sind injektiv und schmiegen sich asymptotisch an $\gamma(1,0)$ an. Deshalb nennt man $\gamma(1,0)$ einen **Grenzzyklus**. Genauer beschäftigen wir uns in Kapitel 14 mit Grenzzyklen.   □

Weiterführende Betrachtungen: Typen von Trajektorien, dynamische Systeme und die Abbildung nach der Zeit

Typen von Trajektorien

Das folgende Resultat stellt nützliche hinreichende Kriterien dafür bereit, wann welcher der in Satz 4.9 aufgeführten Fälle eintritt.

Satz 4.16   *Für das autonome System $x' = f(x)$ gelten die folgenden Aussagen:*

(a) *(**Punktförmige Trajektorien**)   Es sei $x^* \in D$. Falls es ein $\zeta \in D$ gibt, so dass*

$$I(\zeta) \supseteq [0, \infty) \qquad und \qquad \lim_{t \to \infty} \phi_\zeta(t) = x^*$$

oder

$$I(\zeta) \supseteq (-\infty, 0] \qquad und \qquad \lim_{t \to -\infty} \phi_\zeta(t) = x^*$$

gilt, so ist x^* ein Gleichgewichtspunkt von $x' = f(x)$, d.h. $f(x^*) = 0$.

(b) *(**Geschlossene Trajektorien**)   Es sei $\Psi : [a, b] \longrightarrow D$ ein glatter Jordan-Weg in D, und $\mathrm{Spur}(\Psi)$ enthalte keine Gleichgewichtspunkte von $x' = f(x)$. Falls dann $\gamma(\zeta) \subseteq \mathrm{Spur}(\Psi)$ für eine Trajektorie $\gamma(\zeta)$ von $x' = f(x)$ (mit $\zeta \in D$) gilt, so ist $I(\zeta) = \mathbb{R}$, $\gamma(\zeta) = \mathrm{Spur}(\Psi)$ (d.h. $\gamma(\zeta)$ ist geschlossen), und $\phi_\zeta : \mathbb{R} \longrightarrow D$ ist periodisch.*

(c) *(**Injektive Trajektorien**)   Es sei $\Psi : (a, b) \longrightarrow D$ (mit $-\infty \leq a < b \leq \infty$) ein glatter und injektiver Weg, $\Psi^{-1} : \mathrm{Spur}(\Psi) \longrightarrow (a, b)$ sei stetig, und $\mathrm{Spur}(\Psi)$ enthalte keine Gleichgewichtspunkte von $x' = f(x)$. Falls dann $\gamma(\zeta) \subseteq \mathrm{Spur}(\Psi)$ für eine Trajektorie $\gamma(\zeta)$ von $x' = f(x)$ (mit $\zeta \in D$) gilt, so folgt $\gamma(\zeta) = \mathrm{Spur}(\Psi)$, und $\phi_\zeta : I(\zeta) \longrightarrow D$ ist injektiv.*

Zum Beweis benötigen wir zwei Hilfsresultate. Der Beweis des ersten ist technisch anspruchsvoller, als man angesichts der vermeintlichen Selbstverständlichkeit der Aussage erwarten würde[47].

---

[47]Für den Hinweis auf die Beweisbedürftigkeit von Lemma 4.17 und auf den hier präsentierten elementaren Beweis sind wir Shahar Nevo (Bar Ilan Universität, Israel) sehr verbunden.

Lemma 4.17   Es seien I und J echte Intervalle in $\mathbb{R}$, $\alpha : I \longrightarrow \mathbb{R}^n$ ein stetig differenzierbarer und $\beta : J \longrightarrow \mathbb{R}^n$ ein glatter und injektiver Weg im $\mathbb{R}^n$ mit $\mathrm{Spur}\,(\alpha) \subseteq \mathrm{Spur}\,(\beta)$, und die Umkehrabbildung $\beta^{-1} : \mathrm{Spur}\,(\beta) \longrightarrow J$ sei stetig. Dann gibt es eine stetig differenzierbare Funktion $h : I \longrightarrow J$, so dass $\alpha = \beta \circ h$ ist.

Beweis. Angesichts von $\mathrm{Spur}\,(\alpha) \subseteq \mathrm{Spur}\,(\beta)$ ist die Funktion

$$h := \beta^{-1} \circ \alpha : I \longrightarrow J$$

wohldefiniert und stetig, und sie erfüllt $\alpha = \beta \circ h$.

Es bleibt nachzuweisen, dass h stetig differenzierbar ist. Hierzu sei ein $s_0 \in I$ gegeben. Für $t_0 := h(s_0) \in J$ gilt dann $\beta(t_0) = \alpha(s_0)$. Da β glatt ist, ist $\beta'(t_0) \neq 0$. Es gibt ein $q \in \{1, \ldots, n\}$ mit $\beta_q'(t_0) \neq 0$, und o.B.d.A. dürfen wir $\beta_q'(t_0) > 0$ annehmen. Wegen der Stetigkeit von β_q' gibt es hierzu ein $r_0 > 0$, so dass $\beta_q'(t) > 0$ für alle $t \in (t_0 - r_0, t_0 + r_0) \cap J =: V_0$ ist. Auf V_0 ist β_q dann streng monoton wachsend und somit umkehrbar, und nach dem aus der *Analysis* bekannten Satz über die Differenzierbarkeit der Umkehrfunktion ist $(\beta_q|_{V_0})^{-1}$ differenzierbar (und insbesondere stetig) mit

$$\left((\beta_q|_{V_0})^{-1} \right)' = \frac{1}{(\beta_q|_{V_0})' \circ (\beta_q|_{V_0})^{-1}}.$$

Hieraus und aus der Stetigkeit von $(\beta_q|_{V_0})'$ liest man sodann ab, dass $(\beta_q|_{V_0})^{-1}$ sogar stetig differenzierbar ist.

Wir zeigen, dass es ein $r \in (0, r_0]$ gibt, so dass für alle $s \in (s_0 - r, s_0 + r) \cap I =: U$ und alle $t \in (t_0 - r, t_0 + r) \cap J =: V \subseteq V_0$ die Äquivalenz

$$\alpha(s) = \beta(t) \quad \Longleftrightarrow \quad \alpha_q(s) = \beta_q(t) \tag{4.14}$$

gilt. Wäre dies nicht der Fall, so würden wir Folgen $(s_k)_k$ in I und $(t_k)_k$ in J mit $\lim_{k \to \infty} s_k = s_0$ und $\lim_{k \to \infty} t_k = t_0$ finden, so dass

$$\alpha_q(s_k) = \beta_q(t_k), \qquad \text{aber} \qquad \alpha(s_k) \neq \beta(t_k) \qquad \text{für alle } k.$$

Für $t_k^* := h(s_k) \in J$ gilt dann

$$\beta(t_k^*) = \alpha(s_k), \qquad \text{also} \qquad \beta_q(t_k^*) = \alpha_q(s_k) = \beta_q(t_k) \qquad \text{für alle } k.$$

Wegen der Stetigkeit von h gilt $\lim_{k \to \infty} t_k^* = h(s_0) = t_0$. Daher und wegen $\lim_{k \to \infty} t_k = t_0$ gibt es ein $k_0 \in \mathbb{N}$ mit $t_k, t_k^* \in V_0$ für alle $k \geq k_0$. Da β_q auf V_0 injektiv ist, folgt $t_k = t_k^*$ für alle $k \geq k_0$ und somit

$$\beta(t_k) = \beta(t_k^*) = \beta(h(s_k)) = \alpha(s_k) \qquad \text{für alle } k \geq k_0,$$

ein Widerspruch. Damit ist unsere Zwischenbehauptung bewiesen.

Wegen der Stetigkeit von h und weil V eine (in der Relativtopologie von J) offene Umgebung von $h(s_0) = t_0 \in V$ ist, gibt es ein $r^* \in (0, r]$ mit

$$h(s) \in V \qquad \text{für alle } s \in (s_0 - r^*, \, s_0 + r^*) \cap I =: U^* \subseteq U.$$

Für alle $s \in U^*$ folgt nun $\alpha_q(s) = \beta_q(h(s)) \in \beta_q(V)$, also mit (4.14), angewandt auf $t := \left((\beta_q|_V)^{-1} \circ \alpha_q \right)(s) \in V$,

$$h(s) = \left(\beta^{-1} \circ \alpha \right)(s) = \left((\beta_q|_V)^{-1} \circ \alpha_q \right)(s).$$

Aus letzterer Darstellung erkennt man, dass h in s_0 stetig differenzierbar ist. Damit ist das Lemma bewiesen. ∎

Bemerkung 4.18

(1) Falls in Lemma 4.17 das Intervall J kompakt ist, ist die Voraussetzung über die Stetigkeit von β^{-1} automatisch erfüllt, d.h. $\beta : J \longrightarrow \text{Spur}(\beta)$ ist dann ein Homöomorphismus.

Hierbei kommt es nur auf die Kompaktheit von J an, nicht darauf, dass J ein Intervall oder eine Teilmenge von $\mathbb{R}$ ist. Daher lässt sich die Aussage problemlos auf beliebige metrische Räume verallgemeinern (wovon wir im Weiteren gelegentlich Gebrauch machen): *Es seien K und Y metrische Räume, und K sei kompakt. Dann ist jede bijektive stetige Abbildung $f : K \longrightarrow Y$ ein Homöomorphismus.*

Begründung: Gemäß einer bekannten Charakterisierung der Stetigkeit genügt es zu zeigen, dass das Urbild einer beliebigen abgeschlossenen Teilmenge A von K unter f^{-1} abgeschlossen ist. Dieses Urbild ist aber das Bild $f(A)$ von A unter f, wegen der Kompaktheit von K ist auch A kompakt, und mit der Stetigkeit von f folgt die Kompaktheit und damit insbesondere die Abgeschlossenheit von $f(A)$.

Dass man im allgemeinen Fall in Lemma 4.17 auf die Stetigkeit von β^{-1} nicht verzichten kann, zeigt bereits das Beispiel der beiden glatten und bijektiven Parametrisierungen

$$\alpha, \beta : [0, 2\pi) \longrightarrow \partial U_1(0), \qquad \begin{aligned} \alpha(t) &:= (\cos t, \sin t), \\ \beta(t) &:= (\sin t, -\cos t) \end{aligned} \qquad (4.15)$$

der Einheitskreislinie, für die es keine stetige Funktion $h : [0, 2\pi) \longrightarrow [0, 2\pi)$ mit $\alpha = \beta \circ h$ gibt: Für ein solches h wäre nämlich $h = \beta^{-1} \circ \alpha$, d.h. mit α und β wäre auch h bijektiv, insbesondere also injektiv. Nach einem bekannten Resultat aus der *Analysis* (einer Folgerung aus dem Zwischenwertsatz) sind stetige reellwertige Funktionen auf Intervallen aber genau dann injektiv, wenn sie streng monoton sind [24, Satz 10.11 (1)]. Hieraus und aus dem Umstand, dass Definitions- und Wertebereich von h beide das halboffene Intervall $[0, 2\pi)$ sind, würde folgen, dass h streng monoton *steigt* und $h(0) = 0$ gilt. Dann wäre aber $\alpha(0) = \beta(0)$, was offensichtlich ein Widerspruch ist.

(2) In der Situation von Satz 4.16 (c) ist die Stetigkeit von Ψ^{-1} : Spur $(\Psi) \longrightarrow (a, b)$ äquivalent dazu, dass es keine Folge $(t_k)_k \subseteq (a, b)$ mit $\lim_{k \to \infty} t_k = a$ oder $\lim_{k \to \infty} t_k = b$ gibt, für die $\lim_{k \to \infty} \Psi(t_k) \in$ Spur (Ψ) gilt.

Begründung: „$\Longrightarrow$": Es gebe eine Folge $(t_k)_k$ in (a, b), welche $p^* :=$ $\lim_{k \to \infty} \Psi(t_k) \in$ Spur (Ψ) und o.B.d.A. $\lim_{k \to \infty} t_k = a$ erfüllt. Dann ist $p^* = \Psi(t^*)$ für ein $t^* \in (a, b)$, und für $p_k := \Psi(t_k)$ gilt $\lim_{k \to \infty} p_k = p^*$, aber

$$\lim_{k \to \infty} \Psi^{-1}(p_k) = \lim_{k \to \infty} t_k = a \neq t^* = \Psi^{-1}(p^*).$$

Dies widerspricht dem Folgenkriterium für Stetigkeit.

„$\Longleftarrow$": Ist umgekehrt Ψ^{-1} unstetig in einem $p^* \in$ Spur (Ψ), so gibt es ein $\varepsilon > 0$ und eine Folge $(p_k)_k \subseteq$ Spur (Ψ) mit $\lim_{k \to \infty} p_k = p^*$, so dass

$$\left| \Psi^{-1}(p_k) - \Psi^{-1}(p^*) \right| \geq \varepsilon \qquad \text{für alle } k \in \mathbb{N}. \tag{4.16}$$

Wir setzen $t_k := \Psi^{-1}(p_k)$ für alle k sowie $t^* := \Psi^{-1}(p^*)$. Eine geeignete Teilfolge $(t_{k_j})_j$ konvergiert dann gegen ein $\tau \in (a, b) \cup \{a, b\}$. Wäre $\tau \in (a, b)$, so erhielte man aus der Stetigkeit von Ψ in τ

$$\Psi(\tau) = \lim_{j \to \infty} \Psi(t_{k_j}) = \lim_{j \to \infty} p_{k_j} = p^* = \Psi(t^*),$$

und mit der Injektivität von Ψ würde $\tau = t^*$ folgen, also

$$\lim_{j \to \infty} \Psi^{-1}(p_{k_j}) = \Psi^{-1}(p^*),$$

im Widerspruch zu (4.16). Also ist $\tau = a$ oder $\tau = b$. Daher und wegen $\lim_{j \to \infty} \Psi(t_{k_j}) = p^* \in$ Spur (Ψ) leistet die Folge $(t_{k_j})_j$ das Gewünschte. $\qquad \square$

Proposition 4.19 *Ist* $\psi : [a, b] \longrightarrow \mathbb{R}^n$ *ein Jordan-Weg und* $\zeta := \psi(a) = \psi(b)$, *so ist die Umkehrabbildung*

$$\left(\psi|_{(a,b)}\right)^{-1} : \mathrm{Spur}\,(\psi) \setminus \{\zeta\} \longrightarrow (a, b)$$

stetig.

Hierbei ist es entscheidend, dass man die Restriktion auf das *offene* Intervall (a, b) betrachtet: Wegen $\psi(a) = \psi(b)$ ist $\psi : [a, b] \longrightarrow \mathrm{Spur}\,(\psi)$ selbst natürlich nicht umkehrbar, und die Umkehrabbildungen $\left(\psi|_{[a,b)}\right)^{-1} :$ $\mathrm{Spur}\,(\psi) \longrightarrow [a, b)$ bzw. $\left(\psi|_{(a,b]}\right)^{-1} : \mathrm{Spur}\,(\psi) \longrightarrow (a, b]$ der Restriktionen auf die halboffenen Intervalle $[a, b)$ bzw. $(a, b]$ existieren zwar, sind aber unstetig; nähert sich nämlich $p \in \mathrm{Spur}\,(\psi)$ „von zwei verschiedenen Seiten auf der Kurve" dem Punkt ζ an, so strebt $\left(\psi|_{[a,b)}\right)^{-1}(p)$ im einen Fall gegen a, im anderen gegen b. – Diese Situation liegt z.B. bei den in (4.15) angegebenen Parametrisierungen der Einheitskreislinie vor.

Beweis. Der Kerngedanke besteht darin, die Aussage auf den Fall eines eine Kreislinie parametrisierenden Jordan-Weges zurückzuführen, welchen wir so wählen, dass die Aussage offensichtlich wird, nämlich z.B. wie in (4.15) als

$$\alpha : [0, 2\pi] \longrightarrow \partial U_1(0), \qquad \alpha(t) := (\cos t,\, \sin t).$$

Das halboffene Intervall $[0, 2\pi)$ wird durch α bijektiv auf $\partial U_1(0)$ abgebildet. Dass $\left(\alpha|_{(0,2\pi)}\right)^{-1} : \partial U_1(0) \setminus \{(1, 0)\} \longrightarrow (0, 2\pi)$ stetig ist, ist klar. O.B.d.A. dürfen wir $[a, b] = [0, 2\pi]$ annehmen. Damit ist

$$\eta := \psi|_{[0,2\pi)} \circ \left(\alpha|_{[0,2\pi)}\right)^{-1} : \partial U_1(0) \longrightarrow \mathrm{Spur}\,(\psi)$$

bijektiv und auf $\partial U_1(0) \setminus \{(1, 0)\}$ stetig. Ist $(p_k)_k$ eine Folge in $\partial U_1(0)$ mit $\lim_{k \to \infty} p_k = (1, 0)$, so hat $\left(\left(\alpha|_{[0,2\pi)}\right)^{-1}(p_k)\right)_k$ die Häufungswerte 0 und/oder 2π (und keine weiteren). Daher und wegen $\psi(0) = \psi(2\pi) = \zeta$ ist $\lim_{k \to \infty} \eta(p_k) = \zeta = \eta((1, 0))$, so dass η auch in $(1, 0)$, insgesamt also auf ganz $\partial U_1(0)$ stetig ist. Gemäß Bemerkung 4.18 (1) und angesichts der Kompaktheit von $\partial U_1(0)$ ist η also ein Homöomorphismus, d.h.

$$\eta^{-1} = \alpha|_{[0,2\pi)} \circ \left(\psi|_{[0,2\pi)}\right)^{-1} : \mathrm{Spur}\,(\psi) \longrightarrow \partial U_1(0)$$

ist stetig. Damit ist erst recht auch

$$\eta^{-1}\big|_{\mathrm{Spur}\,(\psi)\setminus\{\zeta\}} = \alpha|_{(0,2\pi)} \circ \left(\psi|_{(0,2\pi)}\right)^{-1} : \mathrm{Spur}\,(\psi) \setminus \{\zeta\} \longrightarrow \partial U_1(0) \setminus \{(1, 0)\}$$

stetig, und mit der Stetigkeit von $\left(\alpha|_{(0,2\pi)}\right)^{-1}$ folgt, dass auch die Komposition

$$\left(\psi|_{(0,2\pi)}\right)^{-1} = \left(\alpha|_{(0,2\pi)}\right)^{-1} \circ \eta^{-1}|_{\mathrm{Spur}\,(\psi)\setminus\{\zeta\}} : \mathrm{Spur}\,(\psi) \setminus \{\zeta\} \longrightarrow (0,2\pi)$$

stetig ist, wie behauptet[48].   ∎

Beweis von Satz 4.16.

(a) Dies ist uns bereits aus Satz 4.12 bekannt.

(b) Da $\mathrm{Spur}\,(\Psi) \subseteq D$ kompakt ist, folgt $I(\zeta) = \mathbb{R}$ aus Korollar 3.9.

Nach etwaiger Umparametrisierung von Ψ können wir $\Psi(a) = \Psi(b) = \phi_\zeta(0) = \zeta$ annehmen. Die Restriktion $\Psi|_{(a,b)} : (a,b) \longrightarrow \mathrm{Spur}\,(\Psi)\setminus\{\zeta\}$ ist dann ein glatter und injektiver Weg, und nach Proposition 4.19 ist ihre Umkehrabbildung $(\Psi|_{(a,b)})^{-1}$ stetig.

Gemäß Satz 4.9 ist ϕ_ζ entweder periodisch oder injektiv. (Die Möglichkeit, dass ϕ_ζ konstant ist, scheidet aufgrund der Voraussetzung, dass $\mathrm{Spur}\,(\Psi)$ und damit $\gamma(\zeta)$ keine Gleichgewichtspunkte enthält, aus.)

Wir nehmen zunächst an, ϕ_ζ wäre injektiv. Für alle $t > 0$ wäre dann $\phi_\zeta(t) \in \mathrm{Spur}\,(\Psi) \setminus \{\zeta\}$, und somit wären alle Voraussetzungen erfüllt, um Lemma 4.17 mit $\alpha := \phi_\zeta|_{(0,\infty)}$ und $\beta := \Psi|_{(a,b)}$ anzuwenden. Demzufolge gäbe es eine stetig differenzierbare Funktion $h : (0,\infty) \longrightarrow (a,b)$, so dass

$$\Psi \circ h = \phi_\zeta|_{(0,\infty)}.$$

Mit ϕ_ζ wäre auch h injektiv und somit streng monoton. Insbesondere würde der Grenzwert $\lim_{t\to\infty} h(t) =: c \in [a,b]$ existieren. Dies würde aber

$$\lim_{t\to\infty} \phi_\zeta(t) = \lim_{t\to\infty} \Psi(h(t)) = \Psi(c) \in \mathrm{Spur}\,(\Psi)$$

bedeuten. Nach (a) wäre dann $f(\Psi(c)) = 0$, was der Voraussetzung, dass auf $\mathrm{Spur}\,(\Psi)$ keine Gleichgewichtspunkte liegen, widerspräche.

Somit ist ϕ_ζ periodisch mit einer kleinsten positiven Periode $T > 0$. Auf $[0,T]$ ist ϕ_ζ dann injektiv mit $\phi_\zeta(t) \in \mathrm{Spur}\,(\Psi) \setminus \{\zeta\}$ für alle $t \in (0,T)$. Damit kann man wie eben

$$\phi_\zeta|_{(0,T)} = \Psi|_{(a,b)} \circ h$$

---

[48]Man kann Jordan-Wege auch als stetige injektive Abbildungen von der Einheitskreislinie $\partial U_1(0)$ in den $\mathbb{R}^n$ definieren. Sie sind dann nach Bemerkung 4.18 (1) automatisch Homöomorphismen.

mit einer stetig differenzierbaren und streng monotonen Funktion h :
$(0, T) \longrightarrow (a, b)$ schreiben, für die somit die Grenzwerte

$$h_+ := \lim_{t \to 0+} h(t) \in [a, b] \quad \text{und} \quad h_- := \lim_{t \to T-} h(t) \in [a, b]$$

existieren. Es ist dann

$$\begin{aligned}
\Psi(h_+) &= \lim_{t \to 0+} \Psi(h(t)) = \lim_{t \to 0+} \phi_\zeta(t) = \phi_\zeta(0) = \zeta = \phi_\zeta(T) \\
&= \lim_{t \to T-} \Psi(h(t)) = \Psi(h_-),
\end{aligned}$$

also

$$h_- = a, \quad h_+ = b \qquad \text{oder} \qquad h_- = b, \quad h_+ = a.$$

In beiden Fällen können wir mithilfe des Zwischenwertsatzes auf die
Surjektivität von h und damit auf

$$\begin{aligned}
\gamma(\zeta) = \phi_\zeta([0, T]) &= \phi_\zeta((0, T)) \cup \{\zeta\} \\
&= \Psi((a, b)) \cup \{\Psi(a), \Psi(b)\} = \text{Spur}\,(\Psi)
\end{aligned}$$

schließen. Dies zeigt die Behauptung.

(c) Wir nehmen an, ϕ_ζ wäre nicht injektiv. Nach Satz 4.9 (b) ist ϕ_ζ dann
periodisch mit einer kleinsten positiven Periode $T > 0$, und $\phi_\zeta|_{[0,T)}$ ist
injektiv.

Wegen $\gamma(\zeta) \subseteq \text{Spur}\,(\Psi)$, der Injektivität von Ψ und der in (c) vorausgesetzten Stetigkeit von Ψ^{-1} finden wir ähnlich wie in (b) mittels
Lemma 4.17 eine stetig differenzierbare und streng monotone Funktion
$h : [0, T) \longrightarrow (a, b)$, so dass

$$\Psi \circ h = \phi_\zeta|_{[0,T)}.$$

Wiederum existiert der (im Fall $a = -\infty$ bzw. $b = \infty$ evtl. uneigentliche) Grenzwert $\lim_{t \to T-} h(t) =: c \in (a, b) \cup \{a, b\}$, und es ist $c \neq h(0)$.
Wäre $c \in (a, b)$, so würde

$$\Psi(c) = \lim_{t \to T-} (\Psi \circ h)(t) = \lim_{t \to T-} \phi_\zeta(t) = \phi_\zeta(T) = \phi_\zeta(0) = \Psi(h(0))$$

folgen, im Widerspruch zur Injektivität von Ψ. Also ist $c \in \{a, b\}$, und
o.B.d.A. dürfen wir $c = b$ annehmen. Für $t_k := h\left(\frac{k-1}{k} \cdot T\right)$ gilt dann
$\lim_{k \to \infty} t_k = c$ und

$$\lim_{k \to \infty} \Psi(t_k) = \lim_{k \to \infty} \phi_\zeta\left(\frac{k-1}{k} \cdot T\right) = \phi_\zeta(T)$$

$$= \phi_\zeta(0) = \Psi(h(0)) \in \mathrm{Spur}\,(\Psi).$$

Gemäß Bemerkung 4.18 (2) widerspricht dies der Stetigkeit von Ψ^{-1}.

Also ist $\phi_\zeta : I(\zeta) \longrightarrow D$ injektiv. Wir schreiben $I(\zeta) = (t_\alpha, t_\omega)$.
Es bleibt noch $\gamma(\zeta) = \mathrm{Spur}\,(\Psi)$ zu zeigen.

> Dass dies gilt, lässt sich anschaulich wie folgt plausibilisieren: Wäre
> $\gamma(\zeta) \subsetneq \mathrm{Spur}\,(\Psi)$, so würde die Lösung $\phi_\zeta(t)$ z.B. für $t \to t_\omega-$ in einem
> Punkt $x^* \in \mathrm{Spur}\,(\Psi) \subseteq D$ enden. Nach Satz 3.8 ist dies nur möglich,
> wenn die Lösung für alle $t \geq 0$ existiert, also $t_\omega = +\infty$ ist. Gemäß
> (a) müsste dann aber x^* ein Gleichgewichtspunkt sein, was aufgrund
> der Voraussetzungen ausgeschlossen ist. – Für einen korrekten Beweis
> müssen wir freilich etwas sorgfältiger argumentieren und insbesondere
> die Existenz des Grenzwerts x^* für $t \to t_\omega-$ begründen.

Dazu nutzen wir aus, dass gemäß Lemma 4.17 abermals $\Psi \circ h = \phi_\zeta$ mit
einer stetig differenzierbaren und (angesichts der Injektivität von ϕ_ζ)
streng monotonen Funktion $h : I(\zeta) \longrightarrow (a,b)$ gilt, die wir o.B.d.A.
als steigend annehmen dürfen.

Wir zeigen, dass h sogar surjektiv ist: Wegen der Monotonie von h
existiert der Grenzwert $c := \lim_{t \to t_\omega-} h(t) \leq b$. Wir nehmen an, es
wäre $c < b$. Dann wäre

$$x^* := \lim_{t \to t_\omega-} \phi_\zeta(t) = \lim_{t \to t_\omega-} (\Psi \circ h)(t) = \Psi(c) \in \mathrm{Spur}\,(\Psi) \subseteq D,$$

und mit Satz 3.8 würde sich $t_\omega = \infty$ ergeben. Gemäß (a) hätte dies
aber $f(x^*) = 0$ zur Folge, was der Voraussetzung widerspricht, dass
$\mathrm{Spur}\,(\Psi)$ keine Gleichgewichtspunkte enthält. Somit muss $c = b$ gelten.
Analog beweist man $\lim_{t \to t_\alpha+} h(t) = a$. Mit dem Zwischenwertsatz
erhalten wir hieraus $h(I(\zeta)) = (a,b)$, also die Surjektivität von h. Aus
dieser ergibt sich schließlich analog zu (b)

$$\gamma(\zeta) = \phi_\zeta(I(\zeta)) = (\Psi \circ h)(I(\zeta)) = \Psi((a,b)) = \mathrm{Spur}\,(\Psi),$$

wie behauptet. ∎

In Satz 4.16 (c) ist die Voraussetzung der Stetigkeit von Ψ^{-1} unverzichtbar,
wie folgendes Beispiel illustriert:

Beispiel 4.20   Es sei $f(x,y) := (-y,x)$ und $\zeta := (1,0)$. Wie in Beispiel
4.8 gezeigt, ist die zugehörige Flusslinie des Systems $x', y' = f(x,y)$ gege-

ben durch $\phi_\zeta(t) = (\cos t, \sin t)$ für $t \in \mathbb{R} = I(\zeta)$; ihre Trajektorie ist die Einheitskreislinie $\partial U_1(0)$. Durch

$$\Psi(t) := \begin{cases} (\cos t, \sin t) & \text{für } -\pi < t \leq \pi, \\ (-1, \pi - t) & \text{für } t > \pi \end{cases}$$

ist ein glatter und injektiver Weg $\Psi : (-\pi, \infty) \longrightarrow \mathbb{R}^2$ definiert, dessen Spur den einzigen Gleichgewichtspunkt $(0,0)$ von $x' = f(x)$ nicht enthält. (Anschaulich: Von $(-1,0)$ aus durchläuft Ψ zunächst die Einheitskreislinie einmal im mathematisch positiven Sinn und läuft anschließend auf einem von $(-1,0)$ ausgehenden Strahl senkrecht nach unten; entscheidend für die Injektivität ist, dass der Punkt $(-1,0)$ nur einmal, für $t = \pi$, erreicht wird, da $t = -\pi$ nicht zum Definitionsintervall von Ψ gehört.)

Es gilt $\gamma(\zeta) \subseteq \text{Spur}\,(\Psi)$, aber hierin besteht keine Gleichheit, und ϕ_ζ ist auch nicht injektiv. Verantwortlich dafür ist, dass $\lim_{t \to -\pi} \Psi(t) = (-1,0) \in \text{Spur}\,(\Psi)$ gilt, was nach Bemerkung 4.18 (2) bedeutet, dass Ψ^{-1} unstetig ist. □

Satz 4.16 ist u.a. deshalb nützlich, weil man bei *zweidimensionalen* Systemen mitunter in einfacher Weise Wege konstruieren kann, deren Spuren Trajektorien enthalten. Dazu werden wir im nächsten Kapitel Erste Integrale einführen.

Dynamische Systeme und die Abbildung nach der Zeit

Das Konzept des Flusses ist aufs Engste verwandt mit dem des dynamischen Systems.

Definition 4.21   *Es seien offene, nicht-leere Mengen $D \subseteq \mathbb{R}^n$ und $\Omega \subseteq \mathbb{R} \times D$ gegeben, und für jedes $\zeta \in D$ sei $I^*(\zeta) := \{t \in \mathbb{R} : (t, \zeta) \in \Omega\}$ ein offenes Intervall um 0. Es sei $\phi : \Omega \longrightarrow D$ eine stetig differenzierbare Abbildung, die den Flussaxiomen (FA1) und (FA2) von S. 112 genügt, für die also*

(FA1) $\qquad\qquad \phi(0, \zeta) = \zeta \qquad$ *für alle $\zeta \in D$* ,

(FA2) $\quad I^*(\phi(s, \zeta)) = I^*(\zeta) - s \qquad$ *und* $\qquad \phi(t, \phi(s, \zeta)) = \phi(t + s, \zeta)$

$\qquad$ *für alle $(s, \zeta) \in \Omega$ und alle $t \in I^*(\zeta) - s$*

*gilt. Dann nennt man das Tripel $(\mathbb{R}, D, \phi)$ ein **dynamisches System** auf D.*

A priori ist in den zur Definition dynamischer Systeme verwendeten Fluss-axiomen keine Rede von Differentialgleichungen. Wie unser nächstes Resultat lehrt, wird unter geeigneten Glattheitsvoraussetzungen aber jedes dynamische System tatsächlich von einer autonomen Differentialgleichung induziert. Autonome Differentialgleichungen und dynamische Systeme sind insofern nur zwei Aspekte desselben Sachverhalts.

Satz 4.22 *Es sei $(\mathbb{R}, D, \phi)$ ein dynamisches System, und $\phi : \Omega \longrightarrow D$ sei zweimal stetig differenzierbar. Dann gibt es genau ein Vektorfeld $f : D \longrightarrow \mathbb{R}^n$, so dass ϕ der Fluss des autonomen Systems $x' = f(x)$ ist. Dieses ist gegeben durch*

$$f(x) := \frac{\partial \phi}{\partial t}(0, x) \qquad \text{für alle } x \in D.$$

Man nennt f auch das **Geschwindigkeitsfeld** *des Flusses ϕ.*

Beweis. Es sei f wie im Satz angegeben erklärt. Dann ist f stetig differenzierbar und insbesondere lokal Lipschitz-stetig. Es sei ein $\zeta \in D$ gegeben. Für alle $t \in I^*(\zeta)$ (mit $I^*(\zeta)$ wie in Definition 4.21) gilt dann aufgrund von (FA2)

$$
\begin{aligned}
\frac{\partial \phi}{\partial t}(t, \zeta) &= \lim_{s \to 0} \frac{\phi(t + s, \zeta) - \phi(t, \zeta)}{s} \\
&= \lim_{s \to 0} \frac{\phi(s, \phi(t, \zeta)) - \phi(0, \phi(t, \zeta))}{s} = \frac{\partial \phi}{\partial t}(0, \phi(t, \zeta)) = f(\phi(t, \zeta)).
\end{aligned}
$$

Daher und weil nach (FA1) $\phi(0, \zeta) = \zeta$ ist, ist $t \mapsto \phi(t, \zeta)$ die maximale Lösung des Anfangswertproblems $x' = f(x)$, $x(0) = \zeta$. Dies bedeutet gerade, dass ϕ der Fluss des autonomen Systems $x' = f(x)$ ist. – Dass umgekehrt ein Vektorfeld $f : D \longrightarrow \mathbb{R}^n$, für das ϕ der Fluss von $x' = f(x)$ ist, in der im Satz angegebenen Weise definiert werden muss, ist klar. ∎

Im Kontext dynamischer Systeme ist öfters die folgende Begriffsbildung nützlich.

Definition 4.23 *Für ein autonomes System $x' = f(x)$ mit Fluss ϕ und ein festes $t \in \mathbb{R}$ setzt man*

$$\Omega_t := \{\zeta \in D : (t, \zeta) \in \Omega(f)\} = \{\zeta \in D : t \in I(\zeta)\}$$

(mit $\Omega(f)$ wie in Definition 4.4). Im Falle $\Omega_t \neq \emptyset$ erklärt man die Abbildung $\phi^t : \Omega_t \longrightarrow D$ durch

$$\phi^t(\zeta) := \phi(t, \zeta) \qquad \text{für alle } \zeta \in \Omega_t.$$

Man nennt ϕ^t die **Abbildung nach der Zeit t** *(englisch: t-advance mapping)*.

Offensichtlich gilt hierbei $\Omega_t \subseteq \Omega_s$ für alle $s, t \in \mathbb{R}$ mit $0 \leq s \leq t$ oder $t \leq s \leq 0$. Nach Satz 3.16 sind alle Ω_t offen.

Die Abbildung nach der Zeit ist in einer gewissen Analogie zu den Flusslinien $\phi_\zeta(t) := \phi(t, \zeta)$ zu sehen (aber natürlich von diesen zu unterscheiden). Diesen beiden Notationen liegen unterschiedliche Sichtweisen auf dasselbe Phänomen zugrunde, bei denen man jeweils die eine der beiden Größen t und ζ als fixiert und die andere als variabel ansieht: Im Fall der Flusslinie interessiert man sich – um in der Analogie von S. 113 zu bleiben – dafür, wie sich ein gegebenes Teilchen mit Anfangswert ζ im Laufe der Zeit verhält, im Fall der Abbildung nach der Zeit hingegen dafür, wie der Zustand zu einem gegebenen Zeitpunkt t in der Zukunft (oder der Vergangenheit) vom Anfangswert ζ abhängt.

Mit diesen Notationen lassen sich die Flussaxiome in der Form

$$
\begin{aligned}
\phi^0 &= \mathrm{id}_D \\
(\phi^t \circ \phi^s)(\zeta) &= \phi^{s+t}(\zeta) \qquad \text{für alle } s, t \in \mathbb{R},\ \zeta \in \Omega_s \cap \Omega_{s+t}
\end{aligned}
\tag{4.17}
$$

schreiben. Diese Beobachtung wird sich beim Beweis des folgenden Lemmas als sehr nützlich erweisen. In dessen Formulierung taucht der Begriff des **Diffeomorphismus** auf. Darunter versteht man eine bijektive Abbildung $f : U \longrightarrow V$ einer offenen Menge $U \subseteq \mathbb{R}^n$ auf eine offene Menge $V \subseteq \mathbb{R}^n$, für die sowohl f selbst als auch die Umkehrabbildung $f^{-1} : V \longrightarrow U$ stetig differenzierbar sind[49]

---

[49]Dass hier Start- und Zielraum von f dieselbe Dimension n haben, ist zwingend, wenn f und f^{-1} beide zugleich total differenzierbar sein sollen:

Es seien nämlich $U \subseteq \mathbb{R}^n$ und $V \subseteq \mathbb{R}^m$ offen, $f : U \longrightarrow V$ sei bijektiv und in einem Punkt $a \in U$ total differenzierbar, und f^{-1} sei total differenzierbar in $b := f(a) \in V$. Aus $f^{-1} \circ f = \mathrm{id}_U$ und $f \circ f^{-1} = \mathrm{id}_V$ erhält man dann mit der Kettenregel

$$
\mathcal{D}f^{-1}(b) \circ \mathcal{D}f(a) = \mathcal{D}\,\mathrm{id}_U(a) = \mathrm{id}_{\mathbb{R}^n} \qquad \text{und} \qquad \mathcal{D}f(a) \circ \mathcal{D}f^{-1}(b) = \mathrm{id}_{\mathbb{R}^m},
$$

d.h. die linearen Abbildungen $\mathcal{D}f^{-1}(b) : \mathbb{R}^m \longrightarrow \mathbb{R}^n$ und $\mathcal{D}f(a) : \mathbb{R}^n \longrightarrow \mathbb{R}^m$ sind beide bijektiv und zueinander invers. Dies ist nur für $m = n$ möglich.

Der (ungleich schwieriger zu beweisende) Satz über lokale Umkehrbarkeit [24, Satz 26.3] besagt, dass die Dimensionsbedingung $m = n$ und die Invertierbarkeit von $\mathcal{D}f(a)$ im Falle einer *stetig* differenzierbaren Abbildung $f : U \longrightarrow V$ auch hinreichend dafür sind, dass f in einer gewissen Umgebung von a eine stetig differenzierbare Umkehrabbildung besitzt.

Lemma 4.24   *Es seien $D \subseteq \mathbb{R}^n$ eine nicht-leere offene Menge und $f :$ $D \longrightarrow \mathbb{R}^n$ eine stetig differenzierbare Abbildung. Für jedes $t \in \mathbb{R}$ mit $\Omega_t \neq \emptyset$ ist dann ϕ^t ein Diffeomorphismus von Ω_t auf Ω_{-t} mit der Umkehrabbildung $(\phi^t)^{-1} = \phi^{-t}$.*

Beweis.

(1) Es sei ein $\zeta \in \Omega_t$ gegeben. Dies bedeutet $(t, \zeta) \in \Omega(f)$, so dass gemäß (FA2) $I(\phi^t(\zeta)) = I(\zeta) - t$ gilt. Wegen $0 \in I(\zeta)$ impliziert dies $-t \in I(\phi^t(\zeta))$. Definitionsgemäß ist also $(-t, \phi^t(\zeta)) \in \Omega(f)$, d.h. $\phi^t(\zeta) \in \Omega_{-t}$.

Dies zeigt, dass Ω_t durch ϕ^t nach Ω_{-t} abgebildet wird. Ebenso wird Ω_{-t} durch ϕ^{-t} nach Ω_t abgebildet.

(2) Angesichts von $\Omega_{t-t} = \Omega_0 = D$ ergibt sich aus (4.17)

$$(\phi^{-t} \circ \phi^t)(\zeta) = \phi^{t-t}(\zeta) = \phi^0(\zeta) = \zeta \qquad \text{für alle } \zeta \in \Omega_t.$$

Also ist $\phi^{-t} \circ \phi^t = \mathrm{id}_{\Omega_t}$, und analog gilt $\phi^t \circ \phi^{-t} = \mathrm{id}_{\Omega_{-t}}$.

Daher ist $\phi^t : \Omega_t \longrightarrow \Omega_{-t}$ bijektiv mit Umkehrabbildung $(\phi^t)^{-1} = \phi^{-t}$.

(3) Dass ϕ^t und $(\phi^t)^{-1} = \phi^{-t}$ stetig differenzierbar sind, folgt aus Satz 3.19. ∎

5 Erste Integrale und Hamilton-Systeme

Der große Wert von Phasenporträts besteht darin, dass sie die wesentlichen Eigenschaften autonomer Systeme mit einem Blick erfassbar machen. Daher lohnt es sich, nach Hilfsmitteln zu suchen, die die Bestimmung von Phasenporträts erleichtern. Am besten wäre es, wenn man ganz ohne das Berechnen von Lösungen (das ja i.Allg. ohnehin nicht explizit, sondern nur numerisch gelingt) auskäme. In wichtigen Spezialfällen ist dies tatsächlich möglich. Ihnen widmen wir uns in diesem Kapitel.

Im Folgenden betrachten wir Funktionen $H : D \longrightarrow \mathbb{R}$ auf offenen Mengen $D \subseteq \mathbb{R}^n$. Man nennt das Urbild

$$N_c(H) := H^{-1}(\{c\}) = \{x \in D \ : \ H(x) = c\}$$

die **Niveaumenge**[50] von H zum Niveau $c \in \mathbb{R}$.

Beispiel 5.1 (Wanderkarte) Im ebenen Fall $D \subseteq \mathbb{R}^2$ kann man sich den Graph von $H : D \longrightarrow \mathbb{R}$ als Gebirge vorstellen. Solange man innerhalb einer Niveaumenge $N_c(H)$ bleibt, kann man gemütlich herumlaufen, da man weder Ab- noch Anstiege bewältigen muss. Dabei kann $N_c(H)$ einzelne Punkte (wie bei einem Gipfel), Plateaus (wie bei einer Hochebene) oder Kurven (wie an einem Berghang) enthalten. Topographische Karten, z.B. Wanderkarten stellen Niveaumengen in Form von Höhenlinien (Isohypsen) dar (Abb. 5.1). Das macht es möglich, nicht nur Distanzen abzubilden, sondern auch effektiv, ohne viele Zahlen Informationen zu Höhe und Geländeverlauf zu vermitteln. Je dichter die Höhenlinien liegen, desto steiler ist beispielsweise die entsprechende Stelle am Berg.

Ein anderes Beispiel, in dem uns Bilder von Niveaumengen wohlvertraut sind, liefern Wetterkarten mit ihren Linien konstanten Luftdrucks (Isobaren), konstanter Temperatur (Isothermen) oder konstanten Niederschlags (Isohyeten). □

---

[50]In `Mathematica` lassen sich Niveaumengen mithilfe des Befehls `ContourPlot` graphisch darstellen.

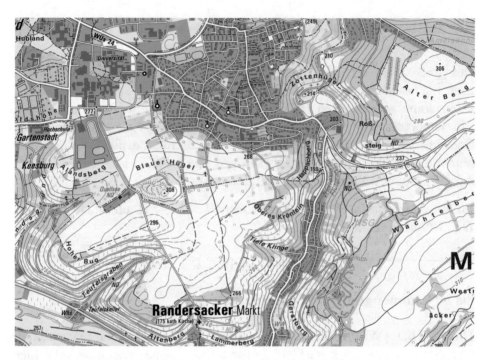

Abb. 5.1: Topographische Karte mit Höhenlinien. Es ist gut zu erkennen, dass etliche Wege (z.B. Weinbergswege) weitgehend dem Verlauf der Höhenlinien folgen.
Quelle: Bayerische Vermessungsverwaltung (www.geodaten.bayern.de), EuroGeographics, Ausschnitt aus der Topographischen Karte 560_5520_20, Lizenz CC BY 4.0

Beispiel 5.1 legt die Vermutung nahe, dass die Niveaumengen von H typischerweise $(n-1)$-dimensionale Gebilde (im $\mathbb{R}^n$) sind[51]. In Bemerkung 5.5 werden wir sehen, dass dies unter geeigneten Voraussetzungen tatsächlich zutrifft. Hierfür wie auch für unsere übrigen Untersuchungen benötigen wir die folgenden Begriffe aus der mehrdimensionalen Differentialrechnung.

Es sei $H : D \longrightarrow \mathbb{R}$ total differenzierbar in $x \in D$. Dann ist die Jacobi-Matrix

$$J_H(x) = \left(\frac{\partial H}{\partial x_1}(x), \ldots, \frac{\partial H}{\partial x_n}(x) \right) \in \mathbb{R}^{1 \times n}$$

---

[51] Anschaulich: Sie sehen (zumindest lokal) so aus wie ein Stück des $\mathbb{R}^{n-1}$, so wie unsere Erdoberfläche zwar im $\mathbb{R}^3$ liegt, aber lokal doch wie ein Teil einer zweidimensionalen Fläche erscheint. Mathematisch präzisieren kann man dies mit der Theorie der Diffeomorphismen und Untermannigfaltigkeiten. Dies ist in Bemerkung 5.5 mit dem Verweis auf den Satz über implizite Funktionen nur angedeutet.

ein Zeilenvektor, welcher der **Gradient** von H in x genannt wird. Gebräuchliche Notationen sind $\operatorname{grad} H(x) := J_H(x)$ und $\nabla H(x) := (J_H(x))^T \in \mathbb{R}^n$. (Das Symbol ∇ wird „Nabla" gelesen.) Ob der Gradient als Zeilen- oder als Spaltenvektor definiert wird, wird in der Literatur leider nicht einheitlich gehandhabt; mitunter verwechselt (bzw. „identifiziert") man hier zwecks Vereinfachung der Notation auch Spalten- und Zeilenvektoren miteinander, was aber in der Regel nicht zu Problemen führt.

Die j-te partielle Ableitung

$$\frac{\partial H}{\partial x_j}(x) = \lim_{h \to 0} \frac{H(x + he_j) - H(x)}{h}$$

stellt die Ableitung von H im Punkt x in Richtung des Einheitsvektors e_j dar. Analog kann man für ein beliebiges $v \in \mathbb{R}^n$ mit $\|v\| = 1$ die **Richtungsableitung**

$$\frac{\partial H}{\partial v}(x) = \lim_{h \to 0} \frac{H(x + hv) - H(x)}{h}$$

von H im Punkt x in Richtung v betrachten. Bezeichnet $\langle \cdot, \cdot \rangle$ das **euklidische Standard-Skalarprodukt** im $\mathbb{R}^n$, so erhalten wir mit Hilfe der Kettenregel die Formel

$$\frac{\partial H}{\partial v}(x) = \frac{d}{dh} H(x + hv)\bigg|_{h=0} = \operatorname{grad} H(x) \cdot v = \langle \nabla H(x), v \rangle, \qquad (5.1)$$

die einen Zusammenhang zwischen Richtungsableitung und Gradient herstellt. Nach der Cauchy-Schwarzschen Ungleichung gilt also

$$\left| \frac{\partial H}{\partial v}(x) \right| \leq \|\nabla H(x)\| \cdot \|v\| = \|\nabla H(x)\|,$$

und im Falle $\nabla H(x) \neq 0$ herrscht hier genau dann Gleichheit, wenn $v = \pm \frac{\nabla H(x)}{\|\nabla H(x)\|}$ gilt. Für diese beiden Richtungen hat die Richtungsableitung $\frac{\partial H}{\partial v}(x)$ also ihren maximalen bzw. ihren minimalen Wert (unter allen Richtungen v mit $\|v\| = 1$). Der Gradient von H zeigt somit in die Richtung des steilsten Anstiegs von H. Diese Richtung ist im Falle von zwei Variablen in einem Höhenlinienbild von H gut erkennbar: Es ist die Richtung mit der größten Dichte an Höhenlinien. Anschaulich ist daher zu erwarten, dass der Gradient von H senkrecht auf den Höhenlinien von H steht (Abb. 5.2). Unter der Voraussetzung, dass eine Höhenlinie eine glatte Kurve ist, ist dies einfach zu beweisen.

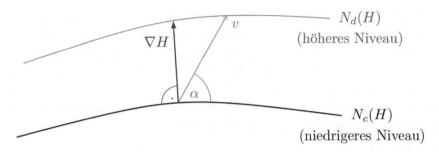

Abb. 5.2: Im Gegensatz zum Vektor v (mit $\alpha \neq \frac{\pi}{2}$) zeigt ∇H in Richtung des steilsten Anstiegs von H.

Proposition 5.2   *Es sei $H : D \longrightarrow \mathbb{R}$ eine total differenzierbare Funktion auf einer offenen, nicht-leeren Menge $D \subseteq \mathbb{R}^n$. Es sei $\gamma : (a, b) \longrightarrow D$ ein glatter Weg, der ganz in einer Niveaumenge $N_c(H)$ verläuft, d. h. es gelte $H(\gamma(t)) = c$ für alle $t \in (a, b)$.*

Dann ist für alle $t_0 \in (a, b)$ der Tangentialvektor $\gamma'(t_0)$ orthogonal[52] zum Gradienten $\nabla H(\gamma(t_0))$, und die Richtungsableitung von H in $\gamma(t_0)$ in Richtung dieses Tangentialvektors ist Null.

Beweis. Es sei ein $t_0 \in (a, b)$ gegeben. Mit der Kettenregel folgt

$$0 = \frac{d}{dt} H(\gamma(t)) = \langle \nabla H(\gamma(t)), \gamma'(t) \rangle \qquad \text{für alle } t \in (a, b).$$

Insbesondere ist $\langle \nabla H(\gamma(t_0)), \gamma'(t_0) \rangle = 0$, d.h. $\gamma'(t_0)$ ist orthogonal zu $\nabla H(\gamma(t_0))$.

Wegen der Glattheit von γ ist $\gamma'(t_0) \neq 0$. Daher ist $v_0 := \frac{\gamma'(t_0)}{\|\gamma'(t_0)\|}$ die Richtung des Tangentialvektors. Mit (5.1) folgt

$$\frac{\partial H}{\partial v_0}(\gamma(t_0)) = \langle \nabla H(\gamma(t_0)), v_0 \rangle = 0,$$

d.h. die Richtungsableitung von H in $\gamma(t_0)$ in Richtung des Tangentialvektors $\gamma'(t_0)$ ist 0. $\blacksquare$

---

[52]Zur Erinnerung: Zwei Vektoren $x, y \in \mathbb{R}^n$ sind definitionsgemäß genau dann zueinander orthogonal, wenn $\langle x, y \rangle = 0$ gilt. Allgemeiner ist im Fall $x, y \neq 0$ der Winkel $\alpha \in [0, \pi]$ zwischen x und y mittels

$$\cos \alpha = \frac{\langle x, y \rangle}{\|x\| \cdot \|y\|}$$

definiert. – Dieser Definition liegt implizit die Cauchy-Schwarzsche Ungleichung zugrunde, welche sicherstellt, dass der Quotient auf der rechten Seite im Intervall $[-1, 1]$ liegt.

Wir erinnern an die schon im letzten Kapitel getroffene Generalvoraussetzung:

> Es bezeichne – sofern nicht anders vermerkt – $D \subseteq \mathbb{R}^n$ für den Rest dieses Kapitels stets eine offene, nicht-leere Menge und $f : D \longrightarrow \mathbb{R}^n$ eine lokal Lipschitz-stetige Abbildung.

Definition 5.3 *Eine stetig differenzierbare Funktion $H : D \longrightarrow \mathbb{R}$ heißt ein **Erstes Integral** des autonomen Systems $x' = f(x)$, wenn für jede Lösung $\varphi : I \longrightarrow D$ dieses Systems die Komposition $H \circ \varphi : I \longrightarrow \mathbb{R}$ konstant ist.*

Jede konstante Funktion $H \equiv c$ ist trivialerweise ein Erstes Integral, unabhängig von f. Für die Untersuchung autonomer Systeme sind solche konstanten Ersten Integrale wertlos. Deshalb fordern manche Autoren bei der Definition von Ersten Integralen zusätzlich, dass diese nicht-konstant sind.

Gelegentlich nützlich ist die einfache Beobachtung, dass für ein Erstes Integral $H : D \longrightarrow \mathbb{R}$ und beliebiges $c \in \mathbb{R}$ auch $H + c$ und $c \cdot H$ Erste Integrale sind.

Ist $H : D \longrightarrow \mathbb{R}$ ein Erstes Integral, so verläuft jede Lösung des Systems in einer Niveaumenge von H. Daher lässt sich aus geometrischen Informationen über die Niveaumengen einiges über die Trajektorien lernen. Dies ist der Hauptgrund, weshalb wir uns für Erste Integrale interessieren. Weil die Tangentialrichtungen der Lösungskurven durch das Vektorfeld f beschrieben werden, ist f „tangential" zu den Niveaumengen von H. Da gemäß Proposition 5.2 der Gradient von H senkrecht auf den Niveaumengen steht, folgt, dass $f(x)$ und $\nabla H(x)$ senkrecht aufeinander stehen. Tatsächlich erhält man auf diese Weise sogar eine äquivalente Charakterisierung Erster Integrale; der Beweis hierfür ist – wenig überraschend – lediglich eine Variation des Beweises von Proposition 5.2:

Satz 5.4 *Eine stetig differenzierbare Funktion $H : D \longrightarrow \mathbb{R}$ ist genau dann ein Erstes Integral des autonomen Systems $x' = f(x)$, wenn*

$$\langle \nabla H(x), f(x) \rangle = 0 \qquad \text{für alle } x \in D \tag{5.2}$$

gilt, d.h. wenn für jeden Punkt $x \in D$ der Gradient von H in x senkrecht auf $f(x)$ steht bzw. die Richtungsableitung von H in x in Richtung $f(x)$ verschwindet.

Beweis. Ist $\varphi : I \longrightarrow D$ eine beliebige Lösung von $x' = f(x)$, so liefert die Kettenregel

$$(H \circ \varphi)'(t) = \operatorname{grad} H(\varphi(t)) \cdot \varphi'(t) = \langle \nabla H(\varphi(t)), f(\varphi(t)) \rangle \qquad (5.3)$$

für alle $t \in I$.

„$\Longleftarrow$": Es gelte (5.2), und es sei $\varphi : I \longrightarrow D$ eine beliebige Lösung von $x' = f(x)$. Aus (5.3) folgt dann sofort $(H \circ \varphi)' = 0$, so dass $H \circ \varphi$ konstant ist. Somit ist H ein Erstes Integral.

„$\Longrightarrow$": Nun sei H ein Erstes Integral und $x_0 \in D$ beliebig. Nach dem Satz von Picard-Lindelöf gibt es eine Lösung $\varphi : I \longrightarrow D$ von $x' = f(x)$ mit $\varphi(0) = x_0$. Es ist dann $H \circ \varphi$ konstant. Mit Hilfe von (5.3) folgt daher

$$0 = (H \circ \varphi)'(0) = \langle \nabla H(\varphi(0)), f(\varphi(0)) \rangle = \langle \nabla H(x_0), f(x_0) \rangle.$$

Da dies für alle $x_0 \in D$ gilt, ist (5.2) erfüllt.   ∎

In Kapitel 12 werden wir den Ljapunov-Funktionen begegnen, welche dadurch charakterisiert sind, dass man in (5.2) die Gleichheit durch $\leq$ ersetzt.

Bemerkung 5.5 (Lokale Geometrie der Niveaumengen)   Es seien $H : D \longrightarrow \mathbb{R}$ stetig differenzierbar, $\xi \in N_c(H)$ und $\operatorname{grad} H(\xi) \neq 0$. Dann existiert ein $j \in \{1, \ldots, n\}$ mit $\frac{\partial H}{\partial x_j}(\xi) \neq 0$. O.B.d.A. sei $j = n$. Nach dem Satz über implizite Funktionen lässt sich die Gleichung

$$H(x_1, \ldots, x_n) - c = 0$$

in einer gewissen Umgebung von ξ eindeutig nach der Variablen x_n auflösen. Genauer gesagt gibt es eine offene Menge $V \subseteq \mathbb{R}^{n-1}$, ein offenes Intervall $I \subseteq \mathbb{R}$ und eine stetig differenzierbare Funktion $\psi : V \longrightarrow I$ derart, dass $\xi \in U := V \times I \subseteq D$ und

$$N_c(H) \cap U = \{(v, \psi(v)) : v \in V\} \qquad (5.4)$$

gilt. Somit ist der in U enthaltene Teil von $N_c(H)$ eine $(n-1)$-dimensionale Fläche im $\mathbb{R}^n$. Eine solche Fläche wird **Hyperfläche** genannt.   □

Beispiel 5.6   Wir betrachten das autonome System

$$\begin{pmatrix} x' \\ y' \\ z' \end{pmatrix} = \begin{pmatrix} 2yz \\ -xz \\ -xy \end{pmatrix}.$$

Die Funktion $H : \mathbb{R}^3 \longrightarrow \mathbb{R}$, $H(x, y, z) = x^2 + y^2 + z^2$ ist wegen

$$\operatorname{grad} H(x, y, z) \begin{pmatrix} 2yz \\ -xz \\ -xy \end{pmatrix} = (2x, 2y, 2z) \begin{pmatrix} 2yz \\ -xz \\ -xy \end{pmatrix} = 4xyz - 2xyz - 2xyz = 0$$

ein nicht-konstantes Erstes Integral des Systems. Die nicht-leeren Niveaumengen von H sind die Mengen

$$N_c(H) = \{(x, y, z) \in \mathbb{R}^3 \, : \, x^2 + y^2 + z^2 = c\}$$

mit $c \geq 0$; sie sind Sphären mit Radius $\sqrt{c}$ und Mittelpunkt $(0, 0, 0)$.

Abb. 5.3: Das Phasenporträt des autonomen Systems aus Beispiel 5.6 auf der Einheitssphäre

Die Trajektorien des Systems verlaufen also in diesen Sphären (Abb. 5.3). Um ihren genauen Verlauf herauszufinden, sind jedoch tiefergehende Untersuchungen nötig, da die Trajektorien „linienförmig" sind, während es sich bei den Sphären um zweidimensionale Flächen handelt. $\qquad\square$

Von besonderer Wichtigkeit in unseren Betrachtungen sind die **ebenen** (zweidimensionalen) autonomen Systeme

$$\begin{pmatrix} x' \\ y' \end{pmatrix} = f(x, y) =: \begin{pmatrix} g(x, y) \\ h(x, y) \end{pmatrix}. \tag{5.5}$$

Im Gegensatz zum nicht-ebenen Fall (wie in Beispiel 5.6) ist hier ein nicht-konstantes Erstes Integral $H : D \longrightarrow \mathbb{R}$ oft schon ausreichend für die vollständige Bestimmung der Trajektorien. Das liegt daran, dass sich für $(x_0, y_0) \in N_c(H)$ mit $\operatorname{grad} H(x_0, y_0) \neq 0$ Bemerkung 5.5 und Satz 4.16 kombinieren lassen: Weil H ein Erstes Integral ist, liegt die Trajektorie durch (x_0, y_0) in der Niveaumenge $N_c(H)$, und diese ist wegen (5.4) in einer gewissen Umgebung U von (x_0, y_0) die Spur eines injektiven glatten Weges, nämlich (mit den dortigen Bezeichnungen und Annahmen, insbesondere $\frac{\partial H}{\partial y}(x_0, y_0) \neq 0$) die Spur von $\Psi(x) = (x, \psi(x))$, wobei $\psi : V \longrightarrow \mathbb{R}$ hier eine stetig differenzierbare Funktion auf einem Intervall V mit $x_0 \in V$ ist: Injektiv ist der Weg Ψ, weil man aus der Kenntnis von $\Psi(x)$ eindeutig x rekonstruieren (nämlich aus der ersten Komponente ablesen) kann, und glatt ist er, weil der Tangentialvektor $\Psi'(x) = (1, \psi'(x))^T$ nie der Nullvektor ist. Zudem ist Ψ^{-1} stetig, denn für alle $x_1, x_2 \in V$ gilt

$$
\begin{aligned}
\left| \Psi^{-1}(x_1, \psi(x_1)) - \Psi^{-1}(x_2, \psi(x_2)) \right| &= |x_1 - x_2| \\
&\leq \left\| (x_1, \psi(x_1)) - (x_2, \psi(x_2)) \right\|.
\end{aligned}
$$

Indem man ggf. U verkleinert, lässt sich auch erreichen, dass die Spur von Ψ keinen Gleichgewichtspunkt enthält, es sei denn (x_0, y_0) ist selbst ein solcher. Letzterer Fall ist hier aber uninteressant, denn dann kennt man die Trajektorie durch (x_0, y_0) ohnehin: Sie besteht nur aus dem Gleichgewichtspunkt. Andernfalls ist $N_c(H) \cap U$ gemäß Satz 4.16 (c) bereits der in U verlaufende Teil der Trajektorie $\gamma(x_0, y_0)$. – Dass diese Betrachtungen nicht auf höherdimensionale Systeme übertragbar sind, rührt daher, dass die Niveaumengen von H dann nicht mehr eindimensional sind, also auch lokal nicht mehr als Spuren glatter Wege dargestellt werden können.

Beispiel 5.7 (Examensaufgabe)   Wir betrachten die Differentialgleichung

$$
x'' = -x + x^3. \tag{5.6}
$$

Hintergrund: Es handelt sich dabei um einen Spezialfall der (homogenen) **Duffing-Gleichung** $x'' = \alpha x + \beta x^3 + \varrho x'$. Sie verallgemeinert die Gleichung des harmonischen Oszillators aus Beispiel 4.8. Mit ihr lässt sich z.B. die Auslenkung eines Federpendels modellieren, bei der die rücktreibende Kraft nicht exakt dem Hookeschen Gesetz genügt, also nicht proportional zur Auslenkung ist, sondern einen kubischen Korrekturterm enthält. Die Konstante ϱ ist eine Dämpfungskonstante, die den Einfluss z.B. der Reibung modelliert (vgl. hierzu auch Abschnitt 16.5.1).

(a) Bestimmen Sie ein Erstes Integral dieser Differentialgleichung, indem Sie zunächst mit x' multiplizieren und anschließend über Intervalle $[0, t]$ integrieren.

(b) Bestimmen Sie die Gleichgewichtspunkte und zeichnen Sie ein Phasenporträt mit Richtungspfeilen.

(c) Für welche Anfangsbedingungen $x(0) = x_0$, $x'(0) = y_0$ bleibt die maximale Lösung beschränkt?

Lösung:

(a) Multiplikation der Differentialgleichung mit x' liefert

$$\frac{d}{dt}\frac{x'^2}{2} = x''x' = -xx' + x^3x' = -\frac{d}{dt}\frac{x^2}{2} + \frac{d}{dt}\frac{x^4}{4},$$

also

$$\frac{d}{dt}\left(\frac{(x')^2}{2} + \frac{x^2}{2} - \frac{x^4}{4}\right) = 0. \tag{5.7}$$

Aus Gründen der begrifflichen Präzision wandeln wir die skalare Differentialgleichung zweiter Ordnung in (5.6) mit Hilfe der Festlegung $(u, v) := (x, x')$ in das äquivalente ebene System

$$\begin{pmatrix} u' \\ v' \end{pmatrix} = \begin{pmatrix} v \\ -u + u^3 \end{pmatrix} =: f(u, v) \tag{5.8}$$

erster Ordnung um. (5.7) zeigt, dass es sich bei der Funktion

$$H : \mathbb{R}^2 \longrightarrow \mathbb{R}, \ H(u, v) = v^2 + u^2 - \frac{1}{2}u^4$$

um ein nicht-konstantes Erstes Integral von (5.8) handelt. (Hierbei haben wir den Term aus (5.7) zur Vereinfachung mit 2 multipliziert.)

(b) Die gesuchten Gleichgewichtspunkte von (5.8) sind wegen

$$f(u, v) = 0 \qquad \Longleftrightarrow \qquad v = 0 \ \wedge \ u(u^2 - 1) = 0$$

gerade $(0, 0)$, $(1, 0)$ und $(-1, 0)$. Diese drei Punkte sind wegen

$$\operatorname{grad} H(u, v) = (2u - 2u^3, 2v)$$

hier „zufällig"[53] auch die kritischen Punkte von H.

Da $v \mapsto v^2$ in 0 ein striktes lokales Minimum und $u \mapsto u^2 - \frac{1}{2}u^4 = \frac{1}{2}u^2(2 - u^2)$ in 0 ein striktes lokales Minimum und in ± 1 strikte lokale Maxima hat, hat H in $(0, 0)$ ein striktes lokales Minimum, während es sich bei $(\pm 1, 0)$ um Sattelpunkte von H handelt. (Zum gleichen

---

[53]I.Allg. ist dies natürlich nicht zwangsläufig so. Hier ist es deshalb der Fall, weil das gegebene System ein Hamilton-System ist. Siehe hierzu Definition 5.12 und die sich daran anschließenden Ausführungen.

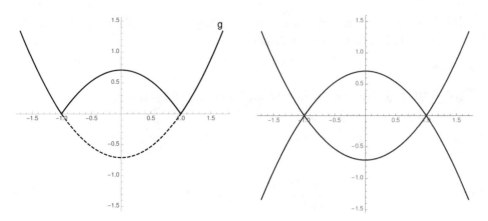

Abb. 5.4: Zu Beispiel 5.7: (a) Graph von g, (b) Niveaumenge $N_{1/2}(H)$

Ergebnis gelangt man, indem man die Hesse-Matrix von H betrachtet, die sich in $(0,0)$ als positiv definit und in $(\pm 1, 0)$ als indefinit erweist.)

Dies vermittelt einen ersten Eindruck davon, wie die Niveaulinien von H aussehen müssen. Strikte lokale Extrema werden nämlich von Niveaulinien umrundet, während sich in Sattelpunkten typischerweise zwei Niveaulinien zum gleichem Niveau kreuzen. In unserem Fall hat das zu den Sattelpunkten gehörende Niveau den Wert $H(1,0) = H(-1,0) = 1 - \frac{1}{2} = \frac{1}{2}$. Wegen

$$H(u,v) = \frac{1}{2} \quad \Longleftrightarrow \quad v^2 = \frac{1}{2} - u^2 + \frac{u^4}{2} = \frac{1}{2}\left(u^2 - 1\right)^2$$

$$\Longleftrightarrow \quad v = \pm \frac{1}{\sqrt{2}}\left|u^2 - 1\right|$$

ist

$$N_{1/2}(H) = \left\{(u,v) \in \mathbb{R}^2 : v = \pm g(u)\right\} \quad \text{mit} \quad g(u) := \frac{1}{\sqrt{2}}\left|u^2 - 1\right|.$$

Man erhält den Graphen von g, indem man das unter der Abszisse verlaufende Stück der durch $u \mapsto \frac{1}{\sqrt{2}}(u^2 - 1)$ beschriebenen Parabel nach oben umklappt (Abb. 5.4 (a)). $N_{1/2}(H)$ ist also gerade die Vereinigung der Graphen von g und $-g$ (Abb. 5.4 (b)).

Wie sehen die restlichen Niveaumengen aus? Hierfür berücksichtigen wir, dass sich $N_c(H)$ für Werte von c nahe bei (aber ungleich) $\frac{1}{2}$ aus Stetigkeitsgründen überschneidungsfrei an $N_{1/2}(H)$ „anschmiegt". Mit dieser Information kann man den qualitativen Verlauf der Niveaumengen erraten, ohne sie konkret ausrechnen zu müssen. (Numerisch korrekte Werte sind – bis auf wenige Ausnahmen, wie etwa die Lage der Gleichgewichtspunkte – in einer Zeichnung ohnehin nicht gefordert.) Um das Phasenporträt von (5.8) zu zeichnen, reicht die Kenntnis der Niveaumengen von H noch nicht ganz aus. Es fehlen nämlich noch die Richtungen, in denen die Trajektorien die Niveaumengen durchlaufen.

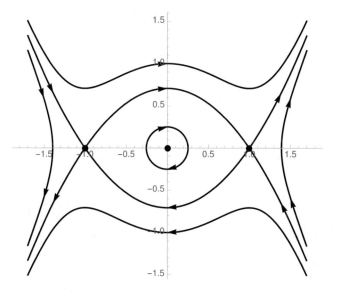

Abb. 5.5: Phasenporträt von (5.8)

Um für einen beliebigen Punkt (u_0, v_0) die Durchlaufungsrichtung der Trajektorie $\gamma(u_0, v_0)$ zu bestimmen, schaut man sich an, in welche Richtung der Vektor $f(u_0, v_0)$ (der ja der „Geschwindigkeitsvektor" der Lösung im Punkt (u_0, v_0) ist) zeigt, ausgehend von dem „Fußpunkt" (u_0, v_0). Hier liest man aus der ersten Komponente von $f(u, v)$ ab, dass die Trajektorien nach rechts orientiert sind, solange sie in der oberen Halbebene verlaufen, und nach links andernfalls. (Analog kann man auch die zweite Komponente von $f(u, v)$ zur Bestimmung der Orientierung heranziehen, dies ist aber geringfügig komplizierter.) Insgesamt erhalten wir das in Abb. 5.5 gezeigte Phasenporträt.

(c) Anhand dieses Phasenporträts erkennt man, dass die maximale Lösung der ursprünglichen Differentialgleichung $x'' = -x + x^3$ zu den Anfangsbedingungen $x(0) = x_0$, $x'(0) = y_0$ genau dann beschränkt ist, wenn $x_0 \in [-1, 1]$ und $-g(x_0) \le y_0 \le g(x_0)$ gilt.

Ergänzung: Gemäß Korollar 3.9 existieren diese beschränkten Lösungen für alle Zeiten. Hiernach war in dieser Aufgabe freilich nicht gefragt.   □

Beispiel 5.8 (Examensaufgabe)   Es seien $f, g : (0, \infty) \longrightarrow \mathbb{R}$ stetige, nicht identisch verschwindende Funktionen, und es sei v das durch

$$v(x, y) := \begin{pmatrix} f(y) \\ g(x) \end{pmatrix}$$

auf $D := \{(x, y) \in \mathbb{R}^2 : x, y > 0\}$ definierte Vektorfeld. Es seien F, G Stammfunktionen von f bzw. g.

(a) Man zeige, dass die Funktion

$$E(x, y) := F(y) - G(x)$$

auf D ein Erstes Integral des autonomen Systems $(x', y') = v(x, y)$ ist.

(b) Man betrachte nun das spezielle Vektorfeld $v(x, y) := \begin{pmatrix} \frac{1}{y} \\ \frac{1}{x} \end{pmatrix}$ auf D und skizziere das Phasenporträt von $(x', y') = v(x, y)$.

(c) Man bestimme die maximale Lösung

$$u : I \longrightarrow D, \quad u(t) := \begin{pmatrix} \alpha(t) \\ \beta(t) \end{pmatrix}$$

des Anfangswertproblems

$$\begin{pmatrix} x' \\ y' \end{pmatrix} = \begin{pmatrix} \frac{1}{y} \\ \frac{1}{x} \end{pmatrix}, \qquad \begin{pmatrix} x(0) \\ y(0) \end{pmatrix} = \begin{pmatrix} e \\ 1 \end{pmatrix}.$$

Lösung:

(a) Für alle $(x, y) \in D$ gilt

$$\nabla E(x, y) = \begin{pmatrix} -G'(x) \\ F'(y) \end{pmatrix} = \begin{pmatrix} -g(x) \\ f(y) \end{pmatrix}$$

und somit

$$\langle \nabla E(x, y), v(x, y) \rangle = -g(x) \cdot f(y) + f(y) \cdot g(x) = 0.$$

Gemäß Satz 5.4 ist E daher ein Erstes Integral von v auf D.

(b) Aus der Darstellung

$$v(x,y) = \frac{1}{xy}\begin{pmatrix} x \\ y \end{pmatrix}$$

wird ersichtlich, dass es sich bei v um ein sog. **Zentralfeld** (mit Zentrum 0) handelt, bei dem der Feldvektor $v(x,y)$ stets in die Richtung des Ortsvektors $(x,y)^T$ zeigt. Das Phasenporträt von $(x',y') = v(x,y)$ zeigt Abb. 5.6.

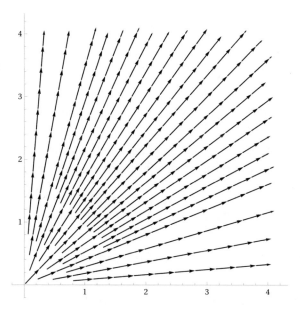

Abb. 5.6: Zu Beispiel 5.8 (b): das Phasenporträt von $v(x,y) := \left(\frac{1}{y}, \frac{1}{x}\right)^T$

(c) Da die rechte Seite v der Differentialgleichung die in (a) beschriebene Form hat, können wir das dortige Ergebnis anwenden, mit $f(y) = \frac{1}{y}$, $g(x) = \frac{1}{x}$ und den zugehörigen Stammfunktionen $F(y) = \log y$, $G(x) = \log x$. Demzufolge ist

$$E(x,y) := F(y) - G(x) = \log y - \log x = \log \frac{y}{x}$$

ein Erstes Integral des Systems. Für die maximale Lösung $u = (\alpha, \beta)^T : I \longrightarrow D$ des gegebenen Anfangswertproblems (deren Existenz durch den Satz von Picard-Lindelöf gesichert ist) gilt also

$$\log \frac{\beta(t)}{\alpha(t)} = E(u(t)) = E(u(0)) = \log \frac{1}{e}$$

und somit

$$\beta(t) = \frac{1}{e} \cdot \alpha(t)$$

für alle $t \in I$. (Dies ist im Einklang mit der bereits aus dem Phasenporträt in (b) ersichtlichen Beobachtung, dass die Trajektorien in Ursprungsgeraden verlaufen.) Setzt man dies in die erste Gleichung unseres Systems ein, erhält man für alle $t \in I$

$$\alpha'(t) = \frac{1}{\beta(t)} = \frac{e}{\alpha(t)}, \qquad \text{also} \qquad (\alpha^2)'(t) = 2\alpha(t) \cdot \alpha'(t) = 2e$$

und somit (unter Berücksichtigung der Anfangsbedingung $\alpha(0) = e$)

$$\alpha^2(t) = 2et + e^2, \qquad \text{also} \qquad \alpha(t) = \sqrt{2et + e^2} = e \cdot \sqrt{\frac{2t}{e} + 1}.$$

(Der negative Zweig der Wurzel scheidet hier aus, da $u(t) \in D$ gelten muss.) Die maximale Lösung unseres Anfangswertproblems ist somit

$$u(t) = \binom{\alpha(t)}{\beta(t)} = \sqrt{\frac{2t}{e} + 1} \cdot \binom{e}{1},$$

mit dem maximalen offenen Definitionsintervall $I = \left(-\frac{e}{2}, \infty\right)$. $\qquad \square$

Erste Integrale treten oft in der Physik in natürlicher Weise als Erhaltungsgrößen auf. Das zweifellos wichtigste Beispiel stellt die Energieerhaltung dar, eines der fundamentalsten und empirisch am besten gesichertsten Naturgesetze überhaupt. Die folgende Examensaufgabe beschäftigt sich mit einem Modell aus der physikalischen Chemie.

Beispiel 5.9 (Examensaufgabe)   Für $y \in \mathbb{R} \setminus \{0\}$ sei

$$W(y) := |y|^{-12} - 2|y|^{-6}.$$

Betrachten Sie das Anfangswertproblem

$$\frac{d^2}{dx^2} u(x) + W'(u(x)) = 0, \qquad u(0) = u_0, \qquad \frac{du}{dx}(0) = 0$$

zu beliebigen reellen Zahlen $u_0 \neq 0$.

(a) Skizzieren Sie den Graphen von W.

(b) Zeigen Sie, dass

$$L(u) := \frac{1}{2} \cdot \left(\frac{du}{dx}\right)^2 + W \circ u$$

eine Erhaltungsgröße ist.

(c) Zeigen Sie, dass das Anfangswertproblem für beliebiges $u_0 \neq 0$ eine eindeutige Lösung auf $\mathbb{R}$ besitzt und dass Lösungen ihr Vorzeichen nicht wechseln.

Lösung:

(a) Den Graphen von W zeigt Abb. 5.7.

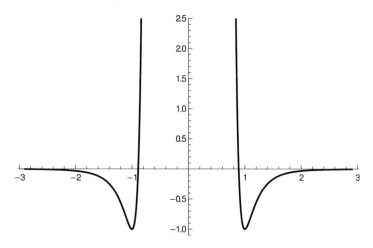

Abb. 5.7: Zu Beispiel 5.9: der Graph von W

(b) Es sei $u : I \longrightarrow \mathbb{R}$ eine Lösung der gegebenen Differentialgleichung. Dann gilt aufgrund der Kettenregel

$$\frac{d}{dx}[L(u)](x) = u'(x) \cdot u''(x) + W'(u(x)) \cdot u'(x)$$

$$= u'(x) \cdot (u''(x) + W'(u(x))) = 0$$

für alle $x \in I$. Somit ist $x \mapsto [L(u)](x)$ konstant, d.h. L ist eine Erhaltungsgröße der gegebenen Differentialgleichung. – Man spricht auch in solchen Situationen von einem Ersten Integral. „Offiziell" hatten wir diesen Begriff oben zwar nur für Systeme erster Ordnung eingeführt. Aber die gegebene Differentialgleichung ist äquivalent zu dem System

$$\begin{aligned} u' &= v \\ v' &= -W'(u), \end{aligned} \tag{5.9}$$

und für dieses ist $\widetilde{L}(u,v) := \frac{1}{2} \cdot v^2 + W(u)$ ein Erstes Integral.

(c) In (5.9) ist die rechte Seite $(u,v) \mapsto (v, -W'(u))$ offensichtlich stetig differenzierbar und damit lokal Lipschitz-stetig auf $(\mathbb{R} \setminus \{0\}) \times \mathbb{R}$. Aus dem Satz von Picard-Lindelöf folgt daher die eindeutige Lösbarkeit des gegebenen Anfangswertproblems für beliebige $u_0 \neq 0$. Da die rechte Seite für $u = 0$ nicht definiert ist (denn W und W' haben in 0 eine Polstelle), ist angesichts des Zwischenwertsatzes klar, dass Lösungen ihr Vorzeichen nicht wechseln können.

Tatsächlich gilt sogar eine stärkere Aussage: Die Lösungen können der 0 nicht beliebig nahekommen, wie wir im Folgenden nachweisen.

Hierzu sei o.B.d.A. $u_0 > 0$, und $u : I \longrightarrow \mathbb{R}$ sei die maximale Lösung des zugehörigen Anfangswertproblems auf einem offenen Intervall I mit $0 \in I$. Gemäß (b) gibt es dann ein $C \in \mathbb{R}$ (nämlich $C = W(u_0)$), so dass

$$\frac{1}{2} \cdot (u'(x))^2 + W(u(x)) = C \qquad \text{für alle } x \in I. \qquad (5.10)$$

Insbesondere ist $W(u(x)) \leq C$ für alle $x \in I$. Wegen $\lim_{y \to 0} W(y) = +\infty$ impliziert dies die Existenz eines $m > 0$ mit $u(x) \geq m$ für alle $x \in I$.

Mit einem ähnlichen Argument können wir zeigen, dass die Lösung auf ganz $\mathbb{R}$ definiert ist: Offensichtlich ist W nach unten beschränkt, es gibt also ein $W_0 > 0$, so dass $W(y) \geq -W_0$ für alle $y \neq 0$ gilt[54]. Mit (5.10) folgt daher

$$|u'(x)| \leq \sqrt{2(C + W_0)} =: M_1 \qquad \text{für alle } x \in I$$

und somit

$$u(x) = u(0) + \int_0^x u'(s)\, ds \leq u_0 + M_1 \cdot |x|$$

für alle $x \in I$. Es sei $I = (x_\alpha, x_\omega)$. Wäre $x_\omega < \infty$, so würde für alle $x \in [0, x_\omega)$

$$m \leq u(x) \leq u_0 + M_1 \cdot x_\omega =: M_2$$

und damit

$$(u(x), u'(x)) \in [m, M_2] \times [-M_1, M_1] =: K$$

---

[54]Man kann nachrechnen, dass $W(y)$ für $y = \pm 1$ minimal wird, mit $W(\pm 1) = -1$, so dass man $W_0 = 1$ wählen kann. Der genaue Wert von W_0 ist für unsere Zwecke freilich irrelevant.

folgen. Da K eine kompakte Teilmenge des Phasenraums $(\mathbb{R} \setminus \{0\}) \times \mathbb{R}$ ist, würde dies Korollar 3.9 widersprechen. Also ist $x_\omega = +\infty$ und analog $x_\alpha = -\infty$, d.h. $I = \mathbb{R}$.

Warnung: Man beachte, dass Korollar 3.9 nicht auf die ursprüngliche Differentialgleichung zweiter Ordnung, sondern nur auf das hierzu äquivalente System erster Ordnung angewandt werden kann und hierzu folglich sowohl die u- als auch die v-Komponente der Lösung betrachtet werden müssen.

Interpretation: Man kann die Erhaltungsgröße L als Energie und dabei die Anteile $\frac{1}{2} \cdot \left(\frac{du}{dx}\right)^2$ bzw. $W(u)$ als kinetische bzw. potentielle Energie interpretieren. Aufgrund des Verlaufs von W wird eine Lösung durch die „Potentialwände" links und rechts vom Nullpunkt beschränkt und kann daher keinen Vorzeichenwechsel haben. Dies wird besser verständlich, wenn man sich das Gesamtenergieniveau (oben mit C bezeichnet) in Abb. 5.7 als waagrechte Gerade eingezeichnet denkt: Da stets $W(u(x)) \leq C$ gelten muss, kann $u(x)$ nur Werte annehmen, für die $W(u(x))$ unterhalb dieser Gerade liegt.

Ist die Gesamtenergie C negativ, ist ohnehin klar, dass die Lösung in einem der beiden „Potentialtöpfe" um die beiden lokalen Minima von W herum[55] gefangen ist, was zusammen mit der Beschränktheit der kinetischen Energie die Beschränktheit von $(u, v) = (u, u')$ sicherstellt – und damit die Existenz der Lösung auf ganz $\mathbb{R}$. Bei positiver Gesamtenergie hingegen kann u durchaus unbeschränkt sein. Aufgrund der Beschränktheit der Geschwindigkeit v kann u jedoch nicht „allzu schnell" wachsen, so dass Korollar 3.9 (vermittels eines Widerspruchsbeweises) dennoch greift.

Bei W handelt es sich um das sog. **Lennard-Jones-Potential**, das in der physikalischen Chemie zur näherungsweisen Beschreibung der Wechselwirkungen zwischen ungeladenen Teilchen in Abhängigkeit von ihrem Abstand verwendet wird. $\qquad\Box$

In der folgenden etwas anspruchsvolleren, aber hoffentlich lehrreichen Examensaufgabe kommt ein Erstes Integral in einer eher unkonventionellen Weise zum Einsatz: Es ermöglicht eine elegante Antwort auf die Frage der Eindeutigkeit eines Anfangswertproblems in einem Fall, in dem der Satz von Picard-Lindelöf aufgrund fehlender Lipschitz-Stetigkeit nicht anwendbar ist.

---

[55]Genauer: in der Projektion dieser Potentialtöpfe auf die Abszisse

Beispiel 5.10 (Examensaufgabe)   Es sei

$$f : \mathbb{R}^2 \longrightarrow \mathbb{R}^2, \ f(x) := (|x_2|^{1/2}, |x_1|^{1/2})$$

und $D := (0, \infty) \times (0, \infty)$. Zeigen Sie:

(a) Das Anfangswertproblem

$$x' = f(x), \qquad x(0) = x_0 \tag{5.11}$$

ist für jedes $x_0 \in D$ lokal eindeutig lösbar.

(b) Für $x_0 = 0$ gibt es genau eine Lösung $x : [0, \infty) \longrightarrow \mathbb{R}^2$ von (5.11) mit $x(t) \in D$ für alle $t > 0$.

Hinweis: Die Trajektorie einer solchen Lösung ist der Graph einer Funktion, welche wieder eine Differentialgleichung erfüllt.

(c) Für $x_0 = 0$ ist (5.11) nicht eindeutig lösbar.

Lösung:

(a) Offenbar ist f auf D stetig differenzierbar und damit insbesondere lokal Lipschitz-stetig. Der Satz von Picard-Lindelöf ergibt somit, dass das Anfangswertproblem (5.11) für jedes $x_0 \in D$ lokal eindeutig lösbar ist.

(b) Für $x_0 = 0$ ist die Argumentation aus (a) nicht anwendbar, da f in keiner Umgebung des Nullpunkts Lipschitz-stetig ist. (Dies gilt allgemeiner für sämtliche Randpunkte von D.) Tatsächlich ist die Eindeutigkeit hier verletzt, wie wir in (c) sehen werden. Falls wir nur Lösungen x betrachten, für die zusätzlich $x(t) \in D$ (d.h. $x_1(t) > 0$ und $x_2(t) > 0$) für alle $t > 0$ gilt (anschaulich: die „sofort" den Rand von D verlassen), können wir dennoch auf Eindeutigkeit schließen. Wir geben hierfür zwei Begründungen, eine auf dem Hinweis basierend und eine unter Verwendung eines Ersten Integrals.

Variante 1: Es sei $x : [0, \infty) \longrightarrow \mathbb{R}^2$ eine Lösung von (5.11) mit $x_0 = 0$ und $x(t) \in D$ für alle $t > 0$. Wegen $x_1'(t) = \sqrt{x_2(t)} > 0$ für alle $t \in (0, \infty)$ ist x_1 streng monoton wachsend (also injektiv) und besitzt daher auf $I := x_1([0, \infty))$ eine Umkehrfunktion $x_1^{-1} : I \longrightarrow [0, \infty)$, die auf $I \setminus \{0\}$ stetig differenzierbar ist mit Ableitung

$$(x_1^{-1})'(s) = \frac{1}{x_1'(x_1^{-1}(s))} = \frac{1}{\sqrt{x_2(x_1^{-1}(s))}}.$$

Wir setzen $y := x_2 \circ x_1^{-1}$. Wegen $x_1(0) = x_2(0) = 0$ ist dann $y(0) = 0$, und es gilt

$$y'(s) = x_2'(x_1^{-1}(s)) \cdot (x_1^{-1})'(s) = \frac{\sqrt{x_1(x_1^{-1}(s))}}{\sqrt{x_2(x_1^{-1}(s))}} = \sqrt{\frac{s}{y(s)}}$$

für alle $s \in I \setminus \{0\}$. Dies legt die Vermutung nahe, dass $y(s) = s$ für alle $s \in I$ ist, denn damit ist die letzte Differentialgleichung wie auch $y(0) = 0$ offensichtlich erfüllt. Zur Begründung dieser Beziehung kann man sich allerdings *nicht* auf die Eindeutigkeitsaussage im Satz von Picard-Lindelöf berufen, da die rechte Seite $\sqrt{\frac{s}{y}}$ in $y = 0$ nicht definiert ist. Stattdessen kann man die Differentialgleichung mittels Trennung der Variablen direkt integrieren: Es folgt für alle $s \in I \setminus \{0\}$

$$\frac{2}{3}s^{3/2} = \int_0^s \sqrt{\sigma}\,d\sigma = \int_0^s \sqrt{y(\sigma)}y'(\sigma)\,d\sigma = \int_0^{y(s)} \sqrt{u}\,du = \frac{2}{3}(y(s))^{3/2},$$

d.h. $y(s) = s$, und dies gilt, wie oben festgestellt, auch für $s = 0$. Somit ist $x_2(t) = y(x_1(t)) = x_1(t)$ für alle $t \geq 0$.

Insbesondere ist also $x_1' = |x_1|^{1/2}$. Damit haben wir unser System von zwei Differentialgleichungen auf *eine* skalare Differentialgleichung reduziert – welche uns zudem mitsamt ihrer Lösungen als Standardbeispiel für die Nicht-Anwendbarkeit des Satzes von Picard-Lindelöf wohlvertraut ist (Beispiel 1.8): Bekanntlich muss x_1 die Gestalt

$$x_1(t) = \begin{cases} 0 & \text{für } 0 \leq t \leq a, \\ \frac{1}{4}(t - a)^2 & \text{für } t > a \end{cases} \tag{5.12}$$

mit einem $a \geq 0$ haben. Aufgrund der Voraussetzung, dass die Lösung außer zur Anfangszeit 0 immer im Inneren des Phasenraums D verlaufen muss, muss hierbei $a = 0$ sein. Also ist

$$x_2(t) = x_1(t) = \frac{1}{4}t^2 \qquad \text{für alle } t \geq 0.$$

Damit ist die Eindeutigkeit der Lösung gezeigt.

Umgekehrt ist $x : [0, \infty) \longrightarrow \mathbb{R}^2$, $x(t) := \frac{1}{4}(t^2, t^2)$ offensichtlich eine Lösung unseres Anfangswertproblems mit $x(t) \in D$ für alle $t > 0$.

Variante 2: Durch

$$H(x) := |x_1|^{3/2} - |x_2|^{3/2} \qquad \text{für alle } x = (x_1, x_2) \in \mathbb{R}^2$$

ist eine stetig differenzierbare Funktion $H : \mathbb{R}^2 \longrightarrow \mathbb{R}$ definiert. Wegen

$$\langle \nabla H(x), f(x) \rangle = \frac{3}{2} \cdot \left\langle \begin{pmatrix} |x_1|^{1/2} \\ -|x_2|^{1/2} \end{pmatrix}, \begin{pmatrix} |x_2|^{1/2} \\ |x_1|^{1/2} \end{pmatrix} \right\rangle = 0$$

handelt es sich bei H um ein Erstes Integral für das autonome System $x' = f(x)$. Ist $x : [0, \infty) \longrightarrow \mathbb{R}^2$ eine Lösung von (5.11) mit $x_0 = 0$ und $x(t) \in D$ für alle $t > 0$, so gilt daher für alle $t \geq 0$

$$|x_1(t)|^{3/2} - |x_2(t)|^{3/2} = H(x(t)) = H(x(0)) = H(0,0) = 0$$

und damit $|x_1(t)| = |x_2(t)|$, angesichts von $x_1(t) \geq 0$, $x_2(t) \geq 0$ also $x_1(t) = x_2(t)$. Wir können nun wie im letzten Teil von Variante 1 weiterargumentieren.

Ausblick: Die Erhaltungsgröße H hat es uns hier erlaubt, eine Symmetrieeigenschaft der Lösung x (nämlich $x_1 \equiv x_2$) zu demaskieren. Hier deutet sich ein für die Physik bedeutsamer Zusammenhang an: Gemäß dem **Noether-Theorem**[56] besteht eine enge Korrespondenz zwischen Symmetrien in den Naturgesetzen (d.h. Invarianzen unter gewissen Transformationen) und Erhaltungsgrößen. Aus dieser Perspektive werden beispielsweise die Energie- bzw. Impuls- bzw. Drehimpuls-Erhaltung zu Konsequenzen aus der zeitlichen bzw. räumlichen Translations- bzw. der Rotationssymmetrie der Gesetze der klassischen Mechanik.

(c) Die Nicht-Eindeutigkeit der Lösung ergibt sich bereits aus den Überlegungen in (b), speziell aus (5.12): Für festes $a > 0$ sei

$$\psi_a(t) := \begin{cases} 0 & \text{für } 0 \leq t \leq a, \\ \frac{1}{4}(x - a)^2 & \text{für } t > a \end{cases}$$

und

$$\varphi_a(t) := (\psi_a(t), \psi_a(t)).$$

Dann ist $\varphi_a : [0, \infty) \longrightarrow \mathbb{R}^2$ eine Lösung von (5.11). Da hierbei $a > 0$ beliebig ist, gibt es also unendlich viele solche Lösungen.   □

Wir haben gesehen, wie hilfreich (insbesondere zum Zeichnen von Phasenporträts) nicht-konstante Erste Integrale sein können. Bedauerlicherweise besitzt längst nicht jedes autonome System ein solches.

---

[56]Nach Emmy Noether (1882–1935), der wegweisende Beiträge sowohl zur Algebra (insbesondere zur Ringtheorie) als auch zur Theoretischen Physik zu danken sind.

Beispiel 5.11   Der Fluss des ebenen linearen autonomen Systems

$$\begin{pmatrix} x' \\ y' \end{pmatrix} = \begin{pmatrix} 1 & 0 \\ 0 & 1 \end{pmatrix} \begin{pmatrix} x \\ y \end{pmatrix} = \begin{pmatrix} x \\ y \end{pmatrix} \tag{5.13}$$

ist offenbar $\phi : \mathbb{R} \times \mathbb{R}^2 \longrightarrow \mathbb{R}^2$, $\phi(t, \zeta) = e^t \zeta$. Wir nehmen an, (5.13) hätte ein nicht-konstantes Erstes Integral $H : \mathbb{R}^2 \longrightarrow \mathbb{R}$. Dann gibt es ein $\zeta \in \mathbb{R}^2$ mit $H(\zeta) \neq H(0)$. Definitionsgemäß gilt

$$H(e^t \zeta) = (H \circ \phi_\zeta)(t) = (H \circ \phi_\zeta)(0) = H(\zeta) \qquad \text{für alle } t \in \mathbb{R},$$

und mit $\lim_{t \to -\infty} e^t = 0$ sowie der Stetigkeit von H in 0 folgt der Widerspruch

$$H(\zeta) = \lim_{t \to -\infty} H(e^t \zeta) = H(0) \neq H(\zeta).$$

Somit besitzt (5.13) kein nicht-konstantes Erstes Integral.

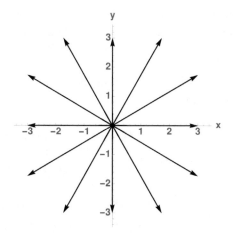

Abb. 5.8: Das Phasenporträt des autonomen Systems (5.13)

Abb. 5.8 zeigt das Phasenporträt von (5.13). Auch diesem kann man zumindest auf einer intuitiv-heuristischen Ebene entnehmen, dass es hier kein nicht-konstantes Erstes Integral geben kann: Die Trajektorien verlaufen allesamt strahlenförmig ausgehend von dem Gleichgewichtspunkt $(0,0)$. Ein Erstes Integral H müsste auf jeder einzelnen Trajektorie, d.h. jedem vom Nullpunkt ausgehenden Strahl konstant sein – und dort somit den Wert $H(0)$ haben. (Hier geht das o.g. Stetigkeitsargument ein, denn die Trajektorien „erreichen" den Gleichgewichtspunkt nur im Grenzfall $t \to -\infty$.) Da diese Strahlen die gesamte Ebene überdecken, wäre somit H insgesamt konstant, mit dem Wert $H(0)$. $\square$

Eine besonders wichtige Klasse autonomer Systeme, die Erste Integrale besitzen, sind die sog. Hamilton-Systeme[57].

Definition 5.12   *Es sei $D \subseteq \mathbb{R}^n \times \mathbb{R}^n$ offen und nicht-leer, und $H :$ $D \longrightarrow \mathbb{R}$ sei zweimal stetig differenzierbar. Dann nennt man das autonome System*

$$\begin{aligned} x' &= \nabla_y H(x, y) \\ y' &= -\nabla_x H(x, y) \end{aligned} \tag{5.14}$$

ein **Hamilton-System** *mit der* **Hamilton-Funktion** *H. Hierbei bezeichnen x bzw. y die ersten n bzw. die letzten n Variablen in $\mathbb{R}^n \times \mathbb{R}^n$ und $\nabla_x H = (D_x H)^T$ bzw. $\nabla_y H = (D_y H)^T$ die transponierten Gradienten von $x \mapsto H(x, y)$ bzw. $y \mapsto H(x, y)$ bei jeweils festgehaltenem y bzw. x.*

Die Phasenräume von Hamilton-Systemen haben also stets geradzahlige Dimension. In unseren Beispielen im Folgenden ist der häufigste Fall natürlich der zweidimensionale ($n = 1$). Hamilton-Systeme sind sowohl für die klassische Mechanik als auch für die Quantenmechanik von großer Bedeutung[58].

Satz 5.13   *Eine Hamilton-Funktion ist ein Erstes Integral des zugehörigen Hamilton-Systems.*

Beweis. Es sei $H : D \longrightarrow \mathbb{R}$ eine Hamilton-Funktion des autonomen Systems $(x', y')^T = f(x, y)$, d.h. es sei $f = \begin{pmatrix} \nabla_y H \\ -\nabla_x H \end{pmatrix}$. Dann ist H wegen

$$\langle \nabla H(x, y), f(x, y) \rangle = \left\langle \begin{pmatrix} \nabla_x H \\ \nabla_y H \end{pmatrix}(x, y), \begin{pmatrix} \nabla_y H \\ -\nabla_x H \end{pmatrix}(x, y) \right\rangle$$

---

[57]William R. Hamilton (1805–1865) hat mit der nach ihm benannten Hamiltonschen Mechanik nicht nur die klassische Mechanik um einen neuen, gegenüber den Newtonschen bzw. Lagrangeschen Bewegungsgleichungen in mancherlei Hinsicht überlegenen Formalismus erweitert, sondern auch der Quantenmechanik konzeptionell den Weg geebnet. Mit dem Satz von Cayley-Hamilton und den Hamiltonschen Quaternionen hat er zudem wichtige Beiträge zur Linearen Algebra geleistet.

[58]Sie treten u.a. bei der Untersuchung konservativer mechanischer Systeme auf, die vollständig durch die kinetische Energie T und die potentielle Energie U beschrieben sind. Das Hamiltonsche Prinzip der kleinsten Wirkung zeigt, dass dann das Wirkungsintegral

$$\int (T - U)\, dt$$

minimiert wird. Die zugehörigen Euler-Gleichungen dieses Variationsproblems sind die sog. **Euler-Lagrange-Gleichungen**. Durch Anwendung der Legendre-Transformation erhält man aus diesen ein Hamilton-System.

$$= \left(\langle \nabla_x H, \nabla_y H \rangle - \langle \nabla_y H, \nabla_x H \rangle \right)(x,y) = 0$$

ein Erstes Integral dieses Systems.						∎

Wenn das auf einer offenen Teilmenge D des $\mathbb{R}^n \times \mathbb{R}^n$ definierte System

$$\begin{aligned} x' &= g(x,y) \\ y' &= h(x,y) \end{aligned} \qquad (5.15)$$

(mit $g, h : D \longrightarrow \mathbb{R}^n$) eine zweimal stetig differenzierbare Hamilton-Funktion $H : D \longrightarrow \mathbb{R}$ besitzt, so gilt nach dem Satz von Schwarz über das Vertauschen von partiellen Ableitungen

$$D_x g(x,y) = D_x \nabla_y H(x,y) = D_y \nabla_x H(x,y) = -D_y h(x,y)$$

für alle $(x,y) \in D$. Im ebenen Fall $n = 1$ und für „topologisch unproblematische" Phasenräume D ist diese Bedingung sogar hinreichend für die Existenz einer Hamilton-Funktion[59]. Wir zeigen dies für den Fall, dass D sternförmig ist. Dabei heißt eine Menge $S \subseteq \mathbb{R}^n$ **sternförmig**, wenn es ein $a \in S$ gibt, so dass für jedes $p \in S$ die Strecke $[a, p]$ ganz in S liegt. Jedes solche a heißt ein *Sternpunkt* für S. Insbesondere ist jede nicht-leere konvexe Teilmenge des $\mathbb{R}^n$ sternförmig, und jeder ihrer Punkte ist ein Sternpunkt.

Satz 5.14   *Es sei $n = 1$, die Menge $D \subseteq \mathbb{R}^2$ sei offen, nicht-leer und sternförmig, und $g, h : D \longrightarrow \mathbb{R}$ seien stetig differenzierbar. Dann besitzt das System (5.15) genau dann eine Hamilton-Funktion, wenn die* **Integrabilitätsbedingung**

$$\frac{\partial g}{\partial x}(x,y) + \frac{\partial h}{\partial y}(x,y) = 0 \qquad \text{für alle } (x,y) \in D$$

erfüllt ist.

---

[59]Um diese Aussage und die folgenden Überlegungen besser einordnen zu können, sollte man sich bewusst machen, dass in der mehrdimensionalen Analysis die Existenz von Stammfunktionen weitaus weniger selbstverständlich ist als in der eindimensionalen: Während jede stetige Funktion $f : I \longrightarrow \mathbb{R}$ auf einem echten Intervall $I \subseteq \mathbb{R}$ nach dem HDI eine Stammfunktion besitzt, gibt es selbst für ein C^1-Vektorfeld $f : D \longrightarrow \mathbb{R}^n$ auf einer offenen Menge $D \subseteq \mathbb{R}^n$ i.Allg. keine Stammfunktion (in diesem Kontext als **Potential** bezeichnet), d.h. keine Funktion $U : D \longrightarrow \mathbb{R}$ mit $\nabla U = f$. Die Existenz einer solchen ist nur dann gewährleistet, wenn gewisse Integrabilitätsbedingungen an f und topologische Voraussetzungen an D erfüllt sind. – Dieser Sachverhalt ist auch prägend für den Aufbau der *Funktionentheorie*: In diesem Fall sind es der Cauchysche Integralsatz in seinen verschiedenen Versionen sowie der Residuensatz, die Aufschluss über die Existenz von Stammfunktionen geben. Als Integrabilitätsbedingungen kann man hierbei die die komplexe Differenzierbarkeit charakterisierenden Cauchy-Riemannschen Differentialgleichungen ansehen.

Beweis. Die Implikation „$\Longrightarrow$" haben wir bereits gezeigt. Es sei also vorausgesetzt, dass die Integrabilitätsbedingung gilt. O.B.d.A. dürfen wir annehmen, dass $(0,0)$ ein Sternpunkt von D ist. Wir setzen

$$H(x,y) := y \cdot \int_0^1 g(tx, ty) \, dt - x \cdot \int_0^1 h(tx, ty) \, dt \qquad \text{für alle } (x,y) \in D.$$

Hierdurch ist eine Funktion $H : D \longrightarrow \mathbb{R}$ wohldefiniert, denn wegen der Sternförmigkeit von D ist $(tx, ty) \in D$ für alle $(x, y) \in D$ und alle $t \in [0,1]$. Mit der Leibnizschen Regel über das Differenzieren unter dem Integral, der Kettenregel, der Integrabilitätsbedingung und dem HDI erhalten wir für alle $(x, y) \in D$

$$
\begin{aligned}
&\frac{\partial H}{\partial y}(x,y) \\
&= \int_0^1 g(tx, ty) \, dt + y \cdot \int_0^1 \frac{\partial g}{\partial y}(tx, ty) \cdot t \, dt - x \cdot \int_0^1 \frac{\partial h}{\partial y}(tx, ty) \cdot t \, dt \\
&= \int_0^1 \left(g(tx, ty) + t \cdot \frac{\partial g}{\partial y}(tx, ty) \cdot y + t \cdot \frac{\partial g}{\partial x}(tx, ty) \cdot x \right) dt \\
&= \int_0^1 \frac{d}{dt} \big(t \cdot g(tx, ty) \big) \, dt = t \cdot g(tx, ty) \Big|_{t=0}^{t=1} = g(x, y)
\end{aligned}
$$

und analog

$$
\begin{aligned}
&\frac{\partial H}{\partial x}(x,y) \\
&= -\int_0^1 h(tx, ty) \, dt + y \cdot \int_0^1 \frac{\partial g}{\partial x}(tx, ty) \cdot t \, dt - x \cdot \int_0^1 \frac{\partial h}{\partial x}(tx, ty) \cdot t \, dt \\
&= -\int_0^1 \left(h(tx, ty) + t \cdot \frac{\partial h}{\partial y}(tx, ty) \cdot y + t \cdot \frac{\partial h}{\partial x}(tx, ty) \cdot x \right) dt \\
&= -\int_0^1 \frac{d}{dt} \big(t \cdot h(tx, ty) \big) \, dt = -t \cdot h(tx, ty) \Big|_{t=0}^{t=1} = -h(x, y).
\end{aligned}
$$

Somit ist H eine Hamilton-Funktion für das System (5.15). ∎

Die Integrabilitätsbedingung in Satz 5.14 ist insbesondere immer dann erfüllt (und das System somit ein Hamiltonsches), wenn $\frac{\partial g}{\partial x} \equiv \frac{\partial h}{\partial y} \equiv 0$ gilt, wenn g also nur von y und h nur von x abhängt, wie es etwa in Beispiel 5.8 der Fall war. (Dort war die Funktion E aus Teil (a) eine Hamilton-Funktion.) Diese Konstellation liegt auch stets bei Differentialgleichungen zweiter Ordnung der Gestalt $x'' = h(x)$ vor, die ja zu Systemen

$$x' = v, \qquad v' = h(x)$$

äquivalent sind: Hier kann man als Hamilton-Funktion

$$H(x,v) = \frac{v^2}{2} - U(x)$$

wählen, wobei U eine Stammfunktion von h ist. Die physikalische Analogie liegt auf der Hand: $\frac{v^2}{2}$ entspricht der kinetischen, $-U(x)$ der potentiellen Energie und H der Gesamtenergie. Derartige Situationen waren uns bereits bei der Duffing-Gleichung in Beispiel 5.7 sowie in Beispiel 5.9 begegnet, und auch das folgende Beispiel, in dem wir die Diskussion der Differentialgleichung des mathematischen Pendels fortsetzen, fällt in diese Kategorie.

Beispiel 5.15   Wir wollen ein Erstes Integral der Differentialgleichung

$$\begin{pmatrix} x' \\ y' \end{pmatrix} = \begin{pmatrix} y \\ -\frac{g}{l}\sin x \end{pmatrix} =: f(x,y)$$

des mathematischen Pendels aus Beispiel 4.2 bestimmen und dieses zur Vertiefung unseres Verständnisses dieser Differentialgleichung verwenden.

Offensichtlich ist die Integrabilitätsbedingung aus Satz 5.14 erfüllt, so dass ein Hamilton-System vorliegt. Eine Hamilton-Funktion und damit ein Erstes Integral ist

$$H : \mathbb{R}^2 \longrightarrow \mathbb{R}, \quad H(x,y) = \frac{1}{2}y^2 - \frac{g}{l}\cos x.$$

Mit Hilfe von H kann man wiederum das Phasenporträt des Systems zeichnen (Abb. 5.9). Man vergleiche dieses mit dem Vektorfeld in Abb. 4.2.

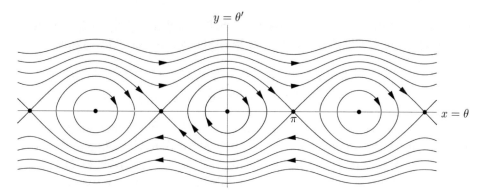

Abb. 5.9: Phasenporträt des mathematischen Pendels

Auch hier spiegelt sich in der Konstanz des Ersten Integrals H längs der Lösungen der Energieerhaltungssatz wider: Mit H ist nämlich auch

$$E(x,y) := \frac{1}{2}m\,l^2\,y^2 + m\,g\,l\,(1 - \cos x)$$

ein Erstes Integral; es gibt die Summe aus kinetischer und potentieller Energie und somit die Gesamtenergie des Pendels an. (Um dies einzusehen, erinnern wir uns, dass in der Differentialgleichung des mathematischen Pendels $x = \theta$ den Auslenkwinkel und $y = x' = \theta'$ dessen zeitliche Änderung bezeichnet.)

Es ist erhellend, diese physikalische Interpretation noch etwas zu vertiefen. Wie in Beispiel 4.8 setzen wir dazu $\omega := \sqrt{\frac{g}{l}}$.

Es sei $t \mapsto (\theta, \theta')(t)$ eine Lösung mit $\theta(0) = 0$, und es sei E die wie oben erklärte zugehörige Gesamtenergie. Offensichtlich gilt $E \geq 0$. Im Fall $E = 0$ folgt $\theta(t) = 0$ und $\theta'(t) = 0$ für alle t; diese Situation entspricht der Ruhelage des Pendels.

Nun setzen wir $0 < E < 2\,m\,g\,l$ voraus. Dann gibt es genau ein $\theta^* \in (0, \pi)$ mit $E = m\,g\,l \cdot (1 - \cos\theta^*)$. Es folgt

$$-\theta^* \leq \theta(t) \leq \theta^* \qquad \text{und} \qquad (\theta'(t))^2 = \frac{2g}{l} \cdot (\cos\theta(t) - \cos\theta^*)$$

für alle zulässigen t. Somit ist θ^* die Amplitude (maximale Auslenkung) der Pendelschwingung. Mittels Trennung der Variablen erhält man t in der Gestalt

$$t = \int_0^t \frac{\pm\theta'(s)}{\omega \cdot \sqrt{2(\cos\theta(s) - \cos\theta^*)}}\, ds = \pm\frac{1}{\omega} \int_0^{\theta(t)} \frac{d\varphi}{\sqrt{2(\cos\varphi - \cos\theta^*)}}$$

für alle t, für die θ' auf $[0, t]$ (bzw. im Fall $t < 0$ auf $[t, 0]$) keinen Vorzeichenwechsel hat. Die Schwingung ist periodisch mit der Schwingungsdauer

$$T(\theta^*) = \frac{4}{\omega} \int_0^{\theta^*} \frac{d\varphi}{\sqrt{2(\cos\varphi - \cos\theta^*)}}.$$

(Der Faktor 4 erklärt sich daraus, dass sich eine volle Schwingung aus insgesamt vier Bewegungen von der Ruhelage zu den Umkehrpunkten bzw. zurück zusammensetzt.) Anders als im Fall des harmonischen Oszillators (Beispiel 4.8), der ja aus der Differentialgleichung des mathematischen Pendels durch Linearisierung hervorgeht, hängt die Schwingungsdauer hier von der Amplitude θ^* ab.

Das Integral für $T(\theta^*)$ ist bei $\varphi = \pm\theta^*$, also an den beiden Umkehrpunkten der Schwingung, uneigentlich. Die Singularitäten, die der Integrand an diesen beiden Stellen hat, rühren daher, dass die Geschwindigkeit der Schwingung hier Null ist. In der Nähe der beiden Umkehrpunkte bewegt sich das

Pendel nur langsam; dementsprechend sind die Beiträge zur Schwingungsdauer hier besonders groß.

Für $\theta^* \to \pi-$, d.h. $E \to 2mgl-$ strebt $T(\theta^*)$ gegen ∞, denn wegen $\cos u = 1 - \frac{u^2}{2} + - \ldots$ und der Divergenz von $\int_0^\pi \frac{d\varphi}{\pi - \varphi}$ ist das uneigentliche Integral

$$\int_0^\pi \frac{d\varphi}{\sqrt{2(\cos\varphi + 1)}} = \int_0^\pi \frac{d\varphi}{\sqrt{2(1 - \cos(\varphi - \pi))}} = \int_0^\pi \frac{d\varphi}{\sqrt{(\varphi - \pi)^2 + \ldots}}$$

divergent.

Wir zeigen nun, dass $T(\theta^*)$ für $\theta^* \to 0+$ gegen $\frac{2\pi}{\omega}$, also gegen die Schwingungsdauer des harmonischen Oszillators strebt. Hierzu transformieren wir das Integral für $T(\theta^*)$ in eine für unsere Zwecke günstigere Gestalt. Wegen

$$\cos u = \cos\left(2 \cdot \frac{u}{2}\right) = \cos^2\frac{u}{2} - \sin^2\frac{u}{2} = 1 - 2\sin^2\frac{u}{2}$$

erhalten wir zunächst

$$T(\theta^*) = \frac{2}{\omega} \int_0^{\theta^*} \frac{d\varphi}{\sqrt{\sin^2\frac{\theta^*}{2} - \sin^2\frac{\varphi}{2}}}.$$

Nun setzen wir $k := \sin\frac{\theta^*}{2} \in (0,1)$ und definieren implizit eine Substitution von $\varphi \in [0, \theta^*]$ auf $\alpha(\varphi) \in \left[0, \frac{\pi}{2}\right]$ durch

$$\sin\frac{\varphi}{2} = k\sin\alpha(\varphi).$$

Differenzieren ergibt

$$\cos\frac{\varphi}{2} = 2k\cos\alpha(\varphi) \cdot \frac{d\alpha}{d\varphi}(\varphi).$$

Damit und mit

$$\cos\frac{\varphi}{2} = \sqrt{1 - \sin^2\frac{\varphi}{2}} = \sqrt{1 - k^2\sin^2\alpha(\varphi)}$$

ergibt sich

$$T(\theta^*) = \frac{2}{\omega} \int_0^{\pi/2} \frac{2k\cos\alpha}{\sqrt{k^2 - k^2\sin^2\alpha} \cdot \sqrt{1 - k^2\sin^2\alpha}}\, d\alpha$$

$$= \frac{4}{\omega} \int_0^{\pi/2} \frac{1}{\sqrt{1 - k^2\sin^2\alpha}}\, d\alpha.$$

Hierbei handelt es sich um ein sog. **elliptisches Integral**, das sich nicht durch elementare Funktionen ausdrücken lässt. Für uns ist es deshalb von Vorteil, weil die Integrationsgrenzen nun keine Probleme mehr bereiten; es handelt sich um ein eigentliches Riemann-Integral. Für $\theta^* \to 0+$ strebt $k = \sin\frac{\theta^*}{2}$ gegen 0 und $\dfrac{1}{\sqrt{1 - k^2 \sin^2 \alpha}}$ daher gleichmäßig auf $\left[0, \frac{\pi}{2}\right]$ gegen 1. Da nach einem bekannten Resultat über Riemann-Integrale die gleichmäßige Konvergenz des Integranden die Vertauschung von Integration und Grenzübergang gestattet, folgt

$$T(\theta^*) \longrightarrow \frac{4}{\omega} \cdot \frac{\pi}{2} = \frac{2\pi}{\omega} \qquad \text{für } \theta^* \to 0+,$$

wie behauptet.

Im Fall $E > 2mgl$ schließlich folgt $(\theta'(t))^2 > 0$ für alle t. Daher (und aus Stetigkeitsgründen) hat θ' keine Vorzeichenwechsel: Es kommt zu Überschlägen des Pendels. Die Winkelgeschwindigkeit $|\theta'|$ oszilliert zwischen einem Maximum bei $\theta = 0$ und einem Minimum bei $\theta = \pi$ hin und her. Die Pendelbewegung ist periodisch mit der Schwingungsdauer

$$T(E) = \frac{2}{\omega} \int_0^\pi \frac{d\varphi}{\sqrt{2\left(\cos\varphi + \frac{E}{mgl} - 1\right)}}.$$

Diese fällt mit wachsendem E monoton, im Einklang mit der Tatsache, dass eine höhere Gesamtenergie eines umschlagenden Pendels mit einer höheren kinetischen Energie und damit einer höheren Geschwindigkeit einhergeht. Die Lösungen hingegen sind nicht periodisch, da $\theta(t)$ immer weiter zu- oder abnimmt, bzw. sie sind nur dann periodisch, wenn man mit den Winkeln modulo 2π rechnet[60]. Die zugehörigen Trajektorien sind in Abb. 5.9 gut zu erkennen: Es handelt sich um die sich von links nach rechts bzw. von rechts nach links schlängelnden, „durchgehenden" Linien im oberen bzw. unteren Viertel der Grafik.   □

Bemerkung 5.16

(1) Der Begriff des Ersten Integrals wird uns in Abschnitt 15.1 in einem etwas anderen Kontext, nämlich bei *exakten* Differentialgleichungen, erneut begegnen. In Bemerkung 15.3 bringen wir diese in Zusammenhang mit Hamilton-Funktionen, also mit einem Spezialfall der im vorliegenden Kapitel betrachteten Ersten Integrale: Genau dann ist das

---

[60]Hier deutet sich an, dass der „natürliche" Phasenraum der Differentialgleichung des mathematischen Pendels eigentlich eine Zylinderfläche ist.

ebene System (5.5) ein Hamilton-System, wenn die skalare Differentialgleichung

$$g(x, y) \cdot \frac{dy}{dx} - h(x, y) = 0 \tag{5.16}$$

exakt ist.

(2) Auf das Problem, wie man in der Praxis ein Erstes Integral eines ebenen Systems findet, sind wir bisher nur indirekt eingegangen. Tatsächlich sind die wichtigsten und häufigsten Ersten Integrale
Hamilton-Funktionen, und diese lassen sich durch Integration der
rechten Seite des Systems bestimmen[61]. In anderen Fällen wird man
einfach versuchen, ein Erstes Integral anhand der Bedingung (5.2) zu
„erraten".

Gelegentlich ist auch der folgende Trick hilfreich: Man wandelt das
System (5.5) in eine skalare nicht-autonome Differentialgleichung um,
indem man formal die zweite Gleichung in (5.5) durch die erste dividiert[62]:

$$\frac{dy}{dx} = \frac{dy/dt}{dx/dt} = \frac{y'}{x'} = \frac{h(x, y)}{g(x, y)}. \tag{5.17}$$

Dies stellt eine Differentialgleichung für $y(x)$ dar, die bei der Suche
nach einem Ersten Integral von (5.5) helfen *kann*. Auch dieses Vorgehen wird mithilfe des in (1) angedeuteten Zusammenhangs mit exakten Differentialgleichungen besser einsichtig, wenn man nämlich (5.17)
in die äquivalente Form (5.16) bringt. Der Vorteil dieser Darstellung
ist, dass man sie noch mit einer geeigneten nullstellenfreien Funktion
$(x, y) \mapsto m(x, y)$ (einem sog. *integrierenden Faktor* oder *Eulerschen
Multiplikator*, siehe Definition 15.6) multiplizieren kann, in der Hoffnung, auf diese Weise zu einer exakten Differentialgleichung und damit
zu einer Erhaltungsgröße zu gelangen. In ein wenig versteckter Form
kommt diese Idee im folgenden Beispiel zum Einsatz. □

Beispiel 5.17 Wir betrachten das autonome System

$$x' = \frac{xy}{1 + y^2} =: g(x, y), \qquad y' = \frac{xy}{1 + x^2} =: h(x, y).$$

---

[61]Ein Beispiel für ein Erstes Integral, das keine Hamilton-Funktion ist, werden wir in
Abschnitt 16.3 kennenlernen.

[62]Rechtfertigen lässt sich dieses Vorgehen mithilfe der Kettenregel, *sofern* sich die Zeit
t (und damit die y-Komponente der Lösung) als Funktion der x-Komponente schreiben
lässt, sofern $t \mapsto x(t)$ also umkehrbar ist.

Das Verfahren aus Bemerkung 5.16 (2) führt auf[63]

$$\frac{dy}{dx} = \frac{h(x,y)}{g(x,y)} = \frac{1+y^2}{1+x^2},$$

also eine skalare Differentialgleichung mit getrennten Variablen. Aus ihr erhält man[64]

$$\frac{1}{1+y^2} \cdot y'(x) = \frac{1}{1+x^2}, \qquad \text{d.h.} \qquad \frac{d}{dx} \arctan y(x) = \frac{d}{dx} \arctan x,$$

woraus die Konstanz von $x \mapsto \arctan y(x) - \arctan x$ folgt. Dies legt die Vermutung nahe, dass

$$H : \mathbb{R}^2 \longrightarrow \mathbb{R}, \quad H(x,y) = \arctan y - \arctan x$$

ein Erstes Integral unseres Systems ist. In der Tat ist

$$\operatorname{grad} H(x,y) = \left(-\frac{1}{1+x^2}, \frac{1}{1+y^2} \right), \quad \text{also} \quad \left\langle \nabla H(x,y), \begin{pmatrix} g(x,y) \\ h(x,y) \end{pmatrix} \right\rangle = 0$$

für alle $(x,y) \in \mathbb{R}^2$, so dass H tatsächlich ein Erstes Integral ist.   □

---

[63]Hierbei setzen wir uns über die Möglichkeit, dass $xy = 0$ sein könnte und wir dann durch 0 dividieren, kurzerhand hinweg. Dies können wir insofern schadlos tun, als es sich hier ohnehin um ein heuristisches Verfahren handelt, das lediglich beim Aufspüren Erster Integrale behilflich sein soll.

[64]Gegenüber (5.16) haben wir hier mit dem integrierenden Faktor $(x,y) \mapsto \frac{1}{xy}$ multipliziert, was durch das vorherige Herauskürzen von xy evtl. etwas verschleiert wird.

Teil III

Lineare Differentialgleichungen

6 Lösungsmengen linearer Differentialgleichungen

Das Ziel von Teil I war es, eine möglichst große Klasse von Differential-gleichungen zu identifizieren, für die es eine umfassende Lösungstheorie gibt, in der sowohl Existenz als auch Eindeutigkeit gesichert sind. Wenn es aber darum geht, Gemeinsamkeiten in Struktur und Verhalten der Lösungen aufzuspüren, wird die potentielle Verschiedenartigkeit dieser Differential-gleichungen zum Hindernis. Deshalb wird es jetzt immer wichtiger, welche Voraussetzungen wir zusätzlich treffen. In Teil II haben wir beispielsweise verlangt, dass die rechte Seite nicht explizit von der Zeitvariablen abhängt, und dies hat eine reichhaltige neue Theorie ermöglicht, die deutlich über die allgemeinen Resultate in Teil I hinausgeht. Wir wollen diesen Erfolg mit der Ortsvariablen wiederholen. Aber wie sieht in diesem Fall die „richtige" Vor-aussetzung aus? Die analoge Forderung, dass die rechte Seite nicht explizit von der Ortsvariablen abhängt, gibt uns keine Gelegenheit, etwas Neues zu lernen, da das Lösen der Differentialgleichung dann auf eine herkömmliche Integration hinausläuft. Stattdessen werden wir im Bereich der Linearen Algebra fündig. Wir setzen nämlich voraus, dass die rechte Seite bezüglich der Ortsvariablen eine **lineare** oder zumindest **affine**[65] Abbildung ist.

> Es ist sinnvoll, für die Ortsvariable nicht nur Vektoren aus $\mathbb{R}^n$, sondern auch aus $\mathbb{C}^n$ zuzulassen. In diesem und den folgenden Kapiteln steht deshalb $\mathbb{K}$ für $\mathbb{R}$ oder $\mathbb{C}$. Da man $\mathbb{C}^n$ mit $\mathbb{R}^{2n}$ identifizieren kann, bleiben die Resultate aus Teil I davon unbeeinflusst. Mit Schreibweisen wie $\lambda = \alpha + i\beta$ meinen wir implizit, dass $\operatorname{Re}\lambda = \alpha$ und $\operatorname{Im}\lambda = \beta$ gelten soll, dass α und β also reelle Zahlen oder reellwertige Funktionen (oder auch Abbildungen in den $\mathbb{R}^n$) sind.

Definition 6.1 *Es seien $J \subseteq \mathbb{R}$ ein echtes Intervall sowie $A : J \longrightarrow \mathbb{K}^{n \times n}$ und $b : J \longrightarrow \mathbb{K}^n$ stetige Abbildungen. Dann ist*

$$x' = A(t) \cdot x + b(t)$$

---

[65]Eine affine Abbildung $T : V \longrightarrow W$ zwischen zwei Vektorräumen V und W über dem Körper K ist dadurch gekennzeichnet, dass $L : V \longrightarrow W$, $L(v) := T(v) - T(0)$ linear ist, d.h. $L(\lambda u + \mu v) = \lambda L(u) + \mu L(v)$ für alle $u, v \in V$ und $\lambda, \mu \in K$ gilt.

© Der/die Autor(en), exklusiv lizenziert an
Springer-Verlag GmbH, DE, ein Teil von Springer Nature 2024
J. Grahl et al., *Gewöhnliche Differentialgleichungen*

eine **lineare Differentialgleichung**. Diese heißt im Falle $b \equiv 0$ **homogen**
und andernfalls inhomogen.

Lineare Differentialgleichungen sind wesentlich einfacher zu verstehen als
nicht-lineare, auch wenn – abgesehen vom in Kapitel 7 behandelten autonomen Fall – ebenfalls eine vollständige Lösungstheorie fehlt. Tatsächlich ist
erst mit der weiten Verbreitung von immer leistungsfähigeren Computern
eine vertiefte quantitative Untersuchung nicht-linearer Prozesse möglich geworden. Für viele Zwecke genügt es andererseits bereits, zu qualitativen
Aussagen, z.B. über das Langfristverhalten von Lösungen, zu gelangen. Für
solche Untersuchungen spielen wiederum lineare Differentialgleichungen eine
Rolle, wie wir in Abschnitt 11.2 sehen werden.

Bevor wir beginnen, die Theorie der linearen Differentialgleichungen zu entwickeln, betrachten wir ein Beispiel aus der Elektrotechnik, wo lineare Differentialgleichungen bei der Analyse von elektrischen Schaltungen Anwendung
finden.

Beispiel 6.2 (RLC-Schwingkreis)   Ein RLC-Schwingkreis besteht aus
einer (variablen) elektromotorischen Kraft E (d.h. einer Spannungsquelle
wie etwa einer Batterie oder einem Generator), einem Ohmschen Widerstand R, einer Spule mit Induktivität L und einem Kondensator mit Kapazität C in Reihenschaltung (Abb. 6.1).

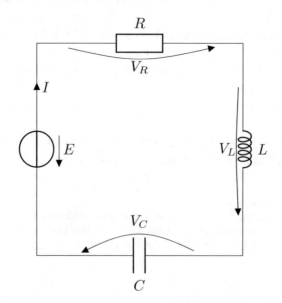

Abb. 6.1: Schaltplan des RLC-Schwingkreises

Jedes dieser Bauteile hat charakteristische Eigenschaften. Wir betrachten jeweils den Spannungsabfall (d.h. die Potentialdifferenz zwischen dem Eingang und dem Ausgang), wenn Strom mit der Stromstärke I durch das Bauteil fließt. Der Widerstand wandelt einen Teil der elektrischen Energie in Wärme um. Nach dem Ohmschen Gesetz gilt für den Spannungsabfall V_R am Widerstand

$$V_R = RI.$$

Der Kondensator speichert Energie in einem elektrischen Feld. Der zugehörige Spannungsabfall V_C ist proportional zur Ladung Q des Kondensators, nämlich

$$V_C = \frac{Q}{C}.$$

Ableiten nach der Zeit ergibt

$$V_C' = \frac{Q'}{C} = \frac{I}{C}.$$

Die Spule speichert Energie in einem Magnetfeld, welches sich Änderungen des Stroms widersetzt. Für den Spannungsabfall an der Spule gilt nach dem Induktionsgesetz

$$V_L = LI'.$$

Wir benutzen zudem eine der Kirchhoffschen Regeln (Spannungssatz/Maschenregel): Die Summe der Spannungsabfälle an den Bauteilen in einer Masche entspricht der elektromotorischen Kraft, d.h.

$$V_R + V_L + V_C = E. \tag{6.1}$$

Einsetzen der obigen Beziehungen für V_R, V_L und V_C in (6.1) liefert für die Ladung des Kondensators die Differentialgleichung

$$RQ' + LQ'' + \frac{Q}{C} = RI + LI' + \frac{Q}{C} = E.$$

Durch Ableiten erhält man für die Stromstärke (gemessen an einer beliebigen Stelle) die Differentialgleichung

$$LI'' + RI' + \frac{1}{C} \cdot I = E'. \tag{6.2}$$

Schwingkreise heißen so, weil die Energie zwischen dem Kondensator und der Spule hin- und herschwingt. Der Widerstand führt zu einem Energieverlust, weswegen die Schwingung allmählich abklingt. Eine genauere Analyse zeigt, dass bei periodischer Anregung $E(t) = E_0 \cos(\omega t)$ des Schwingkreises **Resonanz** für eine Kreisfrequenz ω auftritt, für die im Fall hinreichend kleiner Ohmscher Widerstände R näherungsweise $\omega \approx \frac{1}{\sqrt{LC}}$ gilt. (Detaillierter studieren wir das Phänomen der Resonanz in Abschnitt 16.5.1; dort gehen wir auch darauf ein, wie sich die Resonanzfrequenz bei stärkerer Dämpfung, d.h. in unserem Fall bei größerem Widerstand R ändert.) Wenn man einen Kondensator mit verstellbarer Kapazität C verwendet, kann man den Schwingkreis somit auf (in gewissen Grenzen) beliebige Frequenzen abstimmen. Diese Tatsache wird in Radios benutzt, um Sender auszuwählen.   □

Für Abschätzungen und Konvergenzuntersuchungen benötigen wir eine Norm auf dem n^2-dimensionalen $\mathbb{K}$-Vektorraum $\mathbb{K}^{n \times n}$ der $n \times n$-Matrizen.

Erinnerung: Eine **Norm** auf einem $\mathbb{K}$-Vektorraum V ist eine Funktion $\| \cdot \| : V \longrightarrow [0, \infty)$ mit den drei Eigenschaften

- $\|v\| = 0 \iff v = 0$ für alle $v \in V$,   *(positive Definitheit)*

- $\|\lambda v\| = |\lambda| \cdot \|v\|$ für alle $v \in V$ und $\lambda \in \mathbb{K}$,   *(Homogenität)*

- $\|u + v\| \leq \|u\| + \|v\|$ für alle $u, v \in V$.   *(Dreiecksungleichung)*

Durch $d(u, v) := \|u - v\|$ für alle $u, v \in V$ wird dann eine Metrik d auf V induziert; man kann $\|u - v\|$ also als den *Abstand* zwischen den Vektoren u und v interpretieren.   □

Welche Norm sollen wir hier verwenden? Eigentlich ist das für die Belange der Analysis irrelevant. In einem *endlich-dimensionalen* $\mathbb{K}$-Vektorraum V sind nämlich je zwei Normen $\| \cdot \|$ und $\| \cdot \|'$ immer **äquivalent**, d.h. es gibt gewisse Konstanten $c, C > 0$, so dass

$$c \cdot \|v\|' \leq \|v\| \leq C \cdot \|v\|' \qquad \text{für alle } v \in V.$$

Trotzdem sind manche Normen in bestimmten Situationen besser geeignet als andere. Zum Beispiel hat die euklidische Norm auf $\mathbb{K}^n$ den Vorteil, dass sie von einem Skalarprodukt induziert wird und deshalb die Cauchy-Schwarzsche Ungleichung zur Verfügung steht. Fortan sei mit $\| \cdot \|$ wieder standardmäßig die euklidische Norm gemeint.

Wir beschränken uns auf zwei weitverbreitete Normen für Matrizen: Es sei ein $A = (a_{jk})_{j,k} \in \mathbb{K}^{n \times n}$ gegeben. Dann ist

$$\|A\|_F := \left(\sum_{j=1}^{n} \sum_{k=1}^{n} |a_{jk}|^2 \right)^{1/2} \tag{6.3}$$

die **Frobenius-Norm** von A. Sie entspricht der euklidischen Norm, wenn man $\mathbb{K}^{n\times n}$ mit $\mathbb{K}^{n^2}$ identifiziert (anschaulich: die zweidimensionale Matrix-Struktur zerstört und die Einträge der Matrix in einen einzigen, „langen" Spaltenvektor schreibt).[66] Weiterhin ist

$$\|A\|_S := \sup_{x\neq 0} \frac{\|Ax\|}{\|x\|} = \sup_{\|x\|\leq 1} \|Ax\| \tag{6.4}$$

die **Spektralnorm** von A. Dabei handelt es sich um die von der euklidischen Norm induzierte **Operatornorm** der linearen Abbildung $x \mapsto Ax$. Da die abgeschlossene Einheitskugel $B_1(0)$ im $\mathbb{K}^n$ kompakt und $x \mapsto \|Ax\|$ stetig ist, kann man statt $\sup_{\|x\|\leq 1}$ auch $\max_{\|x\|\leq 1}$ schreiben.

Der Vorteil dieser beiden Normen liegt in ihrer **Verträglichkeit** mit der euklidischen Norm und ihrer **Submultiplikativität**; so bezeichnet man die im folgenden Lemma formulierten Eigenschaften (a) und (b):

Lemma 6.3   *Es bezeichne $\|\cdot\|_{FS}$ entweder die Frobenius-Norm oder die Spektralnorm auf dem $\mathbb{K}^{n\times n}$. Für alle $A, B \in \mathbb{K}^{n\times n}$ und jedes $x \in \mathbb{K}^n$ gilt dann*

(a) $\|Ax\| \leq \|A\|_{FS} \cdot \|x\|$,

(b) $\|AB\|_{FS} \leq \|A\|_{FS} \cdot \|B\|_{FS}$.

Beweis.

(a) Für die Spektralnorm $\|\cdot\|_S$ ergibt sich (a) direkt aus der Definition: Es sei $x \in \mathbb{K}^n$. Im Falle $x \neq 0$ ist

$$\|Ax\| = \frac{\|Ax\|}{\|x\|} \cdot \|x\| \leq \sup_{y\neq 0} \frac{\|Ay\|}{\|y\|} \cdot \|x\| = \|A\|_S \cdot \|x\|,$$

während im Falle $x = 0$ ohnehin beide Seiten der Abschätzung 0 sind.

Im Falle der Frobenius-Norm $\|\cdot\|_F$ ist die Behauptung lediglich eine Umformulierung von Proposition 2.3: Nach dieser gilt für $A = (a_{jk})_{j,k} \in \mathbb{K}^{n\times n}$ und $x = (x_1, \ldots, x_n)^T \in \mathbb{K}^n$

$$\|Ax\| \leq \sqrt{\sum_{j=1}^{n}\sum_{k=1}^{n} |a_{jk}|^2} \cdot \|x\| = \|A\|_F \cdot \|x\|.$$

---

[66]Implizit war uns die Frobenius-Norm (in ihrer Verallgemeinerung auf nicht notwendig quadratische Matrizen) bereits in Proposition 2.3 und im Beweis von Satz 2.4 (a) begegnet.

(b) Um die Submultiplikativität der Frobenius-Norm nachzuweisen, bezeichnen wir die *Zeilen* von A mit $a_1^T, \ldots, a_n^T$ und die *Spalten* von B mit $b_1, \ldots, b_n$; es sei also

$$A = \begin{pmatrix} a_1^T \\ \vdots \\ a_n^T \end{pmatrix} \qquad \text{und} \qquad B = (b_1 \mid \ldots \mid b_n).$$

Gemäß der Definition der Matrixmultiplikation und des euklidischen Skalarprodukts ist dann

$$AB = \left(a_j^T b_k\right)_{j,k} = \left(\langle a_j, b_k \rangle\right)_{j,k}.$$

Mithilfe der Cauchy-Schwarzschen Ungleichung erhält man

$$\|AB\|_F^2 = \sum_{j=1}^n \sum_{k=1}^n |\langle a_j, b_k \rangle|^2 \leq \sum_{j=1}^n \sum_{k=1}^n \|a_j\|^2 \cdot \|b_k\|^2 = \|A\|_F^2 \cdot \|B\|_F^2$$

und hieraus die Behauptung.

Der Beweis für die Spektralnorm ist wesentlich banaler: Für alle $x \in \mathbb{K}^n$ gilt gemäß (a)

$$\|ABx\| \leq \|A\|_S \cdot \|Bx\| \leq \|A\|_S \cdot \|B\|_S \cdot \|x\|,$$

im Falle $x \neq 0$ also

$$\frac{\|ABx\|}{\|x\|} \leq \|A\|_S \cdot \|B\|_S,$$

woraus durch Übergang zum Supremum über alle solchen x die behauptete Abschätzung $\|AB\|_S \leq \|A\|_S \cdot \|B\|_S$ folgt.   ∎

Ausblick: Wegen der Endlichdimensionalität von $\mathbb{K}^{n \times n}$ sind die Spektralnorm und die Frobenius-Norm äquivalent, es gibt also Konstanten $c, C > 0$ mit $c \cdot \|A\|_S \leq \|A\|_F \leq C \cdot \|A\|_S$ für alle $A \in \mathbb{K}^{n \times n}$. Solche Konstanten kann man konkret angeben: Es gilt stets

$$\|A\|_S \leq \|A\|_F \leq \sqrt{n} \cdot \|A\|_S.$$

Hierbei ergibt sich die erste Abschätzung aus Lemma 6.3 (a); es ist nämlich

$$\|A\|_S = \max_{\|x\| \leq 1} \|Ax\| \leq \max_{\|x\| \leq 1} \|A\|_F \cdot \|x\| = \|A\|_F.$$

Die zweite Abschätzung ist etwas tiefliegender. Sie beruht auf der Tatsache, dass die hermitesche (bzw. im Fall $\mathbb{K} = \mathbb{R}$ symmetrische) Matrix $A^H A$ (wobei $A^H = \overline{A}^T$ die **hermitesch Transponierte** von A ist) unitär diagonalisierbar ist und ihre Eigenwerte alle reell und nicht-negativ sind. Wegen

$$\|A\|_F^2 = \sum_{j=1}^{n} \sum_{k=1}^{n} |a_{jk}|^2 = \operatorname{Spur}\left(A^H A\right)$$

ist $\|A\|_F^2$ die *Summe* dieser Eigenwerte, und man zeigt in der *Linearen Algebra* (oder in der *Analysis* mit einer geschickten Anwendung der Lagrangeschen Multiplikatorenregel), dass $\|A\|_S^2$ der *maximale* Eigenwert von $A^H A$ ist. Hieraus erhalten wir insgesamt $\|A\|_F^2 \leq n\,\|A\|_S^2$, also die zweite Abschätzung. $\qquad\square$

Ab jetzt bezeichne $\|\cdot\| : \mathbb{K}^{n\times n} \longrightarrow [0,\infty)$ entweder die Frobenius-Norm oder die Spektralnorm auf $\mathbb{K}^{n\times n}$. Wir werden auf diese vereinfachte Notation immer dann zurückgreifen, wenn es irrelevant ist, welche dieser beiden Normen verwendet wird.

Für spätere Zwecke bemerken wir, dass $(\mathbb{K}^{n\times n}, \|\cdot\|)$ für beide Normen ein vollständiger normierter Raum (also ein Banach-Raum) ist, d.h. jede Cauchy-Folge in ihm konvergiert. Tatsächlich ist *jeder* endlich-dimensionale normierte $\mathbb{K}$-Vektorraum V automatisch vollständig, da er mittels Koordinatenabbildungen mit einem $\mathbb{K}^n$ (mit $n = \dim V$) identifiziert werden kann. Insbesondere ist ein endlich-dimensionaler Teilraum U eines normierten $\mathbb{K}$-Vektorraums V stets nicht nur im algebraischen, sondern auch im topologischen Sinne (d.h. gegenüber Grenzwertbildung) abgeschlossen in V: Jede Folge in U, die in V konvergiert, ist nämlich eine Cauchy-Folge, so dass ihr Grenzwert wegen der Vollständigkeit von U sogar in U liegt.

Satz 6.4 *Es seien $J \subseteq \mathbb{R}$ ein echtes offenes Intervall sowie $A : J \longrightarrow \mathbb{K}^{n\times n}$ und $b : J \longrightarrow \mathbb{K}^n$ stetige Abbildungen. Dann hat das Anfangswertproblem*

$$x' = A(t) \cdot x + b(t), \qquad x(\tau) = \zeta$$

für jeden Punkt $(\tau, \zeta) \in J \times \mathbb{K}^n$ eine eindeutige maximale Lösung $x : J \longrightarrow \mathbb{K}^n$.

Beweis. Da A und b stetig sind, ist die rechte Seite

$$f : J \times \mathbb{K}^n \longrightarrow \mathbb{K}^n, \ f(t,x) = A(t) \cdot x + b(t)$$

stetig. Weiterhin ist f nach Proposition 2.5 lokal Lipschitz-stetig bezüglich x. Damit sind die Voraussetzungen des Satzes von Picard-Lindelöf (Satz 3.2) erfüllt, weshalb das gegebene Anfangswertproblem eine eindeutige maximale Lösung $x : I(\tau, \zeta) \longrightarrow \mathbb{K}^n$ hat. Mit der Dreiecksungleichung und Lemma 6.3 folgt

$$\|f(t,x)\| \leq \|A(t) \cdot x\| + \|b(t)\| \leq \|A(t)\| \cdot \|x\| + \|b(t)\|$$

für alle $(t,x) \in J \times \mathbb{K}^n$. Deswegen ist f linear beschränkt, und Satz 3.10 liefert $I(\tau, \zeta) = J$. ∎

Wegen Satz 6.4 ist die allgemeine Lösung φ von $x' = A(t) \cdot x + b(t)$ (vgl. Definition 3.3) auf ganz $J \times J \times \mathbb{K}^n$ definiert.

Die entscheidende Besonderheit von linearen Differentialgleichungen ist, dass die Linearität der rechten Seite dazu führt, dass die Gesamtheit der Lösungen selbst eine lineare Struktur aufweist: Sie bildet einen affinen Raum bzw. im homogenen Fall sogar einen Vektorraum.

Satz 6.5 (Algebraische Struktur der Lösungsmengen) *Es seien $J \subseteq \mathbb{R}$ ein echtes offenes Intervall sowie $A : J \longrightarrow \mathbb{K}^{n \times n}$ und $b : J \longrightarrow \mathbb{K}^n$ stetige Abbildungen.*

(a) *Die Lösungsmenge L_{hom} des homogenen Systems $x' = A(t) \cdot x$ ist ein n-dimensionaler $\mathbb{K}$-Vektorraum. Für $x_1, \ldots, x_k \in L_{\text{hom}}$ sind die folgenden Aussagen äquivalent:*

(i) *Die Abbildungen $x_1, \ldots, x_k$ sind linear unabhängig.*

(ii) *Es gibt ein $\tau \in J$ derart, dass die Vektoren $x_1(\tau), \ldots, x_k(\tau)$ linear unabhängig sind.*

(iii) *Für jedes $t \in J$ sind die Vektoren $x_1(t), \ldots, x_k(t)$ linear unabhängig.*

(b) *Die Lösungsmenge L_{inhom} des inhomogenen Systems $x' = A(t) \cdot x + b(t)$ ist ein affiner Raum. Es ist*

$$L_{\text{inhom}} = x_p + L_{\text{hom}},$$

wobei $x_p \in L_{\text{inhom}}$ beliebig ist. Man erhält also alle Lösungen des inhomogenen Systems, indem man zu einer speziellen Lösung die Lösungen des homogenen Systems addiert.

Beweis.

(a) Offenbar gilt $0 \in L_{\mathrm{hom}}$, so dass L_{hom} nicht-leer ist. Für alle $x_1, x_2 \in L_{\mathrm{hom}}$, alle $\alpha_1, \alpha_2 \in \mathbb{K}$ und alle $t \in J$ folgt wegen

$$
\begin{aligned}
(\alpha_1 x_1 + \alpha_2 x_2)'(t) &= \alpha_1 \cdot x_1'(t) + \alpha_2 \cdot x_2'(t) \\
&= \alpha_1 \cdot A(t) \cdot x_1(t) + \alpha_2 \cdot A(t) \cdot x_2(t) \\
&= A(t) \cdot (\alpha_1 x_1 + \alpha_2 x_2)(t)
\end{aligned}
$$

auch $\alpha_1 x_1 + \alpha_2 x_2 \in L_{\mathrm{hom}}$. Somit ist L_{hom} ein Untervektorraum des $\mathbb{K}$-Vektorraums $C^1(J, \mathbb{K}^n)$ aller stetig differenzierbaren Abbildungen von J nach $\mathbb{K}^n$.

Als nächstes beweisen wir die äquivalente Charakterisierung von linearer Unabhängigkeit durch (i), (ii) und (iii).

„(iii) $\Longrightarrow$ (ii)": Diese Implikation ist trivial.

„(ii) $\Longrightarrow$ (i)": Auch diese Implikation ist unproblematisch: Dass die *Vektoren* $x_1(\tau), \ldots, x_k(\tau) \in \mathbb{K}^n$ linear unabhängig sind, bedeutet, dass es nicht möglich ist, sie in nicht-trivialer Weise linear zu Null zu kombinieren. Dann ist es aber erst recht unmöglich, die *Abbildungen* $x_1, \ldots, x_k$ in nicht-trivialer Weise zu Null zu kombinieren: Falls doch, so würde man durch Einsetzen von τ nämlich eine nicht-triviale Linearkombination von $x_1(\tau), \ldots, x_k(\tau)$ finden, die Null ergibt.

Etwas formaler: Es seien $\lambda_1, \ldots, \lambda_k \in \mathbb{K}$ mit $\lambda_1 x_1 + \cdots + \lambda_k x_k = 0$ gegeben. Dann ist insbesondere $\lambda_1 x_1(\tau) + \cdots + \lambda_k x_k(\tau) = 0$. Aufgrund der vorausgesetzten linearen Unabhängigkeit von $x_1(\tau), \ldots, x_k(\tau)$ folgt $\lambda_1 = \cdots = \lambda_k = 0$. Dies zeigt die lineare Unabhängigkeit der Abbildungen $x_1, \ldots, x_k$.

Diese Schlussweise macht keinen Gebrauch davon, dass es sich um Lösungen eines bestimmten Systems von Differentialgleichungen handelt; sie bleibt für beliebige Abbildungen gültig. Jedoch lässt sie sich nicht ohne weiteres umkehren: Es könnten zwar die Abbildungen $x_1, \ldots, x_k$ linear unabhängig sein, die Vektoren $x_1(\tau), \ldots, x_k(\tau)$ hingegen für einzelne (oder sogar für alle) τ linear abhängig. Dies ist kein Widerspruch, denn die Koeffizienten λ_j in einer nicht-trivialen Linearkombination dieser Vektoren könnten von τ abhängen, und es ist möglich, dass man kein Koeffizienten-Tupel findet, das für alle τ simultan den gewünschten Dienst leistet. So sind beispielsweise die Monome $1, x, x^2, x^3, \ldots, x^m$ (mit $m \geq 1$) als Funktionen linear unabhängig über $\mathbb{R}$, ihre Funktionswerte an einer beliebigen Stelle x_0 hingegen sind natürlich linear abhängig, da es sich dabei einfach um reelle Zahlen handelt.

„(i) $\Longrightarrow$ (iii)": Wie bereits die voranstehenden Betrachtungen verdeutlichen, ist diese Implikation die entscheidende: Sie ist es, die wesentlich davon abhängt, dass es sich um Lösungen eines linearen Systems handelt. Um so erstaunlicher ist, dass der Beweis dann doch in wenigen Zeilen erledigt ist. Zu danken ist dies einmal mehr unseren Eindeutigkeitsresultaten:

Wir nehmen also an, dass die Lösungen $x_1, \ldots, x_k$ linear unabhängig sind, und wählen ein $s \in J$ beliebig. Angenommen, es gilt

$$\lambda_1 x_1(s) + \ldots + \lambda_k x_k(s) = 0$$

für gewisse $\lambda_1, \ldots, \lambda_k \in \mathbb{K}$. Dann sind sowohl $y := \lambda_1 x_1 + \ldots + \lambda_k x_k$ als auch die konstante Abbildung $t \mapsto 0$ Lösungen des Anfangswertproblems

$$x' = A(t) \cdot x, \qquad x(s) = 0,$$

und da dieses nach Satz 6.4 eindeutig lösbar ist, gilt $y = 0$. Mit der linearen Unabhängigkeit von $x_1, \ldots, x_k$ folgt

$$\lambda_1 = \ldots = \lambda_k = 0.$$

Dies zeigt, dass auch $x_1(s), \ldots, x_k(s)$ linear unabhängig sind. Damit ist die Äquivalenz von (i), (ii) und (iii) nachgewiesen.

Wir können jetzt eine Basis von L_{hom} konstruieren: Hierzu wählen wir eine Basis $\{b_1, \ldots, b_n\}$ von $\mathbb{K}^n$ und ein $\tau \in J$ und betrachten $x_j(t) := \varphi(t, \tau, b_j)$ für $j = 1, \ldots, n$, wobei φ die aus Definition 3.3 bekannte allgemeine Lösung des homogenen Systems ist. Dann sind die n Lösungen $x_1, \ldots, x_n$ wegen

$$x_j(\tau) = \varphi(\tau, \tau, b_j) = b_j \qquad \text{für } j = 1, \ldots, n$$

und wegen der Implikation (ii) $\Longrightarrow$ (i) linear unabhängig. Dagegen müssen $n + 1$ Lösungen $y_1, \ldots, y_{n+1}$ gemäß (i) $\Longrightarrow$ (ii) immer linear abhängig sein, weil die $n + 1$ Vektoren $y_1(\tau), \ldots, y_{n+1}(\tau)$ wegen $\dim \mathbb{K}^n = n$ linear abhängig sind. Folglich ist $\{x_1, \ldots, x_n\}$ eine maximale linear unabhängige Teilmenge, d.h. eine Basis von L_{hom}, und es gilt $\dim L_{\mathrm{hom}} = n$.

(b) Es sei eine partikuläre Lösung $x_p \in L_{\mathrm{inhom}}$ gegeben. (Die Existenz einer solchen Lösung ist durch Satz 6.4 sichergestellt.) Für alle $x \in L_{\mathrm{hom}}$ gilt dann

$$(x_p + x)' = x_p' + x' = A x_p + b + A x = A(x_p + x) + b,$$

d.h. $x_p + x \in L_{\text{inhom}}$. Umgekehrt gilt für $y \in L_{\text{inhom}}$

$$(y - x_p)' = y' - x_p' = Ay + b - Ax_p - b = A(y - x_p),$$

d.h. $y - x_p \in L_{\text{hom}}$ und somit $y = x_p + (y - x_p) \in x_p + L_{\text{hom}}$. Insgesamt gelten also die Inklusionen $L_{\text{inhom}} \subseteq x_p + L_{\text{hom}} \subseteq L_{\text{inhom}}$, und es folgt $L_{\text{inhom}} = x_p + L_{\text{hom}}$. ∎

Dass die Lösungsräume linearer Differentialgleichungen endliche Dimension haben, mag auf den ersten Blick überraschen; schließlich sind in der Regel selbst „einfache" Vektorräume von Funktionen (z.B. der Vektorraum der differenzierbaren Funktionen auf einem Intervall) unendlich-dimensional. Das vermeintliche Paradoxon löst sich auf, wenn man sich den Kerngedanken im Beweis der Dimensionsaussage in (a) vergegenwärtigt: Lösungen können mit ihren Anfangswerten identifiziert werden, weil sie wegen des Satzes von Picard-Lindelöf durch diese eindeutig bestimmt sind. Der Lösungsraum ist also isomorph zum Raum aller möglichen Anfangswerte (d.h. zum $\mathbb{K}^n$), und dieser hat Dimension n.

Bemerkung 6.6   Für $B : J \longrightarrow \mathbb{C}^{n \times n}$ ist klar, dass wir i.Allg. nicht-reelle Lösungen von $x' = B(t) \cdot x$ zu erwarten haben.

Auch für $A : J \longrightarrow \mathbb{R}^{n \times n}$ haben komplexe Lösungen von $x' = A(t) \cdot x$ ihren Nutzen und sind unter Umständen sogar sehr praktisch, aber trotzdem interessieren wir uns in diesem Fall besonders für die reellen Lösungen. Zum Glück ist es einfach, aus einer komplexen Lösung $z : J \longrightarrow \mathbb{C}^n$ von $x' = A(t) \cdot x$ zwei reelle zu machen: Mit der Multiplikativität der komplexen Konjugation folgt nämlich

$$\overline{z}' = \overline{z'} = \overline{Az} = \overline{A}\,\overline{z} = A\overline{z},$$

d.h. $\overline{z} : J \longrightarrow \mathbb{C}^n$ ist ebenfalls eine Lösung. (Für diesen Schluss ist es wesentlich, dass die Einträge von A reellwertige Funktionen sind.) Wegen Satz 6.5 (a) und

$$\operatorname{Re} z = \frac{1}{2} \cdot (z + \overline{z}), \qquad \operatorname{Im} z = \frac{1}{2i} \cdot (z - \overline{z})$$

handelt es sich damit bei $x := \operatorname{Re} z : J \longrightarrow \mathbb{R}^n$ sowie $y := \operatorname{Im} z : J \longrightarrow \mathbb{R}^n$ um reelle Lösungen unseres Systems.

Da x und y Linearkombinationen von z und $\overline{z}$ sind und man umgekehrt $z = x + iy$ und $\overline{z} = x - iy$ aus x und y „rekonstruieren" kann, kommen bei diesem Übergang ins Reelle keine Lösungen neu hinzu, und es gehen auch keine verloren; sie sind nur anders „verpackt". □

Satz 6.5 (a) gibt Anlass für zwei neue Begriffe.

Definition 6.7   *Eine Basis* $\{x_1, \ldots, x_n\}$ *des Lösungsraums* L_{hom} *der homogenen linearen Differentialgleichung* $x' = A(t) \cdot x$ *heißt ein* **Fundamentalsystem** *dieser Differentialgleichung. Die zugehörige matrixwertige Abbildung* $t \mapsto X(t) = (x_1(t)| \ldots |x_n(t)) \in \mathbb{K}^{n \times n}$ *heißt* **Fundamentalmatrix**.

Da eine Fundamentalmatrix $X = (x_1| \ldots |x_n)$ insbesondere der *Matrix-Differentialgleichung*

$$X' = (x_1'| \ldots |x_n') = (A(t) \cdot x_1| \ldots |A(t) \cdot x_n) = A(t) \cdot (x_1| \ldots |x_n) = A(t) \cdot X$$

genügt, spricht man auch von einer **Fundamentallösung**.

Definition 6.8   *Es seien* $x_1, \ldots, x_n$ *Lösungen des homogenen Systems* $x' = A(t) \cdot x$. *Dann heißt* $W(t) := \det(x_1(t)| \ldots |x_n(t))$ *die* **Wronski-Determinante** *dieser Lösungen.*

Bemerkung 6.9   Nach Satz 6.5 (a) bilden die Lösungen $x_1, \ldots, x_n$ genau dann ein Fundamentalsystem, wenn ihre Wronski-Determinante $\det(x_1(t)| \ldots |x_n(t))$ an mindestens einer Stelle von 0 verschieden ist. In diesem Fall ist sie sogar überall von 0 verschieden. Mit anderen Worten: Die Wronski-Determinante ist entweder nullstellenfrei oder identisch Null.   □

Leider gibt es kein allgemein gültiges Verfahren zur Berechnung eines Fundamentalsystems einer homogenen linearen Differentialgleichung $x' = A(t) \cdot x$. Im Regelfall wird man sie nicht explizit lösen können. Eine Ausnahme bildet der in Kapitel 7 behandelte wichtige Spezialfall, dass die Differentialgleichung autonom ist, dass also $A(t) = A$ nicht explizit von t abhängt. Im allgemeinen, nicht-autonomen Fall erweist sich manchmal ein Potenzreihenansatz als nützlich, vorausgesetzt, die Einträge in $A(t)$ sind analytisch; wir gehen auf diese Methode in Abschnitt 15.4 genauer ein. Ein weiteres auf nicht-autonome lineare Differentialgleichungen zugeschnittenes Werkzeug, das gelegentlich, unter günstigen Umständen beim Aufspüren von Lösungen hilft, ist das Reduktionsverfahren von d'Alembert, das wir in den *Weiterführenden Betrachtungen* zu diesem Kapitel vorstellen.

Wir diskutieren nun eine Art kanonisches Fundamentalsystem für die Differentialgleichung $x' = A(t) \cdot x$.

Satz 6.10   *Es sei $J \subseteq \mathbb{R}$ ein echtes offenes Intervall, und $A : J \longrightarrow \mathbb{K}^{n \times n}$ sei stetig. Ist X eine Fundamentalmatrix und φ die allgemeine Lösung von $x' = A(t) \cdot x$, so gilt*

$$\varphi(t, \tau, \zeta) = X(t)X(\tau)^{-1}\zeta \qquad \text{für alle } t, \tau \in J \text{ und alle } \zeta \in \mathbb{R}^n.$$

Die matrixwertige Abbildung

$$\Phi : J \times J \longrightarrow \mathbb{K}^{n \times n}, \ \Phi(t, \tau) = X(t)X(\tau)^{-1}$$

ist unabhängig von der gewählten Fundamentalmatrix X und heißt **Übergangsmatrix** *bzw.* **Übergangslösung** *von $x' = A(t) \cdot x$. Es gilt:*

(a) *Für jedes $\tau \in J$ ist $\Phi(\,\cdot\,, \tau)$ eine Fundamentalmatrix mit $\Phi(\tau, \tau) = E_n$. (Hierbei bezeichnet E_n die Einheitsmatrix im $\mathbb{R}^{n \times n}$.)*

(b) *Für alle $s, t, \tau \in J$ gilt*

$$\Phi(t, s) \cdot \Phi(s, \tau) = \Phi(t, \tau)$$

und insbesondere

$$\Phi(t, s) \cdot \Phi(s, t) = \Phi(t, t) = E_n, \quad \text{d.h.} \quad \Phi(t, s)^{-1} = \Phi(s, t).$$

Die Aussagen (a) und (b) weisen eine unverkennbare Analogie zu den Flussaxiomen (FA1) und (FA2) auf.

Beweis. Es sei X eine Fundamentalmatrix von $x' = A(t) \cdot x$. Nach Bemerkung 6.9 ist $X(\tau)$ für alle $\tau \in J$ invertierbar, so dass wir Φ wie im Satz angegeben durch $\Phi(t, \tau) := X(t)X(\tau)^{-1}$ definieren können. Dann gilt

$$\frac{\partial \Phi}{\partial t}(t, \tau) = X'(t)X(\tau)^{-1} = A(t)X(t)X(\tau)^{-1} = A(t)\Phi(t, \tau) \tag{6.5}$$

für alle $t, \tau \in J$. Für alle $\tau \in J$ und $\zeta \in \mathbb{K}^n$ ist daher $t \mapsto X(t)X(\tau)^{-1}\zeta$ eine Lösung des Anfangswertproblems $x' = A(t) \cdot x$, $x(\tau) = \zeta$, und da dieses nach Satz 6.4 eindeutig lösbar ist, ergibt sich $\varphi(t, \tau, \zeta) = X(t)X(\tau)^{-1}\zeta$ für jedes $t \in J$. Dies zeigt die erste Behauptung.

Für zwei Fundamentalmatrizen X_1 und X_2 von $x' = A(t) \cdot x$ und beliebige $t, \tau \in J$ stimmen folglich die beiden Matrizen $X_1(t)X_1(\tau)^{-1}$ und $X_2(t)X_2(\tau)^{-1}$ überein, da sie wegen

$$X_1(t)X_1(\tau)^{-1}\zeta = \varphi(t, \tau, \zeta) = X_2(t)X_2(\tau)^{-1}\zeta \qquad \text{für alle } \zeta \in \mathbb{K}^n$$

die gleiche lineare Abbildung vermitteln. Damit ist gezeigt, dass Φ unabhängig von der Wahl der Fundamentalmatrix X ist.

Es sei ein $\tau \in J$ gegeben. Die Spalten von $\Phi(\,\cdot\,,\tau)$ sind wegen (6.5) Lösungen von $x' = A(t) \cdot x$, und sie sind wegen $\Phi(\tau,\tau) = X(\tau)X(\tau)^{-1} = E_n$ linear unabhängig (vgl. Satz 6.5 (a)). Daher ist $\Phi(\,\cdot\,,\tau)$ eine Fundamentalmatrix. Dies zeigt (a). Weiter gilt

$$\Phi(t,s)\Phi(s,\tau) = X(t)X(s)^{-1}X(s)X(\tau)^{-1} = X(t)X(\tau)^{-1} = \Phi(t,\tau)$$

für alle $s,t,\tau \in J$, woraus man (b) erhält. ∎

Der folgende grundlegende Satz liefert eine Darstellung der allgemeinen Lösung inhomogener linearer Systeme mithilfe der Übergangsmatrix des zugehörigen homogenen Systems.

Satz 6.11 (Variation der Konstanten)   *Es sei $J \subseteq \mathbb{R}$ ein echtes offenes Intervall, und $A : J \longrightarrow \mathbb{K}^{n \times n}$ und $b : J \longrightarrow \mathbb{K}^n$ seien stetig. Die eindeutig bestimmte Lösung des Anfangswertproblems*

$$x' = A(t) \cdot x + b(t), \qquad x(\tau) = \zeta$$

mit $(\tau,\zeta) \in J \times \mathbb{K}^n$ ist gegeben durch

$$\varphi(t,\tau,\zeta) = \Phi(t,\tau) \cdot \zeta + \int_{\tau}^{t} \Phi(t,s) \cdot b(s)\,ds \qquad \text{für alle } t \in J. \tag{6.6}$$

Hierbei ist Φ die Übergangsmatrix der zugehörigen homogenen Gleichung $x' = A(t) \cdot x$.

Beweis. Die Lösungen der zugehörigen homogenen Differentialgleichung sind Linearkombinationen der Spalten der Fundamentalmatrix $\Phi(\,\cdot\,,\tau)$, d.h. sie haben die Form $t \mapsto \Phi(t,\tau) \cdot c$ mit $c \in \mathbb{K}^n$. Um hieraus zu Lösungen der inhomogenen Differentialgleichung zu gelangen, ersetzt man die Konstante c durch eine stetig differenzierbare Abbildung $t \mapsto c(t)$. Wir machen für $x := \varphi(\,\cdot\,,\tau,\zeta)$ also den Ansatz

$$x(t) = \Phi(t,\tau) \cdot c(t)$$

mit der für den Satz namensgebenden „zu variierenden Konstanten" c. Dass wir x tatsächlich in dieser Form darstellen können, ist durch die Invertierbarkeit von Φ (Satz 6.10 (b)) gesichert, und wegen $c(t) = \Phi(t,\tau)^{-1}x(t) = \Phi(\tau,t)x(t)$ ist dabei c automatisch stetig differenzierbar; dass dieser Ansatz auch sinnvoll ist, d.h. das Aufspüren der Lösung erleichtert, zeigen die folgenden Betrachtungen: Es ist

$$x(\tau) = \Phi(\tau,\tau) \cdot c(\tau) = E_n c(\tau) = c(\tau)$$

und

$$x'(t) = \frac{\partial \Phi}{\partial t}(t, \tau) \cdot c(t) + \Phi(t, \tau) \cdot c'(t) = A(t) \cdot \Phi(t, \tau) \cdot c(t) + \Phi(t, \tau) \cdot c'(t)$$

$$= A(t) \cdot x(t) + \Phi(t, \tau) \cdot c'(t)$$

für alle $t \in J$. Vergleichen wir dies mit unserer inhomogenen Differentialgleichung, so hebt sich der Term $A(t) \cdot x(t)$ weg. Daher erweist sich die Tatsache, dass x das gegebene Anfangswertproblem löst, als äquivalent zu den Bedingungen

$$c(\tau) = \zeta$$

und $\quad \Phi(t, \tau) \cdot c'(t) = b(t), \quad$ d.h. $\quad c'(t) = \Phi(t, \tau)^{-1} b(t) \quad$ für alle $t \in J$,

also zu

$$c(t) = c(\tau) + \int_\tau^t c'(s)\, ds = \zeta + \int_\tau^t \Phi(s, \tau)^{-1} b(s)\, ds \qquad \text{für alle } t \in J.$$

Für diese Wahl von c erhält man zusammen mit Satz 6.10 (b)

$$x(t) = \Phi(t, \tau) \cdot c(t) = \Phi(t, \tau) \cdot \zeta + \int_\tau^t \Phi(t, \tau) \cdot \Phi(\tau, s) \cdot b(s)\, ds$$

$$= \Phi(t, \tau) \cdot \zeta + \int_\tau^t \Phi(t, s) \cdot b(s)\, ds \qquad \text{für alle } t \in J,$$

also die Behauptung. ∎

In der Praxis arbeitet man oft mit einer bestimmten Fundamentalmatrix X anstatt der Übergangsmatrix Φ. Da letztere die Form $\Phi(t, \tau) = X(t) X(\tau)^{-1}$ hat (Satz 6.10), lässt sich die Formel (6.6) dann als

$$\varphi(t, \tau, \zeta) = X(t) \left(X(\tau)^{-1} \zeta + \int_\tau^t X(s)^{-1} b(s)\, ds \right) \tag{6.7}$$

schreiben.

Ist hierbei $n = 1$, also $A(t) = a(t)$ eine reell- oder komplexwertige Funktion, so ist

$$X(t) = \exp\left(\int_\tau^t a(u)\, du \right) \tag{6.8}$$

eine Fundamentallösung der zugehörigen homogenen Gleichung, und es ist $X(\tau) = e^0 = 1$. Die Lösung unseres Anfangswertproblems nimmt dann also die Gestalt

$$\varphi(t, \tau, \zeta) = \exp\left(\int_\tau^t a(u)\, du \right) \left(\zeta + \int_\tau^t \exp\left(-\int_\tau^s a(u)\, du \right) b(s)\, ds \right) \tag{6.9}$$

an. Dies ist gerade die Formel aus Satz 2.12.

Für das praktische Rechnen ist es nur bedingt empfehlenswert, sich Formeln wie (6.6), (6.7) oder (6.9) zu merken. Einfacher (und weniger fehleranfällig!) ist es, sich den Ansatz am Anfang des Beweises von Satz 6.11 einzuprägen. Dieser ist an sich recht intuitiv – der Name „Variation der Konstanten" sagt bereits alles Wesentliche: Man bestimmt zunächst die Lösungen der zugehörigen homogenen Differentialgleichung; diese hängen wegen der Vektorraumstruktur der Lösungen von einer multiplikativen Konstanten $c \in \mathbb{K}^n$ ab. Um eine Lösung der inhomogenen Differentialgleichung zu finden, ersetzt man diese Konstante durch ein zeitabhängiges $c(t) \in \mathbb{K}^n$, das sich nun durch Einsetzen in die Differentialgleichung bestimmen lässt. Wir illustrieren dieses Vorgehen wiederum anhand einer Examensaufgabe.

Beispiel 6.12 (Examensaufgabe)   Es sei $g : \mathbb{R} \longrightarrow \mathbb{R}$ eine stetige Funktion.

(a) Geben Sie alle Lösungen der Differentialgleichung

$$y'(t) + \frac{2t}{t^2 + 1} \cdot y(t) = g(t)$$

sowie deren maximales Existenzintervall an.

(b) Nun gelte $\lim_{t \to \infty} tg(t) = 0$. Zeigen Sie, dass dann für jede Lösung y der Differentialgleichung aus (a) $\lim_{t \to \infty} y(t) = 0$ gilt.

Lösung:

(a) Die Lösungen der zugehörigen homogenen Gleichung

$$y'(t) + \frac{2t}{1 + t^2} \cdot y(t) = 0$$

sind offensichtlich

$$y(t) = \frac{c}{1 + t^2} \qquad \text{mit } c \in \mathbb{R};$$

man kann sie z.B. mittels Trennung der Variablen ermitteln. Eine spezielle Lösung y_p der inhomogenen Gleichung bestimmen wir durch Variation der Konstanten. Dazu machen wir den Ansatz

$$y_p(t) = \frac{c(t)}{1 + t^2}.$$

Wegen

$$y_p'(t) + \frac{2t}{1 + t^2} \cdot y_p(t) = \frac{c'(t)}{1 + t^2} - \frac{c(t) \cdot 2t}{(1 + t^2)^2} + \frac{2t}{1 + t^2} \cdot \frac{c(t)}{1 + t^2} = \frac{c'(t)}{1 + t^2}$$

ist y_p genau dann eine Lösung der inhomogenen Gleichung, wenn

$$c'(t) = (1 + t^2) \cdot g(t) \qquad \text{für alle } t$$

gilt. Mithin ist

$$y_p(t) = \frac{1}{1 + t^2} \cdot \int_0^t (1 + s^2) \cdot g(s) \, ds$$

eine spezielle Lösung der gegebenen Differentialgleichung. Deren sämtlichen Lösungen erhält man, indem man zu dieser Lösung die Lösungen der homogenen Gleichung addiert. Sie haben somit die Gestalt

$$y(t) = \frac{1}{1 + t^2} \cdot \left(c + \int_0^t (1 + s^2) \cdot g(s) \, ds \right) \qquad \text{mit } c \in \mathbb{R} \qquad (6.10)$$

und sind auf ganz $\mathbb{R}$ definiert.

Variante: Gemäß der Formel (6.9) über die Variation der Konstanten sind die Lösungen der gegebenen Differentialgleichung von der Form

$$y(t) = e^{A(t)} \left(c + \int_0^t g(s) \, e^{-A(s)} \, ds \right)$$

mit

$$A(t) = -\int_0^t \frac{2u}{1 + u^2} \, du = -\log(1 + u^2) \Big|_{u=0}^{u=t} = -\log(1 + t^2)$$

und beliebigem $c \in \mathbb{R}$. Dies führt ebenfalls auf (6.10).

(b) Es sei y eine Lösung mit der Integraldarstellung (6.10).

Es sei ein $\varepsilon > 0$ gegeben. Nach Voraussetzung gibt es ein $T > 0$ mit

$$|tg(t)| < \varepsilon \qquad \text{für alle } t \geq T.$$

Für $t > T$ teilen wir das Integral über das Intervall $[0, t]$ in zwei Teilintegrale auf, über $[0, T]$ und über $[T, t]$, und verwenden die Abkürzung

$$M := |c| + \int_0^T (1 + s^2) \cdot |g(s)| \, ds;$$

wesentlich hierbei ist, dass M von t unabhängig ist. Damit ergibt sich für alle $t > T$

$$|y(t)| \leq \frac{1}{1 + t^2} \cdot \left(|c| + \int_0^T (1 + s^2) \cdot |g(s)| \, ds + \int_T^t (1 + s^2) \cdot |g(s)| \, ds \right)$$

$$\leq \frac{1}{1+t^2} \cdot \left(M + \varepsilon \int_T^t \frac{1+s^2}{s}\, ds \right)$$

$$= \frac{1}{1+t^2} \cdot \left(M + \varepsilon \log t + \frac{\varepsilon t^2}{2} - \varepsilon \log T - \frac{\varepsilon T^2}{2} \right).$$

Wegen $\lim_{t\to\infty} \frac{\log t}{t^2} = 0$ konvergiert die rechte Seite dieser Abschätzung für $t \to \infty$ gegen $\frac{\varepsilon}{2}$. Es gibt daher ein $t_0 \geq T$, so dass $|y(t)| < \varepsilon$ für alle $t \geq t_0$ gilt. Damit ist $y(t) \to 0$ für $t \to \infty$ bewiesen.

Variante: Man könnte hier auch an eine Anwendung der Regel von de l'Hospital denken. Diese (in Verbindung mit dem HDI und mit der Voraussetzung) würde ebenfalls auf

$$\lim_{t\to\infty} y(t) = \lim_{t\to\infty} \frac{1}{1+t^2} \int_0^t (1+s^2)g(s)\, ds$$

$$= \lim_{t\to\infty} \frac{1}{2t} \cdot (1+t^2)g(t) = \lim_{t\to\infty} \frac{1+t^2}{2t^2} \cdot tg(t) = \frac{1}{2} \cdot 0 = 0$$

führen. Allerdings ist diese Regel hier nicht anwendbar: Dazu müsste der uneigentliche Grenzwert

$$\lim_{t\to\infty} \int_0^t (1+s^2)g(s)\, ds = \pm\infty$$

existieren, was i.Allg. nicht der Fall ist. Unproblematisch ist hierbei der Fall, dass

$$G(t) := \int_0^t (1+s^2)g(s)\, ds$$

für $t \to \infty$ beschränkt bleibt: In diesem Fall ist die Behauptung angesichts von (6.10) ohnehin klar.

Wäre daher zusätzlich vorausgesetzt, dass g nicht-negativ ist, erhielte man auf diese Weise eine vollständige Lösung von (b): In diesem Fall ist die Integralfunktion G monoton steigend, und es gibt nur die beiden Möglichkeiten, dass sie für $t \to \infty$ entweder beschränkt bleibt oder gegen $+\infty$ strebt. Beide Fälle lassen sich wie oben angegeben kontrollieren.

Ohne diese Zusatzvoraussetzung hingegen greift die Regel von de l'Hospital zu kurz. Dies wird durch Beispiele wie

$$g(t) := \frac{\sqrt{|t|} \cdot \cos t}{1+t^2}$$

illustriert: Hier gilt $\lim_{t \to \infty} tg(t) = 0$, wie in der Aufgabe gefordert, und für $t \geq 0$ erhält man mit partieller Integration

$$G(t) = \int_0^t (1 + s^2)g(s)\,ds = \int_0^t \sqrt{s}\cos s\,ds = \sqrt{t}\sin t - \int_0^t \frac{\sin s}{2\sqrt{s}}\,ds.$$

Da das uneigentliche Integral $\displaystyle\int_0^\infty \frac{\sin s}{\sqrt{s}}\,ds$ bekanntlich konvergiert (was man z.B. durch eine weitere partielle Integration oder mithilfe des Leibniz-Kriteriums begründen kann), verhält sich $G(t)$ für $t \to \infty$ wie der erste Summand $t \mapsto \sqrt{t}\sin t$, d.h. G besitzt weder einen eigentlichen noch einen uneigentlichen Grenzwert und ist unbeschränkt.

Andererseits lässt sich der Beweis der Regel von de l'Hospital – der auf dem verallgemeinerten Mittelwertsatz der Differentialrechnung beruht – so modifizieren, dass sich daraus doch noch eine vollständige Lösung unserer Aufgabe ergibt. Dazu sei ein $\varepsilon > 0$ gegeben. Wie oben gibt es dann nach Voraussetzung ein $T \geq 1$ mit

$$|tg(t)| < \frac{\varepsilon}{2} \qquad \text{für alle } t \geq T.$$

Wir wenden den verallgemeinerten Mittelwertsatz auf G und auf $H(t) := 1 + t^2$ an, was wegen $H'(t) = 2t > 0$ für alle $t > 0$ zulässig ist. Damit finden wir zu jedem $t > T$ ein $\eta \in (T, t)$ mit

$$\frac{G(t) - G(T)}{H(t) - H(T)} = \frac{G'(\eta)}{H'(\eta)} = \frac{(1 + \eta^2) \cdot g(\eta)}{2\eta} = \frac{1 + \eta^2}{2\eta^2} \cdot \eta g(\eta).$$

Wegen $\eta > T \geq 1$ ist hierbei $\left|\frac{1+\eta^2}{2\eta^2}\right| \leq 1$ und $|\eta g(\eta)| \leq \frac{\varepsilon}{2}$. Dies zeigt

$$\left|\frac{G(t) - G(T)}{H(t) - H(T)}\right| \leq \frac{\varepsilon}{2} \qquad \text{für alle } t > T.$$

Weiter gibt es wegen $H(t) \to \infty$ für $t \to \infty$ ein $t_0 \geq T$, so dass

$$\left|\frac{G(T)}{H(t)}\right| \leq \frac{\varepsilon}{2} \qquad \text{für alle } t \geq t_0.$$

Insgesamt erhält man nunmehr für alle $t > t_0$

$$\left|\frac{G(t)}{H(t)}\right| \leq \left|\frac{G(t) - G(T)}{H(t) - H(T)}\right| \cdot \frac{H(t) - H(T)}{H(t)} + \left|\frac{G(T)}{H(t)}\right| \leq \frac{\varepsilon}{2} \cdot 1 + \frac{\varepsilon}{2} = \varepsilon.$$

Dies zeigt $\lim_{t \to \infty} \frac{G(t)}{H(t)} = 0$ und damit die Behauptung. – Es ist aufschlussreich, diesen Beweis mit dem ursprünglichen zu vergleichen und insbesondere auf die ähnliche Rolle der Größe T in beiden Beweisen zu achten. $\qquad\square$

Weiterführende Betrachtungen: Das Reduktionsverfahren von d'Alembert und die Formel von Liouville

Wie oben festgestellt, ist es im nicht-autonomen Fall i.Allg. nicht möglich, ein Fundamentalsystem von $x' = A(t) \cdot x$ explizit anzugeben. Manchmal kann allerdings die Kenntnis einer einzigen Lösung dabei helfen, ein komplettes Fundamentalsystem zu bestimmen.

Bemerkung 6.13 (Reduktionsverfahren von d'Alembert) Wir nehmen an, dass wir eine Lösung $x : J \longrightarrow \mathbb{K}^n$ von $x' = A(t) \cdot x$ bereits kennen (z.B. durch Raten), und machen für eine weitere Lösung y den Ansatz

$$y = \alpha x + \beta$$

mit noch zu bestimmenden Abbildungen

$$\alpha : J \longrightarrow \mathbb{K} \qquad \text{und} \qquad \beta : J \longrightarrow \mathbb{K}^n, \ \beta(t) = \begin{pmatrix} 0 \\ \beta_2(t) \\ \vdots \\ \beta_n(t) \end{pmatrix}.$$

Wegen

$$y' = \alpha'x + \alpha x' + \beta' = \alpha'x + \alpha Ax + \beta' \qquad \text{und} \qquad Ay = \alpha Ax + A\beta$$

ist y genau dann eine Lösung von $x' = A(t) \cdot x$, wenn

$$\beta' = A\beta - \alpha'x$$

gilt. Im Fall $x_1 \not\equiv 0$ kann man die erste Zeile zumindest lokal (abseits etwaiger Nullstellen von x_1) nach α' auflösen und dieses in die folgenden $n-1$ Zeilen einsetzen. Dadurch erhält man ein homogenes lineares System im $\mathbb{K}^{n-1}$ als Bestimmungsgleichung für β, d.h. die Dimension des Problems ist um 1 reduziert. Mit Hilfe von β kann man als Nächstes α und damit y berechnen.   □

Wenn man das Reduktionsverfahren von d'Alembert verstanden hat, braucht man es nicht auswendig zu lernen. Es reicht dann aus, sich den Ansatz $y = \alpha x + \beta$ zu merken, mit einer skalaren Funktion α und einer vektorwertigen Abbildung β, deren erste Komponente konstant 0 ist. Den Rest kann man sich bei Bedarf schnell herleiten.

Beispiel 6.14 Wir wollen ein Fundamentalsystem von $x' = A(t) \cdot x$ bestimmen, wobei $A : (0, \infty) \longrightarrow \mathbb{R}^{2 \times 2}$ durch

$$A(t) := \begin{pmatrix} \frac{1}{t} & -1 \\ \frac{1}{t^2} & \frac{2}{t} \end{pmatrix}$$

definiert sei. Eine Lösung ist $x : (0, \infty) \longrightarrow \mathbb{R}^2$, $x(t) := (t^2, -t)^T$. Jetzt können wir das Reduktionsverfahren von d'Alembert anwenden: Nach Bemerkung 6.13 führt der Ansatz

$$y = \alpha x + \beta$$

mit $\alpha : (0, \infty) \longrightarrow \mathbb{R}$ und $\beta : (0, \infty) \longrightarrow \mathbb{R}^2$, $\beta(t) = (0, b(t))^T$ genau dann zu einer weiteren Lösung y, wenn

$$\begin{pmatrix} 0 \\ b'(t) \end{pmatrix} = \beta'(t) = A(t) \cdot \beta(t) - \alpha'(t) \cdot x(t) = b(t) \begin{pmatrix} -1 \\ \frac{2}{t} \end{pmatrix} - \alpha'(t) \begin{pmatrix} t^2 \\ -t \end{pmatrix}$$

gilt. Die erste Zeile liefert

$$\alpha'(t) = -\frac{b(t)}{t^2}.$$

Indem man dies in die zweite Zeile einsetzt, ergibt sich die skalare lineare Differentialgleichung

$$b'(t) = \frac{2b(t)}{t} - \left(-\frac{b(t)}{t^2} \right) \cdot (-t) = \frac{b(t)}{t}.$$

Offensichtlich wird diese durch $b(t) = t$ gelöst. (Diese Lösung kann man auch mittels Trennung der Variablen bestimmen.) Wegen

$$\alpha'(t) = -\frac{b(t)}{t^2} = -\frac{1}{t}$$

kann man dann beispielsweise $\alpha(t) = -\log t$ wählen. Insgesamt erhalten wir

$$y(t) = \alpha(t)x(t) + \beta(t) = \begin{pmatrix} -t^2 \log t \\ t \log t + t \end{pmatrix}$$

als weitere Lösung. Da die beiden Lösungen x und y wegen

$$\det(x(1) \,|\, y(1)) = \det \begin{pmatrix} 1 & 0 \\ -1 & 1 \end{pmatrix} = 1 \neq 0$$

linear unabhängig sind, bilden sie ein Fundamentalsystem der gegebenen linearen Differentialgleichung. $\qquad\square$

Die Wronski-Determinante der Lösungen eines homogenen Systems genügt ihrerseits einer linearen Differentialgleichung, aufgrund derer es prinzipiell möglich ist, die Wronski-Determinante explizit zu bestimmen.

Satz 6.15 (Formel von Liouville)   *Es sei $J \subseteq \mathbb{R}$ ein echtes offenes Intervall, und $A = (a_{jk})_{j,k} : J \longrightarrow \mathbb{K}^{n \times n}$ sei stetig. Ist $X : J \longrightarrow \mathbb{K}^{n \times n}$ eine Matrix-Lösung des homogenen Systems $x' = A(t) \cdot x$, so genügt ihre Wronski-Determinante $W(t) := \det X(t)$ der skalaren homogenen Differentialgleichung*

$$W'(t) = \operatorname{Spur} A(t) \cdot W(t) \qquad \text{für alle } t \in J.$$

Es gilt

$$W(t) = W(\tau) \cdot \exp \left(\int_\tau^t \operatorname{Spur} A(s) \, ds \right)$$

für alle $t, \tau \in J$.

Beweis. Es sei $X = (x_1 | \dots | x_n)$. Wir betrachten zunächst die Funktion

$$F(t_1, \dots, t_n) := \det(x_1(t_1), \dots x_n(t_n))$$

von n reellen Variablen $t_1, \dots, t_n \in J$ und ihre partiellen Ableitungen. Indem man deren Definition als Grenzwert des Differenzenquotienten heranzieht und die Multilinearität der Determinante ausnutzt, erhält man für alle $j = 1, \dots, n$

$$\frac{\partial F}{\partial t_j}(t_1, \dots, t_n) = \det \big(x_1(t_1), \dots, x_{j-1}(t_{j-1}), x'_j(t_j), x_{j+1}(t_{j+1}), \dots x_n(t_n)\big) .$$

Wegen $\det X(t) = F(t, \dots, t)$ folgt hieraus mittels der Kettenregel

$$\begin{aligned}
\frac{d}{dt} \det X(t) &= \sum_{j=1}^n \frac{\partial F}{\partial t_j}(t, \dots, t) \cdot 1 \\
&= \sum_{j=1}^n \det(x_1(t), \dots, x_{j-1}(t), x'_j(t), x_{j+1}(t), \dots, x_n(t)) \\
&= \sum_{j=1}^n \det(x_1(t), \dots, x_{j-1}(t), A(t)x_j(t), x_{j+1}(t), \dots, x_n(t)).
\end{aligned}$$

Nun sei ein $\tau \in J$ gegeben. Nach Satz 6.10 ist $\Phi(\,\cdot\,, \tau)$ (mit der Übergangsmatrix Φ des Systems) eine Fundamentalmatrix mit $\Phi(\tau, \tau) = E_n$. Die soeben hergeleitete Formel über die Ableitung von $\det X$ ist auch für $t \mapsto \det \Phi(t, \tau)$ gültig und ergibt für $t = \tau$

$$\frac{\partial}{\partial t} \det \Phi(\tau, \tau) = \sum_{j=1}^{n} \det(e_1, \dots, e_{j-1}, A(\tau)e_j, e_{j+1}, \dots, e_n)$$

$$= \sum_{j=1}^{n} a_{jj}(\tau) = \operatorname{Spur} A(\tau).$$

Da jede Lösung der Differentialgleichung eine Linearkombination der Lösungen eines Fundamentalsystems ist, gibt es ein $C \in \mathbb{K}^{n \times n}$, so dass $X(t) = \Phi(t, \tau) \cdot C$ für alle $t \in J$ ist. Damit folgt

$$W'(t) = (\det X)'(t) = \frac{\partial}{\partial t} \det \Phi(t, \tau) \cdot \det C$$

für alle $t \in J$ und somit

$$W'(\tau) = \operatorname{Spur} A(\tau) \cdot \det C = \operatorname{Spur} A(\tau) \cdot \det X(\tau) = \operatorname{Spur} A(\tau) \cdot W(\tau).$$

Dies gilt für alle $\tau \in J$. Damit ist die Gültigkeit der angegebenen Differentialgleichung für W gezeigt. Mittels Trennung der Variablen ergibt sich die behauptete Integraldarstellung. ∎

Die Formel von Liouville liefert eine neue Begründung für die Feststellung aus Bemerkung 6.9, dass die Wronski-Determinante entweder nullstellenfrei oder identisch Null ist – und damit für die Äquivalenz von (ii) und (iii) in Satz 6.5 (a): Sind $x_1, \dots, x_n$ Lösungen von $x' = A(t) \cdot x$ und sind die Vektoren $x_1(\tau), \dots, x_n(\tau)$ für ein $\tau \in J$ linear unabhängig, so sind sie für alle $\tau \in J$ linear unabhängig.

Eine geometrische Interpretation der Formel von Liouville erhält man, wenn man sich daran erinnert, dass der Betrag der Determinante $\det(X)$ einer Matrix $X \in \mathbb{R}^{n \times n}$ das Volumen des Parallelotops (Spats) angibt, das von den Spalten von X aufgespannt wird: Die Formel von Liouville beschreibt dann die zeitliche Änderung des Volumens eines solchen Parallelotops, wenn dieses dem Einfluss einer homogenen linearen Differentialgleichung unterworfen ist. In Satz 11.13 werden wir diesen Gedanken weiterspinnen und auf nicht-lineare Systeme verallgemeinern.

Im Kontext der Abhängigkeitssätze hatten wir die Variationsgleichung einer (i.Allg. nicht-linearen) Differentialgleichung entlang einer Lösung kennengelernt (Satz 3.19). Bei ihr handelt es sich um eine lineare Differentialgleichung, welche somit ein Fundamentalsystem besitzt. Für den Fall, dass die zugehörige Lösung periodisch und das System autonom ist, trifft die folgende Examensaufgabe eine erstaunliche Aussage über dieses Fundamentalsystem.

Satz 6.16   (Examensaufgabe)   *Es seien* $D \subseteq \mathbb{R}^n$ *offen und nicht-leer,* $f : D \longrightarrow \mathbb{R}^n$ *stetig differenzierbar,* $\varphi : \mathbb{R} \longrightarrow D$ *eine periodische Lösung des autonomen Systems* $x' = f(x)$ *mit der minimalen Periode* $T > 0$ *sowie* U *eine Fundamentalmatrix der Variationsgleichung*

$$y' = J_f(\varphi(t)) \cdot y$$

mit $U(0) = E_n$. *Dann hat* $U(T)$ *den Eigenwert* 1 *und den zugehörigen Eigenvektor* $f(\varphi(0))$.

Beweis. Für

$$y : \mathbb{R} \longrightarrow \mathbb{R}^n, \ y(t) := f(\varphi(t))$$

gilt $y = \varphi'$, weil φ eine Lösung der gegebenen Differentialgleichung ist. Zudem ist y stetig differenzierbar, da dies für f und φ gilt. Gemäß Proposition 4.11 ist auch $\varphi' = y$ periodisch mit Periode T. Mit der Kettenregel folgt

$$y'(t) = J_f(\varphi(t)) \cdot \varphi'(t) = J_f(\varphi(t)) \cdot y(t) \qquad\qquad \text{für alle } t \in \mathbb{R},$$

d.h. y löst die Variationsgleichung. Weil U eine Fundamentalmatrix dieser Differentialgleichung mit $U(0) = E_n$ ist, gilt $y(t) = U(t)y(0)$ für alle $t \in \mathbb{R}$ (Satz 6.10).

Hierbei ist $y(0) \neq 0$. Andernfalls wäre nämlich $y \equiv 0$, also $\varphi' \equiv 0$, und φ wäre konstant, was im Widerspruch dazu steht, dass $T > 0$ die minimale Periode von φ ist. (Etwas kürzer kann man sich auch auf die Trichotomie in Satz 4.9 berufen: Wäre $0 = y(0) = f(\varphi(0))$, so wäre $\varphi(0)$ ein Gleichgewichtspunkt, und φ müsste konstant sein.)

Insgesamt erhalten wir

$$U(T) \cdot y(0) = y(T) = \varphi'(T) = \varphi'(0) = y(0),$$

und somit hat $U(T)$ den Eigenwert 1 mit dem zugehörigen Eigenvektor $y(0) = f(\varphi(0))$. ∎

7 Autonome lineare Differentialgleichungen

Es seien $A \in \mathbb{R}^{n \times n}$ und $\zeta \in \mathbb{R}^n$. Nach Satz 6.4 besitzt das Anfangswertproblem

$$x' = Ax, \qquad x(0) = \zeta \qquad (7.1)$$

eine eindeutige, auf ganz $\mathbb{R}$ definierte maximale Lösung $x : \mathbb{R} \longrightarrow \mathbb{R}^n$. Wir benutzen das Iterationsverfahren von Picard-Lindelöf (siehe den Beweis von Satz 2.11), um eine Formel für x zu finden. Die ersten drei Glieder der Folge $(x_k)_k$ der *Picard-Iterierten* sind

$$x_0(t) = \zeta,$$

$$x_1(t) = \zeta + \int_0^t A\zeta \, ds = \zeta + tA\zeta,$$

$$x_2(t) = \zeta + \int_0^t A(\zeta + sA\zeta) \, ds = \zeta + tA\zeta + \frac{1}{2}t^2 A^2 \zeta,$$

und man zeigt mit vollständiger Induktion, dass allgemein

$$x_k(t) = \left(E_n + tA + \frac{1}{2}t^2 A^2 + \cdots + \frac{1}{k!}t^k A^k \right) \zeta = \sum_{j=0}^{k} \frac{t^j}{j!} A^j \zeta$$

für alle $k \in \mathbb{N}_0$ gilt. Das sieht verdächtig nach den Partialsummen einer Exponentialreihe aus. Kein Wunder, schließlich sollten die Picard-Iterierten die Lösung $x : \mathbb{R} \longrightarrow \mathbb{R}^n$ von (7.1) approximieren, und für die Dimension $n = 1$, d.h. $A = a \in \mathbb{R}$ ist bekanntlich $x(t) = e^{at}\zeta$ die Lösung der skalaren linearen Differentialgleichung $x' = ax$ mit $x(0) = \zeta$. Wie sieht es im Fall $n > 1$ mit der Konvergenz der Folge $(x_k)_k$ aus? Der Beweis von Satz 2.11 lehrt, dass sie zumindest auf einer kleinen Umgebung $[-\alpha, \alpha]$ von 0 gleichmäßig gegen eine Lösung $y := \lim_{k \to \infty} x_k$ von (7.1) konvergiert. Angesichts der Eindeutigkeit der Lösung folgt

$$x(t) = y(t) = \sum_{j=0}^{\infty} \frac{t^j}{j!} A^j \zeta \qquad \text{für alle } t \in [-\alpha, \alpha],$$

und die Vermutung liegt nahe, dass x (analog zum Fall $n = 1$) auch außerhalb von $[-\alpha, \alpha]$ so dargestellt wird.

© Der/die Autor(en), exklusiv lizenziert an
Springer-Verlag GmbH, DE, ein Teil von Springer Nature 2024
J. Grahl et al., *Gewöhnliche Differentialgleichungen*

Um dies zu bestätigen, müssen wir untersuchen, ob und inwieweit sich der Übergang zu Matrizen (statt Skalaren) als Summanden auf die bekannten Eigenschaften der Exponentialreihe auswirkt.

Lemma 7.1   *Es seien $A, B, T \in \mathbb{K}^{n \times n}$. Dann konvergiert das* **Matrixexponential**

$$e^A := \sum_{j=0}^{\infty} \frac{1}{j!} A^j$$

absolut, und es hat die folgenden Eigenschaften:

(a) *$AB = BA$ impliziert $e^{A+B} = e^A e^B$.*

(b) *Es gilt $e^0 = E_n$. (Hierbei ist 0 die Nullmatrix in $\mathbb{K}^{n \times n}$.)*

(c) *Die Matrix e^A ist invertierbar mit $\left(e^A\right)^{-1} = e^{-A}$.*

(d) *Für invertierbares T gilt $e^{T^{-1}AT} = T^{-1}e^A T$.*

Beweis. Die Submultiplikativität der von uns verwendeten Matrix-Normen (Lemma 6.3 (b)) garantiert

$$\left\| \frac{1}{j!} A^j \right\| \leq \frac{\|A\|^j}{j!} \qquad \text{für alle } j \geq 0.$$

Hieraus und aus der Konvergenz der Reihe $\sum_{j=0}^{\infty} \frac{\|A\|^j}{j!} = e^{\|A\|}$ folgt mit dem Majorantenkriterium, dass die Reihe $\sum_{j=0}^{\infty} \left\| \frac{1}{j!} A^j \right\|$ konvergiert. Dies bedeutet definitionsgemäß, dass $\sum_{j=0}^{\infty} \frac{1}{j!} A^j$ absolut konvergiert. Nun ist in einem vollständigen normierten Raum jede absolut konvergente Reihe auch im gewöhnlichen Sinne konvergent. (Dieses Resultat ist für den Vektorraum $\mathbb{R}$ mit dem Betrag $|\cdot|$ als Norm aus den Grundvorlesungen *Analysis* bekannt; der Beweis des allgemeinen Falls verläuft analog mit Hilfe der Dreiecksungleichung). Damit ist $e^A \in \mathbb{K}^{n \times n}$ wohldefiniert.

Der Beweis von (a) bis (d) erfolgt nun weitgehend analog zum Beweis der entsprechenden Eigenschaften der skalaren Exponentialfunktion.

(a) Da die Matrizen A und B kommutieren, gilt der binomische Lehrsatz

$$(A + B)^k = \sum_{j=0}^{k} \binom{k}{j} A^j B^{k-j} \qquad \text{für alle } k \in \mathbb{N}_0,$$

und es folgt mit Hilfe des Cauchy-Produkts für absolut konvergente Reihen

$$e^A e^B = \left(\sum_{k=0}^{\infty} \frac{1}{k!} A^k \right) \left(\sum_{k=0}^{\infty} \frac{1}{k!} B^k \right) = \sum_{k=0}^{\infty} \sum_{j=0}^{k} \frac{1}{j! \cdot (k-j)!} A^j B^{k-j}$$

$$= \sum_{k=0}^{\infty} \frac{1}{k!} \sum_{j=0}^{k} \binom{k}{j} A^j B^{k-j} = \sum_{k=0}^{\infty} \frac{1}{k!} (A+B)^k = e^{A+B}.$$

(b) Man berechnet

$$e^0 = E_n + \sum_{j=1}^{\infty} \frac{0^n}{n!} = E_n.$$

(c) Wegen $A(-A) = -A^2 = (-A)A$ liefern (a) und (b)

$$e^A e^{-A} = e^{A-A} = e^0 = E_n = e^{-A+A} = e^{-A} e^A.$$

Dies bedeutet, dass e^A invertierbar ist mit Inverser $\left(e^A \right)^{-1} = e^{-A}$.

(d) Mittels vollständiger Induktion sieht man, dass $(T^{-1}AT)^j = T^{-1}A^j T$ für jedes $j \in \mathbb{N}_0$ gilt. Damit folgt

$$e^{T^{-1}AT} = \sum_{j=0}^{\infty} \frac{1}{j!} (T^{-1}AT)^j = \sum_{j=0}^{\infty} \frac{1}{j!} T^{-1}A^j T$$

$$= T^{-1} \left(\sum_{j=0}^{\infty} \frac{1}{j!} A^j \right) T = T^{-1} e^A T,$$

wobei für das Vertauschen von Matrixmultiplikation und Grenzübergang in der dritten Gleichheit die Stetigkeit der Matrixmultiplikation benutzt wurde; diese ergibt sich aus der für alle $C, D, D_0 \in \mathbb{K}^{n \times n}$ gültigen Abschätzung $\|CD - CD_0\| \leq \|C\| \cdot \|D - D_0\|$, basiert also wiederum auf der Submultiplikativität unserer Matrix-Normen. ∎

Beispiel 7.2 In Lemma 7.1 (a) ist die Voraussetzung, dass die Matrizen kommutieren, entscheidend. Wir betrachten dazu

$$A := \begin{pmatrix} 0 & 1 \\ 0 & 0 \end{pmatrix} \quad \text{und} \quad B := \begin{pmatrix} 1 & 0 \\ 0 & 0 \end{pmatrix}.$$

Dann ist

$$AB = \begin{pmatrix} 0 & 0 \\ 0 & 0 \end{pmatrix} \neq \begin{pmatrix} 0 & 1 \\ 0 & 0 \end{pmatrix} = BA.$$

Man berechnet $A^2 = 0$, $B^2 = B$ sowie $A + B = \begin{pmatrix} 1 & 1 \\ 0 & 0 \end{pmatrix} = (A + B)^2$, und deshalb gilt auch $A^j = 0$, $B^j = B$ sowie $(A + B)^j = A + B$ für alle $j \geq 2$. Damit und mit der Definition des Matrixexponentials erhalten wir

$$e^A = E_2 + A = \begin{pmatrix} 1 & 1 \\ 0 & 1 \end{pmatrix}, \qquad e^B = E_2 + (e - 1)B = \begin{pmatrix} e & 0 \\ 0 & 1 \end{pmatrix},$$

$$e^{A+B} = E_2 + (e - 1)(A + B) = \begin{pmatrix} e & e - 1 \\ 0 & 1 \end{pmatrix}.$$

Es folgt

$$e^A e^B = \begin{pmatrix} 1 & 1 \\ 0 & 1 \end{pmatrix} \begin{pmatrix} e & 0 \\ 0 & 1 \end{pmatrix} = \begin{pmatrix} e & 1 \\ 0 & 1 \end{pmatrix} \neq \begin{pmatrix} e & e - 1 \\ 0 & 1 \end{pmatrix} = e^{A+B}.$$

Die arbeitssparende direkte Berechnung der Matrixexponentiale in diesem Gegenbeispiel stützt sich auf sehr spezielle Eigenschaften der beteiligten Matrizen, nämlich dass A *nilpotent* ist und B und $A + B$ Projektionen (d.h. *idempotent*) sind. Solche Gelegenheiten sind aber selten und nicht immer leicht zu erkennen. $\quad\square$

Ein anderes Szenario, in dem sich die Berechnung von Matrixexponentialen vereinfacht und das später sehr wichtig wird, betrifft den Fall, dass die Matrix aus kleineren „entkoppelten" Bausteinen aufgebaut ist, genauer: dass sie eine **Blockdiagonalmatrix** ist. Eine solche hat die Gestalt

$$\begin{pmatrix} A_1 & & & \\ & A_2 & & \\ & & \ddots & \\ & & & A_m \end{pmatrix} =: \mathrm{diag}(A_1, A_2, \ldots, A_m)$$

mit gewissen quadratischen Blöcken $A_k \in \mathbb{K}^{n_k \times n_k}$ auf der *Hauptdiagonalen* und allen restlichen Einträgen gleich 0. Eine **Diagonalmatrix** ist eine Blockdiagonalmatrix, die sich aus lauter 1×1-Blöcken zusammensetzt.

Lemma 7.3   *Für eine Blockdiagonalmatrix $A = \mathrm{diag}(A_1, \ldots, A_m)$ gilt*

$$e^A = \mathrm{diag}(e^{A_1}, \ldots, e^{A_m}).$$

Beweis. Für alle $j \in \mathbb{N}_0$ gilt bekanntlich

$$A^j = \begin{pmatrix} A_1^j & & & \\ & A_2^j & & \\ & & \ddots & \\ & & & A_m^j \end{pmatrix}.$$

Insbesondere besitzt jede Potenz A^j die gleiche Blockdiagonalstruktur wie A. Daraus folgt

$$e^A = \sum_{j=0}^{\infty} \frac{1}{j!} A^j = \begin{pmatrix} \sum_{j=0}^{\infty} \frac{1}{j!} A_1^j & & & \\ & \sum_{j=0}^{\infty} \frac{1}{j!} A_2^j & & \\ & & \ddots & \\ & & & \sum_{j=0}^{\infty} \frac{1}{j!} A_m^j \end{pmatrix}$$

$$= \mathrm{diag}(e^{A_1}, e^{A_2}, \ldots, e^{A_m}). \qquad \blacksquare$$

Das folgende Lemma liefert die Bestätigung, dass

$$t \mapsto \sum_{j=0}^{\infty} \frac{t^j}{j!} A^j \zeta = e^{tA} \zeta$$

tatsächlich die maximale Lösung des Anfangswertproblems (7.1) ist.

Satz 7.4 Für $A \in \mathbb{K}^{n \times n}$ ist die **Matrixexponentialfunktion** $t \mapsto e^{tA}$ differenzierbar mit
$$\frac{d}{dt} e^{tA} = A e^{tA}.$$
Die Matrix $X(t) := e^{tA}$ ist eine Fundamentalmatrix von $x' = Ax$.

Beweis. Es ist

$$\left\| \frac{e^{hA} - E_n}{h} - A \right\| = \left\| \sum_{j=2}^{\infty} \frac{h^{j-1}}{j!} A^j \right\|$$

$$\leq \sum_{j=2}^{\infty} \frac{|h|^{j-1} \cdot \|A\|^j}{j!} = \frac{e^{|h| \cdot \|A\|} - 1}{|h|} - \|A\|$$

für alle $h \in \mathbb{R}$ und

$$\lim_{h \to 0} \frac{e^{h \cdot \|A\|} - 1}{h} = \frac{d}{dh} e^{h \cdot \|A\|} \bigg|_{h=0} = \|A\| \, e^{0 \cdot \|A\|} = \|A\|.$$

Damit und mit Lemma 7.1 (a) folgt

$$\frac{d}{dt} e^{tA} = \lim_{h \to 0} \frac{e^{(t+h)A} - e^{tA}}{h} = \lim_{h \to 0} \frac{e^{hA} - E_n}{h} \cdot e^{tA} = A e^{tA}$$

für alle $t \in \mathbb{R}$. Dies zeigt die erste Behauptung.

Insbesondere sind die einzelnen Spalten von $X(t) := e^{tA}$ Lösungen von $x' = Ax$. Für deren lineare Unabhängigkeit genügt es gemäß Bemerkung 6.9, dass die zugehörige Wronski-Determinante an mindestens einer Stelle nicht 0 ist. Dies ist durch Lemma 7.1 (c) gesichert. – Tatsächlich ist hiernach die Wronski-Determinante sogar nirgends 0, wie es auch Satz 6.5 (a) voraussagt.

Also ist X eine Fundamentalmatrix des Systems.   ∎

Korollar 7.5   *Für $A \in \mathbb{K}^{n \times n}$ ist*

$$\Phi : \mathbb{R} \times \mathbb{R} \longrightarrow \mathbb{K}^{n \times n}, \ \Phi(t, \tau) = e^{(t-\tau)A}$$

die Übergangsmatrix des homogenen linearen Systems $x' = Ax$ und

$$\phi : \mathbb{R} \times \mathbb{K}^n \longrightarrow \mathbb{K}^n, \quad \phi(t, \zeta) = \Phi(t, 0)\zeta = e^{tA}\zeta \tag{7.2}$$

der zugehörige Fluss. Es gilt

$$\det\left(e^A\right) = e^{Spur\,(A)}.$$

Beweis. Gemäß Satz 7.4 ist $X(t) := e^{tA}$ eine Fundamentalmatrix von $x' = Ax$. Deshalb gilt für die Übergangsmatrix Φ

$$\Phi(t, \tau) = e^{tA} \left(e^{\tau A}\right)^{-1} = e^{tA} e^{-\tau A} = e^{(t-\tau)A}$$

gemäß der Definition in Satz 6.10 sowie nach Lemma 7.1 (a) und (c). Daraus ergibt sich sofort die Aussage über den Fluss. Aus der Formel von Liouville (Satz 6.15) und aus $e^{0 \cdot A} = E_n$ (Lemma 7.1 (b)) folgt weiter

$$\det\left(e^{tA}\right) = \det\left(e^{0 \cdot A}\right) \cdot \exp\left(\int_0^t \mathrm{Spur}\,(A)\,ds\right) = e^{t \cdot \mathrm{Spur}\,(A)}.$$

Für $t = 1$ erhält man die letzte Behauptung.   ∎

Abgesehen vom skalaren Fall stellt die Matrixexponentialfunktion bis jetzt eine „Black Box" dar. Deshalb gibt die Formel (7.2) in mancher Hinsicht noch keine befriedigenden Antworten auf Fragen zum Verhalten der Lösungen von $x' = Ax$ – etwa nach dem Aussehen des Phasenporträts. In Teil II haben wir schon einen ersten Vorgeschmack bekommen, dass die Phasenporträts ebener linearer Systeme sehr unterschiedlich ausfallen können (vgl. Beispiel 4.8 und Beispiel 5.11). Welche Eigenschaften von A sind für diese Vielfalt verantwortlich?

Um diese Frage zu klären, benötigen wir dringend eine systematische und allgemeine Methode zur Berechnung von Matrixexponentialfunktionen.

Die entscheidende Idee liefert Lemma 7.1 (d): Angenommen, wir finden eine invertierbare Transformationsmatrix $T \in \mathbb{K}^{n \times n}$, für die $T^{-1}AT$ eine möglichst praktische Gestalt besitzt. Dann reduziert sich die Berechnung von e^{tA} wegen

$$e^{tA} = T \left(T^{-1} e^{tA} T \right) T^{-1} = T e^{t \cdot T^{-1}AT} T^{-1}$$

auf die einfacher zu bewältigende Berechnung von $e^{t \cdot T^{-1}AT}$. Wie man T sinnvoll wählt, ist eine wohlbekannte Problemstellung aus der Linearen Algebra. Sie führt auf die sog. *Normalformentheorie* für Matrizen.

Bevor wir diese Überlegung vertiefen, wollen wir uns zunächst die geometrische Bedeutung dieses Vorgehens klar machen. Der Einfachheit halber beschränken wir uns dabei auf reelle Matrizen.

Bemerkung 7.6 (Koordinatentransformation)   Es sei $T \in \mathbb{R}^{n \times n}$ eine invertierbare Matrix. Dann geht

$$x' = Ax \tag{7.3}$$

durch die Koordinatentransformation $y = T^{-1}x$ in

$$y' = T^{-1}ATy \tag{7.4}$$

über. Dies bedeutet, dass $x : \mathbb{R} \longrightarrow \mathbb{R}^n$ genau dann (7.3) löst, wenn $y : \mathbb{R} \longrightarrow \mathbb{R}^n$, $y(t) = T^{-1}x(t)$ eine Lösung von (7.4) ist:

„$\Longrightarrow$": Wenn x eine Lösung von (7.3) ist, gilt

$$y'(t) = T^{-1}x'(t) = T^{-1}Ax(t) = T^{-1}ATT^{-1}x(t) = T^{-1}ATy(t)$$

für alle $t \in \mathbb{R}$.

„$\Longleftarrow$": Wenn umgekehrt y eine Lösung von (7.4) ist, gilt

$$x'(t) = Ty'(t) = TT^{-1}ATy(t) = ATy(t) = Ax(t) \qquad \text{für alle } t \in \mathbb{R}.$$

Warum spricht man hier von einer Koordinatentransformation?

Die lineare Abbildung $p \mapsto Tp$ bildet die Standard-Basis $(e_1, \ldots, e_n)$ des $\mathbb{R}^n$ auf die neue Basis $(f_1, \ldots, f_n)$ mit $f_j := Te_j$ ab. Es sei ein $x \in \mathbb{R}^n$ beliebig gegeben. Dann ist $y = T^{-1}x$ wegen

$$y_1 f_1 + \ldots + y_n f_n = T(y_1 e_1 + \ldots + y_n e_n) = Ty = x$$

der Koordinatenvektor von x bezüglich der Basis $(f_1, \ldots, f_n)$. Abb. 7.1 illustriert die Beziehung zwischen den x-Koordinaten und den y-Koordinaten.

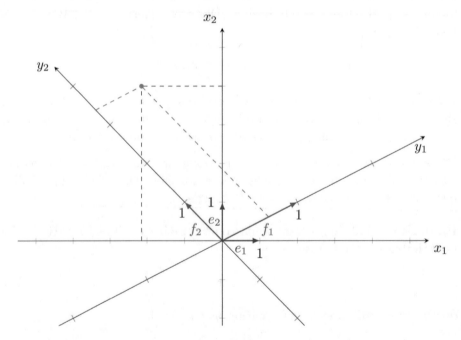

Abb. 7.1: Koordinaten bezüglich $(e_1, \ldots, e_n)$ und $(f_1, \ldots, f_n)$

Sofern man für Ausgangs- und Zielvektorraum jeweils die Basis $(f_1, \ldots, f_n)$ verwendet, hat die lineare Abbildung $p \mapsto Ap$ gemäß der aus der *Linearen Algebra* bekannten Transformationsformel gerade die **Darstellungsmatrix** $T^{-1}AT$ (Abb. 7.2). Die Matrizen A und $T^{-1}AT$ sind **ähnlich**.

Wir werden in Beispiel 7.8 sehen, dass Koordinatentransformationen nützlich sein können, um Phasenporträts zu „entzerren“.   □

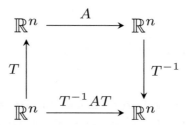

Abb. 7.2: Kommutatives Diagramm für die Transformationsformel

Die Normalformentheorie in der *Linearen Algebra* beschäftigt sich mit der Frage, wie man Koordinatentransformationen wählen muss, um eine möglichst einfache Darstellungsmatrix zu erreichen.

Bemerkung 7.7 Es sei $A \in \mathbb{K}^{n \times n}$ **diagonalisierbar** (über $\mathbb{K}$). Gemäß Definition gibt es dann eine invertierbare Transformationsmatrix $T \in \mathbb{K}^{n \times n}$ so, dass

$$T^{-1}AT = \mathrm{diag}(\lambda_1, \ldots, \lambda_n) =: D$$

Diagonalgestalt hat. Hierbei sind $\lambda_1, \ldots, \lambda_n \in \mathbb{K}$ die nicht notwendigerweise verschiedenen **Eigenwerte**[67] von A. Wir setzen $y = T^{-1}x$ und transformieren die *gekoppelte* Differentialgleichung $x' = Ax$ in die neue Differentialgleichung $y' = Dy$ wie in (7.4). Da D Diagonalgestalt hat, sind die einzelnen Zeilen der Differentialgleichung $y' = Dy$ *vollständig entkoppelte* skalare Differentialgleichungen:

$$y_1' = \lambda_1 y_1,$$
$$\vdots$$
$$y_n' = \lambda_n y_n.$$

Sie haben die Lösungen

$$y(t) = \begin{pmatrix} y_1(t) \\ \vdots \\ y_n(t) \end{pmatrix} = \begin{pmatrix} \xi_1 e^{\lambda_1 t} \\ \vdots \\ \xi_n e^{\lambda_n t} \end{pmatrix}$$

mit $\xi = (\xi_1, \ldots, \xi_n) \in \mathbb{R}^n$. Also ist

$$(t, \xi) \mapsto \mathrm{diag}(e^{\lambda_1 t}, \ldots, e^{\lambda_n t})\xi$$

---

[67]Zur Erinnerung: Man nennt λ einen Eigenwert von A, wenn es einen Vektor $v \neq 0$ mit $Av = \lambda v$ gibt. In diesem Fall heißt v **Eigenvektor** von A zum Eigenwert λ.

der Fluss von $y' = Dy$ und somit

$$(t, \zeta) \mapsto T \mathrm{diag}(e^{\lambda_1 t}, \dots, e^{\lambda_n t}) T^{-1} \zeta$$

der Fluss von $x' = Ax$.

Eine Matrix $B \in \mathbb{K}^{n \times n}$ ist bekanntlich genau dann diagonalisierbar über $\mathbb{K}$, wenn der Vektorraum $\mathbb{K}^n$ eine Basis aus Eigenvektoren von B besitzt. Eine hinreichende (jedoch nicht notwendige) Bedingung hierfür ist, dass das charakteristische Polynom von B über $\mathbb{K}$ vollständig in Linearfaktoren zerfällt[68] und alle seine Nullstellen einfach sind, d.h. dass alle Eigenwerte von B in $\mathbb{K}$ liegen und paarweise verschieden sind. $\square$

Beispiel 7.8   Die Matrix

$$A := \begin{pmatrix} 3 & 2 \\ 1 & 2 \end{pmatrix}$$

ist diagonalisierbar, denn sie besitzt das charakteristische Polynom

$$
\begin{aligned}
\chi_A(\lambda) &= \det(\lambda E_2 - A) = \det \begin{pmatrix} \lambda - 3 & -2 \\ -1 & \lambda - 2 \end{pmatrix} \\
&= (\lambda - 3)(\lambda - 2) - 2 = \lambda^2 - 5\lambda + 4 = (\lambda - 1)(\lambda - 4)
\end{aligned}
$$

und folglich die beiden verschiedenen Eigenwerte $\lambda_1 = 4$ und $\lambda_2 = 1$. Die zugehörigen Eigenvektoren

$$\begin{pmatrix} 2 \\ 1 \end{pmatrix} \in \mathrm{Kern} \begin{pmatrix} 1 & -2 \\ -1 & 2 \end{pmatrix} = \mathrm{Kern}(4E_2 - A),$$

$$\begin{pmatrix} -1 \\ 1 \end{pmatrix} \in \mathrm{Kern} \begin{pmatrix} -2 & -2 \\ -1 & -1 \end{pmatrix} = \mathrm{Kern}(E_2 - A)$$

bilden eine Basis von $\mathbb{R}^2$, und die aus ihnen bestehende invertierbare Matrix

$$T := \begin{pmatrix} 2 & -1 \\ 1 & 1 \end{pmatrix}$$

transformiert A auf Diagonalform

$$D := \begin{pmatrix} 4 & 0 \\ 0 & 1 \end{pmatrix} = T^{-1} A T.$$

---

[68]Für $\mathbb{K} = \mathbb{C}$ ist dies aufgrund des Fundamentalsatzes der Algebra immer der Fall.

Dies folgt ohne weitere Rechnung daraus, dass $T^{-1}AT$ die Darstellungsmatrix bezüglich der aus den o.g. Eigenvektoren bestehenden Basis ist. Man kann es auch wie folgt verifizieren: T bildet den j-ten Einheitsvektor e_j (für $j = 1, 2$) auf den j-ten Eigenvektor ab, A diesen auf sein λ_j-faches, und T^{-1} transformiert sodann zurück zu $\lambda_j e_j$. Das ist insgesamt dasselbe Abbildungsverhalten wie das der Diagonalmatrix D.

Natürlich kann man auch direkt nachrechnen, dass $T^{-1}AT = D$ gilt; als „vertrauensbildende Maßnahme" führen wir dies hier vor. Dabei benutzen wir die ausgesprochen nützliche Regel

$$\begin{pmatrix} a & b \\ c & d \end{pmatrix}^{-1} = \frac{1}{ad - bc} \begin{pmatrix} d & -b \\ -c & a \end{pmatrix}$$

für die Inverse einer regulären 2×2-Matrix $\begin{pmatrix} a & b \\ c & d \end{pmatrix}$: Solche Matrizen invertiert man, indem man die Diagonalelemente vertauscht, bei den beiden übrigen Einträgen das Vorzeichen umkehrt und das Ergebnis durch die Determinante der ursprünglichen Matrix dividiert. Damit ergibt sich

$$\begin{aligned}
T^{-1}AT &= \frac{1}{3} \begin{pmatrix} 1 & 1 \\ -1 & 2 \end{pmatrix} \begin{pmatrix} 3 & 2 \\ 1 & 2 \end{pmatrix} \begin{pmatrix} 2 & -1 \\ 1 & 1 \end{pmatrix} \\
&= \frac{1}{3} \begin{pmatrix} 4 & 4 \\ -1 & 2 \end{pmatrix} \begin{pmatrix} 2 & -1 \\ 1 & 1 \end{pmatrix} = \begin{pmatrix} 4 & 0 \\ 0 & 1 \end{pmatrix} = D,
\end{aligned}$$

wie erwartet.

Deswegen überführt die Koordinatentransformation $y = T^{-1}x$ das gekoppelte System

$$\begin{pmatrix} x_1' \\ x_2' \end{pmatrix} = A \begin{pmatrix} x_1 \\ x_2 \end{pmatrix} = \begin{pmatrix} 3x_1 + 2x_2 \\ x_1 + 2x_2 \end{pmatrix} \tag{7.5}$$

in das entkoppelte System

$$\begin{pmatrix} y_1' \\ y_2' \end{pmatrix} = T^{-1}AT \begin{pmatrix} y_1 \\ y_2 \end{pmatrix} = D \begin{pmatrix} y_1 \\ y_2 \end{pmatrix} = \begin{pmatrix} 4y_1 \\ y_2 \end{pmatrix}. \tag{7.6}$$

Weiterhin gilt nach Lemma 7.3

$$e^{Dt} = \begin{pmatrix} e^{4t} & 0 \\ 0 & e^t \end{pmatrix},$$

und damit und mit Lemma 7.1 (d) erhalten wir

$$\begin{aligned}
e^{tA} = e^{t \cdot TDT^{-1}} = Te^{tD}T^{-1} &= \frac{1}{3} \begin{pmatrix} 2 & -1 \\ 1 & 1 \end{pmatrix} \begin{pmatrix} e^{4t} & 0 \\ 0 & e^t \end{pmatrix} \begin{pmatrix} 1 & 1 \\ -1 & 2 \end{pmatrix} \\
&= \frac{1}{3} \begin{pmatrix} 2 & -1 \\ 1 & 1 \end{pmatrix} \begin{pmatrix} e^{4t} & e^{4t} \\ -e^t & 2e^t \end{pmatrix} = \frac{1}{3} \begin{pmatrix} 2e^{4t} + e^t & 2e^{4t} - 2e^t \\ e^{4t} - e^t & e^{4t} + 2e^t \end{pmatrix}.
\end{aligned}$$

Die Phasenporträts des gekoppelten und des entkoppelten Systems zeigt
Abb. 7.3. ☐

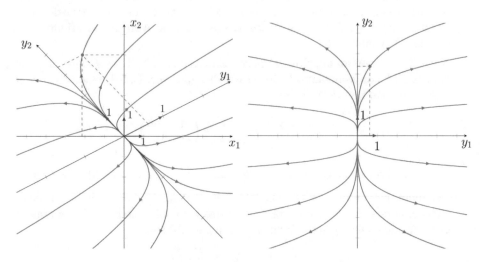

Abb. 7.3: Die Phasenporträts von (7.5) (links) und (7.6) (rechts)

Freilich sind Matrizen i.Allg. nicht diagonalisierbar. Wir benötigen deshalb
ein allgemeineres Resultat. Statt Diagonalform kann man immer zumindest
Blockdiagonalform erreichen. Dies ist die Aussage des aus der *Linearen Algebra* bekannten Satzes über die Jordan-Normalform.

Satz 7.9 (Jordan-Normalform)   *Es sei* $A \in \mathbb{C}^{n \times n}$, *und* $\lambda_1, \dots, \lambda_q \in \mathbb{C}$
seien die verschiedenen Eigenwerte von A. *Dann gibt es eine invertierbare
Transformationsmatrix* $T \in \mathbb{C}^{n \times n}$, *so dass*

$$T^{-1} A T = J$$

Blockdiagonalform hat, wobei jeder einzelne Block ein **Jordan-Kästchen**
der Form

$$J_d(\lambda_j) = \begin{pmatrix} \lambda_j & 1 & 0 & 0 & \dots & 0 \\ 0 & \lambda_j & 1 & 0 & \dots & 0 \\ 0 & 0 & \lambda_j & 1 & & 0 \\ \vdots & \vdots & \ddots & \ddots & \ddots & \vdots \\ \vdots & \vdots & & \ddots & \lambda_j & 1 \\ 0 & 0 & \dots & \dots & 0 & \lambda_j \end{pmatrix} \in \mathbb{C}^{d \times d}$$

mit $1 \le d \le n$, $1 \le j \le q$ *ist. Die Matrix* J *ist bis auf die Reihenfolge der Jordan-Kästchen eindeutig durch* A *bestimmt und heißt* **Jordan-**

Normalform *von A. Fasst man alle Jordan-Kästchen zu* λ_j *in einem Block zusammen, spricht man von dem* **Jordan-Block** *zu* λ_j.

Bekanntlich haben eine Matrix und ihre Jordan-Normalform eine Reihe wichtiger Gemeinsamkeiten, nämlich alle Größen, die unter Ähnlichkeitstransformationen invariant sind: Sie haben gleichen Rang, gleiches charakteristisches Polynom und damit insbesondere gleiche Determinante, gleiche Spur und gleiche Eigenwerte mit denselben algebraischen und auch geometrischen Vielfachheiten (jedoch nicht dieselben Eigenvektoren).

Eine 8×8-Matrix mit den beiden Eigenwerten λ und μ könnte zum Beispiel die Jordan-Normalform

$$
\begin{pmatrix}
\boxed{\lambda} & & & & & & & \\
& \lambda & 1 & & & & & \\
& & \lambda & & & & & \\
& & & \lambda & 1 & & & \\
& & & & \lambda & & & \\
& & & & & \mu & 1 & \\
& & & & & & \mu & 1 \\
& & & & & & & \mu
\end{pmatrix}
$$

mit einem 1×1-Jordan-Kästchen und zwei 2×2-Jordan-Kästchen zu λ sowie einem 3×3-Jordan-Kästchen zu μ haben. In diesem Fall sind

$$
\begin{pmatrix}
\boxed{\lambda} & & & & \\
& \lambda & 1 & & \\
& & \lambda & & \\
& & & \lambda & 1 \\
& & & & \lambda
\end{pmatrix}
\qquad \text{bzw.} \qquad
\begin{pmatrix}
\mu & 1 & \\
& \mu & 1 \\
& & \mu
\end{pmatrix}
$$

die Jordan-Blöcke zu λ bzw. μ.

Bemerkung 7.10 (Reelle Matrizen)   Man beachte, dass eine reelle Matrix $A \in \mathbb{R}^{n \times n}$ nicht-reelle Eigenwerte haben kann und man daher sowohl die Jordan-Normalform $J = T^{-1}AT$ als auch die Transformationsmatrix T i.Allg. in $\mathbb{C}^{n \times n}$ und nicht in $\mathbb{R}^{n \times n}$ suchen muss. Für reelle Matrizen A ist aber mit λ stets auch $\overline{\lambda}$ ein Eigenwert, d.h. die nicht-reellen Eigenwerte treten in Paaren zueinander komplex konjugierter Zahlen auf. In diesem Fall ist ein Vektor $v \in \mathbb{C}^n$ genau dann ein Eigenvektor zum Eigenwert λ, wenn $\overline{v}$ ein Eigenvektor zum Eigenwert $\overline{\lambda}$ ist.   □

Die Berechnung einer Jordan-Normalform zählt zu den anspruchsvollsten
Aufgaben der Linearen Algebra. In den *Weiterführenden Betrachtungen* zu
diesem Kapitel präsentieren wir einen detaillierten allgemeinen Algorithmus
sowie ein Anwendungsbeispiel. Examensaufgaben beschränken sich in aller
Regel auf Matrizen vom Format 2×2 oder allenfalls 3×3, bei denen sich
die Berechnung erheblich vereinfacht.

Insbesondere in niedrigen Dimensionen n ist es für die Bestimmung der
Jordan-Normalform einer quadratischen Matrix $A \in \mathbb{K}^{n \times n}$ außerordentlich
hilfreich, die folgenden drei Kenngrößen eines Eigenwertes λ von A zu betrachten:

- seine **algebraische Vielfachheit**, d.h. die Vielfachheit des Eigenwerts als Nullstelle des charakteristischen Polynoms: Sie gibt die Ge-
  samtgröße des zu λ gehörenden Jordan-Blocks an, d.h. die Summe der
  Größen aller seiner Jordan-Kästchen;

- seine **geometrische Vielfachheit**, d.h. die Dimension des zugehörigen Eigenraums: Sie gibt die Zahl der Jordan-Kästchen zum Eigenwert
  λ an;

- sein **Index**; dieser ist die kleinste natürliche Zahl s_λ mit der Eigenschaft, dass für alle $\ell \geq s_\lambda$

$$\text{Kern}(A - \lambda E_n)^{s_\lambda} = \text{Kern}(A - \lambda E_n)^\ell$$

gilt. Er gibt die Größe des größten Jordan-Kästchens zum Eigenwert
λ an sowie die Vielfachheit von λ als Nullstelle des Minimalpolynoms
von A.

Durch diese drei Kenngrößen, die sich allesamt mit deutlich weniger Aufwand bestimmen lassen als die komplette Jordan-Basis, ist oftmals die
Jordan-Normalform (bis auf Permutationen der Reihenfolge der Jordan-
Kästchen) bereits eindeutig festgelegt – und zwar, wie man sich leicht
überlegt, sicher dann, wenn alle algebraischen Vielfachheiten höchstens 6
sind, insbesondere also in allen examensrelevanten Fällen.

Aufgrund von Satz 7.9, Lemma 7.1 (d) und Lemma 7.3 genügt es für unsere Zwecke, die Matrixexponentialfunktion lediglich für Jordan-Kästchen zu
berechnen.

Proposition 7.11 *Für das Jordan-Kästchen $J_d(\lambda) \in \mathbb{C}^{d \times d}$ mit $d \in \mathbb{N}$ und $\lambda \in \mathbb{C}$ gilt*

$$
e^{t \cdot J_d(\lambda)} = e^{\lambda t}
\begin{pmatrix}
1 & t & \frac{t^2}{2!} & \cdots & \frac{t^{d-1}}{(d-1)!} \\
 & \ddots & \ddots & \ddots & \vdots \\
 & & \ddots & \ddots & \frac{t^2}{2!} \\
 & & & \ddots & t \\
0 & & & & 1
\end{pmatrix}
\qquad \textit{für alle } t \in \mathbb{R}.
$$

Beweis. Aus der Darstellung $J_d(\lambda) = D + N$ mit

$$
D = \begin{pmatrix}
\lambda & 0 & & 0 \\
 & \ddots & \ddots & \\
 & & \ddots & 0 \\
0 & & & \lambda
\end{pmatrix} = \lambda E_d, \qquad
N = \begin{pmatrix}
0 & 1 & & 0 \\
 & \ddots & \ddots & \\
 & & \ddots & 1 \\
0 & & & 0
\end{pmatrix} \in \mathbb{C}^{d \times d} \quad (7.7)
$$

folgt wegen $DN = \lambda N = ND$ und Lemma 7.1 (a) die Faktorisierung

$$
e^{t \cdot J_d(\lambda)} = e^{t(D+N)} = e^{tD} e^{tN}.
$$

Man vergewissert sich schnell, dass $N^j = 0$ für alle $j \geq d$ gilt (d.h. N ist *nilpotent*). Die mit Einsen besetzte Nebendiagonale rutscht nämlich bei jeder Multiplikation mit N um eins weiter nach oben, bis sie schließlich bei der d-ten Potenz verschwindet. Somit haben wir

$$
e^{tN} = \sum_{j=0}^{\infty} \frac{t^j}{j!} N^j = \sum_{j=0}^{d-1} \frac{t^j}{j!} N^j =
\begin{pmatrix}
1 & t & \frac{t^2}{2!} & \cdots & \frac{t^{d-1}}{(d-1)!} \\
 & \ddots & \ddots & \ddots & \vdots \\
 & & \ddots & \ddots & \frac{t^2}{2!} \\
 & & & \ddots & t \\
0 & & & & 1
\end{pmatrix},
$$

und zusammen mit $e^{tD} = e^{\lambda t} E_d$ (Lemma 7.3) folgt die Behauptung. ∎

Unsere Ergebnisse führen auf das folgende Verfahren:

Algorithmus 7.12 (Berechnung der Matrixexponentialfunktion)
Es sei ein $A \in \mathbb{K}^{n \times n}$ gegeben.

Schritt 1: Berechne die Jordan-Normalform $J = \mathrm{diag}(J_1, \ldots, J_m)$ von A und eine zugehörige Transformationsmatrix T mit $T^{-1} A T = J$.

Schritt 2: Berechne e^{tJ_k} für jedes Jordan-Kästchen $J_k \in \mathbb{C}^{n_k \times n_k}$ mithilfe der Formel aus Proposition 7.11. Gemäß Lemma 7.3 gilt dann $e^{tJ} = \operatorname{diag}(e^{tJ_1}, \ldots, e^{tJ_m})$.

Schritt 3: Berechne $e^{tA} = Te^{tJ}T^{-1}$. □

Mithilfe der Jordan-Normalform können wir nun die folgenden beiden Sätze beweisen, die strukturelle Aussagen über die Lösungen von $x' = Ax$ treffen.

Satz 7.13   *Es sei $A \in \mathbb{C}^{n \times n}$, und $x : \mathbb{R} \longrightarrow \mathbb{C}^n$ sei eine komplexe Lösung von $x' = Ax$. Dann ist jede Komponentenfunktion von x eine komplexe Linearkombination der Funktionen*

$$t \mapsto t^p e^{\lambda t}, \quad \text{wobei } \lambda \text{ Eigenwert von } A \text{ und } p \in \{0, \ldots, s_\lambda - 1\} \text{ ist.} \quad (7.8)$$

Hierbei bezeichnet s_λ den Index von λ.

Beweis. Es genügt, ein Fundamentalsystem anzugeben, das aus lauter Lösungen mit dieser Eigenschaft besteht. Es sei $J = T^{-1}AT$ mit der Transformationsmatrix $T =: (\tau_{k\ell})_{k,\ell}$ eine Jordan-Normalform von A. Die Einträge von $e^{tJ} =: (u_{k\ell}(t))_{k,\ell}$ sind wegen Proposition 7.11 skalare Vielfache der Funktionen (7.8). Für jedes $\ell \in \{1, \ldots, n\}$ ist $x_\ell : \mathbb{R} \longrightarrow \mathbb{C}^n$ mit

$$x_\ell(t) := e^{tA}Te_\ell = Te^{tJ}T^{-1}Te_\ell = Te^{tJ}e_\ell$$

eine Lösung von $x' = Ax$. Die Vektoren $x_1(0) = Te_1, \ldots, x_n(0) = Te_n$ sind linear unabhängig, da T invertierbar ist. Infolgedessen bilden $x_1, \ldots, x_n$ nach Satz 6.5 (a) ein Fundamentalsystem von $x' = Ax$. Die zugehörigen Komponentenfunktionen

$$e_k^T x_\ell(t) = e_k^T Te^{tJ}e_\ell = \sum_{j=1}^{n} \tau_{kj} u_{j\ell}(t)$$

sind allesamt Linearkombinationen der Funktionen (7.8). ■

Satz 7.14   *Es sei $A \in \mathbb{R}^{n \times n}$, und $x : \mathbb{R} \longrightarrow \mathbb{R}^n$ sei eine reelle Lösung von $x' = Ax$. Dann ist jede Komponentenfunktion von x eine reelle Linearkombination der Funktionen*

$$t \mapsto t^p e^{\alpha t} \cos \beta t, \qquad t \mapsto t^p e^{\alpha t} \sin \beta t,$$

wobei $\lambda = \alpha + i\beta$ (mit $\alpha, \beta \in \mathbb{R}$) Eigenwert von A mit dem Index s_λ und $p \in \{0, \ldots, s_\lambda - 1\}$ ist.

Hierbei ist natürlich auch $\lambda \in \mathbb{R}$ möglich. In diesem Fall ist $\beta = 0$ und $t \mapsto t^p e^{\alpha t} \sin \beta t$ daher die Nullfunktion, während sich $t \mapsto t^p e^{\alpha t} \cos \beta t$ zu $t \mapsto t^p e^{\alpha t}$ vereinfacht.

Beweis. Nach Satz 7.13 hat die k-te Komponentenfunktion x_k der Lösung $x : \mathbb{R} \longrightarrow \mathbb{R}^n$ eine Darstellung

$$x_k(t) = w_1 t^{p_1} e^{\lambda_1 t} + \ldots + w_m t^{p_m} e^{\lambda_m t}$$

mit gewissen (nicht notwendigerweise verschiedenen) Eigenwerten $\lambda_j = \alpha_j + i\beta_j$ von A, Exponenten $p_j \in \{0, \ldots, s_j - 1\}$ und Skalaren $w_j = u_j + iv_j$ mit $u_j, v_j \in \mathbb{R}$; hierbei ist s_j der Index von λ_j. Man erhält für $j \in \{1, \ldots, m\}$

$$\begin{aligned}
\mathrm{Re}\left(w_j t^{p_j} e^{\lambda_j t} \right) &= \mathrm{Re}\left(w_j t^{p_j} e^{\alpha_j t} e^{i\beta_j t} \right) \\
&= t^{p_j} e^{\alpha_j t} \, \mathrm{Re}\big((u_j + iv_j)(\cos \beta_j t + i \sin \beta_j t) \big) \\
&= t^{p_j} e^{\alpha_j t} (u_j \cos \beta_j t - v_j \sin \beta_j t) \\
&= u_j \cdot t^{p_j} e^{\alpha_j t} \cos \beta_j t - v_j \cdot t^{p_j} e^{\alpha_j t} \sin \beta_j t.
\end{aligned}$$

Da x reellwertig und somit

$$x_k(t) = \mathrm{Re}\, x_k(t) = \mathrm{Re}\left(w_1 t^{p_1} e^{\lambda_1 t} \right) + \ldots + \mathrm{Re}\left(w_m t^{p_m} e^{\lambda_m t} \right)$$

ist, folgt die Behauptung. ∎

Bemerkung 7.15 Man sollte die Matrix-Exponentialfunktion e^{tA} nur ausrechnen, wenn es sich nicht vermeiden lässt. Viele Probleme lassen sich auch effizienter angehen. Dabei sind die folgenden beiden – miteinander zusammenhängenden – Beobachtungen ausgesprochen nützlich:

(1) *Ist v ein Eigenvektor der Matrix A zum Eigenwert λ, so ist*

$$x(t) = e^{\lambda t} v$$

eine Lösung der Differentialgleichung $x' = Ax$.

Es ist nämlich

$$x'(t) = \lambda e^{\lambda t} v = e^{\lambda t} A v = A x(t)$$

für alle $t \in \mathbb{R}$. Im Fall diagonalisierbarer Matrizen kann man auf diese Weise bereits ein Fundamentalsystem von Lösungen angeben[69].

---

[69]Dass diese linear unabhängig sind, ist z.B. durch Satz 6.5 gesichert, denn Eigenvektoren zu verschiedenen Eigenwerten sind bekanntlich linear unabhängig.

(2)   Ist $A = TJT^{-1}$ mit Jordan-Normalform J und Transforma-
        tionsmatrix T, so ist nicht nur $e^{tA} = Te^{tJ}T^{-1}$ eine Funda-
        mentalmatrix von $x' = Ax$, sondern auch $e^{tA}T = Te^{tJ}$.

Multiplikation von e^{tA} von rechts mit T bedeutet nämlich das Bilden
von Linearkombinationen der Spalten von e^{tA}, und wegen der Regularität von T bleibt dabei die lineare Unabhängigkeit der Spalten
erhalten. – Entscheidend ist hier natürlich die Vektorraumstruktur der
Lösungen.

Nun ist aber Te^{tJ} wesentlich einfacher zu berechnen, da man sich die
i.Allg. aufwändige Berechnung der Inversen T^{-1} erspart.

Tatsächlich liefert Te^{tJ} im diagonalisierbaren Fall dieselben Fundamentallösungen wie der Ansatz in (1). Denn die Transformationsmatrix T enthält dann genau die Eigenvektoren von A, die Matrizen
J und damit e^{tJ} haben Diagonalgestalt, und T von rechts mit e^{tJ}
zu multiplizieren bedeutet somit, die Spalten von T mit den Fakto-
ren $e^{\lambda_j t}$ zu multiplizieren, wobei die λ_j die Eigenwerte von A sind.
– Diese Überlegung macht es auch besser verständlich, weshalb der
Ansatz in (1) i.Allg. auf ein anderes Fundamentalsystem führt als die
Matrixexponentialfunktion e^{tA}.

Ein Beispiel für die Vorteilhaftigkeit des in (1) und (2) beschriebenen Vorgehens liefert die folgende Examensaufgabe.   □

Beispiel 7.16 (Examensaufgabe)   Berechnen Sie, für welche Anfangswerte
$x_0 \in \mathbb{R}^3$ die Lösung der linearen Differentialgleichung $x' = Ax$ mit der
Systemmatrix

$$A := \begin{pmatrix} 1 & 2 & 3 \\ 4 & 5 & 6 \\ 7 & 8 & 9 \end{pmatrix}$$

für $t \to \infty$ gegen die Ruhelage $r := (1, -2, 1)^T$ konvergiert.

Lösung: Das charakteristische Polynom von A ist

$$\chi_A(\lambda) = \det \begin{pmatrix} \lambda - 1 & -2 & -3 \\ -4 & \lambda - 5 & -6 \\ -7 & -8 & \lambda - 9 \end{pmatrix}$$

$$= (\lambda - 1) \det \begin{pmatrix} \lambda - 5 & -6 \\ -8 & \lambda - 9 \end{pmatrix} - (-4) \det \begin{pmatrix} -2 & -3 \\ -8 & \lambda - 9 \end{pmatrix}$$

$$-7 \det \begin{pmatrix} -2 & -3 \\ \lambda - 5 & -6 \end{pmatrix}$$

$$= (\lambda - 1)((\lambda - 5)(\lambda - 9) - 48) + 4 \cdot (-2(\lambda - 9) - 24)$$
$$-7 \cdot (12 + 3(\lambda - 5))$$
$$= (\lambda - 1)(\lambda^2 - 14\lambda - 3) - 8\lambda - 24 - 21\lambda + 21$$
$$= \lambda(\lambda^2 - 15\lambda - 18),$$

und daher hat A die Eigenwerte 0 sowie

$$\lambda_\pm = \frac{15 \pm \sqrt{225 + 72}}{2} = \frac{15 \pm 3\sqrt{33}}{2}.$$

Dabei ist $\lambda_+ > 0$ und $\lambda_- < 0$. Die 3×3-Matrix A ist diagonalisierbar, da sie drei verschiedene Eigenwerte besitzt. Es seien v_+ bzw. v_- Eigenvektoren zu den Eigenwerten λ_+ bzw. λ_-. Da r eine Ruhelage ist, ist r ein Eigenvektor zum Eigenwert 0. Gemäß Bemerkung 7.15 (1) hat jede Lösung von $x' = Ax$ die Form

$$t \mapsto ae^{\lambda_+ t}v_+ + be^{\lambda_- t}v_- + cr \qquad \text{mit } a, b, c \in \mathbb{R}.$$

Ist hier $a \neq 0$, so divergiert die Lösung offenbar für $t \to \infty$. Für $a = 0$ hingegen konvergiert sie wegen $\lim_{t\to\infty} e^{\lambda_- t} = 0$ gegen cr. Also konvergieren für $t \to \infty$ genau die Lösungen

$$t \mapsto be^{\lambda_- t}v_- + r \qquad \text{mit } b \in \mathbb{R}$$

gegen r. Diese haben (zur Anfangszeit 0) die Anfangswerte $bv_- + r$. Für die explizite Angabe dieser Anfangswerte genügt es also, einen Eigenvektor v_- zum Eigenwert λ_- zu bestimmen. Davon sehen wir aufgrund des damit verbundenen Rechenaufwands und des damit *nicht* verbundenen Erkenntnisgewinns ab. Entscheidend für uns ist die Beobachtung, dass es hier nicht nötig ist, die allgemeine Lösung der Differentialgleichung zu bestimmen, um die Aufgabe zu lösen. □

Kombinieren wir die in diesem Kapitel entwickelte Lösungstheorie für homogene autonome lineare Systeme mit der aus Satz 6.11 bekannten Methode der Variation der Konstanten, so können wir nunmehr auch inhomogene lineare Systeme lösen, bei denen der homogene Anteil autonom und die Inhomogenität zeitabhängig ist. Die damit verbundenen Rechnungen sind freilich oft etwas länglich, wie auch in der folgenden Examensaufgabe.

Beispiel 7.17 (Examensaufgabe)   Es seien

$$A := \begin{pmatrix} 0 & 0 & -1 \\ 0 & -1 & 0 \\ 1 & 0 & 2 \end{pmatrix}, \qquad b: \mathbb{R} \longrightarrow \mathbb{R}^3, \quad b(t) := \begin{pmatrix} -t \\ e^{-t} \\ 1+t \end{pmatrix}.$$

(a) Berechnen Sie ein Fundamentalsystem für die Differentialgleichung $x' = Ax$.

(b) Berechnen Sie die maximale Lösung des Anfangswertproblems

$$x' = Ax + b(t), \qquad x(0) = \begin{pmatrix} 1 \\ 3 \\ -2 \end{pmatrix}.$$

Lösung:

(a) Das charakteristische Polynom von A ist

$$\chi_A(\lambda) = \det \begin{pmatrix} \lambda & 0 & 1 \\ 0 & \lambda+1 & 0 \\ -1 & 0 & \lambda-2 \end{pmatrix} = (\lambda+1) \cdot \det \begin{pmatrix} \lambda & 1 \\ -1 & \lambda-2 \end{pmatrix}$$

$$= (\lambda+1)(\lambda(\lambda-2)+1) = (\lambda+1)(\lambda-1)^2.$$

Wir erhalten also die Eigenwerte -1 mit Eigenvektor $v_1 = (0,1,0)^T$ und $+1$ mit Eigenvektor $v_2 = (1,0,-1)^T$. Die Gleichung $(A-E_3)v_3 = v_2$, d.h.

$$\begin{pmatrix} -1 & 0 & -1 \\ 0 & -2 & 0 \\ 1 & 0 & 1 \end{pmatrix} v_3 = \begin{pmatrix} 1 \\ 0 \\ -1 \end{pmatrix}$$

führt zur Wahl des Hauptvektors $v_3 = (-1,0,0)^T$. (Für eine nähere Erläuterung dieses Vorgehens siehe die *Weiterführenden Betrachtungen* zu diesem Kapitel auf S. 229.) Somit hat A die Jordan-Normalform

$$J = \begin{pmatrix} -1 & 0 & 0 \\ 0 & 1 & 1 \\ 0 & 0 & 1 \end{pmatrix} \qquad \text{mit} \qquad e^{tJ} = \begin{pmatrix} e^{-t} & 0 & 0 \\ 0 & e^t & te^t \\ 0 & 0 & e^t \end{pmatrix}.$$

Mit der Transformationsmatrix

$$S = (v_1, v_2, v_3) = \begin{pmatrix} 0 & 1 & -1 \\ 1 & 0 & 0 \\ 0 & -1 & 0 \end{pmatrix}$$

ist

$$J = S^{-1}AS.$$

Eine Fundamentalmatrix ist e^{tA}, ebenso aber auch die – leichter zu berechnende – Matrix

$$e^{tA}S = e^{t \cdot SJS^{-1}} \cdot S = Se^{tJ} = \begin{pmatrix} 0 & e^t & te^t - e^t \\ e^{-t} & 0 & 0 \\ 0 & -e^t & -te^t \end{pmatrix}$$

(vgl. Bemerkung 7.15 (2)). Damit erhalten wir das Fundamentalsystem

$$\left\{ t \mapsto \begin{pmatrix} 0 \\ e^{-t} \\ 0 \end{pmatrix}, \quad t \mapsto \begin{pmatrix} e^t \\ 0 \\ -e^t \end{pmatrix}, \quad t \mapsto \begin{pmatrix} te^t - e^t \\ 0 \\ -te^t \end{pmatrix} \right\}.$$

(b) Es sei

$$F(t) := \begin{pmatrix} 0 & e^t & te^t - e^t \\ e^{-t} & 0 & 0 \\ 0 & -e^t & -te^t \end{pmatrix}$$

die in (a) bestimmte Fundamentalmatrix. Um eine spezielle Lösung der inhomogenen Differentialgleichung zu finden, machen wir gemäß der Methode der Variation der Konstanten den Ansatz

$$x_{\mathrm{sp}}(t) := F(t) \begin{pmatrix} \alpha(t) \\ \beta(t) \\ \gamma(t) \end{pmatrix}.$$

Hierfür ist

$$\begin{aligned} x'_{\mathrm{sp}}(t) &= F'(t) \begin{pmatrix} \alpha(t) \\ \beta(t) \\ \gamma(t) \end{pmatrix} + F(t) \begin{pmatrix} \alpha'(t) \\ \beta'(t) \\ \gamma'(t) \end{pmatrix} \\ &= AF(t) \begin{pmatrix} \alpha(t) \\ \beta(t) \\ \gamma(t) \end{pmatrix} + F(t) \begin{pmatrix} \alpha'(t) \\ \beta'(t) \\ \gamma'(t) \end{pmatrix} \\ &= Ax_{\mathrm{sp}}(t) + F(t) \begin{pmatrix} \alpha'(t) \\ \beta'(t) \\ \gamma'(t) \end{pmatrix}. \end{aligned}$$

Daher löst x_{sp} die Differentialgleichung $x' = Ax + b(t)$ genau dann, wenn

$$F(t) \begin{pmatrix} \alpha'(t) \\ \beta'(t) \\ \gamma'(t) \end{pmatrix} = b(t),$$

d.h.

$$\begin{pmatrix} 0 & e^t & te^t - e^t \\ e^{-t} & 0 & 0 \\ 0 & -e^t & -te^t \end{pmatrix} \cdot \begin{pmatrix} \alpha'(t) \\ \beta'(t) \\ \gamma'(t) \end{pmatrix} = \begin{pmatrix} -t \\ e^{-t} \\ 1+t \end{pmatrix}$$

gilt. Die zweite Gleichung führt zur Wahl $\alpha(t) = t$.

Addition der ersten und dritten Gleichung liefert $-e^t\gamma'(t) = 1$, also $\gamma'(t) = -e^{-t}$. Daher wählen wir $\gamma(t) = e^{-t}$. Mit der ersten Gleichung ergibt sich sodann $e^t\beta'(t) + 1 - t = -t$, also $\beta'(t) = -e^{-t}$, so dass wir $\beta(t) = e^{-t}$ wählen können. Wir erhalten die spezielle Lösung

$$x_{\mathrm{sp}}(t) = F(t)\begin{pmatrix} t \\ e^{-t} \\ e^{-t} \end{pmatrix} = \begin{pmatrix} t \\ te^{-t} \\ -1-t \end{pmatrix}.$$

Die allgemeine Lösung der inhomogenen Differentialgleichung ist also gegeben durch

$$x(t) = F(t)\begin{pmatrix} \alpha \\ \beta \\ \gamma \end{pmatrix} + x_{\mathrm{sp}}(t) = F(t)\begin{pmatrix} \alpha \\ \beta \\ \gamma \end{pmatrix} + \begin{pmatrix} t \\ te^{-t} \\ -1-t \end{pmatrix}$$

mit $\alpha, \beta, \gamma \in \mathbb{R}$. Für $x(0) = (1, 3, -2)^T$ ergibt sich

$$\begin{pmatrix} 0 & 1 & -1 \\ 1 & 0 & 0 \\ 0 & -1 & 0 \end{pmatrix}\begin{pmatrix} \alpha \\ \beta \\ \gamma \end{pmatrix} + \begin{pmatrix} 0 \\ 0 \\ -1 \end{pmatrix} = \begin{pmatrix} 1 \\ 3 \\ -2 \end{pmatrix},$$

also

$$\begin{pmatrix} \beta - \gamma \\ \alpha \\ -\beta \end{pmatrix} = \begin{pmatrix} 1 \\ 3 \\ -1 \end{pmatrix}, \qquad \text{also} \qquad \begin{pmatrix} \alpha \\ \beta \\ \gamma \end{pmatrix} = \begin{pmatrix} 3 \\ 1 \\ 0 \end{pmatrix}.$$

Somit ist

$$x(t) = \begin{pmatrix} e^t \\ 3e^{-t} \\ -e^t \end{pmatrix} + \begin{pmatrix} t \\ te^{-t} \\ -1-t \end{pmatrix} = \begin{pmatrix} e^t + t \\ (3+t)e^{-t} \\ -1-t-e^t \end{pmatrix}$$

die Lösung des gegegebenen Anfangswertproblems. Diese ist auf ganz $\mathbb{R}$ definiert. $\square$

Wie aus der *Linearen Algebra* bekannt, ist es für reelle Matrizen mit nicht-reellen Eigenwerten manchmal sinnvoll, mit einer reellen Jordan-Normalform zu arbeiten, bei der die Jordan-Kästchen zu den (dann paarweise zueinander komplex konjugierten) Eigenwerten $\lambda = \alpha \pm i\beta$ (mit $\alpha, \beta \in \mathbb{R}$) die Form

$$
J_{2k} = \begin{pmatrix}
\begin{array}{cc|cc}
\alpha & \beta & 1 & 0 \\
-\beta & \alpha & 0 & 1
\end{array} & & & \\
& \begin{array}{cc|cc} \alpha & \beta & 1 & 0 \\ -\beta & \alpha & 0 & 1 \end{array} & & \\
& & \ddots & \\
& & \ddots & \\
& & & \begin{array}{cc|cc} \alpha & \beta & 1 & 0 \\ -\beta & \alpha & 0 & 1 \end{array} \\
& & & \begin{array}{cc} \alpha & \beta \\ -\beta & \alpha \end{array}
\end{pmatrix} \in \mathbb{R}^{2k \times 2k}
$$

haben. Der Zusammenhang zwischen dieser reellen Jordan-Normalform und der in Satz 7.14 beschriebenen Struktur der reellen Lösungen von $x' = Ax$ dürfte klarer werden durch folgende mitunter nützliche Beobachtung:

Proposition 7.18   *Es sei*

$$
B := \begin{pmatrix} a & b \\ -b & a \end{pmatrix}
$$

mit $a, b \in \mathbb{R}$. Dann gilt

$$
e^{tB} = e^{at} \cdot \begin{pmatrix} \cos bt & \sin bt \\ -\sin bt & \cos bt \end{pmatrix} \qquad \text{für alle } t \in \mathbb{R}.
$$

Beweis. Für festes $y_0 \in \mathbb{R}^2$ setzt man

$$
y_1(t) := e^{tB}y_0 \qquad \text{und} \qquad y_2(t) = e^{at} \cdot \begin{pmatrix} \cos bt & \sin bt \\ -\sin bt & \cos bt \end{pmatrix} y_0.
$$

Dann lösen y_1 und y_2 beide das Anfangswertproblem

$$
y' = By, \qquad y(0) = y_0.
$$

Für y_1 gilt dies nach Satz 7.4, für y_2 erhalten wir es aus

$$
y_2'(t) = e^{at} \cdot \begin{pmatrix} a\cos bt - b\sin bt & a\sin bt + b\cos bt \\ -a\sin bt - b\cos bt & a\cos bt - b\sin bt \end{pmatrix} y_0
$$

$$= e^{at} \cdot \begin{pmatrix} a & b \\ -b & a \end{pmatrix} \begin{pmatrix} \cos bt & \sin bt \\ -\sin bt & \cos bt \end{pmatrix} y_0 = By_2(t)$$

und $y_2(0) = y_0$. Aufgrund der Eindeutigkeit der Lösung folgt $y_1 \equiv y_2$. Da $y_0 \in \mathbb{R}^2$ beliebig gewählt war, ergibt sich die Behauptung.

Variante 1: Einen weiteren eleganten Beweis erhalten wir, indem wir die Matrix B mit der komplexen Zahl $a + ib$ identifizieren, nämlich vermöge der Abbildung

$$L : \mathbb{C} \longrightarrow \mathbb{R}^{2 \times 2}, \quad L(z) = \begin{pmatrix} \operatorname{Re} z & \operatorname{Im} z \\ -\operatorname{Im} z & \operatorname{Re} z \end{pmatrix}.$$

Diese ist offensichtlich $\mathbb{R}$-linear, und sie ist auch multiplikativ, denn für alle $z, w \in \mathbb{C}$ gilt

$$
\begin{aligned}
& L(z) \cdot L(w) \\
= {} & \begin{pmatrix} \operatorname{Re} z & \operatorname{Im} z \\ -\operatorname{Im} z & \operatorname{Re} z \end{pmatrix} \cdot \begin{pmatrix} \operatorname{Re} w & \operatorname{Im} w \\ -\operatorname{Im} w & \operatorname{Re} w \end{pmatrix} \\
= {} & \begin{pmatrix} \operatorname{Re} z \cdot \operatorname{Re} w - \operatorname{Im} z \cdot \operatorname{Im} w & \operatorname{Re} z \cdot \operatorname{Im} w + \operatorname{Im} z \cdot \operatorname{Re} w \\ -(\operatorname{Re} z \cdot \operatorname{Im} w + \operatorname{Im} z \cdot \operatorname{Re} w) & \operatorname{Re} z \cdot \operatorname{Re} w - \operatorname{Im} z \cdot \operatorname{Im} w \end{pmatrix} \\
= {} & L(zw);
\end{aligned}
$$

Letzteres bedeutet gerade, dass die Multiplikation in $\mathbb{C}$ und die Matrizenmultiplikation miteinander verträglich sind[70]. Zudem ist L wie jede lineare Abbildung zwischen endlich-dimensionalen $\mathbb{R}$-Vektorräumen stetig.

Für $z := a + ib$ und $t \in \mathbb{R}$ erhalten wir damit

$$
\begin{aligned}
e^{tB} &= e^{tL(z)} = \sum_{j=0}^{\infty} \frac{t^j}{j!} \left(L(z)\right)^j = \lim_{N \to \infty} \sum_{j=0}^{N} \frac{t^j}{j!} L(z^j) \\
&= \lim_{N \to \infty} L\left(\sum_{j=0}^{N} \frac{t^j}{j!} z^j\right) = L\left(\lim_{N \to \infty} \sum_{j=0}^{N} \frac{t^j}{j!} z^j\right) = L(e^{tz}),
\end{aligned}
$$

wobei für die Grenzwertvertauschung im vorletzten Schritt die Stetigkeit von L entscheidend ist. Wegen

$$e^{tz} = e^{at+ibt} = e^{at} \left(\cos bt + i \sin bt\right)$$

---

[70]Die Identifikation von z mit $L(z)$ hilft auch beim Verständnis der geometrischen Bedeutung der Multiplikation komplexer Zahlen, denn die zu der Matrix $L(z)$ gehörende lineare Abbildung des $\mathbb{R}^2$ in sich ist eine Drehstreckung. In natürlicher Weise ergibt sich auf diese Weise zudem ein Beweis für das Assoziativgesetz der Multiplikation in $\mathbb{C}$ (dessen Gültigkeit man natürlich auch direkt nachrechnen kann), denn die Matrizenmultiplikation entspricht der Komposition der zugehörigen linearen Abbildungen, und für diese Komposition ist das Assoziativgesetz klar.

folgt schließlich

$$e^{tB} = L(e^{tz}) = e^{at} L(\cos bt + i \sin bt) = e^{at} \begin{pmatrix} \cos bt & \sin bt \\ -\sin bt & \cos bt \end{pmatrix}.$$

Variante 2: Mit der Matrixexponentialreihe kann man auch ohne den „Umweg" über das Komplexe argumentieren: Wir schreiben $B = aE_2 + bR$ mit

$$R := \begin{pmatrix} 0 & 1 \\ -1 & 0 \end{pmatrix}.$$

Da E_2 und R (trivialerweise) kommutieren, ist $e^{tB} = e^{taE_2} e^{tbR}$. Hierbei ist

$$e^{taE_2} = \begin{pmatrix} e^{at} & 0 \\ 0 & e^{at} \end{pmatrix} = e^{at} E_2.$$

Weiter ist $R^2 = -E_2$, also $R^{2k} = (-1)^k E_2$ für alle $k \in \mathbb{N}_0$. Damit ergibt sich

$$
\begin{aligned}
e^{tbR} &= \sum_{k=0}^{\infty} \frac{1}{k!} \cdot (bt)^k R^k \\
&= \sum_{k=0}^{\infty} \frac{1}{(2k)!} \cdot (bt)^{2k} (-1)^k E_2 + \sum_{k=0}^{\infty} \frac{1}{(2k+1)!} \cdot (bt)^{2k+1} (-1)^k R \\
&= \cos(bt) \cdot E_2 + \sin(bt) \cdot R = \begin{pmatrix} \cos bt & \sin bt \\ -\sin bt & \cos bt \end{pmatrix}.
\end{aligned}
$$

Insgesamt erhalten wir

$$e^{tB} = e^{at} \begin{pmatrix} \cos bt & \sin bt \\ -\sin bt & \cos bt \end{pmatrix}.$$

∎

In der folgenden Examensaufgabe wird Proposition 7.18 noch etwas verallgemeinert, wodurch es „ausnahmsweise" sogar gelingt, ein nicht-autonomes lineares System zu lösen (was natürlich nur aufgrund von dessen spezieller Gestalt möglich ist).

Beispiel 7.19 (Examensaufgabe)   Es seien $f, g : \mathbb{R} \longrightarrow \mathbb{R}$ stetig differenzierbar. Bestimmen Sie ein Fundamentalsystem für das Differentialgleichungssystem

$$x'(t) = \begin{pmatrix} f'(t) & g'(t) \\ -g'(t) & f'(t) \end{pmatrix} x(t). \tag{7.9}$$

Lösung: Gemäß Proposition 7.18 gilt

$$\exp\left[\begin{pmatrix} a & b \\ -b & a \end{pmatrix} \cdot t\right] = e^{at} \begin{pmatrix} \cos bt & \sin bt \\ -\sin bt & \cos bt \end{pmatrix}.$$

Daher liegt die Vermutung nahe, dass

$$u : \mathbb{R} \longrightarrow \mathbb{R}, \ u(t) := e^{f(t)} \begin{pmatrix} \cos g(t) \\ -\sin g(t) \end{pmatrix}$$

und

$$v : \mathbb{R} \longrightarrow \mathbb{R}, \ v(t) := e^{f(t)} \begin{pmatrix} \sin g(t) \\ \cos g(t) \end{pmatrix}$$

Lösungen von (7.9) sind. Tatsächlich gilt

$$u'(t) = e^{f(t)} \begin{pmatrix} f'(t) \cos g(t) - g'(t) \sin g(t) \\ -f'(t) \sin g(t) - g'(t) \cos g(t) \end{pmatrix} = \begin{pmatrix} f'(t) & g'(t) \\ -g'(t) & f'(t) \end{pmatrix} u(t)$$

und

$$v'(t) = e^{f(t)} \begin{pmatrix} f'(t) \sin g(t) + g'(t) \cos g(t) \\ f'(t) \cos g(t) - g'(t) \sin g(t) \end{pmatrix} = \begin{pmatrix} f'(t) & g'(t) \\ -g'(t) & f'(t) \end{pmatrix} v(t).$$

Darüberhinaus sind u und v wegen

$$\det(u(0) \,|\, v(0)) = e^{2f(0)} \det \begin{pmatrix} \cos g(0) & \sin g(0) \\ -\sin g(0) & \cos g(0) \end{pmatrix} = e^{2f(0)} \neq 0$$

linear unabhängig. Folglich ist $\{u, v\}$ ein Fundamentalsystem von (7.9).

Variante: Auch hier werden von der komplexen Warte aus die Dinge einfacher und einsichtiger; insbesondere ist man nicht darauf angewiesen, Vermutungen über die obigen Lösungen u und v anzustellen, sondern erhält sie mittels einer Routine-Rechnung. Dazu identifizieren wir $\mathbb{R}^2$ mit $\mathbb{C}$ und die „Lösungskandidaten" $x = (x_1, x_2)^T : \mathbb{R} \longrightarrow \mathbb{R}^2$ mit $z := x_1 + ix_2 : \mathbb{R} \longrightarrow \mathbb{C}$. Setzen wir $w := f' - ig'$, so ist

$$z' = x_1' + ix_2' \quad \text{und} \quad wz = f'x_1 + g'x_2 + i(-g'x_1 + f'x_2).$$

Hieraus liest man durch Vergleich der Real- und Imaginärteile ab, dass x genau dann eine Lösung von (7.9) ist, wenn z eine Lösung der komplexen nicht-autonomen linearen Differentialgleichung

$$z'(t) = w(t) \cdot z(t)$$

ist. Letztere können wir aber mittels Trennung der Variablen lösen: Mithilfe der Stammfunktion $W := f - ig$ von w erhalten wir wie in (6.8) eine (Fundamental-)Lösung in der Form

$$z(t) = \exp\left(W(t)\right) = \exp\left(f(t) - ig(t)\right) = e^{f(t)} \cdot \left(\cos g(t) - i \sin g(t)\right).$$

Damit ist

$$u(t) := e^{f(t)} \begin{pmatrix} \cos g(t) \\ -\sin g(t) \end{pmatrix}$$

eine Lösung von (7.9). Ferner ist mit z auch

$$iz(t) = e^{f(t)} \cdot \left(\sin g(t) + i \cos g(t)\right)$$

eine Lösung der komplexen Differentialgleichung, woraus sich

$$v(t) := e^{f(t)} \begin{pmatrix} \sin g(t) \\ \cos g(t) \end{pmatrix}$$

als eine weitere Lösung von (7.9) ergibt. Die lineare Unabhängigkeit von u und v begründet man wie in der ersten Lösungsvariante[71]. □

Weiterführende Betrachtungen: Die Jordan-Normalform

Algorithmus 7.20 (Berechnung der Jordan-Normalform)

Es sei eine Matrix $A \in \mathbb{C}^{n \times n}$ gegeben.

Wir stellen im Folgenden ein Verfahren vor, mit dessen Hilfe sich die Jordan-Normalform J von A und die Jordan-Basis bestimmen lassen. Dabei arbeiten wir auch die „Feinstruktur" dieser Basis heraus, aus der erkennbar wird, dass die zugehörige Darstellungsmatrix tatsächlich die gewünschte Gestalt hat; die *Existenz* einer solchen Basis hingegen beweisen wir nicht, da dieser Nachweis üblicherweise in der *Linearen Algebra* geführt wird und zudem den Rahmen dieses Lehrbuchs sprengen würde.

Wenn es nur um die Bestimmung der Jordan-Normalform geht, kann man das Verfahren nach Schritt 2 (d) abbrechen. Die übrigen Schritte zeigen, wie

---

[71]Auf den ersten Blick könnte es paradox wirken, dass u und v linear unabhängig sind, obwohl sie in gewissem Sinne beide von derselben komplexen Fundamentallösung z „abstammen". Hier zeigt sich, wie wichtig es ist, begrifflich klar zwischen linearer Unabhängigkeit über $\mathbb{C}$ und über $\mathbb{R}$ zu unterscheiden: Zwar sind die Lösungen z und iz über $\mathbb{C}$ linear abhängig, in Übereinstimmung damit, dass der $\mathbb{C}$-Vektorraum der Lösungen von $z' = w(t) \cdot z$ eindimensional ist; über $\mathbb{R}$ sind z und iz hingegen linear unabhängig.

man zusätzlich noch die Jordan-Basis und damit die Transformationsmatrix T erhält, für die $J = T^{-1}AT$ ist. Man sollte T nur dann berechnen, wenn es wirklich nötig ist, da dies den meisten Aufwand verursacht. Erst recht gilt dies für die Bestimmung der Inversen T^{-1}, die sich, wie wir in Bemerkung 7.15 (2) gesehen haben, oftmals vermeiden lässt.

Schritt 1: Wir berechnen das **charakteristische Polynom**

$$\chi_A(\lambda) = \det(\lambda E_n - A)$$

und zerlegen es vollständig in Linearfaktoren

$$\chi_A(\lambda) = (\lambda - \lambda_1)^{\alpha_1} \cdot \ldots \cdot (\lambda - \lambda_q)^{\alpha_q}$$

mit paarweise verschiedenen $\lambda_1, \ldots, \lambda_q \in \mathbb{C}$; aufgrund des Fundamentalsatzes der Algebra ist eine solche Zerlegung zumindest in der Theorie immer möglich. Die Nullstellen λ_k von χ_A sind die Eigenwerte von A. Der Exponent $\alpha_k \in \mathbb{N}$ ist die **algebraische Vielfachheit** von λ_k; er gibt die Größe des Jordan-Blocks zum Eigenwert λ_k an, d.h. wie oft λ_k auf der Diagonale der Jordan-Normalform J auftaucht. Natürlich gilt $n = \alpha_1 + \ldots + \alpha_q$.

Falls $\alpha_1 = \ldots = \alpha_q = 1$ (und damit $q = n$) ist, falls also alle Eigenwerte einfach sind, so ist man hier bereits fertig: A ist diagonalisierbar, und die betreffende Diagonalmatrix ist die Jordan-Normalform von A. Will man auch die zugehörige Basis bestimmen, so kommt man allerdings nicht umhin, in Schritt 2 die Eigenvektoren zu berechnen.

Schritt 2: Für jedes $k \in \{1, \ldots, q\}$ bestimmt man nun folgendermaßen den Jordan-Block zum Eigenwert λ_k mitsamt den zugehörigen Vektoren einer Jordan-Basis.

(a) Wir setzen $B := A - \lambda_k E_n$. (In dieser und den folgenden Notationen unterdrücken wir, dass B und die weiteren noch zu definierenden Größen von k abhängen.) Ferner sei $L(z) := Bz$ der von B vermittelte Endomorphismus des $\mathbb{C}^n$. Die j-te Iterierte von L bezeichnen wir mit L^j; ihre Darstellungsmatrix bezüglich der Standardbasis ist B^j.

Der Übergang von A zu B bedeutet, dass an die Stelle des Eigenwerts λ_k von A der Eigenwert 0 von B tritt; die zugehörigen Jordan-Kästchen sind dann nilpotente Matrizen von der Gestalt der Matrix N in (7.7).

(b) Wir berechnen die Potenzen $B, B^2, B^3, \ldots$. Deren Kerne und Defekte bezeichnen wir mit

$$K_j := \operatorname{Kern} B^j \qquad \text{und} \qquad d_j := \dim K_j \leq n \qquad \text{für } j \geq 0.$$

(Für das Folgende ist es hilfreich, diese Größen auch für den trivialen Fall $j = 0$ zu definieren. Natürlich ist $K_0 = \{0\}$ und $d_0 = 0$.)

Hierbei ist K_1 der Eigenraum von A zum Eigenwert λ_k und d_1 die **geometrische Vielfachheit** von λ_k. Sie gibt an, wie viele Jordan-Kästchen mit λ_k auf der Diagonale in J auftreten; denn zu jedem Jordan-Kästchen gehört ja genau ein Eigenvektor in der Jordan-Basis.

(c) Wir bestimmen die Defekte d_j. Hierzu kann man sich zunutze machen, dass gemäß der Dimensionsformel für lineare Abbildungen $d_j = n - \operatorname{Rang} B^j$ gilt; der Rang einer Matrix lässt sich nämlich i.Allg. unmittelbarer bestimmen als ihr Defekt. Die Kerne K_j selbst werden an dieser Stelle noch nicht benötigt.

> Falls die algebraische und die geometrische Vielfachheit von λ_k gleich sind, so vereinfacht sich alles Weitere erheblich: Die Überlegungen in (d), um zu bestimmen, wie viele Jordan-Kästchen es von welchem Format gibt, erübrigen sich, da dann genau d_1 Jordan-Kästchen zu λ_k existieren, die alle das Format 1×1 haben; (e) reduziert sich darauf, eine Basis von K_1 zu bestimmen (sofern benötigt). Damit ist Schritt 2 für λ_k abgeschlossen, und man kann zum nächsten Eigenwert übergehen.

(d) Wegen $K_1 \subseteq K_2 \subseteq \ldots \subseteq \mathbb{C}^n$ ist $(d_j)_{j \geq 1}$ eine monoton wachsende und nach oben beschränkte Folge von natürlichen Zahlen. Daher ist sie ab einem gewissen Index konstant: Es gibt eine *kleinste* natürliche Zahl s, so dass $d_j = d_s$ für alle $j \geq s$ gilt.

Einer der Schlüssel zum Verständnis der Feinstruktur der Jordan-Basis sind die beiden Differenzenfolgen $(z_j)_{j \geq 1}$ und $(a_j)_{j \geq 1}$ mit

$$z_j := d_j - d_{j-1} \quad \text{und} \quad a_j := z_j - z_{j+1} \quad \text{für alle } j \geq 1.$$

Mithilfe der Dimensionsformel für lineare Abbildungen, einmal angewandt auf L^j und L^{j-1} und sodann auf die Restriktion $L|_{\operatorname{Bild} L^{j-1}}$, ergibt sich für alle $j \geq 1$

$$
\begin{aligned}
z_j = d_j - d_{j-1} &= \dim \operatorname{Bild} L^{j-1} - \dim \operatorname{Bild} L^j \\
&= \dim \operatorname{Bild} L^{j-1} - \dim L(\operatorname{Bild} L^{j-1}) \\
&= \dim \operatorname{Kern} L|_{\operatorname{Bild} L^{j-1}} \\
&= \dim \left(\operatorname{Bild} L^{j-1} \cap \operatorname{Kern} L \right) \\
&= \dim \left(\operatorname{Bild} L^{j-1} \cap K_1 \right),
\end{aligned}
$$

woraus wir wegen Bild $L^j \subseteq$ Bild L^{j-1} auf

$$a_j = z_j - z_{j+1} = \dim \left(\text{Bild } L^{j-1} \cap K_1 \right) - \dim \left(\text{Bild } L^j \cap K_1 \right) \geq 0$$

schließen können. Daher fällt $(z_j)_j$ monoton, d.h. $(d_j)_j$ ist konkav: Die Defekte steigen an, aber die Rate des Anstiegs wird zunehmend geringer. Wegen $d_j \leq n$ können die Defekte höchstens n-mal wirklich zunehmen. Wenn ein ℓ mit $d_\ell = d_{\ell+1}$ erreicht wird, dann ist $d_j = d_\ell$ für alle $j \geq \ell$. Hieraus und aus der Minimalität von s folgt $0 = d_0 < d_1 < \ldots < d_{s-1} < d_s \leq n$ und damit $s \leq n$. Es ist also

$$\text{Kern } B \subsetneq \ldots \subsetneq \text{Kern } B^{s-1} \subsetneq \text{Kern } B^s = \text{Kern } B^j \qquad \text{für alle } j \geq s.$$

Man nennt K_s den **Hauptraum** oder auch **verallgemeinerten Eigenraum** von A zum Eigenwert λ_k. Die Elemente von K_s heißen **Hauptvektoren** zu λ_k.

Die Größe s bezeichnet man als den **Index** des Eigenwerts λ_k. Er gibt das Format des größten zu λ_k gehörenden Jordan-Kästchens in J an sowie die Vielfachheit, die λ_k als Nullstelle des Minimalpolynoms von A hat. Ferner ist der zugehörige Defekt d_s die algebraische Vielfachheit α_k von λ_k.

Für $j = 1, \ldots, s$ erweist sich die iterierte Differenz $a_j \geq 0$ als die Anzahl der Jordan-Kästchen vom Format $j \times j$. Auch dies wollen wir hier nicht beweisen, es wird aber durch die Überlegungen in (e) plausibler werden.

Nach Wahl von s ist $z_j = 0$ und $a_j = 0$ für alle $j \geq s+1$. Weiter erhalten wir mit einem Teleskopsummen-Argument

$$a_j + \ldots + a_s = z_j - z_{s+1} = z_j = d_j - d_{j-1} \tag{7.10}$$

für alle $j = 1, \ldots, s$; die Dimensionssprünge z_j von Kern B^{j-1} auf Kern B^j geben also an, wie viele Jordan-Kästchen der Größe $\geq j$ es gibt. Anders ausgedrückt, erfüllen die a_j das lineare Gleichungssystem

$$\begin{pmatrix} 1 & 1 & 1 & \ldots & 1 \\ 0 & 1 & 1 & \ldots & 1 \\ 0 & 0 & 1 & \ldots & 1 \\ \vdots & \vdots & \vdots & \ddots & \vdots \\ 0 & 0 & 0 & \ldots & 1 \end{pmatrix} \begin{pmatrix} a_1 \\ a_2 \\ a_3 \\ \vdots \\ a_s \end{pmatrix} = \begin{pmatrix} z_1 \\ z_2 \\ z_3 \\ \vdots \\ z_s \end{pmatrix}.$$

In diesem addieren wir jeweils die ersten j Zeilen und tragen die Summe in die j-te Zeile ein; damit und mit

$$z_1 + \ldots + z_j = d_j - d_0 = d_j$$

(abermals eine Teleskopsumme!) ergibt sich

$$\begin{pmatrix} 1 & 1 & 1 & \cdots & 1 \\ 1 & 2 & 2 & \cdots & 2 \\ 1 & 2 & 3 & \cdots & 3 \\ \vdots & \vdots & \vdots & \ddots & \vdots \\ 1 & 2 & 3 & \cdots & s \end{pmatrix} \begin{pmatrix} a_1 \\ a_2 \\ a_3 \\ \vdots \\ a_s \end{pmatrix} = \begin{pmatrix} d_1 \\ d_2 \\ d_3 \\ \vdots \\ d_s \end{pmatrix}. \tag{7.11}$$

Zur Bestimmung der a_j ist letzteres Gleichungssystem weniger geeignet – es ist wesentlich effizienter, sie anhand der Definition als iterierte Differenzen der d_j zu berechnen –, jedoch lassen sich seine erste und letzte Zeile eingängig interpretieren: Die erste Zeile

$$a_1 + a_2 + \ldots + a_s = d_1$$

besagt, dass die Anzahl aller Jordan-Kästchen zu λ_k gleich der geometrischen Vielfachheit von λ_k ist. Die letzte Zeile

$$a_1 + 2a_2 + \ldots + sa_s = d_s = \alpha_k$$

bringt zum Ausdruck, dass die algebraische Vielfachheit α_k zählt, wie oft λ_k insgesamt auf der Hauptdiagonalen der Jordan-Normalform steht.

(e) Wir wenden uns nunmehr der Bestimmung der zu λ_k gehörenden Vektoren der Jordan-Basis zu. Dazu zerlegen wir sukzessive die Räume $K_s, K_{s-1}, \ldots, K_1$ in der nachfolgend beschriebenen und in Abb. 7.4 illustrierten Weise; hierbei bezeichnet $\oplus$ die direkte Summe von Unterräumen.

(i) Wegen $\dim K_s - \dim K_{s-1} = d_s - d_{s-1} = z_s = a_s$ können wir a_s linear unabhängige Vektoren

$$v_1^{(s,s)}, \ldots, v_{a_s}^{(s,s)} \in K_s \setminus K_{s-1}$$

so wählen, dass für ihre lineare Hülle

$$U_{s,s} := \operatorname{span} \left\{ v_1^{(s,s)}, \ldots, v_{a_s}^{(s,s)} \right\}$$

die Zerlegung

$$K_s = U_{s,s} \oplus K_{s-1}$$

gilt. Diese Vektoren sind die Hauptvektoren zu λ_k, die wir für unsere Jordan-Basis verwenden. Weiter setzen wir

$$U_{s,s-1} := L(U_{s,s}), \quad U_{s,s-2} := L^2(U_{s,s}), \quad \ldots, \quad U_{s,1} := L^{s-1}(U_{s,s}).$$

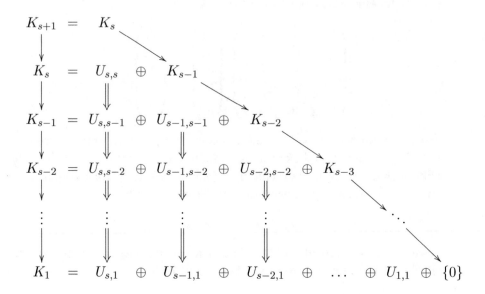

Abb. 7.4: Zerlegung der Räume K_m. Jeder Pfeil symbolisiert die Abbildung eines Teilraums in einen anderen mittels L; Doppelpfeile stehen für Isomorphismen.

Für alle $m = 1, \ldots, s$ gilt dann $U_{s,m} \subseteq K_m$, und im Falle $m > 1$ ist L auf $U_{s,m}$ injektiv, so dass $L|_{U_{s,m}} : U_{s,m} \longrightarrow U_{s,m-1}$ ein Isomorphismus ist; insbesondere gilt $\dim U_{s,m} = \dim U_{s,s} = a_s$. Ferner sind die Summen $K_{m-1} + U_{s,m}$ direkt. Für jedes $\tau = 1, \ldots, a_s$ erweisen sich die Vektoren

$$L^{s-1}\left(v_\tau^{(s,s)}\right) =: v_\tau^{(s,1)} \in U_{s,1} \subseteq K_1,$$

$$L^{s-2}\left(v_\tau^{(s,s)}\right) =: v_\tau^{(s,2)} \in U_{s,2} \subseteq K_2,$$

$$\vdots$$

$$L\left(v_\tau^{(s,s)}\right) =: v_\tau^{(s,s-1)} \in U_{s,s-1} \subseteq K_{s-1},$$

$$v_\tau^{(s,s)} \in U_{s,s} \subseteq K_s$$

als linear unabhängig mit $L^s\big(v_\tau^{(s,s)}\big) = 0$. Daher bilden sie (in dieser Reihenfolge) eine Basis eines L-invarianten Unterraums $V_\tau^{(s)}$ von K_s. Bezüglich dieser Basis ist die Darstellungsmatrix der Restriktion $L|_{V_\tau^{(s)}} : V_\tau^{(s)} \longrightarrow V_\tau^{(s)}$ ein Jordan-Kästchen (mit 0 auf der

Diagonalen) vom Format $s \times s$; dies spiegelt den Umstand wider, dass der erste dieser Vektoren durch L auf 0 und jeder weitere jeweils auf den vorigen abgebildet wird. Eine solche Basis bezeichnet man auch als **Jordan-Kette**. Wir nehmen all diese Jordan-Ketten in unsere Jordan-Basis auf.

(ii) Für $j_0 = s - 1, s - 2, \ldots, 1$ gehen wir nun wie folgt vor:

Für alle $j = j_0 + 1, \ldots, s$ und $m = 1, \ldots, j$ seien die Unterräume $U_{j,m} \subseteq K_m$ mit $\dim U_{j,m} = a_j$ und die (für unsere Jordan-Basis vorgesehenen) Basisvektoren $v_1^{(j,m)}, \ldots, v_{a_j}^{(j,m)}$ von $U_{j,m}$ bereits bestimmt, die Summe $K_{j_0-1} \oplus U_{s,j_0} \oplus \ldots \oplus U_{j_0+1,j_0}$ sei direkt, und es gelte stets $U_{j,m} = L^{j-m}(U_{j,j})$.

Dann fügen wir unserer Jordan-Basis weitere Vektoren aus K_{j_0} hinzu, wobei wir darauf achten müssen, dass diese nicht schon in $K_{j_0-1} \oplus U_{s,j_0} \oplus \ldots \oplus U_{j_0+1,j_0}$ liegen. Die Anzahl der benötigten Vektoren ist

$$d_{j_0} - d_{j_0-1} - (a_s + \ldots + a_{j_0+1}) \overset{(7.10)}{=} z_{j_0} - z_{j_0+1} = a_{j_0}.$$

Wir wählen also a_{j_0} linear unabhängige Vektoren

$$v_1^{(j_0,j_0)}, \ldots, v_{a_{j_0}}^{(j_0,j_0)} \in K_{j_0} \setminus (K_{j_0-1} \oplus U_{s,j_0} \oplus \ldots \oplus U_{j_0+1,j_0})$$

so, dass für

$$U_{j_0,j_0} := \operatorname{span} \left\{ v_1^{(j_0,j_0)}, \ldots, v_{a_{j_0}}^{(j_0,j_0)} \right\}$$

die Zerlegung

$$K_{j_0} = K_{j_0-1} \oplus U_{s,j_0} \oplus \ldots \oplus U_{j_0+1,j_0} \oplus U_{j_0,j_0}$$

gilt. Weiter setzen wir

$$U_{j_0,j_0-1} := L(U_{j_0,j_0}), \quad \ldots, \quad U_{j_0,1} := L^{j_0-1}(U_{j_0,j_0}).$$

Für alle $m = 1, \ldots, j_0$ gilt dann analog zu (i) $U_{j_0,m} \subseteq K_m$, die Summen $K_{m-1} \oplus U_{s,m} \oplus \ldots \oplus U_{j_0,m}$ sind direkt, und im Falle $m > 1$ ist $L|_{U_{j_0,m}} : U_{j_0,m} \longrightarrow U_{j_0,m-1}$ ein Isomorphismus, so dass insbesondere $\dim U_{j_0,m} = \dim U_{j_0,j_0} = a_{j_0}$ gilt.

Für jedes $\tau = 1, \ldots, a_{j_0}$ ist dann die Jordan-Kette

$$L^{j_0-1}(v_\tau^{(j_0,j_0)}) =: v_\tau^{(j_0,1)} \in U_{j_0,1} \subseteq K_1,$$

$$L^{j_0-2}(v_\tau^{(j_0,j_0)}) \quad =: \quad v_\tau^{(j_0,2)} \in U_{j_0,2} \subseteq K_2,$$

$$\vdots$$

$$L(v_\tau^{(j_0,j_0)}) \quad =: \quad v_\tau^{(j_0,j_0-1)} \in U_{j_0,j_0-1} \subseteq K_{j_0-1},$$

$$v_\tau^{(j_0,j_0)} \in U_{j_0,j_0} \subseteq K_{j_0}$$

eine Basis eines L-invarianten Unterraumes $V_\tau^{(j_0)}$ von K_{j_0}, und bezüglich dieser Basis ist die Darstellungsmatrix der Restriktion $L|_{V_\tau^{(j_0)}} : V_\tau^{(j_0)} \longrightarrow V_\tau^{(j_0)}$ ein Jordan-Kästchen vom Format $j_0 \times j_0$.

(iii) Die Gesamtheit aller auf diese Weise bestimmten Jordan-Ketten

$$v_\tau^{(j,1)}, \ldots, v_\tau^{(j,j)}$$

mit $\tau = 1, \ldots, a_j$, $j = 1, \ldots, s$ liefert nun unsere Jordan-Basis der Restriktion von L auf den Hauptraum K_s. Aus den einzelnen Jordan-Ketten bilden wir für $j = 1, \ldots, s$ die Matrizen

$$T(j) := \left(v_1^{(j,1)} | \ldots | v_1^{(j,j)} \middle| v_2^{(j,1)} | \ldots | v_2^{(j,j)} \middle| \ldots \ldots \middle| v_{a_j}^{(j,1)} | \ldots | v_{a_j}^{(j,j)} \right)$$

und fassen diese schließlich in die Matrix

$$T_k := \left(T(1) | T(2) | \ldots | T(s) \right) \in \mathbb{C}^{n \times \alpha_k}$$

zusammen.

Anhand von Abb. 7.4 wird auch die in (d) beschriebene Interpretation der Größen z_j und a_j besser verständlich: Betrachtet man z.B. die zweite und dritte Zeile des Diagramms, so nimmt beim Übergang von K_s zu K_{s-1} (links) die Dimension um $d_s - d_{s-1} = z_s$ ab, beim Übergang von K_{s-1} zu K_{s-2} (rechts) hingegen um z_{s-1}, wobei $z_s \leq z_{s-1}$ ist. Der Unterschied $z_{s-1} - z_s = a_{s-1}$ im Dimensionsrückgang ist es, der für das Entstehen von a_{s-1} neuen Jordan-Kästchen vom Format $(s-1) \times (s-1)$ verantwortlich ist; ihnen entsprechen im Diagramm die Unterräume $U_{s-1,s-1}, U_{s-1,s-2}, \ldots, U_{s-1,1}$, wobei zu jedem Jordan-Kästchen jeweils ein Basisvektor aus jedem dieser Unterräume gehört. – Es könnte auch $z_{s-1} = z_s$ und damit $a_{s-1} = 0$ sein; in diesem Fall ist $U_{s-1,m} = \{0\}$ für alle $m = 1, \ldots, s-1$.

Die Vektoren in $U_{j,m}$ (insbesondere also die $v_\tau^{(j,m)}$) bezeichnet man auch als **Hauptvektoren der Stufe m**. Die Hauptvektoren der Stufe 1 sind gerade die Eigenvektoren.

Schritt 3: Hat man (e) in Schritt 2 für alle $k = 1, \ldots, q$ vollzogen, so fasst man die verschiedenen Jordan-Basen zu den einzelnen Eigenwerten λ_k zu guter Letzt noch zu einer Basis von $\mathbb{C}^n$ zusammen und hat damit endlich die ersehnte Jordan-Basis bestimmt. Die Matrix

$$T := (T_1 | T_2 | \ldots | T_q) \in \mathbb{C}^{n \times n}$$

ist dann die gesuchte Transformationsmatrix, für die $T^{-1}AT = J$ ist.

Dies alles sieht schlimmer aus, als es in der Praxis ist: In Aufgaben zur Jordan-Normalform treten üblicherweise kleine Matrizen oder Matrizen von einfacher Gestalt auf, weil sonst der Rechenaufwand schnell unverhältnismäßig groß werden kann. In diesen Fällen sind im Regelfall mehrere oder sogar alle der Schritte 2 (e) (ii) leer, nämlich immer dann, wenn man bereits $K_{j_0-1} \oplus U_{s,j_0} \oplus \ldots \oplus U_{j_0+1,j_0} = K_{j_0}$ hat und keine weiteren Vektoren aus K_{j_0} mehr auswählen muss; dann ist also $U_{j_0,j_0} = \{0\}$. Wenn nur die Jordan-Normalform gesucht ist und keine Jordan-Basis benötigt wird, genügt zudem – wie auf S. 216 näher erläutert – oftmals schon die Kenntnis der Eigenwerte, ihrer geometrischen und algebraischen Vielfachheiten sowie ihrer Indizes. □

Das folgende Beispiel soll dabei helfen, ein Gefühl für das Verfahren zu entwickeln.

Beispiel 7.21 Wir wollen

$$A = \begin{pmatrix} 2 & 0 & -1 & 3 \\ 0 & 2 & 2 & -1 \\ 0 & 0 & 2 & -1 \\ 0 & 0 & 0 & 2 \end{pmatrix} \in \mathbb{R}^{4 \times 4}$$

auf Jordan-Normalform bringen. Da A eine obere Dreiecksmatrix ist, gilt

$$\chi_A(\lambda) = \det(\lambda E_4 - A) = (\lambda - 2)^4,$$

und deswegen hat A den Eigenwert 2 mit algebraischer Vielfachheit $\alpha = 4$. Zur Abkürzung setzen wir $B := A - 2E_4$. Man berechnet

$$B = \begin{pmatrix} 0 & 0 & -1 & 3 \\ 0 & 0 & 2 & -1 \\ 0 & 0 & 0 & -1 \\ 0 & 0 & 0 & 0 \end{pmatrix}, \quad B^2 = \begin{pmatrix} 0 & 0 & 0 & 1 \\ 0 & 0 & 0 & -2 \\ 0 & 0 & 0 & 0 \\ 0 & 0 & 0 & 0 \end{pmatrix}, \quad B^3 = 0.$$

Hieraus kann man für $d_j := \dim \operatorname{Kern} B^j$ sofort

$$d_1 = 2, \qquad d_2 = 3, \qquad d_3 = 4 = \alpha$$

und damit $d_j = 4$ für alle $j \geq 4$ ablesen. Folglich ist $s = 3$ der Index des Eigenwerts 2. Mit den Notationen z_j und a_j aus Algorithmus 7.20 erhält man weiter

$$z_1 = d_1 - d_0 = 2, \qquad z_2 = d_2 - d_1 = 1,$$
$$z_3 = d_3 - d_2 = 1, \qquad z_4 = d_4 - d_3 = 0$$

und

$$a_1 = z_1 - z_2 = 1, \qquad a_2 = z_2 - z_3 = 0, \qquad a_3 = z_3 - z_4 = 1.$$

Daher gibt es zum Eigenwert 2 ein 1×1-Jordan-Kästchen und ein 3×3-Jordan-Kästchen[72]. Somit ist

$$J = \begin{pmatrix} 2 & 0 & 0 & 0 \\ 0 & 2 & 1 & 0 \\ 0 & 0 & 2 & 1 \\ 0 & 0 & 0 & 2 \end{pmatrix}$$

die Jordan-Normalform von A. Offenbar gilt

$$\begin{pmatrix} 0 \\ 0 \\ 0 \\ 1 \end{pmatrix} \in \operatorname{Kern} B^3 \setminus \operatorname{Kern} B^2,$$

und mit

$$B \begin{pmatrix} 0 \\ 0 \\ 0 \\ 1 \end{pmatrix} = \begin{pmatrix} 3 \\ -1 \\ -1 \\ 0 \end{pmatrix} \in \operatorname{Kern} B^2, \qquad B^2 \begin{pmatrix} 0 \\ 0 \\ 0 \\ 1 \end{pmatrix} = \begin{pmatrix} 1 \\ -2 \\ 0 \\ 0 \end{pmatrix} \in \operatorname{Kern} B$$

---

[72]Zum gleichen Ergebnis gelangt man, wenn man das Gleichungssystem

$$\begin{pmatrix} 1 & 1 & 1 \\ 1 & 2 & 2 \\ 1 & 2 & 3 \end{pmatrix} \begin{pmatrix} a_1 \\ a_2 \\ a_3 \end{pmatrix} = \begin{pmatrix} 2 \\ 3 \\ 4 \end{pmatrix}$$

aus (7.11) löst.

und dem von diesem letzten Eigenvektor linear unabhängigen Eigenvektor

$$\begin{pmatrix} 1 \\ 0 \\ 0 \\ 0 \end{pmatrix} \in \operatorname{Kern} B$$

erhalten wir die Transformationsmatrix

$$T = \begin{pmatrix} 1 & 1 & 3 & 0 \\ 0 & -2 & -1 & 0 \\ 0 & 0 & -1 & 0 \\ 0 & 0 & 0 & 1 \end{pmatrix}.$$

Hierbei entspricht die Reihenfolge der Spalten von T der Reihenfolge der Spalten in der Jordan-Normalform: Zunächst kommen zwei Eigenvektoren, dann die Hauptvektoren (unterscheidbar daran, dass in den Spalten, die zu den Eigenvektoren gehören, keine Verkettungs-Einsen stehen). Der Hauptvektor dritter Stufe in der vierten Spalte ist der (fast beliebig gewählte) Vektor $(0, 0, 0, 1)^T$, von dem lediglich verlangt wird, dass er nicht im Kern von B^2 liegt, der Hauptvektor zweiter Stufe in der dritten Spalte ist dessen Bild unter B, und indem man diesen wiederum mittels B abbildet, erhält man den Eigenvektor in der zweiten Spalte. Dieser Eigenvektor und der Hauptvektor zweiter Stufe sind also durch den zuerst gewählten Hauptvektor dritter Stufe festgelegt; der Eigenvektor in der ersten Spalte hingegen kann wieder fast beliebig gewählt werden, er muss lediglich von dem Eigenvektor in der zweiten Spalte linear unabhängig sein. – In gewissen Grenzen kann man die Reihenfolge ändern, dabei ändert sich allerdings auch die Jordan-Normalform entsprechend: Verschöbe man z.B. die erste Spalte der Transformationsmatrix ganz nach hinten, so würden das kleine und das große Jordan-Kästchen den Platz tauschen. Würde man die Reihenfolge der zweiten bis vierten Spalte umkehren (wovon aus Gründen der Konfusionsvermeidung abzuraten ist), so würden die Verkettung-Einsen nicht mehr oberhalb, sondern unterhalb der Diagonale auftreten.

Die Inverse von T (welche man z.B. mit dem Gaußschen Eliminationsverfahren bestimmen kann) ist

$$T^{-1} = \frac{1}{2} \begin{pmatrix} 2 & 1 & 5 & 0 \\ 0 & -1 & 1 & 0 \\ 0 & 0 & -2 & 0 \\ 0 & 0 & 0 & 2 \end{pmatrix}.$$

Man prüft schnell nach, dass tatsächlich $J = T^{-1}AT$ gilt. $\qquad\square$

8 Klassifikation ebener autonomer linearer Systeme

In diesem Kapitel beschäftigen wir uns genauer mit ebenen autonomen linearen Differentialgleichungen

$$x' = Ax. \tag{8.1}$$

mit reeller Systemmatrix $A \in \mathbb{R}^{2 \times 2}$. Obwohl es bei der Wahl von A unendlich viele Möglichkeiten gibt, hat das zugehörige Phasenporträt eine von nur endlich vielen charakteristischen Formen. Wir streben eine vollständige Übersicht über die möglichen Fälle an. Wie wir sehen werden, kommt es dabei darauf an, ob die Eigenwerte von A reell oder nicht-reell sind, ob es sich um einfache oder doppelte Eigenwerte handelt, sowie darauf, welches Vorzeichen die Realteile dieser Eigenwerte besitzen.

Es seien im Folgenden stets $\lambda_1, \lambda_2 \in \mathbb{C}$ die (nicht notwendigerweise verschiedenen) Eigenwerte und

$$J = \begin{pmatrix} \lambda_1 & * \\ 0 & \lambda_2 \end{pmatrix}$$

die Jordan-Normalform von A; hierbei steht $*$ für den Eintrag 0 oder 1, wobei letzterer allenfalls für $\lambda_1 = \lambda_2$ möglich ist.

Wir beginnen mit einem Verfahren zur Bestimmung der allgemeinen Lösung. Grundlegend hierfür ist folgende Beobachtung aus Bemerkung 7.15 (1): Ist v ein (reeller oder komplexer) Eigenvektor von A zum Eigenwert λ, so ist

$$x(t) = e^{\lambda t} v$$

eine (reelle oder komplexe) Lösung unserer Differentialgleichung (8.1).

Fall 1: A ist diagonalisierbar (über $\mathbb{C}$), d.h. es gibt linear unabhängige Eigenvektoren $v_1, v_2 \in \mathbb{C}^n$ von A zu den Eigenwerten λ_1, λ_2. (Auch hier ist der Fall $\lambda_1 = \lambda_2$ zugelassen[73].)

Hier hat A die Jordan-Normalform

$$J = \begin{pmatrix} \lambda_1 & 0 \\ 0 & \lambda_2 \end{pmatrix},$$

---

[73]Im Fall $\lambda_1 \neq \lambda_2$ ist die Diagonalisierbarkeit ohnehin gesichert. Im Fall $\lambda_1 = \lambda_2$ hängt sie davon ab, ob für diesen einzigen Eigenwert (der somit die algebraische Vielfachheit 2 hat) auch die geometrische Vielfachheit 2 oder nur 1 ist.

und für die Transformationsmatrix $T := (v_1, v_2)$ gilt $T^{-1}AT = J$; dies sieht man am schnellsten, indem man (ähnlich wie in der eingerückten Passage in Beispiel 7.8) nachprüft, dass die Matrizen auf beiden Seiten dieser Gleichung die Einheitsvektoren e_1 und e_2 gleich abbilden: In der Tat ist offensichtlich

$$Je_k = \lambda_k e_k \qquad \text{und} \qquad T^{-1}ATe_k = T^{-1}Av_k = \lambda_k T^{-1}v_k = \lambda_k e_k$$

für $k = 1, 2$. Fundamentallösungen von (8.1) sind hier

$$x_1(t) = e^{\lambda_1 t}v_1 \qquad \text{und} \qquad x_2(t) = e^{\lambda_2 t}v_2.$$

Fall 1.1: Beide Eigenwerte sind reell.

Dann ist man an dieser Stelle fertig.

Fall 1.2: Mindestens einer der beiden Eigenwerte ist nicht-reell.

Nach Bemerkung 7.10 sind dann *beide* Eigenwerte nicht-reell und zueinander komplex konjugiert ($\lambda_2 = \overline{\lambda_1}$), und o.B.d.A. kann man $v_2 = \overline{v_1}$ wählen. Damit gilt $x_2 = \overline{x_1}$.

In diesem Fall geht man zu den reellen Fundamentallösungen

$$y_1(t) = \operatorname{Re} x_1(t) = \frac{1}{2}\left(x_1(t) + \overline{x_1(t)}\right),$$
$$y_2(t) = \operatorname{Im} x_1(t) = \frac{1}{2i}\left(x_1(t) - \overline{x_1(t)}\right)$$

über. (Dass es sich hierbei um Lösungen von (8.1) handelt, wissen wir aus Bemerkung 6.6, und dass sie den Lösungsraum aufspannen, ergibt sich daraus, dass man $x_1 = y_1 + iy_2$ und $x_2 = \overline{x_1} = y_1 - iy_2$ und damit jede weitere Lösung als Linearkombination von y_1 und y_2 darstellen kann.)

Es seien $\lambda_1 = \alpha + i\beta$, $v_1 = p + iq$ mit $\alpha, \beta \in \mathbb{R}$ und $p, q \in \mathbb{R}^2$. Hierbei ist $\beta \neq 0$ gemäß der Voraussetzung in Fall 1.2. Es ist dann

$$
\begin{aligned}
y_1(t) &= \operatorname{Re}\left[e^{\alpha t}\left(\cos(\beta t) + i\sin(\beta t)\right) \cdot (p + iq)\right] \\
&= e^{\alpha t}\left(\cos(\beta t) \cdot p - \sin(\beta t) \cdot q\right), \\
y_2(t) &= \operatorname{Im}\left[e^{\alpha t}\left(\cos(\beta t) + i\sin(\beta t)\right) \cdot (p + iq)\right] \\
&= e^{\alpha t}\left(\cos(\beta t) \cdot q + \sin(\beta t) \cdot p\right).
\end{aligned}
$$

Die allgemeine Lösung von (8.1) ist somit

$$y(t) = c_1 y_1(t) + c_2 y_2(t)$$

$$= e^{\alpha t} \left((c_1 \cos(\beta t) + c_2 \sin(\beta t)) \cdot p + (c_2 \cos(\beta t) - c_1 \sin(\beta t))) \cdot q \right)$$

mit $c_1, c_2 \in \mathbb{R}$. Schreibt man hierbei

$$\begin{pmatrix} c_1 \\ c_2 \end{pmatrix} =: c = \|c\| \cdot \begin{pmatrix} \cos \psi \\ \sin \psi \end{pmatrix}$$

mit einem $\psi \in \mathbb{R}$, so erhält man zusammen mit den Additionstheoremen für Sinus und Cosinus die Darstellung

$$\begin{aligned}
y(t) &= \|c\| \cdot e^{\alpha t} \Big(\big(\cos \psi \cos(\beta t) + \sin \psi \sin(\beta t) \big) \cdot p \\
&\qquad + \big(\sin \psi \cos(\beta t) - \cos \psi \sin(\beta t) \big) \cdot q \Big) \\
&= \|c\| \cdot e^{\alpha t} \big(\cos(\beta t - \psi) \cdot p - \sin(\beta t - \psi) \cdot q \big) \\
&= \|c\| \cdot e^{\alpha t} \cdot Q \begin{pmatrix} \cos(\beta t - \psi) \\ \sin(\beta t - \psi) \end{pmatrix}
\end{aligned} \tag{8.2}$$

mit $Q := (p| - q) \in \mathbb{R}^{2 \times 2}$. Hierbei ist Q regulär.

Begründung: Aus

$$Ap + i \cdot Aq = Av_1 = \lambda_1 v_1 = (\alpha + i\beta)(p + iq) = \alpha p - \beta q + i \cdot (\alpha q + \beta p)$$

folgt durch Vergleich von Real- und Imaginärteil

$$Ap = \alpha p - \beta q \qquad \text{und} \qquad Aq = \alpha q + \beta p.$$

Wäre $p = 0$, so würde aus der ersten dieser beiden Gleichungen $\beta q = 0$ folgen, angesichts von $\beta \neq 0$ also $q = 0$ und damit $v_1 = p + iq = 0$, ein Widerspruch! Also ist $p \neq 0$. Wäre Q nicht regulär, so gäbe es daher ein $\mu \in \mathbb{R}$ mit $q = \mu p$, und es würde

$$\begin{aligned}
Aq &= \alpha q + \beta p = (\alpha \mu + \beta)p, \\
Aq &= \mu A p = \mu(\alpha p - \beta q) = (\mu \alpha - \mu^2 \beta)p
\end{aligned}$$

folgen, wegen $p \neq 0$ also

$$\alpha \mu + \beta = \mu \alpha - \mu^2 \beta \qquad \text{und damit} \qquad \beta(1 + \mu^2) = 0,$$

d.h. $\beta = 0$, ein Widerspruch. Damit ist die Regularität von Q gezeigt.

Fall 2: A ist nicht diagonalisierbar, d.h. es gibt nur einen Eigenwert $\lambda :=$ $\lambda_1 = \lambda_2$ mit algebraischer Vielfachheit 2 und geometrischer Vielfachheit 1.

Hier tritt in der Jordan-Normalform von A eine Verkettungs-Eins auf:

$$J = \begin{pmatrix} \lambda & 1 \\ 0 & \lambda \end{pmatrix}.$$

Da nicht-reelle Eigenwerte von A nur in Paaren von komplex Konjugierten vorkommen, ist $\lambda \in \mathbb{R}$.

Wir wählen einen Eigenvektor v von A zum Eigenwert λ und einen zugehörigen *Hauptvektor* w, so dass

$$Aw = v + \lambda w; \tag{8.3}$$

hierfür kann man jedes $w \in \mathbb{R}^2 \setminus \mathrm{Kern}(A - \lambda E_2)$ wählen (also jeden Vektor $\neq 0$, der nicht „zufällig" ein Eigenvektor von A ist) und sodann

$$v := (A - \lambda E_2)w$$

setzen: Dann gilt nämlich (8.3), wegen $w \notin \mathrm{Kern}(A - \lambda E_2)$ ist $v \neq 0$, und nach dem Satz von Cayley-Hamilton ist

$$(A - \lambda E_2)v = (A - \lambda E_2)^2 w = 0,$$

so dass v ein Eigenvektor von A ist.

Setzt man $T := (v, w)$, so ist $T^{-1}AT = J$, denn es ist

$$T^{-1}ATe_1 = T^{-1}Av = \lambda T^{-1}v = \lambda e_1 = Je_1,$$
$$T^{-1}ATe_2 = T^{-1}Aw = T^{-1}(v + \lambda w) = e_1 + \lambda e_2 = Je_2.$$

Fundamentallösungen von (8.1) sind hier

$$x_1(t) = e^{\lambda t}v \qquad \text{und} \qquad x_2(t) = e^{\lambda t}(w + tv);$$

für x_1 ist klar, dass es sich um eine Lösung handelt, für x_2 folgt es aus

$$Ax_2(t) = e^{\lambda t}(Aw + tAv) = e^{\lambda t}(v + \lambda w + \lambda tv) = x_2'(t). \tag{8.4}$$

Die allgemeine Lösung von (8.1) hat folglich die Gestalt

$$y(t) = c_1 y_1(t) + c_2 y_2(t) = e^{\lambda t}\left((c_1 + c_2 t) \cdot v + c_2 \cdot w\right)$$

mit $c_1, c_2 \in \mathbb{R}$.

Aus den in den Fällen 1 und 2 bestimmten Lösungen kann man jetzt recht schnell die möglichen Typen von Phasenporträts ablesen. Um die hierbei erforderlichen Fallunterscheidungen etwas zu verkürzen, beschränken wir uns auf die nicht-ausgearteten Fälle, in denen 0 kein Eigenwert ist. Falls 0 ein Eigenwert ist, ist das Phasenporträt recht uninteressant und zudem in der Praxis oft nutzlos. Eine der Hauptanwendungen linearer Systeme besteht nämlich in der Approximation nicht-linearer Systeme. Wenn die lineare Approximation einen Eigenwert 0 hat, so erlaubt ihr Phasenporträt keine Schlüsse auf das Phasenporträt des nicht-linearen Systems: Die Phasenporträts von linearen Systemen mit einem Eigenwert 0 können durch kleinste Störungen radikal verändert werden. Genauer beschäftigen wir uns mit diesem Themenkreis in Kapitel 11.2.

Fortan sei also vorausgesetzt, dass 0 kein Eigenwert von A ist. Insbesondere ist dann A regulär, und $(0,0)$ ist der einzige Gleichgewichtspunkt von $x' = Ax$. Ihm entspricht eine konstante Lösung, deren Trajektorie punktförmig ist.

Bei den Fallunterscheidungen zur Klassifikation der Phasenporträts folgen wir einer etwas anderen Systematik als oben bei der Bestimmung von Lösungen. Das Diagramm in Abb. 8.1 hilft dabei, die Übersicht zu bewahren.

Fall 1: Es gilt $\lambda_1, \lambda_2 \in \mathbb{R}$, d.h. die beiden Eigenwerte sind reell.

(a) A sei diagonalisierbar, d.h.

$$J = \begin{pmatrix} \lambda_1 & 0 \\ 0 & \lambda_2 \end{pmatrix}.$$

Dann hat die allgemeine Lösung von $x' = Ax$ die Gestalt

$$x(t) = c_1 e^{\lambda_1 t} v_1 + c_2 e^{\lambda_2 t} v_2 \tag{8.5}$$

mit $c_1, c_2 \in \mathbb{R}$ und linear unabhängigen Eigenvektoren $v_1, v_2 \in \mathbb{R}^2 \setminus \{0\}$ zu den Eigenwerten λ_1 bzw. λ_2.

(I) Die Eigenwerte haben verschiedene Vorzeichen. O.B.d.A. sei $\lambda_1 < 0 < \lambda_2$.
    Wir betrachten zunächst den Fall, dass $c_1 = 0$ oder $c_2 = 0$ ist: Die zur Lösung

$$x(t) = c_j e^{\lambda_j t} v_j$$

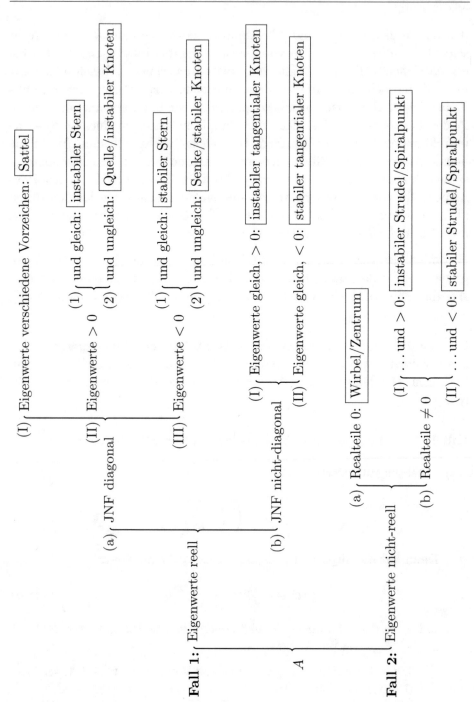

Abb. 8.1: Übersicht über die verschiedenen Typen des Phasenporträts von $x' = Ax$ im Fall, dass 0 kein Eigenwert von A ist. EWe = Eigenwerte.

(mit $c_j \neq 0$) gehörige Trajektorie ist eine Halbgerade mit Richtung[74] $c_j v_j$. Für $j = 1$ gilt

$$\lim_{t \to -\infty} \|x(t)\| = \infty \qquad \text{und} \qquad \lim_{t \to +\infty} x(t) = (0,0),$$

d.h. sie läuft von außen kommend in den Gleichgewichtspunkt $(0,0)$ hinein. Im Fall $j = 2$ ist

$$\lim_{t \to -\infty} x(t) = (0,0) \qquad \text{und} \qquad \lim_{t \to +\infty} \|x(t)\| = \infty,$$

d.h. sie läuft von $(0,0)$ weg nach außen. Im ersten Fall spricht man von einer *stabilen*, im zweiten von einer *instabilen Halbgeraden*. – Die Berechtigung der Begriffe *stabil* und *instabil* werden wir in Abschnitt 11.1 genauer begründen.

Nun seien $c_1 \neq 0$ und $c_2 \neq 0$. Die zur Lösung (8.5) gehörige Trajektorie besitzt wegen

$$x(t) - c_2 e^{\lambda_2 t} v_2 = c_1 e^{\lambda_1 t} v_1 \longrightarrow (0,0) \quad \text{für } t \to +\infty$$

die instabile Halbgerade in Richtung $c_2 v_2$ als Asymptote für $t \to +\infty$; wegen

$$x(t) - c_1 e^{\lambda_1 t} v_1 = c_2 e^{\lambda_2 t} v_2 \longrightarrow (0,0) \quad \text{für } t \to -\infty$$

besitzt sie die stabile Halbgerade in Richtung $c_1 v_1$ als Asymptote für $t \to -\infty$. Insbesondere gilt $\|x(t)\| \to \infty$ sowohl für $t \to -\infty$ als auch für $t \to +\infty$.

Man nennt den Gleichgewichtspunkt $(0,0)$ einen **Sattel**. Ein typisches Phasenporträt zeigt Abb. 8.2.

In diesem Fall besitzt das System ein nicht-konstantes Erstes Integral: Die Lösungen $y = (y_1, y_2)$ von $y' = Jy$ haben nämlich die Form

$$y_1(t) = c_1 e^{\lambda_1 t}, \qquad y_2(t) = c_2 e^{\lambda_2 t}.$$

Für jedes $p > 0$ sind ihre Trajektorien Niveaulinien der Funktion

$$H(x_1, x_2) := |x_1|^{p\lambda_2} \cdot |x_2|^{-p\lambda_1}, \tag{8.6}$$

denn es ist

$$H(y_1(t), y_2(t)) = |c_1|^{p\lambda_2} |c_2|^{-p\lambda_1} e^{p\lambda_2 \lambda_1 t - p\lambda_1 \lambda_2 t} = |c_1|^{p\lambda_2} |c_2|^{-p\lambda_1}$$

---

[74]Hier und im Folgenden dienen skalare Vorfaktoren wie c_j nur zur Angabe der Orientierung der jeweiligen Richtungsvektoren, d.h. es ist lediglich ihr Vorzeichen relevant.

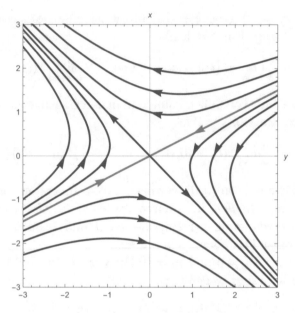

Abb. 8.2: Sattel

für alle $t \in \mathbb{R}$. Wenn man p so groß wählt, dass $-p\lambda_1 \geq 1$ und $p\lambda_2 \geq 1$ ist, ist H überall (auch in $(0,0)$!) stetig differenzierbar und somit ein Erstes Integral für $y' = Jy$. Ist $J = T^{-1}AT$ mit einer regulären Matrix $T \in \mathbb{R}^{2 \times 2}$, so ist $x \mapsto H(T^{-1}x)$ ein nicht-konstantes Erstes Integral des Systems $x' = Ax$, denn nach Bemerkung 7.6 ist x eine Lösung von $x' = Ax$ genau dann, wenn $y = T^{-1}x$ eine Lösung von $y' = Jy$ ist.

(II) Die Eigenwerte seien beide positiv, und o.B.d.A. sei $0 < \lambda_2 \leq \lambda_1$. Für alle $c_1, c_2 \in \mathbb{R}$ mit $(c_1, c_2) \neq (0, 0)$ gilt

$$\lim_{t \to -\infty} x(t) = \lim_{t \to -\infty} \left(c_1 e^{\lambda_1 t} v_1 + c_2 e^{\lambda_2 t} v_2 \right) = (0, 0)$$

und

$$\lim_{t \to +\infty} \|x(t)\| = \infty;$$

Letzteres ist im Fall $c_1 = 0 \neq c_2$ klar und ergibt sich für $c_1 \neq 0$ aus der Darstellung

$$\|x(t)\| = e^{\lambda_1 t} \left\| c_1 v_1 + c_2 e^{(\lambda_2 - \lambda_1) t} v_2 \right\|,$$

in der die Norm auf der rechten Seiten für $t \to +\infty$ gegen $\|c_1 v_1\| \neq 0$ (falls $\lambda_2 < \lambda_1$) oder gegen $\|c_1 v_1 + c_2 v_2\| \neq 0$ strebt.

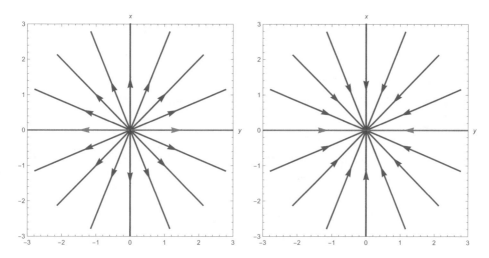

Abb. 8.3: (a) instabiler Stern, (b) stabiler Stern

Deshalb läuft jede Trajektorie von $(0,0)$ weg nach außen.
Man nennt den Gleichgewichtspunkt $(0,0)$ eine **Quelle** oder einen
(instabilen) Knoten.

(1) Die Eigenwerte seien gleich, d.h. $0 < \lambda_1 = \lambda_2$.
Die zur Lösung

$$x(t) = e^{\lambda_1 t}(c_1 v_1 + c_2 v_2)$$

gehörige Trajektorie ist eine instabile Halbgerade mit Richtung
$c_1 v_1 + c_2 v_2$.
Man nennt den Gleichgewichtspunkt $(0,0)$ in diesem Spezialfall auch einen **instabilen Stern** oder nach wie vor einen instabilen Knoten oder eine Quelle (Abb. 8.3 (a)).

(2) Die Eigenwerte seien ungleich, d.h. $0 < \lambda_2 < \lambda_1$.
Für $c_1 = 0$ bzw. $c_2 = 0$ erhält man als Trajektorien wieder
instabile Halbgeraden mit Richtung $c_2 v_2$ bzw. $c_1 v_1$.
Nun seien $c_1 \neq 0$ und $c_2 \neq 0$. Aus

$$x'(t) = c_1 \lambda_1 e^{\lambda_1 t} v_1 + c_2 \lambda_2 e^{\lambda_2 t} v_2 = e^{\lambda_2 t} \cdot V_2(t)$$

mit

$$V_2(t) := c_1 \lambda_1 e^{(\lambda_1 - \lambda_2) t} v_1 + c_2 \lambda_2 v_2 \longrightarrow c_2 \lambda_2 v_2 \quad \text{für } t \to -\infty$$

erkennt man dann, dass sich die Tangentenrichtung der zugehörigen Trajektorie für $t \to -\infty$ asymptotisch der Richtung

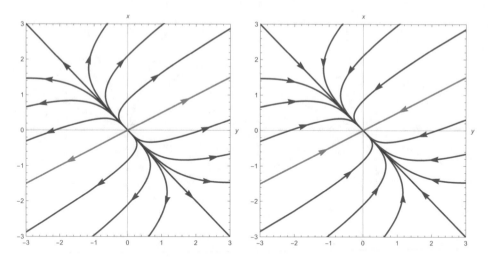

Abb. 8.4: (a) Quelle (instabiler Knoten), (b) Senke (stabiler Knoten)

$c_2\lambda_2 v_2$ annähert, die zum (betragsmäßig) kleineren der beiden Eigenwerte gehört[75]; auch die Trajektorie selbst nähert sich für $t \to -\infty$ asymptotisch der von $(0,0)$ ausgehenden instabilen Halbgerade in Richtung $c_2\lambda_2 v_2$ an, da sie ja für $t \to -\infty$ in $(0,0)$ hineinläuft.

Ähnlich kann man für $t \to +\infty$ argumentieren: Wegen

$$x'(t) = c_1\lambda_1 e^{\lambda_1 t} v_1 + c_2\lambda_2 e^{\lambda_2 t} v_2 = e^{\lambda_1 t} V_1(t)$$

mit

$$V_1(t) := c_1\lambda_1 v_1 + c_2\lambda_2 e^{(\lambda_2-\lambda_1)t} v_2 \longrightarrow c_1\lambda_1 v_1 \quad \text{für } t \to +\infty$$

nähert sich die Tangentenrichtung der Trajektorie für $t \to +\infty$ asymptotisch der zum größeren der beiden Eigenwerte gehörenden Richtung $c_1\lambda_1 v_1$ an. Hingegen gibt es hier für die Trajektorie selbst keine geradlinige Asymptote.

Das zugehörige Phasenporträt zeigt Abb. 8.4 (a).

(III) Die Eigenwerte seien beide negativ.

Dieser Fall ist analog zu Fall 1 (a) (II), mit dem Unterschied, dass die Trajektorien hier für $t \to +\infty$ in den Gleichgewichtspunkt $(0,0)$ hineinlaufen. Man nennt diesen eine **Senke** oder einen **(stabilen) Knoten**.

---

[75]Man beachte, dass $V_2(t)$ in Richtung des Tangentialvektors $x'(t)$ der Lösung x im Punkt $x(t)$ zeigt. Diesen Trick wenden wir im Folgenden noch mehrmals an.

Falls die Eigenwerte gleich sind, spricht man auch von einem **stabilen Stern** (Abb. 8.3 (b)).

Den allgemeinen Fall mit $\lambda_1 < \lambda_2 < 0$ illustriert Abb. 8.4 (b).

(b) Es sei A nicht diagonalisierbar, d.h. $\lambda_1 = \lambda_2 =: \lambda \in \mathbb{R}$ und

$$J = \begin{pmatrix} \lambda & 1 \\ 0 & \lambda \end{pmatrix}.$$

Ist $v \in \mathbb{R}^2 \setminus \{0\}$ ein Eigenvektor von A zum Eigenwert λ und w ein zugehöriger Hauptvektor, so hat die allgemeine Lösung von $x' = Ax$ die Gestalt

$$x(t) = e^{\lambda t}((c_1 + c_2 t) \cdot v + c_2 \cdot w) \tag{8.7}$$

mit $c_1, c_2 \in \mathbb{R}$.

(I) Es sei $\lambda > 0$.

Für $(c_1, c_2) \neq (0, 0)$ ist

$$\lim_{t \to -\infty} x(t) = (0, 0) \qquad \text{und} \qquad \lim_{t \to +\infty} \|x(t)\| = +\infty,$$

da $t \mapsto e^{\lambda t}$ für $t \to -\infty$ schneller gegen 0 strebt als der höchstens linear wachsende Term $\|c_1 v + c_2 w + t \cdot c_2 v\|$ im Fall $c_2 \neq 0$ gegen ∞. Deshalb läuft jede nicht-punktförmige Trajektorie von $(0,0)$ weg nach außen.

Für $c_2 = 0$ und $c_1 \neq 0$ ist die zur Lösung $x(t) = c_1 e^{\lambda t} v$ gehörige Trajektorie eine instabile Halbgerade mit Richtung $c_1 v$.

Nun sei $c_2 \neq 0$. Aus

$$x'(t) = e^{\lambda t}((c_1 + c_2 t)\lambda v + c_2(\lambda w + v)) = t e^{\lambda t} \cdot V(t)$$

mit

$$V(t) := \left(\frac{c_1}{t} + c_2\right)\lambda v + \frac{c_2}{t} \cdot (\lambda w + v) \longrightarrow c_2 \lambda v \qquad \text{für } t \to \pm\infty$$

erkennt man dann, dass sich die Tangentenrichtung der zugehörigen Trajektorie für $t \to \pm\infty$ asymptotisch der Richtung $\pm c_2 v$ annähert. Für $t \to -\infty$ nähert sich die Trajektorie selbst asymptotisch der in $(0,0)$ startenden instabilen Halbgerade in Richtung $-c_2 v$ an.

Man nennt den Gleichgewichtspunkt $(0,0)$ einen **instabilen tangentialen Knoten** (Abb. 8.5 (a)). – Statt von einem tangentialen spricht man mitunter auch von einem **ausgearteten** Knoten.

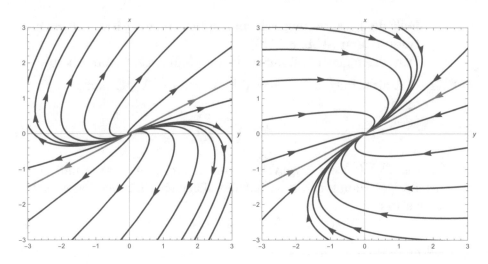

Abb. 8.5: tangentialer Knoten: (a) instabil, (b) stabil

(II) Es sei $\lambda < 0$.

Dieser Fall ist analog zu Fall 1 (b) (I), mit dem Unterschied, dass die Trajektorien hier für $t \to +\infty$ in den Gleichgewichtspunkt $(0,0)$ hineinlaufen. Man nennt diesen einen **stabilen tangentialen Knoten** (Abb. 8.5 (b)).

Fall 2: Die beiden Eigenwerte sind nicht-reell und zueinander komplex konjugiert. Es ist also $\lambda_1 = \alpha + i\beta$ und $\lambda_2 = \alpha - i\beta$ mit gewissen $\alpha, \beta \in \mathbb{R}$.

Hier hat die allgemeine Lösung die Darstellung

$$y(t) = r \cdot e^{\alpha t} Q \begin{pmatrix} \cos(\beta t - \psi) \\ \sin(\beta t - \psi) \end{pmatrix} \tag{8.8}$$

mit einer regulären Matrix $Q := (p| - q) \in \mathbb{R}^{2\times2}$, $r \geq 0$ und $\psi \in \mathbb{R}$.

(a) Es sei $\operatorname{Re} \lambda_1 = \alpha = 0$.

Für $r > 0$ ist die Lösung

$$y(t) = rQ \begin{pmatrix} \cos(\beta t - \psi) \\ \sin(\beta t - \psi) \end{pmatrix}$$

periodisch mit Periode $\frac{2\pi}{\beta}$. Die zugehörige Trajektorie ist das Bild der Kreislinie

$$\left\{ r \begin{pmatrix} \cos(\beta t - \psi) \\ \sin(\beta t - \psi) \end{pmatrix} : t \in \mathbb{R} \right\} = \{ u \in \mathbb{R}^2 : \|u\| = r \}$$

unter der linearen, invertierbaren Abbildung $u \mapsto Qu$ und somit eine Ellipse. Sie wird genau dann im mathematisch positiven (bzw. negativen) Sinn durchlaufen, wenn β und $\det Q$ gleiche (bzw. unterschiedliche) Vorzeichen haben.

Man nennt den Gleichgewichtspunkt $(0,0)$ einen **Wirbel** oder ein **Zentrum** (Abb. 8.6).

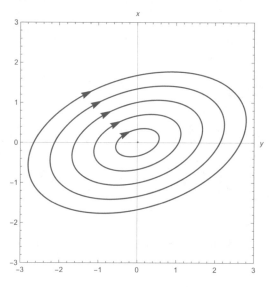

Abb. 8.6: Wirbel (Zentrum)

(b) Es sei $\operatorname{Re}\lambda_1 = \alpha \neq 0$.

  (I) Es sei $\operatorname{Re}\lambda_1 = \alpha > 0$.

    Im Fall $r > 0$ ist die Lösung (8.8) wegen $\alpha \neq 0$ und der Regularität von Q injektiv und insbesondere nicht-periodisch, und es gilt

$$\lim_{t \to -\infty} y(t) = (0,0) \qquad \text{und} \qquad \lim_{t \to +\infty} \|y(t)\| = \infty.$$

Die zugehörige Trajektorie ist das Bild der logarithmischen Spirale

$$\left\{ re^{\alpha t} \begin{pmatrix} \cos(\beta t - \psi) \\ \sin(\beta t - \psi) \end{pmatrix} : t \in \mathbb{R} \right\}$$

unter $u \mapsto Qu$. Sie läuft von $(0,0)$ weg nach außen und wird genau dann im mathematisch positiven (bzw. negativen) Sinn durchlaufen, wenn β und $\det Q$ gleiche (bzw. unterschiedliche) Vorzeichen haben.

Man nennt den Gleichgewichtspunkt $(0,0)$ einen **(instabilen) Strudel** oder **Spiralpunkt** (Abb. 8.7 (a)).

(II) Es sei Re $\lambda_1 = \alpha < 0$.

Dieser Fall ist analog zu Fall 2 (b) (I), mit dem Unterschied, dass die Trajektorien hier in den Gleichgewichtspunkt $(0,0)$ hineinlaufen. Man nennt diesen einen **(stabilen) Strudel** oder **Spiralpunkt** (Abb. 8.7 (b)).

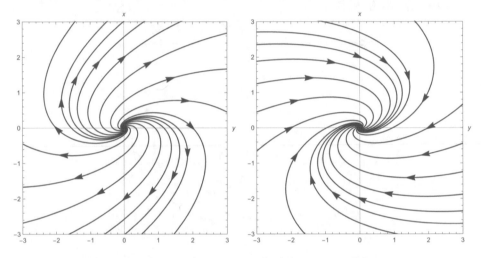

Abb. 8.7: Strudel (Spiralpunkt): (a) instabil, (b) stabil

Die Bezeichnungen für die meisten Typen von Gleichgewichtspunkten werden anhand der obigen Grafiken beinahe selbsterklärend: Stern, Quelle, Senke, Strudel/Spiralpunkte und Wirbel/Zentrum. Um Wirbel und Strudel zu unterscheiden, kann man sich bewusst machen, dass es bei Wirbeln anders als bei Strudeln keine radiale, von $(0,0)$ fort- oder zu $(0,0)$ hinstrebende Bewegung gibt, nur eine Kreis- bzw. Ellipsenbewegung. Um sich das Verhalten bei Sattelpunkten einzuprägen, ist es hilfreich, an die Sattelpunkte von Funktionen zweier Variabler (z.B. von $(x,y) \mapsto x^2 - y^2$) und die zugehörigen Niveaulinien zu denken: diese sehen gerade so aus wie die Trajektorien in der Nähe von Sattelpunkten. Vielleicht am wenigsten anschaulich ist die Bezeichnung Knoten (als Oberbegriff für Quelle und Senke). Hingegen dürfte das Attribut „tangential" im Spezialfall des tangentialen Knotens grafisch wieder recht einprägsam sein.

Beispiel 8.1 (Examensaufgabe)   Bestimmen Sie alle Lösungen von

$$x' = 8x + 10y$$
$$y' = -5x - 6y$$

und skizzieren Sie das Phasenporträt.

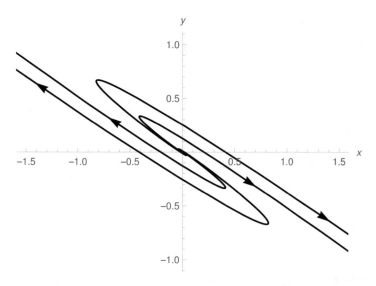

Abb. 8.8: Das Phasenporträt des Systems aus Beispiel 8.1

Lösung: Die Systemmatrix

$$A := \begin{pmatrix} 8 & 10 \\ -5 & -6 \end{pmatrix}$$

der gegebenen ebenen autonomen linearen Differentialgleichung hat wegen

$$\chi_A(\lambda) = \det \begin{pmatrix} \lambda - 8 & -10 \\ 5 & \lambda + 6 \end{pmatrix} = (\lambda - 8)(\lambda + 6) + 50 = \lambda^2 - 2\lambda + 2$$

$$= (\lambda - 1)^2 + 1$$

die Eigenwerte $\lambda_\pm = 1 \pm i$. Wegen

$$\mathrm{Kern}(A - \lambda_+ E) = \mathrm{Kern} \begin{pmatrix} 7 - i & 10 \\ -5 & -7 - i \end{pmatrix} = \mathbb{R} \cdot \begin{pmatrix} 7 + i \\ -5 \end{pmatrix}$$

ist $v_+ := \begin{pmatrix} 7 + i \\ -5 \end{pmatrix}$ ein Eigenvektor von A zum Eigenwert λ_+ und $v_- := \overline{v_+} = \begin{pmatrix} 7 - i \\ -5 \end{pmatrix}$ somit ein Eigenvektor zum Eigenwert $\lambda_- = \overline{\lambda_+}$. Daher hat A die komplexe Jordan-Normalform

$$J = \begin{pmatrix} 1 + i & 0 \\ 0 & 1 - i \end{pmatrix} = T^{-1} A T$$

mit der Transformationsmatrix

$$T = \begin{pmatrix} 7+i & 7-i \\ -5 & -5 \end{pmatrix}.$$

Gemäß Bemerkung 7.15 (2) ist

$$e^{tA}T = Te^{tJ}T^{-1}T = Te^{tJ}$$

$$= e^t \begin{pmatrix} 7+i & 7-i \\ -5 & -5 \end{pmatrix} \begin{pmatrix} \cos t + i\sin t & 0 \\ 0 & \cos t - i\sin t \end{pmatrix}$$

$$= e^t \begin{pmatrix} (7+i)\cos t + (7i-1)\sin t & (7-i)\cos t - (7i+1)\sin t \\ -5\cos t - 5i\sin t & -5\cos t + 5i\sin t \end{pmatrix}$$

eine komplexe Fundamentalmatrix von $x' = Ax$. Durch Übergang zu den Real- und Imaginärteilen erhält man das reelle Fundamentalsystem

$$\left\{ t \mapsto e^t \begin{pmatrix} 7\cos t - \sin t \\ -5\cos t \end{pmatrix}, \quad t \mapsto e^t \begin{pmatrix} \cos t + 7\sin t \\ -5\sin t \end{pmatrix} \right\}.$$

Das Phasenporträt (Abb. 8.8) zeigt einen instabilen Strudel.   □

9 Skalare lineare Differentialgleichungen höherer Ordnung

Es seien $J \subseteq \mathbb{R}$ ein echtes Intervall und $a_0, \ldots, a_{n-1} : J \longrightarrow \mathbb{K}$ sowie $b : J \longrightarrow \mathbb{K}$ stetige Funktionen. Die inhomogene skalare lineare Differentialgleichung n-ter Ordnung

$$u^{(n)} + a_{n-1}(t) \cdot u^{(n-1)} + \ldots + a_1(t) \cdot u' + a_0(t) \cdot u = b(t)$$

lässt sich mit Hilfe der Festlegung $(x_1, x_2, \ldots, x_n) := (u, u', \ldots, u^{(n-1)})$ in das äquivalente inhomogene lineare System erster Ordnung

$$x' = A(t) \cdot x + \widetilde{b}(t)$$

mit

$$A(t) = \begin{pmatrix} 0 & 1 & 0 & \cdots & \cdots & 0 \\ \vdots & \ddots & \ddots & \ddots & & \vdots \\ \vdots & & \ddots & \ddots & \ddots & \vdots \\ \vdots & & & \ddots & \ddots & 0 \\ 0 & \cdots & \cdots & \cdots & 0 & 1 \\ -a_0(t) & -a_1(t) & \cdots & \cdots & \cdots & -a_{n-1}(t) \end{pmatrix} \tag{9.1}$$

und

$$\widetilde{b}(t) = (0, \ldots, 0, b(t))^T$$

transformieren. Deswegen bleiben Satz 6.4 und Satz 6.5 sinngemäß auch für skalare lineare Differentialgleichungen höherer Ordnung gültig. Insbesondere ist im homogenen Fall $b \equiv 0$ die Menge L_{hom} aller Lösungen ein $\mathbb{K}$-Vektorraum der Dimension n, deren Basen wir wiederum als Fundamentalsysteme bezeichnen, während im allgemeinen Fall die Lösungsmenge ein affiner Raum der Gestalt $u_p + L_{\text{hom}}$ ist, wobei u_p eine beliebige partikuläre Lösung der inhomogenen Gleichung ist.

Vorerst konzentrieren wir uns auf den homogenen Fall $b \equiv 0$. Wieder gibt es eine vollständige Lösungstheorie nur für konstante Koeffizienten, also für Differentialgleichungen der Gestalt

$$u^{(n)} + a_{n-1} u^{(n-1)} + \ldots + a_1 u' + a_0 u = 0 \tag{9.2}$$

© Der/die Autor(en), exklusiv lizenziert an
Springer-Verlag GmbH, DE, ein Teil von Springer Nature 2024
J. Grahl et al., *Gewöhnliche Differentialgleichungen*

mit $a_0, \dots, a_{n-1} \in \mathbb{K}$. Dank der speziellen Form der Systemmatrix

$$
A_n := \begin{pmatrix}
0 & 1 & 0 & \cdots & \cdots & & 0 \\
\vdots & \ddots & \ddots & \ddots & & & \vdots \\
\vdots & & \ddots & \ddots & \ddots & & \vdots \\
\vdots & & & \ddots & \ddots & 0 \\
0 & \cdots & \cdots & \cdots & 0 & 1 \\
-a_0 & -a_1 & \cdots & \cdots & \cdots & -a_{n-1}
\end{pmatrix} \in \mathbb{K}^{n\times n} \tag{9.3}
$$

des zugehörigen linearen Systems erster Ordnung $x' = Ax$ ist die Angabe eines Fundamentalsystems dann sogar besonders einfach.

Proposition 9.1   *Die Matrix A_n aus (9.3) hat das charakteristische Polynom*

$$
\chi_{A_n}(\lambda) = \det(\lambda E_n - A_n) = \lambda^n + a_{n-1}\lambda^{n-1} + \dots + a_1\lambda + a_0.
$$

Beweis. Wir führen eine vollständige Induktion nach der Anzahl n der Zeilen bzw. Spalten von A_n durch. Für $n = 1$ ist $A_1 = (-a_0) \in \mathbb{K}^{1\times 1}$, und es folgt der Induktionsanfang $\chi_{A_1}(\lambda) = \det(\lambda + a_0) = \lambda + a_0$.

Die behauptete Formel gelte für ein $n \in \mathbb{N}$. Entwicklung der Determinante von A_{n+1} nach der ersten Spalte liefert dann

$$
\chi_{A_{n+1}}(\lambda) = \det(\lambda E_{n+1} - A_{n+1})
$$

$$
= \det \begin{pmatrix}
\lambda & -1 & 0 & \cdots & \cdots & \cdots & 0 \\
0 & \lambda & -1 & \ddots & & & \vdots \\
\vdots & \ddots & \ddots & \ddots & \ddots & & \vdots \\
\vdots & & \ddots & \ddots & \ddots & \ddots & \vdots \\
\vdots & & & \ddots & \ddots & \ddots & 0 \\
0 & \cdots & \cdots & \cdots & 0 & \lambda & -1 \\
a_0 & a_1 & \cdots & \cdots & \cdots & a_{n-1} & \lambda + a_n
\end{pmatrix}
$$

$$
= \lambda \det \begin{pmatrix}
\lambda & -1 & 0 & \cdots & & 0 \\
0 & \ddots & \ddots & \ddots & & \vdots \\
\vdots & \ddots & \ddots & \ddots & & 0 \\
0 & \cdots & 0 & \lambda & & -1 \\
a_1 & \cdots & & a_{n-1} & & \lambda + a_n
\end{pmatrix} +
$$

$$+ (-1)^{n+2} a_0 \det \begin{pmatrix} -1 & 0 & \cdots & \cdots & 0 \\ \lambda & \ddots & \ddots & & \vdots \\ 0 & \ddots & \ddots & \ddots & \vdots \\ \vdots & \ddots & \ddots & \ddots & 0 \\ 0 & \cdots & 0 & \lambda & -1 \end{pmatrix}$$

$$= \lambda(\lambda^n + a_n \lambda^{n-1} + \ldots + a_1) + (-1)^n \cdot a_0 \cdot (-1)^n$$

$$= \lambda^{n+1} + a_n \lambda^n + \ldots + a_1 \lambda + a_0,$$

wobei beim vorletzten Gleichheitszeichen die Induktionsvoraussetzung eingeht. Damit ist der Induktionsschluss erbracht. ∎

Aufgrund von Proposition 9.1 bezeichnet man die Polynomgleichung

$$\lambda^n + a_{n-1} \lambda^{n-1} + \ldots + a_1 \lambda + a_0 = 0$$

auch als die **charakteristische Gleichung** der homogenen linearen Differentialgleichung (9.2). Wenn man die Lösungen dieser Gleichung samt ihrer Vielfachheiten kennt, so kann man ein Fundamentalsystem der Differentialgleichung angeben. Dies ist der Inhalt des folgenden Satzes.

Satz 9.2   *Es seien $a_0, \ldots, a_{n-1} \in \mathbb{C}$. Das Polynom*

$$\lambda^n + a_{n-1} \lambda^{n-1} + \ldots + a_1 \lambda + a_0$$

habe die komplexen Nullstellen

$$\lambda_1, \ldots, \lambda_m \quad \text{mit den Vielfachheiten } \mu_1, \ldots, \mu_m.$$

Dann bilden die $\mu_1 + \ldots + \mu_m = n$ Funktionen

$$t \mapsto t^k e^{\lambda_j t} \qquad \text{mit} \qquad j \in \{1, \ldots, m\} \text{ und } k \in \{0, \ldots, \mu_j - 1\} \qquad (9.4)$$

ein komplexes Fundamentalsystem von

$$u^{(n)} + a_{n-1} u^{(n-1)} + \ldots + a_1 u' + a_0 u = 0.$$

Beweis. Wie eingangs festgestellt, ist die Lösungsmenge L_{hom} der betrachteten Differentialgleichung ein n-dimensionaler $\mathbb{C}$-Vektorraum. Es sei ein beliebiges $u \in L_{\text{hom}}$ gegeben. Dann handelt es sich bei

$$x : \mathbb{R} \longrightarrow \mathbb{C}^n, \ x := (u, u', \ldots, u^{(n-1)})^T$$

um eine Lösung von $x' = Ax$ mit A wie in (9.3). Wir überlegen uns, wie die Jordan-Normalform von A aussieht. Wegen Proposition 9.1 sind $\lambda_1, \ldots, \lambda_m$ die Eigenwerte von A mit den algebraischen Vielfachheiten $\mu_1, \ldots, \mu_m$. Es sei $j \in \{1, \ldots, m\}$. Da die letzten $n - 1$ Spalten von

$$\lambda_j E_n - A = \begin{pmatrix} \lambda_j & -1 & 0 & \cdots & \cdots & 0 \\ 0 & \lambda_j & -1 & \ddots & & \vdots \\ \vdots & \ddots & \ddots & \ddots & \ddots & \vdots \\ \vdots & & \ddots & \ddots & \ddots & 0 \\ 0 & \cdots & \cdots & 0 & \lambda_j & -1 \\ a_0 & a_1 & \cdots & \cdots & \cdots & \lambda_j + a_{n-1} \end{pmatrix}$$

offensichtlich linear unabhängig sind, ist $\text{Rang}(\lambda_j E_n - A) \geq n - 1$. Die Dimensionsformel für lineare Abbildungen[76] liefert für die geometrische Vielfachheit n_j von λ_j

$$1 \leq n_j = \dim \text{Kern}(\lambda_j E_n - A) = n - \text{Rang}(\lambda_j E_n - A) \leq n - (n-1) = 1,$$

also $n_j = 1$. Weil n_j der Anzahl der zu λ_j gehörigen Jordan-Kästchen entspricht, während μ_j angibt, wie oft λ_j insgesamt auf der Hauptdiagonalen der Jordan-Normalform steht, folgt, dass es nur ein einziges Jordan-Kästchen zu λ_j gibt und dieses das Format $\mu_j \times \mu_j$ besitzt. Nach Satz 7.13 lässt sich somit die erste Komponente von x, d.h. u als Linearkombination der n Funktionen (9.4) schreiben. Folglich bilden diese Funktionen ein Erzeugendensystem von L_{hom}, welches angesichts von $\dim L_{\text{hom}} = n$ minimal ist. Jedes minimale Erzeugendensystem ist aber bekanntlich eine Basis. ∎

Satz 9.3   *Es seien* $a_0, \ldots, a_{n-1} \in \mathbb{R}$. *Das Polynom*

$$\lambda^n + a_{n-1}\lambda^{n-1} + \ldots + a_1\lambda + a_0$$

---

[76]Diese besagt: Für zwei $\mathbb{K}$-Vektorräume V und W mit $\dim V < \infty$ und eine lineare Abbildung $L : V \longrightarrow W$ gilt $\dim V = \dim \text{Bild}(L) + \dim \text{Kern}(L)$.

habe die reellen Nullstellen

$$\lambda_1, \ldots, \lambda_p \quad \text{mit den Vielfachheiten } \mu_1, \ldots, \mu_p$$

und die (paarweise zueinander komplex konjugierten) nicht-reellen Nullstellen

$$\alpha_1 \pm i\beta_1, \ldots, \alpha_q \pm i\beta_q \quad \text{mit den Vielfachheiten } m_1, \ldots, m_q.$$

Dann bilden die $\mu_1 + \ldots + \mu_p + 2m_1 + \ldots + 2m_q = n$ *Funktionen*

$$t \mapsto t^k e^{\lambda_j t} \qquad \text{mit } j \in \{1, \ldots, p\} \text{ und } k \in \{0, \ldots, \mu_j - 1\},$$

$$\left. \begin{array}{l} t \mapsto t^k e^{\alpha_j t} \cos \beta_j t \\[2mm] t \mapsto t^k e^{\alpha_j t} \sin \beta_j t \end{array} \right\} \quad \text{mit } j \in \{1, \ldots, q\} \text{ und } k \in \{0, \ldots, m_j - 1\}$$

ein reelles Fundamentalsystem von

$$u^{(n)} + a_{n-1} u^{(n-1)} + \ldots + a_1 u' + a_0 u = 0.$$

Der Beweis von Satz 9.3 verläuft analog zum Beweis von Satz 9.2, mit dem Unterschied, dass diesmal Satz 7.14 anstelle von Satz 7.13 benutzt wird.

Als nächstes beweisen wir eine spezielle Variante des Satzes über die Variation der Konstanten für inhomogene (und i.Allg. nicht-autonome) skalare lineare Differentialgleichungen n-ter Ordnung.

Satz 9.4 *Es seien J ein echtes Intervall, $a_0, \ldots, a_{n-1}, b : J \longrightarrow \mathbb{K}$ stetige Funktionen und $\{u_1, \ldots, u_n\}$ ein Fundamentalsystem der homogenen linearen Differentialgleichung*

$$u^{(n)} + a_{n-1}(t) \cdot u^{(n-1)} + \ldots + a_1(t) \cdot u' + a_0(t) \cdot u = 0,$$

so dass also

$$X(t) := \begin{pmatrix} u_1 & \ldots & u_n \\ u_1' & \ldots & u_n' \\ \vdots & & \vdots \\ u_1^{(n-1)} & \ldots & u_n^{(n-1)} \end{pmatrix}(t)$$

eine Fundamentalmatrix des zugehörigen linearen Systems erster Ordnung $x' = A(t) \cdot x$ (mit $A(t)$ wie in (9.1)) ist. Weiter sei

$$c : J \longrightarrow \mathbb{K}^n, \ c := X^{-1} \widetilde{b},$$

wobei wieder $\widetilde{b} = (0, \ldots, 0, b)^T$ ist, und es sei $C : J \longrightarrow \mathbb{K}^n$ stetig differenzierbar mit $C' = c$. Dann ist

$$u_{\text{par}} : J \longrightarrow \mathbb{K}^n, \quad u_{\text{par}} := e_1^T X C = C_1 u_1 + \ldots + C_n u_n$$

eine partikuläre Lösung der inhomogenen Gleichung

$$u^{(n)} + a_{n-1}(t) \cdot u^{(n-1)} + \ldots + a_1(t) \cdot u' + a_0(t) \cdot u = b(t).$$

Beweis. Es gilt $Xc = XX^{-1}\widetilde{b} = \widetilde{b}$ und somit

$$\sum_{j=1}^{n} c_j u_j^{(k)} = 0 \qquad \text{für alle } k \in \{0, 1, \ldots, n-2\}, \qquad \sum_{j=1}^{n} c_j u_j^{(n-1)} = b.$$

Hieraus erhalten wir induktiv

$$u_{\text{par}}^{(k)} = \sum_{j=1}^{n} C_j u_j^{(k)} \qquad \text{für alle } k = 0, \ldots, n-1,$$

denn dies gilt nach Definition von u_{par} für $k = 0$, und aus der Gültigkeit für ein $k \in \{0, \ldots, n-2\}$ folgt

$$u_{\text{par}}^{(k+1)} = \left(\sum_{j=1}^{n} C_j u_j^{(k)} \right)' = \sum_{j=1}^{n} \left(c_j u_j^{(k)} + C_j u_j^{(k+1)} \right) = \sum_{j=1}^{n} C_j u_j^{(k+1)}.$$

Damit ergibt sich weiter

$$u_{\text{par}}^{(n)} = \left(\sum_{j=1}^{n} C_j u_j^{(n-1)} \right)' = \sum_{j=1}^{n} c_j u_j^{(n-1)} + \sum_{j=1}^{n} C_j u_j^{(n)} = b + \sum_{j=1}^{n} C_j u_j^{(n)}$$

und hiermit schließlich

$$u_{\text{par}}^{(n)} + a_{n-1} u_{\text{par}}^{(n-1)} + \ldots + a_1 u_{\text{par}}' + a_0 u_{\text{par}}$$

$$= b + \sum_{j=1}^{n} C_j \left(u_j^{(n)} + a_{n-1} u_j^{(n-1)} + \ldots + a_1 u_j' + a_0 u_j \right) = b.$$

Daher ist u_{par} tatsächlich eine partikuläre Lösung der inhomogenen Gleichung. ∎

Wenn es darum geht, eine konkrete inhomogene skalare lineare Differentialgleichung höherer Ordnung zu lösen, sollte man Satz 9.4 nur im Notfall benutzen. Oft lässt sich eine partikuläre Lösung einfacher und schneller über einen geeigneten Ansatz ermitteln. Hier eine Übersicht, die die wichtigsten Fälle abdeckt:

- Wenn die Inhomogenität die Form

$$b(t) = p(t)e^{\omega_0 t}$$

mit einem Polynom p vom Grad m hat und wenn $k \geq 0$ die Vielfachheit von ω_0 als Nullstelle des charakteristischen Polynoms der Differentialgleichung ist, so macht man für eine partikuläre Lösung den Ansatz

$$u_{\mathrm{par}}(t) = q(t)e^{\omega_0 t},$$

wobei q ein Polynom vom Grad $\leq m + k$ ist. Die Koeffizienten von q bestimmt man durch Einsetzen und Koeffizientenvergleich. Dies deckt auch den Fall ab, dass ω_0 *keine* Nullstelle des charakteristischen Polynoms ist; dann ist $k = 0$. Falls $k \geq 1$ ist, d.h. ω_0 tatsächlich eine solche Nullstelle ist, spricht man von **Resonanz**. Vgl. hierzu Abschnitt 16.5.1.

- Analoges gilt, wenn die Inhomogenität die Form

$$b(t) = p(t)\sin(\omega_0 t) \qquad \text{oder} \qquad b(t) = p(t)\cos(\omega_0 t)$$

mit einem Polynom p vom Grad m hat und wenn $k \geq 0$ die Vielfachheit von $i\omega_0$ als Nullstelle des charakteristischen Polynoms der Differentialgleichung ist: Hier macht man für die partikuläre Lösung den Ansatz

$$u_{\mathrm{par}}(t) = q(t)\sin(\omega_0 t) + r(t)\cos(\omega_0 t),$$

wobei q und r Polynome vom Grad $\leq m + k$ sind. Wichtig hierbei ist, dass man in dem Ansatz sowohl Sinus- als auch Cosinus-Terme berücksichtigen muss, auch wenn die Inhomogenität nur einen der beiden Typen enthält. Auch hier spricht man im Fall $k \geq 1$ von Resonanz.

- Sollte die Inhomogenität die Summe von mehreren der o.g. Inhomogenitäten sein, so macht man sich die Linearität der Differentialgleichung zunutze und nimmt als Ansatz eine entsprechende Summe der Terme, die man für die einzelnen Inhomogenitäten angesetzt hätte.

In Examensaufgaben sind die auftretenden Polynomgrade und Vielfachheiten in aller Regel sehr kleine natürliche Zahlen.

Warnung: Die aufgelisteten Ansätze funktionieren nur für die dort genannten speziellen Formen von Inhomogenitäten, die aus Polynomen, Exponential-, Sinus- und Cosinus-Funktionen zusammengesetzt sind – und natürlich nur für inhomogene lineare Differentialgleichungen mit konstanten Koeffizienten.

Beispiel 9.5 (Examensaufgabe)   Bestimmen Sie für $\omega_0 = 1$ und für $\omega_0 = \sqrt{2}$ jeweils die allgemeine Lösung der Differentialgleichung

$$y'' + 2y = 2\cos\omega_0 t.$$

Lösung: Wir müssen als erstes die allgemeine Lösung der homogenen linearen Differentialgleichung $y'' + 2y = 0$ bestimmen. Diese hat das charakteristische Polynom $\lambda^2 + 2$ mit den Nullstellen $\pm i\sqrt{2}$. Deswegen bilden

$$t \mapsto \cos\sqrt{2}t \qquad \text{und} \qquad t \mapsto \sin\sqrt{2}t$$

nach Satz 9.3 ein Fundamentalsystem. Zusätzlich benötigen wir für die beiden angegebenen Werte von ω_0 jeweils eine partikuläre Lösung der inhomogenen linearen Differentialgleichung.

Fall 1: Da für $\omega_0 = 1$ keine *Resonanz* vorliegt, machen wir den Ansatz

$$y(t) = a\cos t + b\sin t.$$

Setzen wir diesen in die gegebene Differentialgleichung ein, erhalten wir

$$2\cos t = -a\cos t - b\sin t + 2a\cos t + 2b\sin t = a\cos t + b\sin t.$$

Dies ist für $a = 2$ und $b = 0$ erfüllt. Die allgemeine reelle Lösung in diesem Fall ist also

$$y(t) = c_1\cos\sqrt{2}t + c_2\sin\sqrt{2}t + 2\cos t \qquad \text{mit } c_1, c_2 \in \mathbb{R}.$$

Fall 2: Da für $\omega_0 = \sqrt{2}$ Resonanz vorliegt, machen wir diesmal den Ansatz

$$y(t) = t(a\cos\sqrt{2}t + b\sin\sqrt{2}t).$$

Einsetzen in die Differentialgleichung ergibt

$$\begin{aligned} 2\cos\sqrt{2}t &= -2t(a\cos\sqrt{2}t + b\sin\sqrt{2}t) - 2\sqrt{2}a\sin\sqrt{2}t + 2\sqrt{2}b\cos\sqrt{2}t \\ &\quad +2t(a\cos\sqrt{2}t + b\sin\sqrt{2}t) \\ &= -2\sqrt{2}a\sin\sqrt{2}t + 2\sqrt{2}b\cos\sqrt{2}t, \end{aligned}$$

was für $a = 0$ und $b = \frac{1}{\sqrt{2}}$ erfüllt ist. In diesem Fall ist die allgemeine reelle

Lösung also

$$y(t) = c_1 \cos\sqrt{2}t + c_2 \sin\sqrt{2}t + \frac{t}{\sqrt{2}}\sin\sqrt{2}t \qquad \text{mit } c_1, c_2 \in \mathbb{R}.$$

Wir kommen auf dieses Beispiel in Abschnitt 16.5.1 zurück, wo wir den Einfluss von Reibungskräften unter die Lupe nehmen und genauer auf die physikalische Bedeutung des Resonanzfalls eingehen.   □

Beispiel 9.6 (Examensaufgabe)   Gegeben sei die homogene lineare Differentialgleichung 3. Ordnung

$$\frac{d^3x}{dt^3} + x = 0. \tag{9.5}$$

(a) Bestimmen Sie die allgemeine Lösung x von (9.5).

(b) Bestimmen Sie alle Anfangswerte $(x(0), x'(0), x''(0)) \in \mathbb{R}^3$, so dass $\lim_{t\to\infty} x(t) = 0$ für die zugehörige Lösung x gilt.

Lösung:

(a) Das zu (9.5) gehörige charakteristische Polynom $\lambda^3 + 1$ hat die Nullstellen -1,

$$e^{\pi i/3} = \cos\frac{\pi}{3} + i\sin\frac{\pi}{3} = \frac{1}{2} + i\frac{\sqrt{3}}{2} \qquad \text{und} \qquad e^{-\pi i/3} = \frac{1}{2} - i\frac{\sqrt{3}}{2}.$$

Deswegen bilden $\{x_1, x_2, x_3\}$ mit

$$x_1(t) = e^{-t}, \qquad x_2(t) = e^{t/2}\cos\frac{\sqrt{3}}{2}t, \qquad x_3(t) = e^{t/2}\sin\frac{\sqrt{3}}{2}t$$

ein Fundamentalsystem von (9.5). Die allgemeine Lösung ist folglich

$$x(t) = c_1 x_1(t) + c_2 x_2(t) + c_3 x_3(t)$$

$$= c_1 e^{-t} + c_2 e^{t/2}\cos\frac{\sqrt{3}}{2}t + c_3 e^{t/2}\sin\frac{\sqrt{3}}{2}t$$

mit $c_1, c_2, c_3 \in \mathbb{R}$.

(b) Als erstes zeigen wir, dass für die allgemeine Lösung x aus (a) genau dann $\lim_{t\to\infty} x(t) = 0$ erfüllt ist, wenn $c_2 = c_3 = 0$ gilt.

„$\Longleftarrow$": Aus $c_2 = c_3 = 0$ folgt

$$\lim_{t\to\infty} x(t) = \lim_{t\to\infty} c_1 x_1(t) = \lim_{t\to\infty} c_1 e^{-t} = 0.$$

„$\Longrightarrow$": Angenommen, es gilt $c_2 \neq 0$ oder $c_3 \neq 0$. O.B.d.A. sei $c_2 > 0$. Es sei $t_k := \frac{4k\pi}{\sqrt{3}}$. Dann gilt $t_k \to \infty$ für $k \to \infty$. Wegen

$$x(t_k) = c_1 x_1(t_k) + c_2 x_2(t_k) + c_3 x_3(t_k) = c_1 e^{-t_k} + c_2 e^{t_k/2}$$

folgt dann $\lim_{k\to\infty} x(t_k) = \infty$.

Damit ist die behauptete Äquivalenz gezeigt. Aus ihr können wir nun schließen, dass $\lim_{t\to\infty} x(t) = 0$ äquivalent ist zu

$$(x(0), x'(0), x''(0)) \in \{(c, -c, c) \in \mathbb{R}^3 : c \in \mathbb{R}\}.$$

„$\Longrightarrow$": Aus $\lim_{t\to\infty} x(t) = 0$ folgt $c_2 = c_3 = 0$. Somit gilt $x(t) = c_1 e^{-t}$, also

$$x(0) = c_1, \qquad x'(0) = -c_1, \qquad x''(0) = c_1,$$

d.h. $(x(0), x'(0), x''(0)) = (c_1, -c_1, c_1)$.

„$\Longleftarrow$": Es sei nun umgekehrt $(x(0), x'(0), x''(0)) = (c, -c, c)$. Dann ist $y := cx_1$ eine Lösung von (9.5) mit denselben Anfangswerten $(y(0), y'(0), y''(0)) = (c, -c, c)$. Der Satz von Picard-Lindelöf garantiert $x = y$, und es folgt

$$\lim_{t\to\infty} x(t) = \lim_{t\to\infty} y(t) = \lim_{t\to\infty} cx_1(t) = 0.$$

Zum gleichen Ergebnis gelangt man auch, indem man für die allgemeine Lösung aus (a) die ersten beiden Ableitungen in 0 durch c_1, c_2, c_3 ausdrückt und das sich ergebende Gleichungssystem für $x(0) = -x'(0) = x''(0)$ löst. Das obige Eindeutigkeitsargument erspart uns in eleganter Weise diesen Zusatzaufwand. $\square$

Beispiel 9.7 (Examensaufgabe) Es sei $-\infty \leq a < b \leq \infty$, die Funktionen $p, q : (a, b) \longrightarrow \mathbb{R}$ seien stetig, und y_1, y_2 sei ein Fundamentalsystem von Lösungen der Differentialgleichung

$$y''(x) + p(x) \cdot y'(x) + q(x) \cdot y(x) = 0.$$

(a) Zeigen Sie, dass y_1 und y_2 im Intervall (a, b) keine gemeinsame Nullstelle und kein gemeinsames lokales Extremum haben.

(b) Zeigen Sie weiter, dass zwischen zwei aufeinanderfolgenden Nullstellen von y_1 stets eine Nullstelle von y_2 liegt.

Hinweis: Betrachten Sie den Quotienten $\frac{y_1}{y_2}$ auf dem durch zwei aufeinanderfolgende Nullstellen von y_1 begrenzten Intervall I unter der Annahme, dass y_2 im Inneren von I keine Nullstellen besitzt, und führen Sie diese Annahme zu einem Widerspruch.

Lösung:

(a) Wir nehmen an, es wäre $y_1(\xi) = y_2(\xi) = 0$ für ein $\xi \in (a, b)$. Da y_1, y_2 ein Fundamentalsystem von Lösungen bilden, jede Lösung also Linearkombination von y_1 und y_2 ist, ist dann auch $y(\xi) = 0$ für jede Lösung y der Differentialgleichung. Dies widerspricht der Tatsache, dass es auch eine Lösung $\widetilde{y} : (a, b) \longrightarrow \mathbb{R}$ mit z.B. $\widetilde{y}(\xi) = 1$ gibt.

Daher haben y_1 und y_2 keine gemeinsamen Nullstellen.

Nun nehmen wir an, y_1 und y_2 hätten in $\xi \in (a, b)$ ein gemeinsames lokales Extremum. Dann wäre $y_1'(\xi) = y_2'(\xi) = 0$. Wie oben folgt, dass dann auch $y'(\xi) = 0$ für jede Lösung y der Differentialgleichung gelten müsste, im Widerspruch dazu, dass es eine Lösung $\widehat{y}$ mit z.B. $\widehat{y}'(\xi) = 1$ gibt.

Also haben y_1 und y_2 auch keine gemeinsamen lokalen Extrema.

(b) Es seien $c, d \in (a, b)$ aufeinanderfolgende Nullstellen von y_1. Gemäß (a) ist dann $y_2(c) \neq 0$ und $y_2(d) \neq 0$.

Wir nehmen an, y_2 hätte keine Nullstelle im Intervall (c, d). Dann wäre der Quotient $q := \frac{y_1}{y_2}$ differenzierbar in $[c, d]$ mit $q(c) = q(d) = 0$. Nach dem Satz von Rolle würde es also ein $\eta \in (c, d)$ mit $q'(\eta) = 0$ geben, und aufgrund der Quotientenregel wäre

$$0 = q'(\eta) = \frac{1}{y_2^2(\eta)} \cdot \left(y_1' y_2 - y_1 y_2' \right)(\eta),$$

also

$$0 = \left(y_1' y_2 - y_1 y_2' \right)(\eta) = -\det \begin{pmatrix} y_1 & y_2 \\ y_1' & y_2' \end{pmatrix}(\eta).$$

Hierbei ist die Determinante auf der rechten Seite die Wronski-Determinante der Fundamentallösungen

$$v_1 := \begin{pmatrix} y_1 \\ y_1' \end{pmatrix} \qquad \text{und} \qquad v_2 := \begin{pmatrix} y_2 \\ y_2' \end{pmatrix}$$

des zu der gegebenen Differentialgleichung äquivalenten linearen Systems erster Ordnung; kurz bezeichnet man sie auch als die Wronski-Determinante der Funktionen y_1, y_2. Diese hätte also eine Nullstelle in (c, d). Gemäß Satz 6.5 (a) (iii) bzw. Bemerkung 6.9 würde dies bedeuten, dass v_1 und v_2 linear abhängig sind. Damit wären erst recht y_1 und y_2 linear abhängig, im Widerspruch zur Voraussetzung. Also muss y_2 wie behauptet eine Nullstelle im Intervall (c, d) besitzen. $\quad\square$

Teil IV

Stabilitätstheorie

Wir treffen zunächst eine Generalvoraussetzung ähnlich wie in Kapitel 4.

In den Kapiteln 10 bis 14 seien – soweit nicht anders angegeben – $f : D \longrightarrow \mathbb{R}^n$ ein lokal Lipschitz-stetiges Vektorfeld auf einer nicht-leeren offenen Menge $D \subseteq \mathbb{R}^n$ und $\phi : \Omega(f) \longrightarrow D$ der Fluss des autonomen Systems $x' = f(x)$, d.h. für $\zeta \in D$ sei $t \mapsto \phi(t, \zeta)$ die Lösung des Anfangswertproblems $x' = f(x)$, $x(0) = \zeta$ auf dem maximalen Existenzintervall $I(\zeta) = (t_\alpha(\zeta), t_\omega(\zeta)) = (t_\alpha, t_\omega)$, und es sei

$$\Omega(f) := \{(t, \zeta) \in \mathbb{R} \times D : t \in I(\zeta)\}.$$

Wie im Anschluss an Definition 4.4 erläutert, ist unter diesen Voraussetzungen $\Omega(f)$ offen und ϕ lokal Lipschitz-stetig.

10 Stabilität von Gleichgewichtspunkten

Das schwache Kausalitätsprinzip (Bemerkung 3.4 bzw. Korollar 3.17) besagt, dass die Lösungen einer Differentialgleichung stetig von den Anfangsdaten abhängen. Dennoch können sich zwei zu einem Zeitpunkt nahe benachbarte Lösungen auf lange Sicht weit voneinander entfernen. Es ist eine wichtige Aufgabe, das *Langzeitverhalten* von Lösungen auf unbeschränkten Zeitintervallen zu untersuchen. Der Einfachheit wegen betrachten wir dabei nur autonome Systeme. Hier spielen die Gleichgewichtspunkte (d.h. die Nullstellen des zugehörigen Vektorfeldes) eine besondere Rolle: Es sei x_0 ein Gleichgewichtspunkt von $x' = f(x)$. Dann ist die Lösung durch x_0 für alle Zeiten konstant. Wie sieht es mit einer Lösung aus, die in der Nähe von x_0 startet? Wir möchten wissen, ob sie für $t \to \infty$ gegen x_0 konvergiert, in der Nähe von x_0 verbleibt, sich beliebig weit von x_0 entfernt oder sich irgendwie anders verhält.

Beispiel 10.1 Es sei $a \in \mathbb{R}$. Dann besitzt die skalare autonome Differentialgleichung

$$x' = ax$$

den Gleichgewichtspunkt 0 und den Fluss $\phi : \mathbb{R} \times \mathbb{R} \longrightarrow \mathbb{R}$, $\phi(t, \zeta) = e^{at}\zeta$. Das Langzeitverhalten der Lösung ϕ_ζ zum Anfangswert $\zeta \neq 0$ hängt nur vom Vorzeichen von a ab:

Fall 1: $a < 0$. Dann gilt $\lim_{t\to\infty} \phi_\zeta(t) = 0$ – egal, wie weit ζ von 0 entfernt ist.

Fall 2: $a = 0$. Dann ist $\phi_\zeta \equiv \zeta$ konstant.

Fall 3: $a > 0$. Dann gilt $\lim_{t\to\infty} |\phi_\zeta(t)| = \infty$ – egal, wie nahe ζ bei 0 liegt.

Gewissermaßen wirkt 0 in Fall 1 „anziehend" und in Fall 3 „abstoßend". □

Bei der Beantwortung der oben angerissenen Fragen kann man nur in den seltensten Fällen auf explizite Formeln für die Lösungen wie in Beispiel 10.1 zurückgreifen. Man sucht daher nach Wegen, wie man aus Eigenschaften der rechten Seite der Differentialgleichung direkt auf das langfristige Verhalten der Lösungen schließen kann. Solche Schlüsse zu ermöglichen ist das große Verdienst der vor allem von Henri Poincaré[77] begründeten qualitativen Theorie der Differentialgleichungen. Sie war inspiriert von Fragen zur langfristigen Stabilität des Planetensystems unserer Sonne. Mit seinen Arbeiten zu diesem sog. N-Körper-Problem (siehe Abschnitt 16.1) wurde Poincaré zugleich zum Vordenker der – wesentlich später von Edward Lorenz (1917–2008), Benoît Mandelbrot (1924–2010) und Mitchell Feigenbaum (1944–2019) ausgebauten – modernen Chaostheorie, die heute für viele Disziplinen, von der Meteorologie – der *Schmetterlingseffekt* hat es bis in die Popkultur geschafft – über die Biologie bis hin zur Soziologie, von Bedeutung ist.

Zur Einstimmung bietet sich abermals ein aufschlussreiches Beispiel aus der Physik an.

Beispiel 10.2   Die Menge der Gleichgewichtspunkte der Differentialgleichung (4.3) des mathematischen Pendels (Beispiel 4.2) zerfällt wegen

$$f(x_0, y_0) = \begin{pmatrix} y_0 \\ -\frac{g}{l}\sin x_0 \end{pmatrix} = \begin{pmatrix} 0 \\ 0 \end{pmatrix} \quad \Longleftrightarrow \quad y_0 = 0 \ \wedge \ x_0 \in \pi\mathbb{Z}$$

in die beiden Teilmengen

$$S = \{(2k\pi, 0) : k \in \mathbb{Z}\} \quad \text{und} \quad I = \{((2k+1)\pi, 0) : k \in \mathbb{Z}\}.$$

Schon ein Blick auf das Phasenporträt in Abb. 5.9 zeigt, dass die Gleichgewichtspunkte aus S bzw. I grundverschieden sind. Wir betrachten exemplarisch $(0,0) \in S$ und $(\pi, 0) \in I$. Abb. 10.1 verdeutlicht, welchen Ruhelagen eines realen Pendels die Punkte $(0,0)$ und $(\pi, 0)$ entsprechen.

Einmal hängt die Masse unbewegt am Stab, während sie das andere Mal perfekt auf dem Stab balanciert. Ersteres ist nicht ungewöhnlich und gewissermaßen die natürliche Lage eines realen Pendels, da die (in unserer mathematischen Behandlung vernachlässigte) Reibung dazu führt, dass jede Schwingung ohne weitere Anregung letztendlich ausklingt. Letzteres sieht man hingegen bei einem realen Pendel so gut wie nie – schon die kleinste

---

[77]Henri Poincaré (1854–1912) war zusammen mit David Hilbert (1862–1943) der führende Mathematiker der Zeit um die Wende vom 19. zum 20. Jahrhundert. Neben seinen bahnbrechenden Arbeiten auf dem Gebiet der gewöhnlichen und partiellen Differentialgleichungen und der komplexen Analysis gilt er als Wegbereiter der speziellen Relativitätstheorie. Auch an der Entwicklung der algebraischen Topologie hatte er maßgeblichen Anteil; auf ihn geht die erst 2003 von G. Perelman bewiesene Poincaré-Vermutung zurück, und mit seinem Beweis des Uniformisierungssatzes (einer Verallgemeinerung des Riemannschen Abbildungssatzes auf Riemannsche Flächen) gelang ihm eine partielle Lösung von Hilberts 22. Problem.

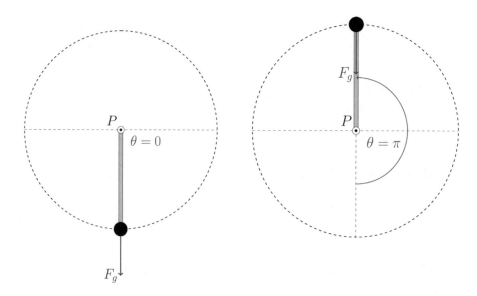

Abb. 10.1: Lage des mathematischen Pendels in den beiden Gleichgewichtspunkten $(0,0)$ (links) und $(\pi,0)$ (rechts)

Auslenkung, und der Stab beginnt zu kippen[78]. Mit einigem Recht nennen wir deshalb $(0,0)$ einen stabilen und $(\pi,0)$ einen instabilen Gleichgewichtspunkt von (4.3). Eine kleine Auslenkung des Pendels aus der stabilen Ruhelage führt zu einer entsprechend kleinen Schwingung um diese Ruhelage. Hingegen fällt die resultierende Schwingung um die instabile Ruhelage niemals beliebig klein aus, egal wie klein die initiale Auslenkung des Pendels aus dieser Ruhelage auch ist. Im Fall der Stabilität können wir also durch die Wahl der Anfangswerte kontrollieren, wie weit sich die Lösungen vom Gleichgewichtspunkt entfernen, im Fall der Instabilität nicht. Diese Beobachtung leistet einen ersten Beitrag zur mathematischen Präzisierung der intuitiven Vorstellung von Stabilität und Instabilität. Eine solche ist wichtig, damit wir diese beiden neuen Begriffe auch auf Systeme anwenden können, die a priori keine einfache physikalische Interpretation besitzen und damit der direkten Anschauung entzogen sind. $\qquad\square$

---

[78]Diese Problematik macht den vertikalen Start einer Rakete, bei dem diese gewissermaßen von ihrem eigenen Abgasstrahl ausbalanciert werden muss, zu einer überaus anspruchsvollen Angelegenheit. Die heutige Raketentechnik hat diese Aufgabe mit hoher Zuverlässigkeit in den Griff bekommen. Welch beeindruckende Leistung der Ingenieurskunst dies darstellt, davon vermitteln die noch heute im Internet verfügbaren Videos von etlichen spektakulären Fehlstarts der frühen US-amerikanischen Raketen in den späten 1950er und frühen 1960er Jahren, bei denen diese nach kurzem Flug oder noch auf der Startrampe außer Kontrolle geraten sind, ein gutes Bild.

Diese Überlegungen zum Verhalten der Lösungen eines autonomen Systems in der Nähe eines Gleichgewichtspunktes motivieren die zentrale Definition dieses Kapitels.

Definition 10.3   *Es sei $x_0 \in D$ ein Gleichgewichtspunkt des autonomen Systems $x' = f(x)$, d.h. $f(x_0) = 0$.*

(a) *Man nennt x_0 **stabil**, wenn es zu jeder Umgebung U von x_0 eine Umgebung $W \subseteq D$ von x_0 gibt, so dass für alle $\zeta \in W$ sowohl $[0, \infty) \subseteq I(\zeta)$ als auch $\phi_\zeta(t) \in U$ für alle $t \geq 0$ gilt. Andernfalls heißt x_0 **instabil**.*

(b) *Man nennt x_0 **attraktiv**, wenn es eine Umgebung $U \subseteq D$ von x_0 gibt, so dass für alle $\zeta \in U$ sowohl $[0, \infty) \subseteq I(\zeta)$ als auch $\lim_{t \to \infty} \phi_\zeta(t) = x_0$ gilt.*

(c) *Man nennt x_0 **asymptotisch stabil**, wenn x_0 stabil und attraktiv ist.*

Es ist ausgesprochen wichtig, ein geometrisches Verständnis dieser drei Begriffe zu entwickeln (Abb. 10.2). Dadurch kann man sich die auf den ersten Blick recht komplizierten Definitionen viel leichter einprägen.

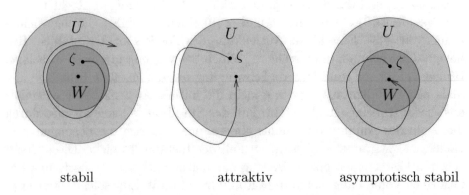

| stabil | attraktiv | asymptotisch stabil |

Abb. 10.2: Die Stabilitätsbegriffe aus Definition 10.3

In der obigen Definition eines stabilen Gleichgewichtspunkts kann man keinesfalls erwarten, dass man $W = U$ wählen kann: I.Allg. wird man zu gegebenem U die Menge W „viel kleiner" wählen müssen, um sicherzustellen, dass eine in W startende Lösung in U bleibt. Eine gute Veranschaulichung für das Verhalten solcher Lösungen liefern hochgradig elliptische Umlaufbahnen (wie z.B. für den Transfer von im niedrigen Erdorbit ausgesetzten Satelliten in den geostationären Orbit in 36.786 km Höhe oder bei der Gemini-11-Mission 1966, mit einem Perigäum von ca. 290 km und einem

Apogäum von ca. 1370 km): Beginnt man die Betrachtung im Perigäum, so startet der Satellit seine Reise in einer Umgebung W der Erde, die nur um ca. 300 km über die Erdoberfläche hinausragt; die zugehörige Umgebung U hingegen erstreckt sich wesentlich höher, in den genannten Beispielen bis in 36.786 km bzw. 1370 km Höhe.

Aufschlussreich ist es auch, sich den – oben bereits kurz angesprochenen – Unterschied zwischen der Stabilität eines Gleichgewichtspunktes und der stetigen Abhängigkeit der Lösungen von den Anfangsdaten bewusst zu machen: Letztere besagt insbesondere, dass es zu jeder Umgebung U des Gleichgewichtspunktes x_0 und zu jedem **festen** $t_0 \geq 0$ eine Umgebung W von x_0 gibt, so dass $\phi(t_0, \zeta) \in U$ für alle $\zeta \in W$ gilt: Wenn man nur hinreichend nahe am Gleichgewichtspunkt startet, so wird man sich zu einer gegebenen Zeit t_0 beliebig wenig von ihm entfernt haben. (Hierfür ist natürlich $\phi(t_0, x_0) = x_0$ wesentlich.) In der Definition von Stabilität hingegen wird ungleich mehr gefordert: Die Lösung soll für **alle** Zeiten in der Nähe des Gleichgewichtspunktes verbleiben. Auch hier hilft eine Analogie aus der Astronautik bei der Veranschaulichung: Durch äußerst präzise Bahnberechnungen (in Verbindung mit kleinen Kurskorrekturen während des Flugs) konnte der Kurs der Apollo-Raumschiffe so gesteuert werden, dass diese auf den fast 400.000 km entfernten Mond weder einschlugen noch ihn weit verfehlten, sondern ihm gerade auf ca. 110 km Entfernung nahekamen (von wo aus sie durch ein Bremsmanöver in einen Mondorbit versetzt werden konnten). Dies hat jedoch nichts mit der Frage zu tun, inwieweit die weitere Bahn (falls man nicht in den Mondorbit eingeschwenkt wäre) langfristig prognostiziert hätte werden können[79].

In vielen Fällen kann man mit einem Blick auf das Phasenporträt erkennen, welcher Typ von Gleichgewichtspunkt vorliegt. Im Fall ebener linearer Sys-

---

[79]Die Schwierigkeit (um nicht zu sagen: Aussichtslosigkeit) solcher Prognosen über längere Zeiträume illustriert folgende Begebenheit: Bei der Apollo-12-Mission im November 1969 war eigentlich geplant gewesen, die ausgediente dritte Stufe der verwendeten Saturn-V-Rakete mithilfe des verbliebenen Resttreibstoffes in eine Umlaufbahn um die Sonne zu bringen, der Schub hatte aber nicht ganz zum Verlassen des Erde-Mond-Systems ausgereicht. Dazu kam es erst 1971 unter dem Einfluss der Gravitation der beteiligten Himmelskörper. Nachdem die Stufe über Jahrzehnte außer Beobachtungsreichweite gewesen und in Vergessenheit gefallen war, wurde im September 2002 ein – zunächst fälschlich für einen Asteroiden gehaltenes – unbekanntes Objekt (J002E3) in einem (instabilen) Erdorbit entdeckt, das aufgrund seiner Spektral- und seiner Bahneigenschaften mit hoher Wahrscheinlichkeit als die verschollene dritte Stufe von Apollo 12 identifiziert werden konnte. Im Juni 2003 hat sie den Erdorbit wieder verlassen; frühestens in den 2040er Jahre könnte sie erneut von der Gravitation der Erde eingefangen werden.

teme hilft dabei die Auflistung der möglichen Phasenporträts in Kapitel 8. Wir schauen uns zunächst einige besonders übersichtliche Beispiele an.

Beispiel 10.4   Man mache sich anhand der jeweiligen (aus Kapitel 8 bekannten) Phasenporträts die folgenden Aussagen klar:

- Der Gleichgewichtspunkt $(0, 0)$ von

$$\begin{pmatrix} x' \\ y' \end{pmatrix} = \begin{pmatrix} 0 & -1 \\ 1 & 0 \end{pmatrix} \begin{pmatrix} x \\ y \end{pmatrix}$$

  ist ein Wirbel (Zentrum); die Trajektorien sind Kreislinien. Daher ist der Gleichgewichtspunkt stabil, aber nicht attraktiv.

- Der Gleichgewichtspunkt $(0, 0)$ von

$$\begin{pmatrix} x' \\ y' \end{pmatrix} = \begin{pmatrix} -1 & 0 \\ 0 & -1 \end{pmatrix} \begin{pmatrix} x \\ y \end{pmatrix}$$

  ist ein Stern, mit radial in ihn hineinlaufenden Trajektorien. Daher ist er asymptotisch stabil.

- Der Gleichgewichtspunkt $(0, 0)$ von

$$\begin{pmatrix} x' \\ y' \end{pmatrix} = \begin{pmatrix} -1 & 0 \\ 0 & 1 \end{pmatrix} \begin{pmatrix} x \\ y \end{pmatrix}$$

  ist ein Sattel, die Trajektorien laufen erst auf ihn zu und dann – seit-lich abgelenkt – von ihm weg[80], so dass es sich um einen instabilen Gleichgewichtspunkt handelt.   □

Im Moment kennen wir noch kein einziges Hilfsmittel, das uns den Nachweis von Stabilität erleichtert. Die direkte Arbeit mit der Definition ist schwierig, da sie die Kenntnis der Lösungen voraussetzt, welche im Allgemeinen aber nicht verfügbar sind. Und tatsächlich wurde die Stabilitätstheorie ja auch entwickelt, um gerade in solchen Fällen dennoch qualitative Aussagen zu ermöglichen. Dieses Dilemma packen wir in den nächsten Kapiteln an.

Die Begriffe stabil und attraktiv sind logisch unabhängig. Das erste auto-nome System in Beispiel 10.4 (bei dem der Gleichgewichtspunkt ein Wirbel ist) zeigt, dass aus der Stabilität nicht die Attraktivität folgt. Dass man auch nicht umgekehrt schließen kann, ist schwieriger zu zeigen.

---

[80]In diesem speziellen Fall sind die Trajektorien Hyperbeln, was man auch daran er-kennt, dass $H(x, y) = xy$ ein Erstes Integral ist. Vgl. hierzu auch (8.6).

Beispiel 10.5 (Ein attraktiver, instabiler Gleichgewichtspunkt)
Wir gehen von dem autonomen System in Beispiel 4.15 aus und bauen in
dieses eine weitere Nicht-Linearität ein: Das Vektorfeld $f : \mathbb{R}^2 \setminus \{(0,0)\} \longrightarrow$
$\mathbb{R}^2$ sei definiert durch

$$f(x,y) := \left(1 - \frac{x}{\sqrt{x^2 + y^2}}\right) \begin{pmatrix} -y \\ x \end{pmatrix} + \left(1 - \sqrt{x^2 + y^2}\right) \begin{pmatrix} x \\ y \end{pmatrix}.$$

(Anders als in Beispiel 4.15 sparen wir diesmal den Nullpunkt aus, da f dort
nicht differenzierbar ist und der Nachweis der lokalen Lipschitz-Stetigkeit
daher unverhältnismäßig aufwändig und technisch wäre. In $\mathbb{R}^2 \setminus \{(0,0)\}$
hingegen ist die stetige Differenzierbarkeit und damit die lokale Lipschitz-
Stetigkeit von f klar.)

Wir versuchen zunächst, das qualitative Verhalten des Systems $(x', y')^T =$
$f(x,y)$ auf $\mathbb{R}^2 \setminus \{(0,0)\}$ ohne Rechnung zu verstehen, nur anhand der Struktur des Vektorfeldes f, das man ja als Geschwindigkeitsfeld auffassen kann:
$f(x,y)$ setzt sich aus zwei Anteilen zusammen, in Richtung des Ortsvektors
$(x,y)^T$ und in Richtung des dazu orthogonalen Vektors $(-y, x)^T$. Letzterer allein würde eine kreisförmige Bewegung induzieren (wie im ersten Fall
von Beispiel 10.4), ersterer eine radiale Bewegung (wie im zweiten Fall von
Beispiel 10.4); die Überlagerung dieser beiden Effekte bestimmt die Grund-
struktur der Trajektorien. Allerdings wird die radiale Bewegung durch den
Vorfaktor $1 - \sqrt{x^2 + y^2}$ moduliert, dessen Betrag den Abstand von (x,y)
zur Einheitskreislinie angibt und der im Innern dieser Kreislinie positiv und
außerhalb von ihr negativ ist. Dadurch ist die radiale Bewegung stets auf die
Einheitskreislinie zu gerichtet, und sie wird bei Annäherung an diese zunehmend gedämpft. Dies erklärt das in Abb. 4.13 gezeigte Phasenporträt des
ursprünglichen Systems aus Beispiel 4.15 und insbesondere den Umstand,
dass die Einheitskreislinie ein Grenzzyklus ist. Neu gegenüber Beispiel 4.15
ist hier nun der Vorfaktor $1 - \frac{x}{\sqrt{x^2+y^2}} \in [0, 2]$ vor $(-y, x)^T$. Dieser verschwindet auf der positiven Abszisse und insbesondere im Punkt $(1, 0)$ und
sorgt dafür, dass auch die kreisförmige (präziser: azimutale) Bewegung in
der Nähe dieses Punktes gedämpft wird. Insgesamt ist damit in $(1, 0)$ ein
neuer Gleichgewichtspunkt entstanden[81], und Lösungen, die in dessen Nähe,
aber etwas oberhalb von ihm starten, müssen zunächst in der Nähe der Einheitskreislinie den Nullpunkt umkreisen, bevor sie „von unten" in diesen
Gleichgewichtspunkt hineinlaufen können. Gut kann man dieses Phänomen
in dem in Abb. 10.3 gezeichneten Phasenporträt erkennen.

---

[81]Man kann zeigen, dass dieser der einzige Gleichgewichtspunkt in $\mathbb{R}^2 \setminus \{(0,0)\}$ ist, was
wir im Folgenden jedoch nicht benötigen.

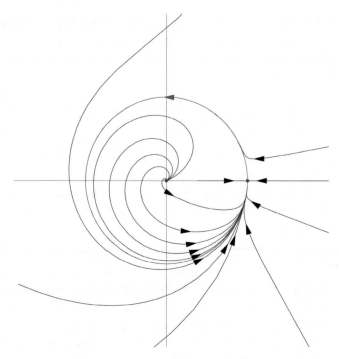

Abb. 10.3: Das Phasenporträt des Systems aus Beispiel 10.5 mit einem attraktiven, aber instabilen Gleichgewichtspunkt bei $(1,0)$

Diese Beobachtungen machen es anschaulich plausibel, dass der Gleichgewichtspunkt $(1,0)$ instabil ist, und sie legen die Vermutung nahe, dass er attraktiv sein könnte. Beides wollen wir nun mathematisch präzise nachweisen. Damit sich die Eigenschaften der Lösungen des Systems möglichst einfach untersuchen lassen, ist genauso wie in Beispiel 4.15 eine Transformation auf Polarkoordinaten sinnvoll: Wir schreiben die Lösungen in der Form

$$\begin{pmatrix} x \\ y \end{pmatrix} = r \cdot \begin{pmatrix} \cos\theta \\ \sin\theta \end{pmatrix} \tag{10.1}$$

und erhalten wie in (4.11) durch Ableiten von $r^2 = x^2 + y^2$

$$r' = \frac{xx' + yy'}{r} = \frac{(1-r)\left(x^2 + y^2\right)}{r} = r(1-r). \tag{10.2}$$

Wie in (4.13) gilt ferner

$$y'x - x'y = r^2 \cdot \theta',$$

woraus sich

$$\theta' = \frac{y'x - x'y}{r^2} = \frac{1}{r^2} \cdot (-y, x) \begin{pmatrix} x' \\ y' \end{pmatrix}$$

$$= \frac{1}{r^2} \cdot (-y, x) \left[\left(1 - \frac{x}{\sqrt{x^2 + y^2}} \right) \begin{pmatrix} -y \\ x \end{pmatrix} + \left(1 - \sqrt{x^2 + y^2} \right) \begin{pmatrix} x \\ y \end{pmatrix} \right]$$

$$= \frac{1}{r^2} \left(1 - \frac{x}{\sqrt{x^2 + y^2}} \right) \cdot (x^2 + y^2) = 1 - \frac{x}{r} = 1 - \cos\theta \qquad (10.3)$$

ergibt. Damit haben wir zwei entkoppelte Differentialgleichungen für die Polarkoordinaten (r, θ) gefunden.

Hierbei kennen wir (10.2) bereits aus Beispiel 4.15: Jede maximale Lösung r mit einem Anfangswert $r(0) = r_0 > 0$ existiert auf $[0, \infty)$ und erfüllt $\lim_{t \to \infty} r(t) = 1$ (Abb. 10.4 oben).

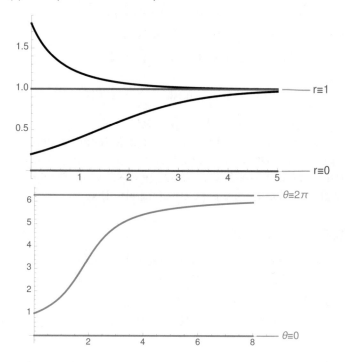

Abb. 10.4: Oben: die radiale Koordinate r aus (10.2). Unten: die Winkelkoordinate θ aus (10.3)

Die rechte Seite von (10.3) ist dank $0 \leq 1 - \cos\theta \leq 2$ beschränkt. Nach dem Satz von der linear beschränkten rechten Seite (Satz 3.10) besitzt somit jede maximale Lösung θ das Existenzintervall $\mathbb{R}$. Offensichtlich ist $2\pi\mathbb{Z}$

die Menge der Gleichgewichtspunkte von (10.3). Es sei θ eine Lösung mit Anfangswert $\theta(0) = \theta_0 \in (0, 2\pi)$, die also zwischen den beiden konstanten Lösungen mit den Werten 0 und 2π startet. Aus Eindeutigkeitsgründen kann sie dann niemals diese beiden Werte annehmen. Hieraus (und aus dem Zwischenwertsatz) folgt $\theta(\mathbb{R}) \subseteq (0, 2\pi)$. Wegen

$$0 < 1 - \cos\theta(t) = \theta'(t) \qquad \text{für alle } t \in \mathbb{R}$$

wächst θ streng monoton, so dass der Grenzwert $g := \lim_{t\to\infty} \theta(t) \in [\theta_0, 2\pi]$ existiert. Zusammen mit Satz 4.12 erhalten wir $g = 2\pi$ (Abb. 10.4 unten). Für jede Lösung θ mit Anfangswert $\theta(0) \in (2k\pi, (2k+2)\pi)$ für ein $k \in \mathbb{Z}$ gilt analog $\lim_{t\to+\infty} \theta(t) = (2k+2)\pi$.

Insgesamt ist damit gezeigt, dass jede maximale Lösung des Systems, die die Form (10.1) mit $r(0) > 0$ hat, auf $[0, \infty)$ existiert und

$$\lim_{t\to\infty} \begin{pmatrix} x(t) \\ y(t) \end{pmatrix} = \lim_{t\to\infty} r(t) \begin{pmatrix} \cos\theta(t) \\ \sin\theta(t) \end{pmatrix} = \begin{pmatrix} 1 \\ 0 \end{pmatrix}$$

erfüllt. Dies bedeutet, dass $(1, 0)$ attraktiv ist.

Im Fall $r_0 = 1$ und $\theta_0 \in (0, 2\pi)$ ist hier $r \equiv 1$, und θ wächst streng monoton mit

$$\lim_{t\to+\infty} \theta(t) = 2\pi \qquad \text{und} \qquad \lim_{t\to-\infty} \theta(t) = 0.$$

Die zugehörige Trajektorie ist daher $\{p \in \mathbb{R}^2 : \|p\| = 1\} \setminus \{(1, 0)\}$, also die Einheitskreislinie ohne den Punkt $(1, 0)$. Für jede beliebig kleine Umgebung W von $(1, 0)$ gibt es also eine in W startende Lösung, die z.B. die Umgebung $U = U_1(1, 0)$ von $(1, 0)$ zunächst verlässt, bevor sie langfristig (für $t \to \infty$) nach U zurückkehrt. Daher kann $(1, 0)$ nicht stabil sein. $\square$

Beispiel 10.6 (Examensaufgabe)

(a) Es sei $0 \in D$ eine attraktive Ruhelage des autonomen Systems $x' = f(x)$, und es sei $x^* \in D$ mit $[0, \infty) \subseteq I(x^*)$ und $\lim_{t\to\infty} \phi(t, x^*) = 0$.

Zeigen Sie: Ist $(x_k)_k$ eine Folge in D mit $\lim_{k\to\infty} x_k = x^*$, so gibt es ein $k_0 \in \mathbb{N}$, so dass $[0, \infty) \subseteq I(x_k)$ und $\lim_{t\to\infty} \phi(t, x_k) = 0$ für alle $k \geq k_0$.

(b) Zeigen Sie, dass die Behauptung aus (a) falsch wird, wenn man statt der Attraktivität von 0 nur voraussetzt, dass 0 eine Ruhelage ist. Verwenden Sie hierzu das Beispiel

$$x' = \begin{pmatrix} 1 & 0 \\ 0 & -1 \end{pmatrix} x.$$

Lösung:

(a) Nach Definition attraktiver Ruhelagen gibt es ein $\varepsilon > 0$, so dass $U_\varepsilon(0) \subseteq D$ und so dass $[0, \infty) \subseteq I(\zeta)$ und $\lim_{t\to\infty} \phi(t, \zeta) = 0$ für alle $\zeta \in U_\varepsilon(0)$ gilt. Wegen $\lim_{t\to\infty} \phi(t, x^*) = 0$ gibt es ein $T \geq 0$ mit

$$\|\phi(T, x^*)\| < \frac{\varepsilon}{2}.$$

Aufgrund der stetigen Abhängigkeit der Lösung vom Anfangswert (Satz 3.16) ist der Definitionsbereich der Abbildung[82] $x \mapsto \phi(T, x)$ offen und diese selbst stetig. Es gibt daher ein $\delta > 0$, so dass $U_\delta(x^*) \subseteq D$ und so dass für alle $x \in U_\delta(x^*)$

$$T \in I(x) \qquad \text{und} \qquad \|\phi(T, x) - \phi(T, x^*)\| < \frac{\varepsilon}{2}$$

gilt. Nach Voraussetzung gibt es ein $k_0 \in \mathbb{N}$, so dass $x_k \in U_\delta(x^*)$ für alle $k \geq k_0$ gilt. Mit der Dreiecksungleichung folgt für alle $k \geq k_0$

$$\|\phi(T, x_k)\| \leq \|\phi(T, x_k) - \phi(T, x^*)\| + \|\phi(T, x^*)\| < \frac{\varepsilon}{2} + \frac{\varepsilon}{2} = \varepsilon.$$

Für alle $k \geq k_0$ können wir hieraus und aufgrund der Wahl von ε auf $[0, \infty) \subseteq I(\phi(T, x_k))$ und $\lim_{t\to\infty} \phi(t, \phi(T, x_k)) = 0$ schließen und somit gemäß dem Flussaxiom (FA2) (S. 112) auf $[0, \infty) \subseteq I(x_k)$ und

$$\lim_{t\to\infty} \phi(t, x_k) = \lim_{t\to\infty} \phi(T + t, x_k) = \lim_{t\to\infty} \phi(t, \phi(T, x_k)) = 0.$$

Dies zeigt die Behauptung.

(b) Im angegebenen Beispiel wählen wir $D = \mathbb{R}^2$ und $x^* = (0, 1) \in D$. Dann gilt offensichtlich

$$\phi(t, x^*) = \begin{pmatrix} 0 \\ e^{-t} \end{pmatrix}$$

und somit $\lim_{t\to\infty} \phi(t, x^*) = 0$. Wir betrachten nun die Folge $(x_k)_k$ mit $x_k = \left(\frac{1}{k}, 1\right)$. Für diese gilt einerseits $\lim_{k\to\infty} x_k = x^*$ und andererseits

$$\phi(t, x_k) = \begin{pmatrix} \frac{1}{k} \cdot e^t \\ e^{-t} \end{pmatrix}$$

für alle k. Folglich gibt es keinen Index k mit $\lim_{t\to\infty} \phi(t, x_k) = 0$. $\square$

---

[82]Es handelt sich dabei um die in Definition 4.23 eingeführte Abbildung ϕ^T nach der Zeit.

Ist x_0 ein Gleichgewichtspunkt des autonomen Systems $x' = f(x)$, so bezeichnet man die Menge der Anfangswerte, für die die zugehörige maximale Lösung für $t \to +\infty$ gegen x_0 konvergiert, als den **Einzugsbereich** von x_0. Ist x_0 attraktiv, so enthält der Einzugsbereich definitionsgemäß eine offene Umgebung von x_0. Aus Beispiel 10.6 (a) ergibt sich eine deutlich stärkere Aussage: Der Einzugsbereich eines attraktiven Gleichgewichtspunktes ist offen, enthält also eine offene Umgebung von *jedem* seiner Punkte. (Andernfalls gäbe es nämlich einen Punkt x^* im Einzugsbereich und eine gegen x^* konvergente Folge $(x_k)_k$ von Punkten x_k, die nicht im Einzugsbereich liegen. Dies widerspricht der Aussage von Beispiel 10.6 (a).)

Beispiel 10.7 (Examensaufgabe)   Wir betrachten das Anfangswertproblem

$$x'(t) = f(x(t)), \qquad x(0) = \eta \in \mathbb{R}^2$$

für das Vektorfeld

$$f : \mathbb{R}^2 \longrightarrow \mathbb{R}^2, \quad f(x_1, x_2) = \begin{cases} \left(-x_1^5, \; x_1^4 x_2 + x_1^2 \cos \frac{1}{x_1}\right) & \text{für } x_1 \neq 0, \\ (0,0) & \text{für } x_1 = 0. \end{cases}$$

Es darf im Weiteren benutzt werden, dass es zu jedem $\eta \in \mathbb{R}^2$ eine eindeutige maximale Lösung $x : I \longrightarrow \mathbb{R}^2$ dieses Anfangswertproblems gibt.

(a) Begründen Sie, dass f stetig ist.

(b) Geben Sie die erste Komponente x_1 der maximalen Lösung $x : I \longrightarrow \mathbb{R}^2$ explizit an.

(c) Zeigen Sie, dass

$$\Gamma = \left\{ \left(r, \frac{1}{r} \cdot \sin \frac{1}{r}\right) \;\middle|\; r > 0 \right\}$$

die Trajektorie zum Anfangswert $\eta = \left(\frac{1}{\pi}, 0\right)$ ist.

(d) Begründen Sie, dass alle Ruhelagen von $x' = f(x)$ instabil sind.

Lösung: Die (im Examen in diesem Fall nicht zu zeigende) Existenz und Eindeutigkeit der Lösungen ergibt sich wie üblich aus dem Satz von Picard-Lindelöf. Für den Nachweis der lokalen Lipschitz-Stetigkeit von f kann man allerdings *nicht* mit stetiger Differenzierbarkeit argumentieren: Diese ist in $(0,0)$ verletzt. Jedoch ist $x_1 \mapsto x_1^2 \cos \frac{1}{x_1}$ bekanntlich in $x_1 = 0$ differenzierbar, und die Ableitung ist auf dem kompakten Intervall $[-1, 1]$ (trotz ihrer Unstetigkeit) beschränkt. Daher und wegen der stetigen Differenzierbarkeit von f auf $\mathbb{R}^2 \setminus \{(0,0)\}$ ist die Ableitung von f auf jedem Kompaktum in $\mathbb{R}^2$ beschränkt. Dies genügt, um mit derselben Argumentation wie im Beweis von Satz 2.4 die lokale Lipschitz-Stetigkeit von f zu folgern.

(a) Es sei ein $(x_1, x_2) \in \mathbb{R}^2$ gegeben. Im Falle $x_1 \neq 0$ ist die Stetigkeit von f in (x_1, x_2) klar.

Nun sei $x_1 = 0$. Wegen $|\cos \frac{1}{s}| \leq 1$ für alle $s \neq 0$ ist $\lim_{s \to 0} s^2 \cos \frac{1}{s} = 0$. Hieraus folgt

$$\lim_{(\xi_1, \xi_2) \to (0, x_2)} f(\xi_1, \xi_2) = (0,0) = f(0, x_2).$$

Dies zeigt die Stetigkeit von f auch in $(0, x_2)$.

(b) Die erste Komponente x_1 der maximalen Lösung $x : I \longrightarrow \mathbb{R}^2$ erfüllt

$$x_1'(t) = -x_1^5(t), \qquad x_1(0) = \eta_1.$$

Im Fall $\eta_1 = 0$ hat dies aus Eindeutigkeitsgründen $x_1(t) = 0$ für alle $t \in I$ zur Folge. Zur Angabe der Komponentenfunktion $x_1 : I \longrightarrow \mathbb{R}$ gehört auch die Angabe des maximalen Definitionsintervalls I von x. An dieser Stelle wäre der Schluss, dass in diesem Fall $I = \mathbb{R}$ ist, voreilig – wir müssen noch die zweite Komponente der Lösung betrachten, da auch sie dem maximalen Definitionsintervall Einschränkungen auferlegen *könnte*. Hier ist dies allerdings nicht der Fall, da sich die Differentialgleichung für x_2 auf $x_2' = 0$ reduziert. Für $\eta_1 = 0$ gilt also $I = \mathbb{R}$ und $x_1(t) = 0$ für alle $t \in \mathbb{R}$.

Nun sei $\eta_1 \neq 0$. Dann ist auch $x_1(t) \neq 0$ für alle t in einer gewissen Umgebung von 0. Wir verwenden die Methode der Trennung der Variablen und erhalten nach Division durch $-x_1^5(t)$

$$\frac{1}{4} \cdot \frac{d}{dt} \frac{1}{x_1^4(t)} = -\frac{x_1'(t)}{x_1^5(t)} = 1$$

und hieraus

$$\frac{1}{x_1^4(t)} - \frac{1}{x_1^4(0)} = 4t, \qquad \text{also} \qquad x_1(t) = \frac{1}{\left(\frac{1}{\eta_1^4} + 4t\right)^{1/4}}.$$

Diese Formel gilt, solange der Ausdruck in der Klammer positiv ist, also für alle $t > t^* := -\frac{1}{4\eta_1^4}$. Es gilt $x_1(t) \to +\infty$ für $t \to t^*+$. Nachdem

x_1 auf diese Weise eindeutig festgelegt ist, können wir die Differentialgleichung für die zweite Komponente als (nicht-autonome, inhomogene) lineare Differentialgleichung bezüglich x_2 auffassen, so dass ihre
Lösung x_2 nach Satz 6.4 auf demselben Intervall wie x_1 existiert. Also
ist $I = (t^*, +\infty)$ im Fall $\eta_1 \neq 0$ der Definitionsbereich der maximalen
Lösung x.

(c) Die erste Komponente x_1 der maximalen Lösung x für $\eta_1 = \frac{1}{\pi}$ ist
gemäß (a) gegeben durch

$$x_1(t) = \frac{1}{(\pi^4 + 4t)^{1/4}}.$$

Ihr Definitionsbereich ist $(-\pi^4/4, +\infty)$, dort ist x_1 streng monoton
fallend, und das Bild von x_1 ist das Intervall $(0, \infty)$. Um nachzuweisen,
dass Γ die Trajektorie von x ist, müssen wir zeigen, dass $\frac{1}{r} \sin \frac{1}{r}$ die
zu $r = x_1$ „passende" zweite Komponente definiert, also dass

$$x_2(t) = \frac{1}{x_1(t)} \cdot \sin \frac{1}{x_1(t)}$$

ist. Hierfür genügt es aufgrund der eindeutigen Lösbarkeit des Anfangswertproblems, wenn wir nachprüfen, dass das so definierte x_2 tatsächlich die Differentialgleichung und die Anfangsbedingung $x_2(0) =
\eta_2 = 0$ erfüllt. Dies ergibt sich mithilfe der Kettenregel wie folgt:

$$x_2'(t) = -\left(\frac{1}{x_1^2(t)} \cdot \sin \frac{1}{x_1(t)} + \frac{1}{x_1^3(t)} \cdot \cos \frac{1}{x_1(t)} \right) \cdot x_1'(t)$$

$$= \left(\frac{x_2(t)}{x_1(t)} + \frac{1}{x_1^3(t)} \cdot \cos \frac{1}{x_1(t)} \right) \cdot x_1^5(t)$$

$$= x_1^4(t) \cdot x_2(t) + x_1^2(t) \cdot \cos \frac{1}{x_1(t)}.$$

Außerdem ist $x_2(0) = \pi \sin \pi = 0$. Damit ist insgesamt gezeigt, dass
Γ die Trajektorie zum Anfangswert $\left(\frac{1}{\pi}, 0 \right)$ ist. Sie ist in Abb. 10.5
gezeichnet.

(d) Die Ruhelagen sind offensichtlich genau die Punkte (x_1, x_2) mit $x_1 =
0$, also die Punkte auf der x_2-Achse.

Keine dieser Ruhelagen ist stabil: Wäre $p := (0, x_2)$ eine stabile Ruhelage, so gäbe es z.B. zu der Umgebung $U := U_1(p)$ von p eine Umgebung W von p, so dass jede Lösung, die W durchläuft, danach $U_1(p)$

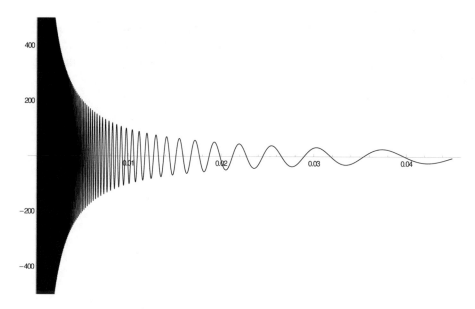

Abb. 10.5: Die Trajektorie Γ aus Beispiel 10.7

nicht mehr verlässt. Jedoch oszilliert die in (c) diskutierte spezielle Lösung in beliebig kleinen Umgebung von $x_1 = 0$ unendlich oft zwischen $r \mapsto \frac{1}{r}$ und $r \mapsto -\frac{1}{r}$ hin und her. Insbesondere trifft sie einerseits W und verlässt andererseits danach $U_1(p)$ wieder.

Man beachte, dass das starke Oszillieren der Lösung aus (c) für $t \to +\infty$ auftritt, nicht für $t \to t^*+$. Vielmehr gilt $\lim_{t \to t^*+} \|x(t)\| = \infty$ (und nicht etwa nur $\limsup_{t \to t^*+} \|x(t)\| = \infty$), genau wie es der Satz über das Randverhalten maximaler Lösungen (Satz 3.8) prognostiziert: Wenn die maximale Lösung nicht für alle (zulässigen) Zeiten existiert, dann muss sie an der betreffenden endlichen Grenze des Definitionsintervalls ins Unendliche streben (und nicht nur unbeschränkt sein). Hingegen erlegt dieser Satz dem Verhalten einer für alle Zeiten existierenden Lösung keine weiteren Einschränkungen auf: Sie kann für $t \to +\infty$ ebenfalls ins Unendliche streben, sie kann beschränkt bleiben, sie kann aber auch unbeschränkt sein und dennoch immer wieder in die Nähe der 0 zurückkehren (also unendlich oft zwischen sehr großen Werten und Werten nahe bei 0 oszillieren), wie es hier der Fall ist. $\qquad\square$

Man kann Definition 10.3 auf nicht notwendig autonome Differentialgleichungen ausweiten und Stabilität bzw. Attraktivität für beliebige Lösungen bzw. für beliebige Teilmengen des Phasenraums erklären. (Gleichgewichtspunkte entsprechen konstanten Lösungen von autonomen Systemen bzw. einelementigen Mengen im Phasenraum). Mit der Übertragung der Stabilitätsbegriffe auf beliebige *Mengen* beschäftigen wir uns in Kapitel 13 genauer.

11 Eigenwertkriterien für Stabilität

11.1 Stabilität bei autonomen linearen Differentialgleichungen

Wir untersuchen das Stabilitätsverhalten der autonomen linearen Differentialgleichung

$$x' = Ax$$

mit $A \in \mathbb{R}^{n \times n}$. Das Besondere dabei ist, dass man mit verhältnismäßig geringem Aufwand an der Systemmatrix A ablesen kann, ob die Gleichgewichtspunkte stabil bzw. attraktiv bzw. asymptotisch stabil sind. Der Fall $n = 1$, d.h. $A = a \in \mathbb{R}$ wurde im Wesentlichen schon in Beispiel 10.1 behandelt. Hier kam es allein auf das Vorzeichen des einzigen Eintrags/Eigenwertes a an:

- 0 ist asymptotisch stabil, falls $a < 0$ gilt,

- 0 ist stabil, aber nicht attraktiv, falls $a = 0$ gilt,

- 0 ist instabil, falls $a > 0$ gilt.

Diese Beobachtung lässt sich im Kern auch auf den Fall $n > 1$ übertragen. Es sind dann die Vorzeichen der Realteile der Eigenwerte von A ausschlaggebend. Für unsere Untersuchungen benötigen wir die Lösungstheorie autonomer linearer Differentialgleichungen aus Kapitel 7.

Die Menge der Gleichgewichtspunkte von $x' = Ax$ ist der Unterraum

$$\text{Kern}\, A = \{v \in \mathbb{R}^n \; : \; Av = 0\}.$$

Alle diese Gleichgewichtspunkte haben aber die gleichen Stabilitätseigenschaften, wie die folgende Proposition zeigt. Daher können wir uns bei unseren weiteren Betrachtungen grundsätzlich auf den Gleichgewichtspunkt 0 beschränken.

Proposition 11.1   *Es sei $A \in \mathbb{R}^{n \times n}$. Für jeden Gleichgewichtspunkt $v \in \text{Kern}\, A$ von $x' = Ax$ gilt:*

(a) *Genau dann ist v stabil, wenn 0 stabil ist.*

(b) *Genau dann ist v attraktiv, wenn 0 attraktiv ist.*

© Der/die Autor(en), exklusiv lizenziert an
Springer-Verlag GmbH, DE, ein Teil von Springer Nature 2024
J. Grahl et al., *Gewöhnliche Differentialgleichungen*

Beweis. Es sei ϕ der Fluss von $x' = Ax$. Wir betrachten $\psi : \mathbb{R} \longrightarrow \mathbb{R}^n$, $\psi(t) = \phi_\zeta(t) + u$ mit $\zeta \in \mathbb{R}^n$ und $u \in \operatorname{Kern} A$. Dann gilt $\psi(0) = \zeta + u$ und

$$A\psi(t) = A\phi_\zeta(t) + Au = A\phi_\zeta(t) = \phi'_\zeta(t) = \psi'(t) \qquad \text{für alle } t \in \mathbb{R}.$$

Folglich lösen sowohl $\psi = \phi_\zeta + u$ als auch $\phi_{\zeta+u}$ das Anfangswertproblem

$$x' = Ax, \qquad x(0) = \zeta + u,$$

und da dessen maximale Lösung eindeutig bestimmt ist, muss $\phi_\zeta + u = \phi_{\zeta+u}$ gelten. Mit dieser Beobachtung ist der Rest des Beweises eine ziemliche Routine-Angelegenheit.

(a) Der Gleichgewichtspunkt v sei stabil. Es sei ein $\varepsilon > 0$ gegeben. Definitionsgemäß gibt es dann ein $\delta > 0$, so dass für jedes $\zeta \in B_\delta(v)$

$$\|\phi_\zeta(t) - v\| < \varepsilon \qquad \text{für alle } t \geq 0$$

gilt. Es sei nun ein $\xi \in B_\delta(0)$ gegeben. Wegen $\xi + v \in B_\delta(v)$ gilt

$$\|\phi_\xi(t) - 0\| = \|\phi_\xi(t) + v - v\| = \|\phi_{\xi+v}(t) - v\| < \varepsilon \qquad \text{für alle } t \geq 0,$$

und dies zeigt, dass 0 stabil ist. Die umgekehrte Implikation erhält man, indem man die Rollen von v und 0 vertauscht und die obige Argumentation entsprechend anpasst.

(b) Nun sei der Gleichgewichtspunkt v attraktiv. Definitionsgemäß gibt es dann ein $\delta > 0$, so dass für jedes $\zeta \in B_\delta(v)$

$$\lim_{t \to \infty} \phi_\zeta(t) = v$$

gilt. Es sei ein $\xi \in B_\delta(0)$ gegeben. Wegen $\xi + v \in B_\delta(v)$ gilt

$$\lim_{t \to \infty} \phi_\xi(t) = \lim_{t \to \infty} (\phi_{\xi+v}(t) - v) = v - v = 0,$$

und dies zeigt, dass 0 attraktiv ist. Abermals erhält man die umgekehrte Implikation durch Vertauschen der Rollen von v und 0. ∎

Wir lagern die Vorarbeit für das Hauptresultat dieses Abschnitts in die nächsten drei Lemmata aus. Dabei benötigen wir einen Begriff aus der linearen Algebra: Einen Eigenwert λ der quadratischen Matrix A nennt man **halbeinfach**, wenn seine algebraische und seine geometrische Vielfachheit übereinstimmen. In diesem Fall ist jedes Jordan-Kästchen zu λ eine 1×1-Matrix. Deswegen treten im Jordan-Block zu λ keine Verkettungs-Einsen auf.

Lemma 11.2 (Beschränktheitskriterium)   *Für $A \in \mathbb{R}^{n \times n}$ sind die folgenden Aussagen äquivalent:*

(a) *Jede Lösung $x : \mathbb{R} \longrightarrow \mathbb{R}^n$ von $x' = Ax$ ist auf $[0, \infty)$ beschränkt.*

(b)   (i) *Für jeden Eigenwert λ von A gilt* Re $\lambda \leq 0$,

   (ii) *und jeder Eigenwert λ von A mit* Re $\lambda = 0$ *ist halbeinfach.*

Beweis. (a) $\Longrightarrow$ (b): Wir beweisen diese Implikation mittels Kontraposition. Angenommen, (b) ist falsch. Wir müssen zwei Fälle unterscheiden:

Fall 1: (b) (i) ist falsch. Dann besitzt A einen Eigenwert $\lambda = \alpha + i\beta \in \mathbb{C}$ mit $\alpha > 0$. Es sei $v \in \mathbb{C}^n \setminus \{0\}$ ein zugehöriger Eigenvektor. Nach Bemerkung 7.15 ist $z : \mathbb{R} \longrightarrow \mathbb{C}^n$, $z(t) = e^{\lambda t} v$ eine Lösung von $x' = Ax$. Nach Bemerkung 6.6 sind also $x := \operatorname{Re} z$ und $y := \operatorname{Im} z$ reelle Lösungen. Mit $\left| e^{\lambda t} \right| = e^{\alpha t} \left| e^{i\beta t} \right| = e^{\alpha t}$ folgt

$$\|x(t)\| + \|y(t)\| \geq \|z(t)\| = e^{\alpha t} \|v\| \longrightarrow \infty \quad \text{für } t \to \infty,$$

so dass x oder y auf $[0, \infty)$ unbeschränkt sein muss.

Fall 2: (b) (ii) ist falsch. Dann besitzt A einen rein imaginären und nicht halbeinfachen Eigenwert $\lambda = i\beta \in \mathbb{C}$. Es sei w ein zugehöriger Hauptvektor zweiter Stufe, d.h. $w \in \operatorname{Kern}(A - \lambda E_n)^2 \setminus \operatorname{Kern}(A - \lambda E_n)$. Insbesondere ist dann $v := (A - \lambda E_n)w \neq 0$ ein Eigenvektor zu λ. In diesem Fall ist

$$z : \mathbb{R} \longrightarrow \mathbb{C}^n, \ z(t) := e^{\lambda t}(w + tv)$$

eine Lösung von $x' = Ax$; dies haben wir in (8.4) für den Fall $n = 2$ gezeigt, die Rechnung bleibt aber für beliebige $n \geq 2$ gültig. Damit sind $x := \operatorname{Re} z$ und $y := \operatorname{Im} z$ reelle Lösungen. Unter Beachtung von $\left| e^{\lambda t} \right| = \left| e^{i\beta t} \right| = 1$ ergibt sich

$$\|x(t)\| + \|y(t)\| \geq \|z(t)\| = \|w + tv\| \geq t \|v\| - \|w\| \longrightarrow \infty \quad \text{für } t \to \infty,$$

so dass x oder y auf $[0, \infty)$ unbeschränkt sein muss.

In beiden Fällen ist also (a) falsch.

(b) $\Longrightarrow$ (a): Nach Satz 7.14 ist jede Komponentenfunktion x_j einer Lösung x von $x' = Ax$ eine reelle Linearkombination von Funktionen der Form

$$t \mapsto t^p e^{\alpha t} \cos \beta t \qquad \text{und} \qquad \mapsto t^p e^{\alpha t} \sin \beta t$$

mit $\alpha, \beta \in \mathbb{R}$, wobei $\alpha + i\beta$ ein Eigenwert von A und p echt kleiner als dessen Index ist. Aufgrund der Voraussetzungen in (b) ist hierbei also stets $\alpha \leq 0$ und im Fall $\alpha = 0$ zudem $p = 0$. Unter diesen Voraussetzung sind alle diese Funktionen und damit auch x offensichtlich beschränkt. ∎

Lemma 11.3   Es seien $L : \mathbb{C}^n \longrightarrow \mathbb{C}^n$ ein Endomorphismus des $\mathbb{C}^n$, U ein L-invarianter Unterraum des $\mathbb{C}^n$ und $\mu \in \mathbb{R}$ mit $\operatorname{Re} \lambda < \mu$ für jeden Eigenwert $\lambda \in \mathbb{C}$ der Restriktion $L|_U : U \longrightarrow U$. Weiter sei $A \in \mathbb{C}^{n \times n}$ die Darstellungsmatrix von L bezüglich der Standard-Basis. Dann gibt es eine Konstante $C > 0$ mit

$$\left\| e^{tA} \zeta \right\| \leq C e^{\mu t} \left\| \zeta \right\| \qquad \text{für alle } t \geq 0 \text{ und alle } \zeta \in U.$$

Beweis. I. Wir betrachten zunächst den Fall $U = \mathbb{C}^n$. (Dass U invariant unter L ist, ist in diesem Fall trivial.)

Die Jordan-Normalform $J = T^{-1} A T$ von A hat die Gestalt

$$J = \operatorname{diag}(J_1 | \dots | J_m)$$

mit gewissen Jordan-Kästchen

$$J_1 = J_{k_1}(\lambda_1) \in \mathbb{C}^{k_1 \times k_1}, \dots, J_m = J_{k_m}(\lambda_m) \in \mathbb{C}^{k_m \times k_m},$$

wobei

$$\lambda_1 = \alpha_1 + i\beta_1 \in \mathbb{C}, \dots, \lambda_m = \alpha_m + i\beta_m \in \mathbb{C}$$

die nicht notwendig verschiedenen Eigenwerte von A sind. Nach Voraussetzung ist $-\mu + \alpha_j < 0$ für alle $j = 1, \dots, m$. Es sei ein $j \in \{1, \dots, m\}$ gegeben. Aufgrund von

$$\lim_{t \to \infty} |e^{(-\mu + \lambda_j)t} t^\ell| = \lim_{t \to \infty} t^\ell e^{(-\mu + \alpha_j)t} = 0 \qquad \text{für alle } \ell \in \mathbb{N}_0$$

und Proposition 7.11 gilt dann

$$e^{-\mu t} e^{J_j t} = e^{(-\mu + \lambda_j)t} \begin{pmatrix} 1 & t & \frac{t^2}{2!} & \cdots & \frac{t^{k_j - 1}}{(k_j - 1)!} \\ & \ddots & \ddots & \ddots & \vdots \\ & & \ddots & \ddots & \frac{t^2}{2!} \\ & & & \ddots & t \\ 0 & & & & 1 \end{pmatrix} \longrightarrow 0 \qquad \text{für } t \to \infty.$$

Weil dies für alle $j \in \{1, \dots, m\}$ gilt, ist damit auch

$$\lim_{t \to \infty} e^{-\mu t} e^{Jt} = \lim_{t \to \infty} \operatorname{diag}\left(e^{-\mu t} e^{J_1 t} | \dots | e^{-\mu t} e^{J_m t} \right) = \operatorname{diag}(0 | \dots | 0) = 0.$$

Insbesondere existiert ein $M > 0$ mit $\left\| e^{-\mu t} e^{Jt} \right\| \leq M$ für alle $t \geq 0$. Damit erhalten wir die Abschätzung

$$\left\| e^{tA} \zeta \right\| = \left\| T e^{tJ} T^{-1} \zeta \right\| \leq e^{\mu t} \left\| T \right\| \cdot \left\| e^{-\mu t} e^{Jt} \right\| \cdot \left\| T^{-1} \right\| \cdot \left\| \zeta \right\| \leq C e^{\mu t} \left\| \zeta \right\|$$

für alle $t \geq 0$ und alle $\zeta \in \mathbb{C}^n$ mit der Konstanten $C := M \cdot \|T\| \cdot \|T^{-1}\|$.

II. Nun sei U ein beliebiger L-invarianter Unterraum des $\mathbb{C}^n$ der Dimension $m < n$. Hierzu gibt es einen Vektorraum-Isomorphismus $\psi : \mathbb{C}^m \longrightarrow U$. Es sei $Q \in \mathbb{C}^{n \times m}$ dessen Darstellungsmatrix bezüglich der Standard-Basen des $\mathbb{C}^n$ bzw. $\mathbb{C}^m$, d.h. $\psi(v) = Qv$ für alle $v \in \mathbb{C}^m$. Es gibt dann eine Matrix $P \in \mathbb{C}^{m \times n}$ mit $\psi^{-1}(u) = Pu$ für alle $u \in U$, und für diese gilt $QPu = u$ für alle $u \in U$ sowie $PQ = E_m$.

Begründung: Nach dem Basisergänzungssatz gibt es einen zu U komplementären Unterraum W des $\mathbb{C}^n$; für diesen gilt also $U \oplus W = \mathbb{C}^n$ und insbesondere $\dim W = m - n$. (Man kann für W z.B. das orthogonale Komplement $U^\perp$ wählen, dies ist für unsere Zwecke allerdings irrelevant.) Es sei $\pi : \mathbb{C}^n \longrightarrow U$ die Projektion von $\mathbb{C}^n$ auf U längs W; diese ist definiert durch

$$\pi(u + w) := u \qquad \text{für alle } u \in U, w \in W.$$

(Die Wohldefiniertheit von π ist dadurch gewährleistet, dass sich jedes $z \in \mathbb{C}^n$ eindeutig in der Form $z = u + w$ mit $u \in U$ und $w \in W$ darstellen lässt.) Insbesondere ist $\pi(u) = u$ für alle $u \in U$.

Es sei $P \in \mathbb{C}^{m \times n}$ die Darstellungsmatrix der linearen Abbildung $\psi^{-1} \circ \pi : \mathbb{C}^n \longrightarrow \mathbb{C}^m$ bezüglich der Standardbasen. Für alle $u \in U$ gilt dann

$$Pu = (\psi^{-1} \circ \pi)(u) = \psi^{-1}(u), \quad \text{also} \quad QPu = Q\psi^{-1}(u) = \psi(\psi^{-1}(u)) = u,$$

und für alle $v \in \mathbb{C}^m$ ergibt sich angesichts von $\psi(v) \in U$

$$PQv = P\psi(v) = (\psi^{-1} \circ \pi)(\psi(v)) = \psi^{-1}(\psi(v)) = v$$

und damit $PQ = E_m$. Also hat P die gewünschten Eigenschaften. – Weil P und Q und damit auch QP höchstens den Rang m haben und $m < n$ ist, ist hingegen $QP \neq E_n$. Dieser Umstand führt zu einer gewissen Schwerfälligkeit in der folgenden Argumentation.

Wir betrachten die (aufgrund der L-Invarianz von U wohldefinierte) lineare Abbildung

$$\varphi := \psi^{-1} \circ L \circ \psi : \mathbb{C}^m \longrightarrow \mathbb{C}^m.$$

Es sei $B \in \mathbb{C}^{m \times m}$ deren Darstellungsmatrix bezüglich der Standard-Basis des $\mathbb{C}^m$. Für alle $u \in U$ gilt dann

$$QBPu = \psi(\varphi(\psi^{-1}(u))) = L(u) = Au,$$

und induktiv folgt

$$A^k u = QB^k Pu \qquad \text{für alle } k \in \mathbb{N};$$

denn dies haben wir soeben für $k = 1$ gezeigt, und aus der Gültigkeit für ein k folgt wegen $Au \in U$

$$A^{k+1}u = QB^k PAu = QB^k PQBPu = QB^{k+1}Pu.$$

Damit ergibt sich für alle $u \in U$ und alle $t \in \mathbb{R}$

$$e^{tA}u = \sum_{k=0}^{\infty} \frac{t^k}{k!} \cdot A^k u = \sum_{k=0}^{\infty} \frac{t^k}{k!} \cdot QB^k Pu = Qe^{tB}Pu.$$

Es sei $\lambda \in \mathbb{C}$ ein Eigenwert von φ. Dann gibt es ein $v \in \mathbb{C}^m \setminus \{0\}$ mit $\varphi(v) = \lambda v$. Für $u := \psi(v) \in U \setminus \{0\}$ gilt dann

$$L(u) = L(\psi(v)) = \psi(\varphi(v)) = \psi(\lambda v) = \lambda u,$$

so dass λ auch ein Eigenwert von $L|_U$ und damit nach Voraussetzung Re $\lambda <$ μ ist. Damit können wir das in I. bewiesene Teilergebnis anwenden und erhalten

$$\left\| e^{tB}\zeta \right\| \le C_0 e^{\mu t} \left\| \zeta \right\| \qquad \text{für alle } t \ge 0 \text{ und alle } \zeta \in \mathbb{C}^m$$

mit einer Konstanten $C_0 > 0$. Insgesamt ergibt sich nunmehr für alle $t \ge 0$ und alle $u \in U$

$$\left\| e^{tA}u \right\| = \left\| Qe^{tB}Pu \right\| \le \|Q\| \cdot \left\| e^{tB}Pu \right\| \le \|Q\| \cdot C_0 e^{\mu t} \cdot \|Pu\| \le Ce^{\mu t} \|u\|$$

mit der Konstanten $C := C_0 \cdot \|P\| \cdot \|Q\|$. Damit ist die Behauptung auch für den allgemeinen Fall bewiesen. ∎

Lemma 11.4   *Für $A \in \mathbb{R}^{n \times n}$ sind die folgenden Aussagen äquivalent:*

(a) $\lim_{t \to \infty} e^{tA} = 0$

(b) *Für jede Lösung $x : \mathbb{R} \longrightarrow \mathbb{R}^n$ von $x' = Ax$ gilt $\lim_{t \to \infty} x(t) = 0$.*

(c) *Für jeden Eigenwert λ von A gilt Re $\lambda < 0$.*

(d) *Es gibt Konstanten $\kappa > 0$ und $C > 0$ mit*

$$\left\| e^{tA}\zeta \right\| \le Ce^{-\kappa t} \left\| \zeta \right\| \qquad \text{für alle } t \ge 0 \text{ und alle } \zeta \in \mathbb{R}^n.$$

Beweis. (a) $\Longrightarrow$ (b): Es sei $x : \mathbb{R} \longrightarrow \mathbb{R}^n$ eine Lösung $x' = Ax$. Nach Korollar 7.5 gilt dann $x(t) = e^{tA}x(0)$ für jedes $t \in \mathbb{R}$, und mit (a) folgt

$$\|x(t)\| = \left\|e^{tA}x(0)\right\| \leq \left\|e^{tA}\right\| \cdot \|x(0)\| \longrightarrow 0 \quad \text{für } t \to \infty,$$

also $\lim_{t\to\infty} x(t) = 0$. Mithin gilt (b).

(b) $\Longrightarrow$ (c): Es sei $\lambda = \alpha + i\beta \in \mathbb{C}$ ein Eigenwert von A und $v \in \mathbb{C}^n \setminus \{0\}$ ein zugehöriger Eigenvektor. Dann ist $z : \mathbb{R} \longrightarrow \mathbb{C}^n$, $z(t) = e^{\lambda t}v$ eine Lösung von $x' = Ax$. Nach Bemerkung 6.6 sind also $x := \operatorname{Re} z$ und $y := \operatorname{Im} z$ reelle Lösungen von $x' = Ax$. Gemäß (b) gilt $\lim_{t\to\infty} x(t) = 0$ und $\lim_{t\to\infty} y(t) = 0$. Damit erhalten wir

$$0 \leq e^{\alpha t}\|v\| = |e^{\lambda t}| \cdot \|v\| = \|z(t)\| \leq \|x(t)\| + \|y(t)\| \longrightarrow 0 \quad \text{für } t \to \infty,$$

was notwendigerweise $\alpha < 0$ zur Folge hat. Dies zeigt (c).

(c) $\Longrightarrow$ (d): Nach der Voraussetzung in (c) gibt es ein $\kappa > 0$ mit $\operatorname{Re} \lambda < -\kappa$ für alle Eigenwerte λ von A. Aus Lemma 11.3, angewandt mit $L(z) := Az$, $U = \mathbb{C}^n$ und $\mu = -\kappa$, folgt sofort (d).

(d) $\Longrightarrow$ (a): Aufgrund von (d) gilt insbesondere

$$\limsup_{t\to\infty} \left\|e^{tA}e_j\right\| \leq \limsup_{t\to\infty} Ce^{-\kappa t}\|e_j\| = 0 \quad \text{für alle } j = 1, \dots, n$$

und somit

$$\lim_{t\to\infty} e^{tA} = \lim_{t\to\infty} (e^{tA}e_1|\dots|e^{tA}e_n) = (0|\dots|0) = 0.$$

Damit ist (a) bewiesen. $\blacksquare$

Das Stabilitätsverhalten autonomer linearer Systeme wird vollständig durch den folgenden Satz beschrieben.

Satz 11.5 (Stabilität bei linearen Systemen) *Es sei $A \in \mathbb{R}^{n \times n}$. Für den Gleichgewichtspunkt 0 von $x' = Ax$ gilt:*

(a) 0 ist genau dann stabil, wenn alle Eigenwerte von A nicht-positive Realteile haben und jeder Eigenwert mit Realteil 0 halbeinfach ist.

(b) 0 ist genau dann attraktiv, wenn alle Eigenwerte von A negative Realteile haben.

(c) 0 ist genau dann asymptotisch stabil, wenn 0 attraktiv ist.

Beweis. (a) Die Hauptarbeit für den Beweis von (a) haben wir bereits in Lemma 11.2 geleistet. Hiernach ist die angegebene Bedingung an die Eigenwerte äquivalent damit, dass alle reellen Lösungen von $x' = Ax$ auf $[0, \infty)$ beschränkt sind. Wir müssen daher nur noch zeigen, dass letztere Beschränktheitsbedingung genau dann erfüllt ist, wenn 0 stabil ist. Dies ist jedoch aus Linearitätsgründen fast offensichtlich. Im Detail kann man wie folgt argumentieren:

„$\Longleftarrow$": Wenn 0 stabil ist, existiert insbesondere ein $\delta > 0$, so dass für jede Lösung $y : \mathbb{R} \longrightarrow \mathbb{R}^n$ von $x' = Ax$ mit $y(0) \in B_\delta(0)$

$$\|y(t)\| \leq 1 \qquad \text{für alle } t \geq 0$$

gilt, so dass also jede in $B_\delta(0)$ startende Lösung beschränkt bleibt. Aufgrund der Vektorraumstruktur der Lösungen bleibt dann auch jede beliebige Lösung beschränkt, denn sie ist ein skalares Vielfaches einer in $B_\delta(0)$ startenden Lösung[83].

„$\Longrightarrow$": Nun seien alle reellen Lösungen von $x' = Ax$ auf $[0, \infty)$ beschränkt. Insbesondere gilt dies für die Lösungen $t \mapsto e^{tA} e_j$. Daher gibt es ein $C > 0$ mit

$$\left\| e^{tA} e_j \right\| \leq C \qquad \text{für alle } t \geq 0 \text{ und alle } j \in \{1, \dots, n\}.$$

Es sei ein $\varepsilon > 0$ gegeben. Wir setzen $\delta := \frac{\varepsilon}{nC} > 0$. Dann gilt für alle $\zeta \in B_\delta(0)$ und alle $t \geq 0$

$$\left\| e^{tA} \zeta \right\| = \left\| \sum_{j=1}^{n} \zeta_j e^{tA} e_j \right\| \leq \sum_{j=1}^{n} |\zeta_j| \cdot \left\| e^{tA} e_j \right\| \leq \sum_{j=1}^{n} \|\zeta\| \cdot C \leq nC \cdot \delta = \varepsilon.$$

Folglich ist 0 stabil.

(b) Ähnlich wie in (a) können wir uns maßgeblich auf unsere obigen Vorarbeiten stützen, und zwar auf die Äquivalenz von (b) und (c) in Lemma 11.4.

---

[83]Etwas formaler: Es sei $x : \mathbb{R} \longrightarrow \mathbb{R}^n$ eine beliebige Lösung von $x' = Ax$. Dann ist auch

$$y := \frac{\delta}{\|x(0)\| + 1} \cdot x$$

eine Lösung, und zwar mit $\|y(0)\| < \delta$, so dass wir nach Wahl von δ auf $\|y(t)\| \leq 1$ für alle $t \geq 0$ schließen können. Damit ist aber

$$\|x(t)\| \leq \frac{\|x(0)\| + 1}{\delta} \qquad \text{für alle } t \geq 0,$$

so dass x auf $[0, \infty)$ beschränkt ist.

Demnach genügt es zu zeigen, dass 0 genau dann attraktiv ist, wenn jede reelle Lösung von $x' = Ax$ für $t \to \infty$ gegen 0 strebt.

„$\Longrightarrow$": Wenn 0 attraktiv ist, existiert insbesondere ein $\delta > 0$, so dass $\lim_{t\to\infty} y(t) = 0$ für jede Lösung mit $y(0) \in B_\delta(0)$ gilt. Wie im Beweis der Implikation „$\Longleftarrow$" in (a) folgt daraus $\lim_{t\to\infty} x(t) = 0$ für jede beliebige Lösung x, indem wir zu gegebenem x die Lösung $y := c \cdot x$ betrachten, wobei $c > 0$ so gewählt ist, dass $\|y(0)\| < \delta$ gilt.

„$\Longleftarrow$": Wenn jede reelle Lösung von $x' = Ax$ für $t \to \infty$ gegen 0 strebt, ist die Attraktivität des Gleichgewichtspunktes 0 klar.

(c) Ein asymptotisch stabiler Gleichgewichtspunkt ist definitionsgemäß auch attraktiv.

Umgekehrt bedeutet Attraktivität von 0 nach (b), dass alle Eigenwerte negativen Realteil haben. Mit (a) folgt dann inbesondere, dass 0 stabil und damit insgesamt asymptotisch stabil ist. ∎

Beispiel 11.6   Um die Kerngedanken hinter dem Beweis von Satz 11.5 und der ihn vorbereitenden Lemmata besser zu erfassen, gehen wir noch einmal auf den Spezialfall ein, dass die Systemmatrix A des linearen Systems $x' = Ax$ bereits in Jordan-Normalform vorliegt. Ist $A = \mathrm{diag}(J_1, \ldots, J_m)$ mit Jordan-Kästchen J_k (von denen mehrere zum gleichen Eigenwert gehören können), so „zerfällt" das System in m voneinander entkoppelte Systeme $y' = J_k y$, und es genügt dann, diese einzelnen Systeme zu betrachten, denn 0 ist genau dann ein stabiler (bzw. attraktiver) Gleichgewichtspunkt von $x' = Ax$, wenn er ein stabiler (bzw. attraktiver) Gleichgewichtspunkt von jedem der Systeme $y' = J_k y$ ist. Es sei also

$$J_k = \begin{pmatrix} \lambda & 1 & & \\ & \ddots & \ddots & \\ & & \ddots & 1 \\ & & & \lambda \end{pmatrix} \in \mathbb{R}^{d \times d}$$

ein Jordan-Kästchen zum Eigenwert λ von A. Dann bilden die Funktionen

$$y_1(t) = e^{\lambda t} \begin{pmatrix} 1 \\ 0 \\ 0 \\ \vdots \\ 0 \end{pmatrix}, \ y_2(t) = e^{\lambda t} \begin{pmatrix} t \\ 1 \\ 0 \\ \vdots \\ 0 \end{pmatrix}, \ldots, \ y_d(t) = e^{\lambda t} \begin{pmatrix} t^{d-1}/(d-1)! \\ t^{d-2}/(d-2)! \\ \vdots \\ t \\ 1 \end{pmatrix}$$

nach Proposition 7.11 ein Fundamentalsystem von Lösungen von $y' = J_k y$. Genau dann sind alle y_j beschränkt, wenn $\operatorname{Re} \lambda < 0$ oder wenn $\operatorname{Re} \lambda = 0$ und $d = 1$ ist. Die Bedingung, dass alle Jordan-Kästchen zu einem Eigenwert λ das Format 1×1 haben, bedeutet aber gerade, dass geometrische und algebraische Vielfachheit von λ übereinstimmen. Aufgrund der Vektorraumstruktur des Lösungsraumes ist die Beschränktheit aller Lösungen auf $[0, \infty)$ äquivalent zur Stabilität[84], wie im Beweis von Satz 11.5 (a) genauer begründet wird. Auf diese Weise sehen wir zumindest für Matrizen A in Jordan-Normalform, dass der Gleichgewichtspunkt 0 genau dann stabil ist, wenn alle Eigenwerte von A nicht-positive Realteile haben und für jeden Eigenwert mit Realteil 0 algebraische und geometrische Vielfachheit gleich sind.

Analog kann man für asymptotische Stabilität schließen, denn wegen $|e^{\lambda t}| = e^{\operatorname{Re} \lambda \cdot t}$ gilt für die Funktionen y_j genau dann $\lim_{t \to \infty} y_j(t) = 0$, wenn $\operatorname{Re} \lambda < 0$ ist. $\qquad\qquad\square$

Beispiel 11.7 (Examensaufgabe)   Gegeben sei das lineare Differentialgleichungssystem $x' = A_a x$ mit der reellen 3×3-Matrix

$$A_a = \begin{pmatrix} -1 & a & 0 \\ -a & 1 & 0 \\ 1 & 0 & a \end{pmatrix},$$

wobei a ein reeller Parameter ist. Bestimmen Sie alle $a \in \mathbb{R}$, für die es eine nicht-triviale reelle Lösung x gibt mit $\lim_{t \to \infty} x(t) = 0$.

Lösung: Eine leichte Abwandlung der Überlegungen in Beispiel 11.6 legt die Vermutung nahe, dass es genau dann eine Lösung der gesuchten Art gibt, wenn A_a einen Eigenwert mit negativem Realteil besitzt.

Elegant begründen können wir diese Vermutung durch eine Transformation auf Jordan-Normalform[85], und zwar ohne nennenswerten Mehraufwand sogar für beliebige Dimensionen. Dazu sei eine Matrix $B \in \mathbb{R}^{n \times n}$ gegeben.

„$\Longleftarrow$": Es gebe einen Eigenwert λ von B mit $\operatorname{Re} \lambda < 0$. Es sei v ein zugehöriger Eigenvektor. Dann ist $x : \mathbb{R} \longrightarrow \mathbb{R}^n$, $x(t) := e^{\lambda t} v$ eine Lösung des Systems $x' = Bx$ mit $x(t) \to 0$ für $t \to \infty$, und wegen $x(0) = v \neq 0$ ist x nicht-trivial.

---

[84]Im nicht-linearen Fall ist dies i.Allg. nicht der Fall, wie Beispiel 10.5 zeigt.

[85]Im Examen ist es sicherlich zulässig, die Äquivalenz der Existenz einer gegen 0 strebenden nicht-trivialen Lösung und der Existenz eines Eigenwerts mit negativem Realteil als bekannt vorauszusetzen, wodurch sich die nachstehende Lösung massiv verkürzen würde. Hier geht es uns aber darum, zu *verstehen*, warum diese Äquivalenz gilt.

„$\Longrightarrow$": Für jeden Eigenwert λ von B gelte Re $\lambda \geq 0$. Es sei $J \in \mathbb{C}^{n \times n}$ die Jordan-Normalform von B, und es sei $J = T^{-1}BT$ mit einer Transformationsmatrix T. Weiter sei $J_k \in \mathbb{R}^{d \times d}$ ein Jordan-Kästchen von J zum Eigenwert λ, und für ein $w \in \mathbb{R}^d$ gelte $\lim_{t \to \infty} e^{tJ_k} w = 0$. Betrachtet man in der aus Proposition 7.11 bekannten Darstellung

$$e^{tJ_k} w = e^{\lambda t} \begin{pmatrix} 1 & t & \frac{t^2}{2!} & \cdots & \frac{t^{d-1}}{(d-1)!} \\ & \ddots & \ddots & \ddots & \vdots \\ & & \ddots & \ddots & \frac{t^2}{2!} \\ & & & \ddots & t \\ 0 & & & & 1 \end{pmatrix} w$$

die letzte Zeile, so erhält man $\lim_{t \to \infty} e^{\lambda t} w_d = 0$, was wegen Re $\lambda \geq 0$ nur für $w_d = 0$ möglich ist. Mit der vorletzten Zeile folgt sodann $\lim_{t \to \infty} e^{\lambda t} w_{d-1} = 0$, also $w_{d-1} = 0$, und so fortfahrend ergibt sich sukzessive $w_j = 0$ für alle $j = d, d-1, \ldots, 1$, also $w = 0$.

Es sei $J = \mathrm{diag}(J_1, \ldots, J_m)$ mit Jordan-Kästchen J_k. Nach Lemma 7.3 gilt dann $e^{tJ} = \mathrm{diag}(e^{tJ_1}, \ldots, e^{tJ_m})$. Hieraus und aus der voranstehenden Überlegung für die einzelnen Jordan-Kästchen erkennen wir, dass $\lim_{t \to \infty} e^{tJ} v = 0$ für ein $v \in \mathbb{R}^n$ nur dann gelten kann, wenn $v = 0$ ist.

Nun sei $x : \mathbb{R} \longrightarrow \mathbb{R}^n$ eine Lösung von $x' = Bx$ mit $\lim_{t \to \infty} x(t) = 0$. Nach Korollar 7.5 ist

$$x(t) = e^{tB} x(0) = T e^{tJ} T^{-1} x(0).$$

Damit ergibt sich

$$\left\| e^{tJ} T^{-1} x(0) \right\| = \left\| T^{-1} x(t) \right\| \leq \left\| T^{-1} \right\| \cdot \left\| x(t) \right\| \longrightarrow 0 \qquad \text{für } t \to \infty,$$

also $\lim_{t \to \infty} e^{tJ} T^{-1} x(0) = 0$. Nach dem zuvor Gezeigten ist dies nur möglich, wenn $T^{-1} x(0) = 0$, d.h. $x(0) = 0$ und somit $x \equiv 0$ gilt. Also gibt es keine nicht-triviale Lösung von $x' = Bx$ mit $\lim_{t \to \infty} x(t) = 0$.

Damit ist die behauptete Äquivalenz bewiesen.

Diese Überlegungen werden besser verständlich im Lichte des Stabilitätskriteriums in Satz 11.5 und seines Beweises. Allerdings ist dieses Kriterium hier nicht anwendbar: Es geht hier nicht darum, ob die Ruhelage 0 stabil (bzw. attraktiv) ist; dies würde nämlich (im vorliegenden linearen Fall) bedeuten, dass *alle* Lösungen auf $[0, \infty)$ beschränkt bleiben (bzw. für $t \to \infty$ gegen 0 streben) – was sich offensichtlich von der Fragestellung unterscheidet, ob es *eine* Lösung gibt, die gegen 0 strebt.

Nach diesen allgemeinen Vorbetrachtungen kehren wir nun zu der konkreten Aufgabe zurück: Die Matrix A_a hat das charakteristische Polynom

$$\chi_{A_a}(\lambda) = \det \begin{pmatrix} \lambda+1 & -a & 0 \\ a & \lambda-1 & 0 \\ -1 & 0 & \lambda-a \end{pmatrix}$$

$$= (\lambda-a)\det \begin{pmatrix} \lambda+1 & -a \\ a & \lambda-1 \end{pmatrix} = (\lambda-a)(\lambda^2 - 1 + a^2)$$

und damit die Eigenwerte

$$\mu_0(a) = a, \qquad \mu_\pm(a) = \begin{cases} \pm\sqrt{1-a^2} & \text{für } |a| \le 1, \\ \pm i\sqrt{a^2-1} & \text{für } |a| > 1. \end{cases}$$

Fall 1: Es sei $a < 1$. Dann gibt es mindestens einen negativen Eigenwert μ, nämlich $\mu_0(a) = a$ (falls $a < 0$) oder $\mu_-(a) = -\sqrt{1-a^2}$ (falls $-1 < a < 1$). Nach dem eingangs Gezeigten gibt es dann eine nicht-triviale Lösung der Differentialgleichung mit $x(t) \to 0$ für $t \to \infty$.

Fall 2: Es sei $a = 1$. Dann sind die Eigenwerte 0 (mit der algebraischen Vielfachheit 2) und 1, also allesamt nicht-negativ. Somit gibt es keine Lösung der gesuchten Art.

Fall 3: Für $a > 1$ sind die Eigenwerte von A_a

$$\mu_0(a) = a, \qquad \mu_-(a) = -ic, \qquad \mu_+(a) = ic \qquad \text{mit} \quad c := \sqrt{a^2-1} > 0.$$

Sie haben allesamt nicht-negativen Realteil (nämlich a bzw. 0), so dass es auch hier keine Lösung der gesuchten Art gibt.

Insgesamt existiert eine nicht-triviale Lösung x mit $\lim_{t\to\infty} \|x(t)\| = 0$ also genau dann, wenn $a < 1$ ist. $\square$

Die für die Anwendung von Satz 11.5 an sich erforderliche Berechnung von Eigenwerten lässt sich manchmal umgehen, indem man ausnutzt, dass sich gewisse Informationen über die Eigenwerte relativ direkt aus der Systemmatrix ablesen lassen, nämlich aus der Spur (die fast trivial zu berechnen ist) und aus der Determinante (deren Bestimmung zumindest etwas einfacher ist als die Berechnung des charakteristischen Polynoms und dessen Nullstellen):

- Die Spur ist die Summe der Eigenwerte.

- Die Determinante ist das Produkt der Eigenwerte.

In günstigen Fällen reichen die hieraus extrahierbaren Informationen bereits aus, um die Stabilitätsfrage zu klären:

- Ist beispielsweise die Spur positiv, so muss mindestens ein Eigenwert positiven Realteil haben, so dass der Gleichgewichtspunkt 0 instabil ist. (Im Fall einer negativen Spur hingegen sind keine solchen Rückschlüsse möglich: Es könnte trotzdem Eigenwerte mit positivem Realteil geben, die durch solche mit negativem Realteil „überkompensiert" werden.)

- Besonders übersichtlich ist der Fall der (im Examen überproportional oft vertretenen) 2×2-Matrizen, in dem es nur zwei Eigenwerte gibt: Da nicht-reelle Eigenwerte in Paaren $\alpha \pm i\beta$ von zueinander komplex Konjugierten auftreten und deren Produkt $\alpha^2 + \beta^2 > 0$ ist, kann man aus einer negativen Determinante schließen, dass beide Eigenwerte reell sind und unterschiedliches Vorzeichen haben. In diesem Fall liegt also ebenfalls Instabilität vor. Im Fall einer positiven Determinante sind entweder beide Eigenwerte reell mit gleichem Vorzeichen (welches sich dann anhand der Spur bestimmen lässt), oder sie sind beide nicht-reell, und das Vorzeichen ihres gemeinsamen Realteils ist ebenfalls das Vorzeichen der Spur. Und falls die Determinante 0 ist, ist der eine Eigenwert 0 und der andere Eigenwert gleich der Spur.

  Im 2×2-Fall könnte man also auf die Berechnung der Eigenwerte sogar komplett verzichten. – Freilich dürfte das Ausführen dieser Überlegungen im 2×2-Fall ähnlich aufwändig sein wie die Berechnung der Eigenwerte mithilfe des charakteristischen Polynoms. Und natürlich lassen sich diese Überlegungen auf höhere Dimensionen nicht so einfach übertragen.

- Nützlich in diesem Kontext ist mitunter auch der aus der *Linearen Algebra* bekannte Sachverhalt, dass die Eigenwerte symmetrischer Matrizen stets reell sind.

11.2 Das Prinzip der linearisierten Stabilität

So wichtig die im letzten Abschnitt behandelten linearen Systeme auch sind, in der Realität begegnet man nicht-linearen viel häufiger.

Deswegen untersuchen wir nun den Gleichgewichtspunkt x_0 eines solchen nicht-linearen autonomen Systems $x' = f(x)$ auf Stabilität. Wir nehmen an, dass f zumindest differenzierbar in x_0 ist. Gemäß der Definition (bzw. der Taylor-Formel) gilt dann

$$f(x_0 + h) = f(x_0) + J_f(x_0)h + r(h) = Ah + r(h)$$

mit der Jacobi-Matrix $A := J_f(x_0) \in \mathbb{R}^{n \times n}$ und einem Restglied r, welches

$$\lim_{h \to 0} \frac{r(h)}{\|h\|} = 0$$

erfüllt. Dies bedeutet, dass die lineare Abbildung $h \mapsto Ah$ zumindest lokal (also wenn $\|h\|$ hinreichend klein ist) eine Näherung für das nicht-lineare Vektorfeld $h \mapsto f(x_0 + h)$ darstellt. Entsprechend nennen wir das lineare autonome System

$$x' = J_f(x_0) \cdot x$$

die **Linearisierung** von $x' = f(x)$ im Gleichgewichtspunkt x_0. Es stellt sich nun die grundlegende Frage, ob man zumindest in der Nähe von x_0 Informationen über das Verhalten der Lösungen von $x' = f(x)$ aus Informationen über das Verhalten der Lösungen der Linearisierung $x' = Ax$ in der Nähe von 0 erhalten kann.

Das nächste Beispiel zeigt, dass wir uns i. Allg. nicht allzu große Hoffnungen machen dürfen.

Beispiel 11.8   Die Linearisierung von $x' = x^2$ im Gleichgewichtspunkt 0 ist $x' = 0$, und deren Lösungen (die allesamt konstant sind) haben nichts mit denen der ursprünglichen Differentialgleichung zu tun. $\square$

Linearisierung ist somit zwar kein Allheilmittel, aber für den Fall, dass aufgrund passender Voraussetzungen an die Ableitung der lineare Anteil dominant ist, erhält man das folgende überaus nützliche Kriterium.

Satz 11.9 (Prinzip der linearisierten Stabilität)   *Es sei $x_0 \in D$ ein Gleichgewichtspunkt des autonomen Systems $x' = f(x)$, und f sei in x_0 differenzierbar. Dann gilt:*

(a) *Wenn alle Eigenwerte von $J_f(x_0)$ negativen Realteil haben, dann ist x_0 asymptotisch stabil.*

(b) *Wenn mindestens ein Eigenwert von $J_f(x_0)$ positiven Realteil hat, dann ist x_0 instabil.*

In der Literatur wird dieses Resultat auch als **Linearisierungssatz** bezeichnet. Der Beweis, vor allem von Teil (b), ist recht umfangreich und technisch. Wir lagern ihn in die *Weiterführenden Betrachtungen* zu diesem Kapitel (S. 308) aus. Einen alternativen Beweis von Teil (a) mithilfe des Ljapunov-Kriteriums lernen wir in Bemerkung 12.13 kennen.

Beispiel 11.10 (Examensaufgabe) Gegeben sei das autonome System

$$x' = 2 - xy^2$$
$$y' = (x-2)y.$$

(a) Bestimmen Sie alle Ruhelagen des Systems.

(b) Untersuchen Sie alle Ruhelagen auf asymptotische Stabilität.

(c) Es sei $J \subseteq \mathbb{R}$ das Existenzintervall der eindeutigen maximalen Lösung zum Anfangswert $(x(0), y(0)) \in \mathbb{R} \times \mathbb{R}^+$. Begründen Sie, dass $y(t) > 0$ für alle $t \in J$ gilt.

Lösung:

(a) Es sei $f(x,y) := (2 - xy^2, (x-2)y)$ die rechte Seite des Systems. Wir müssen alle (x,y) mit $f(x,y) = (0,0)$, d.h. mit

$$0 = 2 - xy^2$$
$$0 = (x-2)y$$

bestimmen. Die zweite Zeile impliziert $x = 2$ oder $y = 0$. Im Fall $x = 2$ folgt aus der ersten Zeile $y = \pm 1$. Im Fall $y = 0$ führt die erste Zeile auf einen Widerspruch. Als Ruhelagen kommen also nur $(2,1)$ und $(2,-1)$ infrage. Dass es sich bei diesen beiden Punkten tatsächlich um Ruhelagen handelt, ist offensichtlich.

(b) Wir berechnen die Jacobi-Matrix

$$J_f(x,y) = \begin{pmatrix} -y^2 & -2xy \\ y & x-2 \end{pmatrix}$$

und werten sie in den Ruhelagen aus: Es ist

$$J_f(2,1) = \begin{pmatrix} -1 & -4 \\ 1 & 0 \end{pmatrix} \quad \text{und} \quad J_f(2,-1) = \begin{pmatrix} -1 & 4 \\ -1 & 0 \end{pmatrix}.$$

Beide Matrizen haben die Spur -1 und die Determinante $+4$. Hieraus können wir bereits für unsere Zwecke hinreichende Rückschlüsse auf

die Eigenwerte ziehen (vgl. S. 299): Falls die Eigenwerte beide reell
sind, so haben sie dasselbe Vorzeichen (denn ihr Produkt ist die Determinante, also positiv), und da ihre Summe die Spur, also -1 ist,
müssen beide negativ sein. Sind die Eigenwerte hingegen nicht-reell,
so treten sie in Paaren $a + ib$ und $a - ib$ (mit $a, b \in \mathbb{R}$) von zueinander
komplex Konjugierten auf; sie haben also denselben Realteil a, und
die Spur der Matrix ist $2a = -1$, so dass $a = -\frac{1}{2} < 0$ ist. In jedem
Fall sind die Realteile sämtlicher Eigenwerte also negativ[86]. Nach dem
Prinzip der linearisierten Stabilität (Satz 11.9) sind beide Ruhelagen
daher asymptotisch stabil.

Abb. 11.1: Das Phasenporträt des Systems aus Beispiel 11.10

(c) Da f stetig differenzierbar und damit insbesondere lokal Lipschitz-
    stetig ist, ist der Satz von Picard-Lindelöf anwendbar. Gemäß diesem
    gibt es zu jedem $x_0 \in \mathbb{R}$ eine eindeutige Lösung (x, y) des gegebenen

---

[86]Selbstverständlich könnte man die Eigenwerte auch explizit bestimmen: Beide Ma-
trizen haben das charakteristische Polynom $\chi(\lambda) = (\lambda + 1) \cdot \lambda + 4 = \lambda^2 + \lambda + 4$; dessen
Nullstellen (und damit die Eigenwerte) sind $\lambda = \frac{1}{2} \cdot \left(-1 \pm i\sqrt{15}\right)$. Also sind die Eigenwerte
nicht-reell und haben – wie oben begründet – tatsächlich den Realteil $-\frac{1}{2}$.

Systems mit Anfangswert $(x, y)(0) = (x_0, 0)$, und diese ist offensichtlich gegeben durch

$$\binom{x}{y}(t) = \binom{2t + x_0}{0} \qquad \text{für alle } t \in \mathbb{R}.$$

Die Trajektorie dieser Lösung ist die (positiv durchlaufene) x-Achse $\{(x, 0) : x \in \mathbb{R}\}$. Da das System autonom ist und je zwei nicht identische Trajektorien daher gemäß der Eindeutigkeitsaussage im Satz von Picard-Lindelöf disjunkt sind (vgl. Satz 4.7), kann eine Lösung $(x, y) : J \longrightarrow \mathbb{R}^2$ zu einem Anfangswert $(x(0), y(0)) \in \mathbb{R} \times \mathbb{R}^+$ die x-Achse nicht schneiden. Daher (und aufgrund des Zwischenwertsatzes) muss also $y(t) > 0$ für alle $t \in J$ gelten.

Abb. 11.1 zeigt das Phasenporträt des Systems. □

Falls Eigenwerte mit Realteil 0, aber keine mit positivem Realteil auftreten, gestattet das Prinzip der linearisierten Stabilität keine Aussage: Die Methode ist schlichtweg zu grob. Tatsächlich hängt in diesem Fall das Stabilitätsverhalten nicht alleine von den Eigenwerten der ersten Ableitung im Gleichgewichtspunkt ab. Dies wird durch die folgende relativ schwierige, aber lehrreiche Examensaufgabe illustriert:

Beispiel 11.11 (Examensaufgabe) Es sei

$$A := \begin{pmatrix} 0 & 1 & 0 \\ -1 & 0 & 0 \\ 1 & 0 & -1 \end{pmatrix}, \qquad x_0 = \begin{pmatrix} 0 \\ 2 \\ -1 \end{pmatrix}.$$

(a) Berechnen Sie die Lösung des Anfangswertproblems

$$x' = Ax, \qquad x(0) = x_0.$$

(b) Zeigen Sie, dass 0 eine stabile stationäre Lösung des linearen Systems $x' = Ax$ ist.

(c) Geben Sie eine beliebig oft differenzierbare Funktion $f : \mathbb{R}^3 \longrightarrow \mathbb{R}^3$ mit folgenden Eigenschaften an:

    (i) $x' = Ax$ ist die Linearisierung der Gleichung $x' = f(x)$ um $x = 0$.

    (ii) 0 ist eine instabile stationäre Lösung der Differentialgleichung $x' = f(x)$.

Lösung:

(a) Die Matrix A hat das charakteristische Polynom

$$\chi_A(\lambda) = \det \begin{pmatrix} \lambda & -1 & 0 \\ 1 & \lambda & 0 \\ -1 & 0 & \lambda+1 \end{pmatrix} = (\lambda+1)\det \begin{pmatrix} \lambda & -1 \\ 1 & \lambda \end{pmatrix}$$

$$= (\lambda+1)(\lambda^2+1)$$

und damit die drei verschiedenen Eigenwerte $-1, -i$ und i. Insbesondere ist A diagonalisierbar. Aus den zugehörigen Eigenvektoren

$$\begin{pmatrix} 0 \\ 0 \\ 1 \end{pmatrix} \in \mathrm{Kern} \begin{pmatrix} 1 & 1 & 0 \\ -1 & 1 & 0 \\ 1 & 0 & 0 \end{pmatrix} = \mathrm{Kern}(A + E_3),$$

$$\begin{pmatrix} i \\ 1 \\ \frac{i-1}{2} \end{pmatrix} \in \mathrm{Kern} \begin{pmatrix} i & 1 & 0 \\ -1 & i & 0 \\ 1 & 0 & i-1 \end{pmatrix} = \mathrm{Kern}(A + iE_3)$$

sowie

$$\begin{pmatrix} -i \\ 1 \\ -\frac{i+1}{2} \end{pmatrix} = \overline{\begin{pmatrix} i \\ 1 \\ \frac{i-1}{2} \end{pmatrix}} \in \mathrm{Kern}(A - iE_3)$$

bilden wir die Matrix

$$T := \begin{pmatrix} -i & i & 0 \\ 1 & 1 & 0 \\ -\frac{i+1}{2} & \frac{i-1}{2} & 1 \end{pmatrix},$$

welche A auf Jordan-Normalform

$$J = T^{-1}AT = \begin{pmatrix} i & 0 & 0 \\ 0 & -i & 0 \\ 0 & 0 & -1 \end{pmatrix}$$

transformiert. Als Fundamentalmatrix verwenden wir gemäß Bemerkung 7.15 nicht $e^{tA} = Te^{tJ}T^{-1}$, sondern $e^{tA}T = Te^{tJ}$, da uns dies die Berechnung der Inversen T^{-1} erspart. Für die Lösung von Anfangswertproblemen ist diese Fundamentalmatrix zwar nicht ganz so ideal wie e^{tA}, der hierdurch bedingte Mehraufwand beschränkt sich in unserem konkreten Fall aber auf das Lösen eines sehr übersichtlichen linearen Gleichungssystems und ist damit deutlich geringer als der für das Invertieren von T. Es ist

$$Te^{tJ} = \begin{pmatrix} -i & i & 0 \\ 1 & 1 & 0 \\ -\frac{i+1}{2} & \frac{i-1}{2} & 1 \end{pmatrix} \begin{pmatrix} e^{it} & 0 & 0 \\ 0 & e^{-it} & 0 \\ 0 & 0 & e^{-t} \end{pmatrix}$$

$$= \begin{pmatrix} -ie^{it} & ie^{-it} & 0 \\ e^{it} & e^{-it} & 0 \\ -\frac{1}{2}(1+i)e^{it} & \frac{1}{2}(i-1)e^{-it} & e^{-t} \end{pmatrix}.$$

Durch Übergang zu Real- und Imaginärteilen ergibt sich die reelle Fundamentalmatrix

$$\begin{pmatrix} \sin t & -\cos t & 0 \\ \cos t & \sin t & 0 \\ \frac{1}{2}(\sin t - \cos t) & -\frac{1}{2}(\sin t + \cos t) & e^{-t} \end{pmatrix} =: X(t).$$

Die Lösung unseres Anfangswertproblems ist dann $x(t) = X(t) \begin{pmatrix} a \\ b \\ c \end{pmatrix}$

mit noch zu bestimmenden $a, b, c \in \mathbb{R}$. Die Anfangsbedingung $x(0) = x_0$ führt auf das lineare Gleichungssystem

$$\begin{pmatrix} 0 & -1 & 0 \\ 1 & 0 & 0 \\ -\frac{1}{2} & -\frac{1}{2} & 1 \end{pmatrix} \begin{pmatrix} a \\ b \\ c \end{pmatrix} = \begin{pmatrix} 0 \\ 2 \\ -1 \end{pmatrix}.$$

Aus dessen ersten beiden Zeilen liest man $a = 2$ und $b = 0$ ab; mit der letzten Zeile folgt dann $-1 + c = -1$, also $c = 0$. Folglich ist $x : \mathbb{R} \longrightarrow \mathbb{R}^3$ mit

$$x(t) = X(t) \begin{pmatrix} 2 \\ 0 \\ 0 \end{pmatrix} = \begin{pmatrix} 2\sin t \\ 2\cos t \\ \sin t - \cos t \end{pmatrix}$$

die gesuchte Lösung unseres Anfangswertproblems.

(b) Nach (a) hat A den negativen Eigenwert -1, und die beiden Eigenwerte $\pm i$ mit Realteil 0 sind jeweils halbeinfach (wie es trivialerweise immer der Fall ist, wenn die algebraische Vielfachheit 1 ist). Deshalb ist 0 nach Satz 11.5 (a) ein stabiler Gleichgewichtspunkt von $x' = Ax$.

(c) Wir definieren das Vektorfeld $f : \mathbb{R}^3 \longrightarrow \mathbb{R}^3$ durch

$$f(x) := Ax + \begin{pmatrix} x_1^3 \\ x_2^3 \\ 0 \end{pmatrix} = \begin{pmatrix} x_2 + x_1^3 \\ -x_1 + x_2^3 \\ x_1 - x_3 \end{pmatrix}.$$

Diese Wahl von f ist wie folgt motiviert: Projiziert man die Lösungen von $x' = Ax$ in die x_1-x_2-Ebene (ignoriert also die x_3-Komponente), so ergeben sich geschlossene Bahnen um den Ursprung, wie man aus der in (a) bestimmten Fundamentallösung ablesen kann. Durch den nicht-linearen Term $(x_1^3, x_2^3, 0)^T$ wird nun eine in der x_1-x_2-Ebene nach außen weisende (wenn auch nicht exakt radiale!) Kraft modelliert, von der man hoffen kann, dass sie ausreicht, um aus den geschlossenen Bahnen spiralförmig vom Ursprung wegführende Bahnen zu machen. Entscheidend dabei ist, Terme höherer Ordnung zu verwenden, damit deren Ableitung in 0 verschwindet und die Jacobi-Matrix von f in 0 daher A ist.

Offensichtlich ist f unendlich oft stetig differenzierbar. Es gilt $f(0) = 0$ und $J_f(0) = A$. Also ist $x' = Ax$ die Linearisierung von $x' = f(x)$ im Gleichgewichtspunkt 0, d.h. Bedingung (i) ist erfüllt.

Angenommen, 0 ist ein stabiler Gleichgewichtspunkt von $x' = f(x)$. Dann gibt es zu $\varepsilon := 1$ ein $\delta > 0$, so dass jede maximale Lösung φ mit $\|\varphi(0)\| \leq \delta$ für alle $t \geq 0$ existiert und $\|\varphi(t)\| < \varepsilon$ für alle $t \geq 0$ erfüllt. Es sei nun $\varphi : [0, \infty) \longrightarrow \mathbb{R}^3$ die maximale Lösung mit $\varphi(0) = (\delta, 0, 0)^T$. Für

$$R(t) := \varphi_1^2(t) + \varphi_2^2(t)$$

gilt dann

$$R' = 2(\varphi_1 \varphi_1' + \varphi_2 \varphi_2') = 2(\varphi_1 \varphi_2 + \varphi_1^4 - \varphi_1 \varphi_2 + \varphi_2^4) = 2(\varphi_1^4 + \varphi_2^4).$$

Die Cauchy-Schwarzsche Ungleichung garantiert

$$a^2 + b^2 = \left\langle \begin{pmatrix} a^2 \\ b^2 \end{pmatrix}, \begin{pmatrix} 1 \\ 1 \end{pmatrix} \right\rangle \leq \left\| \begin{pmatrix} a^2 \\ b^2 \end{pmatrix} \right\| \cdot \left\| \begin{pmatrix} 1 \\ 1 \end{pmatrix} \right\| = \sqrt{2} \cdot \sqrt{a^4 + b^4}$$

für alle $a, b \in \mathbb{R}$, und deswegen folgt

$$R' = 2(\varphi_1^4 + \varphi_2^4) \geq (\varphi_1^2 + \varphi_2^2)^2 = R^2 \geq 0.$$

Insbesondere ist R monoton steigend, und wir erhalten

$$R'(t) \geq R^2(t) \geq R^2(0) = \delta^4 \qquad \text{für alle } t \geq 0.$$

Integration liefert nun

$$R(t) = R(0) + \int_0^t R'(s)\, ds \geq \delta^2 + \delta^4 \cdot t \longrightarrow \infty \qquad \text{für } t \to \infty.$$

Wegen $\|\varphi(0)\| = \delta$ gilt andererseits

$$R(t) = \varphi_1^2(t) + \varphi_2^2(t) \leq \varphi_1^2(t) + \varphi_2^2(t) + \varphi_3^2(t) = \|\varphi(t)\|^2 < \varepsilon^2$$

für alle $t \geq 0$. Dieser Widerspruch zeigt, dass unsere Annahme falsch war und 0 somit ein instabiler Gleichgewichtspunkt von $x' = f(x)$ ist. Also gilt auch Bedingung (ii). $\qquad \Box$

Beispiel 11.12 Kann man die in Beispiel 10.2 anschaulich vorgenommene Einordnung der Gleichgewichtspunkte des mathematischen Pendels mit dem Prinzip der linearisierten Stabilität begründen?

Das Vektorfeld $f : \mathbb{R}^2 \longrightarrow \mathbb{R}^2$, $f(x,y) = \left(y, -\frac{g}{l}\sin x\right)$ ist stetig differenzierbar mit der Jacobi-Matrix

$$J_f(x,y) = \begin{pmatrix} 0 & 1 \\ -\frac{g}{l}\cos x & 0 \end{pmatrix}.$$

Es sei ein $k \in \mathbb{Z}$ gegeben. Wir untersuchen die Gleichgewichtspunkte $p_i := ((2k+1)\pi, 0) \in I$ und $p_s := (2k\pi, 0) \in S$ (mit den Notationen I und S aus Beispiel 10.2). Dazu betrachten wir die Jacobi-Matrizen

$$J_f(p_i) = \begin{pmatrix} 0 & 1 \\ \frac{g}{l} & 0 \end{pmatrix} =: A \qquad \text{und} \qquad J_f(p_s) = \begin{pmatrix} 0 & 1 \\ -\frac{g}{l} & 0 \end{pmatrix} =: B.$$

Wegen

$$\chi_A(\lambda) = \det \begin{pmatrix} \lambda & -1 \\ -\frac{g}{l} & \lambda \end{pmatrix} = \lambda^2 - \frac{g}{l} = \left(\lambda - \sqrt{\frac{g}{l}}\right)\left(\lambda + \sqrt{\frac{g}{l}}\right)$$

besitzt $J_f(p_i)$ den Eigenwert $\lambda_+ = \sqrt{\frac{g}{l}} > 0$. Deshalb ist p_i nach Satz 11.9 (b) instabil. Dagegen gilt

$$\chi_B(\lambda) = \det \begin{pmatrix} \lambda & -1 \\ \frac{g}{l} & \lambda \end{pmatrix} = \lambda^2 + \frac{g}{l} = \left(\lambda - i\sqrt{\frac{g}{l}}\right)\left(\lambda + i\sqrt{\frac{g}{l}}\right),$$

und folglich liegen die beiden Eigenwerte $\mu_\pm := \pm i\sqrt{\frac{g}{l}}$ von $J_f(p_s)$ auf der imaginären Achse. Somit lässt Satz 11.9 die Frage offen, ob p_s stabil oder instabil ist. Eigentlich war das schon im Vorfeld absehbar. Ein Blick auf das Phasenporträt des mathematischen Pendels (Abb. 5.9) zeigt nämlich, dass p_s von lauter geschlossenen Trajektorien umrundet wird und daher nicht attraktiv ist. Da Satz 11.9 (a) aber ein Kriterium für asymptotische Stabilität und damit insbesondere für Attraktivität ist, kann er hier also gar nicht anwendbar sein.

Dementsprechend besteht $I = \{((2k + 1)\pi, 0) : k \in \mathbb{Z}\}$ tatsächlich aus instabilen Gleichgewichtspunkten, aber über $S = \{(2k\pi, 0) : k \in \mathbb{Z}\}$ können wir noch nichts sagen. $\square$

Der große Vorteil der von Satz 11.9 bereitgestellten Kriterien ist ihre leichte Überprüfbarkeit. Das Berechnen der Ableitung ist ein „mechanischer" Prozess, der keinerlei Kreativität erfordert. Die anschließende Bestimmung der Eigenwerte ist zwar in der Theorie ein schwieriges Problem, da es für Polynomgleichungen vom Grad ≥ 5 keine allgemeinen Lösungsformeln gibt – und auch nicht geben kann, wie man in der *Algebra* zeigt (Satz von Abel-Ruffini, 1824); im sicheren Umfeld von (Examens-)Aufgaben tauchen aber nur kleine Matrizen mit leicht zu findenden Eigenwerten auf. – Allerdings handelt es sich bei den Kriterien aus Satz 11.9 ausschließlich um hinreichende, weshalb wir immer darauf gefasst sein müssen, dass sie nicht greifen. Damit in Zusammenhang steht, dass es mit dem Prinzip der linearisierten Stabilität nicht möglich ist, „lediglich" stabile, aber nicht attraktive Gleichgewichtspunkte zu identifizieren.

Es ist daher erstrebenswert, ein vielseitiges Kriterium zur Verfügung zu haben, welches Satz 11.9 (a) ergänzt und auch für stabile, nicht-attraktive Gleichgewichtspunkte anwendbar ist. Ein solches lernen wir im nächsten Kapitel kennen.

Weiterführende Betrachtungen: Beweis des Prinzips der linearisierten Stabilität und die Sätze von Liouville und von Hartman-Grobman

Beweis von Satz 11.9. O.B.d.A. darf man $x_0 = 0$ annehmen, so dass also $f(0) = 0$ gilt. Es sei $A := J_f(0)$ und $r(x) := f(x) - Ax$ für $x \in D$. Dann ist $r : D \longrightarrow \mathbb{R}^n$ lokal Lipschitz-stetig, und nach Definition der (totalen) Differenzierbarkeit ist

$$\lim_{x \to 0} \frac{r(x)}{\|x\|} = 0. \tag{11.1}$$

(a) Hier wird vorausgesetzt, dass alle Eigenwerte von A negativen Realteil
   haben. Nach Satz 11.4 (d) existieren daher Konstanten $\kappa > 0$ und
   $C \geq 1$ mit

$$\|e^{tA}\| \leq Ce^{-\kappa t} \qquad \text{für alle } t \geq 0. \tag{11.2}$$

Es sei ein $\varepsilon > 0$ gegeben, und o.B.d.A. sei $\varepsilon < \kappa$. Wegen (11.1) finden
wir ein $\delta \in (0, \varepsilon)$, so dass

$$\|r(x)\| \leq \frac{\varepsilon}{C} \cdot \|x\| \qquad \text{für alle } x \in B_\delta(0) \tag{11.3}$$

gilt. Es sei ein $\zeta \in U_{\delta/C}(0) \subseteq U_\delta(0)$ gegeben, und es sei $x : I(\zeta) \longrightarrow D$
die maximale Lösung des Anfangswertproblems

$$x' = f(x) = Ax + r(x), \qquad x(0) = \zeta.$$

Die Hauptarbeit besteht darin, nachzuweisen, dass x für alle positiven
Zeiten existiert. Dazu betrachten wir

$$M := \{t \in [0, t_\omega(\zeta)) \, : \, x([0,t]) \subseteq B_\delta(0)\} \qquad \text{und} \qquad \tau := \sup M.$$

Es gilt $\tau > 0$, da x aus Stetigkeitsgründen eine gewisse kleine Umgebung von 0 nach $B_\delta(0)$ abbildet. Nach Konstruktion von τ gilt

$$x([0, \tau)) \subseteq B_\delta(0). \tag{11.4}$$

Da x die inhomogene lineare Differentialgleichung $y' = Ay + b(t)$ mit
$b(t) := r(x(t))$ löst, erhalten wir mit der Variation-der-Konstanten-
Formel (6.7) die Darstellung[87]

$$\begin{aligned}
x(t) &= e^{tA} \left(\zeta + \int_0^t e^{-sA} r(x(s)) \, ds \right) \\
&= e^{tA}\zeta + \int_0^t e^{(t-s)A} r(x(s)) \, ds
\end{aligned} \tag{11.5}$$

für alle $t \in I(\zeta)$. Mit Hilfe von (11.5), (11.2), (11.4) und (11.3) folgt
für alle $t \in (0, \tau)$

---

[87]Alternativ kann man diese – analog zum Beweis von Lemma 2.10 – auch mit dem
HDI begründen: Ihm zufolge hat der mittlere Term in (11.5) die Ableitung

$$Ax(t) + e^{tA} \cdot e^{-tA} \cdot r(x(t)) = Ax(t) + r(x(t)),$$

also dieselbe Ableitung wie die linke Seite, und zusätzlich haben beide Seiten in $t = 0$ den
Wert ζ.

$$\|x(t)\| \leq Ce^{-\kappa t}\|\zeta\| + \int_0^t Ce^{-\kappa(t-s)}\|r(x(s))\|\,ds$$

$$\leq Ce^{-\kappa t}\cdot\frac{\delta}{C} + \int_0^t Ce^{-\kappa(t-s)}\cdot\frac{\varepsilon}{C}\cdot\|x(s)\|\,ds$$

$$= \delta e^{-\kappa t} + \int_0^t \varepsilon e^{-\kappa(t-s)}\|x(s)\|\,ds,$$

und Multiplikation beider Seiten mit $e^{\kappa t}$ liefert die implizite Abschätzung

$$e^{\kappa t}\|x(t)\| \leq \delta + \varepsilon\int_0^t e^{\kappa s}\|x(s)\|\,ds \qquad \text{für alle } t \in (0,\tau).$$

Daraus erhält man mit Hilfe des Lemmas von Gronwall (Lemma 2.7) die explizite Abschätzung

$$\|x(t)\| = e^{-\kappa t}(e^{\kappa t}\|x(t)\|) \leq e^{-\kappa t}(\delta e^{\varepsilon t}) = \delta e^{-(\kappa-\varepsilon)t} \qquad (11.6)$$

für alle $t \in (0,\tau)$. Angenommen, es gilt $\tau < t_\omega(\zeta)$. Angesichts von $\kappa - \varepsilon > 0$ folgt dann

$$\|x(\tau)\| = \lim_{t\to\tau-}\|x(t)\| \leq \lim_{t\to\tau-}\delta e^{-(\kappa-\varepsilon)t} = \delta e^{-(\kappa-\varepsilon)\tau} < \delta,$$

und weil x in τ stetig ist, gibt es ein $\eta > 0$ mit $[\tau - \eta, \tau + \eta] \subseteq I(\zeta)$ und $x([\tau - \eta, \tau + \eta]) \subseteq B_\delta(0)$. Insbesondere gilt $\tau + \eta \in M$, und wir erhalten den Widerspruch

$$\tau + \eta \leq \sup M = \tau < \tau + \eta.$$

Unsere Annahme war also falsch, und stattdessen gilt $\tau = t_\omega(\zeta)$. Aufgrund von (11.4) bedeutet dies, dass $x([0, t_\omega(\zeta))$ in der kompakten Menge $B_\delta(0)$ enthalten ist. Mit Korollar 3.9 erhalten wir $t_\omega(\zeta) = \infty$.

Damit ist auch $\tau = \infty$. Aus (11.6) folgt nun sofort $\lim_{t\to\infty} x(t) = 0$. Dies zeigt die asymptotische Stabilität von $x_0 = 0$.

(b) **Vorüberlegung:** Es liegt nahe, eine maximale Lösung des autonomen Systems zu betrachten, die in einem Eigenvektor v von A startet, der zu einem Eigenwert mit dem größten auftretenden Realteil gehört; letzterer ist nach Voraussetzung positiv. Falls wir hierbei die Norm von v hinreichend klein wählen, besteht Anlass zu der Hoffnung, dass der nicht-lineare „Störterm" $r(x)$ anfänglich nicht allzu sehr ins Gewicht fällt und die Lösung sich ähnlich verhält wie die von

$x' = Ax$ zu demselben Anfangswert v, d.h. dass sie von 0 wegstreben wird. Auf diese Weise sollte es möglich sein, beliebig nahe bei 0 startende maximale Lösungen zu finden, die allesamt eine gewisse feste, hinreichend kleine Umgebung der 0 verlassen. Diese Hoffnung bewahrheitet sich tatsächlich, allerdings ist der Nachweis erstaunlich schwierig. Eine der Komplikationen besteht darin, dass die Lösung sich unter dem Einfluss des Störterms senkrecht zu der durch den Eigenvektor bestimmten Richtung bewegen und dabei relativ schnell in die „Einflusssphäre" anderer Eigenvektoren gelangen könnte, in der A möglicherweise anziehend statt abstoßend wirkt; diesen Effekt zu kontrollieren, erfordert einiges Geschick. – Wohl aufgrund dieses hohen Aufwands wird der Beweis des Instabilitäts-Teils des Prinzips der linearisierten Stabilität in den meisten Lehrbüchern ausgespart. Unser Beweis orientiert sich in seiner Grundidee an dem in [35].

Es seien $\lambda_1, \ldots, \lambda_m$ die verschiedenen Eigenwerte von A, nach aufsteigenden Realteilen geordnet. Nach Voraussetzung gilt dann $\mathrm{Re}\,(\lambda_m) > 0$. Es sei $s \in \{0, \ldots, m-1\}$ so gewählt, dass $\mathrm{Re}\,\lambda_j < \mathrm{Re}\,\lambda_m$ für $j = 1, \ldots, s$ und $\mathrm{Re}\,\lambda_j = \mathrm{Re}\,\lambda_m$ für $j = s+1, \ldots, m$. Es gibt dann $\sigma, \mu > 0$, so dass

$$\mathrm{Re}\,\lambda_j < \sigma < \mu < \mathrm{Re}\,\lambda_{s+1} = \cdots = \mathrm{Re}\,\lambda_m \qquad \text{für alle } j = 1, \ldots, s.$$

Es sei $\alpha := \frac{1}{2}(\sigma + \mu) > 0$. Dann ist $\mu - \alpha = \alpha - \sigma =: \tau > 0$. Für $j = 1, \ldots, m$ sei $V_j \subseteq \mathbb{C}^n$ der Hauptraum von A zum Eigenwert λ_j, also die lineare Hülle derjenigen Vektoren in einer Jordan-Basis, die zum Jordan-Block zu λ_j gehören. Dann gilt

$$\mathbb{C}^n = V_1 \oplus V_2 \oplus \cdots \oplus V_m.$$

Es seien

$$U_+ := V_{s+1} \oplus \cdots \oplus V_m \qquad \text{und} \qquad U_- := V_1 \oplus \cdots \oplus V_s.$$

(Im Fall $s = 0$ ist $U_- = \{0\}$ der Nullraum.) Dann ist $\mathbb{C}^n = U_- \oplus U_+$. Jedes $v \in \mathbb{C}^n$ besitzt also eine eindeutige Darstellung $v = u_- + u_+$ mit $u_- \in U_-$ und $u_+ \in U_+$; setzt man

$$P_-(v) := u_- \qquad \text{und} \qquad P_+(v) := u_+,$$

so sind auf diese Weise Projektionen $P_\pm : \mathbb{C}^n \longrightarrow U_\pm$ auf $U_\pm$ und längs $U_\mp$ wohldefiniert. Diese sind linear mit $P_\pm \circ P_\pm = P_\pm$, $\mathrm{Bild}(P_\pm) = U_\pm$, $\mathrm{Kern}(P_\pm) = U_\mp$ und $P_- + P_+ = \mathrm{id}_{\mathbb{C}^n}$. Wir identifizieren im Folgenden

$P_\pm$ mit ihren Darstellungsmatrizen bezüglich der Standardbasis aus den Einheitsvektoren.

Es sei L der von A vermittelte Endomorphismus $z \mapsto Az$ des $\mathbb{C}^n$. Bekanntlich lassen A bzw. L die Räume V_j und damit auch $U_\pm$ invariant. Hieraus und aus der Definition der Matrixexponentialfunktion folgt, dass auch e^{tA} für jedes feste $t \in \mathbb{R}$ die Räume $U_\pm$ invariant lässt; dass der im Rahmen der Matrixexponentialreihe auftretende Grenzübergang nicht aus $U_\pm$ herausführt, ist hierbei durch die Abgeschlossenheit von $U_\pm$ (im topologischen Sinne) gesichert (vgl. S. 185).

Ferner können wir nunmehr schließen, dass die Projektionen $P_\pm$ mit A und mit e^{tA} kommutieren: Es gilt $AP_\pm = P_\pm A$ und $e^{tA}P_\pm = P_\pm e^{tA}$ (denn anschaulich gesprochen spielt es keine Rolle, ob man zuerst den $U_\mp$-Anteil eines Vektors „abschneidet" und dann A bzw. e^{tA} anwendet oder umgekehrt).

Für alle Eigenwerte λ der Restriktion $L|_{U_-} : U_- \longrightarrow U_-$ gilt $\operatorname{Re} \lambda < \sigma$. Nach Lemma 11.3 gibt es daher eine Konstante $C > 0$, so dass

$$\left\| e^{tA} u_- \right\| \le C e^{\sigma t} \left\| u_- \right\| \qquad \text{für alle } u_- \in U_- \text{ und alle } t \ge 0 \quad (11.7)$$

gilt. Dieselbe Schlussweise wenden wir auf den Endomorphismus $-L$ und dessen Restriktion auf U_+ an und beachten, dass λ genau dann ein Eigenwert von L ist, wenn $-\lambda$ ein Eigenwert von $-L$ ist, so dass für alle Eigenwerte λ von $-L|_{U_+} : U_+ \longrightarrow U_+$ die Abschätzung $\operatorname{Re} \lambda = -\operatorname{Re} \lambda_m < -\mu$ gilt. Auf diese Weise (und nach etwaiger Vergrößerung der Konstante C aus (11.7)) erhalten wir analog

$$\left\| e^{-tA} u_+ \right\| \le C e^{-\mu t} \left\| u_+ \right\| \qquad \text{für alle } u_+ \in U_+ \text{ und alle } t \ge 0. \quad (11.8)$$

Wir setzen nun

$$\eta := \frac{\tau}{4M} > 0 \qquad \text{mit} \qquad M := C \cdot \left(\| P_- \| + \| P_+ \| \right) > 0.$$

Hierzu gibt es wegen (11.1) ein $\varepsilon > 0$, so dass

$$\| r(x) \| \le \eta \cdot \| x \| \qquad \text{für alle } x \in B_\varepsilon(0). \quad (11.9)$$

Wir nehmen an, der Gleichgewichtspunkt 0 ist stabil. Dann gibt es ein $\delta > 0$, so dass jede in $B_\delta(0)$ startende maximale Lösung von $x' = f(x)$ für alle positiven Zeiten existiert und in $B_\varepsilon(0)$ verbleibt.

Es sei v ein Eigenvektor von A zum Eigenwert λ_m mit $\|v\| = \delta$, und $x : I \longrightarrow D$ sei die maximale Lösung zum Anfangswert $x(0) = v \in B_\delta(0)$.

Nach Wahl von δ gilt $[0, \infty) \subseteq I$ und $\|x(t)\| \le \varepsilon$ für alle $t \ge 0$. Dies führen wir im Folgenden ad absurdum.

Wie in (11.5) gilt

$$x(t) = e^{tA}v + \int_0^t e^{(t-s)A} r(x(s))\, ds.$$

Wendet man hierauf $P_\pm$ an und berücksichtigt $P_+ v = v$, $P_- v = 0$ und $P_\pm e^{tA} = e^{tA} P_\pm$, so erhält man

$$P_+ x(t) \;=\; e^{tA} v + \int_0^t e^{(t-s)A} P_+ r(x(s))\, ds, \qquad (11.10)$$

$$P_- x(t) \;=\; \int_0^t e^{(t-s)A} P_- r(x(s))\, ds \qquad (11.11)$$

für alle $t \ge 0$. Mit Hilfe dieser beiden Integraldarstellungen sowie von (11.7) bzw. (11.8) wollen wir $P_\pm x(t)$ abschätzen, um auf diese Weise auszunutzen, dass der Restterm $r(x)$ in $B_\varepsilon(0)$, also im „Aufenthaltsbereich" von $x(t)$ „klein" ist. Für $P_- x(t)$ ist dies direkt möglich: Für alle $t \ge 0$ ergibt sich mit (11.11), (11.7) und (11.9)

$$\|P_- x(t)\| \;\le\; \int_0^t \left\| e^{(t-s)A} P_- r(x(s)) \right\| ds$$

$$\le\; C \int_0^t e^{\sigma(t-s)} \|P_- r(x(s))\|\, ds$$

$$\le\; C \cdot \|P_-\| \int_0^t e^{\sigma(t-s)} \|r(x(s))\|\, ds$$

$$\le\; C \cdot \eta \cdot \|P_-\| \int_0^t e^{\sigma(t-s)} \|x(s)\|\, ds.$$

Für $P_+ x(t)$ können wir nicht direkt so schließen, da der Faktor $t - s$ im Exponenten des Integranden von (11.10) das falsche Vorzeichen für die Anwendung von (11.8) hat. Diesem Übelstand können wir abhelfen, indem wir (11.10) in die Form

$$v = e^{-tA} P_+ x(t) - \int_0^t e^{-sA} P_+ r(x(s))\, ds \qquad \text{für alle } t \ge 0$$

bringen. Hierbei ist wegen (11.8)

$$\left\| e^{-tA} P_+ x(t) \right\| \le C e^{-\mu t} \|P_+\| \cdot \|x(t)\| \le C e^{-\mu t} \|P_+\| \cdot \varepsilon \longrightarrow 0$$

für $t \to \infty$; wir haben also den (von t unabhängigen!) Vektor $v \neq 0$ ausgedrückt durch einen für $t \to \infty$ verschwindenden Term und einen Term, von dem man hoffen kann, dass er sich aufgrund von (11.8) und der Resttermabschätzung (11.9) kontrollieren lässt. Letzteres erfordert freilich noch einige recht subtile Überlegungen. Zunächst ergibt sich durch den Grenzübergang $t \to \infty$

$$v = - \int_0^\infty e^{-sA} P_+ r(x(s)) \, ds;$$

insbesondere existiert dieses uneigentliche Integral – und damit auch die im Folgenden auftretenden. Damit können wir (11.10) umschreiben zu

$$P_+ x(t) = - \int_t^\infty e^{(t-s)A} P_+ r(x(s)) \, ds,$$

womit wir eine Darstellung gefunden haben, die die Anwendung von (11.8) gestattet. Analog zu der Abschätzung für $\|P_- x(t)\|$ erhalten wir für alle $t \geq 0$

$$\|P_+ x(t)\| \leq C \cdot \eta \cdot \|P_+\| \int_t^\infty e^{-\mu(s-t)} \|x(s)\| \, ds.$$

Wegen $P_- + P_+ = \mathrm{id}_{\mathbb{C}^n}$ folgt insgesamt

$$
\begin{aligned}
\|x(t)\| &\leq \|P_- x(t)\| + \|P_+ x(t)\| \\
&\leq C \cdot \eta \cdot (\|P_-\| + \|P_+\|) \cdot \left(\int_0^t e^{\sigma(t-s)} \|x(s)\| \, ds \right. \\
&\qquad\qquad\qquad\qquad \left. + \int_t^\infty e^{-\mu(s-t)} \|x(s)\| \, ds \right)
\end{aligned}
$$

für alle $t \geq 0$. Hieraus ist zwar noch immer kein direkter Widerspruch (etwa für $t \to \infty$) ersichtlich, aber wir gelangen zum Ziel, indem wir eine Art gewichtetes Mittel über $\|x(t)\|$ betrachten, nämlich

$$
\begin{aligned}
&\int_0^\infty e^{-\alpha t} \|x(t)\| \, dt \\
&\leq \eta M \cdot \left(\int_0^\infty \int_0^t e^{(\sigma-\alpha)t} e^{-\sigma s} \|x(s)\| \, ds \, dt \right. \\
&\qquad\qquad \left. + \int_0^\infty \int_t^\infty e^{(\mu-\alpha)t} e^{-\mu s} \|x(s)\| \, ds \, dt \right)
\end{aligned}
$$

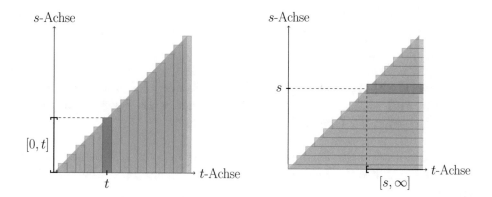

Abb. 11.2: Zur Vertauschung der Integrationsreihenfolge bei (11.12), illustriert für das jeweils erste der beiden vorkommenden Integrale: Beide Parametrisierungen beschreiben denselben Integrationsbereich.

$$= \eta M \cdot \left(\int_0^\infty \int_s^\infty e^{(\sigma-\alpha)t} e^{-\sigma s} \, \|x(s)\| \, dt \, ds \right. \tag{11.12}$$

$$\left. + \int_0^\infty \int_0^s e^{(\mu-\alpha)t} e^{-\mu s} \, \|x(s)\| \, dt \, ds \right)$$

$$= \eta M \cdot \left(\int_0^\infty \frac{e^{(\sigma-\alpha)s}}{\alpha-\sigma} \cdot e^{-\sigma s} \, \|x(s)\| \, ds \right.$$

$$\left. + \int_0^\infty \frac{e^{(\mu-\alpha)s}-1}{\mu-\alpha} \cdot e^{-\mu s} \, \|x(s)\| \, ds \right)$$

$$\leq \frac{\eta M}{\tau} \cdot \left(\int_0^\infty e^{-\alpha s} \, \|x(s)\| \, ds + \int_0^\infty e^{-\alpha s} \, \|x(s)\| \, ds \right)$$

$$= \frac{2\eta M}{\tau} \cdot \int_0^\infty e^{-\alpha s} \, \|x(s)\| \, ds.$$

Dass wir hierbei im zweiten Schritt, bei (11.12) die Integrationsreihenfolge vertauschen durften, ist durch den Satz von Tonelli [24, Satz 35.4] gerechtfertigt. Abb. 11.2 veranschaulicht für das jeweils erste der beiden vorkommenden Integrale, wie sich bei dieser Vertauschung die Parametrisierung des Integrationsbereichs transformiert.

Wegen $\frac{2\eta M}{\tau} = \frac{1}{2}$ können wir nun auf

$$\int_0^\infty e^{-\alpha t} \, \|x(t)\| \, dt = 0 \tag{11.13}$$

schließen. Hierfür ist es wesentlich, dass dieses uneigentliche Integral konvergiert und nicht etwa den Wert ∞ hat; dies ist gesichert durch $\|x(t)\| \leq \varepsilon$ für alle $t \geq 0$ und die Konvergenz von $\displaystyle\int_0^\infty e^{-\alpha t}\,dt$.

Aus (11.13) ergibt sich jedoch $x(t) = 0$ für alle $t \geq 0$ und insbesondere $v = x(0) = 0$, im Widerspruch dazu, dass v als Eigenvektor von 0 verschieden ist. Damit ist auch (b) bewiesen.   ∎

Um die Stabilitätskriterien für lineare Systeme in Satz 11.5 besser zu verstehen, ist es hilfreich, sich an die Formel von Liouville aus Satz 6.15 zu erinnern:

Es sei 0 eine asymptotisch stabile Ruhelage des autonomen linearen Systems $x' = Ax$. Definitionsgemäß konvergiert dann jede hinreichend nahe bei 0 startende Lösung des Systems für $t \to +\infty$ gegen 0, und aufgrund der Linearität gilt dies sogar für jede *irgendwo* im $\mathbb{R}^n$ startende Lösung (vgl. den Beweis von Satz 11.5 (b)). Es seien P ein Parallelotop im $\mathbb{R}^n$ mit einer Ecke in 0, ϕ der Fluss des Systems und $\zeta \mapsto \phi^t(\zeta) = \phi(t, \zeta)$ die aus Definition 4.23 bekannte Abbildung nach der Zeit. Dann werden wir erwarten, dass für $t \to +\infty$ das Bild $\phi^t(P)$ auf den Nullpunkt zusammenschrumpft – und somit auch sein (n-dimensionales) Volumen gegen 0 strebt. Dass Letzteres tatsächlich so ist, ergibt sich aus der Formel von Liouville: Im Fall asymptotischer Stabilität haben nämlich alle Eigenwerte von A negativen Realteil (Satz 11.5 (b) und (c)). Damit ist auch die Spur von A (als Summe der Eigenwerte) negativ. Wird P von den Vektoren $x_1, \ldots, x_n$ aufgespannt und ist $t \mapsto X(t)$ die Matrix-Lösung des Systems mit $X(0) = (x_1 | \ldots | x_n)$, so gilt für die Wronski-Determinante $W(t) := \det X(t)$ gemäß der Formel von Liouville also

$$W(t) = W(0) \cdot e^{\mathrm{Spur}\,(A)\cdot t} \longrightarrow 0 \qquad \text{für } t \to +\infty.$$

Hierbei ist $W(t)$ aber gerade das Volumen des von den Spalten von $X(t)$ aufgespannten Parallelotops, also das Volumen von $\phi^t(P)$.

Im Fall bloßer Stabilität (in dem alle Eigenwerte Realteil ≤ 0 haben und somit Spur $(A) \leq 0$ ist) folgt aus der Formel von Liouville analog zumindest die Beschränktheit des Volumens von $\phi^t(P)$ für $t \to +\infty$, in Übereinstimmung mit dem, was gemäß der Definition der Stabilität zu erwarten ist.

Hingegen ist eine analoge Betrachtung im Fall einer instabilen Ruhelage nicht möglich: Hier wissen wir lediglich, dass mindestens ein Eigenwert positiven Realteil hat, die Spur von A *könnte* aber dennoch negativ sein und das Volumen von $\phi^t(P)$ dann für $t \to +\infty$ gegen 0 streben. Anschaulich bedeutet dies, dass $\phi^t(P)$ mit wachsendem t in einige Richtungen gestreckt und in die anderen Richtungen gestaucht wird, wobei Letzteres – gemessen anhand des Volumens – „überwiegt".

Es ist wünschenswert, diese Betrachtungen auf nicht-lineare Systeme zu verallgemeinern. Dazu benötigen wir eine Version der Formel von Liouville für solche Systeme, d.h. wir müssen untersuchen, wie sich für ein beliebiges autonomes System $x' = f(x)$ das Volumen einer messbaren Teilmenge des Phasenraums unter der Abbildung ϕ^t verhält.

Im Folgenden bezeichnen wir mit $v_n(A)$ das n-dimensionale Lebesgue-Maß einer (Lebesgue)-messbaren Teilmenge A des $\mathbb{R}^n$ und mit

$$\operatorname{div} f := \sum_{k=1}^{n} \frac{\partial f_k}{\partial x_k} = \operatorname{Spur} J_f$$

die **Divergenz** eines stetig differenzierbaren Vektorfeldes $f : D \longrightarrow \mathbb{R}^n$.

Satz 11.13 (Satz von Liouville) *Das Vektorfeld $f : D \longrightarrow \mathbb{R}^n$ sei stetig differenzierbar, und A sei eine beschränkte messbare Menge mit $\overline{A} \subseteq D$. Für alle $t \in \mathbb{R}$ mit $A \subseteq \Omega_t$ gilt dann*

$$\frac{d}{dt} v_n\left(\phi^t(A)\right) = \iint_{\phi^t(A)} \operatorname{div} f(x)\, dx.$$

Ist f insbesondere divergenzfrei, d.h. $\operatorname{div} f(x) = 0$ für alle $x \in D$, so ist der zugehörige Fluss volumenerhaltend, d.h.

$$v_n(\phi^t(A)) = v_n(A) \qquad \text{für alle } t \in \mathbb{R} \text{ mit } A \subseteq \Omega_t.$$

Beweis. Für jedes feste $t \in \mathbb{R}$ bildet ϕ^t gemäß Lemma 4.24 die Menge Ω_t diffeomorph auf Ω_{-t} ab. Aus dem Transformationssatz für mehrdimensionale Integrale folgt daher, dass die Menge $\phi^t(A)$ für alle $t \in \mathbb{R}$ mit $A \subseteq \Omega_t$ messbar ist mit

$$v_n(\phi^t(A)) = \iint_{\phi^t(A)} 1\, dx = \iint_A \left|\det J_{\phi^t}(\zeta)\right|\, d\zeta.$$

Für jedes $\zeta \in D$ erfüllt die Abbildung $t \mapsto J_{\phi^t}(\zeta) = D_\zeta \phi(t, \zeta)$ nach Satz 3.19 (a) die Variationsgleichung

$$Y' = J_f(\phi(t, \zeta)) \cdot Y \qquad \text{mit } D_\zeta \phi(0, \zeta) = E_n.$$

(Letzteres ergibt sich auch aus $\phi^0 = \mathrm{id}_D$, vgl. (4.17).) Mit anderen Worten ist $t \mapsto D_\zeta \phi(t, \zeta)$ eine Fundamentalmatrix des nicht-autonomen linearen Systems $y' = J_f(\phi(t, \zeta)) \cdot y$. Für $(t, \zeta) \in \Omega(f)$ sei

$$W(t, \zeta) := \det D_\zeta \phi(t, \zeta) = \det J_{\phi^t}(\zeta)$$

die zu dieser Gleichung gehörende Wronski-Determinante. Nach der Formel von Liouville (Satz 6.15) gilt für alle $(t, \zeta) \in \Omega(f)$

$$\frac{\partial W}{\partial t}(t, \zeta) = \mathrm{Spur}\, J_f(\phi(t, \zeta)) \cdot W(t, \zeta) = \mathrm{div}\, f(\phi(t, \zeta)) \cdot W(t, \zeta)$$

und

$$W(t, \zeta) = W(0, \zeta) \cdot \exp\left(\int_0^t \mathrm{div}\, f(\phi(t, \zeta))\, ds\right).$$

Hierbei ist $W(0, \zeta) = \det D_\zeta \phi(0, \zeta) = \det E_n = 1$, und es folgt $W(t, \zeta) > 0$ für alle $(t, \zeta) \in \Omega(f)$. Dies erlaubt es uns, in der obigen Integraldarstellung für $v_n(\phi^t(A))$ die Betragsstriche wegzulassen.

Nach Voraussetzung ist $\overline{A}$ kompakt und in D enthalten. Daher ergibt sich mit einem aus der *Analysis* bekannten Resultat über das Differenzieren parameterabhängiger Integrale (siehe z.B. [25, S. 195]) und einer erneuten Verwendung des Transformationssatzes nunmehr insgesamt für alle $t \in \mathbb{R}$ mit $A \subseteq \Omega_t$

$$
\begin{aligned}
\frac{d}{dt} v_n(\phi^t(A)) &= \frac{d}{dt} \iint_A |W(t, \zeta)|\, d\zeta = \frac{d}{dt} \iint_A W(t, \zeta)\, d\zeta \\
&= \iint_A \frac{\partial W}{\partial t}(t, \zeta)\, d\zeta = \iint_A \mathrm{div}\, f(\phi(t, \zeta)) \cdot W(t, \zeta)\, d\zeta \\
&= \iint_A \mathrm{div}\, f(\phi^t(\zeta)) \cdot |\det J_{\phi^t}(\zeta)|\, d\zeta = \iint_{\phi^t(A)} \mathrm{div}\, f(x)\, dx,
\end{aligned}
$$

wie behauptet.   ∎

Satz 11.13 gestattet es, die obigen Überlegungen über die zeitliche Veränderung des Volumens von Parallelotopen auf nicht-lineare autonome Systeme $x' = f(x)$ und beliebige messbare Mengen zu übertragen: Es sei x_0 ein Gleichgewichtspunkt eines solchen Systems, der nach dem Prinzip der linearisierten Stabilität (Satz 11.9) – und unter den dortigen Voraussetzungen – asymptotisch stabil ist, d.h. für den alle Eigenwerte von $J_f(x_0)$ negativen Realteil haben. Dann ist $\mathrm{div}\, f(x_0) = \mathrm{Spur}\, J_f(x_0) < 0$, und aufgrund der Stetigkeit von J_f gibt es eine Umgebung U von x_0 mit $\mathrm{div}\, f(x) < 0$ für alle $x \in U$. Gemäß der Definition asymptotischer Stabilität gibt es hierzu eine

Umgebung W von x_0, so dass jede in W startende maximale Lösung in U verbleibt und für $t \to +\infty$ gegen x_0 konvergiert. Für jede messbare Menge $A \subseteq W$ liest man dann aus Satz 11.13 ab, dass $t \mapsto v_n\big(\phi^t(A)\big)$ streng monoton fällt. Anders als im linearen Fall ist es hier nicht ganz offensichtlich, dass der Grenzwert 0 ist, dies lässt sich aber mit einem uns altvertrauten Argument leicht begründen: Aus Monotonie- und Beschränktheitsgründen existiert der Grenzwert $L := \lim_{t \to +\infty} v_n\big(\phi^t(A)\big) \geq 0$. Wenn man o.B.d.A. annimmt, dass U beschränkt und $\overline{U}$ im Phasenraum D enthalten ist, so hat $\operatorname{div} f$ auf dem Kompaktum $\overline{U}$ ein Maximum $-\mu < 0$. Wäre $L > 0$, so könnten wir angesichts von $\phi^t(A) \subseteq U$ auf

$$\frac{d}{dt} v_n\big(\phi^t(A)\big) = \iint_{\phi^t(A)} \operatorname{div} f(x)\, dx \leq -\mu \cdot v_n(\phi^t(A)) \leq -L\mu$$

für alle $t \geq 0$ schließen, also auf

$$v_n\big(\phi^t(A)\big) \leq v_n\left(A\right) - L\mu \cdot t \longrightarrow -\infty \qquad \text{für } t \to +\infty,$$

im Widerspruch zur Nicht-Negativität des Volumens. Somit gilt in der Tat $\lim_{t \to +\infty} v_n\big(\phi^t(A)\big) = 0$.

Beispiel 11.14 (Satz von Liouville für Hamilton-Systeme)   Jedes Hamilton-System

$$x' = \nabla_y H, \qquad y' = -\nabla_x H$$

mit einer zweimal stetig differenzierbaren Funktion $H : D \longrightarrow \mathbb{R}$ auf einer offenen nicht-leeren Menge $D \subseteq \mathbb{R}^{2n}$ ist divergenzfrei, denn aufgrund des Satzes von Schwarz über das Vertauschen der Ableitungsreihenfolge gilt

$$\operatorname{div}\left(\nabla_y H, -\nabla_x H\right) = \sum_{j=1}^{n} \frac{\partial^2 H}{\partial x_j \partial y_j} - \sum_{j=1}^{n} \frac{\partial^2 H}{\partial y_j \partial x_j} = 0\,.$$

Nach dem Satz von Liouville ist der zugehörige Fluss also volumenerhaltend.

Abb. 11.3 illustriert dieses Phänomen anhand der Differentialgleichung des mathematischen Pendels, von der wir aus Beispiel 5.15 wissen, dass sie ein Hamilton-System ist. Die einzelnen „Momentaufnahmen" zeigen, wie sich der rot markierte Bereich von Anfangswerten unter dem zugehörigen Fluss entwickelt: Zwar „zerfließt" der anfänglich kreisförmige Bereich allmählich, worin sich das unterschiedliche Langzeitverhalten von Flusslinien mit benachbarten Anfangswerten widerspiegelt. Jedoch ist der Flächeninhalt des roten Bereichs zu jedem Zeitpunkt derselbe. – Dieses Beispiel gibt auch einen Eindruck davon, dass volumentreue Abbildungen durchaus sehr kompliziert sein können. Eine Analogie aus dem Alltag ist das Durchmengen des Teiges für einen Marmorkuchen. $\square$

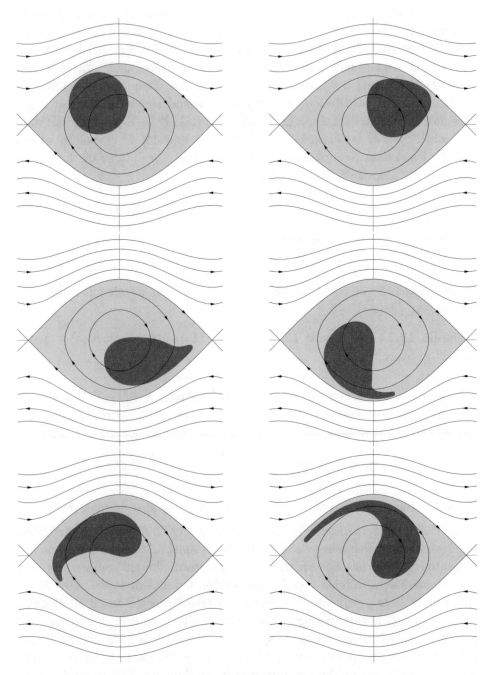

Abb. 11.3: Der Satz von Liouville am Beispiel des Flusses der Differentialgleichung des mathematischen Pendels

Eine wichtige Anwendung findet der Satz von Liouville im Beweis des Poin-caréschen Wiederkehrsatzes (Satz 16.3).

Das Prinzip der linearisierten Stabilität beruht auf der Überlegung, dass sich die Lösungen eines autonomen Systems $x' = f(x)$ in der Nähe eines Gleich-gewichtspunktes x_0 unter geeigneten Voraussetzungen „ähnlich" verhalten wie die Lösungen seiner Linearisierung in x_0. Etwas allgemeiner stellt sich die Frage, ob lokal auch ein Zusammenhang zwischen dem Phasenporträt des ursprünglichen Systems und dem Phasenporträt seiner Linearisierung besteht. Eine Antwort gibt der folgende Satz.

Satz 11.15 (Satz von Hartman-Grobman) *Das Vektorfeld $f : D \longrightarrow \mathbb{R}^n$ sei stetig differenzierbar, es sei $x_0 \in D$ mit $f(x_0) = 0$, und kein Eigenwert der Jacobi-Matrix $A := J_f(x_0)$ liege auf der imaginären Achse[88]. Dann gibt es offene Umgebungen $U \subseteq D$ von x_0 und $V \subseteq \mathbb{R}^n$ von 0 und einen Homöomorphismus H von U auf V, so dass für alle $\zeta \in U$ und alle t aus einem gewissen offenen Intervall I_ζ um 0*

$$H(\phi(t, \zeta)) = e^{tA} H(\zeta)$$

gilt. H bildet also die Trajektorien von $x' = f(x)$ in der Nähe von x_0 auf die Trajektorien von $x' = Ax$ in der Nähe von 0 ab und erhält dabei die Parametrisierung.

Beweis. Der Beweis ist recht aufwändig. Wir verweisen für ihn daher auf [1, S. 276ff.]. ∎

Falls also $J_f(x_0)$ keine Eigenwerte auf der imaginären Achse besitzt, so ist lokal, d.h. in der Nähe des Gleichgewichtspunktes x_0, das Phasenporträt des nicht-linearen Systems $x' = f(x)$ „qualitativ" dasselbe wie das Phasenpor-trät der linearisierten Gleichung in der Nähe des Ursprungs.

Beispiel 11.16 Der Fluss des nicht-linearen Systems

$$\begin{aligned} x' &= -x \\ y' &= y + x^2 \end{aligned} \tag{11.14}$$

ist offensichtlich

$$\phi(t, (x_0, y_0)) = \begin{pmatrix} e^{-t} x_0 \\ e^t y_0 + \dfrac{x_0^2}{3}\left(e^t - e^{-2t}\right) \end{pmatrix}.$$

---

[88]Gleichgewichtspunkte mit dieser Eigenschaft bezeichnet man als **hyperbolisch**.

Das zum Gleichgewichtspunkt $(0,0)$ gehörende linearisierte System

$$x' = -x, \qquad y' = y \tag{11.15}$$

hat die Systemmatrix

$$A = \begin{pmatrix} -1 & 0 \\ 0 & 1 \end{pmatrix}$$

mit den Eigenwerten -1 und 1; der zugehörige Fluss ist

$$\phi_{\text{lin}}(t, (x_0, y_0)) = e^{tA} \begin{pmatrix} x_0 \\ y_0 \end{pmatrix} = \begin{pmatrix} e^{-t}x_0 \\ e^{t}y_0 \end{pmatrix}.$$

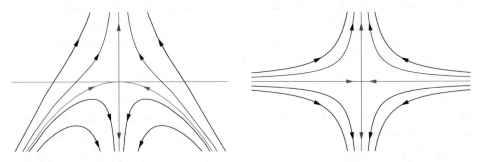

Abb. 11.4: Der Satz von Hartman-Grobman anhand von Beispiel 11.16: links das Phasenporträt des ursprünglichen Systems (11.14), rechts das des linearisierten Systems (11.15)

Durch

$$H(x,y) := \begin{pmatrix} x \\ y + \dfrac{1}{3}x^2 \end{pmatrix}$$

wird offensichtlich ein Homöomorphismus des $\mathbb{R}^2$ auf sich definiert. Für alle $t \in \mathbb{R}$ und alle $(x_0, y_0) \in \mathbb{R}^2$ gilt

$$
\begin{aligned}
H(\phi(t, (x_0, y_0))) &= \begin{pmatrix} e^{-t}x_0 \\ e^{t}y_0 + \dfrac{x_0^2}{3}(e^t - e^{-2t}) + \dfrac{1}{3} \cdot e^{-2t}x_0^2 \end{pmatrix} \\
&= \begin{pmatrix} e^{-t}x_0 \\ e^{t}\left(y_0 + \dfrac{x_0^2}{3}\right) \end{pmatrix} = e^{tA}H(x_0, y_0) = \phi_{\text{lin}}(t, H(x_0, y_0)),
\end{aligned}
$$

d.h. H bildet die Trajektorien von (11.14) parametrisierungserhaltend auf die Trajektorien der Linearisierung (11.15) ab. Wie sich dabei das Phasenporträt transformiert, zeigt Abb. 11.4. □

Der Satz von Hartman-Grobman rechtfertigt es, die aus Kapitel 8 bekannte Klassifikation der Gleichgewichtspunkte ebener linearer Systeme auf nicht-lineare ebene Systeme zu übertragen, indem man zur Linearisierung im jeweiligen Gleichgewichtspunkt übergeht. Ausschließen muss man dabei natürlich wieder den Fall, dass Eigenwerte mit Realteil 0 auftreten.

Definition 11.17   *Es seien $D \subseteq \mathbb{R}^2$ offen und nicht-leer, $f : D \longrightarrow \mathbb{R}^2$ stetig differenzierbar und $x_0 \in D$ ein Gleichgewichtspunkt des autonomen Systems $x' = f(x)$. Die Jacobi-Matrix $J_f(x_0)$ habe keine Eigenwerte auf der imaginären Achse.*

(a) *Hat $J_f(x_0)$ zwei reelle Eigenwerte mit verschiedenem Vorzeichen, so nennt man x_0 einen* **Sattel***.*

(b) *Hat $J_f(x_0)$ zwei reelle und positive Eigenwerte, so nennt man x_0 eine* **Quelle** *oder einen* **instabilen Knoten***.*

(c) *Hat $J_f(x_0)$ zwei reelle und negative Eigenwerte, so nennt man x_0 eine* **Senke** *oder einen* **stabilen Knoten***.*

(d) *Hat $J_f(x_0)$ zwei nicht-reelle Eigenwerte mit positivem Realteil, so nennt man x_0 einen* **instabilen Strudel** *oder* **instabilen Spiralpunkt***.*

(e) *Hat $J_f(x_0)$ zwei nicht-reelle Eigenwerte mit negativem Realteil, so nennt man x_0 einen* **stabilen Strudel** *oder* **stabilen Spiralpunkt***.*

12 Ljapunov-Funktionen

Welche Möglichkeiten gibt es, in Situationen, in denen die Lösungen nicht explizit bekannt sind und auch das Prinzip der linearisierten Stabilität nicht greift, dennoch die Stabilität oder Instabilität eines Gleichgewichtspunktes eines autonomen Systems zu erkennen? Eine Antwort auf diese Frage findet man, indem man die den Ersten Integralen zugrundeliegende Idee weiterentwickelt, mittels der Niveaumengen spezieller, an das Vektorfeld $f : D \longrightarrow \mathbb{R}^n$ angepasster Funktionen $V : D \longrightarrow \mathbb{R}$ Informationen über das Phasenporträt von $x' = f(x)$ zu gewinnen. Diesmal betrachten wir nicht die Niveaumengen, sondern die von diesen berandeten Bereiche:

Für $c \in \mathbb{R}$ nennt man

$$N_c^{\leqslant}(V) := V^{-1}((-\infty, c]) = \{x \in D : V(x) \leq c\}$$

die **Subniveaumenge** von V zum Niveau c (Abb. 12.1).

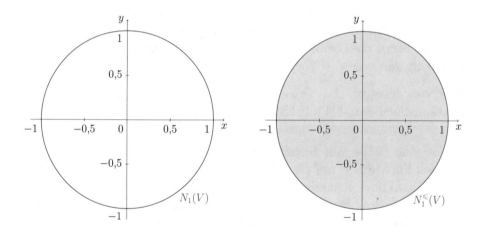

Abb. 12.1: Die Niveaumenge $N_1(V)$ (links) und die Subniveaumenge $N_1^{\leqslant}(V)$ (rechts) von $V : \mathbb{R}^2 \longrightarrow \mathbb{R}$, $V(x, y) := x^2 + y^2$

Definition 12.1   *Es sei $x' = f(x)$ ein autonomes System auf D. Eine stetig differenzierbare Funktion $V : \Omega \longrightarrow \mathbb{R}$ auf einer offenen, nicht-leeren*

Teilmenge Ω von D, die

$$L_f V(x) := \langle \nabla V(x), f(x) \rangle \leq 0 \qquad \text{für alle } x \in \Omega$$

erfüllt, heißt **Ljapunov-Funktion**[89] von $x' = f(x)$ auf Ω. Gilt sogar

$$L_f V(x) < 0 \qquad \text{für alle } x \in \Omega,$$

so spricht man von einer **strikten** Ljapunov-Funktion von $x' = f(x)$ auf Ω.

Bemerkung 12.2   Ist V eine Ljapunov-Funktion von $x' = f(x)$ auf Ω und $\zeta \in \Omega$ mit $\phi(t, \zeta) \in \Omega$ für alle $t \in I(\zeta)$, so ist die Komposition $V \circ \phi_\zeta$: $I(\zeta) \longrightarrow \mathbb{R}$ monoton fallend, denn es gilt wegen der Kettenregel

$$\begin{aligned} (V \circ \phi_\zeta)'(t) &= \operatorname{grad} V(\phi_\zeta(t)) \cdot \phi_\zeta'(t) = \langle \nabla V(\phi_\zeta(t)), f(\phi_\zeta(t)) \rangle \\ &= L_f V(\phi_\zeta(t)) \leq 0 \end{aligned} \qquad (12.1)$$

für alle $t \in I(\zeta)$. (Diese Rechnung ist uns bereits aus (5.3) im Beweis von Satz 5.4 bekannt.) Dies bedeutet, dass V längs der Lösungen monoton fällt. Man bezeichnet die Größe $L_f V$ daher auch als **Ableitung von V längs der Lösungen** von $x' = f(x)$.

Ein Erstes Integral $H : D \longrightarrow \mathbb{R}$ ist automatisch auch eine Ljapunov-Funktion: Nach Satz 5.4 gilt hier sogar $L_f H(x) = 0$ für alle $x \in D$. $\square$

Es gibt eine Reihe von Resultaten darüber, wie sich die Existenz einer Ljapunov-Funktion V auf die Lösungen des autonomen Systems auswirkt. Dabei müssen noch zusätzliche Voraussetzungen an V getroffen werden. Das liegt daran, dass es für die Nützlichkeit zur Stabilitätsuntersuchung auf die geometrische Form der Subniveaumengen von V ankommt.

Satz 12.3 (Stabilitätskriterium von Ljapunov)   *Es sei $x_0 \in D$ ein Gleichgewichtspunkt des autonomen Systems $x' = f(x)$. Weiterhin sei V : $\Omega \longrightarrow \mathbb{R}$ eine Ljapunov-Funktion für $x' = f(x)$ auf einer offenen Umgebung $\Omega \subseteq D$ von x_0, und V habe in x_0 ein striktes lokales Minimum. Dann ist x_0 ein stabiler Gleichgewichtspunkt.*

Ist V sogar eine strikte Ljapunov-Funktion auf $\Omega \setminus \{x_0\}$, so ist x_0 asymptotisch stabil.

---

[89]nach Alexander Michailowitsch Ljapunov (1857–1918)

Da man außer der zum Gleichgewichtspunkt x_0 gehörenden stationären Lösung keine weiteren Lösungen des betreffenden autonomen Systems kennen muss, um dieses Resultat anwenden zu können, spricht man auch von der *direkten* Methode von Ljapunov.

In manchen Lehrbüchern findet sich bei der Formulierung dieses Kriteriums die stärkere Forderung $V(x_0) = 0$ und $V(x) > 0$ für alle $x \in \Omega \setminus \{x_0\}$. Diese Normierung auf $V(x_0) = 0$ ist freilich irrelevant: Man kann sie stets dadurch erfüllen, dass man V durch $V - V(x_0)$ ersetzt; die solchermaßen verschobene Funktion ist immer noch eine Ljapunov-Funktion, da die additive Konstante $-V(x_0)$ bei der Bildung des Gradienten verschwindet. Weniger technisch und daher vermutlich leichter zu merken ist die oben angegebene Formulierung.

Die Voraussetzung, dass die Ljapunov-Funktion V in x_0 ein *striktes* Minimum hat, ist unverzichtbar. Andernfalls könnte man für V unabhängig von der gegebenen Differentialgleichung stets eine beliebige konstante Funktion verwenden und würde zu dem Schluss kommen, dass alle Ruhelagen grundsätzlich stabil sind. Dies ist natürlich absurd.

Im zweiten Teil des Satzes muss man die Striktheit nur auf $\Omega \setminus \{x_0\}$ und nicht auf ganz Ω fordern. Letzteres wäre auch nicht erfüllbar, da im Gleichgewichtspunkt x_0 stets $L_f V(x_0) = \langle \nabla V(x_0), f(x_0) \rangle = \langle \nabla V(x_0), 0 \rangle = 0$ ist.

Der Mechanismus hinter Satz 12.3 lässt sich ausgezeichnet visualisieren. Deshalb verzichten wir an dieser Stelle auf einen formalen Beweis und fassen stattdessen die wesentlichen Gedanken in der nächsten Bemerkung zusammen. Die fehlenden Einzelheiten sind eher technischer Natur. In Satz 13.11 werden wir eine allgemeinere Version des Ljapunov-Kriteriums für die Stabilität beliebiger Mengen beweisen. Dieses enthält als Spezialfall auch die obige Version für Gleichgewichtspunkte.

Bemerkung 12.4   Es liege die Situation von Satz 12.3 vor. Der Einfachheit halber nehmen wir zusätzlich $\Omega = D$ an. (In der Praxis ist meist ohnehin $\Omega = D$, d.h. die Ljapunov-Funktion ist auf ganz D definiert.) Es gibt dann eine Umgebung $U \subseteq D$ von x_0, so dass $V(x) > V(x_0)$ für alle $x \in U \setminus \{x_0\}$ ist. Da Stabilität eine lokale Eigenschaft ist, dürfen wir o.B.d.A. auch noch $U = D$ annehmen.

Es sei ein $\zeta \in D$ gegeben. Wie in Bemerkung 12.2 gezeigt, fällt V längs der Lösungen monoton. Wenn also die Flusslinie ϕ_ζ zur Zeit $t_0 \in I(\zeta)$ die

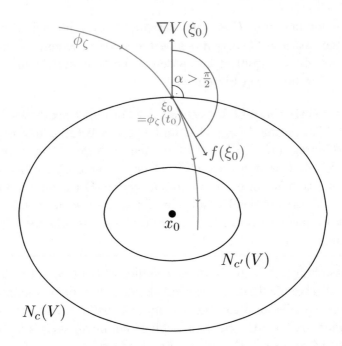

Abb. 12.2: Zum Stabilitätskriterium von Ljapunov

Niveaumenge $N_c(V)$ erreicht, d.h. $\xi_0 := \phi_\zeta(t_0) \in N_c(V)$ gilt, so läuft sie in die Subniveaumenge $N_c^{\leqq}(V)$ hinein und kann sie wegen

$$V(\phi_\zeta(t)) \leq V(\phi_\zeta(t_0)) = V(\xi_0) = c \qquad \text{für alle } t \in [t_0, t_\omega(\zeta))$$

niemals wieder verlassen. Man kann sich diese Tatsache geometrisch wie folgt veranschaulichen: Die Bedingung

$$\langle \nabla V(\xi_0), \phi_\zeta'(t_0) \rangle = \langle \nabla V(\xi_0), f(\xi_0) \rangle \leq 0$$

besagt, dass der Winkel α zwischen dem Tangentialvektor $\phi_\zeta'(t_0)$ und dem Gradienten $\nabla V(\xi_0)$ mindestens $\frac{\pi}{2}$ beträgt. Da der Gradient $\nabla V(\xi_0)$ senkrecht auf der Niveaumenge $N_c(V)$ steht (vgl. Proposition 5.2) und in Richtung wachsender Werte von V zeigt, muss die Trajektorie in die zugehörige Subniveaumenge $N_c^{\leqq}(V)$ hineinlaufen (Abb. 12.2).

Wir wollen x_0 auf Stabilität untersuchen. Dazu müssen wir herausfinden, wie sich ϕ_ζ für ζ nahe bei x_0 verhält. Aus Stetigkeitsgründen liegt für diese ζ auch $V(\zeta)$ in der Nähe von $V(x_0)$, und wegen

$$\phi_\zeta([0, t_\omega(\zeta)) \subseteq N_{V(\zeta)}^{\leqq}(V) \qquad\qquad (12.2)$$

kommt es also darauf an, wie die Subniveaumengen $N_c^{\leq}(V)$ für c nahe bei $V(x_0)$ geformt sind. Falls sie beispielsweise so aussehen wie in Abb. 12.3 (a), hindert nichts ϕ_ζ daran, sich weit von x_0 zu entfernen.

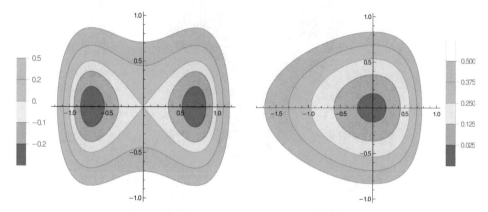

Abb. 12.3: Subniveaumengen (a) von $V(x, y) := x^4 - x^2 + y^2$ um den Sattel-punkt $(0, 0)$ und (b) von $V(x, y) := (x - 1)e^{x - y^2} + 1$ um das strikte lokale Minimum $(0, 0)$. Es ist hier jeweils $V(0, 0) = 0$.

Die Voraussetzung, dass x_0 ein striktes lokales Minimum von V ist, dient gerade dazu, ein solches Verhalten auszuschließen. Dann sind die Subniveau-mengen nämlich typischerweise ineinander geschachtelte kompakte Umge-bungen von x_0, die sich auf x_0 zusammenziehen (Abb. 12.3 (b)). Unter diesen Umständen folgt mit Hilfe von (12.2) schnell die Stabilität von x_0. – Dass dabei $t_\omega(\zeta) = \infty$ gilt, ist durch den Satz über den Verlauf der Lösungen im Großen (Satz 3.5) bzw. Korollar 3.9 sichergestellt.

Unter den Voraussetzungen des ersten Teils von Satz 12.3 muss x_0 nicht attraktiv sein. Wie beim Phasenporträt des harmonischen Oszillators in Abb. 4.9 kann es vorkommen, dass die Flusslinien x_0 auf geschlossenen Bah-nen umkreisen, ohne je gegen x_0 zu konvergieren. Deswegen fordern wir im zweiten Teil von Satz 12.3 zusätzlich, dass V auf $\Omega \setminus \{x_0\}$ sogar eine *strikte* Ljapunov-Funktion ist. Dann ist V längs Lösungen *streng* monoton fallend. Dies verhindert, dass die Trajektorien geschlossen sind. In Übereinstimmung mit der Anschauung ist x_0 in diesem Fall tatsächlich attraktiv und damit insgesamt asymptotisch stabil. $\qquad\square$

Das folgende Beispiel liefert eine dreidimensionale Visualisierung dafür, dass Ljapunov-Funktionen längs Lösungen monoton fallen.

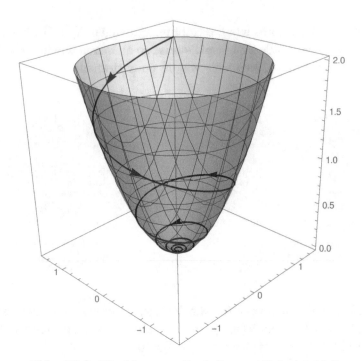

Abb. 12.4: Die Ljapunov-Funktion aus Beispiel 12.5

Beispiel 12.5   Wir betrachten das ebene lineare autonome System

$$\begin{pmatrix} x' \\ y' \end{pmatrix} = A \begin{pmatrix} x \\ y \end{pmatrix} \qquad \text{mit} \qquad A := \begin{pmatrix} -\frac{1}{10} & -1 \\ 1 & -\frac{1}{10} \end{pmatrix}. \tag{12.3}$$

Wegen $A = -\frac{1}{10} \cdot E_2 + \begin{pmatrix} 0 & -1 \\ 1 & 0 \end{pmatrix}$ und weil $\begin{pmatrix} 0 & -1 \\ 1 & 0 \end{pmatrix}$ die Eigenwerte $\pm i$ hat,

sind $\lambda_\pm = -\frac{1}{10} \pm i$ die Eigenwerte von A. Aus Kapitel 8 wissen wir, dass die Trajektorien von (12.3) für $t \to \infty$ spiralförmig in den Gleichgewichtspunkt $(0,0)$ hineinlaufen müssen. Wir können jetzt besser verstehen, warum dies so sein muss. Bei $V : \mathbb{R}^2 \longrightarrow \mathbb{R}$, $V(x,y) := x^2 + y^2$ handelt es sich wegen

$$\left\langle \nabla V(x,y), A \begin{pmatrix} x \\ y \end{pmatrix} \right\rangle = (2x, 2y) \begin{pmatrix} -\frac{1}{10} & -1 \\ 1 & -\frac{1}{10} \end{pmatrix} \begin{pmatrix} x \\ y \end{pmatrix}$$

$$= -\frac{1}{5}x^2 - 2xy + 2xy - \frac{1}{5}y^2$$

$$= -\frac{1}{5}\left(x^2 + y^2\right) \begin{cases} < 0 & \text{für } (x,y) \neq 0 \\ = 0 & \text{für } (x,y) = 0 \end{cases}$$

um eine Ljapunov-Funktion (bzw. strikte Ljapunov-Funktion) von (12.3)
auf $\mathbb{R}^2$ (bzw. auf $\mathbb{R}^2 \setminus \{(0,0)\}$). Abb. 12.4 zeigt den Graphen von V und die
Projektion einer Flusslinie von (12.3) auf diesen Graphen. Man sieht, dass
die Flusslinie zwangsläufig in das Minimum $(0,0)$ von V hineinlaufen muss –
vergleichbar mit einer Kugel in einem Roulette-Kessel, die mit abnehmender
Geschwindigkeit so lange nach innen und unten rollt, bis sie in eines der
Zahlenfächer fällt.   □

Die Visualisierung, die Abb. 12.4 für das Ljapunov-Kriterium liefert, ist auch
im Hinblick auf die Frage nützlich, wie groß der auf S. 282 erklärte Einzugsbereich eines asymptotisch stabilen Gleichgewichtspunkts ist: Beispielsweise
muss dieser in der Situation der letzten Aussage in Satz 12.3 keinesfalls ganz
Ω sein (und erst recht nicht D). Denn von der Ljapunov-Funktion V wird
nur vorausgesetzt, dass sie in x_0 ein striktes *lokales* Minimum hat; die Umgebung U von x_0, in der $V(x) > V(x_0)$ für alle $x \in U \setminus \{x_0\}$ gilt, könnte
viel kleiner sein als Ω, und *allenfalls* in dieser Umgebung U können die
Verhältnisse so ähnlich aussehen wie in Abb. 12.4. – Konkreteren Aufschluss
über den Einzugsbereich werden uns die Sätze 13.11 und 13.12 geben.

Auch das Konzept der Ljapunov-Funktion ist (wie das des Ersten Integrals)
durch die Physik und ihre Erhaltungsgrößen inspiriert. In vielen Fällen kann
man sich eine Ljapunov-Funktion als Energie vorstellen, welche (im Fall einer *strikten* Ljapunov-Funktion) unter dem Einfluss von Reibung perma-
nent abnimmt – bis die betreffende Trajektorie in eine asymptotisch stabile
Ruhelage in einem Punkt minimaler Energie mündet. Der Spezialfall des
Ersten Integrals hingegen entspricht dem Fall fehlender Reibung, in dem
die Energie erhalten bleibt. Das folgende Beispiel arbeitet diese Analogie
noch etwas deutlicher heraus.

Beispiel 12.6   Ein punktförmig gedachtes Teilchen der Masse m bewege
sich unter dem Einfluss eines konservativen Kraftfeldes mit dem Potential
$U : D \longrightarrow \mathbb{R}$, wobei D eine offene, nicht-leere Teilmenge des $\mathbb{R}^3$ ist. Mit
$y = (x, v) \in D \times \mathbb{R}^3$, wobei x den Ort und v die Geschwindigkeit bezeichnet,
ist dann die Bewegungsgleichung gegeben durch

$$x' = v, \qquad v' = -\frac{1}{m} \cdot \nabla U(x).$$

Die Ruhelagen dieses Systems sind offensichtlich genau die Punkte $(p, 0)$, für
die p eine stationäre Stelle von U ist. Um sich Aufschluss über die Stabilität
einer solchen Ruhelage zu verschaffen, führt man die Gesamtenergie

$$E(x, v) := \frac{1}{2} m \cdot \|v\|^2 + U(x)$$

als Summe von kinetischer und potentieller Energie ein. Es ist

$$\nabla E(x,v) = \begin{pmatrix} \nabla U(x) \\ mv \end{pmatrix}.$$

Ist $f(x,v) = \begin{pmatrix} v \\ -\frac{1}{m} \cdot \nabla U(x) \end{pmatrix}$ die rechte Seite des Systems, so folgt

$$L_f E(x,v) = \langle \nabla E(x,v), f(x,v) \rangle = \langle \nabla U(x), v \rangle - \langle mv, \frac{1}{m} \nabla U(x) \rangle = 0.$$

Dies ist der **Energieerhaltungssatz**: Längs jeder Trajektorie ist die Gesamtenergie konstant. Die Funktion E ist also ein Erstes Integral und insbesondere eine Ljapunov-Funktion. Setzt man zusätzlich voraus, dass U in p ein striktes lokales Minimum hat, so hat E in $(p, 0)$ ein striktes lokales Minimum, und aus dem Ljapunov-Kriterium (Satz 12.3) folgt die Stabilität der Ruhelage $(p, 0)$. Jedoch ist diese nicht attraktiv, denn eine in die Ruhelage hineinlaufende Lösung müsste an Energie verlieren, was der Energieerhaltung widersprechen würde.

Wir nehmen nun an, dass außer der Feldkraft $-\nabla U(x)$ noch eine zur Geschwindigkeit proportionale und dieser entgegengerichtete Reibungskraft $-\varrho v$ mit einer Konstanten $\varrho > 0$ auf das Masseteilchen einwirkt. Die Bewegungsgleichungen lauten dann

$$x' = v, \qquad v' = -\frac{1}{m} \cdot \nabla U(x) - \frac{\varrho}{m} \cdot v.$$

Für die wie oben definierte Gesamtenergie E erhält man nunmehr

$$L_f E(x,v) = -\varrho \cdot \|v\|^2 \le 0.$$

Somit ist E in diesem Fall nach wie vor eine Ljapunov-Funktion, jedoch kein Erstes Integral mehr: Für alle $(x,v) \in D \times \mathbb{R}^3$ mit $v \neq 0$ ist $L_f E(x,v) < 0$; die Gesamtenergie nimmt aufgrund der Reibungsverluste ständig ab, solange sich das Teilchen bewegt[90]. Ein solches System bezeichnet man auch als **dissipativ**.

Da $L_f E(x, 0) = 0$ für alle $x \in D$ ist (nicht nur für $x = p$), ist E auf keiner punktierten Umgebung von $(p, 0)$ eine *strikte* Ljapunov-Funktion. Daher kann man den zweiten Teil von Satz 12.3 nicht anwenden. Dennoch ist

---

[90]Natürlich bleibt der Energieerhaltungssatz (Erster Hauptsatz der Thermodynamik) dennoch gültig. Dazu muss man freilich den Energiebegriff erweitern und auch die reibungsbedingte Zunahme der Umgebungswärme mit in die Energiebilanz einbeziehen.

die Ruhelage $(p,0)$ asymptotisch stabil, wenn U in p ein striktes lokales Minimum hat. Dies ist physikalisch einleuchtend und folgt z.B. aus einer Verfeinerung des Ljapunov-Kriteriums, die wir in Satz 13.12 kennenlernen werden.   □

Wir können jetzt die in Beispiel 11.12 begonnene Diskussion der Gleichgewichtspunkte des mathematischen Pendels vollenden.

Beispiel 12.7   Aus Beispiel 5.15 kennen wir das Erste Integral

$$H : \mathbb{R}^2 \longrightarrow \mathbb{R}, \ H(x,y) = \frac{1}{2}y^2 - \frac{g}{l}\cos x \tag{12.4}$$

der Differentialgleichung (4.3) des mathematischen Pendels. Nach Bemerkung 12.2 ist H eine Ljapunov-Funktion von (4.3) auf $\mathbb{R}^2$. Ihren Graphen zeigt Abb. 12.5.

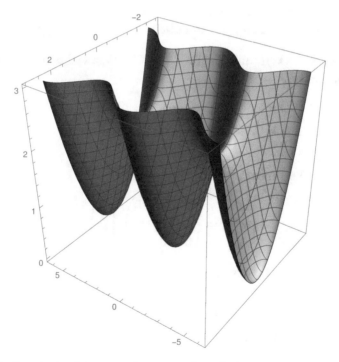

Abb. 12.5: Graph der Ljapunov-Funktion (12.4) der Differentialgleichung des mathematischen Pendels

Es sei ein $k \in \mathbb{Z}$ gegeben. In Beispiel 11.12 war die Frage offengeblieben, ob der Gleichgewichtspunkt $(2k\pi, 0) \in S$ (mit S wie in Beispiel 10.2) wirklich –

wie von uns erwartet – stabil ist. Diese können wir nunmehr klären: Offensichtlich hat H in $(2k\pi, 0)$ ein striktes lokales Minimum. Daher ist $(2k\pi, 0)$ nach Satz 12.3 stabil. Also besteht S tatsächlich aus stabilen Gleichgewichtspunkten.   □

Es gibt leider kein allgemein anwendbares Verfahren zur Konstruktion von Ljapunov-Funktionen. Genauso wie bei Ersten Integralen ist man oft gezwungen zu raten – freilich auf geschickte Art und Weise! Sinnvoll kann es sein, als Bausteine für die gesuchte Ljapunov-Funktion Terme wie e^x, x^2, $x^4, \ldots$ o.ä. zu verwenden, deren Vorzeichen keine Probleme bereiten. Die gute Nachricht ist, dass erstaunlich oft schon das Quadrat des euklidischen Abstands zur Ruhelage, im Fall einer Ruhelage in 0 also

$$V(x_1, \ldots, x_n) = x_1^2 + \cdots + x_n^2$$

(bzw. im zweidimensionalen Fall $V(x, y) := x^2 + y^2$), oder manchmal auch eine leichte Abwandlung hiervon, eine geeignete Ljapunov-Funktion ist. Dies gilt insbesondere für Examens-Aufgaben ☺.

Beispiel 12.8   Wir untersuchen den Gleichgewichtspunkt $(0, 0, 0)$ des autonomen Systems

$$\begin{pmatrix} x' \\ y' \\ z' \end{pmatrix} = \begin{pmatrix} 2yz - 2y \\ x - xz \\ -z^3 \end{pmatrix} =: f(x, y, z) \tag{12.5}$$

auf Stabilität. Die Linearisierung in $(0, 0, 0)$ ist

$$\begin{pmatrix} x' \\ y' \\ z' \end{pmatrix} = \begin{pmatrix} 0 & -2 & 0 \\ 1 & 0 & 0 \\ 0 & 0 & 0 \end{pmatrix} \begin{pmatrix} x \\ y \\ z \end{pmatrix}.$$

Deren Systemmatrix besitzt wegen

$$\det \begin{pmatrix} \lambda & 2 & 0 \\ -1 & \lambda & 0 \\ 0 & 0 & \lambda \end{pmatrix} = \lambda \det \begin{pmatrix} \lambda & 2 \\ -1 & \lambda \end{pmatrix} = \lambda(\lambda^2 + 2)$$

die Eigenwerte 0 und $\pm\sqrt{2}i$. Diese haben alle den Realteil 0. Das Prinzip der linearisierten Stabilität lässt sich somit nicht anwenden. Wir suchen stattdessen eine Ljapunov-Funktion von (12.5) auf $\mathbb{R}^3$. Dazu machen wir den Ansatz

$$V(x, y, z) = ax^2 + by^2 + cz^2.$$

Man berechnet

$$\langle \nabla V(x,y,z), f(x,y,z)\rangle = (2ax, 2by, 2cz) \begin{pmatrix} 2yz - 2y \\ x - xz \\ -z^3 \end{pmatrix}$$

$$= 2\left(2axy(z-1) - bxy(z-1) - cz^4\right).$$

Für z.B. $a = 1$ und $b = 2$, d.h. $V(x,y,z) = x^2 + 2y^2 + cz^2$, sowie für beliebiges $c \geq 0$ gilt hier

$$\langle \nabla V(x,y,z), f(x,y,z)\rangle = -2cz^4 \leq 0 \qquad \text{für alle } (x,y,z) \in \mathbb{R}^3,$$

d.h. V ist eine Ljapunov-Funktion. Damit diese in $(0,0,0)$ ein striktes lokales Minimum hat, müssen wir zusätzlich $c > 0$, also z.B. $c = 1$ voraussetzen[91]. Hiermit können wir dann folgern, dass $(0,0,0)$ nach dem Stabilitätskriterium von Ljapunov (Satz 12.3) stabil ist. □

Bei Aufgaben, die schwierigere oder ungewöhnliche Ljapunov-Funktionen erfordern, baut der Aufgabensteller meist einen entsprechenden Hinweis ein.

Beispiel 12.9 (Examensaufgabe)

(a) Bestimmen Sie Art und Lage aller lokalen Extrema der Funktion f : $\mathbb{R}^2 \longrightarrow \mathbb{R}$, $(x,y) \mapsto xe^{x-y^2}$.

(b) Zeigen Sie, dass alle stationären Lösungen des Systems

$$\begin{aligned} x' &= 2xy \\ y' &= 1 + x \end{aligned} \tag{12.6}$$

stabil sind. Verwenden Sie dazu das Resultat aus (a).

Lösung:

(a) Es sei $(x_0, y_0) \in \mathbb{R}^2$ ein lokales Extremum von f. Nach dem notwendigen Kriterium für lokale Extrema gilt dann $\operatorname{grad} f(x_0, y_0) = (0,0)$, und mit

$$\operatorname{grad} f(x,y) = e^{x-y^2}(1+x, -2xy)$$

---

[91] Für $c = 0$ erhält man mit $V(x,y,z) = x^2 + 2y^2$ ein Erstes Integral, das uns in diesem Fall freilich wenig nützt: Da es nicht von z abhängt, wären Trajektorien denkbar, die z.B. auf der z-Achse (auf der V konstant 0 ist) vom Ursprung entkommen. Mit einer solchen Funktion V kann man also nicht auf Stabilität schließen.

folgt $(x_0, y_0) = (-1, 0)$. Es ist

$$f(x,y) = g(x) \cdot h(y) \qquad \text{mit} \qquad g(x) := xe^x, \quad h(y) := e^{-y^2}.$$

Weil $g'(x) = (x+1)e^x$ in $x = -1$ verschwindet mit $g'(x) < 0$ für $x < -1$ und $g'(x) > 0$ für $x > -1$, hat g in $x = -1$ ein striktes lokales *Minimum*, und h hat offensichtlich ein striktes lokales *Maximum* in $y = 0$. Hieraus und aus $g(-1) < 0$ ergibt sich, dass es sich bei $(-1, 0)$ um ein striktes lokales Minimum von f handelt.

(b) Offenbar ist $(-1, 0)$ der einzige Gleichgewichtspunkt von (12.6). Die Funktion f aus (a) ist wegen

$$\left\langle \nabla f(x,y), \begin{pmatrix} 2xy \\ 1+x \end{pmatrix} \right\rangle = e^{x-y^2}((1+x)2xy - 2xy(1+x)) = 0$$

ein Erstes Integral und insbesondere eine Ljapunov-Funktion von (12.6), und sie hat, wie in (a) gezeigt, in $(-1, 0)$ ein striktes lokales Minimum. Mit dem Kriterium von Ljapunov (Satz 12.3) folgt, dass der Gleichgewichtspunkt $(-1, 0)$ stabil ist. $\qquad\square$

Beispiel 12.10 (Examensaufgabe)   Gegeben sei das parameterabhängige zweidimensionale Differentialgleichungssystem

$$\begin{pmatrix} x' \\ y' \end{pmatrix} = f_\alpha(x,y) := \begin{pmatrix} 0 & 1 \\ -1 & 0 \end{pmatrix} \begin{pmatrix} x \\ y \end{pmatrix} - (1 - x^2 - y^2) \begin{pmatrix} \alpha x \\ y^3 \end{pmatrix} \qquad (12.7)$$

mit $\alpha \in (-1, 1)$.

(a) Zeigen Sie, dass der Ursprung $(0, 0)$ die einzige Ruhelage von (12.7) in $U := U_1(0, 0)$ ist, und untersuchen Sie diese für $\alpha \neq 0$ auf Stabilität.

(b) Zeigen Sie für $\alpha = 0$ mit Hilfe der Funktion $H(x,y) := x^2 + y^2$ die Stabilität der Ruhelage $(0, 0)$.

Lösung:

(a) Es sei $(x, y) \in U$ mit $f_\alpha(x, y) = (0, 0)$. Dann ist

$$y - (1 - x^2 - y^2) \cdot \alpha x = 0 \qquad \text{und} \qquad -x - (1 - x^2 - y^2) \cdot y^3 = 0,$$

also

$$y = (1 - x^2 - y^2) \cdot \alpha x = -(1 - x^2 - y^2)^2 \cdot \alpha y^3,$$

also
$$y = 0 \qquad \text{oder} \qquad 1 = -(1 - x^2 - y^2)^2 \cdot \alpha y^2.$$

Wegen $|\alpha| < 1$ und $0 \le y^2 \le x^2 + y^2 < 1$ ist
$$\left| (1 - x^2 - y^2)^2 \cdot \alpha y^2 \right| < 1,$$

so dass $1 \ne -(1 - x^2 - y^2)^2 \cdot \alpha y^2$ ist. Daher muss $y = 0$ sein und damit auch $x = 0$, also $(x, y) = (0, 0)$. Umgekehrt ist $f_\alpha(0, 0) = (0, 0)$ klar. Somit ist $(0, 0)$ die einzige Ruhelage von (12.7) in U.

Es sei $\alpha \ne 0$. Um die Jacobi-Matrix $J_{f_\alpha}(0, 0)$ unaufwändig zu bestimmen, erinnern wir uns an die Grundidee (mehrdimensionaler) Taylor-Entwicklungen und schreiben $f_\alpha(x, y)$ in der Form

$$f_\alpha(x, y) = \begin{pmatrix} -\alpha & 1 \\ -1 & 0 \end{pmatrix} \begin{pmatrix} x \\ y \end{pmatrix} + \begin{pmatrix} (x^2 + y^2) \cdot \alpha x \\ -(1 - x^2 - y^2) \cdot y^3 \end{pmatrix}.$$

Hierbei enthält der zweite Summand nur Terme der Ordnung ≥ 3 (d.h. Monome $x^j y^k$, bei denen die Exponentensumme $j + k \ge 3$ ist), so dass seine Jacobi-Matrix im Nullpunkt die Nullmatrix ist. Daher ist

$$J_{f_\alpha}(0, 0) = \begin{pmatrix} -\alpha & 1 \\ -1 & 0 \end{pmatrix} =: A.$$

Die Matrix A hat das charakteristische Polynom

$$\chi_A(\lambda) = (\lambda + \alpha) \cdot \lambda + 1 = \lambda^2 + \alpha \lambda + 1$$

und somit die Eigenwerte

$$\lambda_{1/2} = \frac{1}{2} \left(-\alpha \pm \sqrt{\alpha^2 - 4} \right).$$

Wegen $|\alpha| < 1$ ist der Radikand negativ und die Wurzel somit rein imaginär. Daher ist $\operatorname{Re} \lambda_{1/2} = -\frac{\alpha}{2}$. Nach dem Prinzip der linearisierten Stabilität (Satz 11.9) ist die Ruhelage $(0, 0)$ also für $\alpha < 0$ instabil und für $\alpha > 0$ asymptotisch stabil (und damit insbesondere stabil).

(b) Es ist $\operatorname{grad} H(x, y) = (2x, 2y)$ und daher

$$
\begin{aligned}
\langle \nabla H(x, y), f_0(x, y) \rangle &= 2 \left\langle \begin{pmatrix} x \\ y \end{pmatrix}, \begin{pmatrix} y \\ -x - (1 - x^2 - y^2) y^3 \end{pmatrix} \right\rangle \\
&= 2 \left(xy - yx - (1 - x^2 - y^2) y^4 \right) \\
&= -2(1 - x^2 - y^2) y^4 \le 0
\end{aligned}
$$

für alle $(x, y) \in U$. Daher ist H eine Ljapunov-Funktion des Systems. In $(0,0)$ hat H offensichtlich ein striktes lokales Minimum. Nach dem Kriterium von Ljapunov (Satz 12.3) ist somit die Ruhelage $(0,0)$ stabil. □

Beispiel 12.11 (mehrfache Examensaufgabe)   Wie schon in Beispiel 5.7 diskutieren wir nun einen Spezialfall der **Duffing-Gleichung**, nämlich

$$y'' = y - y^3. \tag{12.8}$$

Im Vergleich mit Beispiel 5.7 sind dabei auf der rechten Seite die Vorzeichen vertauscht.

(a) Bestimmen Sie ein Erstes Integral der Differentialgleichung (12.8) und skizzieren Sie ihr Phasenporträt.

(b) Bestimmen Sie die stationären Lösungen der Differentialgleichung und untersuchen Sie diese auf Stabilität. Welche Aussagen lassen sich allein durch Anwendung des Prinzips der linearisierten Stabilität treffen?

(c) Zeigen Sie, dass die stabilen Gleichgewichtspunkte von (12.8) in der gestörten Differentialgleichung

$$y'' = y - y^3 - \varepsilon y' \tag{12.9}$$

(mit konstantem $\varepsilon > 0$) asymptotisch stabil sind.

(d) Geben Sie eine Ljapunov-Funktion für (12.9) an.

(e) Zeigen Sie, dass es für beliebige $y_0, y_1 \in \mathbb{R}$ eine eindeutige Lösung $y \in C^2(\mathbb{R})$ von (12.8) mit $y(0) = y_0$ und $y'(0) = y_1$ gibt.

Lösung: Die Differentialgleichung (12.8) ist äquivalent zu dem System

$$\begin{aligned} y' &= z \\ z' &= y - y^3 \end{aligned} \tag{12.10}$$

von Differentialgleichungen erster Ordnung. Die Fragen in der Aufgabenstellung sind so zu verstehen, dass sie sich auf dieses System beziehen.

(a) Die Lösungen von (12.8) erfüllen

$$y''y' = yy' - y^3 y', \qquad \text{also} \qquad \frac{1}{2}\frac{d}{dt}y'^2 = \frac{1}{2}\frac{d}{dt}y^2 - \frac{1}{4}\frac{d}{dt}y^4,$$

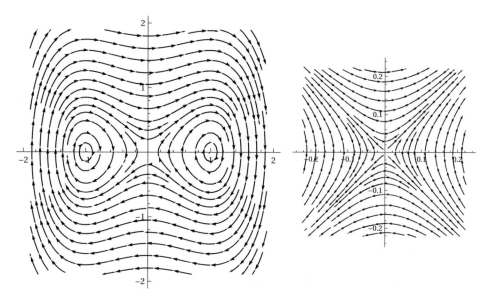

Abb. 12.6: Das Phasenporträt der Duffing-Gleichung (12.8) in Beispiel 12.11. Links eine Umgebung aller drei Gleichgewichtspunkte, rechts ein vergrößerter Ausschnitt einer Umgebung des instabilen Gleichgewichtspunktes $(0,0)$.

also
$$2y'^2 - 2y^2 + y^4 \equiv \text{const.}$$

Daher ist
$$L(y,z) := y^4 - 2y^2 + 2z^2$$

ein Erstes Integral von (12.8) bzw. (12.10). Man kann die Erhaltungsgröße L als Energie interpretieren, wobei $2z^2 = 2y'^2$ die kinetische und $y^4 - 2y^2$ die potentielle Energie für den Zustand $(y,z) = (y,y')$ sind. – Um näher an dem aus der Physik Gewohnten zu sein, könnte man L durch $L/4$ ersetzen; die kinetische Energie wäre dann $\frac{1}{2}\,y'^2$.

Aus den Niveaulinien von L gewinnt man das in Abb. 12.6 gezeigte Phasenporträt.

(b) Es sei $f(y,z) := (z, y - y^3)$ die rechte Seite des Systems (12.10). Wegen $y - y^3 = y(1-y)(1+y)$ hat f genau die Nullstellen $(0,0)$, $(-1,0)$ und $(+1,0)$. Diese sind die Gleichgewichtspunkte von (12.10). Die stationären Lösungen von (12.8) sind daher $y \equiv 0$, $y \equiv -1$ und $y \equiv +1$.

Für die Jacobi-Matrix von f berechnet man
$$J_f(y,z) = \begin{pmatrix} 0 & 1 \\ 1 - 3y^2 & 0 \end{pmatrix},$$

also

$$J_f(0,0) = \begin{pmatrix} 0 & 1 \\ 1 & 0 \end{pmatrix} =: A, \qquad J_f(\pm 1, 0) = \begin{pmatrix} 0 & 1 \\ -2 & 0 \end{pmatrix} =: B.$$

A und B haben die charakteristischen Polynome $\chi_A(\lambda) = \lambda^2 - 1$ und $\chi_B(\lambda) = \lambda^2 + 2$, so dass A die Eigenwerte ± 1 und B die Eigenwerte $\pm i\sqrt{2}$ hat. Weil A einen positiven Eigenwert hat, ist $(0,0)$ nach dem Prinzip der linearisierten Stabilität (Satz 11.9) ein instabiler Gleichgewichtspunkt (genauer: ein Sattel, vgl. Definition 11.17). Über $(\pm 1, 0)$ hingegen sind mit diesen Informationen – anders als bei linearen Systemen – noch keine Aussagen möglich.

Wir nutzen daher aus, dass L als Erstes Integral insbesondere eine Ljapunov-Funktion für (12.10) ist. Aus der Darstellung

$$L(y, z) = (y^2 - 1)^2 - 1 + 2z^2 = (y - 1)^2 (y + 1)^2 - 1 + 2z^2$$

ist direkt ersichtlich, dass L in den Punkten $(\pm 1, 0)$ jeweils ein striktes lokales Minimum hat[92]. Aus dem Stabilitätskriterium von Ljapunov (Satz 12.3) folgt daher die Stabilität dieser beiden Gleichgewichtspunkte.

(c) Die gestörte Differentialgleichung (12.9) ist äquivalent zu dem System

$$\begin{aligned} y' &= z \\ z' &= y - y^3 - \varepsilon z. \end{aligned} \qquad (12.11)$$

Es sei $g(y, z) := (z, y - y^3 - \varepsilon z)$ dessen rechte Seite. Dann ist $g(\pm 1, 0) = (0, 0)$, d.h. die beiden stabilen Gleichgewichtspunkte $(\pm 1, 0)$ von (12.10) sind auch Gleichgewichtspunkte von (12.11), und es ist

$$J_g(y, z) = \begin{pmatrix} 0 & 1 \\ 1 - 3y^2 & -\varepsilon \end{pmatrix}, \quad \text{also} \quad J_g(\pm 1, 0) = \begin{pmatrix} 0 & 1 \\ -2 & -\varepsilon \end{pmatrix} =: C.$$

Wegen $\chi_C(\lambda) = \lambda(\lambda + \varepsilon) + 2 = \lambda^2 + \varepsilon\lambda + 2$ hat C die Eigenwerte $\frac{1}{2}\left(-\varepsilon \pm \sqrt{\varepsilon^2 - 8}\right)$. Diese haben beide negativen Realteil, sowohl für $\varepsilon^2 < 8$ (hier ist der Realteil $-\varepsilon/2$) als auch für $\varepsilon^2 \geq 8$. Daher sind $(\pm 1, 0)$ nach dem Prinzip der linearisierten Stabilität (Satz 11.9 (a)) beide asymptotisch stabile Gleichgewichtspunkte von (12.11).

---

[92] Alternativ kann man dies auch dadurch begründen, dass man zeigt, dass in diesen Punkten der Gradient von L verschwindet und die Hesse-Matrix positiv definit ist. Dies ist allerdings unnötig umständlich.

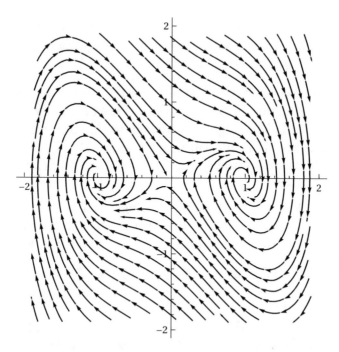

Abb. 12.7: Das Phasenporträt der gestörten Gleichung (12.9) für $\varepsilon = 0{,}8$. Anders als in Abb. 12.6 sind die Gleichgewichtspunkte $(\pm 1, 0)$ nunmehr sogar asymptotisch stabil.

Das Phasenporträt der gestörten Gleichung zeigt Abb. 12.7. Den Störterm $-\varepsilon z$ kann man als Reibungsterm auffassen; hierdurch wird verständlich, weshalb aus den stabilen Gleichgewichtspunkten von (12.8) unter dem Einfluss der Störung asymptotisch stabile Gleichgewichtspunkte von (12.9) werden.

(d) Die Funktion L aus (a) ist auch Ljapunov-Funktion für (12.11) und damit für (12.9). Es gilt nämlich

$$\langle \nabla L(y, z), g(y, z) \rangle = \left\langle \begin{pmatrix} 4y^3 - 4y \\ 4z \end{pmatrix}, \begin{pmatrix} z \\ y - y^3 - \varepsilon z \end{pmatrix} \right\rangle = -4\varepsilon z^2 \leq 0$$

für alle $(y, z) \in \mathbb{R}^2$.

Tatsächlich ist L sogar eine strikte Ljapunov-Funktion auf $\{(y, z) \in \mathbb{R}^2 : z \neq 0\}$. Dies reicht freilich nicht ganz, um die asymptotische Stabilität von $(\pm 1, 0)$ zu folgern; hierzu wäre die Striktheit auf punktierten Umgebungen von $(\pm 1, 0)$ erforderlich. Immerhin kann man aber wie am Ende von (b) auf Stabilität schließen. – Wie in Beispiel 12.6 kann man zum Nachweis der asymptotischen Stabilität das verfeinerte Ljapunov-Kriterium in Satz 13.12 heranziehen.

(e) Die in (b) definierte rechte Seite f von (12.10) ist unendlich oft stetig differenzierbar und insbesondere lokal Lipschitz-stetig. Aus dem Satz von Picard-Lindelöf folgt daher die eindeutige Lösbarkeit von (12.10) und damit von (12.8) für beliebige Anfangswerte $y(0) = y_0$ und $z(0) = y'(0) = y_1$, und die Lösungen sind von der Klasse C^2 (tatsächlich sogar von der Klasse C^∞).

Zu zeigen bleibt noch, dass die Lösungen auf ganz $\mathbb{R}$ definiert sind. Dazu sei $(y, z) : I_{\max} \longrightarrow \mathbb{R}^2$ eine Lösung mit maximalem Definitionsintervall $I_{\max}$. Gemäß (a) gibt es eine Konstante $E \in \mathbb{R}$, so dass

$$E = y^4(t) - 2y^2(t) + 2z^2(t) = (y^2(t) - 1)^2 - 1 + 2z^2(t)$$

für alle $t \in I_{\max}$ ist. Hieraus liest man

$$|z(t)| \leq \sqrt{\frac{E+1}{2}} \quad \text{und} \quad |y(t)| \leq \sqrt{\sqrt{E+1}+1}$$

für alle $t \in I_{\max}$ ab. Dies zeigt, dass (y, z) beschränkt ist. Gemäß Korollar 3.9 muss also $I_{\max} = \mathbb{R}$ sein. $\qquad\square$

Die folgende relativ anspruchsvolle Examensaufgabe ist an sich bereits mit den Methoden aus Kapitel 3 lösbar. Man kann Teile der Argumentation aber eleganter gestalten, indem man eine geeignete Ljapunov-Funktion zum Einsatz bringt. Instruktiv ist die Aufgabe noch in anderer Hinsicht: In ihr werden die u.a. aus Beispiel 3.13 bekannten Standard-Schlüsse in einen zweidimensionalen Kontext übertragen. Damit dies gelingt, erweist es sich als hilfreich, jede der beiden skalaren Differentialgleichungen separat zu betrachten, sie jeweils als Differentialgleichung in einer Variablen aufzufassen und hierauf die Theorie aus Kapitel 3 anzuwenden. Indem man hierbei mehrfach die Perspektive wechselt, von der einen zur anderen Variable und umgekehrt, gewinnt man anfangs eher grobe und dann immer feinere Einsichten in das Verhalten der Lösungen.

Beispiel 12.12 (Examensaufgabe)   Gegeben sei das Anfangswertproblem

$$\begin{aligned} x_1' &= -x_1 x_2 \\ x_2' &= e^{x_1}(1 - x_2^2), \end{aligned} \qquad x(0) = \begin{pmatrix} 1 \\ 0 \end{pmatrix}.$$

Zeigen Sie:

(a) Das Anfangswertproblem hat eine eindeutige maximale Lösung $x :$ $I \longrightarrow \mathbb{R}^2$ auf einem offenen Intervall $I \subseteq \mathbb{R}$ mit $0 \in I$.

(b) Für alle $t \in I$ gilt $-1 < x_2(t) < 1$.

(c) $I = \mathbb{R}$.

(d) $\lim_{t \to \infty} x(t) = (0, 1)$ und $\lim_{t \to -\infty} x(t) = (0, -1)$.

Lösung:

(a) Es bezeichne $f : \mathbb{R}^2 \longrightarrow \mathbb{R}^2$, $f(x_1, x_2) = (-x_1 x_2, e^{x_1}(1 - x_2^2))$ die rechte Seite der Differentialgleichung. Offensichtlich ist f stetig differenzierbar und damit insbesondere lokal Lipschitz-stetig. Damit sind die Anforderungen des Satzes von Picard-Lindelöf erfüllt, und das gegebene Anfangswertproblem hat eine eindeutige maximale Lösung $x : I \longrightarrow \mathbb{R}^2$ auf einem offenen Intervall I um 0.

(b) Wir betrachten die zweite Differentialgleichung $x_2' = e^{x_1}(1 - x_2^2)$. In ihr halten wir x_1 fest (nämlich als die erste Komponentenfunktion der Lösung x aus (a)) und fassen sie als (nicht-autonome!) Differentialgleichung in der Variablen x_2 auf. Diese hat die konstanten Lösungen $t \mapsto \pm 1$, und auf sie ist – angesichts der stetigen Differenzierbarkeit von x_1 – der Satz von Picard-Lindelöf anwendbar. Aufgrund von dessen Eindeutigkeitsaussage und von $x_2(0) = 0$ muss die Lösung x_2 zwischen den beiden konstanten Lösungen $t \mapsto +1$ und $t \mapsto -1$ „eingesperrt" bleiben, d.h. es muss $-1 < x_2(t) < 1$ für alle $t \in I$ gelten.

(c) Es genügt zu zeigen, dass x beschränkt ist, denn dann folgt mit Korollar 3.9 sofort $I = \mathbb{R}$.

Die Beschränktheit von x_2 haben wir bereits in (b) gezeigt. Als nächstes zeigen wir analog zu (b), dass $x_1(t) > 0$ für alle $t \in I$ gilt, wobei wir diesmal die erste der beiden Differentialgleichungen (bei festgehaltenem x_2) heranziehen: Diese hat die konstante Lösung $t \mapsto 0$; wegen $x_1(0) = 1 > 0$ folgt daher aus der Eindeutigkeitsaussage im Satz von Picard-Lindelöf und aus dem Zwischenwertsatz in der Tat $x_1(t) > 0$ für alle $t \in I$.

Aus dieser Abschätzung für x_1 und der aus (b) für x_2 können wir nun mithilfe der beiden Differentialgleichungen Aussagen über das Vorzeichen von $x_1'(t)$ und $x_2'(t)$ und damit über das Monotonieverhalten von x_1 und x_2 gewinnen: Aufgrund von (b) ist

$$x_2'(t) = e^{x_1(t)}(1 - x_2^2(t)) > 0 \qquad \text{für alle } t \in I, \qquad (12.12)$$

d.h. x_2 ist streng monoton steigend, und mit $x_2(0) = 0$ folgt

$$x_2(t) \begin{cases} < 0 & \text{für alle } t < 0, \\ > 0 & \text{für alle } t > 0. \end{cases}$$

Zusammen mit $x_1(t) > 0$ folgt

$$x_1'(t) = -x_1(t) \cdot x_2(t) \begin{cases} > 0 & \text{für alle } t < 0, \\ < 0 & \text{für alle } t > 0, \end{cases}$$

d.h. x_1 ist auf $(-\infty, 0] \cap I$ streng monoton steigend und auf $[0, \infty) \cap I$ streng monoton fallend. Mithin nimmt x_1 in 0 ein globales Maximum an, und wir erhalten $0 < x_1(t) \leq x_1(0) = 1$ für alle $t \in I$. Damit ist auch die Beschränktheit von x_1 und somit insgesamt von x gezeigt, und es folgt $I = \mathbb{R}$.

(d) Aufgrund des Monotonieverhaltens und der Beschränktheit von x_k existieren die Grenzwerte $\lim_{t \to \pm\infty} x_k(t) =: g_k^{\pm}$ für $k = 1, 2$.

Wegen $|x_2(t)| < 1$ für alle $t \in \mathbb{R}$ gilt $g_2^+ \leq 1$. Wäre hier $g_2^+ < 1$, so gäbe es ein $\varepsilon \in (0, 1)$ mit $0 \leq x_2(t) \leq 1 - \varepsilon$ für alle $t \geq 0$, also

$$x_2'(t) = e^{x_1(t)}(1 - x_2(t)^2) \geq 1 \cdot (1 - (1 - \varepsilon)^2) = 2\varepsilon - \varepsilon^2 \geq \varepsilon$$

für alle $t \geq 0$, und es würde

$$x_2(t) = x_2(0) + \int_0^t x_2'(s)\, ds \geq x_2(0) + \varepsilon \cdot t \tag{12.13}$$

für alle $t \geq 0$ und damit $g_2^+ = \infty$ folgen, im Widerspruch zu (b). Also ist $g_2^+ = 1$. Analog folgt $g_2^- = -1$.

Klar ist, dass $g_1^+ \geq 0$ ist. Wäre $g_1^+ > 0$, so wäre aufgrund der Monotonie $x_1(t) \geq g_1^+$ für alle $t \geq 0$. Wegen $g_2^+ = 1$ gibt es ein $t_0 \geq 0$ mit $x_2(t) \geq \frac{1}{2}$ für alle $t \geq t_0$. Es wäre somit

$$x_1'(t) = -x_1(t)x_2(t) \leq -\frac{g_1^+}{2} \qquad \text{für alle } t \geq t_0,$$

und wie in (12.13) würde $g_1^+ = -\infty$ folgen, im Widerspruch zu $g_1^+ \geq 0$. Daher gilt $g_1^+ = 0$, und analog ergibt sich $g_1^- = 0$.

Variante: Eine alternative Begründung für (c) und (d) erhalten wir mithilfe der Funktion

$$V(x) := \left\| x - (0, 1)^T \right\|^2 = x_1^2 + (1 - x_2)^2.$$

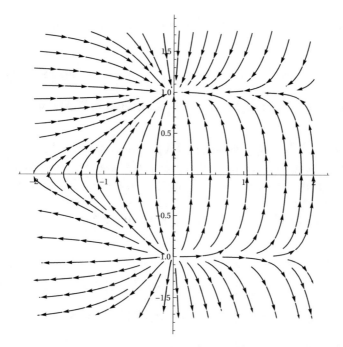

Abb. 12.8: Phasenporträt für das autonome System aus Beispiel 12.12

Es sei $\mathbb{H} := \left\{ (x_1, x_2) \in \mathbb{R}^2 : x_2 > 0 \right\}$ die offene obere Halbebene. Für alle $(x_1, x_2) \in \mathbb{H} \setminus \{(0, 1)\}$ gilt dann

$$L_f V(x_1, x_2) = \left\langle \begin{pmatrix} 2x_1 \\ -2(1 - x_2) \end{pmatrix}, \begin{pmatrix} -x_1 x_2 \\ e^{x_1}(1 - x_2^2) \end{pmatrix} \right\rangle \tag{12.14}$$

$$= -2x_1^2 x_2 - 2(1 - x_2)^2 (1 + x_2) \cdot e^{x_1} < 0,$$

so dass V eine strikte Ljapunov-Funktion auf $\mathbb{H} \setminus \{(0, 1)\}$ ist. Hieraus und aus der Tatsache, dass V in $(0, 1)$ offensichtlich ein striktes Minimum annimmt, folgt mit dem Ljapunov-Kriterium bereits die asymptotische Stabilität des Gleichgewichtspunktes $(0, 1)$ – nicht jedoch, ob $(1, 0)$ wie behauptet zu dessen Einzugsbereich gehört. Um dies nachzuweisen, studieren wir das Verhalten von V längs der Lösung unseres Anfangswertproblems und leiten hierfür eine Differentialungleichung her, welche (12.14) quantitativ präzisiert.

Fortan sei also $x : I \longrightarrow \mathbb{R}^2$ abermals die eindeutige maximale Lösung unseres Anfangswertproblems auf einem offenen Intervall I um 0. Wie in (12.12) ergibt sich aus (b), dass x_2 streng monoton steigt und $x_2(t) > 0$ für alle $t > 0$ gilt. Angesichts von (12.14) hat dies zur Folge, dass $t \mapsto V(x(t))$

auf $I \cap [0, \infty)$ monoton fällt (vgl. Bemerkung 12.2). Für alle $t \in I$ mit $t \geq 0$ gilt daher

$$V(x(t)) \leq V(x(0)) = V(1,0) = 2, \qquad \text{also} \qquad x(t) \in B_{\sqrt{2}}(0,1).$$

Auf $I \cap [0, \infty)$ ist x somit beschränkt, so dass mit Korollar 3.9 $I \supseteq [0, \infty)$ folgt.

Es sei ein $t^* > 0$ beliebig gewählt. Wegen der strikten Monotonie von x_2 ist dann $c := x_2(t^*) > 0$ und $x_2(t) \geq c$ für alle $t \geq t^*$. Aus der obigen Lösung für (c) übernehmen wir nun noch den ersten Teil, in dem mit einem Eindeutigkeitsargument $x_1(t) > 0$ für alle $t \in I$ gezeigt worden ist. Damit, mit (12.1) und mit (12.14) erhalten wir für alle $t \geq t^*$

$$
\begin{aligned}
\frac{d}{dt} V(x(t)) &= L_f V(x(t)) \\
&= -2x_1^2(t) \cdot x_2(t) - 2(1 - x_2(t))^2 (1 + x_2(t)) \cdot e^{x_1(t)} \\
&\leq -2c x_1^2(t) - 2(1 - x_2(t))^2 \cdot c \cdot e^0 = -2c \cdot V(x(t)).
\end{aligned}
$$

Für $h(t) := V(x(t)) \cdot e^{2ct}$ gilt daher

$$h'(t) = \left(\frac{d}{dt} V(x(t)) + 2c \cdot V(x(t)) \right) \cdot e^{2ct} \leq 0 \qquad \text{für alle } t \geq t^*,$$

so dass h auf $[t^*, \infty)$ monoton fällt und

$$V(x(t)) = h(t) \cdot e^{-2ct} \leq h(t^*) \cdot e^{-2ct} = V(x(t^*)) \cdot e^{-2c(t - t^*)}$$

für alle $t \geq t^*$ folgt. Hieraus liest man $\lim_{t \to \infty} V(x(t)) = 0$ ab, was äquivalent mit $\lim_{t \to \infty} x(t) = (0,1)$ ist.

Analoge Resultate für das Verhalten von x auf $I \cap (-\infty, 0]$ erhält man durch Betrachtung von

$$\widetilde{V}(x) := \left\| x - (0, -1)^T \right\|^2 = x_1^2 + (1 + x_2)^2.$$

Auf diese Weise ergeben sich erneut die Behauptungen in (c) und (d).   □

Bemerkung 12.13   Man kann das Ljapunov-Kriterium auch zu einem neuen Beweis des ersten Teils des Prinzips der linearisierten Stabilität (Satz 11.9 (a)) heranziehen. Als Ljapunov-Funktion verwenden wir dabei im Kern abermals das Quadrat des euklidischen Abstands zur betreffenden Ruhelage, diesmal allerdings mithilfe einer vorgeschalteten Transformationsmatrix

„verzerrt"; diese ist so gewählt, dass sie die Jacobi-Matrix im Gleichge-wichtspunkt in eine modifizierte Jordan-Normalform überführt, bei der ein hinreichend kleines $\varepsilon > 0$ an die Stelle der Verkettungs-Einsen auf der Ne-bendiagonalen tritt. Eine der Schwierigkeiten hierbei ist, dass die Jordan-Normalform und die Transformationsmatrix i.Allg. nicht-reell sind. Bei de-ren Bewältigung hilft uns das unitäre Skalarprodukt (genauer: dessen Real-teil), das das euklidische Skalarprodukt des $\mathbb{R}^n$ auf den $\mathbb{C}^n$ fortsetzt.

Es sei also x_0 ein Gleichgewichtspunkt des autonomen Systems $x' = f(x)$, wobei $f : U_\varrho(x_0) \longrightarrow \mathbb{R}^n$ lokal Lipschitz-stetig auf der offenen Umgebung $U_\varrho(x_0)$ des $\mathbb{R}^n$ und in x_0 differenzierbar ist und alle Eigenwerte von $A :=$ $J_f(x_0)$ negativen Realteil haben. Es gibt dann ein $\varepsilon > 0$, so dass $\operatorname{Re} \lambda \leq -2\varepsilon$ für jeden Eigenwert λ von A gilt.

Erneut nehmen wir o.B.d.A. $x_0 = 0$ an. Es sei

$$r(x) := f(x) - Ax \qquad \text{für alle } x \in U_\varrho(0).$$

Dann ist $r : U_\varrho(0) \longrightarrow \mathbb{R}^n$ lokal Lipschitz-stetig mit $\lim_{x \to 0} \frac{r(x)}{\|x\|} = 0$. Wir können den Restterm $r(x)$ in der Form

$$r(x) = R(x) \cdot x$$

mit einer Matrix $R(x) \in \mathbb{R}^{n \times n}$ schreiben, die stetig von x abhängt und $R(0) = 0$ erfüllt: Für festes $x \neq 0$ kann man für $R(x)$ nämlich die Darstel-lungsmatrix der linearen Abbildung

$$\mathbb{R}^n \longrightarrow \mathbb{R}^n, \quad v \mapsto \frac{1}{\|x\|^2} \cdot \langle x, v \rangle \cdot r(x)$$

bezüglich der Standardbasis des $\mathbb{R}^n$ wählen; sie hat die Einträge

$$R_{jk}(x) = \frac{1}{\|x\|^2} \cdot x_k \cdot r_j(x),$$

anhand derer man die Stetigkeit von $x \mapsto R(x)$ auf $U_\varrho(0) \setminus \{0\}$ und wegen $\lim_{x \to 0} R_{jk}(x) = 0$ auch in 0 erkennt.

Wir transformieren nun A mittels einer invertierbaren Matrix $T \in \mathbb{C}^{n \times n}$ auf (komplexe) Jordan-Normalform $T^{-1}AT = D + N$ mit einer Diagonalmatrix $D = \operatorname{diag}(\lambda_1, \ldots, \lambda_n) \in \mathbb{C}^{n \times n}$ und einer nilpotenten Matrix N, die in der oberen Nebendiagonalen die Einträge 1 oder 0 und sonst überall die Einträge 0 besitzt. Durch eine weitere Transformation können wir erreichen, dass die

Einträge 1 auf der oberen Nebendiagonalen durch unser oben festgelegtes ε ersetzt werden. Dazu setzen wir

$$P := \operatorname{diag}(1, \varepsilon, \varepsilon^2, \ldots, \varepsilon^{n-1}).$$

Es ist dann $P^{-1}NP = \varepsilon N$, denn für die von 0 verschiedenen Einträge in N ist der Spaltenindex um 1 größer als der Zeilenindex, und die Multiplikation einer Matrix mit P von rechts bedeutet, dass deren $(k+1)$-te Spalte mit ε^k multipliziert wird, während Multiplikation mit P^{-1} von links die Division der k-ten Zeile durch ε^{k-1} bewirkt. Mit der regulären Matrix $S := P^{-1}T^{-1} \in \mathbb{C}^{n \times n}$ gilt

$$SAS^{-1} = P^{-1}T^{-1}ATP = P^{-1}(D+N)P = D + \varepsilon N.$$

Für $z = (z_1, \ldots, z_n)^T$, $w = (w_1, \ldots, w_n)^T \in \mathbb{C}^n$ sei

$$\langle z, w \rangle_R := \operatorname{Re} \langle z, w \rangle = \operatorname{Re} \left(\sum_{j=1}^{n} z_j \overline{w_j} \right)$$

der Realteil des unitären Standard-Skalarprodukts $\langle \cdot, \cdot \rangle$ auf dem $\mathbb{C}^n$. Es ist dann

$$\begin{aligned}
\langle z, w \rangle_R &= \langle z, w \rangle && \text{für alle } z, w \in \mathbb{R}^n, \\
\langle z, z \rangle_R &= \langle z, z \rangle = \|z\|^2 && \text{für alle } z \in \mathbb{C}^n,
\end{aligned}$$

wobei $\| \cdot \|$ unverändert die euklidische Norm auf dem $\mathbb{C}^n$ bezeichnet. Im Folgenden erweist es sich als sehr nützlich, dass wir auch

$$\langle z, w \rangle_R = \operatorname{Re}(w^H z) \qquad \text{für alle } z, w \in \mathbb{C}^n$$

schreiben können (mit der auf S. 185 definierten hermitesch Transponierten w^H). Für $x \in \mathbb{R}^n$ setzen wir nun

$$V(x) := \|Sx\|^2 = \langle Sx, Sx \rangle_R = \operatorname{Re}\left(x^T S^H S x \right) = x^T \operatorname{Re}(S^H S) x = x^T Q x,$$

wobei $Q := \operatorname{Re}(S^H S)$ eine reelle und symmetrische Matrix ist. Offensichtlich ist V stetig differenzierbar auf $\mathbb{R}^n$ und hat in $x = 0$ ein (sogar globales) Minimum, und wegen der Regularität von S ist dieses auch strikt.

Für $M \in \mathbb{R}^{n \times n}$ hat die Funktion $x \mapsto x^T M x$ bekanntlich den Gradienten $x^T(M + M^T)$. Daher und weil Q symmetrisch ist, ist

$$\operatorname{grad} V(x) = 2x^T Q.$$

Damit ergibt sich

$$L_f V(x) = \langle \nabla V(x), Ax + R(x)x \rangle = 2x^T QAx + 2x^T QR(x)x.$$

Es sei ein $x \in \mathbb{R}^n$ gegeben, und es sei $z := Sx \in \mathbb{C}^n$. Mit $SAS^{-1} = D + \varepsilon N$ erhalten wir

$$
\begin{aligned}
x^T QAx &= \operatorname{Re}\left(x^T S^H SAx\right) = \langle SAx, Sx \rangle_R \\
&= \langle (D + \varepsilon N)Sx, Sx \rangle_R = \langle Dz, z \rangle_R + \varepsilon \langle Nz, z \rangle_R.
\end{aligned}
$$

Gemäß unserer Wahl von ε ist hierbei

$$\langle Dz, z \rangle_R = \operatorname{Re}\left(\sum_{j=1}^n \lambda_j |z_j|^2\right) \le -2\varepsilon \sum_{j=1}^n |z_j|^2 = -2\varepsilon \|z\|^2.$$

Nach der Cauchy-Schwarzschen Ungleichung (vgl. Fußnote 12 auf S. 26) gilt weiter

$$|\langle Nz, z \rangle_R| \le |\langle Nz, z \rangle| \le \|Nz\| \cdot \|z\| \le \|z\|^2;$$

dabei ergibt sich $\|Nz\| \le \|z\|$ daraus, dass die von 0 verschiedene Einträge in Nz auch in z vorkommen. Insgesamt ist also

$$x^T QAx = \langle Dz, z \rangle_R + \varepsilon \langle Nz, z \rangle_R \le -2\varepsilon \|z\|^2 + \varepsilon \|z\|^2 = -\varepsilon \|Sx\|^2.$$

Weil $R(x)$ stetig von x abhängt und $R(0) = 0$ ist, gibt es ein $\delta \in (0, \varrho]$, so dass für die Spektralnorm $\|R(x)\|$ die Abschätzung

$$\|R(x)\| \le \frac{\varepsilon}{2\|S\| \cdot \|S^{-1}\|} \qquad \text{für alle } x \in U_\delta(0)$$

gilt. Wiederum mit der Cauchy-Schwarzschen Ungleichung folgt für alle $x \in U_\delta(0)$

$$
\begin{aligned}
|x^T QR(x)x| &= |\langle SR(x)x, Sx \rangle_R| \le \|SR(x)x\| \cdot \|Sx\| \\
&\le \|S\| \cdot \|R(x)\| \cdot \|x\| \cdot \|Sx\| \\
&\le \|S\| \cdot \|R(x)\| \cdot \|S^{-1}\| \cdot \|Sx\|^2 \le \frac{\varepsilon}{2} \cdot \|Sx\|^2.
\end{aligned}
$$

Damit erhalten wir insgesamt

$$
\begin{aligned}
L_f V(x) &= 2x^T QAx + 2x^T QR(x)x \\
&\le -2\varepsilon \|Sx\|^2 + \varepsilon \|Sx\|^2 = -\varepsilon \|Sx\|^2 < 0
\end{aligned}
$$

für alle $x \in U_\delta(0) \setminus \{0\}$; hierbei haben wir die Regularität von S ausgenutzt, die sicherstellt, dass mit $x \neq 0$ auch $Sx \neq 0$ ist.

Somit ist V eine strikte Ljapunov-Funktion für $x' = f(x)$ auf $U_\delta(0) \setminus \{0\}$, und mit dem Ljapunov-Kriterium folgt die asymptotische Stabilität unseres Gleichgewichtspunktes. $\qquad \square$

Zum Abschluss dieses Kapitels erwähnen wir noch das folgende zu Satz 12.3 analoge Kriterium für Instabilität.

Satz 12.14 (Instabilitätskriterium von Ljapunov)   *Es sei $x_0 \in D$ ein Gleichgewichtspunkt des autonomen Systems $x' = f(x)$ auf D. Weiterhin sei $V : \Omega \longrightarrow \mathbb{R}$ eine stetig differenzierbare Funktion auf einer offenen Umgebung $\Omega \subseteq D$ von x_0, so dass es in jeder Umgebung von x_0 mindestens ein x mit $V(x) < V(x_0)$ gibt. Wenn V eine strikte Ljapunov-Funktion von $x' = f(x)$ auf $\Omega \setminus \{x_0\}$ ist, so ist x_0 ein instabiler Gleichgewichtspunkt.*

Auch dieses Kriterium ist ein Spezialfall eines allgemeineren Resultats über die Instabilität beliebiger Mengen, das wir in Satz 13.14 beweisen werden.

13 Vertiefte Stabilitätsbetrachtungen*

In diesem und dem folgenden Kapitel weiten wir unsere Überlegungen zum langfristigen Verhalten von Lösungen autonomer Systeme aus und nehmen nicht nur Gleichgewichtspunkte, sondern beliebige Mengen hinsichtlich ihrer Stabilitätseigenschaften unter die Lupe, wobei periodische Orbits eine besonders wichtige Rolle spielen werden. Diese beiden Kapitel sind nicht examensrelevant, bieten aber wertvolle – und hoffentlich als interessant empfundene – Blicke über den „Tellerrand".

13.1 Invariante Mengen und Grenzmengen

Definition 13.1   *Für $\zeta \in D$ setzt man*

$$\gamma^+(\zeta) := \{\phi(t, \zeta) : t \in [0, t_\omega(\zeta))\}$$
$$\text{und} \quad \gamma^-(\zeta) := \{\phi(t, \zeta) : t \in (t_\alpha(\zeta), 0]\}$$

und nennt $\gamma^+(\zeta)$ bzw. $\gamma^-(\zeta)$ den positiven bzw. negativen **Halborbit** *oder auch den* **Vorwärtsorbit** *bzw.* **Rückwärtsorbit** *durch ζ.*

Eine Teilmenge $M \subseteq D$ heißt **positiv invariant** *bzw.* **negativ invariant** *für das autonome System $x' = f(x)$, wenn $\gamma^+(\zeta) \subseteq M$ für alle $\zeta \in M$ bzw. $\gamma^-(\zeta) \subseteq M$ für alle $\zeta \in M$ gilt. Ist M sowohl positiv als auch negativ invariant, so nennen wir M* **invariant***.*

Eine Menge M ist also positiv (bzw. negativ) invariant, wenn jede maximale Lösung $x : (t_\alpha, t_\omega) \longrightarrow D$, die zum Zeitpunkt $t = 0$ in einem $\zeta \in M$ startet, für alle $t \in [0, t_\omega)$ (bzw. für alle $t \in (t_\alpha, 0]$) in der Menge M verbleibt. Mit der Abbildung ϕ^t nach der Zeit aus Definition 4.23 kann man die positive (bzw. negative) Invarianz von M auch durch die Bedingung $\phi^t(M \cap \Omega_t) \subseteq M$ für alle $t \in [0, t_\omega)$ (bzw. für alle $t \in (t_\alpha, 0]$) ausdrücken.

Die Trajektorie $\gamma(\zeta)$ zu einem $\zeta \in D$ ist die Vereinigung der beiden Halborbits $\gamma^+(\zeta)$ und $\gamma^-(\zeta)$. Aufgrund des Flussaxioms (FA2) ist sie invariant: Ist nämlich $q \in \gamma(\zeta)$, so ist $q = \phi(t^*, \zeta)$ für ein $t^* \in I(\zeta)$, und wegen (FA2) gilt $I(q) = I(\zeta) - t^*$ und

$$\phi(s, q) = \phi(s, \phi(t^*, \zeta)) = \phi(s + t^*, \zeta) \in \gamma(\zeta) \qquad \text{für alle } s \in I(q).$$

Analog sieht man, dass die Halborbits $\gamma^+(\zeta)$ bzw. $\gamma^-(\zeta)$ positiv bzw. negativ invariant sind.

Per definitionem ist $\gamma(\zeta)$ die kleinste invariante Menge, die ζ enthält, denn für jede invariante Menge M mit $\zeta \in M$ gilt $\gamma(\zeta) \subseteq M$.

Proposition 13.2   *Es sei $x' = f(x)$ ein autonomes System auf D, und es sei $M \subseteq D$.*

(a) *Die Menge M ist genau dann positiv invariant, wenn $D \setminus M$, d.h. ihr Komplement in D, negativ invariant ist.*

(b) *Wenn M positiv invariant ist, dann sind auch $\overline{M} \cap D$ (also der Abschluss von M bezüglich der Relativtopologie von D) und das Innere $\overset{\circ}{M}$ positiv invariant.*

(c) *Nun sei M abgeschlossen in D, d.h. $\overline{M} \cap D = M$. Dann ist M genau dann positiv invariant, wenn es zu jedem $x \in \partial M \cap D$ ein $\varepsilon > 0$ gibt mit $\phi(t,x) \in M$ für alle $t \in [0,\varepsilon)$, wenn also in jedem in D liegenden Randpunkt von M die Trajektorie „nach M hinein" läuft.*

(d) *Beliebige Vereinigungen und Durchschnitte positiv invarianter Mengen sind wieder positiv invariant.*

Analoge Aussagen gelten für negativ invariante Mengen.

Beweis.

(a) Es sei M positiv invariant, und es sei ein $\zeta \in D \setminus M$ gegeben. Gäbe es ein $\eta \in \gamma^-(\zeta) \cap M$, so würde $\zeta \in \gamma^+(\eta) \subseteq M$ folgen, ein Widerspruch. Also ist $\gamma^-(\zeta) \subseteq D \setminus M$. Dies zeigt die negative Invarianz von $D \setminus M$.

Analog ergibt sich die umgekehrte Implikation.

(b) Es sei M positiv invariant.

Es seien ein $\zeta \in \overline{M} \cap D$ und ein $t \in [0, t_\omega(\zeta))$ gegeben. Wir wollen $\phi(t,\zeta) \in \overline{M} \cap D$ zeigen.

Nach Definition des Abschlusses gibt es eine Folge $(\zeta_k)_k$ in M mit $\zeta_k \to \zeta$ für $k \to \infty$. Weil (t,ζ) in der offenen Menge $\Omega(f)$ enthalten ist, gibt es ein $k_0 \in \mathbb{N}$ mit $(t,\zeta_k) \in \Omega(f)$ für alle $k \geq k_0$. Insbesondere ist $t \in I(\zeta_k)$ für alle $k \geq k_0$. Da M positiv invariant ist, gilt $\phi(t,\zeta_k) \in M$ für alle $k \geq k_0$. Wegen der Stetigkeit von $\phi : \Omega(f) \longrightarrow D$ gilt $\lim_{k\to\infty} \phi(t,\zeta_k) = \phi(t,\zeta)$, und damit folgt $\phi(t,\zeta) \in \overline{M} \cap D$.

Dies zeigt die positive Invarianz von $\overline{M} \cap D$.

Diejenige von $\overset{\circ}{M}$ begründet man wie folgt: Gemäß (a) ist $D \backslash M$ negativ invariant. Aus dem soeben Gezeigten (in analoger Anwendung) folgt, dass auch $\overline{D \backslash M} \cap D = D \backslash \overset{\circ}{M}$ negativ invariant ist. Wiederum gemäß (a) ist $\overset{\circ}{M}$ dann positiv invariant.

(c) Es sei M positiv invariant, und es sei ein $x \in \partial M \cap D$ gegeben. Wegen der Abgeschlossenheit von M in D ist dann auch $x \in M$, so dass $\phi(t, x) \in M$ für alle $t \in [0, t_\omega(x))$ gilt. Insbesondere gibt es ein $\varepsilon > 0$ mit $\phi(t, x) \in M$ für alle $t \in [0, \varepsilon)$.

Die umgekehrte Implikation beweisen wir mittels Kontraposition. Es sei also M nicht positiv invariant. Dann gibt es ein $\zeta \in M$ und ein $s \in (0, t_\omega(\zeta))$ mit $\phi(s, \zeta) \notin M$. Es sei

$$\tau := \sup \left\{ t \in [0, s] : \phi(t, \zeta) \in M \right\}.$$

Wegen $\phi(0, \zeta) = \zeta \in M$ ist dieses Supremum wohldefiniert, und wegen der Stetigkeit von ϕ und der Abgeschlossenheit von M in D ist auch $\phi(\tau, \zeta) \in \overline{M} \cap D = M$. Damit muss $\tau < s$ sein, und es folgt $\phi(t, \zeta) \notin M$ für alle $t \in (\tau, s]$. (Anschaulich ist τ also der Zeitpunkt, nach dem die Lösung $\phi(\cdot, \zeta)$ die Menge M endgültig verlässt.)

Damit ist aber $x := \phi(\tau, \zeta) \in \partial M$, und es gibt kein $\varepsilon > 0$ mit $\phi(t, x) = \phi(t + \tau, \zeta) \in M$ für alle $t \in [0, \varepsilon)$.

(d) Dies ist offensichtlich.

Damit sind die Aussagen über positiv invariante Mengen bewiesen. Die über negativ invariante Mengen folgen nun analog bzw. durch Zeitumkehr. ∎

Der Phasenraum $D \subseteq \mathbb{R}^n$ ist offenbar immer eine „n-dimensionale" invariante Menge eines autonomen Systems. Die Niveaumengen Erster Integrale sind (unter geeigneten Regularitätsvoraussetzungen, vgl. Bemerkung 5.5) „$(n-1)$-dimensionale" invariante Mengen.

Bereits in Beispiel 4.15 waren wir dem Phänomen von Grenzzyklen ebener Systeme begegnet, ohne diesen Begriff mathematisch präzise zu definieren. Damit werden wir uns auch weiterhin noch etwas gedulden müssen (bis Definition 14.10), die folgenden Begriffsbildungen stellen jedoch einen wichtigen Schritt auf dem Weg dorthin dar.

Definition 13.3   *Es seien $\zeta \in D$ und $I(\zeta) = (t_\alpha, t_\omega)$. Die Menge*

$$\omega(\zeta) := \left\{ y \in D : \text{ Es gibt eine Folge } (t_k)_k \text{ in } (0, t_\omega) \text{ mit} \right.$$
$$\left. \lim_{k \to \infty} t_k = t_\omega \text{ und } \lim_{k \to \infty} \phi(t_k, \zeta) = y \right\}$$

*nennt man die ω-**Grenzmenge** oder ω-**Limesmenge** von ζ. Ihre Elemente heißen ω-**Grenzpunkte**. Analog nennt man die Menge*

$$\alpha(\zeta) := \left\{ y \in D : \text{ Es gibt eine Folge } (t_k)_k \text{ in } (t_\alpha, 0) \text{ mit} \right.$$
$$\left. \lim_{k \to \infty} t_k = t_\alpha \text{ und } \lim_{k \to \infty} \phi(t_k, \zeta) = y \right\}$$

*die α-**Grenzmenge** oder α-**Limesmenge** und ihre Elemente die α-**Grenzpunkte** von ζ.*

Diese Definition ist in der Literatur nicht einheitlich, mitunter werden auch Grenzpunkte auf dem Rand ∂D des Phasenraums zugelassen. Diese sind für unsere folgenden Betrachtungen allerdings weniger relevant, und ihre Hinzunahme würde die Formulierung einiger der folgenden Resultate unnötig verkomplizieren.

Bemerkung 13.4   Gilt in der Situation von Definition 13.3 $t_\omega < \infty$ (bzw. $t_\alpha > -\infty$), so ist $\omega(\zeta) = \emptyset$ (bzw. $\alpha(\zeta) = \emptyset$). Denn nach Korollar 3.9 muss die zugehörige Lösung $\phi(\cdot, \zeta)$ für $t \to t_\omega-$ (bzw. für $t \to t_\alpha+$) jedes Kompaktum in D verlassen und kann daher keine Grenzpunkte in D haben.

Im nicht-trivialen Fall, dass $\omega(\zeta)$ (bzw. $\alpha(\zeta)$) nicht-leer ist, können wir daher stets sicher sein, dass $I(\zeta) \supseteq [0, \infty)$ (bzw. $I(\zeta) \supseteq (-\infty, 0]$) gilt, dass die Lösung $\phi(t, \zeta)$ also für alle $t \geq 0$ (bzw. alle $t \leq 0$) existiert. Davon machen wir im Folgenden mit zunehmender Selbstverständlichkeit Gebrauch. $\square$

Beispiel 13.5   In der Situation von Beispiel 4.15 gilt

$$(\zeta) = \{(x, y) \in \mathbb{R}^2 : x^2 + y^2 = 1\} = \partial B_1(0) \qquad \text{für } \zeta \in \mathbb{R}^2 \setminus \{0\},$$

$$\omega(\zeta) = \{0\} \qquad\qquad\qquad\qquad\qquad\qquad\qquad \text{für } \zeta = 0,$$

$$\alpha(\zeta) = \{0\} \qquad\qquad\qquad\qquad\qquad\qquad\qquad \text{für } |\zeta| < 1,$$

$$\alpha(\zeta) = \{(x, y) \in \mathbb{R}^2 : x^2 + y^2 = 1\} \qquad\quad \text{für } |\zeta| = 1,$$

$$\alpha(\zeta) = \emptyset \qquad\qquad\qquad\qquad\qquad\qquad\qquad\; \text{für } |\zeta| > 1.$$

$\square$

Im zweidimensionalen Fall liefert die Poincaré-Bendixson-Theorie, die wir in Kapitel 14 kennenlernen, eine übersichtliche Klassifizierung von Grenzmengen. Für Dimensionen $n \geq 3$ hingegen können Grenzmengen sehr kompliziert aussehen. Siehe hierzu auch Abschnitt 16.6.

Proposition 13.6   *Für die α- und ω-Grenzmengen des autonomen Systems $x' = f(x)$ gilt*

$$\alpha(\zeta) = D \cap \bigcap_{t \leq 0} \overline{\gamma^-(\phi(t, \zeta))} \qquad und \qquad \omega(\zeta) = D \cap \bigcap_{t \geq 0} \overline{\gamma^+(\phi(t, \zeta))}$$

für alle $\zeta \in D$ mit $I(\zeta) \supseteq (-\infty, 0]$ bzw. mit $I(\zeta) \supseteq [0, \infty)$.

Beweis. Es genügt, die Behauptung über die ω-Grenzmengen zu beweisen. Dazu sei ein $\zeta \in D$ mit $I(\zeta) \supseteq [0, \infty)$ gegeben.

„$\subseteq$": Ist $y \in \omega(\zeta)$, so gibt es eine Folge $(t_k)_k$ in $\mathbb{R}^+$ mit $t_k \to \infty$ und $\phi(t_k, \zeta) \to y$ für $k \to \infty$. Für jedes $t \geq 0$ gibt es ein $k_0 \in \mathbb{N}$ mit $t_k - t \geq 0$ für alle $k \geq k_0$, und es folgt

$$\phi(t_k, \zeta) = \phi(t_k - t, \phi(t, \zeta)) \in \gamma^+(\phi(t, \zeta))$$

für alle $k \geq k_0$. Hieraus ergibt sich $y \in \overline{\gamma^+(\phi(t, \zeta))}$.

„$\supseteq$": Ist $y \in \overline{\gamma^+(\phi(t, \zeta))}$ für jedes $t \geq 0$ und $y \in D$, so gibt es zu jedem $k \in \mathbb{N}$ ein $t_k > k$ mit

$$\phi(t_k, \zeta) \in B_{1/k}(y).$$

Es gilt dann $t_k \to \infty$ und $\phi(t_k, \zeta) \to y$ für $k \to \infty$, also $y \in \omega(\zeta)$. ∎

Satz 13.7 (Eigenschaften von Grenzmengen)   *Für die ω-Grenzmengen des autonomen Systems $x' = f(x)$ auf D gelten die folgenden Aussagen:*

(a) *Wenn $\zeta_1, \zeta_2 \in D$ auf derselben Trajektorie liegen, so ist $\omega(\zeta_1) = \omega(\zeta_2)$.*

(b) *Für jedes $\zeta \in D$ ist $\omega(\zeta)$ abgeschlossen in D.*

(c) *Für jedes $\zeta \in D$ ist $\omega(\zeta)$ invariant unter dem Fluss des autonomen Systems.*

(d) *Ist die Menge $P \subseteq D$ abgeschlossen in D und positiv invariant, dann gilt $\omega(\zeta) \subseteq P$ für alle $\zeta \in P$.*

(e) Ist die Menge $A \subseteq D$ abgeschlossen in D und invariant, dann gilt $\alpha(\zeta) \cup \omega(\zeta) \subseteq A$ für alle $\zeta \in A$.

(f) Ist $\zeta \in D$ und $\overline{\gamma^+(\zeta)}$ eine kompakte Teilmenge von D, so ist $\omega(\zeta)$ nicht-leer, kompakt, zusammenhängend und invariant, und es gilt

$$\lim_{t \to \infty} dist\left(\phi(t,\zeta), \omega(\zeta)\right) = 0. \tag{13.1}$$

Überdies ist $I(y) = \mathbb{R}$ für alle $y \in \omega(\zeta)$, d.h. die Lösung $\phi(\cdot, y)$ existiert in diesem Fall stets auf ganz $\mathbb{R}$.

Analoge Aussagen gelten für die α-Grenzmengen des autonomen Systems.

Beweis.

(a) Es sei $\gamma(\zeta_1) = \gamma(\zeta_2)$. Dann gibt es ein $t^* \in I(\zeta_2)$ mit $\zeta_1 = \phi(t^*, \zeta_2)$. Es sei ein $y \in \omega(\zeta_1)$ gegeben. Definitionsgemäß ist $y = \lim_{k \to \infty} \phi(t_k, \zeta_1)$ für eine geeignete Folge $(t_k)_k \subseteq (0, t_\omega(\zeta_1))$ mit $\lim_{k \to \infty} t_k = t_\omega(\zeta_1)$. Mit dem Flussaxiom (FA2) folgt $I(\zeta_2) = I(\zeta_1) + t^*$, also insbesondere $\lim_{k \to \infty}(t_k + t^*) = t_\omega(\zeta_1) + t^* = t_\omega(\zeta_2)$, und $y = \lim_{k \to \infty} \phi(t_k + t^*, \zeta_2)$. Daher ist $y \in \omega(\zeta_2)$. Dies zeigt $\omega(\zeta_1) \subseteq \omega(\zeta_2)$, und analog ergibt sich $\omega(\zeta_2) \subseteq \omega(\zeta_1)$.

Falls die in (b) bis (e) auftretenden Grenzmengen $\omega(\zeta)$ bzw. $\alpha(\zeta)$ leer sind, so gelten die jeweiligen Behauptungen trivialerweise. Angesichts von Bemerkung 13.4 dürfen wir daher o.B.d.A. annehmen, dass in (b) bis (e) die Lösungen $\phi(\cdot, \zeta)$ für alle $t \geq 0$ bzw. für alle $t \leq 0$ existieren.

(b) Die Abgeschlossenheit von $\omega(\zeta)$ (bezüglich der Relativtopologie von D) folgt aus Proposition 13.6, da der Schnitt (auch unendlich vieler) abgeschlossener Mengen abgeschlossen ist.

(c) Zum Nachweis der Invarianz sei ein $y \in \omega(\zeta)$ gegeben. Es gibt dann eine Folge $(t_k)_k$ positiver Zahlen t_k mit $t_k \to \infty$ und $\phi(t_k, \zeta) \to y$ für $k \to \infty$.

Wir müssen zeigen, dass $\phi(t, y) \in \omega(\zeta)$ für alle $t \in I(y)$ gilt. Dazu sei ein $t \in I(y)$ fixiert. Falls k hinreichend groß ist, ist $t + t_k \geq 0$ und somit $t \in I(\zeta) - t_k = I(\phi(t_k, \zeta))$ und

$$\phi(t, \phi(t_k, \zeta)) = \phi(t + t_k, \zeta).$$

Lässt man hierin $k \to \infty$ gehen, erhält man

$$\phi(t, y) = \lim_{k \to \infty} \phi(t, \phi(t_k, \zeta)) = \lim_{k \to \infty} \phi(t + t_k, \zeta) \in \omega(\zeta),$$

wie behauptet.

(d) Es seien ein $\zeta \in P$ und ein $y \in \omega(\zeta)$ gegeben. Es ist dann $y = \lim_{k \to \infty} \phi(t_k, \zeta)$ für eine geeignete Folge $(t_k)_k$ in $\mathbb{R}^+$ mit $\lim_{k \to \infty} t_k = \infty$ sowie $y \in D$. Wegen der positiven Invarianz von P ist hierbei $\phi(t_k, \zeta) \in P$ für alle k, und mit der Abgeschlossenheit von P in D folgt $y = \lim_{k \to \infty} \phi(t_k, \zeta) \in \overline{P} \cap D = P$. Also ist $\omega(\zeta) \subseteq P$.

Variante: Man kann auch Proposition 13.6 heranziehen. Aus ihr ergibt sich $\omega(\zeta) \subseteq \overline{\gamma^+(\zeta)} \cap D \subseteq \overline{P} \cap D = P$.

(e) Dies folgt sofort aus (d) und einer analogen Aussage über α-Grenzmengen.

(f) Nun sei $\overline{\gamma^+(\zeta)}$ eine kompakte Teilmenge von D.

- Aus der Kompaktheit von $\overline{\gamma^+(\zeta)} \subseteq D$ folgt zunächst $I(\zeta) \supseteq [0, \infty)$ (Korollar 3.9) und sodann, dass z.B. die Folge $(\phi(k, \zeta))_k$ eine Teilfolge besitzt, die gegen ein $y \in \overline{\gamma^+(\zeta)}$ konvergiert. Es ist dann $y \in D$, und damit ist $y \in \omega(\zeta)$. Also ist $\omega(\zeta)$ nicht-leer.

- Gemäß (b) ist $\omega(\zeta)$ abgeschlossen in D. Da $\omega(\zeta)$ nach Proposition 13.6 zudem eine Teilmenge der kompakten Menge $\overline{\gamma^+(\zeta)} \subseteq D$ ist, ist $\omega(\zeta)$ sogar kompakt.

- Die Invarianz von $\omega(\zeta)$ ist bereits in (c) gezeigt worden.

- Wäre $\varepsilon := \limsup_{t \to \infty} \mathrm{dist}\,(\phi(t, \zeta), \omega(\zeta)) > 0$, so gäbe es eine streng monoton steigende Folge $(t_k)_k$ in $\mathbb{R}^+$ mit $t_k \to \infty$ für $k \to \infty$ und $\mathrm{dist}\,(\phi(t_k, \zeta), \omega(\zeta)) \geq \frac{\varepsilon}{2}$ für alle k. Wegen $(\phi(t_k, \zeta))_k \subseteq \gamma^+(\zeta)$ und der Kompaktheit von $\overline{\gamma^+(\zeta)}$ gäbe es eine Teilfolge $(t_{k_\nu})_\nu$, so dass $(\phi(t_{k_\nu}, \zeta))_\nu$ gegen einen Punkt $y \in \overline{\gamma^+(\zeta)} \subseteq D$ konvergiert. Damit wäre $y \in \omega(\zeta)$, und es würde

$$\frac{\varepsilon}{2} \leq \mathrm{dist}\,(\phi(t_{k_\nu}, \zeta), \omega(\zeta)) \leq \|\phi(t_{k_\nu}, \zeta) - y\| \longrightarrow 0 \qquad \text{für } \nu \to \infty$$

folgen, ein Widerspruch! Also gilt (13.1).

- Annahme: $\omega(\zeta)$ ist nicht zusammenhängend. Dann gibt es nicht-leere, in D abgeschlossene[93] und disjunkte Mengen ω_1 und ω_2 mit $\omega(\zeta) = \omega_1 \cup \omega_2$. Angesichts der Kompaktheit von $\omega(\zeta)$ sind die Mengen ω_1 und ω_2 dann ebenfalls kompakt und haben somit einen

---

[93]Relevant ist hier zunächst die Abgeschlossenheit bezüglich der Relativtopologie der Menge $\omega(\zeta)$. Da diese aber nach (b) selbst abgeschlossen in D ist, sind für ω_1 und ω_2 Abgeschlossenheit in $\omega(\zeta)$ und in D gleichbedeutend.

positiven Abstand $\varepsilon > 0$ voneinander (Proposition 3.7 (b)). Daher sind

$$U_j := \left\{ x \in D : \operatorname{dist}(x, \omega_j) < \frac{\varepsilon}{3} \right\}$$

für $j = 1, 2$ offene, zueinander disjunkte Umgebungen von ω_1 bzw. ω_2. Wegen (13.1) finden wir ein $T > 0$ mit $\phi(t, \zeta) \in U_1 \cup U_2$ für alle $t \geq T$. Da ω_1 und ω_2 nicht-leer sind, gibt es Grenzpunkte $y_1 \in \omega_1$ und $y_2 \in \omega_2$ und hierzu $\tau_1, \tau_2 \geq T$ mit $\|\phi(\tau_j, \zeta) - y_j\| < \frac{\varepsilon}{3}$ für $j = 1, 2$. Es ist dann $\phi(\tau_1, \zeta) \in U_1$ und $\phi(\tau_2, \zeta) \in U_2$. Dies impliziert jedoch, dass der Vorwärtsorbit $\gamma^+(\phi(T, \zeta))$ *nicht* zusammenhängend ist, was der Tatsache widerspricht, dass er das Bild des Intervalls $[T, \infty)$ unter der stetigen Abbildung $\phi(\cdot, \zeta)$ ist. Damit ist gezeigt, dass $\omega(\zeta)$ zusammenhängend ist.

- Zu guter Letzt folgt $I(y) = \mathbb{R}$ für alle $y \in \omega(\zeta)$ aus der Invarianz von $\omega(\zeta)$ und aus Korollar 3.9: Die Lösung $\phi(\cdot, y)$ verbleibt in ihrem maximalen Existenzintervall stets in der kompakten Menge $\omega(\zeta) \subseteq D$ und existiert daher für alle $t \in \mathbb{R}$. ∎

Beispiel 13.8   Die Voraussetzung in Satz 13.7 (f), dass $\overline{\gamma^+(\zeta)}$ kompakt und in D enthalten ist, ist unverzichtbar:

(1) Schränkt man den Definitionsbereich des autonomen Systems aus Beispiel 4.15 und Beispiel 13.5 „künstlich" auf $D := \mathbb{R}^2 \setminus \{(-1, 0), (1, 0)\}$ anstelle von $D = \mathbb{R}^2$ ein, so ist $\omega(\zeta)$ für alle $\zeta \in D \setminus (\partial B_1(0) \cup \{0\})$ die an den beiden Stellen $(\pm 1, 0)$ unterbrochene Einheitskreislinie und somit nicht zusammenhängend und auch nicht kompakt. Für alle $\zeta \in \partial B_1(0) \setminus \{(-1, 0), (1, 0)\}$ hingegen ist $\omega(\zeta) = \emptyset$.

(2) Für das autonome System

$$x' = (1 - x^2)^2 (y + x^3)$$
$$y' = -x$$

auf $D = \mathbb{R}^2$ ist der Vertikalstreifen $S := \left\{ (x, y) \in \mathbb{R}^2 : -1 < x < 1 \right\}$ invariant, da die Lösungen $t \mapsto (\pm 1, \mp t)$ die beiden Randgeraden von S parametrisieren, die somit von in S startenden Lösungen aus Eindeutigkeitsgründen nicht überquert werden können.

Das Phasenporträt in Abb. 13.1 macht es plausibel, dass $\omega(\zeta)$ für alle $\zeta \in S \setminus \{(0, 0)\}$ genau aus den beiden Randgeraden von S besteht und somit nicht zusammenhängend ist. Dies wollen wir nicht im Detail beweisen, sondern wir beschränken uns auf den Nachweis, dass

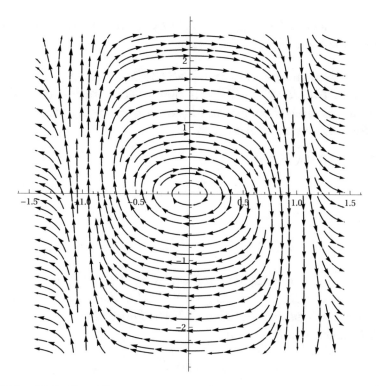

Abb. 13.1: Das Phasenporträt des Systems aus Beispiel 13.8 (2)

die Trajektorien durch die genannten ζ nicht geschlossen sind, sondern sich spiralförmig nach außen winden: Dazu betrachten wir zu der Lösung $t \mapsto \phi(t, \zeta) =: (x, y)(t)$ die Funktion

$$R(t) := \frac{1}{1 - x^2(t)} + y^2(t),$$

die man als Maß für die Annäherung der Lösung an den Rand von S und an Unendlich ansehen kann. Wegen

$$R' = \frac{2xx'}{(1 - x^2)^2} + 2yy' = 2x(y + x^3) - 2yx = 2x^4 \geq 0 \qquad (13.2)$$

steigt R monoton; weil auf keinem echten Intervall $x(t) \equiv 0$ gilt, liegt sogar strenge Monotonie vor. Dies zeigt unsere Behauptung[94]. $\qquad \square$

---

[94] Aus (13.2) erkennt man auch, dass $V(x, y) := -\frac{1}{1-x^2} - y^2$ eine Ljapunov-Funktion auf S ist. Sie hat im Gleichgewichtspunkt $(0, 0)$ ein striktes lokales Maximum. Mit einem zu Satz 13.12 analogen Kriterium kann man daraus auf die Instabilität von $(0, 0)$ schließen.

Das folgende wichtige Prinzip ermöglicht es oft, die ω-Grenzmenge mithilfe einer Ljapunov-Funktion zu lokalisieren.

Satz 13.9 (Invarianzprinzip von LaSalle[95])   *Es sei* $V : \Omega \longrightarrow \mathbb{R}$ *eine Ljapunov-Funktion für* $x' = f(x)$ *auf einer offenen, nicht-leeren Teilmenge* Ω *von* D, *und es seien* P *eine positiv invariante Teilmenge von* Ω *und* $\zeta \in P$. *Dann gelten die folgenden Aussagen:*

(a) *Es gibt ein* $c \in \mathbb{R}$ *mit*

$$\omega(\zeta) \cap P \subseteq V^{-1}(c) = \{x \in \Omega : V(x) = c\}.$$

(b) *Es ist*

$$\omega(\zeta) \cap P \subseteq \{x \in P : L_f V(x) = 0\} =: P_0.$$

(c) *Es sei* $\overline{\gamma^+(\zeta)}$ *eine kompakte Teilmenge von* P, *und* P_{inv} *sei die maximale positiv invariante Teilmenge von* P_0, *d.h. die (nach Proposition 13.2 (d) ebenfalls positiv invariante) Vereinigung aller positiv invarianten Teilmengen von* P_0. *Dann gilt*

$$\lim_{t \to \infty} \mathrm{dist}\,(\phi(t, \zeta), P_{inv}) = 0.$$

Beweis. Im Fall $\omega(\zeta) \cap P = \emptyset$ sind (a) und (b) trivialerweise gültig. In (c) kann dieser Fall unter den dortigen Voraussetzungen ohnehin nicht auftreten, denn nach Satz 13.7 (f) ist $\omega(\zeta)$ dann nicht-leer, und nach Proposition 13.6 gilt $\omega(\zeta) \subseteq \overline{\gamma^+(\zeta)} \subseteq P$.

Wir dürfen daher im Folgenden stets $\omega(\zeta) \cap P \neq \emptyset$ und damit insbesondere $I(\zeta) \supseteq [0, \infty)$ annehmen.

(a) Wegen $\phi(t, \zeta) \in P$ für alle $t \geq 0$ und weil V eine Ljapunov-Funktion auf $\Omega \supseteq P$ ist, fällt $t \mapsto V(\phi(t, \zeta))$ auf $[0, \infty)$ monoton. Daher existiert der (evtl. uneigentliche) Grenzwert

$$c := \lim_{t \to \infty} V(\phi(t, \zeta)) \in \mathbb{R} \cup \{-\infty\}.$$

Es sei ein $x \in \omega(\zeta) \cap P$ gegeben. Dann ist $x = \lim_{k \to \infty} \phi(t_k, \zeta)$ für eine Folge $(t_k)_k$ mit $\lim_{k \to \infty} t_k = \infty$. Aufgrund der Stetigkeit von V folgt

$$V(x) = V\left(\lim_{k \to \infty} \phi(t_k, \zeta)\right) = \lim_{k \to \infty} V(\phi(t_k, \zeta)) = c.$$

---

[95]nach Joseph Pierre LaSalle (1916–1983)

Da $\omega(\zeta) \cap P$ nicht-leer ist, es also ein solches x tatsächlich gibt, ist c endlich, und für alle solchen x ist $x \in V^{-1}(c)$ gezeigt. Also gilt wie behauptet $\omega(\zeta) \cap P \subseteq V^{-1}(c)$.

(b) Wieder sei ein $x \in \omega(\zeta) \cap P$ gegeben. Aufgrund der Invarianz von $\omega(\zeta)$ (Satz 13.7 (c)) und der positiven Invarianz von P sowie wegen (a) ist dann für alle $t \geq 0$ auch $\phi(t, x) \in \omega(\zeta) \cap P \subseteq V^{-1}(c)$. Insbesondere gilt

$$L_f V(x) = \langle \nabla V(x), f(x) \rangle = \frac{d}{dt} V(\phi(t,x)) \Big|_{t=0} = 0.$$

Dies zeigt $x \in P_0$.

(c) Unter der Zusatzvoraussetzung in (c) gilt, wie eingangs festgestellt, $\omega(\zeta) \subseteq P$. Aus (b) folgt daher $\omega(\zeta) \subseteq P_0$. Mithin ist $\omega(\zeta)$ eine (nach Satz 13.7 (c)) positiv invariante Teilmenge von P_0, und aus der Definition von P_{inv} ergibt sich $\omega(\zeta) \subseteq P_{\text{inv}}$; insbesondere ist P_{inv} nicht-leer. Daher ist

$$\text{dist}\,(\phi(t, \zeta), P_{\text{inv}}) \leq \text{dist}\,(\phi(t, \zeta), \omega(\zeta))$$

für alle $t \geq 0$, und mithilfe von Satz 13.7 (f) ergibt sich

$$\lim_{t \to \infty} \text{dist}\,(\phi(t, \zeta), P_{\text{inv}}) = 0. \qquad \blacksquare$$

13.2   Stabilität von Mengen

Wir verallgemeinern nun die Stabilitätsbegriffe aus Definition 10.3 auf beliebige Mengen.

Definition 13.10   *Es sei M eine nicht-leere Teilmenge von D.*

(a) *Die Menge M heißt* **stabil**, *wenn es zu jeder Umgebung U von M eine Umgebung W von M derart gibt, dass für jedes $\zeta \in W$ sowohl $[0, \infty) \subseteq I(\zeta)$ als auch $\phi(t, \zeta) \in U$ für alle $t \geq 0$ gilt. Andernfalls nennt man M* **instabil**.

(b) *Wir setzen*

$$\mathcal{E}(M) := \Big\{ \zeta \in D : [0, \infty) \subseteq I(\zeta), \lim_{t \to \infty} \text{dist}\,(\phi(t, \zeta), M) = 0 \Big\}$$

und nennen $\mathcal{E}(M)$ den **Einzugsbereich** *von M.*

Die Menge M heißt **attraktiv**, *wenn es eine Umgebung $U \subseteq D$ von M gibt, die im Einzugsbereich von M liegt.*

(c) Die Menge M heißt **asymptotisch stabil**, wenn sie stabil und attraktiv ist.

Für den Fall, dass $M = \{x_0\}$ mit einem Gleichgewichtspunkt x_0 ist, sind diese Begriffsbildungen selbstverständlich konsistent mit Definition 10.3. Mit ihnen erweist sich das Ljapunov-Kriterium für Gleichgewichtspunkte aus Satz 12.3 als Spezialfall des folgenden allgemeineren Resultats – welches damit auch den seinerzeit nicht in allen Details ausgeführten Beweis für Satz 12.3 nachliefert. Zu seiner Formulierung benötigen wir die bereits zu Beginn von Kapitel 12 eingeführten Subniveaumengen

$$N_c^{\leqq}(V) = \{x \in D : V(x) \leq c\}$$

einer Funktion $V : D \longrightarrow \mathbb{R}$. Falls V stetig ist, ist $N_c^{\leqq}(V)$ (als Urbild der abgeschlossenen Menge $(-\infty, c]$ unter V) abgeschlossen in der (offenen!) Menge D. Ferner arbeiten wir im Folgenden mehrfach mit der abgeschlossenen r-Umgebung

$$B_r(M) := \{x \in \mathbb{R}^n : \mathrm{dist}\,(x, M) \leq r\}$$

einer nicht-leeren Menge $M \subseteq \mathbb{R}^n$. Falls M kompakt ist, ist für alle $r > 0$ auch $B_r(M)$ kompakt.

Satz 13.11 (Stabilitätskriterium von Ljapunov) *Die Funktion $V : D \longrightarrow \mathbb{R}$ sei stetig differenzierbar, für die Subniveaumenge $M := N_0^{\leqq}(V)$ von V zum Niveau 0 gelte $M \neq D$ und $M \neq \emptyset$, und V sei eine Ljapunov-Funktion für $x' = f(x)$ auf $D \setminus M$. Dann gelten die folgenden Aussagen:*

(a) *Die Subniveaumengen $N_c^{\leqq}(V)$ mit $c \geq 0$ sind positiv invariant.*

(b) *Ist M kompakt, so ist M stabil.*

(c) *Ist M kompakt und ist V eine strikte Ljapunov-Funktion für $x' = f(x)$ auf $D \setminus M$, so ist M asymptotisch stabil. Ist ferner für ein $c \geq 0$ die Subniveaumenge $N_c^{\leqq}(V)$ kompakt, so liegt sie im Einzugsbereich von M.*

Beweis.

(a) Es sei ein $c \geq 0$ gegeben, und es sei $\zeta \in N_c^{\leqq}(V)$. Wir nehmen an, dass es ein $\tau > 0$ mit $\phi(\tau, \zeta) \notin N_c^{\leqq}(V)$ gibt. Aus der Stetigkeit von ϕ und der Abgeschlossenheit von $N_c^{\leqq}(V)$ folgt dann

$$T := \sup\,\bigl\{t \in [0, \tau) \,:\, \phi(t, \zeta) \in N_c^{\leqq}(V)\bigr\} < \tau$$

und $V(\phi(T, \zeta)) = c$, und für $t \in (T, \tau]$ gilt $\phi(t, \zeta) \notin N_c^{\leq}(V)$, wegen $N_c^{\leq}(V) \supseteq N_0^{\leq}(V) = M$ also $\phi(t, \zeta) \in D \setminus M$. Weil V eine Ljapunov-Funktion auf $D \setminus M$ ist, gilt nach Bemerkung 12.2

$$\frac{d}{dt} V(\phi(t, \zeta)) \leq 0 \qquad \text{für alle } t \in (T, \tau],$$

so dass $t \mapsto V(\phi(t, \zeta))$ auf $[T, \tau]$ monoton fällt. Damit folgt

$$c < V(\phi(\tau, \zeta)) \leq V(\phi(T, \zeta)) = c.$$

Dieser Widerspruch zeigt die positive Invarianz von $N_c^{\leq}(V)$.

(b) Es sei $U \subseteq D$ eine Umgebung von M, die wir o.B.d.A. als offen annehmen dürfen. Da M kompakt ist und daher vom (zu M disjunkten) Rand von U positiven Abstand hat, gibt es ein $\varepsilon > 0$ mit $B_\varepsilon(M) \subseteq U$. Aus Kompaktheitsgründen existiert das Minimum[96]

$$\beta := \min\{V(x) : x \in D, \, \text{dist}\,(x, M) = \varepsilon\} > 0. \tag{13.3}$$

Da V gleichmäßig stetig auf $B_\varepsilon(M)$ und ≤ 0 auf M ist, gibt es ein $\delta \in (0, \varepsilon)$, so dass $V(x) < \beta$ für alle $x \in B_\delta(M) =: W$ gilt; hierbei ist $W \subseteq U \subseteq D$.

Es sei ein $\zeta \in W$ gegeben. Wir nehmen an, dass $\phi(t, \zeta)$ die Menge $B_\varepsilon(M)$ für gewisse, hinreichend große $t > 0$ verlässt. Dann gibt es ein $\tau > 0$ mit $\text{dist}\,(\phi(\tau, \zeta), M) = \varepsilon$ und $\phi(t, \zeta) \in B_\varepsilon(M)$ für alle $t \in [0, \tau]$. Wegen (13.3) ist

$$V(\phi(\tau, \zeta)) \geq \beta. \tag{13.4}$$

Da $M = N_0^{\leq}(V)$ gemäß (a) positiv invariant ist, ergibt sich sogar $\phi(t, \zeta) \in B_\varepsilon(M) \setminus M$ für alle $t \in [0, \tau]$. Weil V eine Ljapunov-Funktion für $x' = f(x)$ auf $D \setminus M$ ist, folgt hieraus, dass $t \mapsto V(\phi(t, \zeta))$ auf $[0, \tau]$ monoton fällt. Insbesondere ist

$$V(\phi(\tau, \zeta)) \leq V(\phi(0, \zeta)) = V(\zeta) < \beta,$$

was aber (13.4) widerspricht.

---

[96]Man beachte hierbei, dass zwar $\partial B_\varepsilon(M) \subseteq \{x \in D : \text{dist}\,(x, M) = \varepsilon\}$ gilt und die Menge auf der rechten Seite (ebenso wie $B_\varepsilon(M)$ und $\partial B_\varepsilon(M)$) kompakt ist, in dieser Inklusion jedoch nicht zwangsläufig Gleichheit gelten muss. Ein Gegenbeispiel hierfür im $\mathbb{R}^2$ erhält man, wenn man für M eine Kreislinie vom Radius ε wählt: Der Mittelpunkt dieses Kreises hat dann von M Abstand ε, ist aber ein innerer Punkt von $B_\varepsilon(M)$ und mithin kein Randpunkt.

Somit verbleibt $\phi(t, \zeta)$ für alle $t \in I(\zeta)$ mit $t \geq 0$ stets innerhalb der kompakten Menge $B_\varepsilon(M) \subseteq U$. Nach Korollar 3.9 existiert $\phi(t, \zeta)$ daher für alle $t \geq 0$, und es gilt $\phi(t, \zeta) \in U$ für alle $t \geq 0$. Damit ist die Stabilität von M gezeigt.

(c) Nunmehr sei M kompakt und V eine strikte Ljapunov-Funktion auf $D \setminus M$.

   (c1) Es sei $K \subset D$ kompakt, und für ein $\zeta \in K$ sei $\gamma^+(\zeta) \subseteq K$. Nach Korollar 3.9 ist dann $I(\zeta) \supseteq [0, \infty)$, und gemäß Satz 13.7 (f) ist $\omega(\zeta)$ nicht-leer. Wir behaupten

$$\lim_{t \to \infty} \text{dist}\,(\phi(t, \zeta), M) = 0. \tag{13.5}$$

Falls $\phi(t, \zeta) \in M$ für ein $t \geq 0$ ist, so ist dies klar aufgrund der positiven Invarianz von M. Andernfalls gilt $\phi(t, \zeta) \in K \setminus M$ für alle $t \geq 0$, so dass $t \mapsto V(\phi(t, \zeta))$ für $t \geq 0$ monoton fällt und positiv ist. Daher existiert der Limes

$$c := \lim_{t \to \infty} V(\phi(t, \zeta)) \geq 0.$$

Wir nehmen an, es wäre $c > 0$ und somit $V(\phi(t, \zeta)) \geq c > 0$ für alle $t \geq 0$. Dann wäre $\overline{\gamma^+(\zeta)} \subseteq K \setminus M$. Aus dem Invarianzprinzip von LaSalle (Satz 13.9 (b)), angewandt auf die nach Proposition 13.2 (b) positiv invariante Menge $P = \overline{\gamma^+(\zeta)}$, würde dann aber

$$\omega(\zeta) = \omega(\zeta) \cap P \subseteq \{x \in K \setminus M \,:\, L_f V(x) = 0\} = \emptyset$$

folgen, im Widerspruch zu $\omega(\zeta) \neq \emptyset$. Dies beweist

$$\lim_{t \to \infty} V(\phi(t, \zeta)) = 0. \tag{13.6}$$

Wäre (13.5) verletzt, so gäbe es ein $\varepsilon > 0$ und eine Folge $(t_k)_k$ in $\mathbb{R}^+$ mit $\lim_{k \to \infty} t_k = \infty$ und dist$\,(\phi(t_k, \zeta), M) \geq \varepsilon$ für alle k. Für die in Analogie zu (13.3) definierte Größe

$$\beta := \min\{V(x) : x \in K, \text{dist}\,(x, M) \geq \varepsilon\}$$

wäre dann erneut $\beta > 0$, und für alle k könnten wir in Anbetracht von $\phi(t_k, \zeta) \in \gamma^+(\zeta) \subseteq K$ auf $V(\phi(t_k, \zeta)) \geq \beta$ schließen, im Widerspruch zu (13.6). Also gilt (13.5).

(c2) Es gibt ein $\varepsilon > 0$ mit $B_\varepsilon(M) \subset D$. Hierzu konstruiert man eine offene Umgebung $W \subseteq B_\varepsilon(M)$ von M mit den in (b) genannten Eigenschaften.

Es sei ein $\zeta \in W$ gegeben. Wie in (b) gezeigt, gilt dann $[0, \infty) \subseteq I(\zeta)$ und $\phi(t, \zeta) \in B_\varepsilon(M)$ für alle $t \geq 0$. Aus (c1) folgt daher, dass (13.5) für ζ gilt, d.h. dass ζ im Einzugsbereich $\mathcal{E}(M)$ liegt. Auf diese Weise ergibt sich $W \subseteq \mathcal{E}(M)$, d.h. M ist attraktiv.

Da M nach (b) auch stabil ist, ist M insgesamt asymptotisch stabil.

(c3) Ist $N_c^{\leq}(V) =: K$ für ein $c \geq 0$ kompakt, so können wir (c1) auf die nach (a) positiv invariante Menge K anwenden und sehen, dass diese im Einzugsbereich von M liegt. ∎

Ist x_0 ein Gleichgewichtspunkt des Systems und V eine Ljapunov-Funktion auf einer offenen Umgebung von x_0, die in x_0 ein striktes lokales Minimum mit o.B.d.A. $V(x_0) = 0$ hat, so gilt für die Menge M aus Satz 13.11 $M = N_0^{\leq}(V) = \{x_0\}$, und der Satz liefert die Stabilität von x_0 (bzw. im Fall einer auf einer punktierten Umgebung von x_0 strikten Ljapunov-Funktion die asymptotische Stabilität). Das Ljapunov-Kriterium für Gleichgewichtspunkte (Satz 12.3) ist also tatsächlich als Spezialfall in Satz 13.11 enthalten. Dabei kann man die Striktheit der Ljapunov-Funktion als Voraussetzung für die asymptotische Stabilität noch deutlich abschwächen, wie folgender Satz zeigt, der zudem ein Kriterium für Attraktivität auch unabhängig von Stabilität liefert.

Satz 13.12 *Es sei $x_0 \in D$ ein Gleichgewichtspunkt von $x' = f(x)$. Auf einer offenen Umgebung Ω von x_0 sei $V : \Omega \longrightarrow \mathbb{R}$ eine Ljapunov-Funktion für $x' = f(x)$. Weiter sei $P \subseteq \Omega$ eine kompakte und positiv invariante Umgebung von x_0, und auf keinem Vorwärtsorbit in $P \backslash \{x_0\}$ sei V konstant. Dann ist der Gleichgewichtspunkt x_0 attraktiv, und P ist im Einzugsbereich von x_0 enthalten.*

Unter der Zusatzvoraussetzung, dass die Restriktion $V|_P$ in x_0 ein striktes absolutes Minimum hat, ist x_0 sogar asymptotisch stabil.

Beweis. Aufgrund der positiven Invarianz und der Kompaktheit von P in Verbindung mit Korollar 3.9 gilt $\gamma^+(\zeta) \subseteq P$ und $I(\zeta) \supseteq [0, \infty)$ für alle $\zeta \in P$.

Wir nehmen an, P wäre nicht im Einzugsbereich von x_0 enthalten. Dann gibt es ein $\zeta \in P$, so dass $\phi(t, \zeta)$ für $t \to \infty$ nicht gegen x_0 konvergiert. Es gibt also ein $\varepsilon > 0$ und eine Folge $(t_k)_k$ in $\mathbb{R}^+$ mit

$$\lim_{k \to \infty} t_k = \infty \quad \text{und} \quad \|\phi(t_k, \zeta) - x_0\| \geq \varepsilon \quad \text{für alle } k \in \mathbb{N}.$$

Weil P kompakt ist, gibt es eine Teilfolge $(t_{k_\nu})_\nu$, so dass $(\phi(t_{k_\nu}, \zeta))_\nu$ gegen ein $y \in P$ konvergiert. Es ist dann $y \in \omega(\zeta)$ und $\|y - x_0\| \geq \varepsilon$, also $y \neq x_0$. Mit $y \in P$ ist auch $\gamma^+(y) \subseteq P$ und aus Eindeutigkeitsgründen sogar $\gamma^+(y) \subseteq P \setminus \{x_0\}$.

Wegen der Invarianz von $\omega(\zeta)$ (Satz 13.7 (c)) gilt $\gamma(y) \subseteq \omega(\zeta)$. Für jedes $z \in \gamma^+(y)$ gibt es also eine Folge $(s_\mu)_\mu$ in $[0, \infty)$ mit $\lim_{\mu \to \infty} s_\mu = \infty$ und $\lim_{\mu \to \infty} \phi(s_\mu, \zeta) = z$, und weil V längs der Trajektorien monoton fällt, ergibt sich

$$V(z) = \lim_{\mu \to \infty} V(\phi(s_\mu, \zeta)) = \inf \{V(\phi(t, \zeta)) : t \geq 0\} =: c,$$

wobei c unabhängig von z ist. Also ist V auf dem Vorwärtsorbit $\gamma^+(y) \subseteq P \setminus \{x_0\}$ konstant. Dies widerspricht der Voraussetzung. Folglich ist $P \subseteq \mathcal{E}(x_0)$. Insbesondere ist x_0 attraktiv.

Setzt man zusätzlich voraus, dass $V|_P$ in x_0 ein striktes absolutes Minimum hat, so ist x_0 nach dem Ljapunov-Kriterium für Gleichgewichtspunkte (Satz 12.3) stabil, insgesamt also asymptotisch stabil. $\blacksquare$

Beispiel 13.13   Wir untersuchen das autonome System

$$\begin{aligned} x' &= y^3, \\ y' &= -x - x^3 - y^3 \end{aligned} \tag{13.7}$$

und dessen Gleichgewichtspunkt $(0,0)$. Die Funktion

$$V : \mathbb{R}^2 \longrightarrow \mathbb{R}, \quad V(x, y) = 2x^2 + x^4 + y^4$$

ist wegen

$$L_f V(x, y) = \left\langle \begin{pmatrix} 4x + 4x^3 \\ 4y^3 \end{pmatrix}, \begin{pmatrix} y^3 \\ -x - x^3 - y^3 \end{pmatrix} \right\rangle = -4y^6 \leq 0$$

eine Ljapunov-Funktion, und sie hat in $(x, y) = (0, 0)$ ein striktes lokales Minimum. Nach dem Ljapunov-Kriterium (in der Version von Satz 12.3) ist der Nullpunkt daher ein stabiler Gleichgewichtspunkt. Jedoch ist V keine strikte Ljapunov-Funktion auf $\mathbb{R}^2 \setminus \{(0, 0)\}$, so dass Satz 12.3 keine Aussage

über die asymptotische Stabilität trifft. Auch das Prinzip der linearisierten
Stabilität führt nicht zum Ziel, denn die Jacobi-Matrix der rechten Seite
von (13.7) in $(0,0)$ ist offensichtlich

$$\begin{pmatrix} 0 & 0 \\ -1 & 0 \end{pmatrix}$$

und hat somit den doppelten Eigenwert 0.

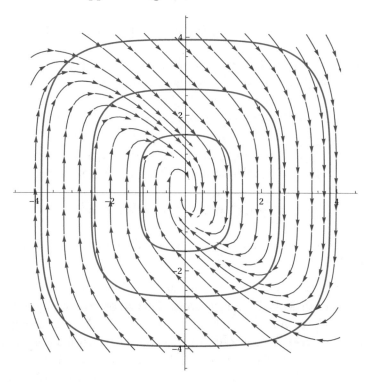

Abb. 13.2: Das Phasenporträt des Systems 13.7 und einige Niveaulinien der
Ljapunov-Funktion V

Jedoch fällt auf, dass außer für $y = 0$ stets $L_f V(x,y) < 0$ ist. Ist V auf
einem Vorwärtsorbit $\gamma^+(\zeta)$ des Systems konstant, so muss dieser daher in
$\{(x,0) : x \in \mathbb{R}\}$, d.h. in der x-Achse verlaufen. Für die zugehörige Lösung
$t \mapsto (x,y)(t)$ gilt also $y(t) \equiv 0$. Setzt man dies in die zweite Gleichung in
(13.7) ein, so erhält man $x(t) \cdot (1 + x^2(t)) \equiv 0$, also $x(t) \equiv 0$ und somit
$(x,y)(t) \equiv (0,0)$. Folglich ist V auf keinem Vorwärtsorbit in $\mathbb{R}^2 \setminus \{(0,0)\}$
konstant. Wegen $|V(x,y)| \to \infty$ für $\|(x,y)\| \to \infty$ sind ferner die Subni-
veaumengen $N_c^{\leq}(V)$ mit $c > 0$ alle kompakt und nach Satz 13.11 (a) positiv
invariant. Damit ist Satz 13.12 anwendbar. Aus ihm folgt, dass $(0,0)$ ein

asymptotisch stabiler Gleichgewichtspunkt des Systems (13.7) ist und dass alle $N_c^{\leq}(V)$ mit $c > 0$ in seinem Einzugsbereich liegen. Insgesamt ist der Einzugsbereich also ganz $\mathbb{R}^2$.

Variante: Man kann auch mit dem Invarianzprinzip von LaSalle (Satz 13.9 (c)) argumentieren, angewandt auf $P = \Omega = D = \mathbb{R}^2$. Zunächst folgt aus der Kompaktheit und der positiven Invarianz der Subniveaumengen mithilfe von Korollar 3.9, dass alle Lösungen für alle $t \geq 0$ existieren. Es ist

$$P_0 := \{x \in \mathbb{R}^2 \ : \ L_f V(x) = 0\} = \{(x,0) \ : \ x \in \mathbb{R}\}.$$

Wir bestimmen die maximale positiv invariante Teilmenge P_{inv} von P_0: Hierzu sei P^* eine beliebige positiv invariante Teilmenge von P_0, und es sei ein $\zeta \in P^*$ gegeben. Dann ist $\phi(t,\zeta) \in P^* \subseteq P_0$ für alle $t \in [0,\infty)$. Schreibt man $\phi(t,\zeta) = (x,y)(t)$, so ist also $y(t) \equiv 0$, und wie oben folgt $\phi(t,\zeta) \equiv 0$, insbesondere also $\zeta = (0,0)$. Daher gilt $P^* \subseteq \{(0,0)\}$ und somit $P_{\text{inv}} = \{(0,0)\}$. Außerdem ist $\overline{\gamma^+(\zeta)}$ für alle $\zeta \in \mathbb{R}^2$ in einer der Subniveaumengen $N_c^{\leq}(V)$ enthalten und damit ebenfalls kompakt. Mit dem Prinzip von LaSalle folgt nunmehr

$$\lim_{t \to \infty} \phi(t,\zeta) = 0 \qquad \text{für alle } \zeta \in \mathbb{R}^2.$$

Damit ist erneut gezeigt, dass $(0,0)$ asymptotisch stabil ist mit ganz $\mathbb{R}^2$ als Einzugsbereich.

Das Phasenporträt von (13.7) und einige Niveaulinien der Ljapunov-Funktion V sind in Abb. 13.2 dargestellt. Gut zu erkennen ist, wie längs der Lösungen die Werte von V abnehmen, so dass die Subniveaumengen von V positiv invariant sind. Ferner fällt auf, dass die Trajektorien bei Annäherung an die x-Achse immer stärker tangential zu den Niveaulinien verlaufen – in Übereinstimmung damit, dass $L_f V(x,y) = -4y^6$, d.h. die Ableitung von V längs der Lösungen, für $y \to 0$ gegen 0 strebt. $\qquad\qquad\square$

Satz 13.14 (Instabilitätskriterium von Ljapunov) *Die Funktion $V :$ $D \longrightarrow \mathbb{R}$ sei stetig differenzierbar, die Menge $M \subseteq \{x \in D \ : \ V(x) \geq 0\}$ sei kompakt und nicht-leer, und $U \subseteq D$ sei eine offene Umgebung von M. Ist V eine strikte Ljapunov-Funktion für $x' = f(x)$ auf $U \setminus M$ und gibt es in jeder Umgebung von M mindestens einen Punkt x mit $V(x) < 0$, so ist M instabil.*

Das Instabilitätskriterium für Gleichgewichtspunkte in Satz 12.14 ist offensichtlich ein Spezialfall hiervon.

Beweis. Wir nehmen an, M wäre stabil. Wie im Beweis von Satz 13.11 (b) gibt es ein $\varepsilon > 0$ mit $B_\varepsilon(M) \subset U$. Da $B_\varepsilon(M)$ eine Umgebung von M ist, gibt es nach Definition der Stabilität eine Umgebung W von M, so dass für jedes $\zeta \in W$ sowohl $[0, \infty) \subseteq I(\zeta)$ als auch $\phi(t, \zeta) \in B_\varepsilon(M)$ für alle $t \geq 0$ gilt. Nach Voraussetzung gibt es ein $\zeta_0 \in W \setminus M$ mit $V(\zeta_0) < 0$. Da V auf M nicht-negativ und auf $B_\varepsilon(M)$ gleichmäßig stetig ist, gibt es ein $\delta \in (0, \varepsilon)$ mit $V(x) > V(\zeta_0)$ für alle $x \in D$ mit $\operatorname{dist}(x, M) \leq \delta$. Insbesondere ist $\operatorname{dist}(\zeta_0, M) > \delta$.

Mit einer ähnlichen Überlegung wie im Beweis von Satz 13.11 (a) zeigen wir, dass $\operatorname{dist}(\phi(t, \zeta_0), M) > \delta$ für alle $t \geq 0$ gilt. Andernfalls wäre das Infimum

$$T := \inf\{t \geq 0 \,:\, \operatorname{dist}(\phi(t, \zeta_0), M) \leq \delta\}$$

wohldefiniert, wegen der Stetigkeit von ϕ und von $\operatorname{dist}(\,\cdot\,, M)$ (Proposition 3.7 (a)) wäre $\operatorname{dist}(\phi(T, \zeta_0), M) \leq \delta$, angesichts von $\operatorname{dist}(\zeta_0, M) > \delta$ also $T > 0$, und für alle $t \in [0, T)$ wäre $\operatorname{dist}(\phi(t, \zeta_0), M) > \delta$, insbesondere also $\phi(t, \zeta_0) \notin M$. Deswegen und nach Wahl von W wäre also $\phi(t, \zeta_0) \in B_\varepsilon(M) \setminus M \subseteq U \setminus M$ für alle $t \in [0, T)$. Da $L_f V$ auf $U \setminus M$ negativ ist und $t \mapsto V(\phi(t, \zeta_0))$ daher auf $[0, T]$ monoton fällt, würde

$$V(\zeta_0) < V(\phi(T, \zeta_0)) \leq V(\phi(0, \zeta_0)) = V(\zeta_0)$$

folgen, ein Widerspruch. Mithin ist $\delta < \operatorname{dist}(\phi(t, \zeta_0), M) \leq \varepsilon$ für alle $t \geq 0$. Nun ist aber

$$\mu := \max\{L_f V(x) : \delta \leq \operatorname{dist}(x, M) \leq \varepsilon\} < 0,$$

und für alle $t \geq 0$ folgt

$$
\begin{aligned}
V(\phi(t, \zeta_0)) &= V(\phi(0, \zeta_0)) + \int_0^t \frac{d}{ds} V(\phi(s, \zeta_0))\, ds \\
&= V(\zeta_0) + \int_0^t L_f V(\phi(s, \zeta_0))\, ds \\
&\leq V(\zeta_0) + \mu t \longrightarrow -\infty \qquad \text{für } t \to \infty.
\end{aligned}
$$

Da $\phi(t, \zeta_0) \in B_\varepsilon(M)$ für alle $t \geq 0$ gilt und V auf dem Kompaktum $B_\varepsilon(M)$ nach unten beschränkt ist, ist dies ein Widerspruch. Also ist M instabil. ∎

Die asymptotische Stabilität spezieller nicht-einelementiger Mengen, nämlich von periodischen Orbits, werden wir in den Sätzen 13.28 und 13.30 genauer studieren.

13.3   Stabilität von Hamilton-Systemen und Gradientensystemen

Satz 13.15   Es seien $D \subseteq \mathbb{R}^{2n}$ offen und nicht-leer und $H : D \longrightarrow \mathbb{R}$ zweimal stetig differenzierbar. Dann gelten für das Hamilton-System

$$x' = \nabla_y H, \quad y' = -\nabla_x H$$

die folgenden Aussagen.

(a) Ist $(x_0, y_0) \in D$ ein striktes lokales Minimum der Hamiltonfunktion H, so ist (x_0, y_0) ein stabiler Gleichgewichtspunkt.

(b) Kein Gleichgewichtspunkt und allgemeiner keine Trajektorie $\gamma(\zeta)$, deren Abschluss eine kompakte Teilmenge von D ist, kann attraktiv sein.

Beweis.

(a) Da H nach Satz 5.13 ein Erstes Integral und somit eine Ljapunov-Funktion für das Hamilton-System ist, folgt (a) aus dem Ljapunov-Kriterium in Satz 12.3.

(b) Wir nehmen an, eine Trajektorie $\gamma(\zeta)$ wäre attraktiv und ihr Abschluss wäre eine kompakte Teilmenge von D. Dann gäbe es eine offene Umgebung U von $\gamma(\zeta)$, so dass für alle $x \in U$

$$[0, \infty) \subseteq I(x) \quad \text{und} \quad \lim_{t \to \infty} \operatorname{dist}\left(\phi(t, x), \gamma(\zeta)\right) = 0 \qquad (13.8)$$

gilt. Es sei ein $x \in U$ gegeben. Für jedes $k \in \mathbb{N}$ gibt es ein $t_k \in I(\zeta)$ mit

$$\|\phi(k, x) - \phi(t_k, \zeta)\| \le \operatorname{dist}\left(\phi(k, x), \gamma(\zeta)\right) + \frac{1}{k}. \qquad (13.9)$$

Wegen der Kompaktheit von $\overline{\gamma(\zeta)} \subseteq D$ gibt es eine Teilfolge $(t_{k_\nu})_\nu$, so dass $(\phi(t_{k_\nu}, \zeta))_\nu$ gegen ein $y \in D$ konvergiert. Angesichts von (13.8) und (13.9) strebt dann auch $(\phi(k_\nu, x))_\nu$ gegen y. Die Hamilton-Funktion H ist jedoch konstant entlang jeder Trajektorie. Damit und mit der Stetigkeit von H in y folgt für $\nu \to \infty$

$$\begin{aligned} H(x) &= H(\phi(0, x)) = \lim_{\nu \to \infty} H(\phi(k_\nu, x)) = H(y) \\ &= \lim_{\nu \to \infty} H(\phi(t_{k_\nu}, \zeta)) = H(\zeta). \end{aligned}$$

Also müsste H konstant in U sein. Die rechte Seite des Hamilton-Systems wäre dann identisch 0 in U, d.h. jeder Punkt in U wäre ein Gleichgewichtspunkt, und es wäre $\gamma(\zeta) = \{\zeta\}$ und $\phi(t, x) = x$ für alle $t \ge 0$ und alle $x \in U$. Dies widerspricht (13.8). ∎

Wir betrachten nun Systeme, die sich in gewissem Sinne dual zu den Hamilton-Systemen verhalten.

Definition 13.16   *Ein **Gradientensystem** auf einer nicht-leeren offenen Menge $D \subseteq \mathbb{R}^n$ ist ein autonomes System der Gestalt*

$$x' = -\nabla V(x)$$

mit einer zweimal stetig differenzierbaren Funktion $V : D \longrightarrow \mathbb{R}$.

Das Minuszeichen in der Definition ist selbstverständlich irrelevant; es beruht auf einer gängigen Konvention, deren Vorteil darin besteht, dass damit V (statt $-V$) eine Ljapunov-Funktion des Systems ist. Dies ist die erste Aussage des folgenden Satzes.

Satz 13.17   *Es sei $V : D \longrightarrow \mathbb{R}$ zweimal stetig differenzierbar. Dann gelten für das Gradientensystem $x' = -\nabla V(x)$ die folgenden Aussagen:*

(a) *V ist eine Ljapunov-Funktion auf D.*

(b) *Für jedes $\zeta \in D$ schneidet die Trajektorie durch ζ die Niveaumenge $V^{-1}(V(\zeta))$ senkrecht, in dem Sinne, dass der Tangentialvektor in ζ an die Flusslinie ϕ_ζ orthogonal ist zu den Tangentialvektoren in ζ an alle glatten Wege, die in dieser Niveaumenge verlaufen.*

(c) *Die Gleichgewichtspunkte sind genau die stationären Stellen von V.*

(d) *Hat V in $x_0 \in D$ ein striktes lokales Minimum, so ist x_0 ein stabiler Gleichgewichtspunkt. Ist x_0 zusätzlich eine isolierte stationäre Stelle von V (d.h. ein isolierter Gleichgewichtspunkt des Systems), so ist x_0 asymptotisch stabil.*

(e) *Jeder Grenzpunkt in D ist ein Gleichgewichtspunkt.*

(f) *Das System hat keine periodischen Orbits.*

(g) *Ist $x_0 \in D$ und $x' = Ax$ die Linearisierung des Systems in x_0, so ist A symmetrisch. Insbesondere hat A nur reelle Eigenwerte und ist orthogonal diagonalisierbar, d.h. es gibt eine Orthonormalbasis des $\mathbb{R}^n$ aus Eigenvektoren von A.*

Beweis. Es sei $f := -\nabla V$ die rechte Seite des Gradientensystems.

(a) Für die Ableitung längs der Lösungen erhält man

$$L_f V(x) = \langle \nabla V(x), f(x) \rangle = -\|\nabla V(x)\|^2 \le 0. \tag{13.10}$$

Dies zeigt, dass V eine Ljapunov-Funktion des Gradientensystems ist.

(b) Es seien $\zeta \in D$ und γ ein glatter Weg in $V^{-1}(V(\zeta))$ mit $\gamma(t_0) = \zeta$ für ein $t_0 \in \mathbb{R}$. Nach Proposition 5.2 (einer einfachen Folgerung aus der Kettenregel) gilt dann

$$\langle \phi'_\zeta(0), \gamma'(t_0) \rangle = -\langle \nabla V(\phi_\zeta(0)), \gamma'(t_0) \rangle = -\langle \nabla V(\gamma(t_0)), \gamma'(t_0) \rangle = 0.$$

(c) Genau dann ist $x_0 \in D$ ein Gleichgewichtspunkt, wenn $\nabla V(x_0) = 0$ ist, d.h. wenn x_0 eine stationäre Stelle von V ist.

(d) Nach (a) ist V eine Ljapunov-Funktion auf einer Umgebung von x_0. Unter der Zusatzvoraussetzung, dass x_0 eine isolierte stationäre Stelle von V ist, zeigt (13.10), dass V sogar eine strikte Ljapunov-Funktion in einer punktierten Umgebung von x_0 ist. Beide Behauptungen folgen daher aus dem Ljapunov-Kriterium (Satz 12.3).

(e) Es genügt, die Aussage für ω-Grenzpunkte zu zeigen, denn die α-Grenzpunkte sind ω-Grenzpunkte des durch Zeitumkehr entstehenden Systems $x' = +\nabla V(x)$, und dieses hat dieselben Gleichgewichtspunkte wie das ursprüngliche System.

Nach dem Invarianzprinzip von LaSalle (Satz 13.9 (b)), angewandt mit $P = D$, und nach (13.10) gilt

$$\omega(\zeta) = \omega(\zeta) \cap D \subseteq \{x \in D : \nabla V(x) = 0\}$$

für alle $\zeta \in D$. Also ist jeder ω-Grenzpunkt ein Gleichgewichtspunkt.

(f) Wir nehmen an, für ein $\zeta \in D$ wäre $\phi(\cdot, \zeta)$ periodisch, mit minimaler positiver Periode $T > 0$. Dann gilt $\phi(T, \zeta) = \phi(0, \zeta)$ und somit wegen (13.10)

$$
\begin{aligned}
0 &= V(\phi(T, \zeta)) - V(\phi(0, \zeta)) = \int_0^T \frac{d}{dt} V(\phi(t, \zeta)) \, dt \\
&= \int_0^T L_f V(\phi(t, \zeta)) \, dt = -\int_0^T \|\nabla V(\phi(t, \zeta))\|^2 \, dt \le 0.
\end{aligned}
$$

In Anbetracht von $T > 0$ und der Stetigkeit des Integranden können wir hieraus auf $0 = \nabla V(\phi(t,\zeta)) = -f(\phi(t,\zeta))$ für alle $t \in [0,T]$ schließen. Dies bedeutet aber, dass $\phi(\,\cdot\,,\zeta)$ eine stationäre Lösung und $\gamma(\zeta)$ somit kein periodischer Orbit ist. Dieser Widerspruch zeigt die Behauptung.

(g) Die Matrix A der Linearisierung des Systems in x_0 ist

$$A = J_f(x_0) = \left(\frac{\partial f_j}{\partial x_k}(x_0)\right)_{j,k} = -\left(\frac{\partial^2 V}{\partial x_k \partial x_j}(x_0)\right)_{j,k},$$

d.h. sie ist das Negative der Hesse-Matrix von V. Nach Voraussetzung sind die zweiten partiellen Ableitungen von V stetig. Nach dem Satz von Schwarz sind sie also vertauschbar, und somit ist A symmetrisch.

Dass symmetrische Matrizen ausschließlich reelle Eigenwerte haben und orthogonal diagonalisierbar sind, ist aus der *Linearen Algebra* bekannt. ∎

Eine Lösung eines Gradientensystems läuft entweder für $t \to t_\omega \in \mathbb{R}^+ \cup \{\infty\}$ gegen den Rand des Definitionsbereichs oder ins Unendliche (oder beides), oder sie kommt auf einer Folge $(t_k)_k$ mit $\lim_{k\to\infty} t_k = \infty$ einem Gleichgewichtspunkt beliebig nahe. Ein Beispiel eines Gradientensystems in $\mathbb{R}^1$ ohne Gleichgewichtspunkte ist

$$x' = 1 + x^2.$$

Die Lösungen $x(t) = \tan(t - t_0)$ haben alle einen beschränkten maximalen Definitionsbereich $(t_\alpha, t_\omega) = \left(t_0 - \frac{\pi}{2}, t_0 + \frac{\pi}{2}\right)$.

Die Symmetrieaussage in (g) über die Linearisierung gilt zwar für beliebige $x_0 \in D$, ist aber primär für Gleichgewichtspunkte relevant, denn zu deren Studium wird die Linearisierung hauptsächlich herangezogen.

Beispiel 13.18 Das Potential $V : \mathbb{R}^2 \longrightarrow \mathbb{R}$ sei gegeben durch

$$V(x,y) := x^2(x-1)^2 + y^2,$$

und es sei $f := -\nabla V$. Das zugehörige Gradientensystem

$$\begin{aligned} x' &= -2x(x-1)(2x-1) \\ y' &= -2y \end{aligned}$$

hat genau die drei Gleichgewichtspunkte $p_1 = (0,0)$, $p_2 = (1,0)$ und $p_3 = \left(\frac{1}{2}, 0\right)$. Da V in p_1 und p_2 strikte lokale Minima hat, sind diese beiden

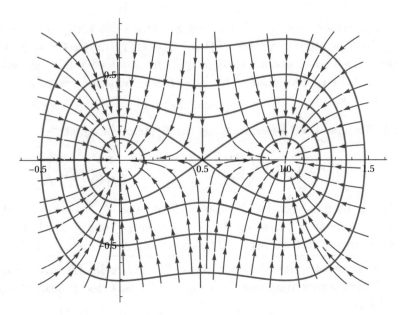

Abb. 13.3: Niveaulinien des Potentials V und Phasenporträt für das Gradientensystem aus Beispiel 13.18

Gleichgewichtspunkte nach Satz 13.17 (d) asymptotisch stabil. Dies kann man auch mithilfe des Prinzips der linearisierten Stabilität nachprüfen: Die Jacobi-Matrizen der rechten Seite des Gradientensystems sind

$$J_f(0,0) = J_f(1,0) = \begin{pmatrix} -2 & 0 \\ 0 & -2 \end{pmatrix},$$

sie haben also ausschließlich negative Eigenwerte. Hingegen ist

$$J_f\left(\frac{1}{2},0\right) = \begin{pmatrix} 1 & 0 \\ 0 & -2 \end{pmatrix}$$

indefinit, so dass p_3 ein Sattelpunkt des Systems im Sinne von Definition 11.17 (a) – und auch ein Sattelpunkt von V – ist. Abb. 13.3 zeigt das Phasenporträt des Gradientensystems und einige Nivaulinien seines Potentials V. Wie von Satz 13.17 (b) vorhergesagt, verlaufen die Trajektorien zu den Niveaulinien von V orthogonal[97].   □

---

[97]Im Gleichgewichtspunkt $p_3 = \left(\frac{1}{2},0\right)$ scheint dies bei oberflächlicher Betrachtung nicht der Fall zu sein. Dies ist freilich eine Täuschung: Die betreffenden Trajektorien laufen nicht durch p_3 hin*durch*, sondern in unendlich langer Zeit (präziser: für $t \to \pm\infty$) nach p_3 hin*ein*; der Tangentialvektor an die (konstante!) Flusslinie durch p_3 ist der Nullvektor und daher trivialerweise zu der zugehörigen Niveaulinie orthogonal.

Beispiel 13.19 In der zweiten Aussage von Satz 13.17 (d) kann man auf die Voraussetzung, dass x_0 eine *isolierte* stationäre Stelle von V ist, nicht verzichten. Als strikte lokale Minimalstelle ist x_0 natürlich eine stationäre Stelle, dass diese jedoch nicht isoliert sein muss, demonstriert bereits im Eindimensionalen die Funktion

$$V(x) := \begin{cases} x^6 \left(2 + \cos \frac{25}{x}\right) & \text{für } x \in \mathbb{R} \setminus \{0\}, \\ 0 & \text{für } x = 0. \end{cases}$$

(Der Faktor 25 im Zähler von $\frac{25}{x}$ dient lediglich dazu, dass die nachstehend beschriebenen Phänomene graphisch besser hervortreten.)

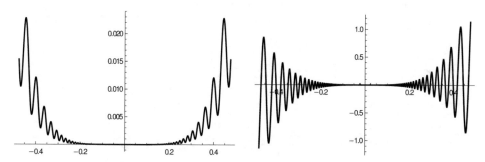

Abb. 13.4: Die Funktion V aus Beispiel 13.19 (links) und ihre Ableitung (rechts)

Wegen $V(x) \geq x^6 > 0 = V(0)$ für alle $x \neq 0$ besitzt V in $x = 0$ ein striktes lokales (sogar globales) Minimum, und V ist zweimal stetig differenzierbar auf $\mathbb{R}$ mit[98]

$$V'(x) = \begin{cases} x^4 \cdot \left(25 \sin \frac{25}{x} + 12x + 6x \cos \frac{25}{x}\right) & \text{für } x \neq 0, \\ 0 & \text{für } x = 0. \end{cases}$$

Aus dieser Darstellung erkennt man, dass V' in allen Intervallen $(0, \delta)$ und $(-\delta, 0)$ mit beliebig kleinem $\delta > 0$ sowohl positive als auch negative Werte und somit aufgrund des Zwischenwertsatzes auch den Wert Null annimmt.

Denn der Term $25 \sin \frac{25}{x}$ oszilliert in allen solchen Intervallen unendlich oft zwischen -25 und $+25$, und für x nahe genug bei 0 ist $\left|12x + 6x \cos \frac{25}{x}\right| \leq 24$, d.h. in den fraglichen Intervallen ist $25 \sin \frac{25}{x}$ der dominierende Term.

---

[98]Für den Nachweis der Differenzierbarkeit von V und von V' in 0 muss man hierbei, wie aus der *Analysis* bekannt, auf die Definition der Ableitung als Grenzwert des Differenzenquotienten zurückgreifen.

Die stationäre Stelle von V in 0 ist also nicht isoliert. – Damit widerlegt V zudem die naive Vorstellung, dass eine stetig differenzierbare Funktion mit einem strikten lokalen Minimum in einem gewissen Intervall links von der Minimalstelle streng monoton fallen und in einem gewissen Intervall rechts davon streng monoton steigen muss. Siehe hierzu Abb. 13.4.

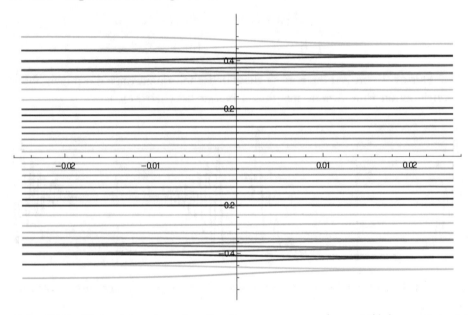

Abb. 13.5: Einige Lösungen des Gradientensystems $x' = -V'(x)$ aus Beispiel 13.19

Das Gradientensystem $x' = -V'(x)$ hat somit in jeder Umgebung von 0 unendlich viele Gleichgewichtspunkte, die sich gegen 0 häufen. Lösungen, die zwischen zwei aufeinanderfolgenden Gleichgewichtspunkten starten, verbleiben aus Eindeutigkeitsgründen zwischen diesen beiden. Daher kann *keine* Lösung mit einem Anfangswert $x_0 \neq 0$ gegen 0 konvergieren. (Anschaulich: Zu jedem solchen x_0 gibt es eine „Barriere" zwischen x_0 und 0 in Form einer stationären Lösung, welche die Konvergenz gegen 0 verhindert.) Mithin ist der Gleichgewichtspunkt 0 zwar stabil, aber nicht attraktiv. Abb. 13.5 zeigt die Graphen einiger Lösungen. Da $V'(x)$ für $x \to 0$ rasch klein wird, sind nahe bei 0 stationäre und nicht-stationäre Lösungen mit bloßem Auge nicht mehr zu unterscheiden.   □

Bemerkung 13.20   Es ist erhellend, Satz 13.17 auf den skalaren Fall $n = 1$ anzuwenden: Jede skalare autonome Differentialgleichung $x' = f(x)$ mit stetig differenzierbarem $f : D \longrightarrow \mathbb{R}$ auf einem echten offenen Intervall

$D \subseteq \mathbb{R}$ lässt sich als Gradientensystem auffassen, da f nach dem HDI eine Stammfunktion $-V$ besitzt. Ist nun $x_0 \in D$ ein Gleichgewichtspunkt dieser Differentialgleichung mit $f'(x_0) < 0$, so ist $V'(x_0) = -f(x_0) = 0$ und $V''(x_0) = -f'(x_0) > 0$, so dass V in x_0 ein striktes lokales Minimum hat. Zudem ist x_0 eine isolierte Nullstelle von V', denn andernfalls gäbe es nach dem Satz von Rolle in jeder beliebig kleinen punktierten Umgebung von x_0 eine Nullstelle von V'', was aufgrund des Permanenzprinzips $V''(x_0) > 0$ widerspricht. Aus Satz 13.17 (d) folgt daher, dass x_0 asymptotisch stabil ist, genau wie es das Prinzip der linearisierten Stabilität (Satz 11.9 (a)) besagt. Auf diese Weise erhält man also einen neuen Beweis dieses Prinzips für den skalaren Fall, unter der Zusatzvoraussetzung, dass die rechte Seite der Differentialgleichung stetig differenzierbar ist.

Diese Überlegung kann man wiederum ins Mehrdimensionale übertragen: Ist $D \subseteq \mathbb{R}^n$ offen und nicht-leer und $x' = f(x)$ ein Gradientensystem, d.h. $f = -\nabla V$ mit einer zweimal stetig differenzierbaren Funktion $V : D \longrightarrow \mathbb{R}$, und ist $x_0 \in D$ ein Gleichgewichtspunkt dieses Systems, für den die (nach Satz 13.17 (g) allesamt reellen) Eigenwerte der (in diesem Fall symmetrischen) Jacobi-Matrix $J_f(x_0)$ alle negativ sind, so ist $J_f(x_0)$ negativ definit. Damit ist die Hesse-Matrix $H_V = -J_f(x_0)$ positiv definit. Hieraus und aus $\nabla V(x_0) = -f(x_0) = 0$ folgt, dass V in x_0 ein striktes lokales Minimum hat. Auch in diesem Fall ist x_0 eine isolierte stationäre Stelle von V, die Begründung ist allerdings aufwändiger und weniger elegant als im eindimensionalen Fall: Weil f in x_0 total differenzierbar ist, gibt es eine Funktion $r : D \longrightarrow \mathbb{R}^n$, so dass für alle $x \in D$

$$f(x) = f(x_0) + J_f(x_0)(x - x_0) + r(x) \qquad \text{sowie} \qquad \lim_{x \to x_0} \frac{r(x)}{\|x - x_0\|} = 0$$

gilt. Wäre x_0 keine isolierte stationäre Stelle von V, so gäbe es eine Folge $(x_k)_k$ in $D \setminus \{x_0\}$ mit $f(x_k) = 0$ für alle $k \in \mathbb{N}$ und $\lim_{k \to \infty} x_k = x_0$, und es würde

$$0 = J_f(x_0)(x_k - x_0) + r(x_k) \qquad \text{für alle } k \in \mathbb{N},$$

also

$$\lim_{k \to \infty} J_f(x_0) \cdot \frac{x_k - x_0}{\|x_k - x_0\|} = -\lim_{k \to \infty} \frac{r(x_k)}{\|x_k - x_0\|} = 0$$

folgen. Nun liegt die Folge $\left(\frac{x_k - x_0}{\|x_k - x_0\|} \right)_k$ in der kompakten Menge $\partial B_1(0)$ und besitzt daher eine gegen ein $v \in \partial B_1(0)$ konvergente Teilfolge. Damit ergibt sich $J_f(x_0) \cdot v = 0$. Wegen $v \neq 0$ widerspricht dies der negativen Definitheit von $J_f(x_0)$. Es sind also wiederum die Voraussetzungen von Satz

13.17 (d) erfüllt, und mit diesem ergibt sich die asymptotische Stabilität von x_0. Damit ist die erste Aussage im Prinzip der linearisierten Stabilität für den Spezialfall von Gradientensystemen erneut bewiesen. $\square$

13.4   Periodische Orbits und transversale Schnitte

Wir untersuchen in diesem Abschnitt geschlossene Trajektorien (vgl. Satz 4.9 (b)) eines autonomen Systems mit stetig differenzierbarer rechter Seite auf asymptotische Stabilität. Dabei verstehen wir unter einem **periodischen Orbit** stets die zu einer periodischen, *nicht-konstanten* Lösung gehörende Trajektorie. Insbesondere enthalten periodische Orbits also keine Gleichgewichtspunkte.

Satz 13.21   *Es sei $f : D \longrightarrow \mathbb{R}^n$ stetig differenzierbar, und Γ sei ein asymptotisch stabiler periodischer Orbit von $x' = f(x)$ mit Periode $T > 0$. Dann gibt es eine Umgebung $W \subseteq D$ von Γ, so dass für jeden Punkt $x \in W$*

$$\lim_{t \to \infty} \|\phi(t + T, x) - \phi(t, x)\| = 0$$

*gilt, d.h. jeder Punkt $x \in W$ hat die **asymptotische Periode** $T > 0$.*

Beweis. Da Γ asymptotisch stabil ist, gibt es eine Umgebung $W \subseteq D$ von Γ, so dass für alle $x \in W$

$$[0, \infty) \subseteq I(x) \qquad \text{und} \qquad \lim_{t \to \infty} \text{dist}\,(\phi(t, x), \Gamma) = 0 \tag{13.11}$$

gilt. Da Γ als periodischer Orbit kompakt ist und daher (im Fall $D \neq \mathbb{R}^n$) zum Rand von D positiven Abstand hat, kann man annehmen, dass $W = B_\eta(\Gamma)$ für ein geeignetes $\eta > 0$ gilt.

Es seien ein $x \in W$ und ein $\varepsilon > 0$ fixiert. Wegen der gleichmäßigen Stetigkeit von $\phi(T, \cdot)$ auf dem Kompaktum W finden wir ein $\delta \in \left(0, \min\left\{\eta, \frac{\varepsilon}{2}\right\}\right]$, so dass

$$\|\phi(T, y) - \phi(T, z)\| < \frac{\varepsilon}{2} \qquad \text{für alle } z \in \Gamma,\ y \in D \text{ mit } \|y - z\| < \delta.$$

Wegen (13.11) gibt es hierzu ein $t_0 \geq 0$, so dass für alle $t \geq t_0$ ein Punkt $z_t \in \Gamma$ existiert mit $\|\phi(t, x) - z_t\| < \delta$. Für alle $t \geq t_0$ folgt nun

$$\|\phi(T + t, x) - \phi(t, x)\| \ \leq \ \|\phi(T, \phi(t, x)) - \phi(T, z_t)\| + \|\phi(T, z_t) - \phi(t, x)\|$$

$$< \ \frac{\varepsilon}{2} + \|z_t - \phi(t, x)\| < \frac{\varepsilon}{2} + \delta \leq \frac{\varepsilon}{2} + \frac{\varepsilon}{2} = \varepsilon.$$

Dies zeigt die Behauptung.   ∎

Wir führen nun ein für das Studium periodischer Orbits außerordentlich wertvolles Hilfsmittel ein, das insbesondere im Beweis des Satzes von Poincaré-Bendixson in Kapitel 14 eine tragende Rolle spielen wird.

Definition 13.22 *Es sei $f : D \longrightarrow \mathbb{R}^n$ stetig differenzierbar, und es sei $x_0 \in D$. Ein **transversaler Schnitt** des autonomen Systems $x' = f(x)$ im Punkt x_0 ist eine Teilmenge S sowohl von D als auch von einer Hyperebene $E = x_0 + H$ durch den Punkt x_0 mit den folgenden drei Eigenschaften: Es gilt $x_0 \in S$, S ist offen in der Relativtopologie von E, und für jedes $x \in S$ ist der Feldvektor $f(x)$ transversal zu E, d.h. er liegt nicht in dem zu E gehörenden $(n-1)$-dimensionalen Unterraum H des $\mathbb{R}^n$. Es soll also*

$$S \subseteq D \cap E \qquad \text{und} \qquad f(x) \notin H \qquad \text{für alle } x \in S$$

gelten.

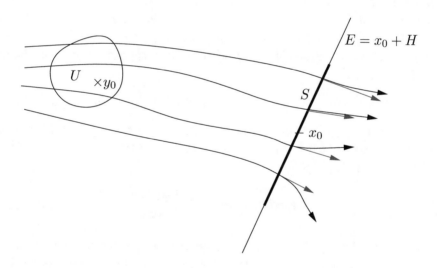

Abb. 13.6: Zur Definition transversaler Schnitte und zu Satz 13.24

Die Transversalitätsforderung impliziert insbesondere $f(x) \neq 0$ für alle $x \in S$, so dass S keine Gleichgewichtspunkte enthält. Umgekehrt kann man aus $f(x_0) \neq 0$ auf die Existenz eines transversalen Schnitts in x_0 schließen. Intuitiv ist dies einleuchtend; um mit dem neuen Begriff besser vertraut zu werden, geben wir dennoch eine ausführliche Begründung.

Proposition 13.23 *Es sei $f : D \longrightarrow \mathbb{R}^n$ stetig differenzierbar, und es sei $x_0 \in D$ mit $f(x_0) \neq 0$. Dann besitzt das autonome System $x' = f(x)$ im Punkt x_0 einen transversalen Schnitt.*

Beweis. Es sei $H := (\mathrm{span}\,\{f(x_0)\})^{\perp}$ das orthogonale Komplement des von $f(x_0)$ aufgespannten eindimensionalen Unterraums des $\mathbb{R}^n$, und es sei $E := x_0 + H$. Dann ist $\dim H = n - 1$, so dass E eine Hyperebene im $\mathbb{R}^n$ ist. Weil H abgeschlossen und $f(x_0) \notin H$ ist, hat $f(x_0)$ von H einen positiven Abstand ε (Proposition 3.7 (b)). Hierzu gibt es ein $\delta > 0$ mit $U_\delta(x_0) \subseteq D$ und $\|f(x) - f(x_0)\| < \varepsilon$ für alle $x \in U_\delta(x_0)$. Setzen wir $S := U_\delta(x_0) \cap E$, so gilt $S \subseteq D \cap E$ und $x_0 \in S$, und S ist offen in E. Wäre $f(x) \in H$ für ein $x \in S$, so würde

$$\varepsilon = \mathrm{dist}\,(f(x_0), H) \le \|f(x_0) - f(x)\| < \varepsilon$$

folgen, ein Widerspruch. Also gilt $f(x) \notin H$ für alle $x \in S$. Damit ist S als transversaler Schnitt von $x' = f(x)$ im Punkt x_0 nachgewiesen. ∎

Satz 13.24   *Es sei $f : D \longrightarrow \mathbb{R}^n$ stetig differenzierbar, und S sei ein transversaler Schnitt des Systems $x' = f(x)$ in einem $x_0 \in D$. Für gewisse $t_0 \in \mathbb{R}$ und $y_0 \in D$ sei $x_0 = \phi(t_0, y_0)$. Dann gibt es eine offene Umgebung $U \subseteq D$ von y_0 und eine eindeutig bestimmte stetig differenzierbare Funktion $\tau : U \longrightarrow \mathbb{R}$ mit*

$$\tau(y_0) = t_0 \qquad \text{und} \qquad \phi(\tau(y), y) \in S \qquad \text{für alle } y \in U.$$

Ist H der zu S gehörende Unterraum des $\mathbb{R}^n$, d.h. $S \subseteq x_0 + H$, und u ein beliebiger Basisvektor des (eindimensionalen) Orthogonalraums $H^{\perp}$, also $H^{\perp} = \mathrm{span}\,\{u\}$, so gilt

$$\mathrm{grad}\,\tau(y_0) = -\frac{u^T D_\zeta \phi(t_0, y_0)}{u^T f(x_0)}.$$

Anschaulich besagt der Satz, dass jede in einer gewissen Umgebung U von y_0 startende Flusslinie nach einer gewissen Zeit den transversalen Schnitt S erreicht und dass diese Zeit stetig differenzierbar vom Startpunkt $y \in U$ abhängt. Punkte auf der gleichen Flusslinie haben dasselbe Bild $\phi(\tau(y), y)$ in S, und Punkte in U mit gleichem Bild in S liegen auf derselben Flusslinie.

Beweis. Nach Definition transversaler Schnitte gilt $u^T f(x_0) \ne 0$. (Andernfalls wäre nämlich $f(x_0) \in (\mathrm{span}\,\{u\})^{\perp} = H^{\perp\perp} = H$.) Nach Satz 3.19 ist

$$g(t, y) := u^T \phi(t, y) - u^T x_0$$

in einer gewissen Umgebung von $(t_0, y_0) \in \mathbb{R} \times D$ wohldefiniert und stetig differenzierbar mit

$$g(t_0, y_0) = 0 \qquad \text{und} \qquad \frac{\partial g}{\partial t}(t_0, y_0) = u^T f(\phi(t_0, y_0)) = u^T f(x_0) \ne 0.$$

Somit ist der Satz über implizite Funktionen anwendbar. Ihm zufolge erhält man die sämtlichen Nullstellen von g in einer Umgebung von (t_0, y_0) als Graph einer Funktion von y: Es gibt eine offene Umgebung $U \subseteq D$ von y_0, eine offene Umgebung $I \subseteq \mathbb{R}$ von t_0 und eine eindeutig bestimmte stetig differenzierbare Funktion $\tau : U \longrightarrow I$, so dass $\tau(y_0) = t_0$ und so dass für alle $(t, y) \in I \times U$ die Äquivalenz

$$g(t, y) = 0 \qquad \Longleftrightarrow \qquad t = \tau(y)$$

gilt. Die Bedingung

$$0 = g(\tau(y), y) = u^T \left(\phi(\tau(y), y) - x_0 \right)$$

bedeutet $\phi(\tau(y), y) \in x_0 + H$ für alle $y \in U$. Wegen $\phi(\tau(y_0), y_0) = \phi(t_0, y_0) = x_0$ und weil S offen in $x_0 + H$ ist, erreicht man durch eventuelles Verkleinern von U, dass $\phi(\tau(y), y) \in S$ für alle $y \in U$ gilt.

Indem man $0 = g(\tau(y), y)$ nach y differenziert und y_0 einsetzt, erhält man

$$
\begin{aligned}
0 &= \frac{\partial g}{\partial t}(\tau(y_0), y_0) \cdot \operatorname{grad} \tau(y_0) + D_y g(\tau(y_0), y_0) \\
&= u^T \cdot \frac{\partial \phi}{\partial t}(t_0, y_0) \cdot \operatorname{grad} \tau(y_0) + u^T D_y \phi(t_0, y_0) \\
&= u^T f(x_0) \cdot \operatorname{grad} \tau(y_0) + u^T D_y \phi(t_0, y_0)
\end{aligned}
$$

und hieraus die behauptete Formel für $\operatorname{grad} \tau(y_0)$. (In dieser haben wir aus Konsistenzgründen statt $D_y \phi$ wieder die bisher verwendete Notation $D_\zeta \phi$ gewählt.) ∎

Lemma 13.25   *Es seien $f : D \longrightarrow \mathbb{R}^n$ stetig differenzierbar, S ein transversaler Schnitt des Systems $x' = f(x)$ im Punkt $x_0 \in D$ und $x_1 = \phi(T, x_0)$ mit $T > 0$ ein Punkt in $\gamma^+(x_0) \cap S$. Dann hat jede abgeschlossene Teilmenge A von S nur endlich viele Punkte mit dem zwischen x_0 und x_1 verlaufenden Teilstück $\{\phi(t, x_0) : 0 \leq t \leq T\}$ von $\gamma^+(x_0)$ gemeinsam.*

Beweis. Es sei H der zu S gehörende $(n-1)$-dimensionale Unterraum des $\mathbb{R}^n$, d.h. $S \subseteq x_0 + H$, und es sei $C := \{\phi(t, x_0) : 0 \leq t \leq T\}$. Wir nehmen an, die Behauptung wäre falsch. Dann gibt es eine abgeschlossene Teilmenge A von S und eine Folge $(t_k)_k$ paarweise verschiedener $t_k \in [0, T]$ mit $\phi(t_k, x_0) \in A$ für alle $k \in \mathbb{N}$, und nach geeigneter Teilfolgenauswahl dürfen wir annehmen, dass $(t_k)_k$ gegen ein $t^* \in [0, T]$ konvergiert und $t_k \neq t^*$ für alle k ist. Wegen der Stetigkeit von ϕ gilt dann

$$x^* := \phi(t^*, x_0) = \lim_{k \to \infty} \phi(t_k, x_0),$$

und wegen der Abgeschlossenheit von A ist $x^* \in A \subseteq S$. Damit ergibt sich

$$f(x^*) = f(\phi(t^*, x_0)) = \phi'(t^*, x_0) = \lim_{k \to \infty} \frac{\phi(t_k, x_0) - x^*}{t_k - t^*}.$$

Hierbei liegen die Differenzenquotienten auf der rechten Seite und damit auch deren Grenzwert $f(x^*)$ alle in H. Damit ist aber f in x^* nicht transversal zu S, ein Widerspruch. ∎

Es sei jetzt x_0 ein Punkt eines *periodischen* Orbits Γ mit kleinster positiver Periode T, und es sei f weiterhin als stetig differenzierbar vorausgesetzt. Nach Satz 4.9 ist x_0 kein Gleichgewichtspunkt, d.h. es ist $f(x_0) \neq 0$. Gemäß Proposition 13.23 existiert daher ein transversaler Schnitt S von $x' = f(x)$ in x_0. Wegen $\phi(T, x_0) = x_0$ gibt es nach Satz 13.24 eine Umgebung $U \subseteq D$ von x_0 und eine stetig differenzierbare Funktion $\tau : U \longrightarrow \mathbb{R}$ mit $\phi(\tau(x), x) \in S$ für alle $x \in U$ sowie $\tau(x_0) = T$. Es sei $S_0 := S \cap U$. Dann ist

$$\pi : S_0 \longrightarrow S, \qquad \pi(x) := \phi(\tau(x), x)$$

eine stetig differenzierbare Abbildung mit $\pi(x_0) = x_0$. Sie heißt die **Poincaré-Abbildung** bezüglich S und x_0.

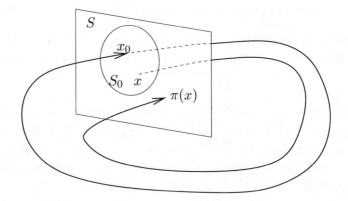

Abb. 13.7: Eine Poincaré-Abbildung

Etwas vereinfacht kann man sie wie folgt interpretieren: Für einen Punkt $x \in S_0$ ist $\tau(x)$ der Zeitpunkt seiner erstmaligen Rückkehr in die Menge S. Damit ist $\pi(x)$ der Punkt, in dem die Trajektorie durch x den transversalen Schnitt S zum Zeitpunkt $\tau(x)$ ihrer erstmaligen Rückkehr trifft. Damit diese Interpretation korrekt ist, müssen wir allerdings S klein genug wählen. Dies liegt an folgender Spitzfindigkeit: Schon für x_0 selbst gibt die Periode T

zwar den ersten Zeitpunkt der Rückkehr nach x_0 an, aber nicht unbedingt den ersten Zeitpunkt der Rückkehr nach S; denn $\phi(t, x_0)$ könnte auch vor Vollendung einer vollen Periode einmal oder mehrfach S getroffen haben. Glücklicherweise hat jedoch jede abgeschlossene Teilmenge von S mit dem periodischen Orbit $\Gamma = \gamma(x_0) = \{\phi(t, x_0) : 0 \le t \le T\}$ nur endlich viele Punkte gemeinsam (Lemma 13.25). Daher kann man durch Verkleinerung von S erreichen, dass $S \cap \Gamma = \{x_0\}$ gilt. Damit trifft die obige Interpretation für x_0 zu, und nach etwaiger weiterer Verkleinerung von S und von U dann auch für alle $x \in S_0$.

Wir wollen im Folgenden zwei Eigenwertkriterien für die asymptotische Stabilität eines periodischen Orbits beweisen. Dafür benötigen wir zunächst zwei Hilfsmittel aus der *Linearen Algebra*.

Lemma 13.26 *Es seien H ein Unterraum des $\mathbb{R}^n$, $L : H \longrightarrow \mathbb{R}^n$ eine lineare Abbildung, $x_0 \in \mathbb{R}^n$ und $E := x_0 + H$. Es gebe eine Umgebung U von x_0 und Abbildungen $p : E \cap U \longrightarrow H$ und $r : E \cap U \longrightarrow \mathbb{R}^n$, so dass*

$$L(x - x_0) = p(x) + r(x) \qquad \text{für alle } x \in E \cap U$$

und

$$\lim_{x \in E \cap U, \, x \to x_0} \frac{\|r(x)\|}{\|x - x_0\|} = 0$$

gilt. Dann ist H invariant unter L, d.h. es gilt $L(H) \subseteq H$.

Beweis. Man beachte, dass wir p und r nicht als linear oder affin voraussetzen.

Wir nehmen an, für ein $v^* \in H$ wäre $w^* := L(v^*) \notin H$. Dann ist $v^* \ne 0$ und $\varepsilon := \operatorname{dist}(w^*, H) > 0$. Wir betrachten die Folge der Punkte $x_k := x_0 + \frac{1}{k} \cdot v^* \in E$. Da diese gegen x_0 konvergiert, gibt es ein $k_0 \in \mathbb{N}$ mit $x_k \in E \cap U$ für alle $k \ge k_0$. Für alle diese k folgt dann $kp(x_k) \in H$ und daher

$$\|r(x_k)\| = \|L(x_k - x_0) - p(x_k)\| = \frac{1}{k} \cdot \|w^* - kp(x_k)\| \ge \frac{\varepsilon}{k},$$

also

$$\frac{\|r(x_k)\|}{\|x_k - x_0\|} \ge \frac{\varepsilon}{k} \cdot \frac{k}{\|v^*\|} = \frac{\varepsilon}{\|v^*\|}.$$

Angesichts von $\lim_{k \to \infty} x_k = x_0$ und $x_k \in E \cap U$ für alle $k \ge k_0$ muss andererseits jedoch $\lim_{k \to \infty} \frac{\|r(x_k)\|}{\|x_k - x_0\|} = 0$ gelten. Dieser Widerspruch zeigt die Behauptung. ∎

Lemma 13.27 (Renormierungslemma)   *Es seien* $A \in \mathbb{R}^{m \times m}$ *und*

$$\varrho := \max\{|\lambda| : \lambda \in \mathbb{C} \text{ ist Eigenwert von } A\}$$

das Betragsmaximum der Eigenwerte von A *(der sog.* **Spektralradius***).
Für jedes* $\varepsilon > 0$ *gibt es dann eine Norm* $\|\cdot\|_*$ *auf dem* $\mathbb{R}^m$*, welche*

$$\|Ax\|_* \leq (\varrho + \varepsilon) \cdot \|x\|_* \qquad \text{für alle } x \in \mathbb{R}^m$$

erfüllt.

Für die von dieser Norm induzierte Operatornorm (die wir ebenfalls mit $\|\cdot\|_*$ bezeichnen) gilt dann $\|A\|_* \leq \varrho + \varepsilon$. Dieses Resultat kann man als Gegenstück zu der aus der *Linearen Algebra* bekannten (fast trivialen) Abschätzung $|\lambda| \leq \|A\|$ für *jede* Operatornorm $\|\cdot\|$, jede Matrix $A \in \mathbb{C}^{m \times m}$ und jeden Eigenwert $\lambda \in \mathbb{C}$ von A ansehen.

Beweis. Wie im zweiten Beweis für Teil (a) des Prinzips der linearisierten Stabilität in Bemerkung 12.13 näher begründet, finden wir eine invertierbare Matrix $T \in \mathbb{C}^{m \times m}$, die A auf eine modifizierte (komplexe) Jordan-Normalform

$$TAT^{-1} = D + N_\varepsilon =: J_\varepsilon$$

transformiert, wobei $D = \mathrm{diag}(\lambda_1, \ldots, \lambda_m) \in \mathbb{C}^{m \times m}$ eine Diagonalmatrix und N_ε eine nilpotente Matrix ist, die in der oberen Nebendiagonalen die Einträge ε oder 0 und sonst überall die Einträge 0 hat; in J_ε sind gegenüber der gewöhnlichen Jordan-Normalform also die Einsen in der Nebendiagonalen durch ε ersetzt. Wir setzen nun

$$\|x\|_* := \|Tx\|_\infty \qquad \text{für alle } x \in \mathbb{R}^m,$$

wobei $\|y\|_\infty := \max_{j=1,\ldots,m} |y_j|$ die Maximumsnorm eines Vektors $y = (y_1, \ldots, y_m)^T \in \mathbb{C}^m$ bezeichnet. Hierdurch ist eine Norm $\|\cdot\|_*$ auf dem $\mathbb{R}^m$ definiert. (Die Homogenität und die Gültigkeit der Dreiecksungleichung sind offensichtlich, und die positive Definitheit folgt aus der Regularität von T.) Für jede Matrix $C = (c_{jk})_{j,k} \in \mathbb{R}^{m \times m}$ und alle $y \in \mathbb{C}^m$ gilt

$$\|Cy\|_\infty = \max_{j=1,\ldots,m} \left| \sum_{k=1}^m c_{jk} y_k \right| \leq \max_{j=1,\ldots,m} \sum_{k=1}^m |c_{jk}| \cdot \|y\|_\infty.$$

(Diese Rechnung entspricht im Wesentlichen dem Nachweis, dass die von der Maximumsnorm induzierte Operatornorm die Zeilensummennorm ist.) Insbesondere gilt

$$\|J_\varepsilon y\|_\infty \leq \max_{j=1,\ldots,m} (|\lambda_j| + \varepsilon) \cdot \|y\|_\infty = (\varrho + \varepsilon) \cdot \|y\|_\infty$$

für alle $y \in \mathbb{C}^m$. Damit ergibt sich insgesamt für alle $x \in \mathbb{R}^m$

$$\|Ax\|_* = \|TAx\|_\infty = \|J_\varepsilon Tx\|_\infty \leq (\varrho + \varepsilon) \cdot \|Tx\|_\infty = (\varrho + \varepsilon) \cdot \|x\|_* .$$

Mithin leistet die Norm $\|\cdot\|_*$ das Gewünschte. ∎

Der folgende Satz stellt das erste der beiden oben avisierten Eigenwert-kriterien für die asymptotische Stabilität eines periodischen Orbits bereit. Es betrifft die Linearisierung der Poincaré-Abbildung π, d.h. deren totales Differential $\mathcal{D}\pi$. Man beachte, dass die Poincaré-Abbildung nicht auf einer offenen Teilmenge des $\mathbb{R}^n$, sondern nur auf einer Teilmenge einer Hyperebe-ne definiert ist, so dass wir $\mathcal{D}\pi$ *nicht* durch eine Jacobi-Matrix vom Format $n \times n$ (welche ja die Darstellungsmatrix von $\mathcal{D}\pi$ bezüglich der Standard-Basis des $\mathbb{R}^n$ wäre) beschreiben können.

Satz 13.28   *Es seien $f : D \longrightarrow \mathbb{R}^n$ stetig differenzierbar, Γ ein peri-odischer Orbit des autonomen Systems $x' = f(x)$ mit kleinster positiver Periode T, S ein transversaler Schnitt des Systems in $x_0 \in \Gamma$ und π die Poincaré-Abbildung bezüglich S und x_0. Dann gelten die folgenden Aussa-gen.*

(a) *Der zu S gehörende $(n-1)$-dimensionale Unterraum H des $\mathbb{R}^n$ ist invariant unter dem totalen Differential $\mathcal{D}\pi(x_0)$.*

(b) *Falls alle Eigenwerte von $\mathcal{D}\pi(x_0)$ einen Betrag echt kleiner als 1 haben, dann ist Γ asymptotisch stabil.*

Beweis. I. Es sei $E := x_0 + H$. Wie in der Erklärung der Poincaré-Abbildung auf S. 382 gibt es eine Umgebung $U \subseteq D$ von x_0 und eine stetig diffe-renzierbare Funktion $\tau : U \longrightarrow \mathbb{R}$ mit $\phi(\tau(x), x) \in S$ für alle $x \in U$ sowie $\tau(x_0) = T$, und es sei $\pi : S_0 \longrightarrow S$ auf $S_0 := S \cap U$ durch $\pi(x) := \phi(\tau(x), x)$ definiert. Nach etwaiger Verkleinerung von U dürfen wir o.B.d.A. $S_0 = E \cap U$ annehmen. Für alle $x \in S_0$ ist dann nach Definition der totalen Differen-zierbarkeit

$$\pi(x) = \pi(x_0) + \mathcal{D}\pi(x_0)(x - x_0) + r(x)$$

mit einer Abbildung $r : E \cap U \longrightarrow \mathbb{R}^n$, welche

$$\lim_{x \in E \cap U,\, x \to x_0} \frac{\|r(x)\|}{\|x - x_0\|} = 0$$

erfüllt. Für alle $x \in S_0 = E \cap U$ ist $\pi(x) - x_0 \in H$ nach Definition der Poincaré-Abbildung. Daher ist durch

$$p(x) := \pi(x) - x_0 \qquad \text{für alle } x \in E \cap U$$

eine Abbildung $p : E \cap U \longrightarrow H$ definiert. Angesichts von $\pi(x_0) = x_0$ ist dann

$$\mathcal{D}\pi(x_0)(x - x_0) = p(x) - r(x) \qquad \text{für alle } x \in E \cap U.$$

Mit Lemma 13.26 folgt, dass H invariant unter $\mathcal{D}\pi(x_0)$ ist. Damit ist (a) gezeigt.

II. Von nun an sei vorausgesetzt, dass alle Eigenwerte von $\mathcal{D}\pi(x_0)$ einen Betrag < 1 haben. Für den zugehörigen Spektralradius ϱ gilt dann ebenfalls $\varrho < 1$. – Von Eigenwerten zu sprechen, ist hier deshalb sinnvoll, weil gemäß (a) $\mathcal{D}\pi(x_0) : H \longrightarrow H$ ein Endomorphismus von H ist. Aus demselben Grund können wir $\mathcal{D}\pi(x_0)$ bezüglich einer geeigneten Basis von H durch eine Matrix $A \in \mathbb{R}^{(n-1)\times(n-1)}$ darstellen und auf diese Lemma 13.27 anwenden, und zwar mit $\varepsilon := \frac{1}{3}(1 - \varrho) > 0$. Ihm zufolge gibt es eine Norm $\|\cdot\|_*$ auf H mit

$$\|\mathcal{D}\pi(x_0)v\|_* \leq (\varrho + \varepsilon) \cdot \|v\|_* \qquad \text{für alle } v \in H.$$

Für die zugehörige, ebenfalls mit $\|\cdot\|_*$ bezeichnete Operatornorm gilt dann $\|\mathcal{D}\pi(x_0)\|_* \leq \varrho + \varepsilon < 1$.

Im Folgenden operieren wir auf $x_0 + H \supseteq S$ mit der von der Norm $\|\cdot\|_*$ induzierten Metrik, bezüglich derer sich π, wie wir gleich präzisieren werden, in der Nähe von x_0 kontrahierend verhält. Da diese Norm jedoch nicht auf dem ganzen $\mathbb{R}^n$ definiert ist, müssen wir ansonsten, d.h. außerhalb von H, die euklidische Norm heranziehen. Dies führt zwar zu einigen technischen Komplikationen, die sich aber dadurch überwinden lassen, dass beide Normen äquivalent sind und somit die von ihnen induzierten Topologien und Konvergenzbegriffe dieselben sind. Für $c \in \mathbb{R}^n$ und $r > 0$ setzen wir

$$K_r^*(c) := c + \{v \in H : \|v\|_* \leq r\} ;$$

$K_r^*(c)$ ist dann die bezüglich der Norm $\|\cdot\|_*$ definierte $(n-1)$-dimensionale abgeschlossene Kugel in $c + H$ mit Mittelpunkt c und Radius r.

Es gibt eine offene Umgebung $U' \subseteq U$ von x_0, so dass für alle $x \in U' \cap E$

$$\|\pi(x) - x_0 - \mathcal{D}\pi(x_0)(x - x_0)\|_* = \|r(x)\|_* \leq \varepsilon \|x - x_0\|_*$$

gilt. Hieraus folgt

$$\|\pi(x) - x_0\|_* \leq \|\mathcal{D}\pi(x_0)(x - x_0)\|_* + \varepsilon \|x - x_0\|_*$$

$$\leq (\varrho + 2\varepsilon) \cdot \|x - x_0\|_* \leq \|x - x_0\|_* \tag{13.12}$$

für alle $x \in U' \cap E$.

III. Wir zeigen zunächst, dass Γ stabil ist. Dazu sei eine Umgebung $V \subseteq D$ von Γ gegeben. Angesichts der Kompaktheit von Γ dürfen wir o.B.d.A. annehmen, dass $\overline{V}$ kompakt und in D enthalten ist; dies stellt sicher, dass jede Lösung mit in V verlaufendem Vorwärtsorbit für alle $t \geq 0$ existiert.

Wegen $x_0 \in \Gamma$ ist $V \cap U' \cap E$ eine Umgebung von x_0 in der Relativtopologie von E. Es gibt daher ein $r > 0$ mit $K_r^*(x_0) \subseteq V \cap U' \cap E$. (Hier nutzen wir die Äquivalenz unserer beiden Normen auf H aus!) Weil $\tau(x_0) = T$ und $\phi(t, x_0) \in \Gamma$ für alle $t \in [0, 2T]$ gilt und weil ϕ auf Kompakta gleichmäßig stetig ist, können wir, indem wir r verkleinern, zudem erreichen, dass für alle $x \in K_r^*(x_0)$ und alle $t \in [0, 2T]$

$$\frac{T}{2} < \tau(x) < 2T \qquad \text{und} \qquad \phi(t, x) \in V \qquad (13.13)$$

gilt[99]. Wegen $U' \cap E \subseteq S_0$ ist π auf $K_r^*(x_0)$ definiert, und wegen (13.12) gilt $\pi(x) \in K_r^*(x_0)$ für alle $x \in K_r^*(x_0)$. Daher sind die k-ten Iterierten π^k von π, die sich durch k-malige Hintereinanderausführung von π ergeben, für alle $k \in \mathbb{N}_0$ auf $K_r^*(x_0)$ wohldefiniert.

Mit analoger Begründung wie bei (13.13) finden wir ein $\delta > 0$, so dass $B_\delta(x_0) \subset U'$ und so dass für alle $x \in B_\delta(x_0)$ und alle $t \in [0, 2T]$

$$\tau(x) < 2T \qquad \text{und} \qquad \phi(t, x) \in V \qquad (13.14)$$

gilt. Angesichts von $\phi(\tau(x_0), x_0) = \phi(T, x_0) = x_0$ und weil $K_r^*(x_0)$ auch bezüglich der euklidischen Metrik eine Umgebung von x_0 in E ist, können wir mittels Verkleinerung von $\delta > 0$ sicherstellen, dass $\phi(\tau(x), x) \in K_r^*(x_0)$ für alle $x \in B_\delta(x_0)$ gilt.

Wir setzen nun

$$W := \{\phi(t, x) : x \in B_\delta(x_0), \, t \in [0, t_\omega(x))\}.$$

Dann ist W eine positiv invariante Umgebung von Γ.

Begründung: Die positive Invarianz ist klar aufgrund des Flussaxioms (FA2). Dass W eine offene Menge enthält, die Γ umfasst, ergibt sich aus

$$W \supseteq \bigcup_{0 \leq t \leq T} \phi^t(U_\delta(x_0)) \supseteq \bigcup_{0 \leq t \leq T} \{\phi(t, x_0)\} = \Gamma$$

---

[99]An dieser Stelle empfiehlt es sich, sich an die Erläuterungen auf S. 275 zum Unterschied zwischen Stabilität und stetiger Abhängigkeit von den Anfangsdaten zu erinnern: Letztere erlaubt es uns, $\phi(t, x)$ für alle t in einem festen kompakten Intervall (hier: $[0, 2T]$) zu „kontrollieren", sofern x hinreichend nahe bei x_0 gewählt wird. Die Frage hingegen, wie sich $\phi(t, x)$ für t jenseits solcher Intervalle, für $t \to \infty$ verhält, fällt ins Ressort der Stabilitätstheorie und führt damit auf die relativ komplizierten Überlegungen im vorliegenden Beweis.

und daraus, dass ϕ^t für jedes feste t nach Lemma 4.24 ein Diffeomorphismus und somit insbesondere ein Homöomorphismus ist und daher offene Mengen auf offene Mengen abbildet.

Wir zeigen nun $W \subseteq V$: Dazu sei ein $y \in W$ gegeben. Dann gibt es ein $x \in B_\delta(x_0)$ und ein $t \in [0, t_\omega(x))$ mit $y = \phi(t, x)$. Falls $t \in [0, 2T]$ ist, folgt $y \in V$ aus (13.14). Es sei fortan also $t > 2T$. Wegen $\tau(x) < 2T$ ist dann $t = \tau(x) + s$ mit einem $s > 0$, und für $w := \phi(\tau(x), x) \in K_r^*(x_0)$ ist $\phi(s, w) = \phi(t, x) = y$. Nach dem oben Gezeigten existieren die Iterierten $p_k := \pi^k(w) \in K_r^*(x_0)$ für alle $k \in \mathbb{N}_0$. Es gibt ein $m \in \mathbb{N}_0$, so dass y auf der Trajektorie durch x und w „zwischen" p_m und p_{m+1} liegt, in dem Sinne, dass $y = \phi(s^*, p_m)$ für ein $s^* \in [0, \tau(p_m)]$ ist. Wegen (13.13) gilt $s^* \leq \tau(p_m) < 2T$ und $y = \phi(s^*, p_m) \in V$. Also ist in der Tat $W \subseteq V$.

Insgesamt verbleibt also jede in W startende Lösung in W und damit in V, weswegen sie zudem für alle $t \geq 0$ existiert. Dies zeigt die Stabilität von Γ.

IV. Nun wenden wir uns dem Nachweis der Attraktivität von Γ zu: Es gibt eine Umgebung V von Γ, so dass $\overline{V}$ kompakt und $\overline{V} \subseteq D$ ist. Hierzu definieren wir die Größen r und δ und die Umgebung W von Γ wie in III. Für Letztere zeigen wir

$$\lim_{t \to \infty} \operatorname{dist}(\phi(t, y), \Gamma) = 0 \qquad \text{für alle } y \in W.$$

Dazu sei ein $y \in W$ gegeben. Dann ist $y = \phi(t', x)$ für ein $x \in B_\delta(x_0)$ und ein $t' \geq 0$. Aufgrund der in III. gestellten Bedingungen an δ ist $p_0 := \phi(\tau(x), x) \in K_r^*(x_0) \subseteq U'$. Daher ist erneut $p_k := \pi^k(p_0)$ für jedes $k \in \mathbb{N}$ wohldefiniert. Gemäß (13.12) gilt

$$\|p_{k+1} - x_0\|_* = \|\pi(p_k) - x_0\|_* \leq (\varrho + 2\varepsilon) \cdot \|p_k - x_0\|_* \qquad \text{für alle } k \in \mathbb{N}_0,$$

und induktiv folgt

$$\|p_k - x_0\|_* \leq (\varrho + 2\varepsilon)^k \cdot \|p_0 - x_0\|_* \qquad \text{für alle } k \in \mathbb{N}_0.$$

Hieraus und aus $\varrho + 2\varepsilon < 1$ ergibt sich $\lim_{k \to \infty} p_k = x_0$.

Für alle $k \in \mathbb{N}_0$ sei $T_k := \tau(p_k)$. Wegen (13.13) ist stets $\frac{T}{2} < T_k < 2T$. Insbesondere existiert das Supremum $\sigma := \sup\{T_k : k \in \mathbb{N}_0\} < \infty$. (Dies folgt auch aus $\lim_{k \to \infty} T_k = \tau(x_0) = T$.) Wiederum wegen der gleichmäßigen Stetigkeit von ϕ auf Kompakta erhalten wir

$$\lim_{k \to \infty} \|\phi(s, p_k) - \phi(s, x_0)\| = 0 \qquad \text{gleichmäßig für alle } s \in [0, \sigma].$$

Für jedes $t > 0$ gibt es ein $s(t) \in [0, \sigma]$ und ein $k(t) \in \mathbb{N}_0$ derart, dass

$$\phi(t, p_0) = \phi(s(t), p_{k(t)})$$

und $k(t) \to \infty$ für $t \to \infty$. Es folgt

$$\begin{aligned} \mathrm{dist}\,(\phi(t, p_0), \Gamma) &\leq \|\phi(t, p_0) - \phi(s(t), x_0)\| \\ &= \|\phi(s(t), p_{k(t)}) - \phi(s(t), x_0)\| \longrightarrow 0 \quad \text{für } t \to +\infty. \end{aligned}$$

Damit und mit $\phi(t, y) = \phi(t + t', x) = \phi(t + t' - \tau(x), p_0)$ für alle $t \geq \tau(x)$ ergibt sich schließlich auch

$$\mathrm{dist}\,(\phi(t, y), \Gamma) = \mathrm{dist}\,(\phi(t + t' - \tau(x), p_0), \Gamma) \longrightarrow 0 \quad \text{für } t \to +\infty.$$

Dies zeigt, dass Γ auch attraktiv, insgesamt also asymptotisch stabil ist. ∎

Lemma 13.29 Es seien $f : D \longrightarrow \mathbb{R}^n$ stetig differenzierbar, Γ ein periodischer Orbit des autonomen Systems $x' = f(x)$ mit minimaler positiver Periode T, $S \subseteq x_0 + H$ ein transversaler Schnitt des Systems in $x_0 \in \Gamma$ und π die Poincaré-Abbildung bezüglich S und x_0. Der zu S gehörende Unterraum H sei invariant unter $D_\zeta \phi(T, x_0)$. Dann gilt[100]

$$\mathcal{D}\pi(x_0) = D_\zeta \phi(T, x_0)\big|_H.$$

Beweis. Wieder sei $\tau : U \longrightarrow \mathbb{R}$ eine stetig differenzierbare Funktion auf einer Umgebung $U \subseteq D$ von x_0 mit $\phi(\tau(x), x) \in S$ für alle $x \in U$ und $\tau(x_0) = T$, und es sei $\pi : S_0 \longrightarrow S$ auf $S_0 := S \cap U$ definiert. Da $\pi(x) = \phi(\tau(x), x)$ für alle $x \in S_0$ gilt, ist nach der Kettenregel

$$\mathcal{D}\pi(x_0) = \frac{\partial \phi}{\partial t}(T, x_0) \cdot \mathrm{grad}\,\tau(x_0)\big|_H + D_\zeta \phi(T, x_0)\big|_H.$$

Ist $H^\perp = \mathrm{span}\,\{u\}$, so gilt nach Satz 13.24

$$\mathrm{grad}\,\tau(x_0) = -\frac{u^T D_\zeta \phi(T, x_0)}{u^T f(x_0)}.$$

Da nach Voraussetzung

$$D_\zeta \phi(T, x_0)(H) \subseteq H = H^{\perp\perp} = (\mathrm{span}\,\{u\})^\perp$$

ist, folgt $\mathrm{grad}\,\tau(x_0)|_H = 0$ und damit insgesamt die Behauptung. ∎

---

[100]Die folgende Formel stellt strenggenommen einen Missbrauch der Notationen dar, da auf der linken Seite eine lineare Abbildung, rechts hingegen eine Matrix steht. Gemeint ist mit $D_\zeta \phi(T, x_0)\big|_H$ natürlich die Restriktion der von $D_\zeta \phi(T, x_0)$ vermittelten linearen Abbildung $\mathbb{R}^n \longrightarrow \mathbb{R}^n$ auf die Hyperebene H.

Satz 13.30   *Es seien $f : D \longrightarrow \mathbb{R}^n$ stetig differenzierbar, Γ ein periodischer Orbit des autonomen Systems $x' = f(x)$ mit minimaler positiver Periode T und $x_0 \in \Gamma$. Dann gilt:*

(a) *Die Matrix $D_\zeta \phi(T, x_0)$ hat den Eigenwert 1 mit zugehörigem Eigenvektor $f(x_0)$.*

(b) *Sind die Beträge der übrigen $n - 1$ Eigenwerte von $D_\zeta \phi(T, x_0)$ alle echt kleiner als 1, dann ist Γ asymptotisch stabil.*

Beweis.

(a) Nach Satz 3.19 (a) löst $t \mapsto D_\zeta \phi(t, \zeta)$ für alle $\zeta \in D$ das Anfangswertproblem
$$Y' = J_f(\phi(t, \zeta)) \cdot Y, \qquad Y(0) = E_n.$$

Insbesondere ist $U(t) := D_\zeta \phi(t, x_0)$ eine Fundamentalmatrix des linearen Systems
$$y' = J_f f(\phi(t, x_0)) \cdot y.$$

Gemäß Satz 6.16 besitzt $U(T) = D_\zeta \phi(T, x_0)$ daher den Eigenwert 1 mit zugehörigem Eigenvektor $f(x_0)$.

(b) Es sei H die direkte Summe der zu den Eigenwerten mit Betrag < 1 gehörigen Haupträume von $D_\zeta \phi(T, x_0)$. Dann ist H invariant unter $D_\zeta \phi(T, x_0)$, und wegen (a) ist $f(x_0) \notin H$.

Wir wählen nun eine (in der Relativtopologie von H) offene Umgebung $S \subseteq x_0 + H$ von x_0 in H mit $f(x) \notin H$ für alle $x \in S$; dies ist möglich wegen $\mathrm{dist}\,(f(x_0), H) > 0$ und der Stetigkeit von f. Dann ist S ein transversaler Schnitt von f in x_0. Nach Lemma 13.29 haben alle Eigenwerte von $\mathcal{D}\pi(x_0)$ einen Betrag < 1. Aufgrund von Satz 13.28 ist Γ daher asymptotisch stabil.   ∎

14 Der Satz von Poincaré-Bendixson für ebene autonome Systeme[*]

In diesem Kapitel betrachten wir nur *ebene* autonome Systeme. Es sei also $n = 2$. Für diesen Fall liefert der Satz von Poincaré-Bendixson eine Klassifikation der möglichen ω-Grenzmengen. Sein Beweis beruht entscheidend auf einer topologischen Eigenschaft der Ebene $\mathbb{R}^2$, die heute als *Jordanscher Kurvensatz* bekannt ist. Dieser besagt:

Satz 14.1 (Jordanscher Kurvensatz) *Jeder Jordan-Weg Γ in der Ebene $\mathbb{R}^2$ zerlegt $\mathbb{R}^2 \setminus \mathrm{Spur}\,(\Gamma)$ in zwei disjunkte Gebiete (d.h. nicht-leere, offene und zusammenhängende Mengen), und zwar ein beschränktes Gebiet W (das **Innere** von Γ) und ein unbeschränktes Gebiet A (das **Äußere** von Γ), so dass*

$$\mathbb{R}^2 = \mathrm{Spur}\,(\Gamma) \cup A \cup W \qquad \text{und} \qquad \partial A = \partial W = \mathrm{Spur}\,(\Gamma)$$

gilt.

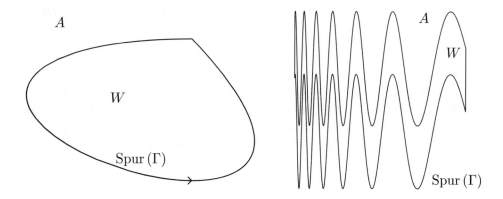

Abb. 14.1: Zwei Jordan-Wege, jeweils mit Innerem W und Äußerem A

Dieser Sachverhalt scheint anschaulich evident zu sein (Abb. 14.1). Dementsprechend wurde er über Jahrhunderte unreflektiert verwendet. Seine Beweisbedürftigkeit wurde erstmals von Bernard Bolzano (1781–1848) erkannt.

Danach dauerte es noch bis zum Jahr 1887, bis Camille Jordan (vgl. Fußnote 38), nach dem das Resultat benannt ist, einen ersten, heute freilich mitunter als noch nicht ganz wasserdicht angesehenen Beweis vorlegen konnte. Ein strenger Beweis gelang Oswald Veblen (1880–1960) im Jahr 1905 [44]. Die unerwarteten Schwierigkeiten im Beweis ergeben sich zum einen aus der großen Allgemeinheit des Stetigkeitsbegriffs – man denke etwa an die auf S. 114 erwähnten Peano-Wege, also surjektive stetige Abbildungen des Einheitsintervalls auf das Einheitsquadrat[101]. Zum anderen muss man *globale* Eigenschaften der Ebene richtig erfassen: Dass die lokale Zweidimensionalität für die Gültigkeit des Jordanschen Kurvensatzes nicht ausreicht, belegen einfache Beispiele von Jordan-Wegen auf der Torus-Fläche, die diese Fläche nicht wie im Jordanschen Kurvensatz zerlegen. Unter der Zusatzannahme stückweiser stetiger Differenzierbarkeit des Weges (welche für unsere Zwecke ausreicht) sind zwar erhebliche Vereinfachungen möglich, dennoch bleibt der Beweis so kompliziert, dass wir ihn hier nicht ausführen, sondern auf die Literatur verweisen, siehe z.B. [31] oder für aktuellere Darstellungen [29, Theorem 12.9], [40] und [42]. – In [36] findet man einige künstlerisch ambitionierte und ästhetisch ansprechende Illustrationen von Jordan-Wegen, die noch weitaus komplizierter als der rechte in Abb. 14.1 sind und bei denen es alles andere als offensichtlich ist, was ihr Inneres und was ihr Äußeres ist.

Ebenso wie der Jordansche Kurvensatz sind zahlreiche Schlüsse in diesem Kapitel durch vermeintliche Evidenz geprägt. Ihre Begründungen mögen daher prima facie unnötig technisch wirken, insbesondere angesichts der Suggestivkraft der sie illustrierenden Abbildungen. Die Herausforderung bei den folgenden Beweisen besteht insofern oftmals gerade darin, sich von der Anschauung zwar leiten, aber nicht zu voreiligen Schlussfolgerungen verführen zu lassen.

Über die im ganzen Teil IV gültige Generalvoraussetzung von S. 269 hinaus setzen wir in diesem Kapitel voraus, dass die offene, nicht-leere Menge D eine Teilmenge des $\mathbb{R}^2$ und dass $f : D \longrightarrow \mathbb{R}^2$ stetig differenzierbar ist. Bei der Formulierung der nachstehenden Resultate geben wir jeweils nur diese beiden Zusatzvoraussetzungen an.

---

[101]Freilich sind solche Peano-Wege nicht injektiv und spielen daher im Kontext des Jordanschen Kurvensatzes keine Rolle: Wäre $\gamma : [0, 1] \longrightarrow [0, 1] \times [0, 1]$ bijektiv und stetig, so würde aus der Kompaktheit des Definitionsbereichs gemäß Bemerkung 4.18 (1) folgen, dass γ sogar ein Homöomorphismus ist. Es wären $[0, 1]$ und $[0, 1] \times [0, 1]$ also zueinander homöomorph. Damit wäre auch $[0, 1] \setminus \{1/2\}$ homöomorph zu $([0, 1] \times [0, 1]) \setminus \{\gamma(1/2)\}$. Dies ist unmöglich, da die zweite dieser beiden Mengen zusammenhängend ist, die erste hingegen nicht, und da der Zusammenhang eine Invariante unter Homöomorphismen ist.

Definition 14.2

(a) Es sei $x' = f(x)$ ein ebenes autonomes System auf $D \subseteq \mathbb{R}^2$, und es seien $\zeta \in D$, $J \subseteq I(\zeta)$ ein echtes Intervall und $C := \{\phi(t, \zeta) : t \in J\}$ ein Stück der Trajektorie $\gamma(\zeta)$. Eine endliche oder unendliche Folge von Punkten $x_0, x_1, x_2, \ldots$ auf C heißt **monoton längs C**, falls es eine monoton wachsende Folge $t_0, t_1, t_2, \ldots$ in J gibt mit $x_k = \phi(t_k, \zeta)$ für alle zulässigen k.

(b) Ist S eine zusammenhängende Teilmenge einer Geraden im $\mathbb{R}^2$, so nennen wir eine endliche oder unendliche Folge von Punkten $x_0, x_1, x_2, \ldots$ auf S **monoton längs S**, falls für alle zulässigen $k, l, m \in \mathbb{N}_0$ mit $k < l < m$ der Punkt x_l stets zwischen x_k und x_m liegt, in dem Sinne, dass er auf der (abgeschlossenen) Verbindungsstrecke von x_k und x_m liegt.

Dass die Punkte $x_0, x_1, x_2, \ldots \in C$ in (a) monoton längs C sind, bedeutet anschaulich, dass sie beim Durchlaufen von C in der Reihenfolge ihrer Indizes aufeinanderfolgen. Diese Veranschaulichung stößt freilich an ihre Grenzen, falls C ein mehrfach durchlaufener periodischer Orbit ist: In diesem Fall können die x_k auf C in scheinbar ungeordneter Reihenfolge liegen, und sie folgen nur insoweit in der Reihenfolge ihrer Indizes aufeinander, als man etwaige frühere Passagen eines Punktes ignoriert, solange er „noch nicht an der Reihe ist". Ist J unbeschränkt und die Trajektorie von ζ geschlossen, so sind beliebige Folgen auf C trivialerweise monoton längs C. (Strenggenommen ist die Monotonie längs C also eine Eigenschaft des Weges $\phi_\zeta|_J : J \longrightarrow D$ und nicht von dessen Spur C.)

Das entscheidende Hilfsmittel im Beweis des Satzes von Poincaré-Bendixson ist das folgende Lemma, das die beiden Monotoniebegriffe aus der voranstehenden Definition miteinander in Zusammenhang bringt. Wesentlich hierfür ist der Umstand, dass transversale Schnitte im zweidimensionalen Fall Teilmengen von Geraden sind. Dies macht es auch verständlich, weshalb sich der Satz von Poincaré-Bendixson nicht auf höhere Dimensionen $n \geq 3$ übertragen lässt: Dann haben die Hyperebenen, in denen die transversalen Schnitte liegen, die Dimension $n - 1 \geq 2$, so dass sich auf ihnen keine sinnvolle Zwischen-Relation erklären lässt.

Lemma 14.3 Es sei ein ebenes autonomes System $x' = f(x)$ mit stetig differenzierbarem $f : D \longrightarrow \mathbb{R}^2$ auf $D \subseteq \mathbb{R}^2$ gegeben, S sei ein transversaler Schnitt des Systems im Punkt $\zeta \in D$, und S sei zusammenhängend (also eine Gerade, offene Halbgerade oder offene Strecke). Es sei $x_0, x_1, x_2, \ldots$ mit

$x_0 = \zeta$ *eine Folge von (nicht notwendigerweise verschiedenen) Punkten auf* $\gamma^+(\zeta) \cap S$. *Wenn diese Folge monoton längs* $\gamma^+(\zeta)$ *ist, dann ist sie auch monoton längs* S.

Das Lemma besagt, dass eine Situation wie in Abb. 14.2 (a) unmöglich ist.

Die Zusammenhangsvoraussetzung an S ist entscheidend für die Gültigkeit von Lemma 14.3. Dies zeigt z.B. das autonome System aus Beispiel 4.15, dessen Phasenporträt in Abb. 4.13 dargestellt ist: Wählt man hier für S die Vereinigung zweier hinreichend kleiner, disjunkter Teilstrecken S_1, S_2 einer Geraden g, die beide den rot markierten Grenzzyklus treffen, so ist S ein transversaler Schnitt, und jede gegen den Grenzzyklus strebende Trajektorie γ schneidet sowohl S_1 als auch S_2 unendlich oft, wobei beide abwechselnd durchlaufen werden. Daher ist die Folge dieser Schnittpunkte monoton längs γ, aber nicht monoton längs S. Ergänzt man hingegen S zu einer zusammenhängenden Menge, indem man die Strecke auf g zwischen S_1 und S_2 zu S hinzunimmt, so wird die Transversalitätsvoraussetzung verletzt: Falls g eine Ursprungsgerade ist, ist dies klar, da S dann den Gleichgewichtspunkt $(0, 0)$ enthält. Andernfalls erkennt man aus Abb. 4.13, dass g die Tangente an eine geeignete Trajektorie ist; im Berührpunkt x_0 zeigt dann $f(x_0)$ in die Richtung von g.

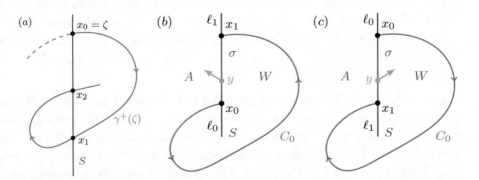

Abb. 14.2: Zu Lemma 14.3: Die Situation in (a) soll als unmöglich nachgewiesen werden. Im Beweis treten die beiden Fälle (b) und (c) auf. O.B.d.A. wird nur der Fall (b) diskutiert.

Beweis. Nach Definition der Monotonie längs $\gamma^+(\zeta)$ gibt es $t_j \in [0, t_\omega(\zeta))$, so dass $x_j = \phi(t_j, \zeta)$ für alle j gilt, $t_0, t_1, t_2, \ldots$ monoton wächst und $t_0 = 0$ ist. Nach dem Entfernen etwaiger Duplikate darf man o.B.d.A. annehmen, dass $t_0, t_1, t_2, \ldots$ sogar streng monoton wächst.

Wir nehmen an, $(x_j)_j$ wäre nicht monoton längs S. Dann gibt es $k, l, m \in \mathbb{N}_0$ mit $k < l < m$, so dass x_l nicht zwischen x_k und x_m liegt. O.B.d.A. genügt es, den Fall zu betrachten, dass x_m zwischen x_k und x_l liegt und $x_m \neq x_l$ gilt. (Hingegen ist hierbei $x_m = x_k$ durchaus möglich.)

Weil S zusammenhängend ist, liegt mit den Punkten x_k und x_l auch deren (abgeschlossene) Verbindungsstrecke in S. Diese hat nach Lemma 13.25 neben x_k und x_l höchstens endlich viele Punkte mit dem Teilstück $\{\phi(t, \zeta) : t_k \leq t \leq t_m\}$ von $\gamma^+(\zeta)$ gemeinsam. Man kann diese Punkte zur Folge $(x_j)_j$ hinzunehmen (falls sie ihr nicht ohnehin schon angehörten) und monoton längs $\gamma^+(\zeta)$ ordnen. Nach Übergang zu der neuen Folge können wir also annehmen, dass für $C_j := \{\phi(t, \zeta) : t_j \leq t \leq t_{j+1}\}$ stets $C_j \cap [x_k, x_l] \subseteq \{x_j, x_{j+1}\}$ für alle $j \in \{k, \ldots, m-1\}$ gilt. Dies bedeutet, dass das Trajektorienstück, das echt zwischen x_j und x_{j+1} verläuft, die Verbindungsstrecke $[x_k, x_l]$ nicht trifft.

Fall 1: Es gibt ein ν mit $k \leq \nu \leq m-1$ und $x_\nu = x_{\nu+1}$.

Dann ist die Trajektorie von ζ geschlossen mit $\gamma(\zeta) = C_\nu$, und es folgt

$$\gamma(\zeta) \cap [x_k, x_l] = C_\nu \cap [x_k, x_l] \subseteq \{x_\nu, x_{\nu+1}\} = \{x_\nu\},$$

also insbesondere $x_m = x_l = x_\nu$, im Widerspruch zu $x_m \neq x_l$.

Fall 2: Für alle ν mit $k \leq \nu \leq m-1$ gilt $x_\nu \neq x_{\nu+1}$.

In diesem Fall können wir schließen, dass es ein μ mit $k \leq \mu \leq m-2$ gibt, so dass $x_{\mu+1}$ nicht zwischen x_μ und $x_{\mu+2}$ liegt: Andernfalls würde nämlich $x_{\mu+1}$ für alle diese μ *echt* zwischen x_μ und $x_{\mu+2}$ liegen, und es würde folgen, dass auch x_l echt zwischen x_k und x_m liegt, im Widerspruch zur Wahl von k, l und m.

Man beachte, dass dieser Schluss ohne die Voraussetzung in Fall 2 nicht korrekt wäre: Es könnte dann in einem Punkt mit $x_\nu = x_{\nu+1}$ zu einem Wechsel der „Monotonie-Richtung" kommen. Dies wird illustriert durch eine Folge $(x_j)_j$ mit $x_{4j} = x_{4j+1} = p$, $x_{4j+2} = x_{4j+3} = q$ für alle j, wobei p und q beliebige Punkte im $\mathbb{R}^2$ mit $p \neq q$ sind: Hier liegt $x_{\mu+1}$ für alle μ zwischen (jedoch nicht *echt* zwischen) x_μ und $x_{\mu+2}$, aber die Folge ist nicht monoton längs der Geraden durch p und q.

O.B.d.A. können wir fortan $\mu = 0$ annehmen. Wir haben dann also die Situation zu diskutieren, dass x_1 nicht zwischen x_0 und x_2 liegt, und aus dieser einen Widerspruch herzuleiten.

Es sei $\sigma \subseteq S$ die abgeschlossene Verbindungsstrecke von x_0 und x_1. Indem man an das Trajektorienstück C_0 die von x_1 nach x_0 durchlaufene

Strecke σ anhängt, entsteht ein geschlossener Weg Γ. Nach den getroffenen Vereinbarungen ist dieser ein Jordan-Weg im $\mathbb{R}^2$. Auf ihn wenden wir den Jordanschen Kurvensatz (Satz 14.1) an. Es mögen W sein Innen- und A sein Außengebiet bezeichnen. Ferner sei u ein Normalenvektor für die (eindeutig bestimmte) Gerade g, in der S liegt.

Da S transversal zum Vektorfeld f ist, gilt $\langle f(y), u \rangle \neq 0$ für alle $y \in S$, und nach dem Zwischenwertsatz hat dieses Skalarprodukt auf S und damit auf σ keine Vorzeichenwechsel. (Hierfür ist entscheidend, dass S zusammenhängend ist.) Dies bedeutet, dass entweder in *jedem* Punkt y der Strecke σ die Trajektorie durch y aus W „*heraus*läuft" oder in *jedem* solchen Punkt y die Trajektorie durch y nach W „*hinein*läuft" (Abb. 14.2 (b) und (c)).

O.B.d.A. dürfen wir annehmen, dass der erste Fall vorliegt (wie in Abb. 14.2 (b)). Mithilfe von Proposition 13.2 (c) können wir dann zeigen, dass die in D abgeschlossene Menge $M := D \cap \overline{A} = D \cap (A \cup \Gamma) = D \setminus W$ positiv invariant ist: Hierzu sei ein $y \in \partial M \cap D = \Gamma = \sigma \cup (C_0 \setminus \{x_1\})$ gegeben. Im Fall $y \in \sigma$ kann $\gamma(y)$ nach dem Gezeigten in y nicht nach W hineinlaufen, es gibt also ein $\varepsilon > 0$ mit $\phi(t, y) \in D \setminus W$ für alle $t \in [0, \varepsilon)$; im Fall $y \in C_0 \setminus \{x_1\}$ gibt es nach Definition von C_0 ein $\varepsilon > 0$ mit $\phi(t, y) \in C_0 \subseteq D \setminus W$ für alle $t \in [0, \varepsilon)$. Damit ist die Bedingung aus Proposition 13.2 (c) nachgewiesen und somit die positive Invarianz von $D \setminus W$ gezeigt.

Hieraus und aus $x_1 \in \sigma \subseteq D \setminus W$ ergibt sich nun $\phi(t, x_0) \notin W$ für alle $t > t_1$. Insbesondere ist $x_2 \notin W$. Weiter können wir auf $x_2 \notin \sigma$ schließen, denn andernfalls würde die auch durch x_2 laufende Trajektorie $\gamma(\zeta)$ in x_2 aus W herauslaufen, und es wäre $\phi(t, \zeta) \in W$ für alle $t \in (t_1, t_2)$, die hinreichend nahe bei t_2 sind. Mithin ist $x_2 \in S \setminus \sigma$. Das Komplement $S \setminus \sigma$ ist die disjunkte Vereinigung zweier Strecken oder Halbgeraden ℓ_0 mit Endpunkt x_0 und ℓ_1 mit Endpunkt x_1. Da ℓ_0 zusammenhängend ist, liegt ℓ_0 entweder ganz im Inneren oder ganz im Äußeren von Γ. Aufgrund der Richtung der Trajektorie in x_0 kann man auf $\ell_0 \subseteq W$ schließen. Da andererseits $x_2 \notin W$ ist, ist $x_2 \in \ell_1$. Dies bedeutet, dass x_1 doch auf der Verbindungsstrecke von x_0 und x_2 liegt, ein Widerspruch.

Damit ist das Lemma bewiesen.   ∎

Lemma 14.4   *Es sei ein ebenes autonomes System $x' = f(x)$ mit stetig differenzierbarem $f : D \longrightarrow \mathbb{R}^2$ auf $D \subseteq \mathbb{R}^2$ gegeben, S sei ein zusammenhängender transversaler Schnitt des Systems, und es sei $\zeta \in D$. Dann haben die Grenzmengen $\alpha(\zeta)$ und $\omega(\zeta)$ mit S jeweils höchstens einen Punkt gemeinsam. Ferner trifft für jedes $y \in \alpha(\zeta) \cup \omega(\zeta)$ die Trajektorie $\gamma(y)$ den Schnitt S in höchstens einem Punkt.*

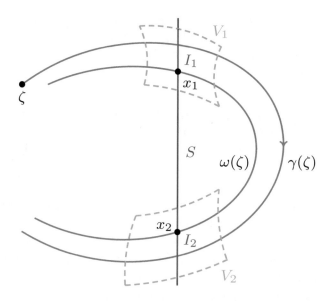

Abb. 14.3: Zum Beweis von Lemma 14.4

Beweis. Es genügt, die Behauptungen über $\omega(\zeta)$ zu beweisen.

Wir nehmen an, es gäbe zwei verschiedene Punkte $x_1, x_2 \in \omega(\zeta) \cap S$. Dann können wir zwei zueinander disjunkte offene Teilstrecken I_1 und I_2 von S mit $x_1 \in I_1$ und $x_2 \in I_2$ wählen. Diese sind transversale Schnitte in x_1 bzw. in x_2. Gemäß Satz 13.24 gibt es daher für $k = 1, 2$ offene Umgebungen V_k von x_k, so dass jede maximale Lösung, die V_k trifft, auch I_k erreicht, und durch Verkleinerung von V_k kann man sicherstellen, dass dies binnen einer festen vorgegebenen Zeit T, z.B. $T = 1$ geschieht. Wegen $x_1, x_2 \in \omega(\zeta)$ tritt $\phi(t, \zeta)$ für $t \geq 0$ in beide Mengen V_1 und V_2 unendlich oft ein; genauer gibt es Folgen $(s_k)_k$ und $(t_k)_k$ in $\mathbb{R}^+$ mit $\lim_{k \to \infty} s_k = \lim_{k \to \infty} t_k = \infty$ und $\phi(s_k, \zeta) \in V_1$, $\phi(t_k, \zeta) \in V_2$ für alle k. Nach Konstruktion der V_k schneidet dann $\phi(t, \zeta)$ für $t \geq 0$ sowohl I_1 als auch I_2 unendlich oft[102]; genauer finden wir Folgen $(s_k^*)_k$ und $(t_k^*)_k$ in $\mathbb{R}^+$ mit $\phi(s_k^*, \zeta) \in I_1$, $\phi(t_k^*, \zeta) \in I_2$ und $|s_k - s_k^*| \leq T$, $|t_k - t_k^*| \leq T$ für alle k. Letzteres stellt sicher, dass auch $\lim_{k \to \infty} s_k^* = \lim_{k \to \infty} t_k^* = \infty$ gilt. Somit gibt es eine unendliche Folge $a_1, b_1, a_2, b_2, \ldots$ von Punkten auf $S \cap \gamma^+(\zeta)$, die monoton längs $\gamma^+(\zeta)$ ist, wobei $a_j \in I_1$ und $b_j \in I_2$ für alle j ist. Diese Folge ist angesichts von $I_1 \cap I_2 = \emptyset$ nicht monoton längs S, was Lemma 14.3 widerspricht.

---

[102]Dies gilt auch, falls $\gamma(\zeta)$ ein periodischer Orbit ist. In diesem Fall gibt es nur endlich viele Schnittpunkte, die aber unendlich oft durchlaufen werden.

Dies zeigt, dass $\omega(\zeta) \cap S$ höchstens einelementig ist, also die erste Behauptung. Hieraus und aus der Tatsache, dass für jedes $y \in \omega(\zeta)$ wegen der Invarianz der Grenzmengen (Satz 13.7 (c)) $\gamma(y) \subseteq \omega(\zeta)$ gilt, folgt sofort die zweite Behauptung. ∎

Korollar 14.5 *Es sei ein ebenes autonomes System $x' = f(x)$ mit stetig differenzierbarem $f : D \longrightarrow \mathbb{R}^2$ auf $D \subseteq \mathbb{R}^2$ gegeben. Für ein $\zeta \in D$ gelte $\zeta \in \omega(\zeta)$. Dann ist entweder ζ ein Gleichgewichtspunkt, oder $\gamma(\zeta)$ ist ein periodischer Orbit.*

Beweis. Wir nehmen an, dass ζ kein Gleichgewichtspunkt, also $f(\zeta) \neq 0$ ist. Dann gibt es nach Proposition 13.23 einen transversalen Schnitt S des Systems in ζ, und nach etwaiger Verkleinerung dürfen wir o.B.d.A. annehmen, dass S zusammenhängend ist. Wegen $\zeta \in \omega(\zeta)$ und Lemma 14.4 trifft die Trajektorie $\gamma(\zeta)$ den Schnitt S nur im Punkt ζ. Andererseits gibt es eine Folge $(t_k)_k$ in $\mathbb{R}$ mit $\lim_{k \to \infty} t_k = \infty$ und $\lim_{k \to \infty} \phi(t_k, \zeta) = \zeta$. Mittels Satz 13.24 findet man daher ein $T > 0$ mit $\phi(T, \zeta) \in S$. Hieraus folgt $\phi(T, \zeta) = \zeta$, d.h. $\gamma(\zeta)$ ist ein periodischer Orbit. ∎

Lemma 14.6 *Es sei ein ebenes autonomes System $x' = f(x)$ mit stetig differenzierbarem $f : D \longrightarrow \mathbb{R}^2$ auf $D \subseteq \mathbb{R}^2$ gegeben. Der Punkt $x_0 \in D$ liege auf einem periodischen Orbit $\Gamma = \gamma(x_0)$, und es sei $x_0 \in \omega(\zeta)$ für ein $\zeta \in D \setminus \Gamma$. Dann gibt es einen zusammenhängenden transversalen Schnitt $S \subseteq D$ des Systems in x_0 und eine streng monoton steigende Folge $(s_k)_k$ in $\mathbb{R}^+$, so dass für alle $k \in \mathbb{N}$*

$$x_k := \phi(s_k, \zeta) \in S \qquad und \qquad \phi(t, \zeta) \notin S \qquad \text{für alle } t \in (s_k, s_{k+1})$$

ist,

$$\lim_{k \to \infty} s_k = \infty \qquad und \qquad \lim_{k \to \infty} x_k = x_0$$

gilt und $(s_{k+1} - s_k)_k$ beschränkt ist.

Beweis. Wegen $\zeta \notin \Gamma$ ist $\gamma(\zeta) \cap \Gamma = \emptyset$. Wäre ζ ein Gleichgewichtspunkt oder $\gamma(\zeta)$ periodisch, so wären $\gamma(\zeta)$ und Γ beide kompakt und hätten somit positiven Abstand voneinander, im Widerspruch zu $x_0 \in \omega(\zeta) \cap \Gamma$. Daher ist ϕ_ζ injektiv.

Weil x_0 kein Gleichgewichtspunkt ist, gibt es nach Proposition 13.23 einen transversalen Schnitt S in x_0, den wir wieder, wie im Beweis von Korollar 14.5, als zusammenhängend wählen können. Wegen Lemma 13.25 hat jede abgeschlossene Teilmenge von S mit Γ nur endlich viele Punkte gemeinsam. Nach etwaiger Verkleinerung von S dürfen wir daher o.B.d.A. annehmen, dass $S \cap \Gamma = \{x_0\}$ ist.

Gemäß Satz 13.24 gibt es eine offene Umgebung $U \subseteq D$ von x_0 und eine stetig differenzierbare Funktion $\tau : U \longrightarrow \mathbb{R}$ mit

$$\tau(x_0) = 0 \qquad \text{und} \qquad \phi(\tau(y), y) \in S \qquad \text{für alle } y \in U.$$

Wegen $x_0 \in \omega(\zeta)$ gibt es eine Folge $(t_k)_k$ in $\mathbb{R}^+$ mit

$$\lim_{k \to \infty} t_k = \infty \qquad \text{und} \qquad \lim_{k \to \infty} \phi(t_k, \zeta) = x_0.$$

Hierzu gibt es ein k_0 mit $y_k := \phi(t_k, \zeta) \in U$ für alle $k \geq k_0$. Für diese k setzen wir

$$s_k := t_k + \tau(y_k) \qquad \text{und} \qquad x_k := \phi(\tau(y_k), y_k) = \phi(s_k, \zeta) \in S \cap \gamma(\zeta).$$

Damit gilt

$$\lim_{k \to \infty} \tau(y_k) = \tau(x_0) = 0$$

und somit

$$\lim_{k \to \infty} x_k = \lim_{k \to \infty} \phi(\tau(y_k), y_k) = \phi(0, x_0) = x_0$$

sowie $\lim_{k \to \infty} s_k = \infty$. Nach Übergang zu einer Teilfolge dürfen wir annehmen, dass $(s_k)_k$ streng monoton steigt und $s_k > 0$ für alle k sowie $k_0 = 1$ gilt. Angesichts von Lemma 13.25 können wir durch weitere Verkleinerung von S und U erreichen, dass es für jedes μ nur endlich viele Zeitpunkte zwischen s_μ und $s_{\mu+1}$ gibt, zu denen S von ϕ_ζ getroffen wird. Diese seien mit $\sigma_{j,\mu}$ $(j = 1, \dots, j_\mu)$ bezeichnet. Lemma 14.3 stellt sicher, dass die zugehörigen Schnittpunkte $\phi(\sigma_{j,\mu}, \zeta)$ mit S alle zwischen $\phi(s_\mu, \zeta)$ und $\phi(s_{\mu+1}, \zeta)$ liegen. Nimmt man die $\sigma_{j,\mu}$ zur Folge $(s_k)_k$ und damit die $\phi(\sigma_{j,\mu}, \zeta)$ zur Folge $(x_k)_k$ hinzu, gilt daher einerseits

$$\phi(t, \zeta) \notin S \qquad \text{für alle } t \in (s_k, s_{k+1}) \text{ und alle } k \in \mathbb{N}, \tag{14.1}$$

und andererseits ist nach wie vor $\lim_{k \to \infty} s_k = \infty$ und $\lim_{k \to \infty} x_k = x_0$. (Letzterer Schluss wäre in höheren Dimensionen nicht zulässig, da Lemma 14.3 dort nicht mehr anwendbar ist.)

Es sei T die kleinste positive Periode von ϕ_{x_0}. Weil $\phi(T, \cdot)$ stetig und $\lim_{k \to \infty} x_k = x_0$ ist, konvergiert auch die Folge $(w_k)_k$ mit $w_k := \phi(T, x_k)$ gegen $\phi(T, x_0) = x_0$. Daher gibt es ein $k_1 \in \mathbb{N}$ mit $w_k \in U$ für alle $k \geq k_1$, und es folgt $\lim_{k\to\infty} \tau(w_k) = \tau(x_0) = 0$. Folglich gilt $|\tau(w_k)| < T$ für alle $k \geq k_2$ mit einem geeigneten $k_2 \geq k_1$. Für jedes $k \geq k_2$ ist dann

$$\phi(s_k + T + \tau(w_k), \zeta) = \phi(T + \tau(w_k), x_k) = \phi(\tau(w_k), w_k) \in S,$$

und hierbei ist $s_k + T + \tau(w_k) > s_k + T - T = s_k$. Aus (14.1) folgt daher für alle $k \geq k_2$

$$s_{k+1} \leq s_k + T + \tau(w_k) \leq s_k + 2T,$$

also $s_{k+1} - s_k \leq 2T$. Somit ist $(s_{k+1} - s_k)_k$ beschränkt.

Die Folge $(s_k)_{k \geq k_2}$ leistet folglich das Gewünschte. ∎

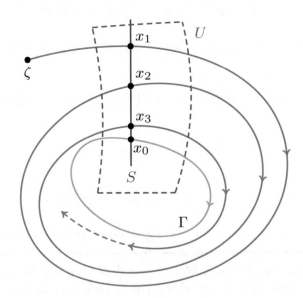

Abb. 14.4: Zum Beweis von Lemma 14.6 und von Satz 14.7

Satz 14.7   *Es sei ein ebenes autonomes System $x' = f(x)$ mit stetig differenzierbarem $f : D \longrightarrow \mathbb{R}^2$ auf $D \subseteq \mathbb{R}^2$ gegeben. Für ein $\zeta \in D$ gebe es einen periodischen Orbit Γ mit $\Gamma \subseteq \omega(\zeta)$. Dann ist sogar $\Gamma = \omega(\zeta)$. Eine analoge Aussage gilt für α-Grenzmengen.*

Beweis. Wäre ζ ein Gleichgewichtspunkt, so wäre $\omega(\zeta) = \{\zeta\}$, so dass $\omega(\zeta)$ keinen periodischen Orbit enthalten könnte. Falls $\gamma(\zeta)$ ein periodischer Orbit ist, ist $\omega(\zeta) = \gamma(\zeta)$, und $\Gamma = \omega(\zeta)$ ist klar.

Daher dürfen wir fortan annehmen, dass die Trajektorie $\gamma(\zeta)$ weder punktförmig noch geschlossen, ϕ_ζ also injektiv ist. Insbesondere ist $\zeta \notin \Gamma$ (Korollar 14.5).

Es sei ein $x_0 \in \Gamma$ fixiert. Da x_0 kein Gleichgewichtspunkt ist und $x_0 \in \omega(\zeta)$ gilt, gibt es nach Lemma 14.6 einen zusammenhängenden transversalen Schnitt S in x_0, eine streng monoton steigende Folge $(s_k)_k$ in $\mathbb{R}^+$ und ein $M > 0$, so dass für alle $k \in \mathbb{N}$

$$x_k := \phi(s_k, \zeta) \in S, \qquad \phi(t, \zeta) \notin S \qquad \text{für alle } t \in (s_k, s_{k+1})$$

sowie $0 \le s_{k+1} - s_k \le M$ ist und $\lim_{k \to \infty} s_k = \infty$ und $\lim_{k \to \infty} x_k = x_0$ gilt.
Es sei ein beliebiges $\varepsilon > 0$ gegeben. Weil $\Omega(f)$ offen und $I(x_0) = \mathbb{R}$, d.h. $\mathbb{R} \times \{x_0\} \subseteq \Omega(f)$ ist und weil ϕ auf Kompakta gleichmäßig stetig ist, gibt es ein $\delta > 0$, so dass $[0, M] \times U_\delta(x_0) \subseteq \Omega(f)$ (und insbesondere $U_\delta(x_0) \subseteq D$) und

$$\|\phi(t, y) - \phi(t, x_0)\| < \varepsilon \qquad \text{für alle } y \in U_\delta(x_0) \text{ und alle } t \in [0, M]$$

gilt. Es gibt ein k_0 mit $\|x_k - x_0\| < \delta$ für alle $k \ge k_0$. Daher gilt $\|\phi(t, x_k) - \phi(t, x_0)\| < \varepsilon$ für alle $k \ge k_0$ und alle $t \in [0, M]$. Für alle $k \ge k_0$ und alle $t \in [s_k, s_{k+1}]$ ist $0 \le t - s_k \le s_{k+1} - s_k \le M$. Für alle $t \ge s_{k_0}$ gibt es ein $k \ge k_0$ mit $t \in [s_k, s_{k+1}]$, und es folgt

$$\begin{aligned}
\text{dist}\,(\phi(t, \zeta), \Gamma) &\le \|\phi(t, \zeta) - \phi(t - s_k, x_0)\| \\
&= \|\phi(t - s_k, x_k) - \phi(t - s_k, x_0)\| < \varepsilon.
\end{aligned}$$

Somit gilt

$$\lim_{t \to \infty} \text{dist}\,(\phi(t, \zeta), \Gamma) = 0. \tag{14.2}$$

Nun sei ein $y \in \omega(\zeta)$ gegeben. Es sei $\varepsilon > 0$. Wegen (14.2) gibt es ein $t_0 > 0$ mit

$$\text{dist}\,(\phi(t, \zeta), \Gamma) < \frac{\varepsilon}{2} \qquad \text{für alle } t \ge t_0.$$

Hierzu gibt es ein $t^* \ge t_0$ mit $\|\phi(t^*, \zeta) - y\| < \frac{\varepsilon}{2}$. Damit ergibt sich insgesamt

$$\text{dist}\,(y, \Gamma) \le \|y - \phi(t^*, \zeta)\| + \text{dist}\,(\phi(t^*, \zeta), \Gamma) \le \frac{\varepsilon}{2} + \frac{\varepsilon}{2} = \varepsilon.$$

Da dies für jedes $\varepsilon > 0$ gilt, folgt $\text{dist}\,(y, \Gamma) = 0$. Dies bedeutet $y \in \overline{\Gamma} = \Gamma$.
Damit ist $\omega(\zeta) \subseteq \Gamma$, insgesamt also $\omega(\zeta) = \Gamma$ bewiesen. ∎

Bemerkung 14.8 Unter der Zusatzvoraussetzung, dass $\overline{\gamma^+(\zeta)}$ kompakt und in D enthalten ist, kann man Satz 14.7 schneller wie folgt begründen:

Nach Satz 13.7 (f) ist die Grenzmenge $\omega(\zeta)$ dann zusammenhängend. Wir nehmen an, es wäre $\omega(\zeta) \setminus \Gamma \ne \emptyset$. Dann ist $\omega(\zeta) = A \cup B$ mit $A := \omega(\zeta) \setminus \Gamma$

und $B := \Gamma$ eine Zerlegung von $\omega(\zeta)$ in zwei nicht-leere, zueinander disjunkte Mengen, und B ist abgeschlossen in $\omega(\zeta)$. Da $\omega(\zeta)$ zusammenhängend ist, kann nicht auch A abgeschlossen in $\omega(\zeta)$ sein. Daher gibt es eine Folge $(y_k)_k$ in A, die gegen ein $y_* \in \omega(\zeta) \setminus A = \Gamma$ konvergiert. Da Γ ein periodischer Orbit ist, ist y_* kein Gleichgewichtspunkt, es ist also $f(y_*) \neq 0$. Daher besitzt das System in y_* einen zusammenhängenden transversalen Schnitt S. Nach Lemma 14.4 hat $\omega(\zeta)$ mit S höchstens einen Punkt gemeinsam; wegen $y_* \in \Gamma \subseteq \omega(\zeta)$ ist dies der Punkt y_*. Nach Satz 13.24 gibt es eine Umgebung U von y_*, so dass jede Lösung, die U trifft, auch S erreicht. Für ein genügend großes m ist dann $y_m \in U$, und es folgt, dass die Trajektorie $\gamma(y_m)$ den Schnitt S in einem Punkt x_m trifft. Wegen $y_m \in \omega(\zeta) \setminus \Gamma$ und der Invarianz von $\omega(\zeta)$ (Satz 13.7 (c)) ist auch $x_m \in \omega(\zeta) \setminus \Gamma$, insbesondere also $x_m \neq y_*$. Somit ist x_m ein zweiter Schnittpunkt von S und $\omega(\zeta)$. Dieser Widerspruch zeigt $\omega(\zeta) \setminus \Gamma = \emptyset$, also $\Gamma = \omega(\zeta)$.

Freilich ersetzt diese Argumentation nicht die komplizierteren Überlegungen im Beweis des Satzes 14.7 und des ihm zugrundeliegenden Lemmas 14.6, denn in der Situation von Satz 14.7 ist nicht ersichtlich, weshalb die eingangs genannte Zusatzvoraussetzung an $\overline{\gamma^+(\zeta)}$ erfüllt sein sollte. $\qquad\square$

Satz 14.9 (Satz von Poincaré-Bendixson[103]**)**   *Es sei ein ebenes autonomes System $x' = f(x)$ mit stetig differenzierbarem $f : D \longrightarrow \mathbb{R}^2$ auf $D \subseteq \mathbb{R}^2$ gegeben. Für den Punkt $\zeta \in D$ sei die ω-Grenzmenge $\omega(\zeta)$ kompakt und nicht-leer, und sie enthalte keinen Gleichgewichtspunkt. Dann ist $\omega(\zeta)$ ein periodischer Orbit. Dieselbe Aussage gilt für α-Grenzmengen.*

Beweis. Wegen $\omega(\zeta) \neq \emptyset$ gibt es einen Punkt $x \in \omega(\zeta)$.

Wir zeigen zunächst, dass x auf einem periodischen Orbit liegt.

Weil $\omega(\zeta)$ als Kompaktum insbesondere abgeschlossen und nach Satz 13.7 (c) invariant ist, gilt nach Proposition 13.6

$$\omega(x) \subseteq \overline{\gamma^+(x)} \subseteq \overline{\omega(\zeta)} = \omega(\zeta) \subseteq D;$$

hieraus und aus der Kompaktheit von $\omega(\zeta)$ folgt, dass auch $\overline{\gamma^+(x)}$ kompakt und in D enthalten ist. Gemäß Satz 13.7 (f) ist $\omega(x)$ daher nicht-leer, es gibt also ein $y \in \omega(x)$. Nach Bemerkung 13.4 gilt $[0, \infty) \subseteq I(x)$. Wegen $\omega(x) \subseteq \omega(\zeta)$ ist auch $y \in \omega(\zeta)$, so dass nach Voraussetzung $f(y) \neq 0$ gilt. Daher gibt es einen zusammenhängenden transversalen Schnitt S im Punkt

---

[103]nach Henri Poincaré (vgl. Fußnote 77) und Ivar Bendixson (1861–1935)

y. Wegen $x \in \omega(\zeta)$ und Lemma 14.4 trifft $\gamma(x)$ den Schnitt S in höchstens einem Punkt.

Andererseits gibt es eine Folge $(t_k)_k$ in $\mathbb{R}$ mit $\lim_{k \to \infty} t_k = \infty$ und $\lim_{k \to \infty} \phi(t_k, x) = y$. Abermals finden wir mittels Satz 13.24 eine Umgebung U von y, so dass jede Lösung, die U trifft, auch S erreicht. Es gibt dann ein k_0 mit $\phi(t_k, x) \in U$ für alle $k \geq k_0$. Mit Satz 13.24 folgt insbesondere, dass es reelle τ, τ' mit $\tau' > \tau$ gibt, so dass $\phi(\tau, x)$ und $\phi(\tau', x)$ beide in S liegen. Weil $\gamma(x) \cap S$ höchstens einelementig ist, muss also $\phi(\tau, x) = \phi(\tau', x)$ gelten. Für $T := \tau' - \tau > 0$ ist dann $\phi(T, x) = x$. Somit ist $\gamma(x)$ ein periodischer Orbit, wie behauptet. Wegen der Invarianz von $\omega(\zeta)$ folgt zudem $\gamma(x) \subseteq \omega(\zeta)$.

Mit Satz 14.7 ergibt sich sogar $\gamma(x) = \omega(\zeta)$.   ∎

Die Voraussetzung im Satz von Poincaré-Bendixson über die Existenz einer kompakten ω-Grenzmenge ist i.Allg. schwierig nachzuprüfen. In Beispiel 4.15 hatten wir eine Situation kennengelernt, die so einfach ist, dass wir auch ohne den Satz von Poincaré-Bendixson eine periodische Lösung finden konnten. In jenem Beispiel besitzt jede von der Ruhelage $(0,0)$ verschiedene Trajektorie die Einheitskreislinie als ω-Grenzmenge, diese ist der einzige periodische Orbit, und jede andere Trajektorie strebt spiralförmig im mathematisch positiven Sinn von innen oder von außen gegen die Einheitskreislinie.

Nunmehr ist der richtige Zeitpunkt gekommen, den schon mehrfach „informell" verwendeten Begriff des Grenzzyklus mathematisch exakt zu definieren.

Definition 14.10   *Es sei ein ebenes autonomes System $x' = f(x)$ mit stetig differenzierbarem $f : D \longrightarrow \mathbb{R}^2$ auf $D \subseteq \mathbb{R}^2$ gegeben. Ein periodischer Orbit Γ des Systems heißt ein **Grenzzyklus** oder auch **Grenzzykel**, falls es ein $\zeta \in D \setminus \Gamma$ gibt mit $\Gamma = \omega(\zeta)$ oder $\Gamma = \alpha(\zeta)$. Im ersten Fall heißt Γ ein **ω-Grenzzyklus**, im zweiten Fall ein **α-Grenzzyklus**.*

Ist $\Gamma = \omega(\zeta)$ mit $\zeta \in D \setminus \Gamma$ ein ω-Grenzzyklus, so gilt, wie aus dem Beweis von Satz 14.7 hervorgeht,

$$\lim_{t \to \infty} \operatorname{dist}(\phi(t, \zeta), \Gamma) = 0,$$

d.h. ζ gehört zum Einzugsbereich von Γ. (Für α-Grenzzyklen gilt eine analoge Aussage für $t \to -\infty$.) Unter der Zusatzvoraussetzung, dass $\overline{\gamma^+(\zeta)}$ kompakt und in D enthalten ist, folgt dies bereits aus Satz 13.7 (f).

Beispiele für periodische Orbits, die keine Grenzzyklen sind, liefern das lineare System $x' = Ax$ mit $A = \begin{pmatrix} 0 & -1 \\ 1 & 0 \end{pmatrix}$, dessen Trajektorien Kreislinien um 0 sind (Beispiel 4.8), und allgemeiner diejenigen Hamilton-Systeme, deren Trajektorien alle geschlossen sind und somit jeweils positiven Abstand voneinander haben.

Satz 14.11   *Es sei ein ebenes autonomes System $x' = f(x)$ mit stetig differenzierbarem $f : D \longrightarrow \mathbb{R}^2$ auf $D \subseteq \mathbb{R}^2$ gegeben. Es sei $\Gamma = \omega(\zeta)$ mit $\zeta \in D \setminus \Gamma$ ein Grenzzyklus dieses Systems. Dann gibt es eine offene Umgebung W von ζ in D mit $\Gamma = \omega(q)$ für alle $q \in W$. Die Menge*

$$A := \{ q \in D \setminus \Gamma : \omega(q) = \Gamma \}$$

ist also offen.

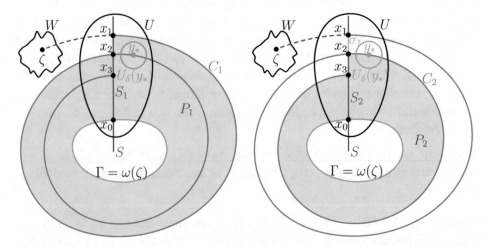

Abb. 14.5: Zu Teil I. des Beweises von Satz 14.11: Die Mengen P_1 und P_2

Beweis. I. Es sei $T > 0$ die zu dem periodischen Orbit Γ gehörende minimale positive Periode.

Es sei ein $x_0 \in \Gamma = \omega(\zeta)$ fixiert. Nach Lemma 14.6 gibt es einen zusammenhängenden transversalen Schnitt $S \subseteq D$ in x_0 und eine streng monoton steigende Folge $(s_k)_k$ in $\mathbb{R}^+$, so dass für alle $k \in \mathbb{N}$

$$x_k := \phi(s_k, \zeta) \in S \qquad \text{und} \qquad \phi(t, \zeta) \notin S \qquad \text{für alle } t \in (s_k, s_{k+1})$$

ist und $\lim_{k \to \infty} s_k = \infty$ sowie $\lim_{k \to \infty} x_k = x_0$ gilt.

Ferner gibt es nach Satz 13.24 eine offene und o.B.d.A. konvexe Umgebung $U \subseteq D$ von x_0 und eine stetig differenzierbare Funktion $\tau : U \longrightarrow \mathbb{R}$, so dass

$$\tau(x_0) = T \qquad \text{und} \qquad \phi(\tau(y), y) \in S \qquad \text{für alle } y \in U.$$

Indem man U ggf. verkleinert, kann man $\tau(y) \geq T/2 > 0$ für alle $y \in U$ erreichen. O.B.d.A. darf man zudem $x_k \in U$ für alle k annehmen.

Die Kurvenstücke $C_k := \{\phi(t, \zeta) : t \in (s_k, s_{k+1})\}$ sind also disjunkt zu S. Weil S zusammenhängend und U konvex ist, liegt die offene Strecke S_k mit den Endpunkten x_k und x_0 ganz in $S \cap U$. Nach Lemma 14.3 ist die Folge $(x_k)_k$ monoton längs S.

Für $k \in \mathbb{N}$ sei P_k die kompakte Menge, die von der abgeschlossenen Strecke $\sigma_k := \overline{S_k} \setminus S_{k+1}$ (die x_k und x_{k+1} verbindet), der geschlossenen Trajektorie Γ und dem Kurvenstück C_k berandet wird. (Auch hier geht der Jordansche Kurvensatz ein: Wenn ζ und damit $\gamma(\zeta)$ im Äußeren des Jordan-Weges Γ liegt, so liegt x_0 im Inneren des aus σ_k und C_k bestehenden Jordan-Weges, und P_k ist dann der Abschluss des Schnitts dieses Innengebiets mit dem Äußeren von Γ, vgl. Abb. 14.5. Analoges gilt, wenn ζ im Innern von Γ liegt, wobei sich die Rollen von Außen und Innen vertauschen.)

Die Mengen $P_k \cap D$ sind positiv invariant, denn Trajektorien können weder Γ noch $C_k \subseteq \gamma(\zeta)$ kreuzen, so dass die Menge P_k allenfalls über σ_k verlassen werden könnte. Jede Trajektorie, die σ_k trifft, läuft jedoch von dort aus nach P_k hinein. (Dies ergibt sich mit derselben Argumentation wie im Beweis von Lemma 14.3 daraus, dass dies für die σ_k in $x_k = \phi(s_k, \zeta)$ treffende Trajektorie der Fall ist, und aus dem Zwischenwertsatz, angewandt auf das Skalarprodukt $\langle f(x), u \rangle$, wobei u ein Normalenvektor zu der σ_k enthaltenden Geraden ist.) Mit $P_k \cap D$ ist nach Proposition 13.2 (b) auch $\overset{\circ}{P_k} \cap D$ positiv invariant. Daher und weil ϕ_ζ nicht periodisch ist, ist $\phi(t, \zeta)$ für alle $t > s_{k+1}$ ein innerer Punkt von P_k.

Daher und wegen $x_2 = \phi(s_2, \zeta) \in S \cap U$ gibt es insbesondere ein $t_* > s_2$, so dass $y_* := \phi(t_*, \zeta) \in \overset{\circ}{P_1} \cap U$ ist. (Anschaulich: Der Punkt y_* folgt auf der Trajektorie $\gamma(\zeta)$ so knapp hinter x_2, dass er noch in U liegt.) Hierzu gibt es ein $\delta > 0$ mit $U_\delta(y_*) \subseteq \overset{\circ}{P_1} \cap U$. Weil ϕ^{-t_*} ein Diffeomorphismus ist (Lemma 4.24), ist $W := \phi^{-t_*}(U_\delta(y_*)) \subseteq D$ eine offene Umgebung von $\phi(-t_*, y_*) = \zeta$.

II. Wir zeigen, dass W das Gewünschte leistet (Abb. 14.6). Hierzu sei ein $q \in W$ gegeben. Dann ist $p_0 := \phi(t_*, q) \in U_\delta(y_*) \subseteq \overset{\circ}{P_1} \cap U$. Durch

$$p_k := \phi(\tau(p_{k-1}), p_{k-1}) \in \overset{\circ}{P_k} \cap S \subseteq S_{k+1} \qquad \text{für alle } k \in \mathbb{N}$$

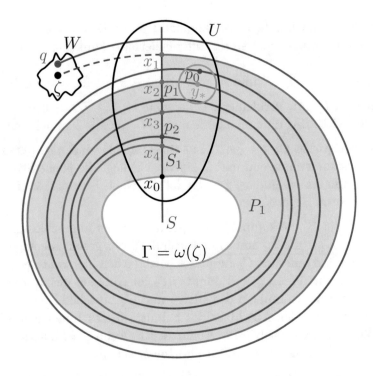

Abb. 14.6: Zu Teil II. des Beweises von Satz 14.11

können wir nun rekursiv eine Folge $(p_k)_{k \geq 1}$ in S definieren[104].

> Dass dies möglich ist, ergibt sich wie folgt: Nach Konstruktion gilt stets $P_k \cap S \subseteq \overline{S_k}$. Weil σ_k zum Rand von P_k gehört, ist sogar $\overset{\circ}{P_k} \cap S \subseteq S_k \setminus \sigma_k = S_{k+1}$. Außerdem ist $S_{k+1} \subseteq P_{k+1}$.
>
> Wegen $p_0 \in U$ und aufgrund der positiven Invarianz von $\overset{\circ}{P_1} \cap D$ ist p_1 wohldefiniert und hat die gewünschten Eigenschaften.
>
> Für ein $k \geq 1$ sei $p_k \in \overset{\circ}{P_k} \cap S \subseteq S_{k+1}$ bereits konstruiert. Durch $S_{k+1} \subseteq U$ ist dann sichergestellt, dass p_{k+1} wohldefiniert ist und in S liegt. Wegen $\tau(p_k) \geq T/2 > 0$ liegt p_{k+1} zudem auf dem *Vorwärts*orbit von p_k. Wie oben erläutert, laufen Trajektorien, die S_{k+1} treffen, ins Innere von $P_{k+1} \cap D$ hinein, und dieses ist positiv invariant. Damit folgt, dass p_{k+1} ein innerer Punkt von P_{k+1} ist und somit die behaupteten Eigenschaften hat.

Insbesondere liegt p_k auf S also zwischen x_{k+1} und x_0. (Wegen $\tau(p_k) > 0$ ist die Folge $(p_k)_k$ sogar monoton längs $\gamma(q)$ und damit nach Lemma 14.3

---

[104]Für $k \geq 2$ geht p_k also durch die auf S. 382 erklärte Poincaré-Abbildung bezüglich S und x_0 aus p_{k-1} hervor. Für $k = 1$ ist dies nicht der Fall, da $p_0 \notin S$ ist.

auch monoton längs S, dies benötigen wir im Folgenden jedoch nicht.) Mit $\lim_{k \to \infty} x_k = x_0$ können wir nunmehr auf $\lim_{k \to \infty} p_k = x_0$ schließen. Setzt man

$$t_1 := t_* + \tau(p_0) \qquad \text{und} \qquad t_k := t_{k-1} + \tau(p_{k-1}) \qquad \text{für alle } k \geq 2,$$

so ist

$$p_k = \phi(t_k, q) \qquad \text{und} \qquad t_k \geq t_* + k \cdot \frac{T}{2} \qquad \text{für alle } k \in \mathbb{N}$$

und somit $\lim_{k \to \infty} t_k = \infty$. Dies zeigt $x_0 \in \omega(q)$. Wegen der Invarianz von $\omega(q)$ (Satz 13.7 (c)) ist damit auch $\Gamma = \gamma(x_0) \subseteq \omega(q)$. Aus Satz 14.7 folgt schließlich sogar $\Gamma = \omega(q)$. Da dies für alle $q \in W$ gilt, ist damit die Behauptung bewiesen.   ∎

Korollar 14.12   *Es sei ein ebenes autonomes System $x' = f(x)$ mit stetig differenzierbarem $f : D \longrightarrow \mathbb{R}^2$ auf $D \subseteq \mathbb{R}^2$ gegeben. Die Menge $K \subset D$ sei kompakt, nicht-leer und positiv oder negativ invariant. Dann gibt es in K einen Gleichgewichtspunkt oder einen Grenzzyklus, oder jede Trajektorie in K ist geschlossen.*

Beweis. Es genügt, den Fall einer positiv invarianten Menge K zu diskutieren. Wir nehmen an, dass es in K keinen Gleichgewichtspunkt und keinen Grenzzykel gibt. Es sei ein $\zeta \in K$ gegeben. Dann ist $\overline{\gamma^+(\zeta)} \subseteq K$, so dass $\overline{\gamma^+(\zeta)}$ eine kompakte Teilmenge von D ist. Mit Satz 13.7 (d) und (f) folgt, dass $\omega(\zeta)$ eine nicht-leere kompakte Teilmenge von K ist. Insbesondere enthält $\omega(\zeta)$ keinen Gleichgewichtspunkt. Man kann also den Satz von Poincaré-Bendixson (Satz 14.9) anwenden. Danach ist $\omega(\zeta) =: \Gamma$ ein periodischer Orbit. Wäre $\zeta \notin \Gamma$, so wäre Γ ein Grenzzyklus in K, ein Widerspruch. Also ist $\zeta \in \Gamma$, und es folgt $\gamma(\zeta) = \Gamma$, so dass die Trajektorie von ζ geschlossen ist.   ∎

Man kann

$$x' = Ax \qquad \text{mit} \qquad A = \begin{pmatrix} 0 & -1 \\ 1 & 0 \end{pmatrix}$$

als autonomes System auf $D := \{x \in \mathbb{R}^2 : \|x\| > 1\} = \mathbb{R}^2 \setminus B_1(0)$ betrachten, den Definitionsbereich der rechten Seite also „künstlich" auf das Äußere eines Kreises einschränken. Dann ist jede Trajektorie geschlossen, aber es gibt weder Grenzzyklen noch Gleichgewichtspunkte in D. Unter einer topologischen Zusatzvoraussetzung über D (die hier verletzt ist) kann man hingegen die Existenz von Gleichgewichtspunkten beweisen:

Satz 14.13   *Es sei ein ebenes autonomes System $x' = f(x)$ mit stetig dif-
ferenzierbarem $f : D \longrightarrow \mathbb{R}^2$ auf $D \subseteq \mathbb{R}^2$ gegeben. Es sei Γ ein periodischer
Orbit dieses Systems. Das Innengebiet U von Γ (im Sinne des Jordanschen
Kurvensatzes) sei in D enthalten. Dann enthält U einen Gleichgewichtspunkt.*

Beweis. I. Wir zeigen zunächst, dass es in U einen Gleichgewichtspunkt
oder einen Grenzzyklus gibt oder dass jede Trajektorie in U geschlossen ist.

Die Menge $K := U \cup \Gamma$ ist kompakt, und sie ist invariant, denn nach Voraussetzung ist $K \subset D$, und keine Trajektorie kann Γ kreuzen. Nach Korollar
14.12 gibt es also in K einen Gleichgewichtspunkt oder einen Grenzzyklus,
oder jede Trajektorie in K und damit jede Trajektorie in U ist geschlossen.
Im ersten Fall muss dieser Gleichgewichtspunkt aber sogar in U liegen, da
Γ als periodischer Orbit keine Gleichgewichtspunkte enthält.

Wir nehmen an, dass unsere obige Behauptung falsch ist. Dann ist Γ also ein Grenzzyklus, und es gibt einen Punkt $\zeta \in U$, dessen Trajektorie
nicht geschlossen ist. Wegen der Invarianz von K sind $\omega(\zeta)$ und $\alpha(\zeta)$ nach
Satz 13.7 (e) und (f) kompakte und nicht-leere Teilmengen von K ohne
Gleichgewichtspunkte, nach dem Satz von Poincaré-Bendixson also periodi-
sche Orbits, und weil $\gamma(\zeta)$ nicht geschlossen ist, ist $\zeta \notin \alpha(\zeta) \cup \omega(\zeta)$, d.h.
$\alpha(\zeta)$ und $\omega(\zeta)$ sind Grenzzyklen. Da es in U keinen Grenzzyklus gibt, folgt
$\omega(\zeta) = \alpha(\zeta) = \Gamma$.

Wiederum mittels Lemma 14.6 findet man einen zusammenhängenden
transversalen Schnitt S in einem Punkt $y \in \Gamma$ und streng monoton steigende bzw. fallende Folgen $(t_k)_k$ bzw. $(\tau_k)_k$ positiver bzw. negativer reeller
Zahlen mit

$$\lim_{k\to\infty} t_k = +\infty, \qquad \phi(t_k, \zeta) \in S, \qquad \lim_{k\to\infty} \phi(t_k, \zeta) = y,$$

$$\lim_{k\to\infty} \tau_k = -\infty, \qquad \phi(\tau_k, \zeta) \in S, \qquad \lim_{k\to\infty} \phi(\tau_k, \zeta) = y.$$

Weil $\gamma(\zeta)$ nicht geschlossen ist, sind die $\phi(t_k, \zeta)$ und $\phi(\tau_k, \zeta)$ alle voneinander
verschieden. Dies ergibt einen Widerspruch zu Lemma 14.3.

Damit ist die Behauptung in I. gezeigt.

II. Nun nehmen wir an, dass es in U keinen Gleichgewichtspunkt gibt.
Gemäß I. gibt es dann einen periodischen Orbit in U.

Falls es einen periodischen Orbit σ^* in U gibt, in dessen Innerem $U^* \subseteq U$
kein periodischer Orbit (und insbesondere auch kein Grenzzyklus) liegt, so

kann man das Ergebnis aus I. auf $U^* \subseteq D$ statt U anwenden und damit auf die Existenz eines Gleichgewichtspunktes in U^* und somit in U schließen.

Fortan dürfen wir also annehmen, dass es im Inneren eines *jeden* periodischen Orbits in U wieder einen periodischen Orbit gibt. Das gibt uns die Möglichkeit, rekursiv eine Folge $(\sigma_k)_k$ von periodischen Orbits σ_k in U mit absteigend geschachtelten Innengebieten zu konstruieren. Unser Ziel ist, dass sich diese auf einen einzelnen Punkt zusammenziehen, von dem wir hoffen, dass er sich als Gleichgewichtspunkt erweist. Hierzu müssen wir die σ_k (annähernd) kleinstmöglich wählen. Dies geschieht wie folgt:

Für jeden periodischen Orbit σ bezeichne $A(\sigma) > 0$ den Flächeninhalt des Inneren von σ.

Wir wählen einen beliebigen periodischen Orbit σ_0 in U; ein solcher existiert nach dem oben Gesagten. Es sei U_0 sein Inneres.

Ist für ein $k \geq 1$ ein periodischer Orbit σ_{k-1} in U mit Innerem U_{k-1} bereits gefunden, so setzen wir

$$\mu_k := \inf \left\{ A(\sigma) : \sigma \text{ ist periodischer Orbit in } U_{k-1} \right\};$$

gemäß unserer Annahme ist dieses Infimum wohldefiniert, da die Menge, von der es gebildet wird, nicht-leer ist. Wir wählen einen periodischen Orbit σ_k in U_{k-1} mit

$$A(\sigma_k) \leq \mu_k + \frac{1}{k}$$

und bezeichnen sein Inneres mit U_k.

Weil jeder periodische Orbit in U_k auch ein periodischer Orbit in U_{k-1} ist, gilt $\mu_k \leq \mu_{k+1}$ für alle $k \in \mathbb{N}$, die Folge $(\mu_k)_k$ steigt also monoton, und da sie nach oben durch $A(\sigma_0)$ beschränkt ist, konvergiert sie gegen ein $\mu^* \geq 0$. Weiter gilt stets $\overline{U_k} = U_k \cup \sigma_k \subseteq U_{k-1}$.

Für jedes k wählen wir nun einen Punkt $\zeta_k \in \sigma_k$. Es ist dann $\zeta_k \in U_j$ für alle j, k mit $k > j$. Wegen der Kompaktheit der Mengen $\overline{U_j}$ dürfen wir nach geeigneter Teilfolgenauswahl annehmen, dass die Folge $(\zeta_k)_k$ gegen ein $\zeta^* \in \bigcap_{j=1}^{\infty} \overline{U_j} = \bigcap_{j=1}^{\infty} U_j$ konvergiert.

Es sei σ^* die Trajektorie von ζ^*. Wäre σ^* nicht geschlossen, so würde wie in I. aus dem Satz von Poincaré-Bendixson und der Annahme, dass U keinen Gleichgewichtspunkt enthält, folgen, dass $\omega(\zeta^*)$ ein Grenzzyklus in U ist. Aus Satz 14.11 würde sich dann $\omega(\zeta_k) = \omega(\zeta^*)$ für alle genügend großen k ergeben, wegen $\omega(\zeta_k) = \sigma_k$ also $\zeta_k \in \sigma_k = \omega(\zeta^*)$ und damit wegen der Abgeschlossenheit von $\omega(\zeta^*)$ (Satz 13.7 (b)) auch $\zeta^* \in \omega(\zeta^*)$. Damit wäre aber

$\sigma^* = \gamma(\zeta^*) = \omega(\zeta^*)$, so dass σ^* doch geschlossen wäre. Dieser Widerspruch zeigt, dass σ^* geschlossen ist. Insbesondere ist $A(\sigma^*) > 0$.

Mit ζ^* liegt auch σ^* in allen U_k, also im Inneren aller σ_k. Damit erhalten wir

$$\mu_{k+1} \leq A(\sigma^*) \leq A(\sigma_k) \leq \mu_k + \frac{1}{k} \qquad \text{für alle } k \in \mathbb{N}.$$

Für $k \to \infty$ ergibt sich mit dem Sandwich-Lemma $\mu^* = A(\sigma^*) > 0$. Gemäß unserer Annahme gibt es aber auch im Inneren von σ^* einen periodischen Orbit $\widetilde{\sigma}$. Für diesen gilt einerseits $A(\widetilde{\sigma}) < A(\sigma^*)$, andererseits $A(\widetilde{\sigma}) \geq \mu_k$ für alle $k \in \mathbb{N}$ nach Definition der μ_k und weil $\widetilde{\sigma}$ in U_{k-1} liegt. Damit folgt für $k \to \infty$ auch $A(\widetilde{\sigma}) \geq \mu^*$, insgesamt also

$$\mu^* \leq A(\widetilde{\sigma}) < A(\sigma^*) = \mu^*,$$

ein Widerspruch! Folglich muss es in U doch einen Gleichgewichtspunkt geben. Damit ist der Satz bewiesen. ∎

Aus Satz 13.17 (f) wissen wir bereits, dass Gradientensysteme generell (in beliebigen Dimensionen) keine periodischen Orbits und somit im ebenen Fall insbesondere auch keine Grenzzyklen besitzen. Auch wenn ein ebenes autonomes System ein (in einem gewissen Sinne nicht-triviales) Erstes Integral besitzt, sind Grenzzyklen ausgeschlossen:

Satz 14.14   *Es sei ein ebenes autonomes System $x' = f(x)$ mit stetig differenzierbarem $f : D \longrightarrow \mathbb{R}^2$ auf $D \subseteq \mathbb{R}^2$ gegeben. Dieses besitze ein Erstes Integral $H : D \longrightarrow \mathbb{R}$, welches auf keiner offenen, nicht-leeren Teilmenge von D konstant ist. Dann besitzt das autonome System keinen Grenzzyklus.*

Der Beweis dieses Resultats ähnelt sehr der Argumentation in Beispiel 5.11, wonach die Existenz nicht-konstanter Erster Integrale unvereinbar damit ist, dass alle Lösungen gegen einen Gleichgewichtspunkt streben.

Beweis. Wir nehmen an, es gäbe einen Grenzzyklus $\Gamma = \omega(\zeta)$, wobei $\zeta \in D \setminus \Gamma$. Nach Satz 14.11 gibt es eine offene Umgebung $U \subseteq D$ von ζ mit $\omega(y) = \Gamma$ für alle $y \in U$. Wir wählen einen beliebigen Punkt $x_0 \in \Gamma$.

Es sei ein $y \in U$ gegeben. Wegen $x_0 \in \Gamma = \omega(y)$ gibt es hierzu eine Folge $(t_k)_k \subseteq \mathbb{R}^+$ mit $\lim_{k \to \infty} t_k = \infty$ und $\lim_{k \to \infty} \phi(t_k, y) = x_0$. Es ist dann $H(\phi(t_k, y)) = H(\phi(0, y)) = H(y)$ für alle k, woraus

$$H(y) = \lim_{k \to \infty} H(\phi(t_k, y)) = H\left(\lim_{k \to \infty} \phi(t_k, y) \right) = H(x_0)$$

folgt. Somit ist H auf U konstant, im Widerspruch zur Voraussetzung. ∎

Zum Abschluss dieses Kapitels zeigen wir, wie sich mithilfe des Satzes von Poincaré-Bendixson ein Spezialfall des berühmten *Brouwerschen Fixpunktsatzes*[105] beweisen lässt. Dieser besagt, dass jede stetige Abbildung $f : B_1(0) \longrightarrow B_1(0)$ der kompakten Einheitskugel des $\mathbb{R}^n$ in sich wenigstens einen Fixpunkt besitzt. Für $n = 1$ ist das eine einfache Folgerung aus dem Zwischenwertsatz. Für $n = 2$ und unter der Zusatzvoraussetzung stetiger Differenzierbarkeit lässt sich die Aussage aus dem Satz von Poincaré-Bendixson herleiten, und mithilfe des Approximationssatzes von Weierstraß kann man sich von dieser Zusatzvoraussetzung wieder befreien. Im Beweis benötigen wir das folgende, vielleicht bereits aus der *Analysis* bekannte notwendige Kriterium für gleichmäßige Konvergenz.

Lemma 14.15   *Es seien (X, d) ein metrischer Raum, $(f_k)_k$ eine Folge stetiger Funktionen $f_k : X \longrightarrow \mathbb{R}^n$, die gleichmäßig gegen eine Grenzfunktion $f : X \longrightarrow \mathbb{R}^n$ konvergiert, und $(x_k)_k$ eine gegen ein $x^* \in X$ konvergente Folge in X. Dann konvergiert die Folge $(f_k(x_k))_k$ gegen $f(x^*)$.*

Die Eigenschaft, dass für alle gegen einen Punkt im Definitionsbereich konvergenten Folgen $(x_k)_k$ die Folge $(f_k(x_k))_k$ konvergiert, bezeichnet man auch als **stetige Konvergenz**. Tatsächlich ist sie sogar äquivalent zur lokal gleichmäßigen Konvergenz.

Beweis. Es sei ein $\varepsilon > 0$ gegeben. Wegen der gleichmäßigen Konvergenz von $(f_k)_k$ gibt es ein $k_1 \in \mathbb{N}$ mit

$$\|f_k(x) - f(x)\| < \frac{\varepsilon}{2} \qquad \text{für alle } k \geq k_1 \text{ und alle } x \in X.$$

Da f nach dem Satz von Cauchy-Weierstraß stetig ist, gilt $\lim_{k \to \infty} f(x_k) = f(x^*)$, es gibt also ein $k_2 \in \mathbb{N}$ mit

$$\|f(x_k) - f(x^*)\| < \frac{\varepsilon}{2} \qquad \text{für alle } k \geq k_2.$$

Für alle $k \geq \max\{k_1, k_2\}$ folgt dann

$$\|f_k(x_k) - f(x^*)\| \leq \|f_k(x_k) - f(x_k)\| + \|f(x_k) - f(x^*)\| < \frac{\varepsilon}{2} + \frac{\varepsilon}{2} = \varepsilon.$$

Also konvergiert $(f_k(x_k))_k$ gegen $f(x^*)$.   ■

---

[105]Nach dem niederländischen Mathematiker Luitzen Egbertus Jan Brouwer (1881-1966), der wesentlich zur Entwicklung der modernen Topologie beigetragen hat.

Satz 14.16 (Brouwerscher Fixpunktsatz für die Ebene)   *Jede stetige Abbildung $f : B_1(0) \longrightarrow B_1(0)$ der kompakten Einheitskreisscheibe $B_1(0)$ des $\mathbb{R}^2$ in sich besitzt einen Fixpunkt.*

Beweis. Zur Vereinfachung setzen wir $K := B_1(0)$.

I. Zunächst nehmen wir an, dass f sogar auf einer offenen Kreisscheibe $U_r(0) =: D$ mit $r > 1$ definiert und dort stetig differenzierbar ist.

Für alle $x \in \partial K$ gilt aufgrund der Cauchy-Schwarzschen Ungleichung und der Voraussetzung $f(K) \subseteq K$

$$\langle f(x), x \rangle \leq \|f(x)\| \cdot \|x\| \leq 1.$$

Besteht hierin in beiden Abschätzungen Gleichheit, so ist $\|f(x)\| = \|x\| = 1$, und es gibt ein $\lambda > 0$ mit $f(x) = \lambda x$. Hieraus folgt $\lambda = 1$, also $f(x) = x$ und damit die Existenz des gesuchten Fixpunkts.

Wir können im Folgenden also $\langle f(x), x \rangle < 1$ für alle $x \in \partial K$ annehmen.

Wir betrachten das autonome System $x' = g(x)$ mit $g(x) := f(x) - x$ und weisen nach, dass dieses einen Gleichgewichtspunkt in K besitzt. Für alle $x \in \partial K$ ist

$$\langle g(x), x \rangle = \langle f(x), x \rangle - \langle x, x \rangle < 1 - 1 = 0.$$

(Anschaulich: Der Vektor $g(x)$ zeigt, wenn man ihn sich in x „angeheftet" denkt, ins Innere der Kreisscheibe K.) Somit besitzt $x \mapsto \langle g(x), x \rangle$ auf dem Kompaktum ∂K ein negatives Maximum, und da diese Funktion auf dem Kompaktum K gleichmäßig stetig ist, gibt es ein $\delta > 0$, so dass

$$\langle g(x), x \rangle < 0 \qquad \text{für alle } x \in K \text{ mit } 1 - 2\delta \leq \|x\| \leq 1.$$

Wir zeigen, dass dann die Kreisscheibe $B_{1-\delta}(0)$ positiv invariant ist. Hierzu sei ein $\zeta \in B_{1-\delta}(0)$ gegeben, und es sei $\varphi : I(\zeta) \longrightarrow D$ die maximale Lösung von $x' = g(x)$, $x(0) = \zeta$. Wir nehmen an, dass $B_{1-\delta}(0)$ von $\varphi(t)$ für geeignete $t > 0$ verlassen wird. Dann ist die Menge

$$A := \{t \geq 0 : \|\varphi(t)\| > 1 - \delta\}$$

nicht-leer, besitzt also ein Infimum $\tau := \inf A \geq 0$. Wegen der Stetigkeit von φ ist $\|\varphi(\tau)\| \geq 1 - \delta$. Nach Definition von τ gilt $\|\varphi(t)\| \leq 1 - \delta$ für alle $t \in [0, \tau)$. Im Fall $\tau > 0$ folgt hieraus, wiederum aus Stetigkeitsgründen, $\|\varphi(\tau)\| \leq 1 - \delta$; im Fall $\tau = 0$ (in dem $[0, \tau) = \emptyset$ ist) gilt dies wegen $\varphi(0) = \zeta$ ohnehin. Insgesamt ist also $\|\varphi(\tau)\| = 1 - \delta$. Abermalige Ausnutzung der

Stetigkeit von φ liefert uns schließlich ein $\eta > 0$, so dass $1 - 2\delta \leq \|\varphi(t)\| \leq 1$ für alle $t \in [\tau, \tau + \eta]$. Für $R(t) := \|\varphi(t)\|^2$ folgt damit

$$R'(t) = 2 \langle \varphi(t), \varphi'(t) \rangle = 2 \langle \varphi(t), g(\varphi(t)) \rangle < 0$$

für alle $t \in [\tau, \tau + \eta]$. Mithin sind R und damit auch $\|\varphi\|$ auf $[\tau, \tau + \eta]$ streng monoton fallend, und wir erhalten $\|\varphi(t)\| \leq \|\varphi(\tau)\| = 1 - \delta$ für alle $t \in [\tau, \tau + \eta]$. Dies bedeutet jedoch $\inf A \geq \tau + \eta$, im Widerspruch zur Definition von τ. Somit ist $B_{1-\delta}(0)$ tatsächlich positiv invariant.

Für $\zeta \in B_{1-\delta}(0)$ ist die Grenzmenge $\omega(\zeta)$ daher nach Satz 13.7 (d) und (f) eine kompakte, nicht-leere Teilmenge von $B_{1-\delta}(0)$. Mit dem Satz von Poincaré-Bendixson folgt, dass $\omega(\zeta)$ einen Gleichgewichtspunkt enthält oder ein periodischer Orbit ist. Im letzteren Fall liefert Satz 14.13 die Existenz eines Gleichgewichtspunkts im Innengebiet von $\omega(\zeta)$. In jedem Fall hat g also einen Gleichgewichtspunkt in K. Dieser ist ein Fixpunkt von f.

II. Im allgemeinen Fall wenden wir den Approximationssatz von Weierstraß [16, § 115] an. Nach diesem gibt es eine Folge $(p_k)_k$ von Abbildungen $p_k : \mathbb{R}^2 \longrightarrow \mathbb{R}^2$, deren Komponentenfunktionen Polynome in zwei Variablen sind, so dass $(p_k)_k$ auf K gleichmäßig gegen f konvergiert. O.B.d.A. können wir annehmen, dass $\|p_k - f\|_\infty \leq \frac{1}{k}$ für alle k gilt, wobei $\|.\|_\infty$ die Maximumsnorm auf K bezeichnet. Es ist dann insbesondere

$$\|p_k\|_\infty \leq \|f\|_\infty + \frac{1}{k} \leq 1 + \frac{1}{k} \qquad \text{für alle } k.$$

Für die auf $\mathbb{R}^2$ stetig differenzierbaren Abbildungen

$$f_k := \frac{k}{k+1} \cdot p_k$$

gilt daher $f_k(K) \subseteq K$, und aus der Abschätzung

$$\|f_k - f\|_\infty \leq \frac{k}{k+1} \cdot \|p_k - f\|_\infty + \frac{1}{k+1} \cdot \|f\|_\infty \leq \|p_k - f\|_\infty + \frac{1}{k+1}$$

erkennt man, dass auch $(f_k)_k$ gleichmäßig auf K gegen f konvergiert. Jede der Funktionen f_k besitzt gemäß Teil I. einen Fixpunkt $x_k \in K$. Wegen der Kompaktheit von K hat $(x_k)_k$ einen Häufungswert $x^* \in K$. Nach Übergang zu einer geeigneten Teilfolge können wir annehmen, dass $(x_k)_k$ selbst gegen x^* konvergiert. Mit Lemma 14.15 folgt nun insgesamt

$$f(x^*) = \lim_{k \to \infty} f_k(x_k) = \lim_{k \to \infty} x_k = x^*.$$

Damit ist x^* unser gesuchter Fixpunkt.   ∎

Abschließend weisen wir erneut darauf hin, dass die Betrachtungen in diesem Kapitel auf *ebene* Systeme zugeschnitten sind und sich nicht ohne Weiteres auf höhere Dimensionen übertragen lassen. Wie aus den obigen Beweisen hervorgeht, liegt dies letztlich daran, dass im $\mathbb{R}^2$ die Bahnen nicht-stationärer Lösungen aus den üblichen Eindeutigkeitsgründen unüberwindliche Barrieren darstellen, die andere Lösungen am Vordringen in das Gebiet jenseits dieser Bahnen hindern, während in höheren Dimensionen Lösungen einander problemlos „ausweichen" können.

Teil V

Spezielle Lösungsmethoden und Anwendungen

15 Spezielle Lösungsmethoden

In diesem Kapitel werfen wir einen kurzen Blick auf einige spezielle Typen von Differentialgleichungen, für die „maßgeschneiderte" Lösungsverfahren zur Verfügung stehen. Eine umfangreiche Sammlung von Differentialgleichungen, die durch geschickte Transformationen auf eine lösbare Gestalt gebracht werden können, findet man in dem Buch von E. Kamke [22].

15.1 Exakte Differentialgleichungen

Unsere gesamte bis zu diesem Punkt entwickelte Theorie bezieht sich ausschließlich auf explizite Differentialgleichungen. Im Anschluss an (1.5) hatten wir dies damit gerechtfertigt, dass sich implizite Differentialgleichungen unter einer relativ schwachen Regularitätsvoraussetzung zumindest lokal in eine explizite Form überführen lassen. In einem wichtigen Spezialfall ist es allerdings nützlich, hierauf zu verzichten und mit der impliziten Darstellung zu operieren:

Definition 15.1 *Es seien* $I, J \subseteq \mathbb{R}$ *echte offene Intervalle und* $p, q : I \times J \longrightarrow \mathbb{R}$ *stetige Funktionen. Die implizite Differentialgleichung*

$$\boxed{p(t,x) + q(t,x) \cdot x' = 0} \tag{15.1}$$

heißt **exakt**, *wenn es eine stetig differenzierbare Funktion* $u : I \times J \longrightarrow \mathbb{R}$ *gibt, so dass*

$$\frac{\partial u}{\partial t}(t,x) = p(t,x) \qquad \text{und} \qquad \frac{\partial u}{\partial x}(t,x) = q(t,x) \tag{15.2}$$

für alle $(t,x) \in I \times J$. *In diesem Fall nennt man* u *eine* **Stammfunktion** *oder auch ein* **Erstes Integral** *der exakten Differentialgleichung* (15.1).

Diese Definition ist durch das folgende Resultat motiviert, welches zugleich die Analogie zu den in Kapitel 5 behandelten Ersten Integralen autonomer Systeme verdeutlicht und außerdem beim praktischen Lösen exakter Differentialgleichungen eine große Rolle spielt.

© Der/die Autor(en), exklusiv lizenziert an
Springer-Verlag GmbH, DE, ein Teil von Springer Nature 2024
J. Grahl et al., *Gewöhnliche Differentialgleichungen*

Satz 15.2   Es seien $I, J \subseteq \mathbb{R}$ echte offene Intervalle und $p, q : I \times J \longrightarrow \mathbb{R}$ stetige Funktionen. Die Differentialgleichung

$$p(t, x) + q(t, x) \cdot x' = 0$$

sei exakt, und es sei $u : I \times J \longrightarrow \mathbb{R}$ eine Stammfunktion. Dann ist eine differenzierbare Funktion $x : I \longrightarrow J$ genau dann eine Lösung dieser Differentialgleichung, wenn $t \mapsto u(t, x(t))$ auf I konstant ist.

Beweis. Die Kettenregel liefert

$$
\begin{aligned}
\frac{d}{dt}\, u(t, x(t)) &= \operatorname{grad} u(t, x(t)) \begin{pmatrix} 1 \\ x'(t) \end{pmatrix} \\
&= \frac{\partial u}{\partial t}(t, x(t)) + \frac{\partial u}{\partial x}(t, x(t)) \cdot x'(t) \\
&= p(t, x(t)) + q(t, x(t)) \cdot x'(t)
\end{aligned}
$$

für alle $t \in I$, da u nach Voraussetzung eine Stammfunktion ist. Daher ist $x : I \longrightarrow J$ genau dann eine Lösung der gegebenen Differentialgleichung, wenn $\frac{d}{dt}\, u(t, x(t)) = 0$ für alle $t \in I$ gilt, also genau dann, wenn $t \mapsto u(t, x(t))$ auf I konstant ist. $\blacksquare$

Satz 15.2 besagt, dass man alle Lösungen der exakten Differentialgleichung erhält, indem man für alle $c \in \mathbb{R}$ die Gleichung $u(t, x(t)) = c$ nach $x(t)$ auflöst. Wenn man eine Anfangsbedingung $x(t_0) = x_0$ berücksichtigen will, wählt man hierbei $c := u(t_0, x_0)$.

Bemerkung 15.3   Die Verwandtschaft zwischen exakten Differentialgleichungen und den Ersten Integralen autonomer Systeme wird noch deutlicher durch folgende Überlegung: Es seien $I, J \subseteq \mathbb{R}$ echte offene Intervalle und $p, q : I \times J \longrightarrow \mathbb{R}$ stetig differenzierbare Funktionen. Dann ist das auf $D := I \times J \subseteq \mathbb{R}^2$ definierte ebene System

$$
\begin{aligned}
x' &= q(x, y) \\
y' &= -p(x, y)
\end{aligned}
\tag{15.3}
$$

genau dann ein Hamilton-System, wenn es eine zweimal stetig differenzierbare Funktion $H : I \times J \longrightarrow \mathbb{R}$ mit

$$q = \frac{\partial H}{\partial y} \qquad \text{und} \qquad p = \frac{\partial H}{\partial x}$$

gibt (vgl. Definition 5.12). Dies ist aber äquivalent dazu, dass die skalare Differentialgleichung

$$p(x, y) + q(x, y) \cdot \frac{dy}{dx} = 0 \qquad (15.4)$$

exakt ist. Man beachte hierbei die unterschiedliche Rollen der Variablen x: In dem zweidimensionalen System (15.3) fungiert sie als eine der beiden Ortsvariablen, in der skalaren Differentialgleichung (15.4) hingegen als Zeitvariable.

In Satz 5.14 hatten wir Hamilton-Systeme durch eine Integrabilitäts-bedingung charakterisiert. Diese können wir mittels der voranstehenden Äquivalenz in eine Integrabilitätsbedingung für die Exaktheit einer skalaren Differentialgleichung übersetzen: Da das Rechteck $I \times J$ sternförmig ist, ist (15.3) nämlich gemäß Satz 5.14 genau dann ein Hamilton-System, wenn

$$\frac{\partial q}{\partial x}(x, y) - \frac{\partial p}{\partial y}(x, y) = 0 \qquad \text{für alle } (x, y) \in I \times J$$

gilt. Damit haben wir für den Fall stetig differenzierbarer Koeffizientenfunktionen p und q das folgende Exaktheitskriterium bewiesen. $\square$

Satz 15.4 *Es seien $I, J \subseteq \mathbb{R}$ echte offene Intervalle und $p, q : I \times J \longrightarrow \mathbb{R}$ stetig differenzierbar. Dann ist die Differentialgleichung*

$$p(t, x) + q(t, x) \cdot x' = 0$$

genau dann exakt, wenn die **Integrabilitätsbedingung**

$$\frac{\partial p}{\partial x}(t, x) = \frac{\partial q}{\partial t}(t, x) \qquad \text{für alle } (t, x) \in I \times J$$

gilt.

Wie kann man für eine exakte Differentialgleichung der Form (15.1) eine Stammfunktion $u : I \times J \longrightarrow \mathbb{R}$ bestimmen? Aus den beiden definierenden Bedingungen (15.2) an eine Stammfunktion erhält man durch unbestimmte Integration nach t bzw. nach x Darstellungen

$$u(t, x) = \int p(t, x)\, dt + C_1(x) \quad \text{bzw.} \quad u(t, x) = \int q(t, x)\, dx + C_2(t),$$

wobei die Integrations-„Konstanten" $C_1(x)$ bzw. $C_2(t)$ differenzierbare Funktionen von x bzw. von t sind. Durch Vergleich dieser beiden Darstellungen kann man dann C_1 und C_2 und damit u ermitteln.

Wie dies in der Praxis abläuft, zeigt die folgende Examensaufgabe, die zudem eindrucksvoll illustriert, wie nützlich und vielseitig einsetzbar Erste Integrale sein können.

Beispiel 15.5 (Examensaufgabe)   Gegeben sei die skalare Differentialgleichung

$$x'(2x^3 + 2x + 2xt^2) = -2t^3 - 2x^2 t. \tag{15.5}$$

Man zeige, dass jede Lösung $x(t)$

(a) beschränkt bleibt

(b) nicht für alle Zeiten $t \in \mathbb{R}$ existiert.

Lösung: Die Differentialgleichung hat die Gestalt

$$p(t, x) + q(t, x) \cdot x' = 0$$

mit

$$p(t, x) = 2t^3 + 2x^2 t, \qquad q(t, x) = 2x^3 + 2x + 2xt^2.$$

Eine stetig differenzierbare Funktion $u : \mathbb{R}^2 \longrightarrow \mathbb{R}$ ist genau dann eine Stammfunktion der Differentialgleichung, wenn

$$\frac{\partial u}{\partial t} = p \qquad \text{und} \qquad \frac{\partial u}{\partial x} = q$$

gilt. Unbestimmte Integration dieser beiden Bedingungen führt auf

$$u(t, x) = \frac{1}{2}t^4 + x^2 t^2 + C_1(x), \qquad u(t, x) = \frac{1}{2}x^4 + x^2 + x^2 t^2 + C_2(t)$$

mit gewissen nur von x bzw. nur von t abhängigen Funktionen C_1 und C_2. Der Vergleich dieser beiden Darstellungen inspiriert uns zu der Wahl

$$u(t, x) := \frac{1}{2}t^4 + \frac{1}{2}x^4 + x^2 + x^2 t^2.$$

Die voranstehende Rechnung zeigt, dass es sich dabei tatsächlich um eine Stammfunktion der Differentialgleichung handelt. Diese erweist sich somit als exakt. (Dies hätte man auch durch Überprüfen der Integrabilitätsbedingung aus Satz 15.4 nachweisen können. Für die Zwecke dieser Aufgabe besteht hierzu jedoch keine Veranlassung.)

Es sei $x : I \longrightarrow \mathbb{R}$ eine Lösung auf einem offenen Existenzintervall I. Nach Satz 15.2 gibt es dann eine Konstante $C \in \mathbb{R}$, so dass

$$C = u(t, x(t)) = \frac{1}{2}t^4 + \frac{1}{2}x^4(t) + x^2(t) + x^2(t) \cdot t^2 \qquad \text{für alle } t \in I.$$

Da alle Summanden auf der rechten Seite nicht-negativ sind, folgt hieraus sofort $C \geq 0$ und

$$|t| \leq \sqrt[4]{2C} \quad \text{und} \quad |x(t)| \leq \sqrt[4]{2C} \quad \text{für alle } t \in I.$$

Dies zeigt sowohl die Beschränktheit der Lösung als auch die des Existenz-intervalls I und somit beide Behauptungen.

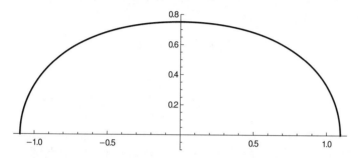

Abb. 15.1: Graph der Lösung der Differentialgleichung (15.5) aus Beispiel 15.5 zum Anfangswert $x(0) = 0{,}75$

Bei oberflächlicher Betrachtung scheinen diese beiden Resultate Korollar 3.9 zu widersprechen, wonach eine beschränkte maximale Lösung für alle Zeiten existieren müsste. Dieses Korollar ist hier jedoch nicht anwendbar, da eine implizite Differentialgleichung vorliegt. Überführt man diese in die explizite Form

$$x' = -\frac{t^3 + x^2 t}{x \cdot (x^2 + 1 + t^2)},$$

so erkennt man, dass die rechte Seite für $x = 0$ nicht definiert ist. Eine maximale Lösung kann daher durchaus in endlicher Zeit gegen Null streben und dort enden – sie hat dann den Rand des zulässigen Definitionsbereichs der rechten Seite erreicht. Wie Abb. 15.1 zeigt, liegt genau diese Situation hier vor. □

Mitunter lässt sich eine nicht-exakte Differentialgleichung durch Multiplikation mit einer geeigneten Funktion in eine zu ihr äquivalente exakte Differentialgleichung überführen.

Definition 15.6 *Es seien $I, J \subseteq \mathbb{R}$ echte offene Intervalle und $p, q :$ $I \times J \longrightarrow \mathbb{R}$ stetige Funktionen. Eine stetige nullstellenfreie Funktion $m : I \times J \longrightarrow \mathbb{R} \setminus \{0\}$ heißt **integrierender Faktor** oder **Eulerscher Multiplikator** von*

$$p(t, x) + q(t, x) \cdot x' = 0,$$

falls die äquivalente Differentialgleichung

$$m(t,x) \cdot p(t,x) + m(t,x) \cdot q(t,x) \cdot x' = 0$$

exakt ist.

Falls p und q stetig differenzierbar sind, ist eine stetig differenzierbare, nullstellenfreie Funktion $m : I \times J \longrightarrow \mathbb{R} \setminus \{0\}$ nach Satz 15.4 genau dann ein
integrierender Faktor, wenn

$$\frac{\partial(mp)}{\partial x} = \frac{\partial(mq)}{\partial t},$$

d.h.

$$\frac{\partial m}{\partial x} \cdot p + m \cdot \frac{\partial p}{\partial x} = \frac{\partial m}{\partial t} \cdot q + m \cdot \frac{\partial q}{\partial t}$$

gilt. Letzteres ist allerdings eine *partielle* Differentialgleichung für die gesuchte Funktion m. Leider ist es im Allgemeinen noch ungleich schwieriger,
partielle Differentialgleichungen zu lösen, als gewöhnliche. Die Bestimmung
von m lässt sich aber manchmal vereinfachen, indem man annimmt, dass m
entweder nur von t oder nur von x abhängt.

Beispiel 15.7 (Examensaufgabe)   Bestimmen Sie eine reelle Lösung y :
$I \longrightarrow \mathbb{R}$ des Anfangswertproblems

$$y(x)y'(x) + y^2(x) + 2x + 5 = 0, \qquad y(-4) = -2.$$

Wie groß kann das Intervall I maximal gewählt werden?

1. Lösung: Mit Hilfe der stetig differenzierbaren Funktionen

$$p : \mathbb{R}^2 \longrightarrow \mathbb{R}, \ p(x,y) := 5 + 2x + y^2, \qquad q : \mathbb{R}^2 \longrightarrow \mathbb{R}, \ q(x,y) := y$$

lässt sich die gegebene Differentialgleichung als

$$p(x,y) + q(x,y) \cdot y' = 0$$

schreiben. Diese Differentialgleichung ist wegen

$$\frac{\partial p}{\partial y}(x,y) = 2y \not\equiv 0 = \frac{\partial q}{\partial x}(x,y)$$

nicht exakt. Wir machen den Ansatz $m : \mathbb{R}^2 \longrightarrow \mathbb{R} \setminus \{0\}$, $m(x,y) = M(x)$
für einen integrierenden Faktor. Für diesen muss dann die Integrabilitäts-
bedingung

$$M(x) \cdot 2y = \frac{\partial(mp)}{\partial y}(x,y) = \frac{\partial(mq)}{\partial x}(x,y) = M'(x) \cdot y \qquad \text{für alle } x, y \in \mathbb{R}$$

gelten. Dies ist z.B. für $M(x) := e^{2x}$ erfüllt. Folglich ist

$$e^{2x}(5 + 2x + y^2) + e^{2x}y \cdot y' = 0 \qquad (15.6)$$

eine äquivalente exakte Differentialgleichung. Diese hat die Gestalt

$$\widetilde{p}(x, y) + \widetilde{q}(x, y) \cdot y' = 0$$

mit

$$\widetilde{p}(x, y) := e^{2x}\left(5 + 2x + y^2\right), \quad \widetilde{q}(x, y) := e^{2x}y.$$

Wir suchen eine zugehörige Stammfunktion $u : \mathbb{R}^2 \longrightarrow \mathbb{R}$ mit

$$\frac{\partial u}{\partial x}(x, y) = e^{2x}(5 + 2x + y^2), \qquad \frac{\partial u}{\partial y}(x, y) = e^{2x}y.$$

Unter Verwendung der partiellen Integration

$$\int 2xe^{2x}\,dx = xe^{2x} - \int e^{2x}\,dx = \frac{1}{2}\left(2x - 1\right) \cdot e^{2x}$$

ergibt die erste Bedingung

$$\begin{aligned}
u(x, y) &= \frac{5}{2}e^{2x} + \frac{1}{2}(2x - 1)e^{2x} + \frac{1}{2}y^2 e^{2x} + \varphi(y) \\
&= \frac{1}{2}e^{2x}(4 + 2x + y^2) + \varphi(y)
\end{aligned}$$

mit einer nur von y abhängigen Funktion φ. Indem man diese Beziehung in die zweite Bedingung einsetzt, erhält man

$$e^{2x}y = \frac{\partial u}{\partial y}(x, y) = ye^{2x} + \varphi'(y), \qquad \text{also} \qquad \varphi'(y) = 0.$$

Wir wählen dementsprechend o.B.d.A. $\varphi \equiv 0$ und erhalten die Stammfunktion

$$u(x, y) = \frac{1}{2}e^{2x}(4 + 2x + y^2).$$

Um die Lösung y von (15.6) zur Anfangsbedingung $y(-4) = -2$ und damit auch die Lösung des ursprünglichen Anfangswertproblems zu bestimmen, lösen wir gemäß Satz 15.2 die Gleichung

$$\frac{1}{2}e^{2x}(4 + 2x + y(x)^2) = u(-4, -2) = 0$$

nach $y(x)$ auf und erhalten $y^2(x) = -2x - 4$, woraus mit $y(-4) = -2 < 0$

$$y(x) = -\sqrt{-2x - 4} \qquad (15.7)$$

folgt. Das maximale Existenzintervall dieser Lösung ist $(-\infty, -2)$. (Da y in -2 nicht mehr differenzierbar ist, gehört der rechte Randpunkt -2 nicht zu diesem Intervall.)

2. Lösung: Eine gänzlich andere Lösungsmöglichkeit besteht darin, die gegebene Differentialgleichung mittels der Substitution $z := y^2$ in die lineare Differentialgleichung

$$z'(x) = 2y(x)y'(x) = -2y^2(x) - 4x - 10 = -2z(x) - 4x - 10$$

zu transformieren. Aus der Anfangsbedingung $y(-4) = -2$ wird hierbei $z(-4) = 4$. Die zugehörige homogene Differentialgleichung hat die Lösungen $z(x) = ce^{-2x}$ mit $c \in \mathbb{R}$, und eine partikuläre Lösung z_p der inhomogenen Differentialgleichung bestimmt man mittels Variation der Konstanten. Hierfür machen wir den Ansatz

$$z_p(x) = C(x) \cdot e^{-2x}$$

mit einer noch zu bestimmenden Funktion $C(x)$. Wegen

$$z_p'(x) = e^{-2x} \cdot \left(C'(x) - 2C(x)\right) = -2z_p(x) + C'(x)e^{-2x}$$

ist $z_p : I \longrightarrow \mathbb{R}$ genau dann eine Lösung, wenn

$$C'(x) = -e^{2x}(4x + 10) \qquad \text{für alle } x \in I$$

gilt. Das ist offensichtlich z.B. für $C(x) = -e^{2x}(2x+4)$ der Fall. (Aufspüren kann man dieses $C(x)$ mithilfe einer partiellen Integration.) Mithin ist

$$z_p(x) = -2x - 4$$

eine Lösung unserer Differentialgleichung, und zufällig erfüllt sie $z_p(-4) = 4$, so dass wir zur Lösung des Anfangswertproblems keine Anteile der Lösung $z(x) = ce^{-2x}$ der homogenen Differentialgleichung „hinzumischen" müssen. Die Rücktransformation $y(x) = \pm\sqrt{z(x)}$ führt nun erneut auf die Lösung (15.7) des ursprünglichen Anfangswertproblems. $\square$

Der Grundgedanke in der 2. Lösung zu diesem Beispiel, nämlich die Reduktion auf eine lineare Differentialgleichung mittels einer geeigneten Substitution, lässt sich auf etwas allgemeinere Situationen übertragen, und zwar auf die sog. Bernoulli-Gleichungen, denen wir uns nunmehr zuwenden.

15.2 Bernoulli-Gleichungen

Definition 15.8   *Es seien $I \subseteq \mathbb{R}$ ein echtes Intervall, $a, b : I \longrightarrow \mathbb{R}$ stetige Funktionen und $\alpha \in \mathbb{R}$. Dann bezeichnet man*

$$\boxed{x' = a(t) \cdot x + b(t) \cdot x^{\alpha}} \tag{15.8}$$

als **Bernoulli-Gleichung**[106].

Aus Gründen der Einfachheit setzen wir hierbei stets $x > 0$ voraus. Damit ist gewährleistet, dass die Potenzen x^{α} erklärt sind.

Für $\alpha = 0$ reduziert sich die Bernoulli-Gleichung auf eine inhomogene, für $\alpha = 1$ auf eine homogene skalare lineare Differentialgleichung. Deswegen betrachten wir ab jetzt den Fall $\alpha \neq 0, 1$. Der Spezialfall $\alpha = 2$ der Bernoulli-Gleichung ist als **logistische Differentialgleichung** bekannt. Wir kommen auf sie in (16.26) zurück.

Die Bernoulli-Gleichung (15.8) lässt sich auf eine skalare lineare Differentialgleichung zurückführen. Multiplikation beider Seiten mit dem Faktor $(1 - \alpha)x^{-\alpha}$ liefert nämlich die äquivalente Differentialgleichung

$$(x^{1-\alpha})' = (1 - \alpha) \cdot x^{-\alpha} \cdot x' = (1 - \alpha) \cdot a(t) \cdot x^{1-\alpha} + (1 - \alpha) \cdot b(t).$$

Folglich führt die Substitution $z := x^{1-\alpha}$ auf die skalare lineare Differentialgleichung

$$z' = (1 - \alpha) \cdot a(t) \cdot z + (1 - \alpha) \cdot b(t),$$

welche sich mittels Variation der Konstanten lösen lässt. Aus den so gewonnenen *positiven* Lösungen z ergeben sich mit Hilfe der Rücktransformation $x := z^{1/(1-\alpha)}$ die gesuchten Lösungen der Bernoulli-Gleichung[107].

Dieses Verfahren hatten wir bereits in der 2. Lösung zu Beispiel 15.7 angewandt, nämlich mit $\alpha = -1$. Dies war deshalb möglich, weil die dortige

---

[106]Nach Jakob Bernoulli (1655–1705), dem ältesten Vertreter der Baseler Mathematiker-Familie der Bernoullis. Neben zahlreichen bedeutenden Beiträgen zur Analysis ist er auch als einer der Begründer der Wahrscheinlichkeitstheorie bekannt. Sein Bruder Johann (1667–1748) war der Lehrer von Leonhard Euler (1707 1783).

[107]An dieser Stelle wird besser verständlich, weshalb wir in (15.8) stets $x > 0$ verlangt haben, sogar für den Fall $\alpha \in \mathbb{N}$, in dem x^{α} auch für $x \leq 0$ erklärt wäre: Die o.g. Rücktransformation ist auch in diesem Fall nur für $z > 0$ möglich, und dann ist $x = z^{1/(1-\alpha)}$ ohnehin positiv.

Differentialgleichung „weitgehend" äquivalent zu der durch $y(x)$ dividierten Differentialgleichung

$$y'(x) = -y(x) - (2x + 5) \cdot \frac{1}{y(x)},$$

also zu einer Bernoulli-Gleichung ist.

Beispiel 15.9   Es seien $a, b : \mathbb{R} \longrightarrow \mathbb{R}$ definiert durch $a(t) := t$, $b(t) := t^3$, und es sei $\alpha = 3$. Wir betrachten die Bernoulli-Gleichung

$$x' = a(t) \cdot x + b(t) \cdot x^\alpha = tx + t^3 x^3.$$

Die Substitution $z = x^{1-\alpha} = \frac{1}{x^2}$ führt auf die skalare lineare Differentialgleichung

$$z' = -\frac{2x'}{x^3} = -\frac{2t}{x^2} - 2t^3 = -2tz - 2t^3.$$

Die zugehörige homogene Differentialgleichung $z' = -2tz$ ist (im Falle $z \not\equiv 0$) äquivalent zu $\frac{z'}{z} = -2t$, d.h. zu $\log |z(t)| = -t^2 + d$ mit einer Konstanten $d \in \mathbb{R}$. Sie hat daher die allgemeine Lösung

$$z(t) = ce^{-t^2} \qquad \text{mit } c \in \mathbb{R}.$$

Eine spezielle Lösung z_p der inhomogenen Differentialgleichung erhalten wir mittels Variation der Konstanten: Für

$$z_p(t) = C(t) \cdot e^{-t^2}$$

gilt

$$z_p'(t) = e^{-t^2} \cdot \left(C'(t) - 2tC(t) \right) = -2tz_p(t) + C'(t) \cdot e^{-t^2},$$

so dass z_p genau dann eine Lösung unserer inhomogenen Differentialgleichung ist, wenn

$$C'(t) = -2t^3 \cdot e^{t^2} \tag{15.9}$$

gilt. Hieraus lässt sich $C(t)$ abermals mittels partieller Integration bestimmen (deren Anwendbarkeit ersichtlich wird, indem man $2t^3 \cdot e^{t^2} = t^2 \cdot 2te^{t^2}$ schreibt): Es ist

$$\int 2t^3 \cdot e^{t^2} \, dt = t^2 e^{t^2} - \int 2te^{t^2} \, dt = t^2 e^{t^2} - e^{t^2} = (t^2 - 1) \cdot e^{t^2}.$$

Also ist $C(t) = (1 - t^2) \cdot e^{t^2}$ eine Lösung von (15.9), und die allgemeine Lösung unserer inhomogenen Differentialgleichung ist somit

$$z(t) = (c + C(t)) \cdot e^{-t^2} = ce^{-t^2} + 1 - t^2 \qquad \text{mit } c \in \mathbb{R}.$$

Mit der Rücktransformation $x = z^{-1/2}$ erhält man als allgemeine Lösung unserer ursprünglichen Bernoulli-Gleichung

$$x(t) = \frac{1}{\sqrt{ce^{-t^2} + 1 - t^2}}.$$

Sie ist für alle t mit $ce^{-t^2} + 1 - t^2 > 0$ definiert. Für $c = 0$ z.B. ist

$$x(t) = \frac{1}{\sqrt{1 - t^2}}$$

die auf $(-1, 1)$ definierte Lösung des Anfangswertproblems

$$x' = tx + t^3 x^3, \qquad x(0) = 1. \qquad \square$$

15.3   Riccati-Gleichungen

Definition 15.10   *Es seien $I \subseteq \mathbb{R}$ ein echtes Intervall und $a, b, c : I \longrightarrow \mathbb{R}$ stetige Funktionen. Dann bezeichnet man*

$$\boxed{x' = a(t) \cdot x + b(t) \cdot x^2 + c(t)} \qquad (15.10)$$

*als **Riccati-Gleichung**[108].*

Im Fall $c \equiv 0$ ist dies eine logistische, im Fall $b \equiv 0$ eine inhomogene lineare Differentialgleichung.

Riccati-Gleichungen sind zwar in aller Regel nicht elementar lösbar, aber wenn man bereits *eine* Lösung kennt (z.B. durch „geschicktes Raten"), kann man alle weiteren Lösungen berechnen: Wenn x_p eine partikuläre Lösung der Riccati-Gleichung (15.10) ist, dann erhält man alle ihre Lösungen in der Form

$$x = x_p + u,$$

wobei u eine Lösung der logistischen Differentialgleichung

$$u' = (a(t) + 2b(t) \cdot x_p(t)) \cdot u + b(t) \cdot u^2 \qquad (15.11)$$

ist: Ist nämlich x eine Lösung der Riccati-Gleichung, so ist $u := x - x_p$ wegen

$$\begin{aligned}
u' = x' - x_p' &= a \cdot u + b \cdot (x^2 - x_p^2) = a \cdot u + b \cdot (x - x_p)(x + x_p) \\
&= a \cdot u + b \cdot u(u + 2x_p) = (a + 2b \cdot x_p) \cdot u + b \cdot u^2
\end{aligned}$$

---

[108]nach dem venezianischen Mathematiker Jacopo Francesco Riccati (1676–1754)

eine Lösung von (15.11). Nun sei umgekehrt u eine Lösung von (15.11). Dann ist $x := x_p + u$ wegen

$$x' = x'_p + u' = a \cdot x_p + b \cdot x_p^2 + c + (a + 2b \cdot x_p) \cdot u + b \cdot u^2$$
$$= a \cdot (x_p + u) + b \cdot (x_p^2 + 2x_p u + u^2) + c = a \cdot x + b \cdot x^2 + c$$

eine Lösung der Riccati-Gleichung. Das Verfahren zur Lösung einer logistischen Differentialgleichung (welche ja ein Spezialfall einer Bernoulli-Gleichung ist) haben wir bereits im vorigen Abschnitt 15.2 kennengelernt.

15.4 Lineare Differentialgleichungen mit analytischen Koeffizienten

> „Suchen wir unsere Zuflucht bei den Reihen. "
>
> (Leonhard Euler)

Wie wir aus Teil III wissen, lassen sich selbst für lineare Systeme die Lösungen i.Allg. nicht explizit angeben, vom wichtigen Spezialfall autonomer Systeme (d.h. mit konstanten Koeffizienten) abgesehen. Falls die Koeffizienten jedoch analytisch, d.h. in Potenzreihen entwickelbar sind, so gilt dies auch für die Lösungen, so dass sich diese – zumindest in der Theorie – mithilfe eines Potenzreihenansatzes bestimmen lassen. Dies ist der Inhalt des nachstehenden Satzes.

Satz 15.11   *Die Potenzreihe*

$$A(t) = \sum_{j=0}^{\infty} A_j (t - t_0)^j \qquad \text{mit } A_j \in \mathbb{R}^{n \times n}$$

sei auf dem Intervall $J = (t_0 - R, t_0 + R)$ konvergent. Dann lässt sich für jedes $x_0 \in \mathbb{R}^n$ die maximale Lösung des Anfangswertproblems

$$x' = A(t) \cdot x, \qquad x(t_0) = x_0 \tag{15.12}$$

als eine auf J konvergente Potenzreihe mit Entwicklungspunkt t_0 darstellen.

Beweis. O.B.d.A. sei $t_0 = 0$. Nach Satz 6.4 hat das Anfangswertproblem eine eindeutige Lösung x auf ganz J. Für diese machen wir (zunächst versuchsweise!) den Ansatz

$$x(t) = x_0 + \sum_{j=1}^{\infty} x_j t^j$$

mit noch zu bestimmenden Koeffizienten $x_j \in \mathbb{R}^n$. Setzt man diese (formale) Potenzreihe für $x(t)$ und die Potenzreihe für $A(t)$ in die Differentialgleichung in (15.12) ein, so erhält man unter Verwendung des Cauchy-Produkts

$$\sum_{j=1}^{\infty} j x_j t^{j-1} = x'(t) = A(t) \cdot x(t) = \sum_{j=0}^{\infty} \sum_{k=0}^{j} A_{j-k} x_k t^j.$$

Für alle $j \geq 1$ ergibt sich durch Koeffizientenvergleich die Bedingung

$$j x_j = \sum_{k=0}^{j-1} A_{j-1-k} x_k \tag{15.13}$$

für den Koeffizienten bei t^{j-1}. Mit deren Hilfe lassen sich aus der Kenntnis von x_0 die übrigen Koeffizienten x_j rekursiv ermitteln. Es bleibt zu zeigen, dass die mit diesen x_j gebildete Potenzreihe $x(t) := \sum_{j=0}^{\infty} x_j t^j$ auf $J = (-R, R)$ konvergiert. Damit sind dann die eben durchgeführten Überlegungen im Nachhinein gerechtfertigt[109].

Dazu fixieren wir ein $r \in (0, R)$. Dann konvergiert die Reihe $\sum_{j=0}^{\infty} A_j r^j$, und nach dem notwendigen Konvergenzkriterium für Reihen gilt $A_j r^j \to 0$ für $j \to \infty$. Daher gibt es ein $M > 0$, so dass $\|A_j\| \leq M r^{-j}$ für alle $j \geq 0$. Schließlich wählen wir ein $N \in \mathbb{N}$ mit $N \geq Mr$. Mittels der geometrischen bzw. binomischen Reihe erhalten wir die für alle $t \in (-r, r)$ gültigen Reihenentwicklungen

$$\alpha(t) := \frac{N}{r-t} = \frac{N}{r} \cdot \frac{1}{1 - \frac{t}{r}} = \sum_{j=0}^{\infty} \alpha_j t^j \qquad \text{mit } \alpha_j = N r^{-j-1}$$

und

$$c(t) := \frac{\|x_0\|}{\left(1 - \frac{t}{r}\right)^N} = \sum_{j=0}^{\infty} c_j t^j$$

mit gewissen *nicht-negativen* Koeffizienten c_j, wobei $c_0 = c(0) = \|x_0\|$.

Dass hierbei die c_j nicht-negativ sind, kann man auf unterschiedliche Weisen begründen:

---

[109]Dass eine Potenzreihe in ihrem Konvergenzintervall gliedweise differenziert werden kann, folgt daraus, dass sie und die zugehörige abgeleitete Reihe dort lokal gleichmäßig konvergieren, bzw. wir können es aus der *Funktionentheorie* als bekannt voraussetzen.

(1) Man kann es aus der binomischen Reihe ablesen: Für $-1 < x < 1$ gilt [24, Satz 16.3]

$$(1-x)^{-N} = \sum_{j=0}^{\infty} \frac{(-N) \cdot (-N-1) \cdot \ldots \cdot (-N-j+1)}{j!} \cdot (-x)^j$$

$$= \sum_{j=0}^{\infty} \frac{N \cdot (N+1) \cdot \ldots \cdot (N+j-1)}{j!} \cdot x^j.$$

(2) Leitet man in der für alle $x \in (-1,1)$ gültigen geometrischen Reihenentwicklung

$$\frac{1}{1-x} = \sum_{j=0}^{\infty} x^j$$

beide Seiten $(N-1)$-mal nach x ab (was aufgrund der lokal gleichmäßigen Konvergenz der geometrischen Reihe statthaft ist), so erhält man links $\dfrac{(N-1)!}{(1-x)^N}$ und rechts eine Potenzreihe mit offensichtlich positiven Koeffizienten.

(3) Zielführend ist es auch, die Potenzreihe für $c(t)$ als Taylor-Reihe zu interpretieren: Es gilt

$$c_j = \frac{1}{j!} \cdot c^{(j)}(0) \qquad \text{für alle } j \in \mathbb{N}_0,$$

und ähnlich wie in (2) sieht man sofort, dass $c^{(j)}(0) \geq 0$ für alle $j \in \mathbb{N}_0$ gilt.

(4) Und schließlich kann man in

$$\frac{1}{(1-x)^N} = \left(\sum_{j=0}^{\infty} x^j \right)^N$$

die rechte Seite (gedanklich) durch Bilden eines N-fachen Cauchy-Produkts ausmultiplizieren, wobei man feststellt, dass alle auftretenden Koeffizienten ≥ 0 sind.

Nun ist konstruktionsgemäß

$$c'(t) = \alpha(t) \cdot c(t)$$

für alle $t \in (-r, r)$, und ein Koeffizientenvergleich liefert analog zu (15.13)

$$j c_j = \sum_{k=0}^{j-1} \alpha_{j-1-k} c_k \qquad \text{für alle } j \geq 1.$$

Vergleicht man dies mit (15.13) und beachtet

$$\|A_j\| \le Mr^{-j} \le Nr^{-j-1} = \alpha_j,$$

so folgt induktiv $\|x_j\| \le c_j$ für alle $j \ge 0$.

Begründung: Dies gilt für $j = 0$, und aus der Gültigkeit für $j = 0, \ldots, m$ folgt

$$(m+1)\|x_{m+1}\| \le \sum_{k=0}^{m} \|A_{m-k}\| \cdot \|x_k\| \le \sum_{k=0}^{m} \alpha_{m-k} c_k = (m+1)c_{m+1},$$

also die Gültigkeit für $j = m + 1$.

Somit ist $c(t)$ für alle $t \in (-r, r)$ eine konvergente Majorante für $x(t)$. Da $r \in (0, R)$ beliebig war, konvergiert also $x(t)$ mindestens auf dem Intervall $(-R, R) = J$. ∎

Mithilfe von Satz 6.11 über die Variation der Konstanten ergibt sich aus Satz 15.11 das folgende analoge Resultat für inhomogene lineare Systeme.

Korollar 15.12   *Die Potenzreihen*

$$A(t) = \sum_{j=0}^{\infty} A_j(t - t_0)^j \quad \text{und} \quad b(t) = \sum_{j=0}^{\infty} b_j(t - t_0)^j$$

mit $A_j \in \mathbb{R}^{n \times n}$ und $b_j \in \mathbb{R}^n$ seien auf dem Intervall $J = (t_0 - R, t_0 + R)$ konvergent. Dann lässt sich für jedes $x_0 \in \mathbb{R}^n$ die Lösung des Anfangswertproblems

$$x' = A(t) \cdot x + b(t), \qquad x(t_0) = x_0$$

als eine auf J konvergente Potenzreihe mit Entwicklungspunkt t_0 darstellen.

Beweis. Gemäß (6.7) hat die Lösung des fraglichen Anfangswertproblems die Form

$$x(t) = X(t)\left(X(t_0)^{-1}x_0 + \int_{t_0}^{t} X(s)^{-1}b(s)\, ds \right), \tag{15.14}$$

wobei $X : J \longrightarrow \mathbb{R}^{n \times n}$ eine Fundamentalmatrix des zugehörigen homogenen Systems ist. Gemäß Satz 15.11, angewandt auf die Fundamentallösungen in den einzelnen Spalten von X, können wir X in eine auf J konvergente Potenzreihe um t_0 entwickeln.

Wir zeigen zunächst, dass $X^{-1} : J \longrightarrow \mathbb{R}^{n \times n}$ stetig differenzierbar ist. Hierzu sei ein $\tau \in J$ fixiert. Dann ist $t \mapsto X(t)X(\tau)^{-1}$ die eindeutig bestimmte Lösung des Anfangswertproblems

$$Y' = A(t) \cdot Y, \qquad Y(\tau) = E_n$$

(vgl. auch Satz 6.10 (a)). Nach dem Abhängigkeitssatz 3.19 ist die Abbildung $(t, \tau) \mapsto X(t)X(\tau)^{-1}$ stetig differenzierbar. Insbesondere gilt dies auch für $\tau \mapsto X(\tau)^{-1}$, wie behauptet.

Aus $X(t)X(t)^{-1} = E_n$ folgt nunmehr durch Ableiten

$$0 = X'(t)X(t)^{-1} + X(t)(X^{-1})'(t),$$

also

$$
\begin{aligned}
(X^{-1})'(t) &= -X(t)^{-1}X'(t)X(t)^{-1} \\
&= -X(t)^{-1}A(t)X(t)X(t)^{-1} = -X(t)^{-1}A(t)
\end{aligned}
$$

für alle $t \in J$. Für die transponierte Inverse $X^{-T} := (X^{-1})^T$ gilt somit

$$(X^{-T})'(t) = -A^T(t) \cdot X^{-T}(t) \qquad \text{für alle } t \in J.$$

Hieraus folgt wiederum mittels Satz 15.11 die Entwickelbarkeit von X^{-T} und damit auch von X^{-1} in auf J konvergente Potenzreihen um t_0.

Aus diesen Beobachtungen, der Darstellung (15.14) und der Tatsache, dass sich das Produkt zweier auf J konvergenter Potenzreihen um t_0 vermöge des Cauchy-Produkts als eine ebensolche Potenzreihe darstellen lässt, ergibt sich insgesamt die Behauptung. ∎

Da jede skalare lineare Differentialgleichung höherer Ordnung zu einem linearen System erster Ordnung äquivalent ist, erhalten wir aus Satz 15.11 außerdem das folgende Korollar.

Korollar 15.13   *Für $k = 0, \dots, n-1$ seien die Potenzreihen*

$$a_k(t) = \sum_{j=0}^{\infty} a_{k,j}(t - t_0)^j$$

mit $a_{k,j} \in \mathbb{R}$ auf dem Intervall $J = (t_0 - R, t_0 + R)$ konvergent. Dann lässt sich jede Lösung der skalaren linearen Differentialgleichung n-ter Ordnung

$$u^{(n)} + a_{n-1}(t) \cdot u^{(n-1)} + \dots + a_1(t) \cdot u' + a_0(t) \cdot u = 0$$

als eine auf J konvergente Potenzreihe mit Entwicklungspunkt t_0 darstellen.

Beispiel 15.14   Die Untersuchung des quantenmechanischen harmonischen Oszillators führt auf die **Hermitesche Differentialgleichung** [13, Abschnitt 2.3.2]

$$u''(t) - 2tu'(t) + \lambda u(t) = 0$$

mit einer Konstanten $\lambda \in \mathbb{R}$. Korollar 15.13 besagt, dass sich jede Lösung dieser Differentialgleichung in eine auf ganz $\mathbb{R}$ konvergente Potenzreihe entwickeln lässt. Wir gehen daher mit dem Ansatz

$$u(t) = \sum_{j=0}^{\infty} c_j t^j \tag{15.15}$$

in die Differentialgleichung hinein und erhalten

$$\begin{aligned} 0 &= \sum_{j=2}^{\infty} j(j-1)c_j t^{j-2} - 2\sum_{j=1}^{\infty} jc_j t^j + \lambda \sum_{j=0}^{\infty} c_j t^j \\ &= (2c_2 + \lambda c_0) + \sum_{j=1}^{\infty} \left[(j+1)(j+2)c_{j+2} - 2jc_j + \lambda c_j \right] t^j. \end{aligned}$$

Die Koeffizienten c_0 und c_1 sind frei wählbar; dies ermöglicht die Anpassung an Anfangsbedingungen $u(0) = c_0$, $u'(0) = c_1$. Alle anderen Koeffizienten bestimmt man rekursiv aus

$$c_{j+2} = \frac{2j - \lambda}{(j+1)(j+2)} \cdot c_j \qquad \text{für alle } j = 0, 1, 2\ldots.$$

Die mit diesen Koeffizienten c_j gebildete Potenzreihe (15.15) konvergiert gemäß Korollar 15.13 auf ganz $\mathbb{R}$ und löst dort die Hermitesche Differentialgleichung. $\qquad\qquad\square$

Die Differentialgleichung in der folgenden Examensaufgabe ähnelt der Hermiteschen sehr. Die Aufgabenstellung war jedoch so formuliert, dass man sich nicht auf allgemeine Resultate wie Korollar 15.13 berufen, sondern den Konvergenzradius der lösenden Potenzreihe aus der Kenntnis der Koeffizienten abschätzen sollte.

Beispiel 15.15 (Examensaufgabe)   Es sei $L \in \mathbb{R}$. Wir betrachten das Anfangswertproblem

$$(1 - x^2)y''(x) - 2xy'(x) + Ly(x) = 0, \qquad y(0) = 0,\ y'(0) = 1. \tag{15.16}$$

(a) Zeigen Sie mittels eines Potenzreihenansatzes $y(x) = \sum_{j=0}^{\infty} c_j x^j$, dass
(15.16) eine Lösung $y : (-1,1) \longrightarrow \mathbb{R}$ besitzt. Bestimmen Sie hierzu
zunächst durch formale Differentiation der Potenzreihe die Koeffizienten c_j. Untersuchen Sie dann den Konvergenzradius der so definierten
Potenzreihe. Für welche $x \in \mathbb{R}$ ist die formale Differentiation nun
gerechtfertigt?

(b) Ist die Lösung aus (a) auf $(-1,1)$ eindeutig bestimmt?

Lösung:

(a) Setzt man den Ansatz $y(x) = \sum_{j=0}^{\infty} c_j x^j$ in die gegebene Differentialgleichung ein, so erhält man durch formale Differentiation

$$0 = (1 - x^2) \sum_{j=2}^{\infty} j(j-1)c_j x^{j-2} - 2x \sum_{j=1}^{\infty} j c_j x^{j-1} + L \sum_{j=0}^{\infty} c_j x^j$$

$$= \sum_{j=2}^{\infty} j(j-1)c_j x^{j-2} - \sum_{j=0}^{\infty} j(j-1)c_j x^j - \sum_{j=0}^{\infty} 2j c_j x^j + \sum_{j=0}^{\infty} L c_j x^j$$

$$= \sum_{j=0}^{\infty} \left((j+2)(j+1) \cdot c_{j+2} + (L - (j+1)j) \cdot c_j \right) \cdot x^j,$$

und mit einem Koeffizientenvergleich folgt

$$(j+2)(j+1) \cdot c_{j+2} + (L - (j+1)j) \cdot c_j = 0 \qquad \text{für alle } j \geq 0.$$

Die Anfangsbedingungen $y(0) = 0$ und $y'(0) = 1$ liefern darüberhinaus
$c_0 = 0$ sowie $c_1 = 1$. Zusammen führt dies auf

$$c_{2k} = 0, \qquad c_{2k+1} = \frac{(1 \cdot 2 - L)(3 \cdot 4 - L) \cdot \ldots \cdot ((2k-1) \cdot 2k - L)}{(2k+1)!}$$

für alle $k \in \mathbb{N}$. Der Konvergenzradius R der Potenzreihe $\sum_{j=0}^{\infty} c_j x^j$
berechnet sich nach der Formel von Hadamard zu

$$R = \left(\limsup_{j \to \infty} |c_j|^{1/j} \right)^{-1}.$$

Für $m \in \mathbb{N}$ sei

$$C_m := \left| 1 - \frac{L}{1 \cdot 2} \right| \cdot \left| 1 - \frac{L}{3 \cdot 4} \right| \cdot \ldots \cdot \left| 1 - \frac{L}{(2m-1) \cdot 2m} \right|.$$

Dann gilt für alle $k \geq m + 1$

$$|c_{2k+1}|$$

$$= \frac{1}{2k+1} \cdot \left|1 - \frac{L}{1 \cdot 2}\right| \cdot \left|1 - \frac{L}{3 \cdot 4}\right| \cdot \ldots \cdot \left|1 - \frac{L}{(2k-1) \cdot 2k}\right|$$

$$\leq \frac{C_m}{2k+1} \left(1 + \frac{|L|}{(2m+1) \cdot 2(m+1)}\right) \cdot \ldots \cdot \left(1 + \frac{|L|}{(2k-1) \cdot 2k}\right)$$

$$\leq \frac{C_m}{2k+1} \left(1 + \frac{|L|}{(2m+1) \cdot 2(m+1)}\right)^{k-m}.$$

Unter Beachtung von $c_{2k} = 0$ für alle $k \in \mathbb{N}$ sowie von $\lim_{k \to \infty} k^{1/k} = 1$ folgt daraus

$$\frac{1}{R} = \limsup_{j \to \infty} |c_j|^{1/j} = \limsup_{k \to \infty} |c_{2k+1}|^{1/(2k+1)}$$

$$\leq \limsup_{k \to \infty} \left[\left(\frac{C_m}{2k+1}\right)^{\frac{1}{2k+1}} \left(1 + \frac{|L|}{(2m+1) \cdot 2(m+1)}\right)^{\frac{k-m}{2k+1}}\right]$$

$$\leq 1 + \frac{|L|}{(2m+1) \cdot 2(m+1)}.$$

Da hierbei $m \in \mathbb{N}$ beliebig war, muss also $\frac{1}{R} \leq 1$, d.h. $R \geq 1$ gelten. Potenzreihen sind innerhalb ihres Konvergenzkreises gliedweise differenzierbar, wobei der Konvergenzradius invariant bleibt. Dies rechtfertigt für $-1 < x < 1$ die obige formale Differentiation und zeigt, dass $y : (-1, 1) \longrightarrow \mathbb{R}$, $y(x) = \sum_{j=0}^{\infty} c_j x^j$ eine wohldefinierte, unendlich oft stetig differenzierbare Lösung des gegebenen Anfangswertproblems ist.

(b) Mit Hilfe von $u := y$, $v := y'$ lässt sich das gegebene Anfangswertproblem auf dem Intervall $(-1, 1)$ als

$$\begin{pmatrix} u' \\ v' \end{pmatrix} (x) = \begin{pmatrix} v(x) \\ \frac{1}{1-x^2} \cdot (2xv(x) - Lu(x)) \end{pmatrix}, \qquad \begin{pmatrix} u \\ v \end{pmatrix} (0) = \begin{pmatrix} 0 \\ 1 \end{pmatrix}$$

schreiben. Dieses System von Differentialgleichungen erster Ordnung erfüllt offenbar die Voraussetzungen des globalen Eindeutigkeitssatzes von Picard-Lindelöf (Satz 2.6), weshalb die Lösung des Anfangswertproblems auf $(-1, 1)$ eindeutig bestimmt ist. □

16 Einige Anwendungen

In diesem abschließenden Kapitel studieren wir – in variierender Ausführlichkeit und Tiefe – einige weitere Beispiele dafür, wie sich Phänomene in Natur und Technik durch gewöhnliche Differentialgleichungen modellieren lassen.

16.1 Das N-Körper-Problem und die Keplerschen Gesetze

Es seien N Körper $K_1, \ldots, K_N$ im $\mathbb{R}^3$ gegeben, die sich unter dem Einfluss der Gravitation bewegen (z.B. die Planeten unseres Sonnensystems). Welchen Bahnen folgen die Körper? Sind diese Bahnen stabil? Kann es zu Kollisionen kommen? Diese Fragestellungen fasst man unter dem Stichwort *N-Körper-Problem* zusammen.

Wir nehmen an, jeder der Körper K_j sei punktförmig[110] und habe die Masse $m_j > 0$. Es sei $x_j(t) \in \mathbb{R}^3$ die Position von K_j zum Zeitpunkt t. Die Gravitationskraft, die die Körper $K_1, \ldots, K_{j-1}, K_{j+1}, \ldots, K_N$ in ihrer Gesamtheit auf K_j ausüben, ist nach dem Newtonschen[111] Gravitationsgesetz gegeben durch

$$\sum_{k \neq j} G\, m_j\, m_k \cdot \frac{x_k(t) - x_j(t)}{\|x_k(t) - x_j(t)\|^3}.$$

---

[110] Diese Annahme ist dadurch gerechtfertigt, dass eine Kugel der Masse m außerhalb der Kugel dasselbe Gravitationspotential erzeugt wie eine punktförmige Masse m. Dieses von Newton (1685) stammende Resultat lässt sich mathematisch mithilfe der Mittelwerteigenschaft harmonischer Funktionen begründen, die in der *Funktionentheorie* bzw. *Potentialtheorie* bewiesen wird.

[111] Isaac Newton (1643–1727) zählt zu den bedeutendsten Mathematikern und Physikern aller Zeiten. Er ist der Begründer sowohl der klassischen Mechanik als auch – zeitgleich mit und unabhängig von Gottfried Wilhelm Leibniz (1646–1716) – der Differential- und Integralrechnung sowie der Entdecker der Zusammensetzung des weißen Lichts aus den Spektralfarben. Nach ihm sind u.a. die Newtonschen Bewegungs- und Gravitationsgesetze, das Newton-Verfahren zur Nullstellenbestimmung, die physikalische Einheit der Kraft (1 N = 1 kg · m/s²) und das Newton-Pendel benannt. Seine Bedeutung als prägende Gestalt der wissenschaftlichen Revolution zu Beginn der Aufklärung (englisch: *Age of Enlightenment*) bringt ein Epigramm seines Zeitgenossen Alexander Pope (1688–1744) treffend auf den Punkt: „*Nature and nature's laws lay hid in night; God said 'Let Newton be!', and all was light.*"

© Der/die Autor(en), exklusiv lizenziert an
Springer-Verlag GmbH, DE, ein Teil von Springer Nature 2024
J. Grahl et al., *Gewöhnliche Differentialgleichungen*

Hierbei ist $G \approx 6{,}674 \cdot 10^{-11} \, \mathrm{m}^3/(\mathrm{kg} \cdot \mathrm{s}^2)$ die Gravitationskonstante. Nach dem Zweiten Newtonschen Gesetz ist diese Gravitationskraft gleich $m_j x_j''(t)$: Sie bewirkt eine Beschleunigung des Körpers K_j. Wir erhalten somit die N Gleichungen

$$m_j \, x_j''(t) = \sum_{k \neq j} G \, m_j \, m_k \cdot \frac{x_k(t) - x_j(t)}{\|x_k(t) - x_j(t)\|^3} \tag{16.1}$$

für $j = 1, \ldots, N$. Ist beispielsweise $N = 2$ und befindet sich K_1 immer im Ursprung (d.h. $x_1(t) \equiv 0$), so schreibt sich (16.1) für $x(t) := x_2(t)$ und mit $M := m_1$ als

$$x''(t) = -G\,M \cdot \frac{x(t)}{\|x(t)\|^3} \, . \tag{16.2}$$

Diese Differentialgleichung zweiter Ordnung beschreibt also die gravitations-bedingte Bewegung eines Massenpunktes um einen fest ruhenden Körper der Masse M. Sie stellt ein annähernd realistisches Modell etwa für die Bewegung der Erde um die Sonne dar; der gravitative Einfluss der übrigen Planeten (und des restlichen Universums) wird hierbei ebenso vernachlässigt wie die Auslenkung der Sonne aus der perfekten Ruhelage unter dem Einfluss der Erdgravitation[112].

Gemäß der Eindeutigkeitsaussage im Satz von Picard-Lindelöf ist die Lösung x von (16.2) durch die beiden Anfangswerte $x(t_0)$ und $x'(t_0)$ zu einem gegebenen Zeitpunkt t_0 eindeutig bestimmt. Darin spiegelt sich die physikalische Beobachtung wider, dass die Bahn des Körpers K_2 um den Körper K_1 eindeutig festgelegt ist, sobald man den Ort $x(t_0)$ und die Geschwindigkeit $x'(t_0)$ von K_2 zum Zeitpunkt t_0 kennt.

Analoges gilt für das System (16.1) von N Differentialgleichungen zweiter Ordnung: Dieses ist zu einem System von $2N$ Differentialgleichungen erster Ordnung äquivalent; daher sind die Lösungen $x_1, \ldots, x_N$ durch Vorgabe von $2N$ Anfangsbedingungen $x_1(t_0), \ldots, x_N(t_0)$ und $x_1'(t_0), \ldots, x_N'(t_0)$ eindeutig bestimmt.

---

[112]Tatsächlich rotieren in Zwei-Körper-Systemen beide Körper um den gemeinsamen Massenschwerpunkt. Je asymmetrischer ihr Massenverhältnis ist, desto näher liegt dieser beim Schwerpunkt des schwereren der beiden Körper. Im Falle des Systems Sonne-Erde mit einem Massenverhältnis von ca. 330.000 : 1 stimmen beide Punkte bis auf ca. 450 km überein, was in kosmischen Maßstäben (und gegenüber dem Durchmesser der Sonne von 1,4 Millionen km) zu vernachlässigen ist. Hingegen unterscheiden sich im System Erde-Mond mit einem Massenverhältnis von „lediglich" 81 : 1 Erdmittelpunkt und gemeinsamer Schwerpunkt immerhin um 4.700 km, was fast 75% des Erdradius entspricht. – Dass der gravitative Einfluss ein gegenseitiger ist, wird deutlicher, wenn man Doppelsternsysteme mit zwei ähnlich großen Partnern betrachtet.

Wie sehen die Trajektorien der autonomen Systeme (16.1) bzw. (16.2) aus? Für (16.2) hat Newton selbst gezeigt, dass jede Lösung eine Ellipse, Hyperbel oder Parabel beschreibt. Die Bahn jeder *periodischen* Lösung ist also eine Ellipse, und sie genügt, wie Newton ebenfalls nachweisen konnte, den Keplerschen Gesetzen. Diese hatte Johannes Kepler (1571–1630) empirisch gefunden, wobei er sich maßgeblich auf die außerordentlich akribischen Beobachtungen von Tycho Brahe (1546–1601) stützen konnte, dessen Assistent er von 1600 bis 1601 gewesen war. Wenn Newton davon sprach, er habe deshalb weiter blicken können, weil er auf den Schultern von Giganten gestanden habe, so bezog er sich dabei vermutlich nicht zuletzt auf Kepler, mit dessen Arbeiten er sich intensiv beschäftigt hatte. Auf der Basis seiner hierdurch inspirierten Bewegungs- und Gravitationsgesetze und mittels der Differentialgleichung (16.2) konnte er in *De Motu Corporum in Gyrum* (1684) und in den *Philosophiae Naturalis Principia Mathematica* (1687) eine theoretische Erklärung für die Keplerschen Gesetze liefern. Um (16.2) zu lösen, entwickelte Newton eigens seinen *Calculus*, also die Anfänge der heutigen Differential- und Integralrechnung.

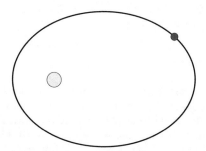

Abb. 16.1: Lösungsbahn der Differentialgleichung (16.2)

Newtons Methode unterscheidet sich fundamental von den zuvor benutzten Methoden. Kepler (und weitaus früher auch Pythagoras) haben die Bewegung der Erde um die Sonne (bzw. die vermeintliche Bewegung der Sonne um die Erde) auf direkte Art und Weise mathematisch beschrieben. Newton hatte die Einsicht, durch Anwendung grundlegender physikalischer Gesetzmäßigkeiten zuerst ein Abhängigkeitsgesetz zu formulieren, das die *zeitliche **Änderung** der Bahnkurve* beschreibt, also eine Gleichung für die *Änderung* eines Zustandes, welche den Zustand selbst beinhaltet: eine Differentialgleichung. Im Falle des Zwei-Körper-Problems führt dies, wie wir gesehen haben, auf die Differentialgleichung (16.2). Deren Lösung ergibt dann die gesuchte Bahn.

Dieses Vorgehen hat die Physik revolutioniert und die Beschreibung praktisch aller physikalischen Vorgänge auf die Lösung entsprechender (gewöhnlicher oder partieller) Differentialgleichungen zurückgeführt. Drei weitere wichtige, zu den Grundfesten der modernen Physik zählende Beispiele sind:

- die Maxwell-Gleichungen[113] der Elektrodynamik,

- die Boltzmann-Gleichung[114] der Thermodynamik,

- die Schrödinger-Gleichung[115] der Quantenmechanik.

Der Erfolg der Newtonschen Methode steht und fällt mit der Möglichkeit, die Lösungen der jeweils betrachteten Differentialgleichung zu finden, am besten natürlich als geschlossene Ausdrücke. Im Falle des Zwei-Körper-Problems (16.2) gelingt dies relativ einfach. Bereits das Drei-Körper-Problem (also (16.1) für $N = 3$) bereitet aber enorme Schwierigkeiten, und Newton hat vergeblich versucht, es zu lösen. Tatsächlich ist es selbst unter der vereinfachten Annahme, dass sich die drei Körper nur in einer Ebene bewegen, nicht mehr möglich, die Lösungen in geschlossener Form anzugeben. Dies wurde 1890 von Henri Poincaré erkannt. Er entwickelte – gleichsam als Ersatz – viele neue Ideen, um zumindest das *qualitative Verhalten* der Lösungen von Differentialgleichungen beschreiben zu können, und wurde damit zum Begründer der Theorie der dynamischen Systeme.

---

[113]James Clerk Maxwell (1831–1879) gilt neben Newton und Einstein als einer der einflussreichsten Physiker der Neuzeit. Seine hervorhebenswertesten Leistungen sind die systematische Beschreibung des Elektromagnetismus in den nach ihm benannten Gleichungen, die Interpretation des Lichts als elektromagnetische Strahlung, mit der er die Voraussetzungen für die Funktechnik schuf, sowie die Weiterentwicklung und mathematische Fundierung der kinetischen Gastheorie.

[114]Ludwig Boltzmann (1844–1906) war einer der bedeutendsten theoretischen Physiker der zweiten Hälfte des 19. Jahrhunderts. Er hat entscheidend zur Entwicklung der Thermodynamik und zum Verständnis ihres Zusammenhangs mit der Mechanik beigetragen und zusammen mit Maxwell und Josiah W. Gibbs (1839–1903) die statistische Mechanik begründet. Nach ihm sind neben der Boltzmann-Gleichung u.a. die Boltzmann-Konstante, die Maxwell-Boltzmann-Verteilung und das Stefan-Boltzmannsche Strahlungsgesetz benannt.

[115]Erwin Schrödinger (1887–1961, Physik-Nobelpreis 1933) war einer der Pioniere der Quantenmechanik. Seine Beschäftigung mit den Ideen von Louis de Broglie (1892–1987, Nobelpreis 1929) zum Welle-Teilchen-Dualismus führte ihn zur *Wellenmechanik*, die sich als äquivalent zur *Matrizenmechanik* von Werner Heisenberg (1901–1976, Nobelpreis 1932) erwies. Popularität auch über Fachkreise hinaus hat sein als „Schrödingers Katze" bekanntes Gedankenexperiment erlangt, mit dem er auf kontraintuitive Konsequenzen aus der auf Niels Bohr (1885–1962, Nobelpreis 1922), Max Born (1882–1970, Nobelpreis 1954) und Heisenberg zurückgehenden Kopenhagener Interpretation der Quantenmechanik aufmerksam machen wollte.

Das allgemeine N-Körper-Problem ist bis heute ungelöst. Es ist nicht bekannt, ob unser Sonnensystem „stabil" ist. Bereits Poincaré war bewusst, dass die Bewegungen der Planeten in sehr empfindlicher Weise von den Anfangsbedingungen abhängen. Dies macht es *praktisch* unmöglich, *langfristige* Vorhersagen über die Planetenbahnen zu treffen[116]. Ob jedoch *prinzipiell* nicht vorhersehbares, sogenanntes *chaotisches* Verhalten vorliegt, ist ein offenes Problem.

Wir wollen im Folgenden zeigen, wie man aus (16.2) die **Keplerschen Gesetze** der Planetenbewegung ableiten kann. Dazu rufen wir uns zunächst einige Grundtatsachen über Ellipsen in Erinnerung, die wir in unseren folgenden Überlegungen benötigen (vgl. Abb. 16.2):

- Eine Ellipse E ist definiert als der geometrische Ort derjenigen Punkte der Ebene $\mathbb{R}^2$, deren Abstandssumme zu zwei gegebenen Punkten F_+ und F_- einen festen Wert hat; sie hat also eine Darstellung

$$E = \{P \in \mathbb{R}^2 : \|P - F_+\| + \|P - F_-\| = 2a\},$$

  wobei man $2a > \|F_+ - F_-\|$ fordert.

- Hierbei heißen die Punkte F_+ und F_- die **Brennpunkte**[117] von E.

- Der halbe Abstand $e := \frac{1}{2} \cdot \|F_+ - F_-\| < a$ der Brennpunkte heißt die **lineare Exzentrizität (Brennweite)** von E. Die Größe $\varepsilon := \frac{e}{a} \in [0, 1)$ nennt man die **numerische Exzentrizität** von E. Sie stellt ein Maß dafür dar, wie stark die Ellipse von der Kreisform abweicht. Genau dann ist $\varepsilon = 0$ (d.h. $F_- = F_+$), wenn die Ellipse ein Kreis ist.

---

[116]In extrem rechenaufwändigen numerischen Simulationen von J. Laskar und M. Gastineau von 2008 [15] kam es bei über 2500 Durchläufen in knapp 1% der Fälle zu einem so starken Anstieg der Exzentrizität der Merkurbahn, dass eine Kollision mit Venus oder Sonne möglich wurde. Einige dieser Simulationen ergaben zudem eine Annäherung von Erde und Mars bis auf wenige hundert Kilometer und eine sogar eine Kollision der Erde mit der Venus, wenn auch erst in 3,3 Milliarden Jahren, also lange nach dem durch den allmählichen, unaufhaltsamen Anstieg der Solarkonstante bedingten Verdampfen der Ozeane auf der Erde, das in knapp 900 Millionen Jahren erwartet wird.

[117]Diese Bezeichnung erklärt sich daraus, dass die Verbindungsgeraden von einem Punkt auf der Ellipse zu den zwei Brennpunkten gleiche Winkel mit der Tangente an die Ellipse in diesem Punkt einschließen: Lichtstrahlen, die von einem Brennpunkt der Ellipse ausgehen und an deren „Innenseite" reflektiert werden, sammeln sich im anderen Brennpunkt wieder. Diesen Effekt macht man sich bei der Zertrümmerung von Nierensteinen mit Stoßwellen zunutze, aber auch gelegentlich in der Architektur, z.B. bei der Konzeption von Konzertsälen: Im Brennpunkt eines elliptisch geformten Raumes (*„Flüstergewölbe"*) hört man jedes Geräusch, das im anderen Brennpunkt verursacht wird. In der TV-Serie *How I Met Your Mother* spielt in der Folge *„Der Captain"* die Flüstergewölbe-Eigenschaft eines Naturkundemuseums eine handlungsentscheidende Rolle.

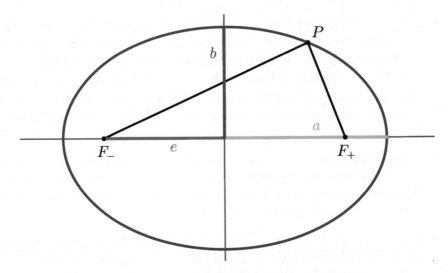

Abb. 16.2: An der Ellipse auftretende Größen

- Die Gerade durch die Brennpunkte und die Mittelsenkrechte ihrer Verbindungsstrecke heißen die **Achsen** von E.

- Der Schnittpunkt der Achsen heißt der **Mittelpunkt** von E.

- Die vier Schnittpunkte der Achsen mit der Ellipse heißen **Scheitelpunkte**.

- Die Strecken von den Scheitelpunkten zum Mittelpunkt heißen **Halbachsen** von E.

- Die größeren Halbachsen (diejenigen auf der Geraden durch die Brennpunkte) haben die Länge a. Falls b die Länge der kleineren (hierzu senkrechten) Halbachsen ist, so gilt nach dem Satz des Pythagoras $a^2 = b^2 + e^2$ (denn die zu den kleineren Halbachsen gehörenden Scheitelpunkte haben von beiden Brennpunkten nach Definition der Ellipse den Abstand a). Für die numerische Exzentrizität gilt somit

$$\varepsilon = \frac{e}{a} = \sqrt{1 - \frac{b^2}{a^2}}.$$

- Nimmt man o.B.d.A. an, dass der Mittelpunkt von E der Koordinatenursprung ist und dass die Brennpunkte auf der x-Achse liegen, also

$F_\pm = (\pm e, 0)$ gilt, so ist E die Menge aller Punkte $(x, y) \in \mathbb{R}^2$ mit[118]

$$\boxed{\frac{x^2}{a^2} + \frac{y^2}{b^2} = 1.}$$ (16.5)

Nach diesem kleinen Exkurs kehren wir zu den Keplerschen Gesetzen zurück. Diese lauten:

- *1. Keplersches Gesetz (1609):* Die Planeten bewegen sich auf elliptischen Bahnen, in deren einem gemeinsamen Brennpunkt die Sonne steht.

- *2. Keplersches Gesetz (1609):* Für jeden Planeten gilt, dass der Radiusvektor von der Sonne zum Planeten in gleichen Zeiten gleich große Flächen überstreicht.

- *3. Keplersches Gesetz (1619):* Die Quadrate der Umlaufzeiten zweier Planeten verhalten sich wie die dritten Potenzen ihrer großen Bahnhalbachsen.

---

[118]Dies sieht man folgendermaßen ein: Für alle Punkte $P = (x, y) \in \mathbb{R}^2$ mit $|x| \le a$ und $\sqrt{(x+e)^2 + y^2} \le 2a$ gelten die Äquivalenzen

$$\|P - F_+\| + \|P - F_-\| = 2a$$

$$\Longleftrightarrow \quad \sqrt{(x-e)^2 + y^2} = 2a - \sqrt{(x+e)^2 + y^2}$$

$$\Longleftrightarrow \quad (x-e)^2 + y^2 = 4a^2 + (x+e)^2 + y^2 - 4a\sqrt{(x+e)^2 + y^2} \qquad (16.3)$$

$$\Longleftrightarrow \quad 4a\sqrt{(x+e)^2 + y^2} = 4a^2 + 4ex$$

$$\Longleftrightarrow \quad (x+e)^2 + y^2 = \left(a + \frac{ex}{a}\right)^2 \qquad (16.4)$$

$$\Longleftrightarrow \quad x^2 + 2ex + e^2 + y^2 = a^2 + 2ex + \frac{e^2 x^2}{a^2}$$

$$\Longleftrightarrow \quad \left(1 - \frac{e^2}{a^2}\right) \cdot x^2 + y^2 = a^2 - e^2 \quad \Longleftrightarrow \quad \frac{x^2}{a^2} + \frac{y^2}{b^2} = 1;$$

hierbei ist die Voraussetzung $\sqrt{(x+e)^2 + y^2} \le 2a$ für die Gültigkeit von „$\Longleftarrow$" in (16.3) und die Voraussetzung $|x| \le a$ (die $x \ge -a$, also $a + \frac{ex}{a} \ge a - e \ge 0$ impliziert) für die Gültigkeit von „$\Longleftarrow$" in (16.4) wesentlich.

In dieser Kette von Äquivalenzen sind sämtliche Implikationen „$\Longrightarrow$" tatsächlich sogar für alle $P = (x, y) \in \mathbb{R}^2$ gültig. Umgekehrt kann (16.5) nur unter den o.g. Zusatzvoraussetzungen $|x| \le a$ und $\sqrt{(x+e)^2 + y^2} \le 2a$ erfüllt sein: Aus (16.5) folgt nämlich $|x| \le a$ und $|y| \le b$ und damit

$$\sqrt{(x+e)^2 + y^2} \le \sqrt{(a+e)^2 + b^2} = \sqrt{a^2 + 2ae + e^2 + b^2} \le \sqrt{a^2 + 2a^2 + a^2} = 2a.$$

Damit ist gezeigt, dass obige Äquivalenzenkette für alle $P = (x, y) \in \mathbb{R}^2$ gilt.

Diese Gesetze gelten analog auch für andere Himmelskörper und die sie umkreisenden Objekte und insbesondere auch für die Bewegung von Satelliten um die Erde.

Den sonnennächsten Punkt der Bahn um die Sonne bezeichnet man als **Perihel**, den sonnenfernsten als **Aphel** (gesprochen: *Ap-hel.*). Für Umlaufbahnen um Erde bzw. Mond lauten die entsprechenden Bezeichnungen **Perigäum** und **Apogäum** bzw. **Periselenum** und **Aposelenum**. Mit den Notationen aus Abb. 16.2 hat ein Planet, der auf der Ellipsenbahn E um die in einem der Punkte $F_\pm$ befindliche Sonne „kreist", die Perihel-Distanz $a - e$ und die Aphel-Distanz $a + e$. Die Länge a der großen Bahnhalbachse ist also nicht etwa der Abstand des Planeten zur Sonne im Aphel, sondern das arithmetische Mittel von Aphel- und Perihel-Distanz.

In unserem Sonnensystem sind die Planetenbahnen überwiegend annähernd kreisförmig, d.h. ihre numerischen Exzentrizitäten sind klein. Die größten Exzentrizitäten haben Merkur (Perihel: 46 Millionen km, Aphel: 69,8 Millionen km, Exzentrizität 0,206) und Mars (Perihel: 206,7 Millionen km, Aphel: 249,2 Millionen km, Exzentrizität 0,093). Noch größere Werte erreichen der 2006 vom Planeten zum Zwergplaneten degradierte Pluto (Perihel: 4,44 Milliarden km, Aphel: 7,38 Milliarden km, Exzentrizität 0,249) und der 2003 entdeckte Zwergplanet Eris (Perihel: 5,77 Milliarden km, Aphel: 14,6 Milliarden km, Exzentrizität 0,434). Das Perihel der Erdbahn liegt derzeit bei 147,1 Millionen km, das Aphel bei 152,1 Millionen km, die Exzentrizität bei 0,017, wobei das Perihel etwa am 3. Januar erreicht wird, das Aphel etwa am 5. Juli. Da die Erde gemäß dem 2. Keplerschen Gesetz in Sonnennähe eine etwas höhere Winkelgeschwindigkeit hat als in Sonnenferne, ist das Winterhalbjahr auf der nördlichen Hemisphäre eine Woche kürzer als das Sommerhalbjahr (179 Tage vs. 186 Tage). Auf ihr wirkt die Schwankung des Abstands zur Sonne und damit der Insolation den – durch die Neigung (*Obliquität*) der Erdachse gegenüber der Ekliptik induzierten – jahreszeitlichen Temperaturschwankungen ein wenig entgegen, auf der südlichen Hemisphäre hingegen verstärkt sie sie noch; dieser Effekt ist allerdings nur sehr gering[119]. – Die Fast-Kreisförmigkeit der Planetenbahnen ist zweifellos kein Zufall: Je größer die Exzentrizitäten, desto instabiler ist das System, d.h. desto wahrscheinlicher wird es, dass sich im Laufe der Jahrmilliarden zwei

---

[119]Dies wird durch folgende Gegenüberstellung deutlich: Die durch die Exzentrizität der Erdbahn bewirkte Schwankung der Insolation beträgt ca. 6,8% (zwischen Aphel und Perihel), während in mitteleuropäischen Breiten die Obliquität der Erdachse Schwankungen um etwa den Faktor 3 (zwischen Winter- und Sommersonnenwende) verursacht, deren Effekte noch durch die Variationen der Taglänge zwischen Winter und Sommer verstärkt werden.

Planeten so nahe kommen, dass sie sich gegenseitig ablenken und früher oder später doch auf eine kreisförmigere, stabilere Bahn gezwungen oder aber aus dem System herausgeschleudert werden – oder sogar miteinander kollidieren. (Die Hypothese, dass der Asteroidengürtel durch eine solche Kollision entstanden ist, gilt heute als veraltet.) Im Fall der Erde war die niedrige Exzentrizität zudem eine Voraussetzung dafür, dass sich überhaupt höheres Leben entwickeln konnte; in der Logik des *anthropischen Prinzips*: Wäre die Erdbahn deutlich exzentrischer, so wären wir vermutlich nicht hier, um sie beobachten zu können[120].

Um die Keplerschen Gesetze zu beweisen, leiten wir zunächst eine Polarkoordinatendarstellung der Ellipse her.

Lemma 16.1   *Es seien $p > 0$ und $0 \leq \varepsilon < 1$. Die Gleichung*

$$r = \frac{p}{1 + \varepsilon \cos \theta} \tag{16.6}$$

beschreibt dann eine Ellipse in Polarkoordinaten (r, θ) bezüglich eines der beiden Brennpunkte. Die Längen ihrer Halbachsen sind

$$a = \frac{p}{1 - \varepsilon^2} \quad \text{und} \quad b = \frac{p}{\sqrt{1 - \varepsilon^2}},$$

ihre numerische Exzentrizität ist ε.

Beweis. Es seien a und b durch die angegebenen Formeln erklärt. Dann ist $\frac{b}{a} = \sqrt{1 - \varepsilon^2}$, also $\sqrt{1 - \frac{b^2}{a^2}} = \varepsilon$. Wir setzen $e := \varepsilon a = \sqrt{a^2 - b^2} \geq 0$.

Wir wollen nachweisen, dass die angegebene Gleichung eine Ellipse mit der linearen Exzentrizität e und den Brennpunkten $(0, 0)$ und $(-2e, 0)$, also mit Mittelpunkt $(-e, 0)$ beschreibt. Dazu stellen wir einen Punkt $x = (x_1, x_2) \in \mathbb{R}^2$ in Polarkoordinaten

$$x_1 = r \cos \theta, \qquad x_2 = r \sin \theta$$

---

[120]Die Exzentrizität der Erdbahn schwankt zwischen 0,0006 und 0,058, in einem komplizierten Rhythmus von vier sich überlagernden Zyklen; die beiden wichtigsten haben Perioden von ca. 100.000 bzw. 405.000 Jahren. Diese Zyklen sowie die periodischen Schwankungen der Präzession der Erdachse (Periode 26.000 Jahre) und ihrer Obliquität (Periode 41.000 Jahre) bezeichnet man als Milanković-Zyklen (nach dem serbischen Mathematiker Milutin Milanković, 1879–1958). Die durch sie bewirkten Variationen in der globalen Verteilung der die Erdoberfläche treffenden Solarstrahlung liefern eine plausible Erklärung für den periodischen Wechsel zwischen Eis- und Warmzeiten im Pleistozän. Für die Beurteilung des heutigen anthropogenen Einflusses auf das Klima durch Emission von Treibhausgasen und Urwaldzerstörung sind die Milanković-Zyklen aufgrund ihrer viel zu langen Periodendauern natürlich irrelevant.

dar und setzen

$$y_1 := x_1 + e, \qquad y_2 := x_2;$$

der Übergang von (x_1, x_2) zu den neuen Koordinaten (y_1, y_2) entspricht einer Verschiebung des Koordinatenursprungs in den vermuteten Mittelpunkt $(-e, 0)$ der Ellipse. Wir setzen nun voraus, dass (r, θ) der Gleichung (16.6) genügt. Dann erhalten wir

$$y_1 = r \cos\theta + \varepsilon a = \frac{p \cos\theta}{1 + \varepsilon \cos\theta} + \varepsilon a = \frac{a(1 - \varepsilon^2) \cos\theta}{1 + \varepsilon \cos\theta} + \varepsilon a = a \cdot \frac{\varepsilon + \cos\theta}{1 + \varepsilon \cos\theta}$$

und

$$y_2 = r \sin\theta = \frac{p \sin\theta}{1 + \varepsilon \cos\theta} = b \cdot \sqrt{1 - \varepsilon^2} \cdot \frac{\sin\theta}{1 + \varepsilon \cos\theta},$$

also

$$\frac{y_1^2}{a^2} + \frac{y_2^2}{b^2} = \frac{(\varepsilon + \cos\theta)^2 + (1 - \varepsilon^2) \sin^2\theta}{(1 + \varepsilon \cos\theta)^2} = \frac{\varepsilon^2 \cos^2\theta + 2\varepsilon \cos\theta + 1}{(1 + \varepsilon \cos\theta)^2} = 1.$$

Also erfüllt (y_1, y_2) die Gleichung einer Ellipse mit Mittelpunkt $(0, 0)$ und mit den Halbachsen a und b. Wegen $\sqrt{1 - \frac{b^2}{a^2}} = \varepsilon$ hat diese die numerische Exzentrizität ε und somit die lineare Exzentrizität $\varepsilon a = e$. Da die minimalen und maximalen Werte von r in (16.6) für $\theta = 0$ bzw. $\theta = \pi$ angenommen werden, liegen die Brennpunkte auf der y_1-Achse, sind also (im verschobenen Koordinatensystem) tatsächlich $(\pm e, 0)$.

Dass man durch Variation von $\theta \in [0, 2\pi]$ in (16.6) jeden Punkt auf dieser Ellipse tatsächlich erreicht, ist klar.   ∎

Herleitung der Keplerschen Gesetze. Die Bewegung eines Planeten um die Sonne (oder allgemeiner: ein Zentralgestirn) wird durch Gleichung (16.2), d.h.

$$x''(t) = -G M \cdot \frac{x(t)}{\|x(t)\|^3}$$

beschrieben, sofern wir o.B.d.A. annehmen, dass sich die Sonne im Ursprung befindet. Es sei $x : I \longrightarrow \mathbb{R}^3 \setminus \{0\}$ eine maximale Lösung dieser Gleichung.

I. Wir setzen

$$L(t) := x(t) \times x'(t),$$

wobei $\times$ das Kreuzprodukt (Vektorprodukt) im $\mathbb{R}^3$ bezeichnet. Physikalisch lässt sich L als (masseloser) **Drehimpuls** interpretieren. (Für eine physikalisch korrekte Definition des Drehimpulses müsste man L noch mit der

Masse des umlaufenden Körpers multiplizieren.) Wegen $a \times a = 0$ für alle $a \in \mathbb{R}^3$ erhalten wir aus der Bewegungsgleichung

$$L'(t) = x'(t) \times x'(t) + x(t) \times x''(t) = 0 - \frac{G\,M}{\|x(t)\|^3} \cdot x(t) \times x(t) = 0$$

für alle $t \in I$. Somit ist L konstant; wir haben also die Drehimpulserhaltung nachgewiesen.

Da das Kreuzprodukt $a \times b$ zweier Vektoren $a, b \in \mathbb{R}^3$ orthogonal zu a und b ist, verläuft die Bahn von x in der zu L orthogonalen Ebene durch den Ursprung (der sog. **Ekliptik**). O.B.d.A. können wir annehmen, dass es sich dabei um die x_1-x_2-Ebene handelt. (Hierfür ist es wesentlich, dass unsere Bewegungsgleichung invariant unter Rotationen um den Koordinatenursprung, d.h. unter orthogonalen Abbildungen ist. Dies folgt direkt daraus, dass letztere linear und normerhaltend sind.) In Polarkoordinaten (r, θ) können wir dann

$$x(t) = r(t) \cdot \begin{pmatrix} \cos \theta(t) \\ \sin \theta(t) \\ 0 \end{pmatrix}$$

schreiben. Damit ist

$$x'(t) = r'(t) \cdot \begin{pmatrix} \cos \theta(t) \\ \sin \theta(t) \\ 0 \end{pmatrix} + r(t) \cdot \theta'(t) \cdot \begin{pmatrix} -\sin \theta(t) \\ \cos \theta(t) \\ 0 \end{pmatrix},$$

und wir erhalten

$$L(t) = 0 + r^2(t) \cdot \theta'(t) \cdot \begin{pmatrix} \cos \theta(t) \\ \sin \theta(t) \\ 0 \end{pmatrix} \times \begin{pmatrix} -\sin \theta(t) \\ \cos \theta(t) \\ 0 \end{pmatrix} = r^2(t) \cdot \theta'(t) \cdot \begin{pmatrix} 0 \\ 0 \\ 1 \end{pmatrix}.$$

Mit L ist auch $r^2 \cdot \theta' = \pm \|L\|$ konstant. Der Fall $L = 0$, d.h. $\theta' \equiv 0$ beschreibt einen radialen Sturz in die Sonne und ist für unsere Zwecke irrelevant. O.B.d.A. nehmen wir daher im Folgenden $L \neq 0$ an. Insbesondere hat θ' dann keinen Vorzeichenwechsel, so dass θ streng monoton ist. O.B.d.A. sei $\theta' > 0$. Zur Abkürzung setzen wir $\ell := \|L\| = r^2 \cdot \theta' \equiv \mathrm{const}$.

Die vom Radiusvektor $x(t)$ zwischen zwei Zeitpunkten t_1 und t_2 überstrichene orientierte Fläche (in der Bahnebene, d.h. der x_1-x_2-Ebene) ist

$$A(t_1, t_2) = \frac{1}{2} \int_{t_1}^{t_2} r^2(t) \cdot \theta'(t) \, dt. \tag{16.7}$$

Dies wollen wir nicht exakt beweisen, sondern uns auf folgende Plausibilitätsbetrachtung beschränken: Wir zerlegen das Intervall $[t_1, t_2]$ in Teilintervalle $[\tau_k, \tau_{k+1}]$, wobei $t_1 = \tau_0 < \tau_1 < \ldots < \tau_q = t_2$. Dabei wird $\Delta_k := \tau_{k+1} - \tau_k$ jeweils so klein gewählt, dass r und θ' auf diesen Teilintervallen ungefähr konstant sind. Zwischen τ_k und τ_{k+1} ändert sich θ dann ungefähr um $\theta'(\tau_k) \cdot \Delta_k$. Die vom Radiusvektor überstrichene Fläche ist daher näherungsweise ein Kreissektor mit Radius $r(\tau_k)$ und Öffnungswinkel $\theta'(\tau_k) \cdot \Delta_k$. Dessen Flächeninhalt ist

$$\frac{\theta'(\tau_k) \cdot \Delta_k}{2\pi} \cdot \pi r^2(\tau_k) = \frac{1}{2} \cdot r^2(\tau_k) \cdot \theta'(\tau_k) \cdot \Delta_k,$$

wie der Vergleich mit der gesamten Kreisfläche zeigt. Summation über k führt auf die Näherung

$$A(t_1, t_2) \approx \frac{1}{2} \sum_{k=0}^{q-1} r^2(\tau_k) \cdot \theta'(\tau_k) \cdot \Delta_k.$$

Im Grenzfall immer feinerer Zerlegungen strebt die rechte Seite gegen das Integral in (16.7), und aus der Näherung wird eine exakte Gleichheit.

Aus (16.7) und der Konstanz von $r^2 \cdot \theta' = \ell$ folgt nun sofort

$$A(t_1, t_2) = \frac{\ell}{2} \cdot (t_2 - t_1). \tag{16.8}$$

Dies ist gerade die Aussage des 2. Keplerschen Gesetzes[121].

II. Indem wir die Polarkoordinatendarstellung für x ein zweites Mal differenzieren, erhalten wir

$$x'' = r'' \cdot \begin{pmatrix} \cos\theta \\ \sin\theta \\ 0 \end{pmatrix} + 2r'\theta' \cdot \begin{pmatrix} -\sin\theta \\ \cos\theta \\ 0 \end{pmatrix} + r\theta'' \cdot \begin{pmatrix} -\sin\theta \\ \cos\theta \\ 0 \end{pmatrix} - r\theta'^2 \cdot \begin{pmatrix} \cos\theta \\ \sin\theta \\ 0 \end{pmatrix}.$$

Da die Vektoren $\begin{pmatrix} \cos\theta \\ \sin\theta \\ 0 \end{pmatrix}$ und $\begin{pmatrix} -\sin\theta \\ \cos\theta \\ 0 \end{pmatrix}$ orthogonal und damit insbesondere linear unabhängig sind, erhalten wir aus unserer Bewegungsgleichung

$$r'' - r\theta'^2 = -\frac{GM}{r^2}. \tag{16.9}$$

---

[121]Bei dessen Herleitung fällt auf, dass die genaue Gestalt des skalaren Faktors $-\frac{mG}{\|x(t)\|^3}$ in (16.2) keine Rolle spielt; entscheidend ist nur, dass die Kraft auf der rechten Seite dieser Gleichung eine **Zentralkraft** ist. Die Drehimpulserhaltung und das 2. Keplersche Gesetz gelten daher allgemeiner für die Bewegung in beliebigen Zentralfeldern, d.h. in Vektorfeldern F, bei denen der Feldvektor $F(x)$ stets die gleiche Richtung hat wie der Ortsvektor x.

(Außerdem liest man $2r'\theta' + r\theta'' = 0$ ab, was $(r^2\theta')' = 2rr'\theta' + r^2\theta'' = 0$, also erneut die Drehimpulserhaltung impliziert und somit keine neue Information liefert.) Mit $\ell = r^2\theta'$ vereinfacht sich (16.9) zu

$$r'' - \frac{\ell^2}{r^3} = -\frac{GM}{r^2}.$$

Diese nicht-lineare Differentialgleichung beschreibt den Radius $r(t)$ als Funktion der Zeit t. Freilich ist für die Beschreibung der Bahn weniger die Abhängigkeit von der Zeit, sondern vielmehr vom Winkel θ relevant. Es bietet sich daher an, statt r die Komposition $r \circ \theta^{-1}$ zu betrachten; dass diese wohldefiniert ist, wird durch die strenge Monotonie von θ gewährleistet. Durch einen Trick, nämlich den Übergang zum Reziproken, können wir zudem die Gestalt der Differentialgleichung erheblich vereinfachen. Wir setzen also

$$u := \frac{1}{r \circ \theta^{-1}}.$$

Mit der Regel für die Ableitung der Umkehrfunktion und mit der Definition von ℓ erhalten wir

$$u' = -\frac{r' \circ \theta^{-1}}{r^2 \circ \theta^{-1}} \cdot \frac{1}{\theta' \circ \theta^{-1}} = -\frac{1}{\ell} \cdot r' \circ \theta^{-1}$$

und mithilfe der Bewegungsgleichung schließlich

$$u'' = -\frac{1}{\ell} \cdot r'' \circ \theta^{-1} \cdot \frac{1}{\theta' \circ \theta^{-1}} = -\frac{1}{\ell^2} \cdot (r^2 r'') \circ \theta^{-1} = -\frac{1}{r \circ \theta^{-1}} + \frac{GM}{\ell^2}$$
$$= -u + \frac{GM}{\ell^2}.$$

Damit haben wir also eine lineare Differentialgleichung für u gefunden. Ihre allgemeine Lösung ist

$$u(\varphi) = \frac{GM}{\ell^2} + C\cos(\varphi + \theta_0)$$

mit $C, \theta_0 \in \mathbb{R}$. Indem man θ_0 ggf. durch $\theta_0 + \pi$ ersetzt, kann man o.B.d.A. $C \geq 0$ annehmen. Für den Zusammenhang zwischen $r(t)$ und $\theta(t)$ ergibt sich damit

$$r(t) = \frac{1}{u(\theta(t))} = \frac{1}{\frac{GM}{\ell^2} + C\cos(\theta(t) + \theta_0)} = \frac{p}{1 + \varepsilon\cos(\theta(t) + \theta_0)}$$

mit gewissen Konstanten $p = \frac{\ell^2}{GM} > 0$ und $\varepsilon = Cp \geq 0$.

Falls $\varepsilon < 1$ ist, wird hierdurch gemäß Lemma 16.1 eine Ellipse beschrieben, deren einer Brennpunkt der Koordinatenursprung, also der Mittelpunkt der Sonne ist, wie es das 1. Keplersche Gesetz besagt. Dass die Lösungen für alle Zeiten existieren, also $I = \mathbb{R}$ gilt, ist durch Korollar 3.9 oder auch durch Satz 4.9 (b) gesichert.

Im Fall $\varepsilon \geq 1$ gilt $\cos(\theta(t) + \theta_0) > -\frac{1}{\varepsilon}$ für alle $t \in I$: Die Lösungen verlaufen in einem gewissen Sektor. Mit einer zum Beweis von Lemma 16.1 analogen Betrachtung kann man zeigen, dass die Trajektorien dann Hyperbeln oder (im Grenzfall $\varepsilon = 1$) Parabeln sind. Sie sind typischerweise bei (aperiodischen, d.h. nicht wiederkehrenden) Kometen zu beobachten[122].

III. Nun sei wieder $\varepsilon < 1$, d.h. es liege eine elliptische Bahn vor. Sind a bzw. b die Längen der großen bzw. kleinen Halbachse der Ellipse, so gilt nach Lemma 16.1 $a = \frac{p}{1-\varepsilon^2}$ und $b = \frac{p}{\sqrt{1-\varepsilon^2}}$, also

$$a^2 b^2 = \frac{a^2 p^2}{1 - \varepsilon^2} = a^3 p,$$

und gemäß II. ist $p = \frac{\ell^2}{GM}$. Der Flächeninhalt A des Inneren der Ellipse ist einerseits $A = \pi ab$, andererseits gemäß (16.8) $A = \frac{\ell}{2} \cdot T$, wobei T die Umlaufszeit des Planeten ist. Damit erhalten wir insgesamt

$$T^2 = \frac{4A^2}{\ell^2} = \frac{4\pi^2 a^2 b^2}{\ell^2} = \frac{4\pi^2 a^3 p}{\ell^2} = \frac{4\pi^2}{GM} \cdot a^3.$$

Hierbei hängt der Faktor $\frac{4\pi^2}{GM}$ nur von der Gravitationskonstante G und der Masse M der Sonne ab. Damit ist auch das 3. Keplersche Gesetz nachgewiesen. □

Beispiel 16.2 (Examensaufgabe)   Betrachten Sie das Differentialgleichungssystem

$$x'' = -\frac{x}{(x^2 + y^2)^{3/2}}, \qquad y'' = -\frac{y}{(x^2 + y^2)^{3/2}}$$

für $(x, y) \in \mathbb{R}^2 \setminus \{(0, 0)\}$.

---

[122]Die Wahrscheinlichkeit für eine Parabelbahn (mit dem exakten Wert $\varepsilon = 1$ für die numerische Exzentrizität) liegt eigentlich bei Null, so dass diese Bahnen in der Natur strenggenommen nicht auftreten können. Jedoch sind die Beobachtungsdaten in der Praxis mitunter zu ungenau bzw. zu unvollständig, um entscheiden zu können, ob die Bahn eines Kometen eine Hyperbel- oder eine stark exzentrische Ellipsenbahn ist. Sie erscheint dann im Rahmen der Messgenauigkeit als Parabelbahn.

(a) Zeigen Sie, dass für alle Lösungen (x, y) dieses Systems die beiden Größen

$$E := \frac{1}{2}((x')^2 + (y')^2) - \frac{1}{\sqrt{x^2 + y^2}} \qquad \text{und} \qquad M := xy' - x'y$$

konstant, also zeitunabhängig sind.

Anmerkung: Das gegebene System beschreibt die Bewegung eines leichten Planeten im Gravitationsfeld eines (unendlich) schweren Sterns. E wird Energie genannt, M Drehimpuls (englisch: *angular momentum*). Diese sind also Erhaltungsgrößen des Systems.

(b) Welche Beziehung muss zwischen E und M erfüllt sein, damit eine Lösung (x, y) eine Kreisbahn vom Radius $r > 0$ beschreibt?

Lösung:

(a) Es sei $(x, y) : I \longrightarrow \mathbb{R}^2 \setminus \{(0, 0)\}$ eine Lösung des gegebenen Systems. Dann ist

$$E' = x'x'' + y'y'' + \frac{xx' + yy'}{(x^2 + y^2)^{3/2}} = \frac{-x'x - y'y + xx' + yy'}{(x^2 + y^2)^{3/2}} = 0$$

und

$$M' = x'y' + xy'' - x''y - x'y' = xy'' - x''y = \frac{-xy + xy}{(x^2 + y^2)^{3/2}} = 0.$$

Also sind E und M konstant.

(b) Die Lösung $(x, y) : I \longrightarrow \mathbb{R}^2 \setminus \{(0, 0)\}$ beschreibe eine Kreisbahn mit Mittelpunkt $(0, 0)$ und Radius $r > 0$, d.h. es gelte $x^2(t) + y^2(t) = r^2$ für alle $t \in I$. Dann ist

$$x = r \cos \theta, \qquad y = r \sin \theta$$

mit einer stetig differenzierbaren Funktion θ. Es folgt

$$x' = -r\theta' \sin \theta, \qquad y' = r\theta' \cos \theta$$

und damit

$$M = xy' - x'y = r^2 \theta'(\cos^2 \theta + \sin^2 \theta) = r^2 \theta'.$$

Insgesamt ergibt sich hieraus

$$E = \frac{1}{2}((x')^2 + (y')^2) - \frac{1}{\sqrt{x^2 + y^2}} = \frac{1}{2}r^2(\theta')^2 - \frac{1}{r} = \frac{M^2}{2r^2} - \frac{1}{r}.$$

Also muss $2r^2 E = M^2 - 2r$ gelten.

Variante: Aus $x^2 + y^2 = r^2$ folgt durch Differenzieren $2xx' + 2yy' = 0$, also

$$Mx = x^2 y' - xx'y = x^2 y' + y^2 y' = r^2 y'$$

und

$$My = xyy' - x'y^2 = -x^2 x' - x'y^2 = -r^2 x'$$

und somit

$$
\begin{aligned}
E &= \frac{1}{2} \cdot \left((x')^2 + (y')^2\right) - \frac{1}{\sqrt{x^2 + y^2}} \\
&= \frac{1}{2} \cdot \frac{M^2}{r^4} \cdot (x^2 + y^2) - \frac{1}{r} = \frac{M^2}{2r^2} - \frac{1}{r},
\end{aligned}
$$

also abermals $2r^2 E = M^2 - 2r$. $\qquad\qquad\square$

16.2   Der Poincarésche Wiederkehrsatz und die Kontroverse zwischen Zermelo und Boltzmann[*]

Nach dem Satz von Liouville (Satz 11.13) ist der zu einem divergenzfreien Vektorfeld gehörende Fluss volumenerhaltend. Eine wichtige Konsequenz hieraus ist der berühmte Wiederkehrsatz von Poincaré. Den zu seiner Formulierung benötigten Begriff der invarianten Menge hatten wir in Definition 13.1 kennengelernt[123].

Satz 16.3 (Poincaréscher Wiederkehrsatz)   *Es seien $D \subseteq \mathbb{R}^n$ eine offene nicht-leere Menge und $f : D \longrightarrow \mathbb{R}^n$ ein stetig differenzierbares und divergenzfreies Vektorfeld. Weiter sei $M \subseteq D$ eine invariante Menge des autonomen Systems $x' = f(x)$, M sei messbar und von endlichem Volumen (Lebesgue-Maß) $v_n(M)$, und es gelte $I(\zeta) = \mathbb{R}$ für alle $\zeta \in M$. Ist $A \subseteq M$ eine messbare Menge und ϕ der Fluss des Systems, so gibt es für fast alle $\zeta \in A$ eine Folge $(t_k)_k$ in $\mathbb{R}^+$ mit*

$$\lim_{k \to \infty} t_k = \infty \qquad und \qquad \phi(t_k, \zeta) \in A \qquad \text{für alle } k \in \mathbb{N}.$$

---

[123]Wegen des Rückgriffs auf Satz 11.13 und Definition 13.1 ist auch dieser Abschnitt als optional gekennzeichnet. Abgesehen von diesen beiden Ingredienzen setzt er jedoch keinerlei Kenntnisse aus Kapitel 13 oder aus den *Weiterführenden Betrachtungen* zu anderen Kapiteln voraus.

Hierbei ist die Formulierung „für fast alle" im üblichen Sinn der Lebesgue-Theorie zu verstehen: Sie bedeutet, dass die Menge der Punkte, denen die genannte Eigenschaft fehlt, eine (Lebesgue-)Nullmenge bildet.

Dieser Satz mag angesichts der Fülle an Voraussetzungen zunächst etwas technisch wirken. Um die Orientierung zu erleichtern, weisen wir auf drei wichtige Spezialfälle gesondert hin:

- Die Voraussetzungen an M sind immer dann erfüllt, wenn M eine kompakte invariante Teilmenge von D ist; denn M ist dann natürlich messbar und von endlichem Volumen, und nach Korollar 3.9 sind alle Lösungen mit Anfangswerten in M für alle Zeiten definiert.

- Man kann für M auch den gesamten Phasenraum D (der trivialerweise invariant ist) wählen, sofern D endliches Volumen hat und sichergestellt ist, dass alle Lösungen für alle Zeiten existieren.

- Der Satz gilt insbesondere für Hamilton-Systeme, denn gemäß Beispiel 11.14 sind diese divergenzfrei.

Beweis. Für alle $\zeta \in M$ und alle $t \in \mathbb{R}$ gilt

$$\phi^t(\zeta) \in A \quad \Longleftrightarrow \quad \zeta \in \phi^{-t}(A);$$

hierbei ist $\phi^t = \phi(t, \cdot)$ die aus Definition 4.23 bekannte Abbildung nach der Zeit, und wir haben verwendet, dass nach Lemma 4.24 $\left(\phi^t\right)^{-1} = \phi^{-t}$ ist.

Es stellt sich heraus, dass man die Folgen $(t_k)_k$ stets so wählen kann, dass alle t_k ganzzahlig sind; daher betrachten wir im Folgenden ausschließlich ganzzahlige Zeiten. Für $k \in \mathbb{N}_0$ setzen wir

$$A_k := \phi^{-k}(A).$$

Wegen der Invarianz von M ist $A_k \subseteq M$ für alle $k \geq 0$. Die Menge A_k enthält also genau die Punkte ζ, für die $\phi^k(\zeta) \in A$ gilt. Da es sich bei den ϕ^{-k} um Diffeomorphismen handelt (Lemma 4.24), sind mit A auch die Mengen A_k messbar. (Dies ist eine der Aussagen des Transformationssatzes.) Ferner ist $A_0 = A$. Für $\ell \in \mathbb{N}_0$ sei nun

$$Z_\ell := \bigcup_{k \geq \ell} A_k \subseteq M;$$

$A \cap Z_\ell$ kann man sich als die Menge aller Punkte (oder „Teilchen") $\zeta \in A$ vorstellen, deren Bahn (genauer: ihr diskretisierter Vorwärtsorbit $(\phi^k(\zeta))_k$)

nach Ablauf der Zeit ℓ noch (mindestens) einmal nach A zurückkehrt. Als abzählbare Vereinigungen messbarer Mengen sind die Z_ℓ messbar, und offensichtlich gilt $Z_0 \supseteq Z_1 \supseteq Z_2 \supseteq \dots$. Der Schnitt

$$S := \bigcap_{\ell=1}^{\infty} Z_\ell = \bigcap_{\ell=1}^{\infty} \bigcup_{k \geq \ell} A_k$$

(den man auch als den *Limes superior* der Mengenfolge $(A_k)_k$ bezeichnet) ist die Menge aller Punkte, die in unendlich vielen A_k liegen; die Bahnen aller Punkte in $S \cap A$ kehren also unendlich oft nach A zurück. Wir müssen zeigen, dass $S \cap A$ bis auf eine Nullmenge mit A übereinstimmt. Dazu können wir auf unterschiedliche Weise weiterargumentieren.

Variante 1: Für $\ell \in \mathbb{N}$ sei

$$E_\ell := A \setminus Z_\ell$$

die (ebenfalls messbare) Menge der Punkte in A, deren (diskretisierte) Bahnen ab dem Zeitpunkt ℓ nicht mehr nach A zurückkehren.

Es sei ein $\ell \in \mathbb{N}$ fixiert. Für jedes $\zeta \in E_\ell$ und jedes $j \in \mathbb{N}$ ist $\zeta \notin A_{j\ell}$, also $\phi^{j\ell}(\zeta) \notin A$ und insbesondere $\phi^{j\ell}(\zeta) \notin E_\ell$. Folglich ist

$$\phi^{j\ell}(E_\ell) \cap E_\ell = \emptyset \qquad \text{für alle } j \in \mathbb{N}.$$

Daraus können wir schließen, dass die Mengen $\phi^{j\ell}(E_\ell)$ mit $j \in \mathbb{N}$ paarweise disjunkt sind: Wäre nämlich $\eta \in \phi^{j\ell}(E_\ell) \cap \phi^{k\ell}(E_\ell)$ für gewisse $j, k \in \mathbb{N}$ mit $j < k$, so gäbe es $\zeta_j, \zeta_k \in E_\ell$ mit

$$\eta = \phi^{j\ell}(\zeta_j) = \phi^{k\ell}(\zeta_k),$$

und mit dem Flussaxiom (FA2) würde

$$\zeta_j = \phi^{-j\ell}(\phi^{k\ell}(\zeta_k)) = \phi^{(k-j)\ell}(\zeta_k) \in E_\ell \cap \phi^{(k-j)\ell}(E_\ell)$$

folgen, ein Widerspruch.

Aus der Invarianz von M und der σ-Additivität von v_n erhalten wir nun

$$\sum_{j=1}^{\infty} v_n\left(\phi^{j\ell}(E_\ell)\right) = v_n\left(\bigcup_{j=1}^{\infty} \phi^{j\ell}(E_\ell)\right) \leq v_n(M) < \infty. \qquad (16.10)$$

Andererseits gilt aufgrund des Satzes von Liouville (Satz 11.13)

$$v_n\left(\phi^{j\ell}(E_\ell)\right) = v_n(E_\ell) \qquad \text{für alle } j \in \mathbb{N},$$

d.h. in der Summe auf der linken Seite von (16.10) haben alle Summanden denselben Wert. Deswegen ist notwendigerweise $v_n(E_\ell) = 0$.

Dies gilt für alle $\ell \in \mathbb{N}$. Daher ist auch die abzählbare Vereinigung

$$E := \bigcup_{\ell=1}^{\infty} E_\ell = \bigcup_{\ell=1}^{\infty} (A \setminus Z_\ell) = A \setminus \bigcap_{\ell=1}^{\infty} Z_\ell = A \setminus S = A \setminus (S \cap A)$$

eine Nullmenge, d.h. fast alle Punkte aus A sind in $S \cap A$ enthalten. Damit ist die Behauptung gezeigt.

Die Grundidee dieser Beweisvariante ähnelt dem Schubfachprinzip: Hätte die Menge E_ℓ der Punkte in A, deren Bahnen ab dem Zeitpunkt ℓ nicht mehr nach A zurückkehren, positives Volumen, so ließen sich die unendlich vielen Bildmengen $\phi^{j\ell}(E_\ell)$ – die nach dem Satz von Liouville alle das gleiche Volumen wie E_ℓ haben – nicht überschneidungsfrei in dem insgesamt zur Verfügung stehenden Raum M unterbringen, dessen Volumen ja nach Voraussetzung endlich ist. Es müsste also $j, k \in \mathbb{N}$ mit $j < k$ geben, so dass $\phi^{j\ell}(E_\ell) \cap \phi^{k\ell}(E_\ell) \neq \emptyset$ ist. Wegen (FA2) hätten dann auch $\phi^{(k-j)\ell}(E_\ell)$ und E_ℓ nicht-leeren Schnitt, d.h. es gäbe einen Punkt in E_ℓ, dessen Bahn zum Zeitpunkt $(k-j)\ell \geq \ell$ nach E_ℓ und damit nach A zurückkehrt, im Widerspruch zur Definition von E_ℓ.

Variante 2:[124] Aufgrund von (FA2) gilt

$$\phi^1(A_k) = \phi^1\left(\phi^{-k}(A)\right) = \phi^{1-k}(A) = A_{k-1} \qquad \text{für alle } k \in \mathbb{N}$$

und somit

$$\phi^1(Z_\ell) = \phi^1\left(\bigcup_{k\geq\ell} A_k\right) = \bigcup_{k\geq\ell} \phi^1(A_k) = \bigcup_{k\geq\ell} A_{k-1} = Z_{\ell-1} \qquad \text{für alle } \ell \in \mathbb{N}.$$

Mit dem Satz von Liouville folgt daher

$$v_n(Z_{\ell-1}) = v_n(\phi^1(Z_\ell)) = v_n(Z_\ell) \qquad \text{für alle } \ell \in \mathbb{N}.$$

Wir betrachten nun für $\ell \geq 0$ die Mengendifferenzen

$$F_\ell := Z_\ell \setminus Z_{\ell+1}.$$

Wegen $Z_{\ell+1} \subseteq Z_\ell$ ist Z_ℓ die disjunkte Vereinigung von $Z_{\ell+1}$ und F_ℓ, und es folgt

$$v_n(Z_\ell) = v_n(Z_{\ell+1}) + v_n(F_\ell),$$

---

[124]Diese Variante orientiert sich an dem von E. Zermelo in [46] skizzierten Beweis.

woraus wir auf $v_n(F_\ell) = 0$ schließen können. (Wesentlich hierfür ist $v_n(Z_\ell) \leq v_n(M) < \infty$.) Die F_ℓ sind also allesamt Nullmengen, so dass auch

$$F := \bigcup_{\ell=0}^{\infty} F_\ell \;=\; (Z_0 \setminus Z_1) \cup (Z_1 \setminus Z_2) \cup (Z_2 \setminus Z_3) \cup \dots$$

$$=\; Z_0 \setminus \bigcap_{\ell=1}^{\infty} Z_\ell = Z_0 \setminus S$$

eine Nullmenge ist. Wegen $A = A_0 \subseteq Z_0$ ist erst recht $A \setminus S = A \setminus (S \cap A)$ eine Nullmenge, und die Behauptung ist erneut bewiesen.   ∎

Wählt man für die Mengen A beliebig kleine ε-Kugeln, so ergibt sich die folgende eingängigere Version des Poincaréschen Wiederkehrsatzes.

Korollar 16.4   *Es sei $x' = f(x)$ ein autonomes System auf einer offenen nicht-leeren Menge $D \subseteq \mathbb{R}^n$ mit einem stetig differenzierbaren und divergenzfreien Vektorfeld $f : D \longrightarrow \mathbb{R}^n$. Die Teilmenge $M \subseteq D$ möge einer der beiden folgenden Bedingungen genügen:*

(a) *M ist kompakt und eine invariante Menge von $x' = f(x)$.*

(b) *Es ist $M = D$, und es gelte $I(\zeta) = \mathbb{R}$ für alle $\zeta \in M$.*

Dann gibt es eine Nullmenge $N \subseteq M$, so dass für jedes $\zeta \in M \setminus N$ und jedes $\varepsilon > 0$ die Lösung $\phi(\,\cdot\,, \zeta)$ unendlich oft in die ε-Umgebung von ζ zurückkehrt, in dem Sinne, dass es eine Folge $(t_k)_k$ in $\mathbb{R}^+$ gibt mit

$$\lim_{k \to \infty} t_k = \infty \qquad \text{und} \qquad \phi(t_k, \zeta) \in U_\varepsilon(\zeta) \qquad \text{für alle } k \in \mathbb{N}.$$

Beweis. Die Menge M genügt in beiden Fällen (a) und (b) den Voraussetzungen des Poincaréschen Wiederkehrsatzes (Satz 16.3), wie wir bereits im Anschluss an die Formulierung des Satzes festgestellt hatten.

Es sei ein $\delta > 0$ fixiert. Dann kann man $\mathbb{R}^n$ und insbesondere M mit abzählbar vielen offenen Kugeln vom Radius $\frac{\delta}{2}$ überdecken; als deren Mittelpunkte kann man z.B. die Punkte mit rationalen Koordinaten wählen, welche abzählbar sind und dicht in $\mathbb{R}^n$ liegen. Es gibt also eine Folge $(x_j)_j \subseteq M$ mit $M \subseteq \bigcup_{j=1}^{\infty} U_{\delta/2}(x_j)$. Auf die Mengen $A := U_{\delta/2}(x_j) \cap M$ können wir den Poincaréschen Wiederkehrsatz (Satz 16.3) anwenden. Demnach gibt es Nullmengen $E_1, E_2, \dots \subseteq M$, so dass $\phi(\,\cdot\,, \zeta)$ für alle $\zeta \in (U_{\delta/2}(x_j) \cap M) \setminus E_j$ unendlich oft nach $U_{\delta/2}(x_j)$ zurückkehrt. Dann ist auch die abzählbare Vereinigung $N_\delta := \bigcup_{j=1}^{\infty} E_j$ eine Nullmenge. Es sei ein $\zeta \in M \setminus N_\delta$ gegeben.

Hierzu gibt es ein $j \in \mathbb{N}$ mit $\zeta \in U_{\delta/2}(x_j)$. Nach Konstruktion kehrt $\phi(\,\cdot\,, \zeta)$ unendlich oft nach $U_{\delta/2}(x_j)$ und damit nach $U_\delta(\zeta)$ zurück.

Diese Überlegung wenden wir nun für alle $\delta = \frac{1}{\ell}$ mit $\ell \in \mathbb{N}$ an. Die Menge $N := \bigcup_{\ell=1}^\infty N_{1/\ell}$ ist wiederum eine Nullmenge. Es seien ein $\zeta \in M \setminus N$ und ein $\varepsilon > 0$ gegeben. Dann gibt es ein $\ell_0 \in \mathbb{N}$ mit $\frac{1}{\ell_0} < \varepsilon$. Wegen $\zeta \notin N_{1/\ell_0}$ kehrt $\phi(\,\cdot\,, \zeta)$ unendlich oft nach $U_{1/\ell_0}(\zeta) \subseteq U_\varepsilon(\zeta)$ zurück. Damit ist die Behauptung bewiesen. ∎

Die Zermelo-Boltzmann-Kontroverse. Der Poincarésche Wiederkehrsatz spielte eine wichtige Rolle in einer Kontroverse zwischen E. Zermelo[125] und L. Boltzmann [46, 4, 47, 5] darüber, inwieweit der Zweite Hauptsatz der Thermodynamik allein aus den Prinzipien der klassischen Mechanik abgeleitet werden kann. Diese Kontroverse ist nicht nur wissenschaftshistorisch bedeutsam, sondern auch bis heute im Hinblick auf ein vertieftes Verständnis der thermodynamischen Grundprinzipien erhellend. Wir skizzieren kurz ihren Hintergrund und ihre wesentlichen Inhalte; ausführlichere Informationen hierzu findet man u.a. in [7, 38, 39, 43].

Der 1850 von Rudolf Clausius (1822–1888) bereits in seiner ersten Arbeit „*Über die bewegende Kraft der Wärme und die Gesetze, welche sich daraus für die Wärmelehre selbst ableiten lassen*" etablierte Zweite Hauptsatz der Thermodynamik ist im Kern ein Irreversibilitätsprinzip: Er besagt (in einer modernen Formulierung), dass in einem isolierten makroskopischen System die Entropie monoton mit der Zeit ansteigt[126]. Wichtige Manifestationen dieses Prinzips sind:

- Wärme kann ohne äußere Einwirkung nicht von einem kälteren zu einem wärmeren Körper übergehen. *(Prinzip von Clausius)*

- Es ist unmöglich, ein *Perpetuum Mobile zweiter Art* zu konstruieren, d.h. eine periodisch arbeitende Maschine, die Wärme vollständig in mechanische Arbeit umwandelt. *(Fassung von Lord Kelvin (1824–1907) und Max Planck (1858–1947))*

---

[125]Ernst Zermelo (1871–1953) ist vor allem für das heutzutage allgemein anerkannte Zermelo-Fraenkelsche Axiomensystem der Mengenlehre sowie für seinen Beweis des Wohlordnungssatzes bekannt.

[126]Stark vereinfacht kann man sich die – 1865 ebenfalls von Clausius eingeführte – Entropie als ein Maß für die „Unordnung" eines Systems vorstellen. Veranschaulichen lässt sich der Zweite Hauptsatz dann anhand eines Schreibtischs, auf dem scheinbar wie durch Geisterhand die Unordnung so lange unaufhaltsam anwächst, bis man sich schließlich zum Aufräumen durchringt – oder bis ein nicht weiter steigerbarer Zustand des kompletten Chaos erreicht ist.

- Der Prozess der Wärmeleitung lässt sich nicht vollständig rückgängig machen. *(Max Planck)*

- Vorgänge, bei denen Reibung auftritt, sind irreversibel.

- Gasgemische entmischen sich nicht ohne äußere Einwirkung.

Der Zweite Hauptsatz ist dafür verantwortlich, dass der Zeitpfeil gerichtet ist, von der Vergangenheit in die Zukunft: Sehen wir einen Film, auf dem ein zerbrochenes Glas sich von selbst wieder zusammenfügt, vom Boden abhebt und zurück auf das Regal fliegt, so ist uns intuitiv klar, dass der Film rückwärts abgespielt worden sein muss – weil der gezeigte Vorgang dem Zweiten Hauptsatz widersprechen würde.

1872 stellte Boltzmann eine (später nach ihm benannte) Differentialgleichung für die zeitliche Veränderung der (Geschwindigkeits-)Verteilungsfunktion $f_t(v)$ von Gasteilchen in einem idealen Gas auf und leitete aus ihr das sog. *H-Theorem* ab, wonach für ein gewisses Funktional H die Größe $H[f_t]$, die man als negative Entropie interpretieren kann, im Zeitverlauf abnimmt oder allenfalls (im Grenzfall) konstant bleibt. Damit lieferte er eine theoretische Begründung des Zweiten Hauptsatzes für den Fall eines idealen Gases mithilfe der (auf die einzelnen Gasteilchen angewandten) klassischen Mechanik.

1876 erhob Boltzmanns Mentor und Freund Josef Loschmidt (1821–1895) hiergegen den sog. *Umkehreinwand*, wonach die Gleichungen der Mechanik invariant gegen eine Umkehr der Zeitrichtung sind, weswegen die allein mit ihrer Hilfe beschriebenen Vorgänge grundsätzlich reversibel sein müssten: Man könnte in einem Vorgang mit streng wachsender Entropie sämtliche Bewegungsrichtungen umkehren und erhielte einen – physikalisch ebenso gut möglichen – Vorgang von *streng abnehmender* Entropie.

Die Beschäftigung mit dem Umkehreinwand führte zu der Erkenntnis, dass Boltzmanns Herleitungen nicht allein auf klassischer Mechanik, sondern auch auf statistischen Annahmen beruhten: Er selbst vollzog ab 1877 eine „probabilistische Wende" und hob fortan immer wieder den Wahrscheinlichkeitscharakter des Zweiten Hauptsatzes hervor, der nur für eine große Zahl von Teilchen gelte, wobei er bei der mathematischen Präzisierung jedoch vage blieb. Die entscheidende Annahme in Boltzmanns Ansatz, die zum Verlust der Zeitumkehrinvarianz führt, konnten erst Samuel H. Burbury (1831–1911) und vor allem George H. Bryan (1864–1928) im Gefolge von Boltzmanns Besuch in Oxford 1894 klar herausarbeiten: Es ist die Annahme des molekularen Chaos, für die 1912 Paul und Tatjana Ehrenfest

(1880–1933 bzw. 1876–1964) die bis heute gebräuchliche Bezeichnung *Stoß-zahlansatz* eingeführt haben. Ihm zufolge sind die Geschwindigkeiten zweier kollidierender Teilchen *vor* der Kollision stochastisch unabhängig, *nach* der Kollision jedoch i.Allg. nicht mehr; anders ausgedrückt verflüchtigt sich die Korrelation der Teilchen, die sich durch eine Kollision ausbildet, bis zur nächsten Kollision (mit anderen Teilchen) wieder. Diese Analyse löst das vermeintliche Paradoxon des Umkehreinwands auf[127].

Soweit zur Vorgeschichte des *Wiederkehreinwands*, den Zermelo 1896 vor-brachte[128] [46, 47] und der sich wie folgt zusammenfassen lässt: Die Be-wegungsgleichungen für die Teilchen eines in ein endliches Volumen ein-gesperrten idealen Gases kann man als Hamilton-System auffassen; dessen Variablen sind die Positionen und Geschwindigkeiten der einzelnen Teilchen, und die Hamilton-Funktion ist die Summe von deren kinetischen und poten-tiellen Energien, wobei angenommen wird, dass die Abstoßung miteinander kollidierender Teilchen (die laut Zermelo *„erst bei sehr großer gegenseitiger Annäherung wirksam"* wird [46, S. 491]) durch konservative Kraftfelder zu-stande kommt, welche somit ein Potential besitzen[129]. Für dieses System sind die Voraussetzungen des Poincaréschen Wiederkehrsatzes erfüllt; als invariante Menge M kann man den gesamten Phasenraum verwenden, der in diesem Fall ebenfalls endliches Volumen hat[130]. Ist nun ζ ein beliebiger Ausgangszustand außerhalb einer geeigneten Nullmenge und $\varepsilon > 0$ eine vor-

---

[127]Detailliertere Erläuterungen, wie der aus dem Zweiten Hauptsatz resultierende Zeit-pfeil mit der Zeitumkehrinvarianz der fundamentalen Naturgesetze verträglich ist, findet man in [26, § 3.5]. – Pascual Jordan (1902–1980) hat 1964 auf einen möglichen Zusammen-hang zwischen dem Stoßzahlansatz und einer von Walter Ritz (1878–1909) in einer Dis-kussion mit Einstein geäußerten (und von diesem abgelehnten) Hypothese, wonach *„das Nichtvorkommen zusammenlaufender Kugelwellen in der Natur"* zumindest bei Strah-lungsvorgängen für deren Irreversibilität verantwortlich sei, hingewiesen [21]. Wesentlich dafür ist, dass aus Sicht der Quantenmechanik auch Materieteilchen als Wellen beschrie-ben werden können (sog. *de Brogliesche Materiewellen*). Jordan schreibt hierzu: *„In der Tat enthält ja dieser Stoßzahlansatz, quantentheoretisch betrachtet, folgende Behauptung: Wenn zwei Atomstrahlen sich durchkreuzen, so wird ihr Durchkreuzungsgebiet zum Aus-gangsgebiet einer auslaufenden* DEBROGLIE*schen Kugelwelle. Wollte man im Stoßzahlan-satz eine Umkehrung der Zeitrichtung vornehmen, so käme man also zu einem Ergebnis, welches dem Nichtvorkommen einlaufender Kugelwellen widerspricht."*

[128]Er findet sich in einer ähnlichen Form bereits in einer Schrift von Poincaré von 1893, die Zermelo offenbar nicht bekannt war.

[129]Hierbei wird implizit angenommen, dass die Stöße der Teilchen mit den Wänden des Behälters vollkommen elastisch und somit ohne Energieverlust erfolgen.

[130]Dieses ist nicht mit dem (dreidimensionalen) Volumen des Gases zu verwechseln. Vielmehr ist der Phasenraum eine Teilmenge des $\mathbb{R}^{6N}$, wobei N die Teilchenanzahl ist: Zu jedem Teilchen gehören drei Orts- und drei Geschwindigkeitskoordinaten – Dass auch die Geschwindigkeiten beschränkt sind, ergibt sich aus der Energieerhaltung.

gegebene Fehlertoleranz, so folgt aus dem Wiederkehrsatz in der Version von Korollar 16.4 (b)[131], dass das System nach genügend langer Zeit „fast" wieder in den Ausgangszustand ζ zurückkehrt, mit einer durch ε beschriebenen Ungenauigkeit. Sind also sämtliche Gasmoleküle anfänglich in der rechten Hälfte des Behälters gruppiert, bevor sie sich in ihm gleichmäßig verteilen, so wird sich „fast sicher"[132] irgendwann in beliebig guter Näherung wieder dieser Anfangszustand einstellen. Insbesondere wird die Entropie irgendwann wieder (fast) zu ihrem anfänglichen Wert zurückkehren – im Widerspruch zum Zweiten Hauptsatz!

In seinen Erwiderungen [4, 5] betonte Boltzmann abermals die statistische (und makroskopische) Natur des Zweiten Hauptsatzes: Systeme gehen mit höherer Wahrscheinlichkeit in wahrscheinlichere Zustände über als in unwahrscheinlichere, und eine gleichmäßige, regellose Verteilung der Gasmoleküle im gesamten Behälter ist um viele Größenordnungen wahrscheinlicher als eine, bei der sich alle Moleküle in einer Hälfte anordnen. Die vom Poincaréschen Wiederkehrsatz prognostizierte näherungsweise Rückkehr in den Ausgangszustand bestritt Boltzmann nicht, sondern sah sie sogar in *„vollstem Einklange"* mit seinen Resultaten, da angesichts der hohen Zahl an Gasmolekülen die Zeit bis zur Wiederkehr des ursprünglichen Zustands *„so groß sein muss, dass sie niemand zu erleben im Stande ist"*, solche Wiederkehrphänomene also empirisch irrelevant seien; für ein Gasvolumen von einem Kubikzentimeter gab er eine Grobabschätzung für die durchschnittliche Wiederkehrzeit: Diese habe, in Sekunden ausgedrückt, *„viele Trillionen Stellen"*. (Zum Vergleich: Nach heutigem Kenntnisstand hat die Zahl der Sekunden seit dem Urknall „nur" 17 Dezimalstellen, die Zahl der Atome im Universum höchstens 90.)

Entscheidend hierbei ist freilich die hohe Teilchenzahl: Bei Systemen aus relativ wenigen Teilchen (und damit nicht mehr auf makroskopischer, sondern auf mikroskopischer Ebene) können sich geordnete Konstellationen durchaus innerhalb beobachtbarer Zeiträume zufällig einstellen. Boltzmann deutete an, dass sich auf diese Weise die Brownsche Bewegung erklären ließe [4, S. 778] – und nahm damit einen Gedanken vorweg, den Einstein 1905 näher ausarbeitete, womit er der Teilchenvorstellung vom Aufbau der Materie aus Atomen bzw. Molekülen zu ihrem endgültigen Durchbruch verhalf.

Zum Verständnis der Zermelo-Boltzmann-Kontroverse ist es wichtig, dass der Erste und Zweite Hauptsatz der Thermodynamik zu den ehernsten und

---

[131] Bei dessen Anwendung müssen wir stillschweigend davon ausgehen, dass die Lösungen stets für alle Zeiten existieren.

[132] d.h. sofern der Ausgangszustand nicht ausgerechnet besagter Nullmenge angehört

empirisch am besten abgesichertsten Naturgesetzen überhaupt zählen; in ihnen kristallisieren sich in gewisser Weise die enervierenden Erfahrungen zahlloser Akademien und Patentämter weltweit, die sich über die Jahrhunderte hinweg mit immer neuen aussichtslosen Einreichungen für ein angebliches Perpetuum Mobile (1. oder 2. Art) herumschlagen mussten[133]. Die überragende Bedeutung des Zweiten Hauptsatzes beschrieb der Astrophysiker Arthur Eddington (1882–1944) wie folgt: *„Ich glaube, dass dem Gesetz von dem ständigen Wachsen der Entropie – dem Zweiten Hauptsatz der Thermodynamik – die erste Stelle unter den Naturgesetzen gebührt. Wenn jemand Sie darauf hinweist, dass die von Ihnen bevorzugte Theorie des Universums den Maxwellschen Gleichungen widerspricht – nun, können Sie sagen, um so schlimmer für die Maxwellschen Gleichungen. Wenn es sich herausstellt, dass sie mit der Beobachtung unvereinbar ist – gut, auch Experimentalphysiker pfuschen manchmal. Aber wenn Ihre Theorie gegen den Zweiten Hauptsatz der Thermodynamik verstößt, dann ist alle Hoffnung vergebens. Dann bleibt ihr nichts mehr übrig, als in tiefster Demut in der Versenkung zu verschwinden."* [11, S. 78]

Dementsprechend ging es bei Zermelos Einwänden auch nicht darum, die Gültigkeit des Zweiten Hauptsatzes in Zweifel zu ziehen. So schreibt er in seiner Erwiderung [47] auf Boltzmanns Replik [4] ausdrücklich: *„Die von mir [...] behauptete »Nothwendigkeit, entweder dem Carnot-Clausius'schen Princip [d.h. dem Zweiten Hauptsatz] oder aber der mechanischen Grundansicht eine principiell andere Fassung zu geben,« wäre also zugestanden [gemeint ist: von Boltzmann], und nur die Entscheidung zwischen den beiden Möglichkeiten bliebe zunächst noch dem Einzelgeschmack überlassen. Hier würde ich allerdings, und ich wohl nicht allein[134], die einfache Zusammenfassung einer Fülle gesicherter* **Erfahrungen** *zu einem einzigen allge-*

---

[133]Die Pariser Académie Royale des Sciences beschloss bereits 1775, Vorschläge für ein Perpetuum Mobile ob ihrer Aussichtslosigkeit künftig nicht mehr zu prüfen.

[134]Die Formulierung „und ich wohl nicht allein" kann man als Hinweis auf den Einfluss von Max Planck ansehen, dessen Assistent Zermelo zum Zeitpunkt der Kontroverse mit Boltzmann war: Planck war damals sehr skeptisch gegenüber dem mechanistischen Ansatz, weil dieser zwangsläufig probabilistische Argumente heranziehen musste und den Zweiten Hauptsatz damit auf eine „lediglich" statistische Gewissheit reduzierte. In seinen Memoiren schrieb er hierzu: *„Ich selber hatte mich bis dahin um den Zusammenhang zwischen Entropie und Wahrscheinlichkeit nicht gekümmert, er hatte für mich deshalb nichts Verlockendes, weil jedes Wahrscheinlichkeitsgesetz auch Ausnahmen zuläßt, und weil ich damals dem zweiten Wärmesatz ausnahmslose Gültigkeit zuschrieb."* [34, S. 21] Allerdings hatte Planck bereits 1897 in einem Brief an Leo Graetz auch darauf hingewiesen, dass er – anders als Zermelo – den Zweiten Hauptsatz nicht grundsätzlich als unvereinbar mit der mechanischen Sicht ansah, und seiner Zuversicht Ausdruck verliehen, dass eine strikt mechanische Interpretation des Zweiten Hauptsatzes möglich sei.

meingültigen Satze nach den Regeln der Induction für zuverlässiger halten,
als eine ihrer Natur nach niemals direct beweisbare **Theorie** *und wäre daher*
diese *eher aufzugeben oder abzuändern bereit wie* **jenen***, wenn doch einmal*
beide nicht zu vereinigen sind. " Vielmehr richtete sich Zermelos Kritik gegen Boltzmanns Begründung mithilfe der klassischen Mechanik und gegen
die Ungenauigkeiten in dessen Argumentation[135], die Zermelo – eine der
Koryphäen der mathematischen Logik – zielsicher erkannte.

In den folgenden Jahrzehnten hat sich der mechanistisch-atomistisch-
probabilistische Ansatz Boltzmanns klar durchgesetzt, und dessen statis-
tisch begründete Zurückweisung des Wiederkehreinwands wird heute im Wesentlichen anerkannt[136]. Auch Planck machte sich um 1900 Boltzmanns pro-
babilistischen Zugang, mit dem er lange gehadert hatte, zu eigen und konnte
damit das nach ihm benannte Strahlungsgesetz für die Wärmestrahlung eines (idealen) schwarzen Körpers herleiten, mit dem er die Quantenphysik
begründete: Die Übertragung der in der kinetischen Gastheorie erfolgreichen
Methoden der statistischen Mechanik auf diesen neuen Kontext erforderte
ein energetisches Analogon zu den kleinsten Materieeinheiten (Atomen bzw.
Molekülen), d.h. kleinste Energieeinheiten – die Quantenhypothese war ge-
boren!

Die von Loschmidt, Zermelo, Poincaré und anderen vorgebrachten Einwände
haben aber wesentlich dazu beigetragen, die Argumentation in der Begründung des *H*-Theorems zu schärfen, die ihr zugrundeliegenden Modellannahmen herauszuarbeiten und zu präzisieren und damit auch die Grenzen
ihres Gültigkeitsbereiches aufzuzeigen. Bis heute sind nicht alle Fragen in
diesem Kontext restlos geklärt: Erst 1976 gelang Oscar Lanford (1940–2013)

---

[135]Beispielsweise unterschied Boltzmann nicht immer klar zwischen Wahrscheinlichkeiten
bezogen auf die Zeit und bezogen auf den (Phasen-)Raum bzw. zwischen zeitlicher und
räumlicher Mittelung, was dazu beigetragen haben dürfte, dass er und Zermelo bis zu
einem gewissen Grad schlicht aneinander vorbei redeten. Eine mathematisch befriedigende
Präzisierung dieser Problematik erfolgte erst im Rahmen der Ergodentheorie, inbesondere
durch den 1931 von George Birkhoff (1884–1944) bewiesenen Ergodensatz.

[136]Unabhängig davon ist es fraglich, ob ein hypothetischer unendlich lang lebender Be-
obachter solche Wiederkehrphänomene tatsächlich, wenn auch erst nach vielleicht $10^{10^{18}}$
Jahren, erleben könnte: Die Anwendung des Poincaréschen Wiederkehrsatzes erfordert eine Reihe von Idealisierungen und Modellannahmen, die in der Praxis niemals vollständig
erfüllt sein werden. Auch hierauf hat bereits Boltzmann selbst hingewiesen: *„Dies gilt um*
so mehr, da ja die Gastheorie nur beansprucht, ein angenähertes Bild der Wirklichkeit
zu sein. Störungen, welche die Molecularbewegung durch den Lichtäther, durch electri-
sche Eigenschaften der Molecüle etc. erfährt, muss sie [...] vernachlässigen, absolut glatte
Wände kommen niemals vor, vielmehr steht jedes Gas mit dem gesamten Universum in
Wechselwirkung und die Zulässigkeit der Gastheorie im grossen und ganzen wird daher
durch kleine Abweichungen von der Erfahrung nicht widerlegt." [4, S. 780]

eine mathematisch strenge Herleitung des Stoßzahlansatzes und damit der Boltzmann-Gleichung als Grenzfall des N-Körper-Problems, und auch dies nur auf sehr kurzen Zeitskalen und für spezielle Anfangsbedingungen; ein allgemeiner Beweis steht bis heute aus.

Der fundamentalen Bedeutung des Zweiten Hauptsatzes als universelles Prinzip tut dies alles natürlich keinen Abbruch, und aus epistemologischer Perspektive erscheint die vermeintliche Schwäche seiner „lediglich" statistischen Begründung sogar eher als Vorteil: Wie wir gesehen haben, beruht diese im Kern darauf, dass Systeme mit höherer Wahrscheinlichkeit in wahrscheinlichere Zustände übergehen als in unwahrscheinlichere – ein beinahe tautologisches und gerade deswegen so unbestreitbares Argument! $\qquad\square$

16.3 Das Räuber-Beute-Modell von Lotka und Volterra

In den 20er Jahren des 20. Jahrhunderts untersuchte der italienische Biologe Umberto D'Ancona (1896–1964) die Entwicklung der Fischpopulation in der adriatischen See. Er unterschied zwischen Beute-Fischen und Räuber-Fischen und beobachtete, dass durch die Reduzierung des Fischfangs während des 1. Weltkriegs die Räuberpopulation anstieg, die Beutepopulation aber abnahm. Nachdem er lange Zeit keine Erklärung für dieses Phänomen finden konnte, wandte er sich schließlich an den Mathematiker Vito Volterra (1860–1940). Dieser stellte ein mathematisches Modell auf, mit dem Ziel, die zeitliche Entwicklung der beiden Fischpopulationen möglichst realitätsnah zu beschreiben. Unabhängig von ihm gelangte auch Alfred Lotka (1880–1949) zu denselben Gleichungen, die heute als *Lotka-Volterra-Gleichungen* bekannt sind.

In diesem Modell betrachtet man nur zwei Spezies. Von der Beute-Spezies nimmt man an, dass ihr stets genügend viel Nahrung zur Verfügung steht. Von der zweiten Art, den Räubern, nimmt man an, dass sie sich ausschließlich von der ersten Art ernährt. Weitere Beispiele neben dem oben erwähnten aus dem Fischfang sind Büffel (Räuber) und Gras (Beute) oder Katzen und Mäuse.

Es sei $x(t)$ die Größe der Beutepopulation und $y(t)$ die Größe der Räuberpopulation, jeweils zur Zeit t. An sich haben diese Funktionen nur ganzzahlige Werte. Für genügend große Zahlen ist es allerdings vertretbar, beliebige reelle Zahlen als Werte zuzulassen und x und y als differenzierbare Funktionen zu betrachten, ohne dadurch allzu große Fehler zu begehen.

Dies ermöglicht eine übersichtliche mathematische Beschreibung mittels Differentialgleichungen.

Ohne das Vorhandensein der Räuber wären – da wir angenommen haben, dass es keinen nennenswerten Nahrungsmangel für die Beute-Fische gibt – die Geburten- und Sterbezahlen der Beute stets proportional zur jeweiligen Populationsgröße $x(t)$, und wir können annehmen, dass dabei die Geburtenrate höher als die Sterberate ist. (Andernfalls würde die Beute bereits ohne Zutun der Räuber aussterben.) Bei Abwesenheit der Räuber würde sich die Zahl der Beute-Fische also nach der Gleichung $x' = ax$ mit einer gewissen positiven Konstanten a entwickeln, d.h. sie würde exponentiell anwachsen. (In der Praxis würde dieses ungehemmte und rasante Wachstum natürlich früher oder später dadurch gestoppt werden, dass die Nahrungsquellen eben doch nicht unerschöpflich sind.)

Nun wenden wir uns dem Einfluss der Räuber zu. Die Anzahl der Begegnungen zwischen Beute und Räuber, bei der ein Beuteindividuum getötet wird, ist proportional sowohl zu $x(t)$ als auch zu $y(t)$. Daher gilt

$$x' = ax - bxy$$

mit einer positiven Konstanten b. (Diese Annahme ist für große Werte von $x(t)$ problematisch: Satte Räuber werden ein Überangebot an Beute schließlich ignorieren.) Bei Abwesenheit der Beute als Nahrungsquelle wäre die Sterberate der Räuber größer als ihre Geburtenrate, so dass die Anzahl der Räuber gemäß $y' = -cy$ (mit einem $c > 0$) abnehmen würde. Das Modell unterstellt nun, dass das Vorhandensein der Beute einen positiven Effekt auf $y(t)$ hat, der wiederum proportional zur Anzahl der Begegnungen zwischen Beute und Räuber, also zu $x(t) \cdot y(t)$ ist. Dies führt auf die Gleichung

$$y' = -cy + dxy$$

mit positiven Konstanten c, d. Ein mögliches mathematisches Modell für die Entwicklung der Beute- und Räuberpopulation ist insgesamt also durch

$$\begin{aligned} x' &= ax - bxy, \\ y' &= -cy + dxy \end{aligned} \tag{16.11}$$

gegeben.

Wir wenden dieses Modell nun auf unser Fischfang-Beispiel an. Dazu nehmen wir an, dass beide Fischarten, Räuber und Beute, das gleiche Risiko haben, ins Netz zu gehen. Dann reduziert sich durch den Fischfang die

Anzahl der Räuber- und Beute-Fische gleichmäßig proportional zu ihrer Population, d.h. die Abnahme der Zahl der Räuber ist εy, die der Beute εx mit einer gewissen Konstanten $\varepsilon > 0$, die die Intensität des Fischfangs widerspiegelt. Wir erhalten somit das folgende modifizierte Modell:

$$\begin{aligned} x' &= (a - \varepsilon)x - bxy, \\ y' &= -(c + \varepsilon)y + dxy. \end{aligned} \tag{16.12}$$

Kann dieses Modell erklären, warum sich eine Reduzierung des Fischfangs wesentlich günstiger auf die Räuber-Fische als auf die Beute-Fische auswirkt? Wir beschränken uns im folgenden auf den Fall $\varepsilon < a$, den man als moderates, „nachhaltiges" Fischen interpretieren kann: Es wird weniger gefischt, als sich die Beute-Fische vermehren.

Wie es bei nicht-linearen Systemen der Regelfall ist, kennt man keine expliziten Formeln für die Lösungen von (16.12). Dennoch kann man sich ein vollständiges Bild über diese Lösungen machen.

Dazu identifizieren wir zunächst die Ruhelagen des Systems, die ja den konstanten Lösungen entsprechen. Offensichtlich gibt es die konstante Lösung $x(t) \equiv y(t) \equiv 0$, bei der weder Räuber- noch Beute-Fische vorhanden sind. Sie ist natürlich uninteressant. Indem man (16.12) in der Form

$$x' = x \cdot (a - \varepsilon - by), \qquad y' = y \cdot (-c - \varepsilon + dx)$$

schreibt, sieht man, dass für eine nicht-triviale Ruhelage $(x_0, y_0) \neq (0, 0)$ sowohl $x_0 \neq 0$ als auch $y_0 \neq 0$ gelten muss (denn $x_0 = 0$ würde $y_0 = 0$ implizieren und umgekehrt) und dass somit

$$(x_s, y_s) = \left(\frac{c + \varepsilon}{d}, \frac{a - \varepsilon}{b} \right)$$

die einzige nicht-triviale Ruhelage ist. Die zu ihr gehörende konstante Lösung beschreibt ein natürliches Gleichgewicht der beiden Populationen.

Für die folgenden Betrachtungen legen wir als Phasenraum den offenen ersten Quadranten $D := \{ (x, y) \in \mathbb{R}^2 : x > 0, y > 0 \}$ zugrunde: Beide Spezies sollen tatsächlich vorhanden sein. Bei der Untersuchung der nicht-konstanten Lösungen kommt uns die Tatsache zuhilfe, dass das System auf D ein nicht-konstantes Erstes Integral besitzt. Dazu schreiben wir (16.12) in der Form

$$\frac{x'}{x} = a - \varepsilon - by, \qquad \frac{y'}{y} = -(c + \varepsilon) + dx.$$

Hieraus erhält man

$$(-(c + \varepsilon) + dx) \cdot \frac{x'}{x} - (a - \varepsilon - by) \cdot \frac{y'}{y} = 0.$$

Letztere Gleichung bedeutet

$$\frac{d}{dt}\left[-(c + \varepsilon)\log x + dx - (a - \varepsilon)\log y + by\right] = 0,$$

so dass

$$H(x, y) = -(c + \varepsilon)\log x + dx - (a - \varepsilon)\log y + by$$

ein Erstes Integral auf D ist[137]. Seine Niveaulinien zeigt Abb. 16.3. Aus

$$\operatorname{grad} H(x, y) = \left(-\frac{c + \varepsilon}{x} + d, -\frac{a - \varepsilon}{y} + b\right)$$

liest man ab, dass $\left(\frac{c+\varepsilon}{d}, \frac{a-\varepsilon}{b}\right)$ die einzige stationäre Stelle von H ist, und diese ist gerade die oben bestimmte Ruhelage (x_s, y_s) des Systems. Für die zweiten partiellen Ableitungen von H gilt

$$\frac{\partial^2 H}{\partial x^2}(x, y) = \frac{c + \varepsilon}{x^2} > 0, \qquad \frac{\partial^2 H}{\partial y^2}(x, y) = \frac{a - \varepsilon}{y^2} > 0, \qquad \frac{\partial^2 H}{\partial x \partial y}(x, y) = 0.$$

Dies bedeutet, dass die Hesse-Matrix von H in (x_s, y_s) positiv definit ist und H dort somit ein striktes lokales Minimum hat.

Weil $x \mapsto -(c + \varepsilon)\log x + dx$ für $x > 0$ nach unten beschränkt ist und für $x \to 0+$ sowie für $x \to \infty$ gegen ∞ strebt und eine analoge Aussage für $y \mapsto -(a - \varepsilon)\log y + by$ gilt, ergibt sich

$$H(x, y) \longrightarrow \infty \qquad \left\{ \begin{array}{ll} \text{für} & \|(x, y)\| \to \infty \\ \text{und für} & \operatorname{dist}((x, y), \partial D) = \min\{x, y\} \to 0+. \end{array} \right.$$

Hieraus und aus der Tatsache, dass H keine weiteren stationären Stellen hat, folgt zum einen, dass (x_s, y_s) sogar das globale Minimum von H im ersten Quadranten ist[138]. Zum anderen können wir schließen, dass die Niveaumengen von H beschränkt sind und positiven Abstand zum Rand von

---

[137]Es handelt sich hierbei übrigens um eines der (nicht nur in diesem Lehrbuch) relativ seltenen Beispiele für ein Erstes Integral eines ebenen Systems, das *keine* Hamilton-Funktion ist.

[138]Ohne die Betrachtung des Randverhaltens ist dieser Schluss nicht zulässig; die Tatsache, dass H keine weiteren stationären Punkte hat, genügt hierfür nicht. Beispielsweise kann man mit einigem Rechenaufwand zeigen, dass die Funktion

$$f : \mathbb{R}^2 \longrightarrow \mathbb{R}, \quad f(x, y) := -y^4 - e^{-x^2} + 2y^2\sqrt{e^x + e^{-x^2}}$$

genau eine stationäre Stelle besitzt, dass ihre Hesse-Matrix dort positiv definit ist (so dass es sich also um ein striktes *lokales* Minimum handelt), dass jedoch f in diesem Punkt kein *globales* Minimum annimmt, sondern auf $\mathbb{R}^2$ nach unten unbeschränkt ist.

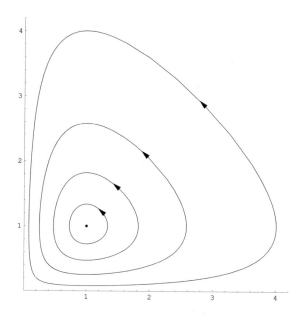

Abb. 16.3: Niveaumengen des Ersten Integrals H des Räuber-Beute-Modells

D haben. Daher und weil sie (als Urbilder einelementiger Mengen unter der stetigen Funktion H) abgeschlossen in D sind, sind sie auch abgeschlossen in $\mathbb{R}^2$ und somit insgesamt kompakt[139]. Für die Lösungen des Räuber-Beute-Modells besagt dies: Keine Spezies stirbt jemals aus, und keine Spezies kann sich unbeschränkt vermehren. – Zudem gewährleistet Korollar 3.9 nunmehr, dass die Lösungen für alle Zeiten existieren.

Die Niveaumengen zu einem Niveau oberhalb von $H(x_s, y_s)$ enthalten keine stationären Stellen von H und sind daher nach dem Satz über implizite Funktionen Hyperflächen des $\mathbb{R}^2$, also Niveau*linien* (vgl. Bemerkung 5.5). Wie Abb. 16.3 zeigt, sind sie einfach geschlossen, also Jordan-Wege (genauer: deren Spuren) um den Gleichgewichtspunkt (x_s, y_s). Für die zugehörigen Lösungen $t \mapsto (x(t), y(t))$ erhält man aus (16.12) die Ungleichungen

$$x'(t) > 0 \quad \text{für} \quad y(t) < \frac{a - \varepsilon}{b}, \qquad y'(t) > 0 \quad \text{für} \quad x(t) > \frac{c + \varepsilon}{d},$$

$$x'(t) < 0 \quad \text{für} \quad y(t) > \frac{a - \varepsilon}{b}, \qquad y'(t) < 0 \quad \text{für} \quad x(t) < \frac{c + \varepsilon}{d}.$$

---

[139]Diese Folgerung wäre i.Allg. nicht richtig, wenn man nur Abgeschlossenheit in D hätte: Beispielsweise ist die Menge $M := (0, 1] \times (0, 1] \subseteq D$ abgeschlossen in D und beschränkt, aber nicht kompakt. – Wir haben hier ein weiteres Beispiel dafür, dass man in beliebigen metrischen Räumen nicht von Abgeschlossenheit und Beschränktheit auf Kompaktheit schließen kann. Dies hängt *hier* natürlich mit der mangelnden Vollständigkeit von D zusammen.

Aus diesen liest man ab, dass die Niveaulinien im mathematisch positiven Sinn durchlaufen werden. Gemäß Satz 4.16 (b) werden sie in endlicher Zeit vollständig durchlaufen, so dass jede nicht-konstante Lösung periodisch ist.

Um die Langzeitentwicklung zu studieren, betrachten wir die zeitlichen Mittelwerte

$$\bar{x} = \frac{1}{T} \int_0^T x(t)\, dt \qquad \text{und} \qquad \bar{y} = \frac{1}{T} \int_0^T y(t)\, dt$$

einer nicht-konstanten periodischen Lösung (x, y) mit Periode $T > 0$. Diese Mittelwerte lassen sich explizit berechnen: Es ist

$$0 = \frac{1}{T}\left(\log x(T) - \log x(0)\right) = \frac{1}{T} \int_0^T \frac{x'(t)}{x(t)}\, dt = \frac{1}{T} \int_0^T \left(a - \varepsilon - by(t)\right) dt,$$

also

$$\frac{1}{T} \int_0^T by(t)\, dt = \frac{1}{T} \int_0^T (a - \varepsilon)\, dt = a - \varepsilon,$$

d.h. $\bar{y} = \frac{a-\varepsilon}{b} = y_s$. Analog erhält man $\bar{x} = \frac{c+\varepsilon}{d} = x_s$. Bemerkenswerterweise stimmen die Mittelwerte der beiden Populationsgrößen also gerade mit den Werten im Gleichgewicht überein!

Da $\bar{x} = x_s$ mit steigendem ε monoton wächst, $\bar{y} = y_s$ hingegen monoton fällt, können wir nunmehr schließen, dass eine Reduzierung des Fischfangs in unserem Modell tatsächlich eine Zunahme der Räuberpopulation, aber eine Abnahme der Beutepopulation bewirkt. Dieses sog. *Volterra-Prinzip* gilt auch für den Einsatz von Insektenvernichtungsmitteln und besagt, dass die Anwendung von Insektiziden das Wachstum von Schädlingspopulationen fördert, die sonst durch andere Insekten unter Kontrolle gehalten würden.

Bei der Beurteilung derartiger Modelle ist freilich eine grundsätzliche Warnung angebracht: Mathematische Modelle für ökologische Systeme und erst recht in Disziplinen wie der Psychologie, Soziologie oder Ökonomie können naturgemäß weitaus weniger Realitätsnähe beanspruchen als etwa die Differentialgleichungen der mathematischen Physik, für die wir oben einige Beispiele kennengelernt haben. Realitätsnahe Modelle müssen derart viele Umstände berücksichtigen – im Fall des Räuber-Beute-Modells beispielsweise das Zusammenspiel vieler Spezies, den Altersaufbau von Populationen, jahreszeitliche Zyklen, Witterungs- und Klimaeinflüsse, Wachstumsgrenzen (insbesondere die Endlichkeit von Ressourcen) usw. –, dass sie rasch unüberschaubar kompliziert werden. Zudem können viele Modellparameter lediglich geschätzt werden. Es ist daher schon viel gewonnen, wenn ein mathematisches Modell wesentliche Züge der Realität zumindest *qualitativ* richtig abbilden kann. Die hierfür benötigten Konzepte und Methoden bereitzustellen ist das große Verdienst der qualitativen Theorie der Differentialgleichungen, die im Mittelpunkt dieses Lehrbuches steht.

Modellierungen, die auch *quantitativ* richtige Vorhersagen ermöglichen, sind ein noch wesentlich anspruchsvolleres Unterfangen. Dass es diesbezüglich in den letzten Jahrzehnten dennoch erhebliche Fortschritte gab, z.B. bei der Modellierung des Erdklimas und der anthropogenen Einflüsse auf dieses, wäre ohne die rasanten Entwicklungen in der Computertechnologie undenkbar gewesen.

16.4 Die logarithmische Spirale

Als Nächstes wenden wir uns einer Fragestellung aus der Geometrie zu.

Welche regulären Wege im $\mathbb{R}^2$ schneiden alle Geraden durch den Ursprung stets unter dem gleichen Winkel $\alpha \in (0, \pi)$?

Um diese Frage zu beantworten, beachten wir zunächst, dass für einen solchen Weg $\gamma : [a, b] \longrightarrow \mathbb{R}^2$ das Argument des Vektors $\gamma(t)$ (d.h. der Winkel zwischen der Abszisse und $\gamma(t)$) in Abhängigkeit von t entweder streng monoton zu- oder streng monoton abnehmen muss. O.B.d.A. beschränken wir uns auf den ersten Fall. Dann kann man den Weg nach geeigneter Umparametrisierung mithilfe von Polarkoordinaten in der Form

$$\gamma(t) = r(t) \begin{pmatrix} \cos t \\ \sin t \end{pmatrix}$$

mit einer noch zu bestimmenden Funktion r schreiben. Der Winkel zwischen dem Vektor $\gamma(t)$ und dem Tangentialvektor $\gamma'(t)$ soll $\alpha \in (0, \pi)$ betragen, d.h. es soll

$$\frac{\langle \gamma(t), \gamma'(t) \rangle}{\|\gamma(t)\| \cdot \|\gamma'(t)\|} = \cos \alpha$$

gelten. Mit der obigen Polarkoordinatendarstellung von $\gamma(t)$ und ihrer Ableitung

$$\gamma'(t) = r'(t) \begin{pmatrix} \cos t \\ \sin t \end{pmatrix} + r(t) \begin{pmatrix} -\sin t \\ \cos t \end{pmatrix}$$

ergibt sich die Differentialgleichung

$$\frac{r'(t)}{\sqrt{r^2(t) + (r'(t))^2}} = \cos \alpha;$$

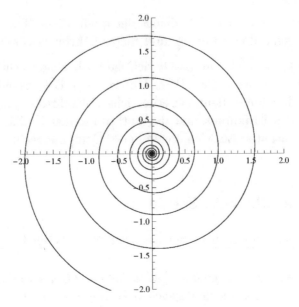

Abb. 16.4: Logarithmische Spirale

hierbei haben wir verwendet, dass die Vektoren $\begin{pmatrix} \cos t \\ \sin t \end{pmatrix}$ und $\begin{pmatrix} -\sin t \\ \cos t \end{pmatrix}$ zueinander orthogonal sind und die Norm 1 haben.

Falls $\alpha = \frac{\pi}{2}$, also $\cos \alpha = 0$ ist, folgt $r' \equiv 0$, und γ beschreibt eine Kreislinie.
In allen anderen Fällen erhält man

$$(r'(t))^2 \left(1 - \cos^2 \alpha \right) = \cos^2 \alpha \cdot r^2(t),$$

also
$$r'(t) = \pm a \cdot r(t) \qquad \text{mit } a = \frac{\cos \alpha}{\sin \alpha} = \cot \alpha \in \mathbb{R} \backslash \{0\}.$$

Weil $r'(t)$ dasselbe Vorzeichen wie $\cos \alpha$ und damit wie $\cot \alpha$ hat, liegt der
Fall $r'(t) = a \cdot r(t)$ vor.

Diese Differentialgleichung hat die Lösungen $r(t) = ce^{at}$ mit $c \geq 0$, so dass
sich für die gesuchten Wege γ die Parametrisierungen

$$\gamma(t) = ce^{at} \begin{pmatrix} \cos t \\ \sin t \end{pmatrix}$$

ergeben. (Dass diese tatsächlich das Gewünschte leisten, ist klar.)

Diese (für alle $t \in \mathbb{R}$ definierten) Wege sind die uns aus Kapitel 8 bekannten
logarithmischen Spiralen (Abb. 16.4). In der Natur finden sie sich in guter

Näherung z.B. bei den Schalen von Nautili und Ammoniten, in den Blüten von Sonnenblumen oder in den spiralförmigen Mustern von Kiefernzapfen (Abb. 16.5 (a)).

 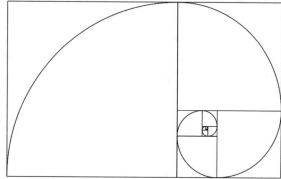

Abb. 16.5: (a) Nautilus (b) Fibonacci-Spirale

Quelle: https://commons.wikimedia.org/wiki/File:Nautilus_Cutaway_with_Logarith mic_Spiral.png, https://commons.wikimedia.org/wiki/File:Fibonacci_spiral.svg

Wählt man den Parameter a so, dass der Radius ce^{at} des Punktes $\gamma(t)$ auf der Spirale bei einer Vierteldrehung um das Teilungsverhältnis $g :=$ $\frac{1}{2}\left(1 + \sqrt{5}\right)$ des **Goldenen Schnitts** zunimmt, so erhält man die **Goldene Spirale**. Sie lässt sich durch die **Fibonacci-Spirale** annähern, deren Konstruktion Abb. 16.5 (b) andeutet: Ausgehend von zwei zu einem Rechteck verbundenen Quadraten der Seitenlänge 1 konstruiert man rekursiv eine Folge von Rechtecken, indem man in jedem Schritt an das bereits vorhandene Rechteck ein Quadrat anfügt, dessen Seitenlänge der größeren der beiden Rechtecksseiten entspricht; dabei lässt man die Richtung, in der angefügt wird, im mathematisch positiven Sinne wandern. Die Seitenlängen der so entstehenden Rechtecke und Quadrate sind dann die Fibonacci-Zahlen F_k. Deren Verhältnisse $F_{k+1} : F_k$ konvergieren bekanntlich gegen den Goldenen Schnitt, und zwar relativ schnell: Bereits der Quotient 8 : 5 weicht von g lediglich um 1,1% ab. Daher wachsen die Seitenlängen der Rechtecke und Quadrate in jedem Schritt ungefähr um den Faktor g. Die Kurve, die sich aus den in die Quadrate eingezeichneten Viertelkreisen ergibt, approximiert daher mit sehr guter Genauigkeit die Goldene Spirale.

16.5   Oszillatoren

16.5.1   Das mathematische Pendel mit Reibung

Bereits in Beispiel 4.2 hatten wir das mathematische Pendel kennengelernt, das uns im Folgenden mehrfach zur Motivation und Illustration unserer Überlegungen gedient hatte (siehe die Beispiele 5.15, 10.2, 11.12 und 12.7). Bisher hatten wir dabei den Einfluss von Reibungskräften stets ausgeklammert. Was ändert sich, wenn wir diese berücksichtigen?

In guter Näherung können wir annehmen, dass die Reibungskraft zur Geschwindigkeit $l \cdot \theta'(t)$ direkt proportional und entgegengesetzt ist, d.h. sie ist $-kl \cdot \theta'(t)$ mit einem Reibungskoeffizienten $k > 0$. Wir erhalten damit als Differentialgleichung des gedämpften mathematischen Pendels

$$\theta''(t) = -\frac{k}{m}\theta'(t) - \frac{g}{l}\sin\theta(t). \tag{16.13}$$

Zur Abkürzung setzen wir $\varrho := \frac{k}{m}$ und (wie in Beispiel 4.8) $\omega := \sqrt{\frac{g}{l}}$. Mittels $(x, y) := (\theta, \theta')$ übersetzt sich die Differentialgleichung dann in das äquivalente autonome System erster Ordnung

$$\begin{pmatrix} x' \\ y' \end{pmatrix} = \begin{pmatrix} y \\ -\varrho y - \omega^2 \sin x \end{pmatrix} =: f(x, y). \tag{16.14}$$

An den Ruhelagen $(j\pi, 0)$ mit $j \in \mathbb{Z}$ ändert sich nichts. Diese sind für ungerade j nach wie vor instabil, für gerade j (was dem senkrecht nach unten hängenden Pendel entspricht) jetzt aber sogar asymptotisch stabil. Um dies zu begründen, können wir das Prinzip der linearisierten Stabilität heranziehen – was im reibungsfreien Fall $\varrho = 0$ nicht möglich war (vgl. Beispiel 11.12), da dort die Ruhelagen mit geradem j lediglich stabil, aber nicht attraktiv waren. Es ist

$$J_f(x, y) = \begin{pmatrix} 0 & 1 \\ -\omega^2 \cos x & -\varrho \end{pmatrix}, \quad \text{also} \quad J_f(j\pi, 0) = \begin{pmatrix} 0 & 1 \\ (-1)^{j+1}\omega^2 & -\varrho \end{pmatrix}.$$

Für ungerade j ist

$$\det(J_f(j\pi, 0)) = (-1)^j\omega^2 < 0,$$

so dass $J_f(j\pi, 0)$ einen reellen und positiven Eigenwert haben muss. Für gerade j hat $J_f(j\pi, 0)$ das charakteristische Polynom

$$p(\lambda) = \lambda^2 + \varrho\lambda + \omega^2 \tag{16.15}$$

und somit die Eigenwerte

$$\lambda_{1,2} = \frac{1}{2}\left(-\varrho \pm \sqrt{\varrho^2 - 4\omega^2}\right).$$ (16.16)

Im Fall einer nicht allzu großen Reibung, nämlich für $0 < \varrho < 2\omega$, sind die Eigenwerte nicht-reell mit negativen Realteilen. Für $\varrho \geq 2\omega$ sind sie beide reell und negativ. Aus dem Prinzip der linearisierten Stabilität (Satz 11.9) folgen daher die behaupteten (In-)Stabilitätsaussagen.

Für die stabilen Ruhelagen in $(j\pi, 0)$ mit geradem j (die natürlich alle derselben Position des Pendels entsprechen) ist die Unterscheidung zwischen den beiden Fällen $0 < \varrho < 2\omega$ und $\varrho \geq 2\omega$ auch physikalisch relevant: Im ersten Fall liegen stabile Spiralpunkte vor, im zweiten stabile Knoten (vgl. Definition 11.17). Im ersten Fall (*Schwingungsfall*) kommt es zu einem allmählich abklingenden Oszillieren um die Ruhelage, im zweiten (*Kriechfall*) ist die Dämpfung so stark, dass das Pendel ohne Überschwingen in die Ruhelage hineinläuft. Letzteres kann z.B. auftreten, wenn sich das Pendel in einer Flüssigkeit mit hoher Viskosität wie Motoröl oder Honig befindet. Der Fall $\varrho = 2\omega$ heißt **aperiodischer Grenzfall**. Er entspricht der Situation, bei der das ausgelenkte Pendel schnellstmöglich, aber ohne Überschwingen in die Ruhelage zurückkehrt. Ein solches Verhalten ist in vielen technischen Anwendungen erwünscht: Beispielsweise bemüht man sich bei Auto-Stoßdämpfern, Pendeltüren oder den Zeigern von analogen Messinstrumenten, sie in der Nähe des aperiodischen Grenzfalls zu betreiben.

Die Funktion

$$V(x, y) = \frac{1}{2}y^2 - \omega^2 \cos x,$$

die im Fall $\varrho = 0$ ein Erstes Integral war (Beispiel 5.15), ist nunmehr, für $\varrho > 0$, zumindest noch eine Ljapunov-Funktion. Es ist nämlich

$$L_f V(x, y) = \left\langle \begin{pmatrix} \omega^2 \sin x \\ y \end{pmatrix}, \begin{pmatrix} y \\ -\varrho y - \omega^2 \sin x \end{pmatrix} \right\rangle = -\varrho y^2 \leq 0.$$

Dies spiegelt die physikalische Beobachtung wider, dass im Fall des gedämpften Pendels die Summe aus kinetischer und potentieller Energie nicht konstant ist, sondern streng monoton fällt, sofern das Pendel sich nicht in einer Ruhelage befindet. In den Punkten $(2j\pi, 0)$ mit $j \in \mathbb{Z}$ hat V strikte lokale (und sogar globale) Minima. Daher erhält man mittels des Ljapunov-Kriteriums (Satz 12.3) erneut die Stabilität der Ruhelagen $(2j\pi, 0)$. Hingegen ist Satz 12.3 zum Nachweis der asymptotischen Stabilität zu schwach, denn V ist auf keiner punktierten Umgebung dieser Ruhelagen eine strikte

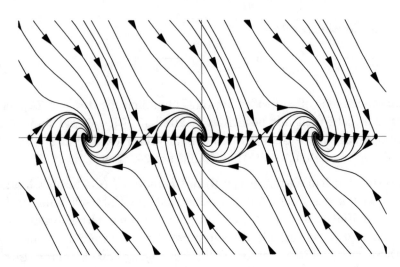

Abb. 16.6: Phasenporträt des Mathematischen Pendels mit Reibung im Schwingungsfall $(0 < \varrho < 2\omega)$

Ljapunov-Funktion, auch wenn dies „nur" an den Punkten $(x,0)$ auf der x-Achse „scheitert".

Diesem Missstand können wir mithilfe der in Satz 13.12 bewiesenen Verallgemeinerung des Ljapunov-Kriteriums abhelfen, und diese liefert zugleich eine Aussage über den Einzugsbereich der Ruhelagen: Für beliebiges $c \in (-\omega^2, \omega^2)$ setzen wir

$$P_c := \{(x,y) \in [-\pi, \pi] \times \mathbb{R} : V(x,y) \leq c\}.$$

Wegen $V(0,0) = -\omega^2 < c$ und aus Stetigkeitsgründen ist P_c eine Umgebung von $(0,0)$. Weiter ist P_c abgeschlossen und wegen $P_c \subseteq [-\pi, \pi] \times \left[-\sqrt{2(\omega^2 + c)}, \sqrt{2(\omega^2 + c)}\right]$ auch beschränkt, insgesamt also kompakt.

Für alle $(x,y) \in P_c$ ist $-\omega^2 \cos x \leq V(x,y) \leq c$, also $\cos x \geq -\frac{c}{\omega^2} > -1$ und somit $|x| < \pi$. Daher ist $(0,0)$ die einzige in P_c enthaltene Ruhelage, und diese ist ein striktes absolutes Minimum von V auf P_c.

Zum Nachweis der positiven Invarianz von P_c sei ein $\zeta \in P_c$ gegeben, und es sei $\varphi = (x,y) : I(\zeta) \longrightarrow \mathbb{R}^2$ die maximale Lösung zum Anfangswert $\varphi(0) = \zeta$. Weil V längs φ monoton fällt, ist $V(\varphi(t)) \leq c$ für alle $t \in [0, t_\omega(\zeta))$. Für alle diese t ist insbesondere $\cos x(t) \geq -\frac{c}{\omega^2} > -1$, woraus mit dem Zwischenwertsatz $|x(t)| < \pi$ folgt. Somit ist P_c in der Tat positiv invariant, und Korollar 3.9 stellt sicher, dass $I(\zeta) \supseteq [0, \infty)$ für alle $\zeta \in P_c$ gilt.

Nun sei zusätzlich $\varphi(0) \neq (0,0)$ vorausgesetzt. Es ist dann $\varphi(t) \in P_c \setminus \{(0,0)\}$ für alle $t \geq 0$. Wäre V längs φ konstant, so wäre $0 = y(t) = x'(t)$ für alle $t \geq 0$, denn abseits der x-Achse ist V eine strikte Ljapunov-Funktion. Somit wäre φ eine stationäre Lösung, und weil $(0,0)$ die einzige Ruhelage in P_c ist, wäre $(x,y)(t) = (0,0)$ für alle $t \geq 0$, ein Widerspruch. Damit ist gezeigt, dass V längs keines Vorwärtsorbits in $P_c \setminus \{(0,0)\}$ konstant ist.

Somit ist Satz 13.12 anwendbar. Er liefert die asymptotische Stabilität der Ruhelage $(0,0)$ und besagt zudem, dass alle P_c mit $c \in (-\omega^2, \omega^2)$ in ihrem Einzugsbereich liegen. Damit liegt auch die Vereinigung

$$\bigcup_{-\omega^2 < c < \omega^2} P_c = \left\{ (x,y) \in [-\pi,\pi] \times \mathbb{R} : V(x,y) < \omega^2 \right\}$$

im Einzugsbereich. Sie beschreibt die Menge der Zustände mit anfänglicher Auslenkung zwischen $-\pi$ und $+\pi$, für die die anfängliche Gesamtenergie zu gering ist, als dass das Pendel überschlägt. Tatsächlich ist der Einzugsbereich größer: Er umfasst auch Zustände, bei denen man für die anfängliche Auslenkung Werte außerhalb des Intervalls $[-\pi,\pi]$ zulässt und bei denen die Gesamtenergie gerade so bemessen ist, dass sich das Pendel nach mehrfachem Überschlagen im Winkelbereich $[-\pi,\pi]$ „stabilisiert" und dort dann schließlich zur Ruhe kommt.

Abb. 16.6 zeigt das Phasenporträt des mathematischen Pendels mit Reibung im Schwingungsfall. Fast alle Lösungen $(x(t), y(t))$ streben für $t \to \infty$ gegen die stabilen Ruhelagen $(2j\pi, 0)$. Für festes $j \in \mathbb{Z}$ konvergieren lediglich zwei Lösungskurven gegen die instabile Ruhelage $((2j+1)\pi, 0)$; diese bilden die Situation ab, bei der das Pendel mit gerade so viel Schwung nach oben geschleudert wird, dass es in der instabilen, vertikal nach oben weisenden Ruhelage zum Halten kommt, was in der Praxis natürlich so gut wie unmöglich zu realisieren ist.

Insgesamt konvergiert also jede Lösung für $t \to \infty$ gegen eine der Ruhelagen $(j\pi, 0)$. Damit ist das Langzeitverhalten des mathematischen Pendels mit Reibung vollständig beschrieben.

Abschließend untersuchen wir noch den Einfluss einer periodischen äußeren Anregung auf das Pendel. Mathematisch wird diese durch den Übergang zu einer inhomogenen Differentialgleichung modelliert, wobei die Inhomogenität die Form $A\cos(\mu t)$ mit $A, \mu > 0$ hat. Zur Vereinfachung (und um die in Kapitel 9 entwickelte Theorie anwenden zu können), gehen wir außerdem zur Linearisierung um die stabile Ruhelage über, ersetzen also das mathematische Pendel durch den (gedämpften) harmonischen Oszillator. Dann hat man also für $x = \theta$ die inhomogene lineare Differentialgleichung

$$x''(t) + \varrho x'(t) + \omega^2 x(t) = A\cos(\mu t) \tag{16.17}$$

zu betrachten. Für den Spezialfall $\varrho = 0$ hatten wir eine Schwingungsgleichung dieser Bauart bereits in Beispiel 9.5 diskutiert.

Wir nehmen an, dass der Schwingungsfall $0 \leq \varrho < 2\omega$ vorliegt, in dem die Reibung relativ gering ist oder ganz fehlt. Die zu (16.17) gehörende homogene Differentialgleichung hat die charakteristische Gleichung $p(\lambda) = 0$ mit dem charakteristischen Polynom p von $J_f(0,0)$ aus (16.15). Wir setzen

$$a := \frac{\varrho}{2} \quad \text{und} \quad b := \sqrt{\omega^2 - \frac{\varrho^2}{4}} > 0.$$

Für die Nullstellen $\lambda_{1,2}$ von p aus (16.16) gilt dann $\lambda_{1,2} = -a \pm ib$. Daher sind die reellen Lösungen der zu (16.17) gehörenden homogenen Gleichung

$$x(t) = e^{-at} \cdot (c_1 \cdot \cos(bt) + c_2 \cdot \sin(bt)) \qquad \text{mit } c_1, c_2 \in \mathbb{R}.$$

Indem wir analog zu der Rechnung in (8.2) das Additionstheorem des Cosinus anwenden, können wir diese Lösungen in der Form

$$x(t) = c \cdot \cos(b(t - t_0)) \cdot e^{-a(t-t_0)} \qquad \text{mit } c, t_0 \in \mathbb{R}$$

darstellen. Sie beschreiben die unangeregten Schwingungen des Oszillators. Im Fall $\varrho > 0$ klingen sie im Zeitverlauf allmählich ab. Zur Lösung der inhomogenen Gleichung unterscheiden wir zwei Fälle.

Fall 1: $a > 0$ oder $\mu \neq b$.

Dann ist $\lambda_{1,2} = -a \pm ib \neq i\mu$, also $p(i\mu) \neq 0$. Zur Angabe einer partikulären Lösung erweist sich wieder einmal der „Umweg" über das Komplexe als vorteilhaft: Für

$$z(t) := \frac{A}{p(i\mu)} \cdot e^{i\mu t}$$

gilt

$$z''(t) + \varrho z'(t) + \omega^2 z(t) = z(t) \cdot \left(-\mu^2 + i\varrho\mu + \omega^2\right) = z(t) \cdot p(i\mu) = A e^{i\mu t}.$$

Daher ist $x_p := \operatorname{Re} z$ eine reelle Lösung von (16.17). Schreibt man $p(i\mu) = |p(i\mu)| \cdot e^{i\psi}$ mit einem $\psi \in [0, 2\pi)$, so nimmt diese die Form

$$x_p(t) = \frac{A}{|p(i\mu)|} \cdot \operatorname{Re} e^{i(\mu t - \psi)} = \frac{A}{|p(i\mu)|} \cdot \cos(\mu t - \psi)$$

an. Folglich erhält man die sämtlichen reellen Lösungen von (16.17) in der Gestalt

$$x(t) = \frac{A}{|p(i\mu)|} \cdot \cos(\mu t - \psi) + c \cdot \cos(b(t - t_0)) \cdot e^{-a(t-t_0)}$$

mit $c, t_0 \in \mathbb{R}$. Der erste Term der rechten Seite beschreibt die sog. **erzwungene Schwingung** des Oszillators. Im Fall $\varrho > 0$ ist sie es, die langfristig (nachdem die unangeregten Schwingungen weitgehend abgeklungen sind) das Verhalten des Oszillators dominiert. Es ist aufschlussreich, ihre Amplitude $\frac{A}{|p(i\mu)|}$ sowie die Phasenverschiebung ψ gegenüber der anregenden Schwingung genauer zu untersuchen. Wegen $p(i\mu) = \omega^2 - \mu^2 + i\varrho\mu$ gilt

$$|p(i\mu)|^2 = (\omega^2 - \mu^2)^2 + \varrho^2\mu^2 = \mu^4 + (\varrho^2 - 2\omega^2)\mu^2 + \omega^4. \tag{16.18}$$

Wir betrachten zunächst den Fall $0 \leq \varrho < \sqrt{2} \cdot \omega$, in dem in (16.18) der Koeffizient $\varrho^2 - 2\omega^2$ von μ^2 negativ ist. Dann wird $|p(i\mu)|^2$ (in Abhängigkeit von der Anregungsfrequenz μ) minimal, und die Amplitude der erzwungenen Schwingung somit maximal, wenn

$$\mu = \mu_{\text{Res}} := \sqrt{\omega^2 - \frac{\varrho^2}{2}} \tag{16.19}$$

ist; denn eine reelle quadratische Funktion $q(u) := u^2 + \alpha u + \beta = \left(u + \frac{\alpha}{2}\right)^2 + \beta - \frac{\alpha^2}{4}$ nimmt ihr Minimum für $u = -\frac{\alpha}{2}$ an. Es gilt

$$|p(i\mu_{\text{Res}})|^2 = \frac{\varrho^4}{4} + \varrho^2\left(\omega^2 - \frac{\varrho^2}{2}\right) = \varrho^2\left(\omega^2 - \frac{\varrho^4}{4}\right),$$

im Fall $\varrho > 0$ also

$$\frac{1}{|p(i\mu_{\text{Res}})|} = \frac{1}{\varrho\sqrt{\omega^2 - \frac{\varrho^2}{4}}} = \frac{1}{\varrho \cdot b}.$$

Für diesen Wert von μ sagt man, es liege **Resonanz** vor, und man nennt μ_{Res} den *Resonanzpunkt* oder die *Resonanzfrequenz*. Für kleine ϱ liegen μ_{Res} und ω nahe beieinander.[140]

Mit wachsendem ϱ nimmt die Resonanzfrequenz μ_{Res} ab. Sie strebt für $\varrho \to \sqrt{2}\omega-$ gegen 0; die Amplitude $\frac{A}{|p(i\mu_{\text{Res}})|}$ der erzwungenen Schwingung strebt hierbei monoton fallend gegen $\frac{A}{\omega^2}$. Passend hierzu liest man aus (16.18) ab, dass im bisher ausgesparten Fall $\sqrt{2} \cdot \omega \leq \varrho < 2\omega$ das Minimum von $|p(i\mu)|$ für $\mu = 0$ angenommen wird (und unabhängig von ϱ den Wert ω^2 hat): Bei

---

[140]Im Fall $\varrho = 0$ fehlender Dämpfung ist $a = 0$, und für das μ_{Res} aus (16.19) gilt dann $\mu_{\text{Res}} = \omega = b$ (und damit $p(i\mu_{\text{Res}}) = 0$), d.h. diese Frequenz genügt dann nicht den Voraussetzungen von Fall 1, so dass für $\varrho = 0$ der Resonanzfall gesondert diskutiert werden muss (siehe Fall 2 unten).

zu starker Reibung schwächt sich das Resonanzphänomen immer weiter ab und kommt schließlich in gewissem Sinne zum Erliegen.

Für die Phasenverschiebung ψ zwischen anregender und erzwungener Schwingung gilt

$$\tan\psi = \frac{\operatorname{Im} p(i\mu)}{\operatorname{Re} p(i\mu)} = \frac{\varrho\mu}{\omega^2 - \mu^2}.$$

Für im Vergleich zu ω sehr kleine Anregungsfrequenzen μ (d.h. $\mu \ll \omega$) ist ψ näherungsweise 0: Das System folgt fast verzögerungsfrei der anregenden Kraft. Umgekehrt liegt ψ für $\mu \gg \omega$ nahe bei π: Anregende und erzwungene Schwingung sind fast gegenphasig zueinander. Für $\mu = \omega$ beträgt die Phasenverschiebung $\frac{\pi}{2}$. Hier sind allerdings Geschwindigkeit x'_p und anregende Schwingung in Phase, da die Ableitung $\cos' = -\sin$ ihrerseits dem Cosinus mit einer Phasenverschiebung von $\frac{\pi}{2}$ vorauseilt. Auch dieses Phänomen ist physikalisch gut zu plausibilisieren, jedenfalls für den Fall kleiner Reibung, in dem die Frequenz $\mu = \omega$ fast der Resonanzfrequenz entspricht: Dass die Anregung im Moment der höchsten Geschwindigkeit (nämlich beim Nulldurchgang) am stärksten ist, stellt eine bestmögliche Energieübertragung auf den Oszillator sicher, wie man es aus dem Alltag z.B. vom Anstoßen einer Schaukel auf einem Kinderspielplatz kennt.[141]

Nicht nur Pendel, sondern viele andere mechanische Systeme können freie Schwingungen mit gewissen **Eigenfrequenzen** ω ausführen. Man muss bei technischen Konstruktionen genau darauf achten, dass diese Eigenfrequenzen nicht in der Nähe der Anregungsfrequenzen μ von eventuell auftretenden äußeren Kräften liegen. Andernfalls können nämlich selbst kleine äußere Kräfte zu erzwungenen Schwingungen mit großen Amplituden führen; im Fall einer zu schwachen Dämpfung kann es schlimmstenfalls zur Zerstörung der Konstruktion (*Resonanzkatastrophe*) kommen. Ein drastisches Anschauungsbeispiel dafür stellt der Einsturz der Tacoma-Narrows-Brücke im US-Bundesstaat Washington am 7.11.1940 dar, von dem zufälligerweise – im Internet verfügbare – Filmaufnahmen existieren: Hier war durch eine nahezu konstante Windgeschwindigkeit die kleinste Eigenfrequenz der Struktur angeregt worden. Man hätte, auch mit damaligem Wissen, vorab die-

---

[141]Genauer gilt für die zur Resonanzfrequenz μ_{Res} gehörende Phasenverschiebung ψ_{Res} im Fall $0 \le \varrho < \sqrt{2} \cdot \omega$

$$\tan\psi_{\mathrm{Res}} = \frac{\varrho \cdot \mu_{\mathrm{Res}}}{\omega^2 - \mu_{\mathrm{Res}}^2} = \frac{2\sqrt{\omega^2 - \frac{\varrho^2}{2}}}{\varrho}.$$

Auch hieraus erkennt man, dass ψ_{Res} für kleine ϱ nahe bei $\frac{\pi}{2}$ liegt. Für $\varrho \to \sqrt{2} \cdot \omega-$ hingegen strebt ψ_{Res} ebenso wie μ_{Res} selbst gegen 0.

se Frequenz bestimmen und durch bauliche Veränderungen (Verstrebungen o.ä.) erhöhen können, was die Stabilität der Brücke signifikant verbessert hätte. In vielen Bauwerken und Konstruktionen (Hochhäusern, Brücken, Hochspannungsleitungen, Rotorblättern etc.) setzt man gezielt auf die Eigenfrequenzen abgestimmte Schwingungstilger ein, die einen Großteil der in den Schwingungen der Konstruktion enthaltenen Energie aufnehmen, durch Reibung (z.B. in hydraulischen Dämpfungselementen) in Wärme umwandeln und damit „neutralisieren". Das 508 Meter hohe, sowohl durch Erdbeben als auch durch Taifune besonders gefährdete *Taipei Financial Center* beispielsweise wird durch ein 660 Tonnen schweres, an riesigen Stahlseilen aufgehängtes Tilgerpendel in Form einer Stahlkugel von über 5 Metern Durchmesser stabilisiert.

Fall 2: $a = 0$ und $\mu = b$.

Es ist dann $\varrho = 0$ und $\mu = \omega$. Physikalisch bedeutet dies, dass keine Reibung vorliegt und die Frequenz der Anregung mit der Eigenfrequenz des Oszillators übereinstimmt. (16.17) hat dann die partikuläre Lösung

$$x_p(t) := \frac{A}{2\omega} \cdot t \cdot \sin(\omega t),$$

denn für diese Funktion gilt

$$x_p''(t) = \frac{A}{2\omega} \cdot \left(-\omega^2 t \sin(\omega t) + 2\omega \cos(\omega t)\right) = -\omega^2 x_p(t) + A \cos(\omega t).$$

Diese Lösung beschreibt den Resonanzfall einer ungedämpften Schwingung mit unbeschränkt wachsender Amplitude.

16.5.2 Aperiodische Oszillatoren

Bei manchen Schwingungsvorgängen ist die Dämpfung nicht proportional zur Geschwindigkeit. Ein typisches Beispiel hierfür ist der **Van-der-Pol-Oszillator**[142], der durch die Gleichung

$$x'' = \varepsilon(1 - x^2) \cdot x' - x \tag{16.20}$$

mit $\varepsilon > 0$ beschrieben wird. Diese Gleichung transformiert man, indem man wie üblich $y := x'$ setzt, in das System 1. Ordnung

$$\begin{aligned} x' &= y \\ y' &= \varepsilon(1 - x^2) \cdot y - x \, . \end{aligned} \tag{16.21}$$

---

[142]nach dem niederländischen Physiker und Elektroingenieur Balthasar van der Pol (1889–1959)

Für kleine Werte von x (präziser: für $|x| < 1$) ist hier der Vorfaktor von x' sogar positiv (anders als z.B. in (16.14)), d.h. der vermeintliche „Dämpfungs"-Term $\varepsilon(1 - x^2)x'$ führt tatsächlich zu sich aufschaukelnden Schwingungen. Dieser Effekt wird mit wachsendem $|x|$ geringer und kehrt sich bei Überschreiten der Schwelle $|x| = 1$ ins Gegenteil um, d.h. für $|x| > 1$ kommt es zu einem echten dämpfenden Effekt.

Alle diese Phänomene spiegeln sich gut in dem in Abb. 16.7 gezeichneten Phasenporträt wider. Insbesondere erkennt man aus diesem (oder durch Betrachtung der Linearisierung des Systems in $(0,0)$), dass die Ruhelage $(0,0)$ instabil und sogar abstoßend ist: *Jede* genügend nahe bei ihr startende nicht-stationäre Lösung wird von ihr weggetrieben. Es gibt genau eine weitere periodische Lösung. Gegen diese konvergieren alle nicht-stationären Lösungen für $t \to \infty$, sie ist also attraktiv. (In der Terminologie von Kapitel 14: Ihr Orbit ist ein ω-Grenzzyklus des Systems, und er ist die Menge der ω-Grenzpunkte einer jeden nicht-stationären Lösung.)

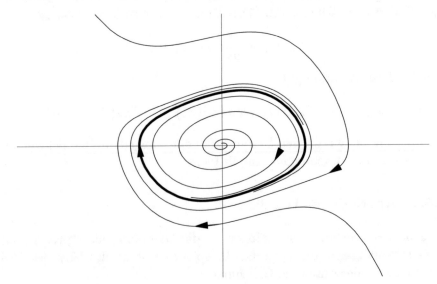

Abb. 16.7: Phasenporträt des Van-der-Pol-Oszillators

Die Gestalt der Van-der-Pol-Gleichung lässt sich folgendermaßen motivieren: In (6.2) hatten wir für einen RLC-Schwingkreis die Differentialgleichung

$$LI'' + RI' + \frac{1}{C} \cdot I = E'$$

hergeleitet. Wir nehmen nun an, dass keine äußere Anregung vorliegt, also $E' \equiv 0$ ist, und setzen zur Vereinfachung $L = C = 1$. Vor allem aber ersetzen wir den konstanten Ohmschen Widerstand R durch den stromabhängigen Widerstand $\varepsilon(I^2 - 1)$, der für kleine Werte von $|I|$ negativ wird und für große Werte stark wächst. Auf diese Weise gelangen wir zu der Gleichung

$$I'' + \varepsilon(I^2 - 1) \cdot I' + I = 0,$$

die mit $x := I$ genau (16.20) entspricht. Van der Pol hatte die nach ihm benannte Gleichung bei Untersuchungen an Röhrengeneratoren entdeckt; ein ähnlicher Effekt eines bei kleinen Strömen negativen Widerstands tritt bei der Tunneldiode auf, die auf dem quantenmechanischen Tunneleffekt beruht. In einem durch die Van-der-Pol-Gleichung beschriebenen elektrischen Netzwerk oszillieren Strom und Spannung dauerhaft und ohne äußere Energiezufuhr.

16.6 Lorenz-Gleichungen und Feigenbaumdiagramm

Die Differentialgleichungen des mathematischen Pendels mit und ohne Reibung und des Van-der-Pol-Oszillators ((4.3), (16.14) und (16.21)) sind ebene Systeme. Für diese liefert die in Kapitel 14 behandelte Poincaré-Bendixson-Theorie eine (fast) vollständige Beschreibung des Langzeitverhaltens der Lösungen. Insbesondere ergibt sich aus *topologischen* (!) Gründen, dass in zwei Dimensionen kein „chaotisches" Verhalten auftreten kann[143].

Der Meteorologe und Mathematiker Edward Lorenz hat 1963 ein System von drei gekoppelten Differentialgleichungen als Modell einer konvektiven Strömung aufgestellt, bei der eine zweidimensionale Flüssigkeitszelle von unten erwärmt und von oben abgekühlt wird. Dieses System weist eine außerordentlich komplizierte Dynamik auf und stellt einen Prototyp eines „chaotischen" dynamischen Systems dar. Die Lorenz-Gleichungen lauten

$$\begin{aligned} x' &= \sigma(y - x) \\ y' &= rx - y - xz \\ z' &= xy - bz. \end{aligned}$$

---

[143]Bei oberflächlicher Betrachtung scheint diese Aussage durch unser Sonnensystem widerlegt zu werden, dessen Planeten alle im Wesentlichen dieselbe Bahnebene (Ekliptik) haben und dessen Verhalten „dennoch" potentiell chaotisch ist (vgl. S. 441). Tatsächlich handelt es sich beim N-Körper-Problem jedoch gerade nicht um ein zweidimensionales Problem im Sinne unserer Theorie: Selbst wenn man es „nur" für die Bewegung im $\mathbb{R}^2$ (statt $\mathbb{R}^3$) formuliert, hat der Phasenraum des zugehörigen Systems erster Ordnung die Dimension $4N$, vgl. (16.1) und Fußnote 130.

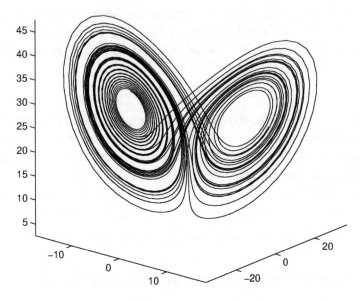

Abb. 16.8: Der Lorenz-Attraktor

Hierbei sind σ, r und b positive Konstanten. Eine typische Lösungskurve dieser Differentialgleichung (für $\sigma = 10$, $b = {}^8\!/_3$ und $r = 28$) ist in Abb. 16.8 dargestellt. Man stellt fest:

(1) Die Lösungskurve ist nicht periodisch.

(2) Die Lösungskurve hat kein eindeutiges asymptotisches Verhalten; sie windet sich immer wieder um die beiden stationären Punkte

$$(6\sqrt{2}, 6\sqrt{2}, 27) \qquad (-6\sqrt{2}, -6\sqrt{2}, 27).$$

(3) Die Lösungskurve hängt extrem sensitiv von der Anfangsposition $(x, y, z)(0)$ ab. Dies ist der sog. **Schmetterlingseffekt**: Geringste Abweichungen in den Anfangsdaten führen über lange Zeiträume zu beliebig großen Abweichungen. Dieses **chaotische** Verhalten ist charakteristisch für viele hochkomplexe nicht-lineare Systeme – man denke an die Wettervorhersage, die jenseits eines Zeithorizonts von einer Woche fast jede Verlässlichkeit verliert[144].

---

[144]Von Leugnern des anthropogenen Treibhauseffekts wird die längerfristige Unprognostizierbarkeit des Wetters immer wieder als „Beweis" für die angebliche Realitätsferne von sich mehrere Jahrzehnte in die Zukunft erstreckenden Klimamodellierungen angeführt. Eine solche Argumentation verkennt nicht nur den Unterschied zwischen Wetter und

(4) Die *Form* von Abb. 16.8 hingegen hängt nicht von der Wahl der Anfangsbedingungen ab. In diesem Sinn verhält sich das System stabil. *Jede* Lösung nähert sich für $t \to \infty$ der in Abb. 16.8 gezeigten Figur, dem sog. **Lorenz-Attraktor**. Er ist ein Beispiel eines sog. **seltsamen Attraktors**, d.h. er ist ein **Fraktal**.

Leider sind die Lorenz-Gleichungen zu kompliziert, als dass wir aus ihnen mit unseren bisherigen Methoden substantielle tiefere Einsichten gewinnen könnten; beispielsweise wurde erst 1999 von Warwick Tucker (*1970) bewiesen, dass der Lorenz-Attraktor ein seltsamer Attraktor ist [41].

Um dennoch zumindest eine erste Ahnung von der Mathematik vermitteln zu können, die den typischen Phänomenen der Chaostheorie zugrunde liegt[145], vollziehen wir zum Abschluss einen Perspektivenwechsel und betrachten statt einer Differential- eine **Differenzengleichung** (womit wir den eigentlichen Gegenstand dieses Lehrbuches verlassen!), nämlich die sog. *Verhulst-*[146] oder *logistische Gleichung*. Bei ihr handelt es sich um ein einfaches dynamisches Modell für das Wachstum von Populationen (Menschen, Tiere, Bakterien etc.), Volkswirtschaften u.ä. innerhalb begrenzter Systeme (vgl. auch das Räuber-Beute-Modell in Abschnitt 16.3). Die folgenden Ausführungen hierzu (die aus einem im Rahmen von Schüler-Projekttagen an der Universität Würzburg mehrfach durchgeführten Projekt hervorgegangen sind) eignen sich bei geeigneter didaktischer Aufbereitung auch für die Behandlung in der gymnasialen Oberstufe, z.B. im Rahmen eines W-Seminars.

Klima (das man vereinfacht als „gemitteltes Wetter" definieren könnte), sondern ignoriert auch eine zentrale Einsicht aus der qualitativen Theorie der Differentialgleichungen: Auch bei Systemen, deren quantitative Modellierung sehr aufwändig ist, kann man oft bereits durch relativ einfache Gleichgewichts- und Stabilitätsbetrachtungen verlässliche und robuste Aussagen über das langfristige Verhalten gewinnen – im Fall der Klimaveränderung mithilfe des Stefan-Boltzmannschen Strahlungsgesetzes: Es liefert als Grobabschätzung für die *Gleichgewichts-Klimasensitivität*, d.h. für den Anstieg der Gleichgewichtstemperatur der Erdoberfläche infolge einer Verdopplung der CO_2-Konzentration und der hieraus resultierenden Verringerung der thermischen Abstrahlung einen Wert von ca. 1,2 K. Dieser erhöht sich deutlich, wenn man die vielfältigen positiven und negativen Rückkopplungen des Klimasystems einbezieht, von denen die positiven, vor allem die Wasserdampf-Rückkopplung, deutlich überwiegen: Der 6. Sachstandsbericht des IPCC von 2021 nennt als wahrscheinliche Spanne für die Gleichgewichts-Klimasensitivität das Intervall von 2,5 K bis 4 K.

[145]Für tiefergehende Betrachtungen verweisen wir auf die vielen hervorragenden (auch populärwissenschaftlichen) Bücher zu dieser Thematik, z.B. [32, 33, 6, 9, 10].

[146]nach Pierre-François Verhulst (1804–1849)

Es sei x_k die zu untersuchende Populationsgröße im Jahr k. Ohne Berücksichtigung von Wachstumsgrenzen kann man ihre zeitliche Entwicklung durch eine Rekursionsgleichung $x_{k+1} = cx_k$ beschreiben, wobei $c > 0$ den Wachstumsfaktor (z.B. die Differenz zwischen Fertilität und Mortalität) für das zugrundegelegte Zeitintervall (hier: ein Jahr) bezeichnet; ist z.B. $c = 1{,}03$, so beträgt die Wachstumsrate 3%. Zur Modellierung von Wachstumsgrenzen fügt man den Dämpfungsfaktor $(1 - x_k)$ hinzu und erhält die **Verhulst-Gleichung** oder **logistische Gleichung**

$$x_{k+1} = cx_k(1 - x_k).$$

Diese ist zur Vereinfachung so normiert, dass 1 die maximal mögliche Populationsgröße, also die absolute Wachstumsgrenze ist. (Das Erreichen dieser Grenze würde zum abrupten Aussterben der Population im nächsten Jahr führen.)

Im Folgenden wollen wir untersuchen, wie sich die Folge $(x_k)_k$ in Abhängigkeit von dem Wachstumsfaktor c verhält. Dazu erweist es sich als sinnvoll, den Verhulst-Prozess durch Iteration der Funktion

$$f_c : [0, 1] \longrightarrow \mathbb{R}, \quad f_c(x) := cx(1 - x)$$

auszudrücken. Da diese ihr Maximum auf dem Intervall $[0, 1]$ in $\frac{1}{2}$ (nämlich in der Mitte zwischen den beiden Nullstellen 0 und 1) annimmt, ist $0 \leq f_c(x) \leq f_c(\frac{1}{2}) = \frac{c}{4}$ für alle $x \in [0, 1]$. Daher gilt $f_c([0, 1]) \subseteq [0, 1)$ genau dann, wenn $c < 4$ ist. Um unsinnige Populationsgrößen ≤ 0 auszuschließen, betrachten wir daher fortan nur den Fall $0 < c < 4$. Ferner setzen wir stets stillschweigend voraus, das $0 < x_0 < 1$ und damit $0 < x_k < 1$ für alle k ist.

Die Dynamik der Verhulst-Gleichung lässt sich z.B. mittels `Mathematica` experimentell untersuchen, indem man Iteriertenfolgen $(x_k)_k$ für unterschiedliche Parameter c und unterschiedliche Startwerte x_0 berechnet und zeichnet (Abb. 16.9). Dabei beobachtet man Folgendes:

(1) Für $0 < c \leq 1$ gilt $\lim_{k \to \infty} x_k = 0$: Die Population stirbt aus. (Ein Beispiel für diese Situation ist die Bevölkerungsentwicklung in Deutschland in den letzten Jahrzehnten ohne Berücksichtigung von Migration: Die Geburtenrate ist niedriger als die Bestanderhaltungsrate von ca. 2,1 Geburten pro Frau.)

(2) Für $1 < c \leq 3$ schwingt sich das System asymptotisch in einen stationären Gleichgewichtszustand ein, dessen Niveau um so höher liegt, je größer c ist.

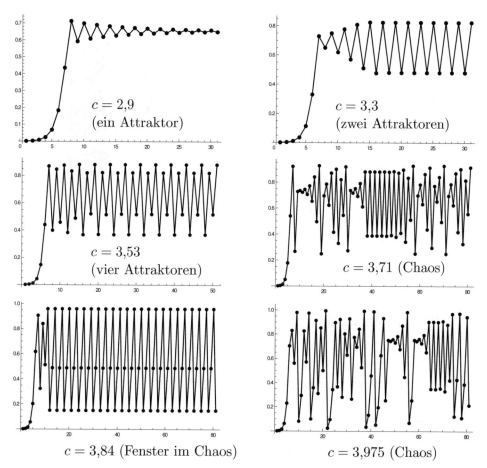

Abb. 16.9: Die ersten Iterierten x_k der Verhulst-Gleichung für $x_0 = 0{,}001$ und verschiedene Werte von c

(3) Im Bereich $3 < c < 3{,}5699456\ldots$ erkennt man für wachsendes c sukzessive **Bifurkationen** (Verzweigungen) der Attraktoren: Der in (2) beobachtete stationäre Gleichgewichtszustand verschwindet zugunsten von anfangs 2, dann 4, 8, 16,... Zuständen, zwischen denen das System periodisch hin- und herschwingt.

Besonders gut sichtbar wird dies im sog. **Feigenbaumdiagramm** (Abb. 16.10), das die Attraktoren der Verhulst-Gleichung, also die Zustände nach dem „Einschwingen" des Systems, in Abhängigkeit vom Wachstumsfaktor c zeigt. Die ersten Bifurkationspunkte sind:

$$b_1 = 3 \qquad\qquad b_2 = 3{,}449489\ldots \qquad b_3 = 3{,}544090\ldots$$
$$b_4 = 3{,}564407\ldots \qquad b_5 = 3{,}568759\ldots \qquad b_6 = 3{,}569692\ldots$$

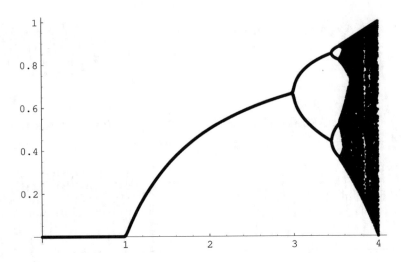

Abb. 16.10: Das Feigenbaumdiagramm

Für die Verhältnisse

$$q_k := \frac{b_{k+1} - b_k}{b_{k+2} - b_{k+1}}$$

der Abstände aufeinanderfolgender Bifurkationspunkte beobachten wir $q_k \approx 4{,}7$ für alle k – und zwar bereits für $k = 1$. Man kann zeigen, dass

$$\lim_{k \to \infty} q_k = 4{,}66720\ldots$$

ist. Bei dieser Zahl handelt es sich um eine universelle Naturkonstante, die bei ähnlichen Phänomenen immer wieder auftritt. Sie wird als **Feigenbaumkonstante** bezeichnet.

(4) Für $c > 3{,}5699456\ldots$ sind keine Regelmäßigkeiten mehr zu erkennen: Hier beginnt das Chaos. Allerdings treten auch in diesem immer wieder (z.B. bei $c \approx 3{,}84$) Fenster auf, die eine Selbstähnlichkeit zu „früheren" Abschnitten des Feigenbaumdiagramms aufweisen (Abb. 16.11). Dieses Abwechseln zwischen „chaotischen" und nicht-chaotischen Abschnitten bezeichnet man als **Intermittenz**.

Gut erkennt man im Feigenbaumdiagramm auch eine Selbstähnlichkeit zwischen Grob- und Feinstruktur, wie sie für Fraktale charakteristisch ist.

Diese Phänomene wollen wir im Folgenden mathematisch genauer analysieren. Dazu machen wir uns zunächst bewusst, dass die Gleichgewichtslagen

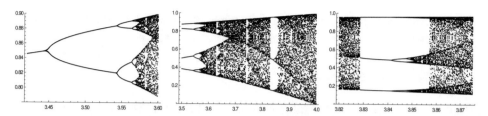

Abb. 16.11: Ausschnitte aus dem Feigenbaumdiagramm

der Iteration (d.h. die Werte von c, für die die Iteriertenfolge $(x_k)_k$ konstant ist) genau die Fixpunkte von f_c sind. Aufgrund der Äquivalenzen

$$f_c(x) = x \iff cx(1 - x) = x \iff x = 0 \text{ oder } x = 1 - \frac{1}{c}$$

sind dies genau die Punkte 0 und $1 - \frac{1}{c}$, wobei $1 - \frac{1}{c} \in [0, 1]$ nur für $c \geq 1$ erfüllt ist.

Falls die Folge $(x_k)_k$ konvergiert, so ist ihr Grenzwert mit derselben Begründung wie im Beweis des Banachschen Fixpunktsatzes (Satz 2.14) ein Fixpunkt von f_c.

Bemerkung 16.5   Es sei $f : \mathbb{R} \longrightarrow \mathbb{R}$ eine stetig differenzierbare Funktion und $a \in \mathbb{R}$ ein Fixpunkt von f. Aus dem Permanenzprinzip und dem Mittelwertsatz ergibt sich dann:

(a) Falls $|f'(a)| < 1$ ist, gibt es eine Umgebung U von a und ein $q < 1$, so dass

$$|f(x) - a| \leq q \cdot |x - a| \qquad \text{für alle } x \in U$$

gilt. In diesem Fall nennt man den Fixpunkt a **anziehend** oder **attraktiv**.

(b) Falls $|f'(a)| > 1$ ist, gibt es eine Umgebung U von a und ein $q > 1$, so dass

$$|f(x) - a| \geq q \cdot |x - a| \qquad \text{für alle } x \in U$$

gilt. In diesem Fall nennt man den Fixpunkt a **abstoßend** oder **repulsiv**.

In (a) können wir z.B. $q := \frac{1}{2}\left(1 + |f'(a)|\right) < 1$ setzen und U so wählen, dass $|f'(\xi)| \leq q$ für alle $\xi \in U$ gilt. Analoges gilt für (b). – Es handelt sich hier um eine Variation der aus der Vorüberlegung auf S. 25 bekannten Begründung dafür, dass die Beschränktheit der Ableitung die Dehnungsbeschränktheit impliziert.

Anschaulich besagt (a), dass sich f in einer hinreichend kleinen Umgebung eines anziehenden Fixpunktes kontrahierend verhält, eine in der Nähe dieses Fixpunktes startende Iteriertenfolge $(x_k)_k$ mit $x_{k+1} = f(x_k)$ also zum Fixpunkt hingezogen wird.   □

Damit haben wir die notwendigen Hilfsmittel für eine (teilweise) Erklärung der obigen Phänomene zur Hand:

(1) Im Fall $0 < c \le 1$ ist die Iteriertenfolge $(x_k)_k$ wegen $0 < x_{k+1} = cx_k(1-x_k) \le x_k < 1$ monoton fallend und beschränkt, also konvergent. Da 0 der einzige Fixpunkt von f_c in $[0,1)$ ist, folgt aus dem Obigen $\lim_{k\to\infty} x_k = 0$. (Im Fall $c < 1$ kann man aus $0 \le x_{k+1} \le cx_k$, was $0 \le x_k \le c^k x_0$ für alle k impliziert, die Konvergenz direkt ablesen und sogar die Konvergenzgeschwindigkeit abschätzen.)

(2) Es sei $1 < c < 3$.

Aus $f_c'(x) = c(1-2x)$ ergibt sich $f_c'(0) = c > 1$ und $f_c'(1-\frac{1}{c}) = 2-c \in (-1,1)$. Gemäß Bemerkung 16.5 ist folglich 0 ein abstoßender und $1-\frac{1}{c}$ ein anziehender Fixpunkt. Wir setzen

$$a_1 := \frac{1}{2}\left(1 - \frac{1}{c}\right) \qquad \text{und} \qquad a_2 := \frac{1}{2}\left(1 + \frac{1}{c}\right).$$

Damit gilt

$$f_c'(x) \ge 1 \qquad \text{für} \quad 0 \le x \le a_1,$$

$$f_c'(x) \in [-1,1] \quad \text{für} \quad a_1 \le x \le a_2,$$

$$f_c'(x) \le -1 \qquad \text{für} \quad a_2 \le x \le 1,$$

und in der ersten bzw. dritten Abschätzung gilt Gleichheit genau für $x = a_1$ bzw. $x = a_2$. Für $x \in [0, a_1]$ ist wegen $c < 3$

$$f_c(x) \ \le \ f_c(a_1) = \frac{c}{2}\left(1 - \frac{1}{c}\right)\left(\frac{1}{2} + \frac{1}{2c}\right) = \frac{1}{4}\left(c - \frac{1}{c}\right)$$

$$< \ \frac{1}{4}\left(3 - \frac{1}{3}\right) = \frac{2}{3}$$

und

$$a_2 = \frac{1}{2}\left(1 + \frac{1}{c}\right) > \frac{1}{2}\left(1 + \frac{1}{3}\right) = \frac{2}{3}.$$

Daher gilt

$$f_c(x) \in [0, a_2) \qquad \text{für alle } x \in [0, a_1]. \tag{16.22}$$

Jetzt können wir zeigen, dass $1 - \frac{1}{c}$ nicht nur ein lokaler, sondern sogar ein globaler Attraktor ist (vgl. Abb. 16.12):

- Zunächst gilt $|f_c'(x)| < 1$ für alle $x \in (a_1, a_2)$, und mit derselben Argumentation wie in Bemerkung 16.5 folgt, dass (a_1, a_2) im Anziehungsbereich des Fixpunktes liegt.

- Eine in $(0, a_1]$ startende Iteriertenfolge ist monoton steigend, solange sie dieses Intervall nicht verlässt. Würde sie dauerhaft in $(0, a_1]$ bleiben, so müsste sie dort aber einen Grenzwert haben, und dieser wäre ein Fixpunkt von f_c, im Widerspruch zur Wahl von a_1. Also muss irgendwann eine Iterierte x_m in das Intervall (a_1, a_2) und damit in den Anziehungsbereich von $1 - \frac{1}{c}$ fallen, denn wegen (16.22) ist das Intervall $[a_2, 1]$ von $(0, a_1]$ aus unerreichbar. Die weiteren Iterierten streben dann gegen $1 - \frac{1}{c}$.

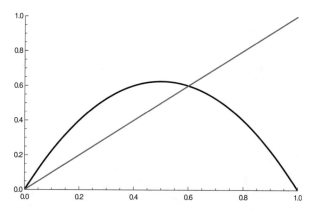

Abb. 16.12: Graph der Funktion f_c für $c = 2{,}5$

- Der Fall einer in $[a_2, 1)$ startenden Iteriertenfolge lässt sich wegen $f_c(1 - x) = f_c(x)$ und $a_2 = 1 - a_1$ auf den soeben behandelten Fall zurückführen.

Diese Überlegungen gelten mutatis mutandis auch noch für $c = 3$. Hier ist $1 - \frac{1}{c} = \frac{2}{3} = a_2$, der Fixpunkt $1 - \frac{1}{c}$ liegt also am Rand des sicher zu seinem Anziehungsbereich gehörenden Intervalls (a_1, a_2), mit $f_c'\left(1 - \frac{1}{c}\right) = 2 - c = -1$; er ist somit nicht mehr anziehend im Sinne der obigen Definition.

Wir erkennen hier bereits, wo die Schwierigkeiten im Fall $c > 3$ liegen: Die Iteration kann zwischen $[0, a_1]$ und $[a_2, 1]$ hin- und herpendeln.

(3) Nun sei $c > 3$.

Dann ist $f_c'\left(1 - \frac{1}{c}\right) = 2 - c < -1$, d.h. f_c hat keine anziehenden Fixpunkte mehr. Die Vermutung liegt nahe, dass das im Feigenbaum-Diagramm zu beobachtende Oszillieren zwischen mehreren Zuständen mit Fixpunkten der Iterierten von f_c zu tun hat. Diese werden rekursiv definiert durch

$$f_c^{[1]} := f_c, \qquad f_c^{[k]} := f_c \circ f_c^{[k-1]} = \underbrace{f_c \circ \ldots \circ f_c}_{k\text{-mal}} \qquad \text{für alle } k \geq 2.$$

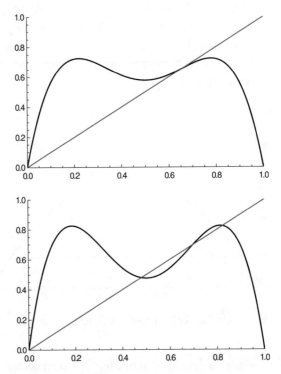

Abb. 16.13: Graph von $f_c^{[2]}$ für $c = 2{,}9$ (oben) bzw. $c = 3{,}3$ (unten)

Abb. 16.13 zeigt den Graph von $f_c^{[2]} = f_c \circ f_c$ für Werte von c knapp unterhalb bzw. oberhalb von 3. Gut zu sehen ist, wie bei diesem Übergang aus einem anziehenden Fixpunkt (in dem der Graph von f_c eine Steigung < 1 hat) ein abstoßender (mit Steigung > 1) wird und zugleich zwei neue Fixpunkte entstehen.

Wegen

$$f_c^{[2]}(x) = c^2 x(1-x)(1 - cx(1-x)) = c^2 x(1-x)(1 - cx + cx^2)$$

ergeben sich die Fixpunkte von $f_c^{[2]}$ aus der Äquivalenz

$$f_c^{[2]}(x) = x \quad \Longleftrightarrow \quad x = 0 \text{ oder } c^2(1-x)(1-cx+cx^2) = 1.$$

Wir suchen daher die Nullstellen des Polynoms

$$
\begin{aligned}
h(x) &:= c^2(x-1)(1-cx+cx^2) + 1 \\
&= c^3x^3 - 2c^3x^2 + c^2(1+c)x - c^2 + 1.
\end{aligned}
\tag{16.23}
$$

Da Fixpunkte von f_c auch Fixpunkte von $f_c^{[2]}$ sind, kennen wir eine Nullstelle von h, nämlich $1 - \frac{1}{c} =: p_0$, bereits. Durch Polynomdivision berechnen wir

$$\frac{h(x)}{c \cdot (x - p_0)} = \frac{h(x)}{cx + 1 - c} = c^2x^2 - c(1+c)x + 1 + c. \tag{16.24}$$

Dieses Polynom hat die beiden Nullstellen

$$
\begin{aligned}
p_{1,2} &= \frac{1}{2c^2}\left(c(1+c) \pm \sqrt{c^2(1+c)^2 - 4c^2(1+c)}\right) \\
&= \frac{1}{2c}\left(1 + c \pm \sqrt{(1+c)(c-3)}\right),
\end{aligned}
$$

welche somit die beiden gesuchten weiteren Fixpunkte von $f^{[2]}$ sind. (Anhand dieser Darstellung wird die Bifurkation bei $c = 3$ noch einmal deutlich: Für $c < 3$ sind diese Punkte ebenfalls Fixpunkte von $f^{[2]}$, allerdings nicht-reelle.)

Es gilt $0 < p_1 < p_2 < 1$; hierbei sind die ersten beiden Abschätzungen offensichtlich, und die dritte folgt aus

$$p_2 = \frac{1}{2c}\left(1 + c + \sqrt{c^2 - 2c - 3}\right) < \frac{1}{2c}\left(1 + c + \sqrt{(c-1)^2}\right) = 1.$$

Nun untersuchen wir, welche der drei nicht-trivialen Fixpunkte p_j von $f^{[2]}$ anziehend bzw. abstoßend sind. Für p_0 gilt nach der Kettenregel

$$(f_c^{[2]})'(p_0) = f_c'(f_c(p_0)) \cdot f_c'(p_0) = (f_c')^2(p_0) = (2-c)^2 > 1.$$

Aus

$$
\begin{aligned}
f_c^{[2]}(x) &= -c^2x(x-1)(cx^2 - cx + 1) \\
&= -c^3x^4 + 2c^3x^3 - c^2(1+c)x^2 + c^2x
\end{aligned}
$$

ergibt sich durch Differenzieren

$$(f_c^{[2]})'(x) = -4c^3x^3 + 6c^3x^2 - 2c^2(1+c)x + c^2. \qquad (16.25)$$

Es wäre ungeschickt, $p_{1,2}$ in (16.25) einzusetzen. Stattdessen nutzen wir aus, dass für $j = 1,2$ nach (16.23) und (16.24) die Gleichungen

$$c^3p_j^3 - 2c^3p_j^2 + c^2(1+c)p_j - c^2 + 1 = h(p_j) = 0$$

und

$$c^2p_j^2 - c(1+c)p_j + 1 + c = 0$$

gelten. Wir lösen diese nach $c^3p_j^3$ bzw. $c^2p_j^2$ auf und setzen sie in (16.25) ein. Auf diese Weise erhalten wir

$$\begin{aligned}
&(f_c^{[2]})'(p_j) \\
=\ & -8c^3p_j^2 + 4c^2(1+c)p_j - 4c^2 + 4 + 6c^3p_j^2 - 2c^2(1+c)p_j + c^2 \\
=\ & -2c^3p_j^2 + 2c^2(1+c)p_j - 3c^2 + 4 \\
=\ & -2c^2(1+c)p_j + 2c + 2c^2 + 2c^2(1+c)p_j - 3c^2 + 4 \\
=\ & -c^2 + 2c + 4
\end{aligned}$$

für $j = 1,2$. Für $c = 3$ ist $-c^2 + 2c + 4 = 1$, und es gilt

$$-c^2 + 2c + 4 = -1 \quad \Longleftrightarrow \quad (c-1)^2 = 6 \quad \Longleftrightarrow \quad c = 1 \pm \sqrt{6}.$$

Damit folgt nun

$$|(f_c^{[2]})'(p_j)| < 1 \quad \Longleftrightarrow \quad 3 < c < 1 + \sqrt{6} = 3{,}449489\ldots,$$

d.h. genau für diese Werte von c hat $f_c^{[2]}$ (zwei) anziehende Fixpunkte. Hierbei ist $1 + \sqrt{6} = b_2$ gerade der zweite der oben beobachteten Bifurkationspunkte.

Für $j = 1,2$ ist mit p_j offensichtlich auch $f_c(p_j)$ Fixpunkt von $f_c^{[2]}$ und damit einer der Punkte 0, p_0, p_1, p_2. Dass $f_c(p_j) \neq 0$ ist, ist klar, und da p_0 und 0 die einzigen Fixpunkte von f_c sind, ist auch $f_c(p_j) \neq p_j$. Auch den Fall $f_c(p_j) = p_0$ können wir ausschließen, denn dann würde $p_j = f_c^{[2]}(p_j) = f_c(p_0) = p_0$ folgen, ein Widerspruch. Daher muss $f_c(p_1) = p_2$ und $f_c(p_2) = p_1$ gelten.

Anhand des Graphen von $f_c^{[2]}$ erkennt man mit ähnlichen Überlegungen wie im Fall (2), dass sich die Iteriertenfolge $(x_k)_k = (f_c^{[k]}(x_0))_k$

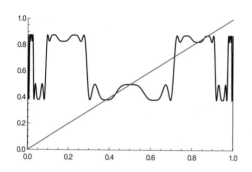 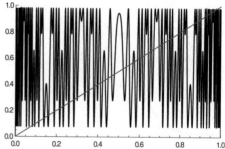

Abb. 16.14: Graph von $f_c^{[8]}$ für (a) $c = 3{,}5$ und (b) $c = 3{,}92$

unabhängig vom Startwert x_0 stets dem **periodischen Orbit** $\{p_1, p_2\}$ beliebig annähert, sofern $c \in (3, 1 + \sqrt{6})$ und $x_0 \neq p_0 = 1 - \frac{1}{c}$ ist.

In ähnlicher Weise lassen sich auch die weiteren Bifurkationen bzw. Periodenverdoppelungen erklären: Anziehende Fixpunkte von $f_c^{[2^k]}$ werden bei Vergrößerung von c abstoßend, und es entstehen zwei neue anziehende Fixpunkte von $f_c^{[2^{k+1}]}$.

Abb. 16.14 (a) zeigt den Graphen von $f_c^{[8]}$ (einem Polynom vom Grad $2^8 = 256$) für $c = 3{,}5$. Daran wird die Ausdehnung der jeweiligen Anziehungsbereiche gut erkennbar; die (beinahe) waagrechten Stücke des Graphen erklären sich daraus, dass für einen anziehenden Fixpunkt p von $f_c^{[2^m]}$, d.h. mit $\left| \left(f_c^{[2^m]} \right)' (p) \right| < 1$ aufgrund der Kettenregel

$$\lim_{k \to \infty} \left(f_c^{[2^{k+m}]} \right)' (p) = \lim_{k \to \infty} \left(\left(f_c^{[2^m]} \right)' (p) \right)^{2^k} = 0$$

gilt.

(4) Auch wenn eine tiefere Erklärung des für $c > 3{,}5699456\ldots$ auftretenden Chaos zu aufwändig ist, ist es doch abermals aufschlussreich, für diese Werte von c den Graphen von $f_c^{[k]}$ für „größere" k (z.B. $k = 8$) zu betrachten (Abb. 16.14 (b)). Dabei wird auch die für den Chaosfall charakteristische sensitive Abhängigkeit der Iteriertenfolge $(x_k)_k$ von den Anfangsbedingungen (hier dem Startwert x_0) gut verständlich: Im Laufe der Iteration geht die Information über den Startwert immer mehr verloren.

Die Verhulst-Gleichung entsteht aus der logistischen Differentialgleichung

$$y'(t) = (c - 1) \cdot y(t) \cdot (1 - y(t)) \tag{16.26}$$

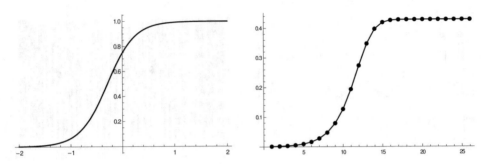

Abb. 16.15: (a) Graph der logistischen Funktion (16.27) für $c = 4{,}75$ und $y_0 = 0{,}75$ (b) Die ersten Iterierten x_k der Verhulst-Gleichung für $c = 1{,}75$ und $x_0 = 0{,}001$

(vgl. Abschnitt 15.2) durch Diskretisierung und geeignete Umskalierung: Diskretisierung bedeutet, dass man den Differentialquotienten in der Definition der Ableitung $y'(t)$ durch den Differenzenquotienten

$$\frac{y(t+1) - y(t)}{(t+1) - t} = y(t+1) - y(t)$$

ersetzt und dann die Werte $y(k) =: y_k$ der Lösung y in festen diskreten (z.B. jährlichen) Abständen betrachtet. Auf diese Weise gelangt man zu der Differenzengleichung

$$y_{k+1} - y_k = (c-1) \cdot y_k \cdot (1 - y_k).$$

Reskaliert man nun, indem man $x_k = \left(1 - \frac{1}{c}\right) \cdot y_k$ setzt, so ergibt sich aus dieser

$$x_{k+1} = \left(1 - \frac{1}{c}\right) \cdot y_{k+1}$$

$$= \left(1 - \frac{1}{c}\right) \cdot y_k \cdot (1 + (c-1)(1 - y_k)) = cx_k(1 - x_k),$$

also in der Tat die Verhulst-Gleichung.

Die Lösung der Differentialgleichung (16.26) zum Anfangswert $y(0) = y_0 \in (0,1)$ ist die **logistische Funktion**

$$y(t) = \frac{y_0}{y_0 + (1 - y_0)e^{-(c-1)t}};\qquad(16.27)$$

für diese gilt nämlich

$$y'(t) = \frac{y_0(1 - y_0)(c-1) \cdot e^{-(c-1)t}}{\left(y_0 + (1 - y_0)e^{-(c-1)t}\right)^2}$$

$$= (c-1) \cdot y(t) \cdot \frac{(1-y_0) \cdot e^{-(c-1)t}}{y_0 + (1-y_0)e^{-(c-1)t}} = (c-1) \cdot y(t) \cdot (1 - y(t)).$$

Der Graph dieser Lösung ist die in Abb. 16.15 (a) gezeichnete logistische Kurve, wie sie für natürliche, nicht ausgeartete Wachstumsvorgänge charakteristisch ist[147]. Ihr ist unabhängig vom Wert des Parameters $c > 1$ keinerlei chaotisches Verhalten anzumerken, und man kann problemlos sogar $c > 4$ wählen: Mit wachsendem c nimmt lediglich die Steigung des Graphen zu, d.h. der Wechsel vom Ausgangsniveau 0 zum Endniveau 1 vollzieht sich rasanter.

Auf den ersten Blick mag diese Beobachtung überraschen. Sie steht jedoch im Einklang mit obiger Feststellung, dass aufgrund des Jordanschen Kurvensatzes chaotisches Verhalten erst in Systemen der Dimension ≥ 3 möglich ist. Besser verstehen können wir den grundlegenden qualitativen Unterschied zwischen dem diskreten und dem kontinuierlichen Fall, indem wir auf die bei der Erläuterung des Eulerschen Polygonzugverfahrens in Bemerkung 1.12 verwendete Autofahr-Analogie zurückkommen[148]: Im Fall einer Differentialgleichung wirkt die Eingangsgröße $x(t)$ ohne Zeitverzögerung (instantan) auf sich selbst zurück: Durch den Wert von $x(t)$ ist auch $x'(t)$ festgelegt, d.h. die Veränderungsdynamik von x zum *gleichen* Zeitpunkt t, und dieser Wert wird fortlaufend, nicht nur von Zeit zu Zeit aktualisiert. Dies entspricht dem idealisierten Fall einer Reaktionszeit von Null beim Autofahren. Im Fall einer Differenzengleichung wie der Verhulst-Gleichung hingegen ist der Wert x_{k+1} durch den um eine volle Zeiteinheit in der Vergangenheit liegenden Wert x_k bestimmt, wie es der Realität des Autofahrens entspricht, bei der die (mentale) Reaktionszeit selbst unter optimalen Bedingungen (volle Aufmerksamkeit, perfekte Sicht usw.) mindestens 0,2 bis 0,3 Sekunden beträgt, von der für die Einleitung eines Bremsmanövers erforderlichen Fußumsetzzeit und der Ansprechzeit der Bremsen ganz abgesehen. Ist nun die

---

[147]Das Paradigma unbeschränkten exponentiellen Wachstums, in dem weite Teile der neoklassischen Standard-Ökonomie bis heute gefangen sind, erweist sich in Zeiten immer klarer zu Tage tretender ökologischer Wachstumsgrenzen zunehmend als realitätsfern: Längerfristiges exponentielles Wachstum findet sich in der Natur typischerweise nur bei entarteten bzw. krankhaften Prozessen wie dem Wachstum von Tumoren oder von künstlich angelegten Bakterienkulturen im Labor, die durch die Zerstörung ihrer eigenen Lebensgrundlage schließlich doch zum Stillstand kommen. – Für Bakterien in ihrer natürlichen Umgebung hingegen ist oft ein symbiotisches Gleichgewicht kennzeichnend. Beispielsweise geht man heute überwiegend davon aus, dass die Mitochondrien, die in unseren Körperzellen der Energiegewinnung dienen, aus endosymbiontischen Bakterien hervorgegangen sind.

[148]Natürlich hat diese Analogie auch Grenzen: Das o.g. Intermittenz-Phänomen z.B. können wir damit nicht erklären.

Reaktionszeit zu lang im Verhältnis zur Dynamik des Geschehens, so kommt es zu einem destabilisierenden Regelungsverzug, der sich in sich aufschaukelnden Schwingungen[149] äußern kann – im Autobeispiel z.B. als Fahren von Schlangenlinien. Vergrößert man im Verhulst-Modell nun den Parameter c immer weiter, so entspricht dies einer Erhöhung der Wachstumsdynamik; daher ist es nicht verwunderlich, dass sich das System mit wachsendem c zunehmend chaotischer verhält – so wie selbst der reaktionsschnellste Fahrer wohl in Schlangenlinien geraten würde beim Versuch, in einem manuell gelenkten Raketenauto mit 800 km/h über eine gewöhnliche Autobahn zu fahren. Dass für niedrige Werte von c (genauer: für $c < 2$) kein qualitativer Unterschied zwischen dem diskreten und dem kontinuierlichen Fall besteht, macht Abb. 16.15 (b) deutlich: Für solche Werte von c stellt der diskrete Fall eine hinreichend genaue Approximation an den kontinuierlichen dar.

Weiter vertiefen wollen wir diesen kurzen Ausblick auf die faszinierende Welt der Chaostheorie freilich nicht: Für die Zwecke des vorliegenden Lehrbuchs wäre dies – um es mit Theodor Fontanes Herrn von Briest zu sagen – ein *zu* weites Feld.

---

[149]In der Ökonomie sind solche Schwingungen als „Schweinezyklus" bekannt. Die unvermeidlichen Zeitverzögerungen bei der Umsetzung konjunkturpolitischer Maßnahmen werden immer wieder als Argument gegen die Sinnhaftigkeit aktiver (z.B. keynesianischer) Konjunkturpolitik angeführt.

Literatur

[1] Amann, H.: *Gewöhnliche Differentialgleichungen*, de Gruyter, Berlin 1995

[2] Arnol'd, V. I.: *Gewöhnliche Differentialgleichungen*, Springer, Berlin 2001

[3] Aulbach, B: *Gewöhnliche Differentialgleichungen*, Spektrum Akademischer Verlag, Heidelberg 2004

[4] Boltzmann, L.: Entgegnung auf die wärmetheoretischen Betrachtungen des Hrn. E. Zermelo, *Ann. Phys.* **293** (*Wied. Ann.* **57**) (1896), 773–784; auch in [48, S. 228–245]

[5] Boltzmann, L.: Zu Hrn. Zermelos Abhandlung „Ueber die mechanische Erklärung irreversibler Vorgänge" *Ann. Phys.* **296** (*Wied. Ann.* **60**) (1897), 392–398; auch in [48, S. 258–268]

[6] Briggs, J.; Peat, D.: *Die Entdeckung des Chaos - Eine Reise durch die Chaostheorie*, dtv, München 1997

[7] Brown, H.; Myrvold, W.; Uffink, J.: Boltzmann's *H*-theorem, its discontents, and the birth of statistical mechanics, *Stud. Hist. Philos. Sci., Part B: Stud. Hist. Philos. Mod. Phys.* **40** (2009), 174–191; arXiv:0809.1304

[8] Coddington, E. A.; Levinson, N.: *Theory of ordinary differential equations*, McGraw-Hill, New York/Toronto/London 1955

[9] Devaney, R.: Chaos, *Fractals and Dynamics – Computer Experiments in Mathematics*, Addison-Wesley 1990

[10] Devlin, K.: Schönheit aus dem Chaos; in: *Sternstunden der modernen Mathematik*, Birkhäuser 1990, S. 91–118

[11] Eddington, A.: *Das Weltbild der Physik und ein Versuch seiner philosophischen Deutung (The Nature of the Physical World)*, Vieweg, Braunschweig 1931

[12] Grahl, J.; Nevo, S.: Oscillating functions that disprove misconceptions on real-valued functions, *Mathematics Magazine* **92** (2019), 47–57

[13] Griffiths, D.; Schroeter, D.: *Introduction to quantum mechanics*, 3rd edition, Cambridge University Press 2018

© Der/die Herausgeber bzw. der/die Autor(en), exklusiv lizenziert an
Springer-Verlag GmbH, DE, ein Teil von Springer Nature 2024
J. Grahl et al., *Gewöhnliche Differentialgleichungen*

[14] Grüne, L.; Junge, O.: *Gewöhnliche Differentialgleichungen. Eine Einführung aus der Perspektive der dynamischen Systeme*, Springer, Heidelberg 2016

[15] Laskar, J.; Gastineau, M.: Existence of collisional trajectories of Mercury, Mars and Venus with the Earth, *Nature* **459** (2009), 817–819

[16] Heuser, H.: *Lehrbuch der Analysis, Teil 2*, Teubner, Stuttgart 1991

[17] Heuser, H.: *Gewöhnliche Differentialgleichungen. Einführung in Lehre und Gebrauch*, Vieweg+Teubner, Wiesbaden 2009

[18] Heuser, H.: *Funktionalanalysis*, Teubner, Stuttgart 1992

[19] Hirsch, M.; Smale, S.; Devaney, R: *Differential equations, dynamical systems, and an introduction to chaos*, Academic Press, Amsterdam 2013

[20] Huppert, B.: *Angewandte Lineare Algebra*, de Gruyter, Berlin 1990

[21] Jordan, P.: Irreversibilität und Zeitrichtung, *Z. Naturforschg.* **19** (1964), 519–523

[22] Kamke, E.: *Differentialgleichungen. Lösungsmethoden und Lösungen I.*, 10. Auflage, Teubner, Stuttgart 1983

[23] Knobloch, H.-W.; Kappel, F.: *Gewöhnliche Differentialgleichungen*, Teubner, Stuttgart 1974

[24] Köhler, G.: *Analysis*. Heldermann, Lemgo 2006

[25] Königsberger, K.: *Analysis 2*, Springer, Berlin/Heidelberg 1993

[26] Kümmel, R.: *The second law of economics - Energy, entropy and the origins of wealth*, Springer, New York/Dordrecht/Heidelberg/London 2011

[27] López Pouso, R.: Peano's theorem revisited, preprint, arXiv:1202.1152

[28] Lorenz, F.: *Lineare Algebra I*, B.I.-Wissenschaftsverlag, 3. Auflage, Mannheim 1992

[29] Marshall, D.: *Complex Analysis*, Cambridge University Press 2019

[30] Müller, M.: Über das Fundamentaltheorem in der Theorie der gewöhnlichen Differentialgleichungen, *Math. Z.* **26** (1927), 619–645

[31] Newman, M.: *Elements of the topology of plane sets of points*, Cambridge University Press 1939

[32] Peitgen, H.-O.; Jürgens, H.; Saupe, D.: *Bausteine des Chaos - Fraktale*, Klett-Cotta/Springer 1992

[33] Peitgen, H.-O.; Jürgens, H.; Saupe, D.: *C_H_A_O_S - Bausteine der Ordnung*, Klett-Cotta/Springer 1994

[34] Planck, M.: *Vorträge, Reden, Erinnerungen*, Hrsg: H. Roos und A. Hermann, Springer, Berlin/Heidelberg 2001

[35] Prüss, J.; Wilke, M.: *Gewöhnliche Differentialgleichungen und dynamische Systeme*, Birkhäuser, Basel 2010

[36] Ross, F.; Ross, W.: The Jordan curve theorem is non-trivial, *J. Math. Arts* **5**, (2011), 213–219

[37] Rudin, W.: *Principles of mathematical analysis*, 3rd edition, McGraw-Hill, Düsseldorf 1976

[38] Salmhofer, M.: Ludwig Boltzmann, *Jubiläen 2006*, Universität Leipzig 2006

[39] Steckline, V.: Zermelo, Boltzmann, and the recurrence paradox, *Am. J. Phys* **51** (1983), 894–897

[40] Thomassen, C.: The Jordan-Schönflies theorem and the classification of surfaces, *Am. Math. Mon.* **99** (1992), 116–130

[41] Tucker, W.: The Lorenz attractor exists, *C. R. Acad. Sci., Paris* **328** (1999), 1197–1202

[42] Tverberg, H.: A proof of the Jordan curve theorem, *Bull. Lond. Math. Soc.* **12** (1980), 34–38

[43] Uffink, J.: Introductory note to 1896a, 1896b and Boltzmann 1896, 1897, in [48, S. 188–215]

[44] Veblen, O.: Theory of plane curves in non-metrical analysis situs, *Trans American Math. Soc.* **6** (1905), 83–98

[45] Walter, W.: *Gewöhnliche Differentialgleichungen. Eine Einführung*, Springer, Berlin 2000

[46] Zermelo, E.: Ueber einen Satz der Dynamik und die mechanische Wärmetheorie, *Ann. Phys.* **293** (*Wied. Ann.* **57**) (1896), 485–494; auch in [48, S. 214–228]

[47] Zermelo, E.: Ueber mechanische Erklärungen irreversibler Vorgänge. Eine Antwort auf Hrn. Boltzmann's „Entgegnungen", *Ann. Phys.* **295** (*Wied. Ann.* **59**) (1896), 793–801; auch in [48, S. 246–257]

[48] Zermelo, E.: *Gesammelte Werke, Bd. 2: Variationsrechnung, Angewandte Mathematik und Physik*, Hrsg.: H.-D. Ebbinghaus und A. Kanamori, Springer, Berlin/Heidelberg 2013

Symbole

Index

Printed in the United States
by Baker & Taylor Publisher Services